地球生物学系列

烃源岩地球生物学

谢树成 颜佳新 史晓颖 殷鸿福 等／著

科 学 出 版 社
北 京

内 容 简 介

本书系统介绍了地球生物学方法在烃源岩评价中的实际应用。第一章提出了烃源岩地球生物学评价的方法体系,包括三个阶段和四个参数。三个阶段是从古生产力到沉积有机质再到埋藏有机质。四个参数则是生境型和古生产力两个生物学参数,以及古氧相和埋藏效率两个地质学参数。第二章重点对华南二叠系和寒武系这两个比较重要的烃源岩层位作精细解剖。第三章到第五章则对中元古代到三叠纪典型剖面的烃源岩进行地球生物学的评价。其中,第三章和第四章分别分析了典型剖面的生境型和古生产力这两个生物学参数,第五章分析了这些剖面的古氧相,并对烃源岩进行了地球生物学评价。第六章从地球生物学角度提出了烃源岩的一些潜在新层位。第七章对华南的大断面进行系统的地球生物学总结,提出了典型烃源岩形成的地球生物学模型。

本书适用于古生物学、油气地质学、沉积学、地层学、分子有机地球化学、生物地球化学等专业领域的工作者,是大专院校相关专业师生的重要参考资料。

图书在版编目(CIP)数据

烃源岩地球生物学/谢树成等著. —北京:科学出版社,2016.1
ISBN 978-7-03-045837-7

I. ①烃⋯ II. ①谢⋯ III. ①烃源岩-研究 IV. ①P618.130.2

中国版本图书馆 CIP 数据核字(2015)第 230299 号

责任编辑:胡晓春 / 责任校对:赵桂芬
责任印制:肖 兴 / 封面设计:黄华斌

科学出版社 出版
北京东黄城根北街 16 号
邮政编码:100717
http://www.sciencep.com

中国科学院印刷厂 印刷
科学出版社发行 各地新华书店经销

*

2016 年 1 月第 一 版 开本:787×1092 1/16
2016 年 1 月第一次印刷 印张:25 1/4
字数:598 000

定价:**198.00 元**
(如有印装质量问题,我社负责调换)

序

我国陆相油气资源和陆相生油理论为国民经济和人类石油地质理论的发展做出了历史性贡献。海相油气是国际上一个十分重要的领域，因我国海相碳酸盐岩存在诸多复杂问题而影响了海相油气资源的勘探开发。要实现我国海相油气的新突破，不能照搬国外海相油气勘探的经验，必须立足实际，探索有中国特色的海相油气勘探理论与技术方法。在这种背景下，早在"十一五"期间中国石化在"稳定东部，发展西部，准备南方，开拓海外"的油气资源战略的指导下，对中国南方海相油气进行了一系列的前瞻性探索研究工作，我有幸参与组织了这些基础性的研究工作，对十余年来我国在海相油气资源新理论新方法方面取得的重要进展感到由衷的高兴。

由中国地质大学（武汉）谢树成教授等组织完成的《烃源岩地球生物学》从一个侧面反映了我国在海相油气资源新理论新方法探索方面的突出进展。中国南方海相碳酸盐岩烃源岩经历了长期的地质演化，热成熟度高，基于残余有机质的传统烃源岩评价方法面临许多挑战。针对这一长期以来人们所面临的问题，中国地质大学（武汉）的研究集体在殷鸿福院士的领导下，将地球生物学新思想引入到烃源岩评价中。本书就是这个集体十余年来完成的部分研究成果的系统总结。从中可以看出这个集体所具有的开拓创新精神，他们不仅在努力推动我国地球生物学这一新兴学科的发展，还进一步将地球生物学理论与油气资源这一重要实践结合起来，勇于探索的精神可嘉，获得的初步成果可喜。

地球生物学把生物圈与地球的其他圈层联系起来，从地质角度研究不同时空尺度生物与环境之间的相互作用与协同演化，特别涉及生物过程与地质过程的耦合。地球生物学这个思想的一个最好体现就是烃源岩的形成过程。正如作者在前言中提到的，烃源岩的形成过程与有机质的形成和保存这两个基本的地球生物学过程密切相关：有机质的形成直接体现了自养生物与水圈和大气圈的相互作用，而有机质的保存则集中体现了好氧和厌氧微生物功能群对环境的作用。因此，烃源岩的形成实际上体现了从初级生产力到沉积有机质，再到埋藏有机质这一过程中，生物（特别是微生物）与环境的相互作用过程，因而是典型的地球生物学过程。这是本书从地球生物学角度评价烃源岩的理论基础。

基于以上的地球生物学新思想，作者提出了烃源岩地球生物学评价的方法体系，随后重点选择中元古代到三叠纪的一些典型剖面从生境型、古生产力、古氧相等方面进行了系统分析，并进行地球生物学的评价，特别关注了华南二叠系和寒武系这两个比较重要的烃源岩层位，由此从地球生物学角度提出了烃源岩的一些潜在新层位，并建立了一些典型烃源岩形成的地球生物学模型，实现了从传统地质模型到地球生物学模型的转变。从中可以看到许多与海相烃源岩有关的新思路、新发现和新进展，这对我们进一步揭示海相油气勘探的新领域无疑具有重要的启迪作用。

古生物学与地层学作为走在我国地质学前列的代表性学科，对油气资源的研究发挥了极其重要的作用，从古生物学发展而来的地球生物学已经开始对油气资源的研究发挥新一轮的推动作用。因此，我相信本书的出版必将进一步推动我国烃源岩的研究，并通过实践进一步推动我国地球生物学的快速发展。

2015 年 8 月

前 言

在《地球生物学：生命与地球环境的相互作用和协同演化》一书中，我们已经介绍了地球生物学的初步学科体系，重点阐述了地球生物学两个重要分支学科——分子地球生物学和地球微生物学的主要内容和研究进展，也对部分典型生态系统的地球生物学过程和若干重大地质突变期的地球生物学过程进行了解剖。本书中我们将地球生物学的前沿科学研究与油气资源这一国家目标相结合，开展烃源岩形成的地球生物学过程的实践研究工作。

烃源岩是含油气系统和油气成藏的物质基础，其形成过程与有机质的形成和保存这两个基本的地球生物学过程密切相关。这两个基本过程都与不同微生物功能群及其与环境的作用有关。古海洋有机质的形成直接体现了自养生物与水圈和大气圈的相互作用，而有机质的保存与水-沉积物界面的氧化还原条件密不可分，集中体现了好氧和厌氧微生物功能群的作用。因此，烃源岩的形成实际上体现了从初级生产力到沉积有机质，再到埋藏有机质这一过程中，生物（特别是微生物）与环境的相互作用，因而是典型的地球生物学过程。这是地球生物学方法评估烃源岩的理论基础，其方法是从恢复①初级生产力到②沉积有机质再到③埋藏有机质的过程来正演烃源岩形成的具体过程，估算其最大资源量，并与传统的从残余有机碳的反演方法进行对比。

遵循这样的思路，本书第一章详细介绍了烃源岩的地球生物学评价体系，包括三个阶段和四个参数。三个阶段是从古生产力到沉积有机质再到埋藏有机质。四个参数则是生境型和古生产力两个生物学参数，以及古氧相和埋藏效率两个地质学参数。本章还初步总结了后续几章评价过程中形成的一些规律性认识，特别是对比了与传统反演法的异同点。第二章重点对华南二叠系和寒武系这两个比较重要的烃源岩层段作精细解剖，从而进行烃源岩地球生物学半定量评价的实践。第三章到第五章则对中元古代到三叠纪典型剖面的烃源岩进行地球生物学的评价。其中，第三章和第四章分别分析了典型剖面的生境型和古生产力这两个生物学参数，第五章则分析了这些剖面的古氧相，并对烃源岩进行了地球生物学评价。在前几章对不同时代评价的基础上，第六章提出了烃源岩的一些潜在新层位，并分析了地球生物学过程。第七章则对华南的大断面进行系统的总结，提出了典型烃源岩形成的地球生物学模型。

烃源岩地球生物学评价是一个系统的多学科结合的研究工作。本书既有生境型、生态地层学等古生物学理论和方法的应用，也有生物地球化学方面的大量分析测试。在古生产力、古氧相这两个烃源岩评价的关键环节上，均将古生物学与地球化学工作进行结合，从而使得研究工作能够得到不同学科、不同指标的相互验证。本书既有地球生物学技术方法的介绍，也有典型剖面的系统解剖；既有现代过程的总结和研究，也有地质过程的深入分析。全书各章节具体分工参见目录。全文由谢树成统一修改和统稿。

烃源岩地球生物学的工作是中国地质大学（武汉）地层古生物学研究集体长期研究的系统总结，历经多年的艰苦探索，先后受到中国石油化工股份有限公司前瞻性研究项目、国家自然科学基金委员会一系列不同类型项目（包括国家创新研究群体项目40921062、国家杰出青年科学基金项目40525008和一系列的国家自然科学基金重点项目等）、科技部973计划重要科学前沿领域项目（2011CB808800）、高等学校生物地质与环境地质学科创新引智基地项目（111计划，B08030）等的联合资助。

在研究和撰写过程中，得到了孙枢院士、戎嘉余院士、陈旭院士、王铁冠院士、金振民院士、马永生院士、金之钧院士、牟书令总裁等的大力支持和指导。国际同行Richard Pancost、Paul Wignall、Lee Kump等参与了部分合作研究。在此，向他们致以诚挚的谢意。本书的完成虽经历了数年的修改，但仍感粗糙，只能作为地球生物学领域抛砖引玉的材料。不当之处，敬请批评指正。

目　　录

序
前言
第一章　烃源岩评价的地球生物学理论和方法 ……………………………………(1)
　第一节　烃源岩形成的地球生物学过程及其评估方法 ……………谢树成(1)
　　一、古生产力的评估 ……………………………………………………(3)
　　二、沉积有机碳的估算 …………………………………………………(11)
　　三、埋藏有机碳的估算 …………………………………………………(13)
　第二节　古氧相的定量和结构分析 ……………………………………谢树成(17)
　　一、氧化还原条件的定量和分类 ………………………………………(17)
　　二、水体的缺氧和硫化事件 ……………………………………………(17)
　　三、从沉积到早期成岩的氧化还原条件 ………………………………(18)
　第三节　烃源岩地球生物学半定量评价参数 ……………殷鸿福　谢树成(19)
　　一、地球生物相 …………………………………………………………(19)
　　二、地球生物相的四项参数及其替代指标 ……………………………(22)
　　三、四项参数各替代指标值的分级 ……………………………………(27)
　第四节　烃源岩地球生物学半定量评价实践 ……………殷鸿福　谢树成(29)
　　一、评价地区和剖面 ……………………………………………………(29)
　　二、半定量评价的讨论 …………………………………………………(30)
　　三、半定量评价结论 ……………………………………………………(32)
　参考文献 ……………………………………………………………………(32)
第二章　二叠纪和寒武纪典型烃源岩的地球生物学解剖 ……………………(40)
　第一节　二叠系烃源岩的地球生物学解剖 ……………………………………(40)
　　一、生境型 ………………………………………………李　波　颜佳新(40)
　　二、生产力及其组成 ……………………………………颜佳新　胡超涌(46)
　　三、埋藏环境和有机埋藏量 ……………………………黄俊华　周　炼(49)
　　四、烃源岩地球生物学评价 ……………………殷鸿福　谢树成　李　波(59)
　第二节　寒武系烃源岩的地球生物学解剖 ……………………………徐思煌(62)
　　一、地质与地球化学特征 ………………………………………………(62)
　　二、地球生物学参数 ……………………………………………………(69)
　　三、烃源岩地球生物学评价 ……………………………………………(74)
　参考文献 ……………………………………………………………………(80)
第三章　中元古代至三叠纪典型剖面的生境型 …………………………………(83)

第一节　中元古代 ··· (83)
　　一、华北地台中部中元古代地层发育特征与年代约束 ············· 史晓颖 (83)
　　二、华北地台中部中元古代碳酸盐岩地层的生境型 ··············· 史晓颖 (87)
　　三、河北平泉剖面生境型 ··································· 杜远生　郭华 (95)
第二节　埃迪卡拉纪—寒武纪 ································· 王约　王训练 (99)
　　一、埃迪卡拉纪剖面 ··· (99)
　　二、寒武纪剖面 ·· (105)
第三节　奥陶纪—志留纪 ······························· 苏文博　李志明　傅力浦 (111)
　　一、湖北宜昌黄花场-王家湾奥陶纪剖面 ······························· (115)
　　二、湖南桃源九溪奥陶纪剖面 ·· (120)
　　三、四川旺苍王家沟-鹿渡志留纪剖面 ································· (126)
　　四、陕西紫阳芭蕉口-皮家坝志留纪剖面 ······························· (130)
第四节　泥盆纪—石炭纪 ··· (133)
　　一、广西桂林杨堤泥盆纪剖面 ································ 龚一鸣 (133)
　　二、四川甘溪泥盆纪剖面 ···································· 龚一鸣 (136)
　　三、广西南丹巴平和么腰石炭纪剖面 ···························· 张雄华 (141)
　　四、广西隆安石炭纪剖面 ···································· 张雄华 (144)
第五节　二叠纪—三叠纪 ··· (147)
　　一、广西来宾铁桥二叠纪剖面 ····························· 李波　颜佳新 (147)
　　二、四川华蓥山二叠纪剖面 ····························· 颜佳新　李波 (153)
　　三、贵州罗甸纳水二叠纪剖面 ··························· 颜佳新　李波 (157)
　　四、贵州罗甸关刀二叠纪—三叠纪剖面 ····················· 宋海军　童金南 (161)
　　五、四川广元上寺三叠纪剖面 ················· 江海水　赖旭龙　阎春波 (163)
第六节　中元古代至三叠纪生境型变化规律 ····················· 颜佳新 (167)
　　一、生境型的划分和识别 ·· (167)
　　二、一些特殊生境型的特征和识别 ··································· (168)
　　三、生境型的时空变化 ·· (169)
参考文献 ·· (169)

第四章　中元古代至三叠纪典型剖面的古生产力 ····························· (174)
第一节　现代海洋生产力变化特征 ··························· 王红梅　邱轩 (174)
　　一、现代海洋生产力概述 ·· (174)
　　二、现代海洋初级生产力分布概况 ··································· (174)
　　三、我国各海域初级生产力的分布特征 ······························· (178)
　　四、影响海洋初级生产力的环境因素 ································· (180)
　　五、影响海洋初级生产力的生物因素 ································· (181)
第二节　各时代生物碎屑指示的古生产力 ································· (182)
　　一、中元古代 ·································· 杜远生　史晓颖　郭华 (182)
　　二、埃迪卡拉纪—寒武纪 ······························ 王约　王训练 (188)

三、奥陶纪—志留纪 ·················· 苏文博　秦　松　刘　采（189）
　　　四、泥盆纪—石炭纪 ·························· 龚一鸣　张雄华（196）
　　　五、二叠纪—三叠纪 ······· 颜佳新　宋海军　赖旭龙　童金南　江海水（200）
　第三节　各时代地球化学指标指示的古生产力 ······················ 胡超涌（202）
　　　一、海洋古生产力的地球化学指标 ····································（202）
　　　二、各典型剖面古生产力重建 ··（207）
　第四节　华南古海洋生产力的时空演变 ····················· 谢树成　胡超涌（218）
　　　一、古生产力的时间演变 ··（218）
　　　二、古生产力的空间变化 ··（220）
　　　三、古生产力与生物多样性的关系 ····································（221）
　参考文献 ··（222）

第五章　中元古代至三叠纪典型剖面的古氧相和烃源岩评价 ·················（229）
　第一节　各时代典型剖面的古氧相特征 ··································（229）
　　　一、中元古代 ······························ 史晓颖　杜远生　郭　华（229）
　　　二、埃迪卡拉纪—寒武纪 ···························· 王　约　王训练（238）
　　　三、奥陶纪—志留纪 ·················· 苏文博　王　巍　马　超（239）
　　　四、泥盆纪—石炭纪 ·························· 张雄华　龚一鸣（243）
　　　五、二叠纪—三叠纪 ······· 赖旭龙　宋海军　颜佳新　江海水　童金南（245）
　第二节　各时代碳同位素与古埋藏 ······························ 黄俊华（247）
　　　一、有机碳埋藏分数 ··（247）
　　　二、各典型剖面的碳同位素组成 ······································（247）
　　　三、有机碳埋藏量与烃源岩和生物多样性的关系 ························（260）
　第三节　各时代烃源岩的地球生物学评价 ································（263）
　　　一、中元古代 ······························ 杜远生　史晓颖　郭　华（263）
　　　二、埃迪卡拉纪—寒武纪 ···························· 王　约　王训练（269）
　　　三、奥陶纪—志留纪 ·· 苏文博（276）
　　　四、泥盆纪—石炭纪 ·························· 龚一鸣　张雄华（281）
　　　五、二叠纪—三叠纪 ······· 宋海军　颜佳新　赖旭龙　江海水　童金南（283）
　参考文献 ··（286）

第六章　烃源岩发育的若干新层位及其地球生物学过程 ·····················（291）
　第一节　中元古代主要的微生物岩类型及其地球生物学过程 ········ 史晓颖（291）
　　　一、华北地台中元古代主要的微生物岩类型与生态分布 ··················（291）
　　　二、层状凝块石 ··（292）
　　　三、黑色生物纹层石 ··（299）
　　　四、微生物岩礁 ··（306）
　第二节　新元古代的甲烷渗漏与烃源岩的形成 ···················· 王家生（311）
　　　一、现代海底甲烷渗漏 ··（311）
　　　二、新元古代甲烷渗漏事件的地质记录和分布 ··························（315）

三、新元古代甲烷渗漏作用与烃源岩的形成……………………………………………(320)
　第三节　二叠纪栖霞组含海泡石灰岩………………………………………颜佳新(323)
　　　一、栖霞期生境型空间分布和古生产力恢复……………………………………………(323)
　　　二、地球生物相空间分布与烃源岩评价…………………………………………………(331)
　第四节　二叠纪-三叠纪之交的钙质微生物岩与烃源岩……………………王永标(336)
　　　一、钙质微生物岩的层位和古地理分布…………………………………………………(336)
　　　二、钙质微生物岩的类型、微生物化石与古生产力水平………………………………(340)
　　　三、微生物岩有机质的沉积和埋藏条件以及赋存形式…………………………………(345)
　　　四、微生物岩烃源岩形成的地球生物学过程和生烃潜力评价…………………………(349)
　参考文献…………………………………………………………………………………………(352)
第七章　华南大断面地球生物相与典型烃源岩形成的地球生物学模型………………(364)
　第一节　下组合地球生物相特征……………………………………解习农　颜佳新(364)
　　　一、华南埃迪卡拉纪—早古生代古地理背景……………………………………………(364)
　　　二、华南下组合典型剖面地球生物相特征………………………………………………(365)
　　　三、华南下组合大断面地球生物相综合特征……………………………………………(367)
　第二节　上组合地球生物相特征……………………………………解习农　颜佳新(373)
　　　一、华南晚古生代—三叠纪古地理背景…………………………………………………(373)
　　　二、华南上组合典型剖面地球生物相特征………………………………………………(375)
　　　三、华南上组合大断面地球生物相综合特征……………………………………………(376)
　第三节　典型烃源岩形成的地球生物学过程及其模型………………谢树成　冯庆来(381)
　　　一、碳-硅-泥-(磷)型烃源岩………………………………………………………………(381)
　　　二、动物危机期间的微生物岩和泥质烃源岩……………………………………………(383)
　　　三、冰期后泥质烃源岩……………………………………………………………………(385)
　　　四、硅-泥质烃源岩和含海泡石碳酸盐烃源岩…………………………………………(387)
　　　五、与甲烷厌氧氧化有关的微生物岩和泥质烃源岩……………………………………(388)
　参考文献…………………………………………………………………………………………(390)

第一章 烃源岩评价的地球生物学理论和方法

烃源岩是含油气系统和油气成藏的物质基础,国内外油气地质学家对烃源岩进行了多方面的研究(Clegg et al.,1997;Glikson,2001;Younes,2003;Sharaf,2003;Riediger et al.,2004;Wilde et al.,2004;Fildani et al.,2005;Younes and Philp,2005;Rabbani and Kamali,2005;Lash and Engelder,2005;Ercegovac et al.,2006)。当前,人们已经认识到排烃过程和排烃效率可能是评价烃源岩更重要的方面(Leythaeuser et al.,1988;Banerjee et al.,2000),并认识到应用残余有机质反演烃源岩的生烃潜力存在一定局限性。

石油地质学常用的反演方法,是从现今岩石中测得的有机碳(TOC)含量等指标反推出有机质在深埋裂解前的资源量。反演方法需要 TOC 含量、有机质类型、有机质的成熟度、各类有机质的恢复系数等参数的支撑。除了这种反演方法外,我们还可以从生物的生产力到沉积有机质,再到埋藏有机质这个过程来正演有机质的形成和演化。要深入研究有效烃源岩和优质烃源岩的生烃潜力,不仅要从残余有机质来反演,还应该正演烃源岩形成的动力学过程。

我国海相碳酸盐岩烃源岩形成于多旋回的叠合盆地。烃源岩的时代老、埋藏深、有机质成熟度高(金之钧等,2005;马永生,2006),致使在我国南方高成熟海相地层中有相当部分有机地球化学参数已不能反映其原有的地球化学意义。由于存在以上问题,致使人们对成烃有机质的来源、发育条件及成烃机制不十分清楚,评价低有机质丰度岩石的生烃能力的方法仍在摸索,恢复高演化有机质的生烃历史和成烃阶段需要深入研究。针对这些难题,不断发展新的理论、技术和方法,提出更适合我国海相环境的成盆、成烃和成藏理论势在必行。地球生物学的提出和发展为这项工作的开展提供了机遇。

第一节 烃源岩形成的地球生物学过程及其评估方法

烃源岩是一种富含有机质、在自然条件下已经产生或可能产生石油和天然气的沉积岩(Hunt,1979)。与非烃源岩相比,海相烃源岩多形成于相对缺氧的环境,保存了各类海洋微生物功能群的各种形式有机质(Stein,2004;Katz,2005)。高度富集有机质的海相烃源岩实际上是一类集中了地质时期各种微生物及其遗迹的地质记录。

在海相烃源岩形成过程中,有机质的变化过程可以概括如下(图 1.1):海水中的各种生物在不同气候和环境背景下形成生产力,并有不同的生产力组成,构成了气-水界面的地球生物学过程。这些生物质通过水柱向下沉降到达沉积物表面。在到达水-沉积物界面时,大部分有机质被消耗掉,只有少部分有机质在沉积物中得以沉积下来,形成沉积有机质。这些沉积下来的有机质经历了成岩过程各类微生物的作用，又有许多有机质被消耗，最终只有极少部分有机质被埋藏起来，形成了埋藏有机质，反映了水-沉积物界面的地球生物学过程。这些埋藏有机质在深埋过程中，经历热化学作用，才形成了各种气体和油等。当受后期构造作用抬升地表时，岩石中的这些有机质又受到风化作用，最终形成目前在岩石中残留下来的残余有机质。

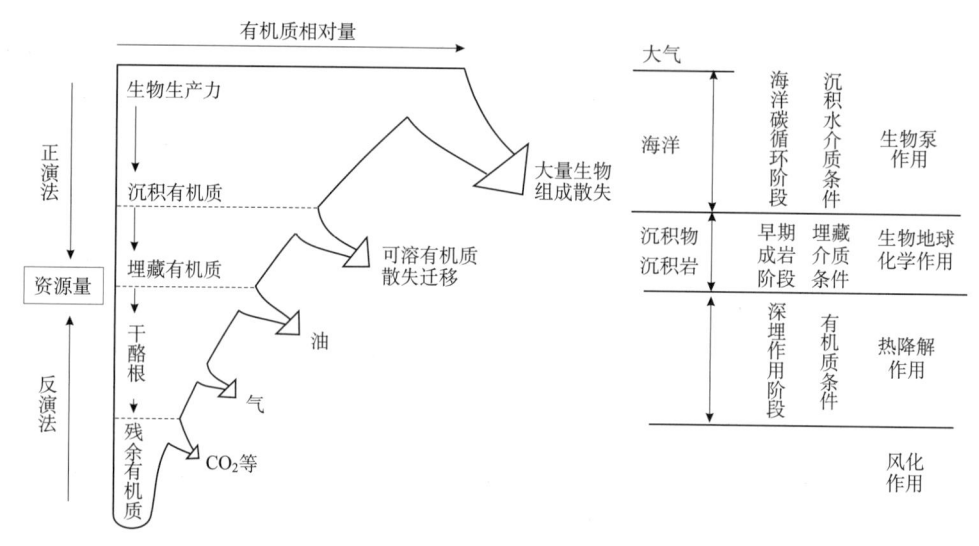

图 1.1 沉积岩中有机质的形成及其变化过程

因此，作为油气资源物质基础的烃源岩，其形成过程与有机质的形成和保存这两个基本的地球生物学过程密切相关（Banerjee et al., 2000; Stein, 2004; Katz, 2005）。这两个基本过程都与不同微生物功能群（如自养与异养的，或者好氧与厌氧的等）有关：古海洋有机质的形成（古生产力）直接体现了光合生物（自养生物）与水圈和大气圈的相互作用；有机质的保存与水-沉积物界面的氧化还原条件（古氧相）密不可分，集中体现了生物与环境的相互作用，水-沉积物界面及其以下的氧化作用带、硝酸盐还原作用带、硫酸盐还原作用带、甲烷形成带等精细刻画了不同微生物功能群的地质过程。与烃源岩相比，非烃源岩相对简单，往往只记录了部分微生物作用带（如氧化作用带）。特别是，与海相烃源岩形成有关的有机质埋藏主要发生在水-沉积物界面附近（Tyson, 2005），界面过程是所有地质过程的关键环节。从环境角度来说，界面附近的环境条件受到多种系统的综合影响，表现得最不稳定，变化极其繁杂，生物与环境相互作用呈现出多样化和多变性的特点。从生物学角度分析，现代微生物往往集中在一些重要界面上，如水-沉积物界面、气-土界面等，这些界面又是研究微生物地质过程的主要环节，也是目前人们认识最薄弱的地带。

海相烃源岩不仅记录了微生物通过古生产力、古氧相和古埋藏环境对地球表层系统所产生的作用，而且还记载了地质时期微生物通过各种生物地球化学循环对古海洋和古大气环境的影响。自太古宙以来，微生物对地球表层系统的作用可以通过碳循环和硫循环突出地表现出来，与此有关的记录是研究地质时期微生物与环境相互作用的极佳载体。

在中元古代富 H_2S 海洋环境（Arnold et al.，2004）中形成的烃源岩为解剖特定地质时期硫化海洋中的微生物过程及微生物对硫循环和海洋环境作用提供了重要载体。在显生宙某些重大地质突变期及其前后富 CO_2 地质环境（Retallack，2002；Berner，2003）形成的烃源岩则记录了微生物通过碳循环影响大气圈的地质过程。在新元古代冷泉等环境中形成的烃源岩及其相关沉积则开启了研究极端环境微生物地质过程的大门。因此，不同时期形成的烃源岩可以看作该时期的一个地球生物学事件，记录了详细的地球生物学过程。

从初级生产力的形成到沉积有机质，再到埋藏有机质，无不体现出生物（特别是微生物）与环境的相互作用，是典型的地球生物学过程。这是地球生物学方法评估烃源岩的理论基础，其方法是从恢复初级生产力到沉积有机质再到埋藏有机质的过程（即地球生物学三阶段）来正演烃源岩形成的具体过程，估算其最大资源量，并与传统的从残余有机碳的反演方法进行对比（图1.1）。为了增强地球生物学正演法结果的可靠性，减少计算误差，可以采用两种独立方法加以验证。一种方法是根据各种地球生物学方法先计算生产力，再根据生产力计算出沉积有机质，最后在计算成岩期消耗有机质的基础上，由沉积有机质计算出埋藏有机质。第二种方法则是跳过生产力与沉积有机质，直接根据地层中保存的钼含量或其同位素组成计算出有机埋藏量，以避免因生产力和沉积有机质的计算误差使埋藏有机质的计算误差增大。这两种正演方法可以互相比较。

一、古生产力的评估

初级生产力或初级有机碳在现代生物学中的单位为 $g\ C/(m^2 \cdot a)$，换算为古代资源量单位约相当于 $t\ C/(km^2 \cdot a)$。现代初级生产力范围约 $1\sim 1000 t\ C/(km^2 \cdot a)$，由寒区向暖区增加，由深海向陆架向河口区增加，相差可达数百倍。因此，对于地史时期有机碳产量（生产力×年数）的估算，只需精确到10的数量级即可。一个中等生产力的区域，面积 $100 km^2$，延续10万年，则其有机碳总产量可达数十亿吨。

为了比较可靠地反映生产力，可以采用多种方法互相校验。下面简单介绍评估初级生产力或初级有机碳的方法。

1. 生境型方法

生境型（habitat type）是指群落生存环境条件的总和。同一生境（生存环境）型在时空上可重复再现，其生产力可以对比。

（1）生境型划分方案

最早的古生境型分类可能是"底栖组合1~5"（Ziegler，1965）。殷鸿福等（1995）将生境型与沉积相结合起来，提出了华南二叠系—三叠系古群落的7种生境型，19种亚型。本书据此而针对华南提出的补充分类建议亦强调古群落与沉积体系的紧密关系（图1.2），因为群落的生物多样性、总丰度、尸积群与埋藏群（无论原地或异地组合）均与沉积体系有关。所建议的生境型（HT I~VII）及亚型有从潮上带到深海、超深海的各种沉积体系与之相对应，后者是根据水深、离岸距离及在陆架-斜坡-海盆体系中的

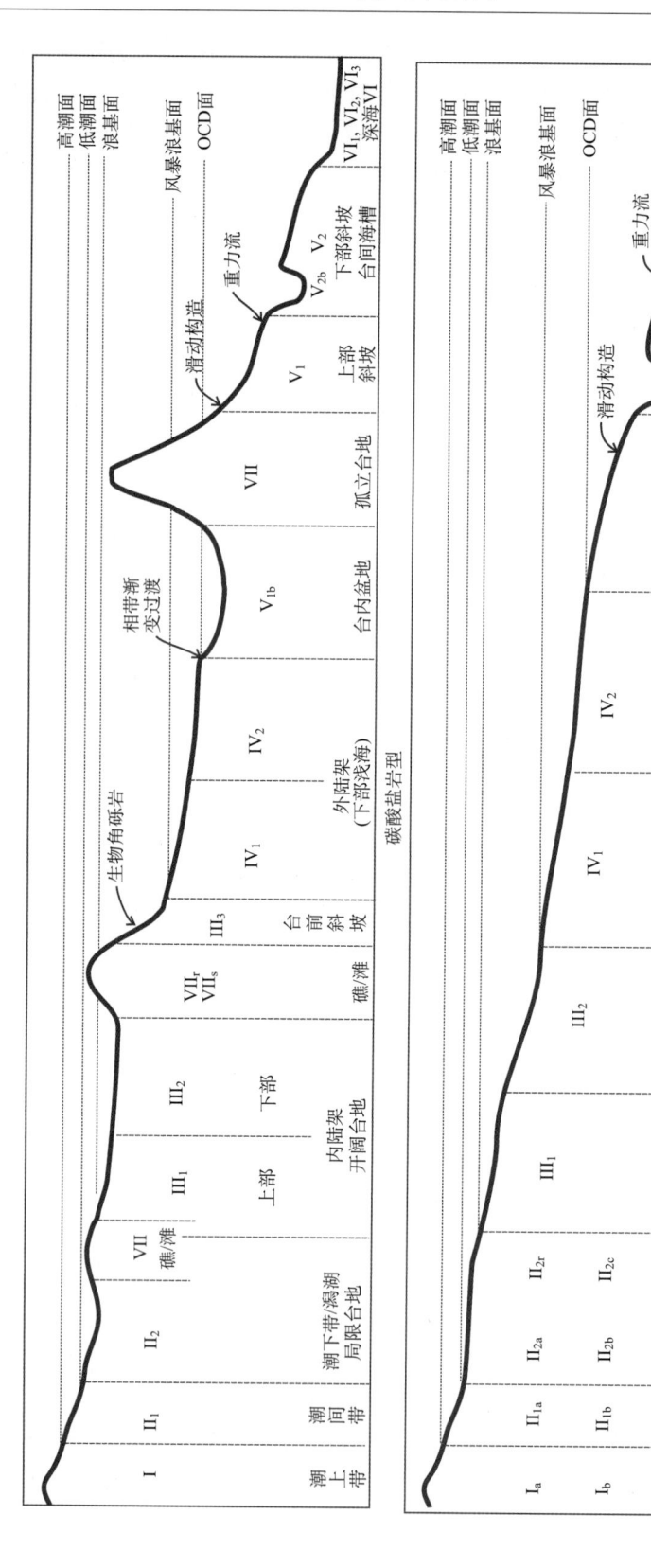

图 1.2 生境型及混积型的划分

位置而划分的。进一步的划分则基于底质成分（泥质、碳酸盐质）、氧化还原及水流条件。生境型 I～VII 的生物特点详见殷鸿福等（1995）的研究。

海洋古生境型（HT）划分方案如下：

I 潮上带（supratidal，后滨 backshore）生境型

　　I_a 潮上带

　　I_b 后滨

II 潮间带及潮下带生境型。滨海地区地貌及水动力条件比较复杂，分开比较好，避免出现同一生境型生产力等指标差得很远

　　II_1，II_{1a} 潮间带（intertidal）（低能）生境型，相当于 BA（底栖组合）1+2

　　II_{1b} 前滨带（foreshore）（高能）生境型，相当于 BA1+2

　　II_2，II_{2a} 潮下带（subtidal）（低能）生境型，范围为低潮线（0m）至正常浪基面（大致 5～10m），相当于 BA2 或 BA3 的一部分

　　II_{2b} 临滨带（滨面）（shoreface）（高能）生境型，范围为低潮线（0m）至正常浪基面（大致 5～10m），相当于 BA2 或 BA3 的一部分

　　II_{2r} 局限台地（restricted platform），主要为潟湖相，水深有时可达 III_1

　　II_{2c} 含煤沼泽（coal swamp）

III 上部浅海（upper neritic）生境型：范围大致相当于上部远滨（upper offshore），或内陆架（inner shelf），或正常浪基面至风暴浪基面之间。底栖组合相当于 BA3

　　III_1 上部浅海上部（大致 10～30m）生境型

　　III_2 上部浅海下部（大致 30～50m 或 60m）生境型

IV 下部浅海（lower neritic）生境型：范围大致相当于下部远滨（lower offshore）或外陆架（outer shelf），或风暴浪基面至自由氧补偿界面（OCD）之间，约 50m 或 60～200m，底栖组合相当 BA4～BA5

　　IV_1 下部浅海上部（大致 50m 或 60～100m）生境型，相当于 BA4

　　IV_2 下部浅海下部（大致 100～200m）生境型，相当于 BA5

V 半深海（bathyal）生境型：范围大致相当于大陆坡（continental slope）

　　V_1 上部斜坡（upper slope）生境型（大致 200～1000m）

　　V_{1b} 台内盆地（intra-shelf basin）生境型

　　V_2 下部斜坡（lower slope）生境型（大致 1000～3000m）

　　V_{2b} 台间海槽（inter-shelf basin）生境型

VI 深海（abyssal）生境型

　　VI_1 上部深海（upper abyssal）生境型（大致 3000～4500m）

　　VI_2 下部深海（lower abyssal）生境型（大致 4500～6000m）

　　VI_3 超深海（hadal）生境型（大于 6000m），均为碎屑相

VII 生物礁/滩生境型（均为碳酸盐岩）

　　VII_r 台地边缘生物礁

　　VII_s 生物碎屑滩

(2) 生境型方法计算初级生产力的原则

由于同一生境型在时空上可重复再现，根据将今论古原理，古代某一生境型的生产力，可以套用与现代相对应生境型的生产力。在此基础上，要根据条件变化（温度、纬度、底质、氧化还原条件等）作修正，因此，这种方法可以大致估算出地质历史时期某一环境初级古生产力的大致变化范围。中国乃至世界海区不同生境型的初级生产力（PP）分布已有很多资料可供广泛对比。详见第四章第一节的现代海洋生产力变化特征。

2. 地球微生物学方法

地球微生物学可以有多种方法评估古生产力，既可以从第一营养级的微生物直接估算初级古生产力，也可以利用放射虫等第二营养级生物的丰度估算初级古生产力。下面着重介绍 Gu 等（2007）报道的从第二营养级生物——放射虫的丰度估算初级古生产力。

放射虫类为一类微型—小型的浮游动物，依靠捕食浮游生物为生。它在食物链中处于第二营养级。第二营养级（放射虫）的产量＝初级消费者的生产量＝初级生产量×生态效率。只要知道放射虫的生产力，通过此法可以大致推测初级生产力。

估算放射虫古生产力的步骤方法如下：

1) 通过统计一定厚度和面积的岩石中放射虫个体数，来估算放射虫的密度(个/cm²)。首先，样品被定向，切割为长方体，记录其底面积（BA）和厚度（T）。然后用一般处理放射虫的方法将其全部处理，挑出其中的放射虫，统计其中全部放射虫的数量，包括碎片（NR）。

2) 获得沉积速率（RS）。通过磁化率地层学、高分辨率地层学的方法，求出岩石的沉积速率（cm/a）。

3) 根据 1) 和 2) 的结果，获得岩石中放射虫的累计沉积速率[RA，个/(m²·a)]。即

$$RA = (RS \times NR)/(BA \times T) \tag{1.1}$$

4) 估算放射虫的保存比例。在沉降到海底之前。约有 1%～10%（平均 3%～5%）的生物硅最终能沉降到海底（De Wever et al.，2001），有的计算表明约 3% 的壳体能够沉降到海底。

沉降到海底的放射虫经过成岩作用后得以最终保存下来。沉积速率对沉降到海底的放射虫壳的最终保存有影响。速率越高，则保存率越高。如果沉积速率为 250cm/ka，则最多有 86% 的壳体会被保存。如果沉积速率为 1～3cm/ka，则仅有 1%～5% 的壳体会被保存（DeMaster et al.，1996）。

5) 计算放射虫的产率 PR。

$$PR = RA/RP = (RS \times NR)/(BA \times T \times RP) \tag{1.2}$$

式中，RA 为放射虫的累积沉积速率，RP 为放射虫的保存比例。

6）估算放射虫的有机碳产率。原生质中约有 40% 为有机碳。原生质的密度大约为 1g/cm³。假定放射虫的体积为 V，则放射虫的有机碳产率 PC 可以按照 $PC=PR\times V\times 1\times 40\%$ 计算。PR 为放射虫的产率。

7）根据生态效率理论，第二营养级的古生产力应当为第一营养级的 20%，所以，如果不考虑第二营养级的其他组成部分，仅仅考虑放射虫为第二营养级，则初级古生产力 PP 可以按如下求得：

$$PP=PC\times 5 \tag{1.3}$$

根据以上方法，Gu 等（2007）计算了广西东攀剖面大隆组两个层位的古生产力（表 1.1）。部分参数说明如下：在东攀剖面，硅质岩的沉积速率经过计算为 3.76×10^{-4} cm/a。一些计算（De Wever，1987；Sarnthein and Faugéres，1993）表明，对放射虫硅质岩来说，重建的松散沉积物的堆积速率大约是最终硅质岩沉积速率的 5 倍。所以，东攀剖面原始堆积速率为 3.76×10^{-4} cm/a $\times 5\approx 1.88$ cm/ka。根据 DeMaster 等（1996）的资料，沉降到海底的放射虫壳体大约有 3% 最终被保存到岩石中。考虑沉降过程的保存率（3%~5%），若取 3%，则最终的保存比例为 0.09%。

表 1.1 广西东攀剖面大隆组的古生产力估算的流程和参数（Gu *et al*.，2007）

参　　数	样品号 DP-2-4	样品号 DP-5-2
样品底面积（BA）/cm²	4.35	5.51
样品厚度（T）/cm	2.2	1.5
沉积速率（RS）/(cm/a)	3.76×10^{-4}	
处理出来的总的碎屑的质量/g	0.6087	0.5281
挑样的质量/g	0.0651	0.074
挑出的放射虫的数量/个	5.90×10^{3}	2.70×10^{3}
处理出的放射虫数量（NR）/个	5.52×10^{4}	1.93×10^{4}
放射虫壳的保存比例（RP）/%	0.09	0.09
放射虫产率[$PR=(RS\times NR)/(BA\times T\times RP)$]/[个/(cm²·a)]	2.41×10^{3}	9.74×10^{2}
放射虫的平均直径（D）/cm	0.03	0.03
平均体积（V）/cm³	1.41×10^{-5}	1.41×10^{-5}
放射虫平均原生质质量（W）/g	1.41×10^{-5}	1.41×10^{-5}
原生质中碳的平均含量/%	40.00	40.00
次级生产力（$PC=PR\times W\times 40\%$）/[g C/(cm²·a)]	1.36×10^{-2}	5.50×10^{-3}
初级生产力（$PP=PC\times 5\times 10000$）/[g C/(m²·a)]	680.58	275.25
平均放射虫产率/[个/(cm²·a)]	1691.13	
平均初级生产力/[g C/(m²·a)]	477.91	

该方法仅是一个很粗略的尝试，很多方面还有待进一步完善。例如，放射虫在水体沉降过程和埋藏过程的保存比例变化较大，难以准确估算；放射虫仅是第二营养级的一部分，无法代替整个第二营养级的全部生物；在样品处理过程中存在壳体的损失等。

3. 生物地球化学方法

在国际上，近十余年的古海洋研究取得了较大的突破，一批很有潜力的地球化学指标被开发出来用于估算古生产力（Henderson，2002）。通过对现代海洋硅、氮、磷、碳、钡、铁、镉等生源要素的生物地球化学过程观察，包括它们在生物生长—死亡—埋藏过程中的变化特征，已分别筛选出了古生产力和有机埋藏量的替代指标。海洋模拟和现场试验结果已经证实，硅、磷、钡、铁都能较好地表征古生产力的变化，是古生产力最有潜力的替代指标。详细研究它们在地球生物学过程中的变化特征，不但有望计算某一特定时期初级古生产力的总量，而且可以获得各种生物（宏体、微体、超微等）的组合特征。在现代海洋中，利用生物地球化学方法评估原始生产力有许多例子，包括钡、铝、铜等元素和同位素等。Ma 等（2008）已经对一些重要元素作了简单的总结，现概括如下。具体原理参见第四章第三节。

在海水中，钡有很长的滞留时间，沉积以后也有很高的埋藏率（30% 以上）（Dymond et al.，1992；Paytan and Griffith，2007）。在氧化条件下，钡的成岩影响也很小。海洋沉积物中的过剩钡（生源钡，Ba_{xs}）经常用做古生产力的代用指标（Dymond et al.，1992；Francois et al.，1995；Paytan et al.，1996；Paytan et al.，2004）。但是，Ba_{xs} 作为生产力指标（Schmitz，1987；Dymond et al.，1992；Babu et al.，2002），也存在一些问题。例如，它与水深有关系（Breymann et al.，1992），钡从表层海水输入到沉积物的过程还需要深入研究。高生产力区因富有机质、硫酸盐浓度很低，钡成为一种活动元素，导致浅水富有机质地区信号失真。而且，在准厌氧和厌氧条件下，在硫酸盐还原阶段，钡容易释放而损失。该元素在富有机质沉积物中只能作为一种定性的古生产力指标，定量应用时需慎重（Brumsack，2006）。

在海水中，铝主要以 $Al(OH)_3$ 和 $Al(OH)_4^-$ 形式存在，而且对颗粒具有很强的活性（Li，1991；van den Berg et al.，1994）。海洋沉积物中的铝除了陆源贡献一部分外，还有一部分由颗粒对可溶态铝的吸附所贡献。在生物成因的沉积物中（如碳酸盐岩），过剩铝主要反映了颗粒的输入量，因而是古生产力的一种代用指标（Murray et al.，1993；Murray and Leinen，1996；Pattan and Shane，1999）。由于铝在一系列不同的氧化还原条件下都相对稳定，而且成岩过程变化也小（Kryc et al.，2003），因此，在多数情况下，过剩铝都是一个很好的古生产力代用指标。需要指出的是，铝在近滨环境不受生物和成岩作用影响，主要与陆源输入有关（Brumsack，2006）。但在开阔海，过剩铝以及 Al/Ti 则与生物源（生产力）有关（Murray et al.，1993），可以用来指示生产力的变化。

磷是一种生源要素。在地质历史时期，磷是海洋生态系统一种重要的限制性营养元素（Paytan and McLaughlin，2007）。除了陆源的磷外，从上层水体中迁出来的大量磷是生物成因的（也就是过剩磷），虽然从水柱中迁出并最终保存在沉积岩中的过剩磷所占比例很少（Benitez-Nelson，2000）。这部分被保存的磷主要以磷灰石形式存在（Follmi，1996）。因此，沉积岩中的过剩磷记录了古生产力的信息。很有意思的是，在一些地层中（如广元上寺大隆组），过剩磷与残余 TOC 含量之间有一个时间上的滞后效应，这可能与磷的再次活化有关（Ma et al.，2008）。沉积后的磷因上升流的作用再次活化进入透光层重新被生物利用，并进一步刺激了表层生产力的提高以及随后大量有机碳的输出，造成了有机埋藏量的增高，从而出现了相对滞后的 TOC 高峰（Tribovillard et al.，2006）。

在水体中，铬也有一种类似营养元素的行为（Morford and Emerson，1999），它主要与有机质一起被带入沉积物（Piper and Perkins，2004）。在有机质降解时，它被释放进入层间水而以硫化物等自生矿物形式存在于沉积岩中（Morford et al.，2001；Tribovillard et al.，2006）。在现代海洋沉积物中，铬与磷在含量上有很好的对应性。但是，这两个元素相比，磷是相对容易循环再利用的，只有不到 1% 的磷能够免于再循环而最终在沉积物中保存下来。铬则不同，能够在准厌氧和厌氧的条件下固定下来，因而是一种重要的古生产力指标（Rosenthal et al.，1995；van Geen et al.，1995；Elderfield and Rickaby，2000）。

铁在海水中的浓度极低（<1nmol/L），但它的生物效应强。在光合固碳、固氮和固磷过程中，铁离子发挥了特殊作用（Morel and Price，2003），被认为是制约初级生产力的主要元素（Martin et al.，1994；Boyd et al.，2000），在高营养盐的上升流地区尤其如此。因而，铁是一个尚待开发的古生产力替代指标。

在一个海相样品中，以上元素的含量除了海洋生物源贡献外，还有陆源的贡献。利用这些元素来恢复古生产力时，必须剔除陆源的影响。可以利用钛这一元素为陆源物质的背景来计算各元素的非陆源贡献的量，即每个元素的过剩量。之所以利用钛这一元素来扣除陆源物质的背景值，是因为该元素主要由陆源贡献，而且在水中的溶解度极低，仅为几个 pmol/kg（Murray and Leinen，1996），含量也比较稳定（Murray and Leinen，1996；Timothy and Calvert，1998）。元素的过剩量计算如下：

$$\text{元素}_{\text{过剩量}} = \text{元素}_{\text{总量}} - \text{Ti}_{\text{总量}} \times (\text{元素}/\text{Ti})_{\text{PAAS}} \tag{1.4}$$

式中，（元素/Ti）$_{\text{PAAS}}$ 为澳大利亚太古宙以后地层中某元素与钛在页岩中的含量比值，是一个陆源参考值（Taylor and McLennan，1985）。

4. 生产力组成的评估

不同生物具有不同的生物化学组成，相同质量的生物质对烃源岩有机质组成的贡献可能不同。可以根据微生物学和微体古生物学方法确定不同的微生物组成。有孔虫、放射虫、硅藻、绿藻、褐藻等古生产力组成成员都可以以生物个体保存下来。采用微体古生物学的分离方法和切片法均可以定性、定量分析这些微生物的个体数量。

不同微型生物类群因其代谢途径不同，它们的有机组分在分子和同位素上就有差异，可以根据特征性的分子化石如生物标志化合物（biomarker）来判别不同的微生物，确定古生产力的组成。我们已经对这些微生物的分子标志化合物作过一些介绍（谢树成等，2011），这里概述如下。

蓝细菌的标志化合物主要是 2-甲基藿类（包括生物体中的 2-甲基藿醇及其成岩转化成的 2-甲基藿烷），特别是碳数在 C_{31} 以上的同系物（Summons et al., 1999）。一些蓝细菌还具有许多中等碳链长度的单甲基和双甲基的支链烷烃化合物，例如 7-甲基或 8-甲基十七烷、7,11-二甲基十七烷、4,13-、5,13-、4,5-二甲基十七烷等（Shiea et al., 1990; Summons et al., 1996; Köster et al., 1999）。绿硫细菌的标志化合物为 1H-吡咯-2,5 二酮（Grice et al., 1996），以及 2-烷基-1,3,4-三甲基苯和 C_{40} isorenieratene（Summons and Powell, 1986）。

古菌细胞膜类脂主要以醚键结合，包括两类，即具有双醚键的 archaeol 系列和具有四醚键的 caldarchaeol 系列（GDGT）。具有类异戊二烯结构烷基支链的古菌 GDGT 系列化合物（isoprenoid GDGT，记作 iGDGT），可以构成单层分子膜，具有比双层分子膜更高的热稳定性。与古菌具有异戊二烯结构烷基支链的 GDGT 不同，细菌来源的 GDGT 具有非异戊二烯结构的烷基支链（Sinninghe Damsté et al., 2000; Weijers et al., 2006），此类 GDGT 化合物（branched GDGT，记作 bGDGT），其甘油立体结构属于细菌特征的 1,2-双-O-烷基-sn-甘油，而非古菌特征的 2,3-双-O-烷基-sn-甘油。

在一些富甲烷化合物的环境中，常常见到尾对尾的类异戊二烯，如 2,6,10,15,19-五甲基二十烷（PMI），2,6,11,15-四甲基十六烷（crocetane）和类异戊二烯基甘油二醚和四醚，它们主要由嗜甲烷菌贡献。现代海底甲烷喷口甲烷厌氧氧化菌主要分三类，即 ANME-1，ANME-2 和 ANME-3（Boetius et al., 2000; Blumenberg et al., 2004; Niemann et al., 2006）。ANME-1 主要合成 0～3 个五元环的 GDGT，而 ANME-2 主要合成 sn2-hydroxyarchaeol 和 2,6,11,15-四甲基十六烷。在新报道的 ANME-3 中，主要是 sn2-hydroxyarchaeol 和 PMI（Blumenburg et al., 2004; Niemann et al., 2006）。最老的 2,6,11,15-四甲基十六烷发现于 1640Ma 前的 Barney Creek 群沉积物中（Greenwood and Summons, 2003）。最近 Ventura 等（2007）在 2707～2685Ma 的太古宙变质沉积岩中发现了丰富的古菌标志物，主要是 0～3 环的双植烷及其 C_{36}～C_{39} 的降解产物。

细菌往往具有 C_{12}～C_{18} 异构和反异构脂肪酸，异构和反异构 β-羟基脂肪酸。革兰氏阴性菌主要含有以 C_{14} 为主峰的 β-羟基脂肪酸（Volkman et al., 1998）。值得注意的是，磷脂酸已被广泛用来研究细菌的群落结构，不同的细菌群落具有完全不同的磷脂酸组成特征。遗憾的是，这类化合物离开生物体后，见光或遇水就很容易分解。因此，地质体中检测到的这些物质仅与当时活的细菌群落有关。与嗜甲烷共生的硫酸盐还原菌的生物标志化合物主要贡献一些非异戊二烯类脂物，包括异构和反异构支链醇、脂肪酸、非异戊二烯基甘油醚（Boetius et al., 2000; Elvert et al., 2000; Hinrichs et al., 2000; Pancost et al., 2000; Valentine and Reeburgh, 2000; Thiel et al., 2001）。一些硫酸盐还原菌具有较高的 $C_{17:1}$ 和 $C_{15:1}$ 脂肪酸（Parks and Taylor, 1983）。

各种不同的藻类具有很好的甾醇类标志化合物，Volkman 等（1998）已做过较系统的总结。藻类往往还具有多个不饱和碳键的脂肪酸。值得注意的是，被认为主要与高等植物有关的具有偶碳优势的高碳数饱和脂肪酸也可以来源于一些藻类（Volkman et al., 1998）。在一些藻类丰富的沉积物中还出现高含量的 C_{22} 饱和脂肪醇（Volkman *et al.*，1998）。现代海洋中的三大浮游生物都有特征性的标志化合物。硅藻的分子标志化合物为 24-methylene-胆甾醇。C_{25} 和 C_{30} 长支链类异戊二烯 HBI 也主要与硅藻来源有关（Volkman *et al.*，1998）。甲藻具有 4-甲基甾类标志化合物。颗石藻 *Emiliania huxleyi* 以及 *Gephyrocapsa oceanica* 有特征性的长链烯酮，$C_{37:3}$ 和 $C_{37:2}$ 的比值随生长温度的降低而升高（Volkman *et al.*，1980；Brassell *et al.*，1986；Marlowe *et al.*，1990；Volkman *et al.*，1995）。作为真核生物，疑源类具有甾类化合物等类脂物。在二叠纪-三叠纪界线附近，发现 C_{33} 正烷基环己烷含量很高，而且其相对丰度变化与疑源类丰度同步，因而被认为是其标志化合物（Grice *et al.*，2005）。

真菌作为一类真核生物，其标志化合物无疑是甾类。麦角固醇（Ergosterol，24β-甲基胆甾-5,7,22-三烯-3β-醇）是酵母菌和真菌的主要甾类化合物（Weete，1974），已经成功地用来研究土壤和废水中真菌的生物量（Gardner *et al.*，1993；Méjanelle *et al.*，2000）。在一些真菌中，24-甲基胆甾-7-烯-3β-醇、24-甲基胆甾-7,24(28)-二烯-3β-醇和 4α,24-二甲基胆甾-7-烯-3β-醇等甾类的含量可以成为某些真菌分类的指标（Méjanelle *et al.*，2000）。

二、沉积有机碳的估算

由初级生产力到水-沉积物界面（SWI）沉积有机质的形成，主要是生物泵的作用，也受沉积作用（氧化还原度、沉积速率）的影响。在这一过程中，有机质的变化极大。据估计，在浅水地区，大约有 5%～50% 的初级生产力能到达水-沉积物界面；而在大洋区，这个比例降到 0.8%～9%（沈国英、施并章，2002）。因此，需要估算初级生产力有多少保留为沉积有机质。

1. 现代海洋沉积有机质形成的一般特征

在现代海洋中，只有小部分的初级生产力最终能在沉积物中积累。在南海深水区，年平均初级生产力大约为 70～100g/m²，而最终在沉积物中积累的有机质，在北部陆坡外缘为 0.22%，中部为 0.13%（陈建芳等，1994）。Mucci 等（2000）研究表明，初级生产力中的 10% 被垂直输送到沉积物，大约有 4%～5% 随沉积物被埋藏。

沉积有机质的季节效应大，但年平均通量相对恒定。月际间颗粒有机碳通量高峰与低谷可相差一个数量级。但在南海中部 1200m 处，1991～1996 年间年平均通量则在 1.38～1.64g/m² 之间变动，相对比较稳定。

2. 沉积有机质埋藏的影响因素

埋藏到沉积岩中的有机碳占真光层中初级生产力的 1%～2%。通过水柱时有机碳的损耗部分取决于水深，而水深与生境型有关（表 1.2）。据研究，Bransfield 海峡有 9% 的初级生产力被埋藏，罗斯海峡有 4.5% 的被埋藏。在 Gerlache 海峡西部，埋藏到沉积物中的有机碳占初级生产力的 2%～5%，在东部约占 3%～6%。

沉积有机质（OC_{sed}）主要取决于水柱和 SWI 处的氧化还原条件。在不同氧化还原

表 1.2　不同生境型沉积有机碳的差异

生 境 型	沉积有机碳含量占生产力总量的比例
外陆架的下部浅海（生境型 IV）	赤道太平洋 2%～7%到达 100m 深处；阿拉伯海 5%～10%到达 100m，南大洋 30%到达 100m
大陆斜坡的半深海（生境型 V）	约 1%（0.2～1Gt C/a）
深海（生境型 VI）	1%初级生产力到达 2000m 深的深海中（0.34 Gt C/a）；南大洋有 3%初级生产力到达 1000m 深海

条件下，沉积有机质埋藏的差异可达十余倍。因此古氧相乃是生物在死后沉积阶段的一个决定因素。此外，它亦是有机质埋藏阶段（早期成岩阶段）的一个主要因素。古氧相分析见本章第二节。

此外，沉积物中能保存的有机碳与沉积速率亦有重要关系。一方面，因为 PP 产出的一大部分 OC 在通过水柱时重新矿化（氧化）消耗，且在 SWI 处由于与细菌和氧化物作用，造成的消耗较深埋时强烈，故若沉积速率较高，则在水柱中及 SWI 处的有机碳消耗较少，有机碳保存率较高（Tyson，2005）。另一方面，若碎屑沉积速率超过有机碳沉积速率，则有机碳将在沉积物中被稀释。故细碎屑下沉比粗碎屑慢，但有机碳保有率却较高。据研究，细粒沉积岩中有机碳最佳堆积速率为 10～100m/Ma（Ibach，1982）。目前对地史中有机碳沉积速率加以测定和分类的方法有多种。通常颗粒有机碳（POC）的沉积速率与无机物沉积速率一致，可以根据岩石的岩性和粒径作相对的划分。另一方法是应用沉积物中同类替代标志的比值，例如 Ba/Al，这样就把钡和铝两个替代标志各自隐含的速率的影响消除了。

3. 沉积有机碳的评估

由于沉积有机质受到上述因素的影响，其量的恢复是一项相当艰巨的工作。可以按不同生境型、不同氧化还原级别和埋藏速度确定古海洋中由 PP 到 SWI 有机碳保存的百分比 f。

$$沉积有机碳 = 初级生产力 PP \times f_{habitat} \times f_{redox} \times f_{velocity} \tag{1.5}$$

式中，$f_{habitat}$，f_{redox}，$f_{velocity}$ 分别代表某生境型、氧化还原条件、沉积速率下由 PP 到 SWI 有机碳保存的百分比。

在已知初级生产力 PP、氧化还原条件和沉积速率的条件下，生境可由水深来替代，但要考虑诸如洋流的影响。由此，沉积有机碳可以进一步由下式计算。

$$沉积有机碳 = 初级生产力 PP \times f_{depth} \times f_{redox} \times f_{velocity} \tag{1.6}$$

式中，f_{depth}，f_{redox}，$f_{velocity}$ 分别代表某水深、氧化还原条件、沉积速率下由 PP 到 SWI 有机碳保存的百分比。

从上式可知，关键是如何把氧化还原条件定量化，这将进一步在下面详述。如果这些条件均已知，如何将上述函数方程建立起来并计算出沉积有机质呢？可以有下面两种方法。

(1) 将今论古法

根据现代海洋的资料，可以估算相同海水深度初级生产力转变成沉积有机质的百分数。或者在相同的氧化还原条件下，初级生产力转换成沉积有机质的百分数。

(2) 室内模拟实验

设计一定的模拟实验或者控制实验，建立一定量的初级生产力在不同的氧化还原条件、时间（水深）、底质下所沉积下来的有机质的量及其类型。

模拟实验的条件包括矿物（即底质，如黏土矿物或者碳酸钙）、时间（相当于水深）、氧化还原条件。

三、埋藏有机碳的估算

在成岩过程中，沉积有机质在埋藏时还要进一步减少，其减少量主要发生在以下四个成岩作用阶段，即氧化作用阶段、硝酸盐还原阶段、硫酸盐还原阶段和甲烷形成阶段。经过这些阶段，一部分沉积有机碳被分解散失，而另一部分有机碳被保留为埋藏有机碳。地球生物学的这一过程到早期成岩阶段结束为止，因为主要的地球生物学作用——微生物活动至此基本停止。因此，埋藏有机碳应相当于深成作用前的资源量，它还要经历深成作用和再变质作用才保留为现在见到的残余有机碳。

1. 结核对成岩期四个阶段的示踪作用

如何追踪地质历史时期这四个成岩作用阶段是首先需要研究的。沉积地层中发育的各类结核可以为这方面的研究提供一个窗口。

1) 在氧化作用阶段，有机质进行有氧分解，没有形成结核。

2) 在氧化还原界面附近，由于存在锰的氧化和还原，锰富集，形成水锰矿、锰结核和燧石结核发育。燧石结核与有机质保存条件有密切关系。

在氧化还原界面附近，在还原菌作用下，pH 发生变化。来源于硅藻、海绵骨针、放射虫的蛋白石溶解、迁移、再沉淀并局部富集，呈结核状（Packard et al., 2001）。硅的来源包括生物化学作用、火成岩和热液。沉积环境一般为富硅海和文石海。

此阶段消耗掉的有机质 TOC_{Mn} 计算如下（Vetö et al., 1997）：

$$TOC_{Mn} = Mn \times 0.11 \tag{1.7}$$

3) 在硫酸盐还原带，富 Fe、Co 等元素，FeS_2 结核发育，有机质含量丰富。其中，黄铁矿结核与有机质保存条件密切相关。这是由于在氧化还原界面之下，硫酸盐还原作用消耗有机质，同时产生 H_2S，并以黄铁矿形式保存下来。即，$SO_4^{2-} + 2CH_2O \Longrightarrow H_2S + 2HCO_3^-$。同时，在这个过程中，硫和碳同位素发生分馏，导致 ^{34}S 与 ^{12}C 富集，$\delta^{34}S$ 向正偏，$\delta^{13}C$ 向负偏。

特别值得注意的是，该阶段 H_2S 的增加与有机碳、钼埋藏同步进行。Mo/Al 与有机碳密切相关、$\delta^{98}Mo$ 值与 HS^- 及碳埋藏量正相关。因此，钼和 $\delta^{98}Mo$ 可以作为评价成岩期硫酸盐还原阶段有机碳埋藏量的代用指标。

硫酸盐还原阶段分解有机物的量可达40%～100%。硫酸盐还原作用下消耗掉的有机碳（TOC_{sr}）计算的经验公式（Vetö et al.，1995）如下：

$$TOC_{sr} = S \times 0.75 \times 1.33 \tag{1.8}$$

因此，根据以上几个阶段的变化，有机碳埋藏量（$TOC_{原始}$）为

$$TOC_{原始} = TOC_{残余} + TOC_{sr} + TOC_{Mn} \tag{1.9}$$

$$C_{flux} = TOC_{原始} \times 沉积速率 \times 密度 \tag{1.10}$$

式中，C_{flux}为有机碳通量。

4）在甲烷菌还原带，富V、Cr、Ni等元素，碳酸盐岩结核发育。碳酸盐岩结核与有机质保存条件密切相关。这是由于在甲烷菌还原带内，由于CH_4逸散，使得^{12}C被消耗，而富集^{13}C，碳酸盐岩结核内的白云石富集重（^{13}C）同位素，$\delta^{13}C$向正偏。

在还原条件下发育的四类碳酸盐岩结核，根据碳、氧同位素可以将有机质埋藏环境分为四类：类型 I，SO_4^{2-}还原带，孔隙水影响，$\delta^{13}C$负值；类型 II，过渡带，$\delta^{13}C$负值，向0逐渐增大；类型 III，CH_4还原带，孔隙水影响，强还原环境，$\delta^{13}C$一般在0以上；类型 IV，CH_4还原带，孔隙水影响弱，是一种稳定的强还原环境（^{13}C富集）。

在黑色页岩中，经常可以看到顺层分布的碳酸盐岩结核，它们形成于甲烷菌还原带，$\delta^{13}C$为正值。形成于甲烷菌还原带的碳酸盐岩结核可能是优质烃源岩的指示物。

在分清四个成岩作用阶段（即四类不同的氧化还原条件）之后，就可以计算有机碳埋藏量与不同氧化还原条件的半定量关系，以及与结核^{34}S、^{18}O、^{13}C同位素比值的半定量-定量关系。

2. 埋藏有机质的定量计算

（1）碳和硫同位素

碳同位素测定技术相对简单，方法成熟，已广泛用于各种地质作用过程的示踪。总体上讲，碳同位素组成取决于全球碳循环，即碳在有机和无机两个碳库之间的分配比例。由于生物在有机碳和无机碳的转换中起重要的作用，碳同位素综合记录了生物及其与之相关的环境信息。但是，无论是无机碳同位素（$\delta^{13}C_{carb}$），还是有机碳同位素（$\delta^{13}C_{org}$），都是多种效应（生产力、海洋环境、有机物保存等）综合作用的结果，它们都很难单独给出更为详细的信息。可喜的是，在碳循环（特别是海洋碳循环模式）理论指导下，利用有机碳和无机碳同位素的差值（$\Delta^{13}C = \delta^{13}C_{carb} - \delta^{13}C_{org}$）可以定量计算有机碳埋藏分数（$f_{org}$）（Kump and Arthur，1999；Voigt，2006），为探讨生物-环境-有机碳埋藏的耦合关系提供了基础。因而，同步、平行地研究有机碳和无机碳同位素的组成，将为我们提供有机碳埋藏效率的详细信息。如果进一步与生境型研究相结合，则可以利用这些信息建立不同生境型的碳同位素和有机埋藏量的关系模型，为洞察烃源岩形成的地球生物学过程开拓一条新途径。

硫同位素分馏也主要发生在硫酸盐还原阶段，可以根据硫同位素探讨埋藏过程中有

机质的消耗量。Vetö 等（2007）详细介绍了利用硫同位素定量计算埋藏有机质的量的方法。简单概括如下：

一般来说，早期成岩期间所消耗有机质的量（$TOC_{损耗}$）由两部分组成，一部分是微生物在氧化条件下所消耗的 $TOC_{氧化}$，另一部分是微生物在厌氧条件下所消耗的 $TOC_{厌氧}$，即

$$TOC_{损耗} = TOC_{氧化} + TOC_{厌氧} \tag{1.11}$$

a. $TOC_{厌氧}$ 计算

在厌氧条件下所消耗有机质的量主要发生在硫酸盐还原阶段，这部分被消耗有机质的量可以根据沉积岩中保存下来的还原性硫含量恢复出来（Vetö et al.，2007），即

$$TOC_{厌氧} = TOC_{硫酸盐} = S_{还原} \times 75/(100 - \Delta H_2S) \tag{1.12}$$

式中，$S_{还原}$ 为沉积下来的还原性硫含量，ΔH_2S 为沉积物中未以还原性硫保存下来而逃逸的 H_2S 的量（百分数）。在没有生物扰动的沉积岩中，ΔH_2S 为 25%（Vetö et al.，2007）；在其他沉积岩中，ΔH_2S 可以根据硫酸盐和硫化物的硫同位素差值计算（Vetö et al.，2007），即

$$\Delta H_2S = 2.985 \times \Delta^{34}S_{CAS-Py} - 60.48 \tag{1.13}$$

该式的适用范围为 $\Delta^{34}S_{CAS-Py}$ 在 20‰～45‰ 之内。当 $\Delta^{34}S_{CAS-Py}$ 超过 45‰ 时，直接用 45‰ 代表 $\Delta^{34}S_{CAS-Py}$ 的值。这样，厌氧条件下微生物所消耗的 $TOC_{厌氧}$ 就可以计算出来，即

$$TOC_{厌氧} = TOC_{硫酸盐} = S_{还原} \times 75/(160.48 - 2.985 \times \Delta^{34}S_{CAS-Py}) \tag{1.14}$$

当然，如果把甲烷形成阶段所消耗有机质的量考虑进去（如假设它与 $TOC_{硫酸盐}$ 之间存在某种关系等），则计算结果将会更加准确。

b. $TOC_{氧化}$ 计算

微生物在厌氧条件下所消耗掉的有机质可以通过沉积岩中所保存下来的自生矿物恢复出来。然而，微生物在有氧条件下分解掉的有机质却没有以矿物形式保存下来，因此，对这部分消耗掉有机质的估算必须另辟蹊径。将今论古原则将为计算 $TOC_{氧化}$ 提供思路，因为现代海洋沉积物中 $TOC_{氧化}/TOC_{厌氧}$ 值与沉积速率和底层水的 O_2 有关（Vetö et al.，2007）。$TOC_{厌氧}$ 可以根据上面的方法计算出来，沉积速率和底层水的 O_2 也可以进行定量（如前所述）。由此，古代沉积岩中的 $TOC_{氧化}$ 可以根据相同沉积速率和相同底层水 O_2 含量的现代沉积物中的 $TOC_{氧化}/TOC_{厌氧}$ 值推导出来。

c. 埋藏有机质的量计算

根据上面 $TOC_{氧化}$ 和 $TOC_{厌氧}$ 的计算，可以算出在早期成岩过程中所消耗有机质的量。埋藏有机质的量（$TOC_{埋藏}$）就是沉积有机质的量减去消耗掉的有机质的量。这个埋藏有机质的量可以与 Mo 丰度和同位素计算出的量相互对比和校正，从而提高结果的准确性。

(2) 过渡金属元素同位素

过渡金属元素（铁、钼、锌、铜等）同位素一直是地球化学家关注的重要对象。第

一，这些元素大多是生命所必需的，与生物生长有直接的联系。第二，在自然界中，这些元素往往可以以多种价态共存，其比值（如 Fe^{3+}/Fe^{2+}）可以灵敏地响应水体的氧化还原电位（Eh）的变化。第三，这些元素的质量数较大，同位素的热力学分馏不明显，温度效应小（与碳、氢、氧、硫等同位素相比），相应地，动力学分馏（如生物分馏）的作用则较为重要。由于这些金属的同位素分馏较小（一般小于5‰），过去缺乏足够灵敏的仪器来检测其中的生源信息。近十年，随着多接收等离子体质谱仪的开发和应用，对这些元素的同位素进行高精度的测量已成为可能。越来越多的数据表明，过渡金属元素的同位素不但是生物生产力和水体环境的指示器，而且还是有机埋藏量的示踪剂。

例如，铁同位素分析（$\delta^{56}Fe$）是最近几年发展起来的一种高精度分析新技术。自诞生之日，人们就意识到了它在行星演化和生命起源等研究中有重要的应用前景（Zhu et al.，2000，2001）。虽然各种地质作用（如后期变质作用、矿物重结晶等）会引起铁的损失（导致烃源岩中铁含量降低），但不会改变铁同位素的组成（铁的两个同位素同时受影响，其比值保持不变），所以 $\delta^{56}Fe$ 能够记录原始生物和环境信号（Dauphas et al.，2004）。现有的调查（Beard and Johnson，2004）表明，能引起铁同位素分馏的只有微生物作用和缺氧环境。Beard 和 Johnson（2004）利用已经公开发表的1000多个 $\delta^{56}Fe$ 的分析数据，总结了地表常见的岩石、沉积物和流体中铁同位素特征。研究发现，在氧化条件下或缺乏生物作用时，Fe(III) 不容易向 Fe(II) 转化，也就不发生同位素分馏。因而，地表的火成岩、各种土壤的 $\delta^{56}Fe$ 处于一个很窄的范围（在0附近）。相反，还原环境或经过生物作用的地层，如富含有机碳的黑色页岩，$\delta^{56}Fe$ 明显负偏，其最大值可达 $-5‰$（Severmann et al.，2002）。鉴于烃源岩是高生产力（强烈的生物作用）和缺氧环境下的产物，两种营力的合力（同向叠加）使 $\delta^{56}Fe$ 显著偏负。偏负程度越大，指示生物作用强，保存环境佳，即越有利于优质烃源岩的形成。可以预见，$\delta^{56}Fe$ 将是一个潜在的烃源岩质量判别指标。

与 $\delta^{56}Fe$ 相似，钼同位素（$\delta^{98}Mo$）也是随多接收等离子体质谱测试技术的应用而发展起来的一个重要古海洋指标。最近研究表明，在很多情况下，钼与有机碳有明显的对应关系。不仅如此，Siebert 等（2006）最新研究成果表明，钼同位素与有机碳的埋藏速率也有明显的对应关系，可以指示有机物的埋藏量。目前，由于 $\delta^{98}Mo$ 的研究刚刚开始，钼同位素是如何响应有机物埋藏的机制尚不十分清楚。国外学者推测，钼从氧化环境向缺氧环境的转变过程中，其化学形式发生了变化，即由 MoO_4^{2-} 向 MoS_4^{2-} 转变，特别是在 H_2S 存在的情况下，溶解钼迅速变为颗粒物而沉降，并进入还原状态的沉积岩中。所以，在缺氧的黑色页岩中，Mo 浓度明显富集，并与有机碳之间存在明显的对应关系。在这个转变过程中，钼同位素也发生了明显的分馏，从氧化环境具有较轻的同位素组成（$\delta^{98}Mo$ 约 $-0.7‰$），到缺氧条件（如静水沉积）具有较重的同位素组成（$\delta^{98}Mo$ 约 $+2.3‰$）。因而，环境的氧化-还原性可能是有机质埋藏与 $\delta^{98}Mo$ 相关性的主要控制因素。进一步说，如能与生境型相结合，建立钼同位素与不同生境型有机埋藏量之间的理论关系式，将为烃源岩的地球生物学研究（正演法）打下坚实的基础。

第二节　古氧相的定量和结构分析

除了初级生产力以外，有机质的沉积和埋藏都与氧化还原条件密切相关。烃源岩形成的地球生物学过程需要弄清楚从水体到沉积物，以及在早期成岩过程中的缺氧事件及其程度，即氧化还原条件的结构问题和定量问题。传统的研究更多地关注氧化还原条件的定量问题。地球生物学研究还关注氧化还原条件的结构问题，也就是过程问题，即从水体到沉积物表面的沉积再到沉积物的早期成岩过程中，氧化还原条件（特别是缺氧、硫化事件）的变化过程。

一、氧化还原条件的定量和分类

有关氧化还原条件的定量和分类已有许多讨论，涉及水体和生物相的。这里归纳如表 1.3，不再展开讨论。

表 1.3　缺氧环境划分、生物相名称及相应术语（据颜佳新、刘新宇，2007）

水体溶氧量 /(mL/L)	水体环境		生物相	适用现生生物
2.0~8.0	常氧 oxia		常氧 aerobia	常氧 normoxia
1.0~2.0	贫氧 dysoxia	轻度贫氧 moderate	贫氧 dysoxia	缺氧 hypoxia
0.5~1.0		中度贫氧 severe		
0.2~0.5		极贫氧 extreme		
0.0~0.2	准厌氧 suboxia		准厌氧 quasi-anaerobia	
0.0	厌氧 anoxia		厌氧 anaerobia	厌氧 anoxia

二、水体的缺氧和硫化事件

烃源岩形成的地球生物学过程需要弄清楚从水体到沉积物，以及早期成岩过程中的缺氧事件。水体缺氧事件的分析有如下三种方法。

1. 绿硫细菌

绿硫细菌的存在指示了一种透光带缺氧（存在硫化氢）的现象，在古生代地层较多出现。绿硫细菌的存在与否可根据一类分子化石——2-烷基-1,3,4 三甲基苯（2-alkyl-1,3,4-trimethylbenzenes）和 isorenieratene 进行确认。如果能结合单体碳同位素值，结果可能会更可靠。

2. 元素组成

水体缺氧事件经常可以在上升流地区发现，与上升流沉积有关的元素地球化学特征可以帮助我们确定水体的缺氧事件，即一般出现钴、锰的亏损和磷、镉的富集。元素的亏损和富集可以根据富集系数加以确认。Brumsack（2006）比较详细地讨论了上升流沉积的元素地球化学特征。特别是，他提出了因上升流而出现的水体中部缺氧事件与底层水缺氧在地球化学方面所表现出的差异性，值得关注。

除了元素组成外，一些铁指标在某些情况下可以帮助判断水体的缺氧事件。当黄铁矿是在水体中形成时，如下三个铁指标可以分析水体的缺氧事件（Lyons and Severmann，2006）：①DOP［DOP＝黄铁矿中的铁含量/(黄铁矿中的铁含量＋可萃取的酸溶性铁的含量)］；②活性铁的含量与总铁的含量比值；③总铁与铝的含量比值。

3. 古生物

可以利用一些微体古生物恢复水体的氧化还原条件。用得较多的是有孔虫（Kaiho，1994）。首先，根据有孔虫不同类型种的数量计算氧指数，氧指数＝［有孔虫的氧化种的数量/(有孔虫的氧化种的数量＋有孔虫的贫氧种的数量)］×100；其次，建立氧指数和溶解氧的定量关系。

三、从沉积到早期成岩的氧化还原条件

Sageman等（2003）系统介绍了从水-沉积物界面的沉积到早期成岩发生的具体过程和系列地球化学判别依据。水-沉积物界面的沉积和早期成岩的氧化还原条件可用如下方法进行分析。

1. 生物扰动构造

（1）生物扰动构造等级划分

生物扰动构造与底层水的含氧量有关，因而可以反映水-沉积物界面沉积和早期成岩的氧化还原条件。Watanabe等（2007）系统讨论了如何根据生物扰动构造来分析一个剖面上的氧化还原条件。生物扰动构造的变化与底层水的氧化还原条件有关。可以将扰动构造分成四类，即细纹层、弱纹层、生物扰动、强烈生物扰动。这四种构造分别对应底层水的厌氧（含氧量＜0.1ml/L）、准厌氧（含氧量0.1～0.5ml/L）、贫氧（含氧量0.5～1.0ml/L）和常氧（含氧量＞1.0ml/L）四种条件（Watanabe *et al.*，2007）。然后，在剖面上将这四种沉积构造类型的分布画出曲线。

（2）暗色层组合类型的确定

根据暗色层与生物扰动构造，确定暗色层的五种组合类型。

类型1：暗色层从底到顶都是纹层，80%以上是细纹层，生物扰动构造仅局限于暗色层的最上部。连续的纹层表示厌氧环境的稳定性。暗色层的厚度与厌氧环境持续时间有关。

类型2：暗色层的底部和中部具有很微弱的纹层，而中部到上部具有生物扰动构造

和强烈的生物扰动构造，这种沉积构造反映暗色层沉积时为厌氧条件，但最终变为准厌氧和缺氧条件，具有纹层部分的厚度，与厌氧和准厌氧时间有关。

类型 3：暗色层只在中部具有细纹层，底部和上部具有生物或者强烈的生物扰动构造，这种构造反映暗色层沉积时底层水处于从厌氧到氧化条件的频繁变化中（不稳定），其中的厌氧条件是短暂的。

类型 4：暗色层的底部和中部具有微弱的纹层，中部和上部具有生物或者强烈的生物扰动构造，这种构造反映了暗色层沉积初期是准厌氧条件，但在沉积后期变为缺氧和氧化条件。微弱纹层的厚度与准厌氧时间有关。

类型 5：暗色层没有纹层，具有生物扰动或者强烈生物扰动构造，是一种缺氧到氧化的条件。也可能是在厌氧和准厌氧条件下形成的纹层被后期氧化条件下的生物扰动破坏掉了。

2. 古生物

古生物的活动痕迹也可以反映底层水的含氧情况。例如，遗迹化石、实体化石的保存和埋藏状况，生物钻孔的大小等。

3. 分子化石

有些分子化石可以直接与其生物前身物联系起来，可以根据这些生物的生态学意义来确定水体中的氧化还原条件，例如上面提到的绿硫细菌等。但许多分子化石是在成岩过程中形成，这些分子化石因而可以反映不同成岩阶段的氧化还原条件，例如 Pr/Ph（姥鲛烷/植烷）、AIR（绿硫细菌指标的比值）、DBT/DBF（硫芴/氧芴）或者 DBT/PHEN（硫芴/菲）等。

4. 元素地球化学特征

铼和钼一样，主要受控于沉积物-水界面及其以下的地球化学过程，而且铼在常氧和厌氧水体中的地球化学行为都比较保守，因而 Re/Mo 可以用来反映沉积物-水界面和早期成岩的氧化还原条件（Crusius et al., 1996）。U/Mo 值也一样。其他地球化学参数见第三节。

第三节　烃源岩地球生物学半定量评价参数

一、地球生物相

1. 地球生物相的定义

地球生物学比古生物学的研究范围远为扩大，传统的生物相不足以表达地球生物学的特征。例如，黑色页岩与生物碎屑灰岩的地球生物学特征（或相）不同，不仅仅表现在其生物组成（生物相）的不同，而且也表现为两者在沉积和成岩期微生物与周围沉积物相互作用的不同。就像地球化学中的地球化学相、沉积学中的沉积相，地球生物学也需要一个包含其研究内容的术语，即地球生物相。

地球生物相是一个地质体的特征或相，它包含了该地质体中生物与环境相互作用的全过程（生活—死亡—埋藏—早期成岩）。不同地球生物相能够在空间和时间上互相区别，并用于地质调查和填图。

黑色页岩和生物碎屑灰岩地球生物相的不同表现在三个阶段或时期。在生活期，前者主要是由微生物组成，后者则主要由底栖宏体生物组成；在死亡-埋藏期，前者是停滞的、贫氧或缺氧环境下的生物过程，后者是生物在富氧或弱氧化条件下的搬运和沉积过程；在早期成岩期，前者是微生物硫酸盐还原或者甲烷生成过程占主导，后者是微生物有氧分解，或者最多是硝酸盐还原过程。我们定义的地球生物相（狭义），其终点是早期成岩的结束，一般认为是 $R^o \leqslant 0.5\%$，温度 $\leqslant 60℃$，因为在这一过程仍存在微生物的地球生物学作用和过程。这三个过程都包括在生物圈与地圈的相互作用范围内。超过了这一界限，如在晚期成岩过程中，微生物的活动非常少，主要是在地热和其他过程占主导作用下，残余有机质转换成有机流体和干酪根。通常在成岩作用晚期不再有地球生物学作用（图1.1，图1.3）。如果将这一过程予以广义化，扩展到有机质与环境相互作用的结束，则将与其他学科，如有机地球化学重叠过多。因此在当前，我们使用狭义的地球生物学过程，并没有包括成岩作用晚期。当然，这还是一个值得进一步探讨的问题。

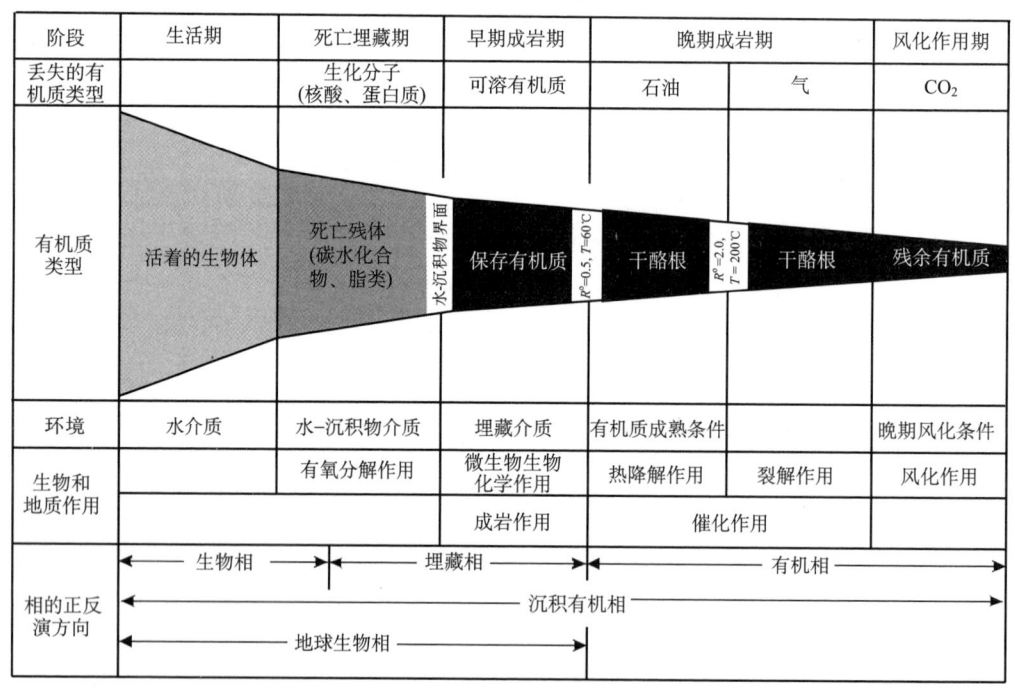

图1.3 有机质与环境在地球生物学过程三阶段中的变化

地质学中的生物相通常定义为一个地质体（如地层单元）的相，它含有能反映特定环境的特征化石组合，从而能与其他生物相区别（Neuendorf et al.，2005）。它包含了生活时的生物组成，主要是宏体生物，以及当时的环境条件，而并没有考虑到生物死亡后的埋藏条件和成岩过程的变化。地球生物相与生物相有两个主要的区别：第一，地球生物相包含了生物与环境相互作用的全过程，即生存环境中的生物组成、生物死亡后的残体、埋藏条件和早期成岩过程中微生物对有机质的改造。它不仅包含了生物生存过程，还包含了在微生物改造下的埋藏和生物地球化学过程。第二，地球生物相不仅反映了生物相（组成、分异度、丰度），也反映了埋藏和早期成岩相（搬运与埋藏、氧化还原条件等），所以它不能像生物相一样可以根据一个生物组合来定名。

有机相是烃源岩研究中广泛应用的一个术语，主要是根据成岩期后的有机地球化学指标来定义的（Jones，1987；Altunsoy and Özçelik，1998）。在建立方法和应用方面，有机相不同于地球生物相。建立有机相的大部分标准是各种各样的有机地球化学指标，如可溶有机质和不溶有机质的分析、有机岩石学的微观组成等。这主要由有机地球化学和有机岩石学方法获得。建立有机相使用的是反演法，得到的四类有机相对应于四种干酪根类型。它适合当前的烃源岩评价体系，特别是在能够利用各种有机地球化学指标来判断不同地质背景的环境，但这在高成熟和过成熟油气地区就不能应用了。相反，地球生物相是通过正演法——地球生物学过程来建立的，它的应用不受油气高成熟和过成熟的影响。

沉积有机相利用沉积环境、生物组成、氧化还原条件、成岩环境等，结合有机地球化学指标来判断潜在烃源岩（郭迪孝、胡民，1989；Creaney and Passey，1993；朱创业，2000；李君文等，2004）。如有的学者利用藻质体、孢质体、疑源类、放射虫和藻席微结构建立了五个岩石（沉积）有机相（Tyson，1996）。有的学者根据原始生物组成、沉积相、干酪根类型、生物标志化合物指标、生烃潜力和组成建立了四个（沉积）有机相（秦建中，2005）。这类沉积有机相包括了从生活期到成岩风化期的多种指标，所以其部分参数与地球生物相的参数相同。但地球生物学过程（狭义）不包括有机质的晚期成岩及风化作用，因此它与沉积有机相不同。

2. 烃源岩地球生物相的划分

虽然物理运动、化学运动和生命运动是自然界三大基本的运动形式，但相比前两种运动形式而言，与生命运动的过程和产物相关的术语还远远没有建立起来。比如，就岩石学名词来说，大部分是根据其地球物理过程（如碎屑岩）和地球化学过程（如碳酸盐岩）来命名的，而实际上许多这类岩石是通过地球生物学（生物化学）过程产生的。地球生物学产物还包括所有生物成因的矿产、微生物岩、各种土壤等。所以，地球生物相应当有一个广泛的应用范围。例如，放射虫硅质岩、笔石页岩等，应当是一种地球生物相名称。但现在建立一套完整的地球生物相术语体系还为时过早，本书仅建议一套适用于烃源岩的地球生物相名称。它依据生产力与保存条件这两个基本因素，各自分出高、中、低三个级别。两因素、三级别的组合构成9种地球生物相，如表1.4所示。

表 1.4　烃源岩地球生物相的划分

地球生物相	生产力	保存条件	例　子	是否烃源岩
1	高生产力	高保存条件	大隆组放射虫硅质岩；龙潭煤系；笔石页岩	烃源岩
2	中生产力	高保存条件	浅海黑色泥岩；陡山沱四段，牛蹄塘组；海泡石纹层灰岩	烃源岩
3	低生产力	高保存条件	半深海、深海泥岩、硅质岩（无放射虫）	
4	高生产力	中保存条件	部分微生物岩（二叠纪-三叠纪之交，高于庄组）	烃源岩
5	中生产力	中保存条件	上部浅海泥岩	
6	低生产力	中保存条件	下部浅海泥岩	
7	高生产力	低保存条件	生物礁；一般叠层石灰岩；富生物碎屑灰岩	
8	中生产力	低保存条件	浅海浅色灰岩	
9	低生产力	低保存条件	红砂岩；滨海砂砾岩	

二、地球生物相的四项参数及其替代指标

1. 四项参数

地球生物学方法包括对有机碳产出和聚集三个阶段的评价，即活生物物质的有机碳（OC=primary productivity，PP），死后沉积的沉积有机碳（OC$_{sed}$）及早期成岩结束时（$R°≈0.5\%$，温度$\leqslant 60℃$）的埋藏有机碳（OC$_{bur}$）。我们应用四个参数来代表这三阶段。其中，两个为生物学参数，即生境型（habitat type，HT）与初级生产力（PP）及其生物组成；两个为地质学参数，即沉积有机碳（OC$_{sed}$）与埋藏有机碳（OC$_{bur}$）。生物学参数决定了生活物质的有机碳产量；地质学参数与生境型一起，决定了沉积与埋藏阶段被保存的有机碳残余。生物生活时的有机碳产量与埋藏保存时有机碳的残余是烃源岩评价的两个主要因素。

第一个参数为生境型（HT）。这是具有相同结构、功能及对环境扰动反应的一组生境（habitat）的组合。它对初级生产力及有机碳的沉积与埋藏均有重要意义。海洋生境型通常根据不同的沉积体系划分。一定的生境型，例如底栖组合 1（benthic assemblage 1）（Ziegler，1965；Boucot，1981），代表不同地质时代潮间带沉积体系中各生境的总合，而不论其中生物类别差异。在地史中，如化石群落未被保存时，或它由地质微生物群所组成而不易识别时，生境型可由沉积特点所判识的沉积体系予以代表（殷鸿福等，1995）。需要着重指出，同一生境型可出现于不同的时间和空间，这一点大大有利于生境型的时空对比；不同的生境型（沉积体系）对应于不同的海水深度。海洋古

生物群落的生境型已有许多研究（Cisne and Rabe, 1978; Dodd and Stanton, 1981）。本书将殷鸿福等（1995）的海洋古生境型模型予以修改，用于本书的地球生物学评价体系（见第一节有关生境型划分方案）。

第二个参数为初级生产力（PP）及其生物组成。第一阶段（生活物质）有机碳产聚的主要因素是初级生产力（PP）及其生物组成。生境型对其有重要作用，因为 PP 及其组成因生境型而异。全球海洋及中国海区 PP 的分布型式［用叶绿素 a（Chl a）同化指数测定］显示，PP 随着生境型的变深（水深加大）而减小（第四章第一节）。PP 的组成或微生物成分不同，其有机碳的产出也不同，对烃源岩评价有直接影响。微生物组成可应用分子地球生物学方法予以识别。初级生产力的组成研究已经在前面第一节作了论述。

第三个参数为沉积有机碳（OC_{sed}）。透光带产出的 PP，其有机碳（OC_{pp}）只有小部分能通过水柱到达水-沉积物界面（SWI），并保存为 OC_{sed}。从 OC_{pp} 到成为 SWI 处的 OC_{sed} 的过程中，主控因素是水深（与生境型有关）、水柱、SWI 的氧化还原条件，以及有机碳沉积速率。

第四个参数为埋藏有机碳（OC_{burial}, OC_{bur}）。在第二阶段留存的 OC_{sed}，只有小部分能保存至第三阶段（早期成岩作用）结束。最后被埋藏保存的有机碳与 PP 所产聚的有机碳之比叫做埋藏效率（burial efficiency）。埋藏有机碳代表第三阶段的 OC 聚集量。早期成岩作用是指沉积物沉积至浅埋藏过程中，在沉积颗粒、孔隙水及沉积环境水介质之间发生的一系列物理、化学及生物学作用。埋藏有机碳在此时期可经历 4~5 次再矿化作用（Meyers et al., 2005），并在不同氧化还原条件下由微生物作用导致旧矿物降解，新矿物形成。这些作用包括氧化降解作用、硝酸盐还原作用、铁（或锰）还原作用（可能与硝酸盐还原作用合并）、硫酸盐还原作用和甲烷形成作用。以 OC_{loss} 代表在这些过程中所消耗的有机碳，则有

$$OC_{bur} = OC_{sed} - OC_{loss} \tag{1.15}$$

$$埋藏效率 = OC_{bur}/OC_{pp} = (OC_{sed} - OC_{loss})/OC_{pp} \tag{1.16}$$

在 OC_{sed} 与 OC_{loss} 中，古氧相都是一个主要因素。但 OC_{sed} 是与水柱和 SWI 处的古氧相有关，埋藏有机碳的 OC_{loss} 是与早期成岩作用时期的古氧相有关，有可能前者常氧而后者厌氧，它们的替代指标是不同的，参见第二节。传统评价中的 TOC 主要取决于两个参数，即 PP 与氧化还原条件。如果用 f_{org} 代表沉积有机质的古氧相，结果将是 TOC 并不总是与 f_{org} 正相关，而是处于 PP 和 f_{org} 之间的一种平衡位置（Huang et al., 2007）。

2. 参数的替代指标

我们采用了一套古生态学与生物地球化学替代指标来代表上述四项参数（生境型、古生产力、沉积有机碳、埋藏有机碳）。每一参数有几个用古生态学、沉积学和地球化学方法在野外采样和实验室测定的替代指标（表 1.5）。这些替代指标综合起来组成了地球生物学评价体系，可为目标烃源岩提供地球生物学评价。这一体系因其不包含 TOC% 等传统参数，独立于传统评价体系，可用于交叉检验和补充传统评价，在烃源

岩为高—过成熟以致不能应用传统方法时尤为有用。这个体系中的四个参数是确定的，但每个参数的替代指标可根据烃源岩状况、样品状况和测试技术能力而有所增减。

表 1.5 地球生物学评价体系所包含的内容（地球生物学柱状图的题首）

单位	剖面	岩性	层号	厚度	生境型	古生产力及其组成							沉积有机碳					埋藏有机碳		
						丰度	含量	Al_{xs}	Ba_{xs}	其他地球化学指标	分子化石		含量	沉积构造	化石替代指标	岩石矿物替代指标	地球化学替代指标	f_{org}	$\Delta^{34}S_{CAS-Py}$	U/Mo, V/Mo	矿物	其他比值

（1）生境型分类

本书用到的生境型划分已经在第一节讨论了，这里不再重复。

（2）古生产力的替代指标

第一节分析了主要的古生产力评价方法。古生产力 PP 的生物学替代指标包括化石相对丰度（通常在野外露头上获得）及生物碎屑含量（在薄片中）。在正常情况下，生物碎屑含量由浅水向深水递减，与生境型加深及古生产力递减相一致。我们根据所测制的元古宙至三叠纪 19 条海相剖面的研究显示（图 1.4），潮上—潮间带（I～II$_1$）环境扰动强烈，古生产力不高。其生物碎屑经常有短距离搬运，故使生物碎屑含量高峰值通常位于潮下带（II$_2$）至上部浅海上部（III$_1$），包括生物礁/滩生境型（VII）。随着生境型加深，生物碎屑含量总趋势递减，但在下部浅海（IV）—斜坡带？（V?），由于浮游

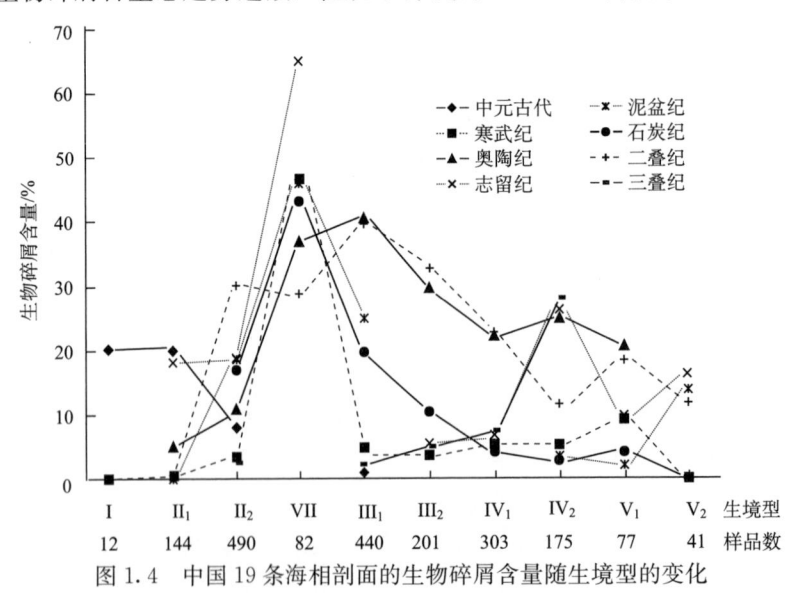

图 1.4 中国 19 条海相剖面的生物碎屑含量随生境型的变化

生物（笔石、竹节石、放射虫）的聚集，会出现第二个但小得多的高峰值。这与现代海洋生产力分布模式一致。在现代海洋中，生产力高峰位于低潮带以下的透光带，向更浅及更深方向递减（Tait，1981）；但在下部浅海中，有时出现较小的第二个生产力高峰（Takeda et al.，2007），叶绿素密度及颗粒有机碳有所回升。还应当注意此替代指标不适用于长距离搬运的异地化石组合。

PP 的地球化学替代指标包括铝、钡、磷、铁等元素。本书仅使用 Ba_{xs}（过剩钡）及 Al_{xs}（过剩铝），因为这两个指标与 PP 的关系已有所证实，其在沉积物中经常产出且含量较高，因而在实验中易于测定和记录。Ba_{xs} 适用于大多数碳酸盐岩及氧化环境，Al_{xs} 则适用于通常处于还原环境的硅质或泥质岩（Murray and Leinen，1996；Paytan et al.，1996；McManus et al.，1998），对测定的 Ba_{xs} 及 Al_{xs} 值都要进行相对沉积速率的校正，以排除由于沉积物中因速率过低造成的过高丰度影响。

（3）沉积有机碳替代指标

第二节已经对古氧相进行了讨论，这里总结如表 1.6。根据所列的化石、岩石、矿物及地球化学指标作为古氧相替代指标，将氧化还原条件划分为常氧、贫氧和厌氧。准厌氧虽未列于表 1.6 中，但可以由表中贫氧与厌氧之间的过渡状态予以判断。此表系据腾格尔等（2004）综合前人的成果，本书又略加修改。表中生物扰动指标根据 Watanabe 等（2007），黄铁矿矿化度（DOP）根据 Raiswell 等（1988），地球化学元素比值主要根据 Hatch 和 Leventhal（1992）、Jones 和 Manning（1994）和 Rimmer（2004）。

表 1.6 古氧相的代用指标

判识指标		厌氧环境	贫氧环境	常氧环境
水体		低能、滞流、上升流		循环畅通
古生物	底栖生物	缺乏	内生生物，介形类	表生生物，发育繁盛
	生物扰动	无	缺乏—常见	强烈
	遗迹组构	*Zoophycos*, *Chondrites*	*Planolites*	难以保存
岩石、矿物	颜色	灰黑—黑色	深灰—黑灰色	浅灰—深灰色
	岩性	黑色页岩、硅质岩、微晶灰岩		变化大
	层理	纹层—薄层	薄层—中层	中层—块状
	标型矿物	原生金属硫化物		铁、锰氧化物
	黄铁矿矿化度 DOP	0.45～0.75（无 H_2S）；>0.75（含 H_2S）		<0.45
地球化学	微量元素含量（过渡金属）	含量高	含量较低	含量甚低
	V/(V+Ni)	0.54～0.82	0.46～0.60	<0.46
	V/Cr	>4.25	2.00～4.25	<2.00
	Ni/Co	>7.00	5.00～7.00	<5.00

粒度：这一替代指标反映沉积速率（粒度越粗，沉积越快）及氧化还原条件（水动能与孔隙度）。但目前还难以给出粒度与上述条件的明确关系。

沉积构造：Watanabe 等（2007）划分了沉积物的四类生物扰动及层理状况，可用于区别常氧、贫氧、准厌氧、厌氧四种氧化还原条件。本书采用了此法，见第二节。

有机碳埋藏分数（f_{org}）：f_{org} 反映的是总碳埋藏通量中的有机碳分量。研究证明，高 f_{org} 值对应于厌氧条件，而低 f_{org} 对应于常氧条件（Huang et al., 2007）。在全球范围内，显生宙以来 f_{org} 的升降（Hayes et al., 1999）与有机碳埋藏量增减（Berner, 2003）相呼应。因此 f_{org} 可作为古氧相的替代指标。由于 $\delta^{13}C_{carb}$ 与 $\delta^{13}C_{org}$ 这两个 f_{org} 的组成分子主要反映水与沉积物中碳循环状况，f_{org} 应主要代表第二阶段的氧化还原条件。

f_{org} 的计算公式如下：

$$f_{org} = (\delta'w - \delta^{13}C_{carb})/\Delta^{13}C \tag{1.17}$$

$$\Delta^{13}C = \delta^{13}C_{carb} - \delta^{13}C_{org} \tag{1.18}$$

式中，$\delta'w = -5‰$［由火山及风化作用进入海洋表面的源输入，其同位素值为 $\delta'w$，此处据 Kump 和 Arthur（1999）建议，与幔源碳相同，即 $-5‰$］。

（4）埋藏有机碳替代指标

第一节已经分析了埋藏有机质的计算和评价方法，这里重点谈一下下面要用到的一些具体指标。

$\Delta^{34}S_{CAS-Py}$：在近代沉积物中，硫酸盐还原菌对有机碳的降解量可占微生物对有机碳矿化总量的 40%~100%。Vetö 等（2007）根据硫同位素分馏的大小对有机质消耗量进行了定量计算。在厌氧分解阶段，有机质的微生物降解一般认为以硫酸盐还原菌的代谢为主，因此在这个阶段有机质的矿化主要发生在硫酸盐还原带内，有机质丢失的总量（$\Delta TOC_{厌氧}$）可近似等于硫酸盐还原菌的消耗量 ΔTOC_{sulf}（郑永飞、陈江峰，2000）。硫酸盐的细菌还原作用的化学方程式为

$$2CH_2O + SO_4^{2-} \Longrightarrow 2HCO_3^- + H_2S$$

根据该化学式中的元素 C 与 S 之间计量关系并结合所扩散出去的硫化氢的量 ΔH_2S，得出由硫酸盐还原菌所降解的有机碳的总量 ΔTOC_{sulf}（郑永飞、陈江峰，2000）：

$$\Delta TOC_{sulf} = S_{red} \times 75/(100 - \Delta H_2S) \tag{1.19}$$

式中，S_{red} 为被保存下来的还原性硫（以黄铁矿硫 S_{Py} 为主）的含量，以质量分数表示；ΔH_2S 为因扩散而被氧化的那部分 H_2S，以总 H_2S 的百分含量表示。

当沉积物未受到微生物扰动时（这种情况少见），$\Delta TOC_{sulf} = S_{red} \times 0.75 \times 1.33$

$$\tag{1.20}$$

当沉积物受到微生物扰动时，$\Delta TOC_{sulf} = S_{red} \times 75/(160.48 - 2.985 \times \Delta^{34}S_{CAS-Py})$

$$\tag{1.21}$$

碳酸盐岩晶格硫（S_{CAS}）是碳酸盐岩形成时占据其晶格的海水 SO_4^{2-}，其同位素代表同期海水硫酸盐的硫同位素组成，可用 $\Delta^{34}S_{CAS-Py}$ 代表 $\Delta^{34}S_{sulf-Py}$。由式（1.21）可见，埋藏阶段有机质丢失的总量与 $\Delta^{34}S_{CAS-Py}$ 相关，后者是埋藏有机质的重要替代指标。

U/Mo（及 V/Mo）：对现代大陆边缘沉积物的研究表明（Siebert et al.，2006），$\delta^{98}Mo$ 与埋藏有机碳 OC_{bur} 有一定的相关性，可以作为有机碳埋藏量的替代指标。但是，$\delta^{98}Mo$ 的化验过程较慢，我们所获数据（约 100 个）尚不足以用于剖面分析。已有报道，在现代和寒武纪（Tenger et al.，2011）沉积中，自生钼与 OC_{bur} 呈正相关。值得注意的是，我们对宜昌三峡地区王家湾剖面晚奥陶世-早志留世之交和四川广元上寺剖面晚二叠世大隆组两套黑色岩系的研究结果表明，U/Mo（及 V/Mo）与 $\delta^{98}Mo$ 有一定程度的负相关（Zhou et al.，2007；Tenger et al.，2011），因此，我们将 U/Mo（及 V/Mo）作为判断埋藏效率的替代指标。

结核：前已述及，结核可提供早期成岩作用带的信息。硝酸盐还原、铁（或锰）还原、硫酸盐还原及甲烷生成各带可各自形成特征的结核——锰质、硅质、黄铁矿和碳酸盐的结核（Raiswell and Berner，1985；Mozley and Burns，1993；Huggett et al.，2000）。通常氧化带不发育结核，因为在此带绝大多数有机物均被氧化降解。在铁（或锰）还原带，锰结核与燧石结核可在氧化-还原界面附近形成。在硫酸盐还原带，硫酸盐还原菌将 40%～100% 有机质降解，并将硫酸盐转变成硫化物，从而形成黄铁矿结核。最后，在成岩作用的甲烷生成带可形成碳酸盐结核，其直径可达 1m。大量碳酸盐结核的存在是烃源岩的表征。由于在早期成岩作用中存在生物的扰动、地下水循环或其他因素的变化，上述各带不一定都顺序出现、进行到底，而是反复而不按次序地出现，直至氧化剂全部耗尽。因此在同一岩石中会保存所经历各带的结核产物，不宜简单地将结核直接鉴定为对应的成岩作用带。在确定成岩作用带时，应综合考虑结核与围岩的碳、氧、硫同位素变化（Woo and Khim，2006）。

三、四项参数各替代指标值的分级

在烃源岩半定量评价中，为了将各参数的替代指标值从优到劣排列，需要对上述各指标进行指标值分级或排序。

1. 生境型的排序

按照在现代海洋中各生境型的 PP 值，自高至低进行排序。通常 PP 的峰值位于生境型 II_2～III_1 水深处，并分别向深水及极浅水减少（Tait，1981）。生物礁（VII_r）具有海洋 PP 最高值。潮上带（I）的 PP 值则因暴露、波浪作用及其他环境扰动而剧降。除生物礁和潮上带这两个生境型外，PP 值基本上随生境型水深加大而顺序下降，在表 1.7 中有明确的显示。

表 1.7 初级生产力随水深-生境型的分布*

水深/m	生境型	PP/(mg C/m³)			
		渤海	黄海	东海	南海
0～2	II$_1$	8.5229	6.9263	8.5661	5.2573
2～5	II$_2$	8.5604	6.8492	6.5637	
5～10	II$_2$～III$_1$	7.8282	5.4637	5.2504	3.5874
10～20	III$_1$	6.6156	3.6583	4.4634	2.1488
20～40	III$_1$～III$_2$	4.1881	1.9414	0.5800	0.5738	1.5050
>40	III$_2$～V					0.4019

*此表的依据是 2005 年用遥感法得出的我国边缘海叶绿素 a 密度年均值 C (mg/m³) 统计资料 (国家海洋局第二海洋研究所)。PP=$F×C$, F 为常数, 取决于环境因素。采用多取样方格, 分格求值, 按生境型予以平均得出。每一取样方格为经纬度各 0.2°。

根据 PP 的排序得出以下生境型排序：
II$_2$, VII$_r$, II$_1$, III$_1$, III$_2$, IV$_1$, IV$_2$, V, I, VI。

2. 古生产力替代指标的排序

过剩钡 (Ba$_{xs}$) 的分级：根据它与 PP 的直接相关度作出 (Paytan et al., 1996; McManus et al., 1998)。根据 Dymond 等 (1992) 与 Francois 等 (1995) 所给的公式, 表 1.8 中 Ba$_{xs}$ 从甚高到甚低的 >100, 50～100, 25～50, 10～25, <10 各级相应的 PP [g C/(m²·a)] 顺序为: >400, 200～400, 100～200, 50～100, <50。

过剩铝 (Al$_{xs}$) 的分级：利用 Deuser 等 (1983) 的铝与有机碳沉积通量之间的正相关度, 计算出 TOC 的沉积通量。再依据现代海洋 TOC 与生产力的近似关系式, 将 Al$_{xs}$ 与初级生产力挂钩, 据此提出 Al$_{xs}$ 的分级标准。经与 Ba$_{xs}$ 比较检验, 发现两者基本上在一个数量级之内, 可以对照使用。

生物碎屑含量 (包括钙藻与有孔虫) 及化石相对丰度的分级：分别在镜下 (生物碎屑含量) 和野外观察 (化石相对丰度——化石与围岩的面积比) 中测定。它们的分级值 (表 1.8) 是基于本节二之 2 (2) 及图 1.4 所表述的生物碎屑含量与生境型的关系, 这种关系亦与现代生产力与生境型的关系一致。藻类及有孔虫含量的分级依据本次工作中晚古生代各系的含量记录初步确定。野外化石相对丰度的分级是根据其与相应薄片的生物碎屑含量之比确定的, 其数据量尚不足, 有待验证。

3. 沉积有机质替代指标的排序

f_{org} 的分级：将 f_{org} 的显生宙全球曲线与扬子区曲线, 以及显生宙有机碳埋藏通量曲线 (Hatch and Leventhal, 1992) 放在一起, 可看出三者的振荡幅度虽不同, 但高峰与低谷大致一致。表 1.8 中 f_{org} 的五档分级是按各档代表显生宙有机碳埋藏通量 (Berner, 2003) 某一段范围而划分的。本书各剖面中实际应用的结果表明该分级可用, 但今后尚需不断改进。

表 1.8 地球生物学评价中各替代指标的分级

指标及分级	甚高	高	中	低	甚低	备注
$Ba_{xs}/10^{-6}$	>100	50~100	25~50	10~25	<10	
$Al_{xs}/10^{-6}$	>3000	1000~3000	500~1000	100~500	<100	
生物碎屑含量/%	>40	20~40	5~20	<5		(薄片)
钙藻/%	>30	30~20	20~10	<10		
有孔虫/%	>50	50~30	20~10	<10		
化石相对丰度/%	>10		5~10	<5		(野外)
f_{org}	>0.29	0.25~0.29	0.20~0.25	0.15~0.20	<0.15	
U/Mo	0~2	2~6	4~6	>6		(负相关)
V/Mo	0~10	10~20	20~40	>40		
Ni/Co	>9	7~9	5~7	<5		
$\Delta^{34}S_{CAS-Py}/‰$	>50	40~50	30~40	20~30	<20	

4. 埋藏有机质替代指标的排序

$\Delta^{34}S_{CAS-Py}$的分级：在黑海的深静海中，由近岸带到远海，$\Delta^{34}S_{CAS-Py}$由4.7‰增加到50‰，显示表层沉积物由氧化环境至还原环境时$\Delta^{34}S$的变化。据此我们试探性地将$\Delta^{34}S_{CAS-Py}$进行等级划分。当$\Delta^{34}S_{CAS-Py}$>50‰时，底部水体为还原环境；30‰~50‰，氧化还原界面在水-沉积物界面附近，有利于有机质的保存；20‰~30‰，表层沉积物为氧化环境，不利于有机质的沉积与保存；<20‰，氧化还原界面在沉积物之下，极不利于有机质的保存。

U/Mo（及V/Mo）的分级：U/Mo（及V/Mo）的四个分级暂按其在研究区中氧化还原条件的分布状况（周炼等，2007，2011）予以划分。可以进一步予以检验并作出修改。

Ni/Co、V/(V+Ni)和V/Cr的分级：它们的分级基于其与古氧相的对应值（表1.6及Rimmer，2004）。

第四节 烃源岩地球生物学半定量评价实践

一、评价地区和剖面

中、上扬子地台及其南邻黔湘桂盆地的海相地层是华南石油勘探对象层位。这些地区经历了强烈的印支、燕山（三叠纪—侏罗/白垩纪）运动，多数前侏罗纪地层强烈变形，有机质为高—过成熟，使烃源岩评价颇为困难。特别是许多碳酸盐岩，虽从地质观点看有可能成为烃源岩，但由于TOC低于0.5%，其他有机地球化学参数由于受热过成熟而不能获取，烃源岩的评价极其困难。

我们尝试在此区建立一种烃源岩的地球生物学评价体系，为烃源岩评价提供一个独立的途径。为此，应用上述地球生物学体系，在中、上扬子地台及黔湘桂盆地测制了19条显生宙和元古宙剖面（图1.5）。这些剖面按时代（埃迪卡拉纪—三叠纪）、地理位置及岩相（生境型）大致均匀分布，以便代表整个研究区。野外采集的岩石和化石进行了实验室处理和测定，并予以转换校正，以获取上述四参数的替代指标值。由此19条剖面建立的数据库，使我们得以用地球生物学资料进行本区烃源岩评价。

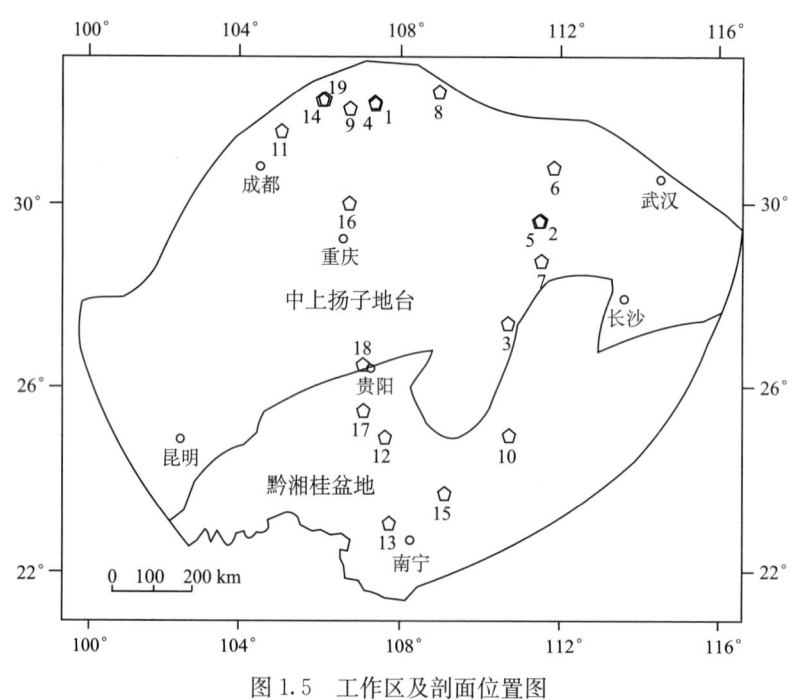

图1.5 工作区及剖面位置图

1. 四川南江杨坝埃迪卡拉纪剖面；2. 湖南石门壶瓶山杨家坪埃迪卡拉纪剖面；3. 湖南沅陵借母溪寒武纪剖面；4. 四川南江杨坝寒武纪剖面；5. 湖南石门壶瓶山杨家坪寒武纪剖面；6. 湖北宜昌黄花场-王家湾奥陶纪剖面；7. 湖南桃源九溪奥陶纪剖面；8. 陕西紫阳芭蕉口-皮家坝志留纪剖面；9. 四川旺苍王家沟-鹿渡志留纪剖面；10. 广西桂林杨堤泥盆纪剖面；11. 四川甘溪泥盆纪剖面；12. 广西南丹巴平么腰石炭纪剖面；13. 广西隆安石炭纪剖面；14. 四川广元上寺二叠纪剖面；15. 广西来宾铁桥二叠纪剖面；16. 四川华蓥山二叠纪剖面；17. 贵州罗甸纳水二叠纪剖面；18. 贵州贵阳青岩三叠纪剖面；19. 四川广元上寺三叠纪剖面

相关烃源岩的地球生物学评价将在后续各章讨论。其中第二章对二叠系和寒武系这两个典型烃源岩所在层段的两个剖面进行精细的地球生物学评价。第三、四、五章对中元古代到三叠纪17条剖面分别从生境型（第三章）、古生产力（第四章）、沉积和埋藏有机质的古氧相（第五章）进行系统的地球生物学评价。

二、半定量评价的讨论

表1.9是对所测19条剖面用地球生物学方法判别的烃源岩及其TOC范围（这里只

是方法判别，有一层即算一层，没有考虑其厚度是否够烃源岩标准），从中得出的结论如下：

1）虽然有少数泥质、硅质烃源岩其 TOC 很低，但大多数泥质、硅质烃源岩的地球生物学评价结果，与传统评价相似。就泥质、硅质岩而言，传统的优质烃源岩或一般烃源岩，其地球生物学评价仍是优质烃源岩或一般烃源岩，地球生物学对非烃源岩的评价仍是非烃源岩。例如，在第二章广元上寺剖面，硅泥质的大隆组上部及具灰岩夹层的泥质煤系地层茅口组上部及吴家坪组下部，无论按传统的 TOC 标准评价或按地球生物学评价，均为优质烃源岩。

表 1.9 按地球生物学判别的烃源岩的主要岩类分布表及其对应 TOC 范围

岩 性	优质烃源岩 层位数	TOC 范围/%	TOC 均值/%	一般烃源岩 层位数	TOC 范围/%	TOC 均值/%
泥质岩	23	0.03~16.05	3.54	16	0.02~16.02	2.4
硅质岩	8	2.27~3.87	3.66			
泥灰岩				9	0.05~1.04	0.4
碳酸盐岩	37	0.03~1.59	0.33	77	0.03~1.1	0.29

2）在研究区内，按地球生物学评价得出的碳酸盐烃源岩，其 TOC 范围甚广，从小于 0.1% 到 1.59%。它们的生境型分布亦很广，从潮下带上部到外陆架，但大多数位于 10~100m 水深处。在特殊情况下，甚至浅水微生物岩亦可成为烃源岩。已有报道，华南二叠系-三叠系界线微生物岩为潜在烃源岩（Yang et al., 2007），但其 TOC 值甚低（约 0.1%）。在华北克拉通的冀北凹陷曾打一钻孔钻达中元古代高于庄组，其中厚约 200m、富含叠层石的浅水灰色白云岩，其 TOC 均值为 0.68%，为烃源岩，峰值为 4.29%，已达优质烃源岩标准（据王铁冠资料）。碳酸盐岩中的有机质较之在泥岩或其他碎屑岩中，其吸附能力低，而转化和产烃效率高。多次实验证明，在产烃高峰时，低 TOC 的碳酸盐岩与高 TOC 的泥岩产烃量相同（秦建中，2005）。早期的研究还显示，在 1400 个样品中，碳酸盐岩的平均 TOC（0.2%）远低于泥质岩（0.94%），但两者的平均烃含量均为约 100mg/L（Gehman，1962）。因此我们建议，碳酸盐岩烃源岩的 TOC 下限值应低于碎屑岩（0.5%）。我们现有知识尚不足以提出其明确的下限值。

3）优质烃源岩的形成需要两个条件，即高生产力（PP）与好的有机质保存条件（还原性埋藏环境）。本书 19 条剖面的地球生物学研究显示，古生产力的分布通常与现代海洋 PP 分布一致，随离岸距离及水深而下降，而基于现代海洋生产力的生境型顺序亦适用于古代条件，生境型越深，PP 越低。第二个条件（埋藏环境）则显示相反趋势。浅水环境通常富氧而不适于有机碳保存，生境型越深，保存条件越好。在生产、沉积、埋藏这三个过程中，有机碳的峰值逐渐向生境型（水深）加深方向移动，但并不达到半深海，因为那里的 PP 太低。这种移动导致烃源岩包含的生境型很宽（表 1.4），只要有保存条件，可从潮下带上部到上斜坡（放射虫硅质岩）。在特殊情况下，甚至浅水微生物岩亦可形成烃源岩。优质烃源岩的最佳条件是那些生产力较高而水深足以保存有机碳的生境型,即地球生物相1、2和4。一般而言,生境型III₁~IV₂较为理想,这在19条剖面研究中已多次被证实。

三、半定量评价结论

1) 泥质烃源岩的地球生物学评价结果大多数与传统评价一致。

2) 地球生物学评价所判别的碳酸盐岩烃源岩,其TOC值常远低于传统评价所设的下限值(0.5%)。本书19条剖面地球生物学评价所判别的碳酸盐岩烃源岩,其TOC值为0.03%~1.59%,多数小于0.3%。从地球生物学角度看,我们认为目前将华南前侏罗纪碳酸盐烃源岩的下限值定为0.3%或0.5%尚为时过早。

3) 有少数几类为传统烃源岩评价所排除的浅水碳酸盐岩,按地球生物学方法可能判认为烃源岩,例如二叠系-三叠系界线处的微生物岩及栖霞组中段的含海泡石灰岩。

4) 应用地球生物学方法(生境型、Al$_{xs}$等)获得的古生产力分布状况与现代海洋的PP分布一致。而在由生产到沉积再到埋藏的三阶段过程中,有机碳峰值的分布按生境型(水深)逐渐加深而变大,因而地球生物相1、2和4(表1.4)均可形成烃源岩。通常形成烃源岩的理想条件是生境型III₁~IV₂。

参 考 文 献

陈建芳,Wiesner M G,Wong H K,郑连福,郑士龙,徐鲁强. 1994. 南海颗粒有机碳通量的垂向变化及早期降解作用的标志物. 中国科学:地球科学,29(4):372~378

郭迪孝,胡民. 1989. 陆相盆地的沉积有机相分析. 石油与天然气地质文集(2). 北京:地质出版社. 191~199

金之钧,张一伟,陈书平. 2005. 塔里木盆地构造-沉积波动过程. 中国科学:地球科学,35(6):530~539

李君文,陈洪德,田景春,侯中健. 2004. 沉积有机相的研究现状及其应用. 沉积与特提斯地质,24(2):18~25

马永生. 2006. 中国海相油气田勘探实例之六:四川盆地普光大气田的发现与勘探. 海相油气地质,11(2):35~40

秦建中. 2005. 中国烃源岩. 北京:科学出版社. 1~614

沈国英,施并章. 2002. 海洋生态学. 北京:科学出版社

腾格尔,刘文汇,徐永昌,陈践发. 2004. 缺氧环境及地球化学判识标志的探讨——以鄂尔多斯盆地为例. 沉积学报,22(2):365~372

谢树成,殷鸿福,史晓颖等. 2011. 地球生物学:生命与地球环境的相互作用和协同演化. 北京:科学出版社. 1~345

颜佳新,刘新宇. 2007. 从地球生物学角度讨论华南中二叠世海相烃源岩缺氧沉积环境成因模式. 地球科学——中国地质大学学报,32(6):789~796

殷鸿福,丁梅华,张克信,童金南,杨逢清,赖旭龙. 1995. 扬子地台及其周缘东吴-印支期生态地层学. 北京:科学出版社. 1~338

郑永飞,陈江峰. 2000. 稳定同位素地球化学. 北京:科学出版社. 1~231

周炼,周红兵,李茉等. 2007. 扬子克拉通古大陆边缘Mo同位素特征及对有机埋藏量的指示意义. 地球科学——中国地质大学学报,32:759~766

周炼,苏洁,黄俊华,颜佳新,解习农,高山,戴梦宁,腾格尔. 2011. 判识缺氧事件的地球化学新标志——钼同位素. 中国科学:地球科学,41(3):309~309

朱创业. 2000. 海相碳酸盐岩沉积有机相研究及其在油气资源评价中的应用. 成都理工学院学报(自然科学版),19(1):1~6

Altunsoy M, Özçelik O. 1998. Organic facies characteristics of the Sivas Tertiary basin (Turkey). Journal of

Petroleum Science and Engineering, 20 (1-2): 73~85

Arnold G L, Weyer S, Anbar A D. 2004. Fe isotope variations in natural materials measured using high mass resolution multiple collector ICPMS. Analytical Chemistry, 76 (2): 322~327

Babu C P, Brumsack H J, Schnetger B, Böttcher M E. 2002. Barium as a productivity proxy in continental margin sediments: A study from the eastern Arabian Sea. Marine Geology, 184 (3-4): 189~206

Banerjee A, Jha M, Mittal A K, Thomas N J, Misra K N. 2000. The effective source rocks in the North Cambay Basin, India. Marine and Petroleum Geology, 17 (10): 1111~1129

Beard B L, Johnson C M. 2004. Fe isotope variations in the modern and ancient Earth and other planetary bodies. Reviews in Mineralogy and Geochemistry, 55 (1): 319~357

Benitez-Nelson C R. 2000. The biogeochemical cycling of phosphorus in marine systems. Earth-Science Reviews, 51 (1-4): 109~135

Berner R A. 2003. The long-term carbon cycle, fossil fuels and atmospheric composition. Nature, 426 (20): 323~326

Blumenberg M, Seifert R, Reitner J, Pape T, Michaelis W. 2004. Membrane lipid patterns typify distinct anaerobic methanotrophic consortia. Proceedings of the National Academy of Sciences, USA, 101 (30): 11111~11116

Boetius A, Ravenschlag K, Schubert C J, Rickert D, Widdel F, Gieseke A, Amann R, Jørgensen B B, Witte U, Pfannkuche O. 2000. A marine microbial consortium apparently mediating anaerobic oxidation of methane. Nature, 407 (6804): 623~626

Boucot A J. 1981. Principles of Benthic Marine Paleoecology. New York: Academic Press, 463

Boyd P W, Watson A J, Law C S, Abraham E R, Trull T, Murdoch R, Bakker D C E, Bowie A R, Buesseler K O, Chang H, Charette M, Croot P, Downing K, Frew R, Gall M, Hadfield M, Hall J, Harvey M, Jameson G, LaRoche J, Liddicoat M, Ling R, Maldonado M T, McKay R M, Nodder S, Pickmere S, Pridmore R, Rintoul S, Safi K, Sutton P, Strzepek R, Tanneberger K, Turner S, Waite A, Zeldis J. 2000. A mesoscale phytoplankton bloom in the polar Southern Ocean stimulated by iron fertilization. Nature, 407 (6805): 695~702

Brassell S C, Eglinton G, Marlowe I T, Sarnthein M, Pflaumann U. 1986. Molecular stratigraphy—a new tool for climatic assessment. Nature, 320 (6058): 129~133

Breymann M T, Emeis K C, Suess E. 1992. Water depth and diagenetic constraints on the use of barium as a palaeoproductivity indicator. Geological Society, London, Special Publications, 64: 273~284

Brumsack H J. 2006. The trace metal content of recent organic carbon-rich sediments: Implications for Cretaceous black shale formation. Palaeogeography, Palaeoclimatology, Palaeoecology, 232 (2-4): 344~361

Cisne J L, Rabe B D. 1978. Coenocorrelation: gradient analysis of fossil communities and its application in stratigraphy. Lethaia, 11 (4): 341~364

Clegg H, Wilkes H, Horsfield B. 1997. Carbazole distributions in carbonate and clastic source rocks. Geochimica et Cosmochimica Acta, 61 (24): 5335~5345

Creaney S, Passey Q R. 1993. Recurring patterns of total organic carbon and source rock quality within a sequence stratigraphic framework. AAPG Bulletin, 77 (3): 386~401

Crusius J, Calvert S, Pedersen T, Sage D. 1996. Rhenium and molybdenum enrichments in sediments as indicators of oxic, suboxic and sulfidic conditions of deposition. Earth and Planetary Science Letters, 145 (1): 65~78

Dauphas N, van Zuilen M, Wadhwa M, Davis A M, Marty B, Janney P E. 2004. Clues from Fe isotope variations on the origin of early Archean BIFs from Greenland. Science, 306 (5704): 2077~2080

De Wever P. 1987. Radiolarites rebanées et variations de l'orbite terrestre. Bulletin de la Société Géologique de France, série VIII, 3 (4): 957~960

De Wever P, Dumitrica P, Caulet J P, Nigrini C, Caridroit M. 2001. Radiolarians in the Sedimentation Record. Amsterdam: Gordon and Breach Science Publishers, 533

DeMaster D J, Ragueneau O, Nittrouer C A. 1996. Preservation efficiencies and accumulation rates for biogenic silica and organic C, N, and P in high-latitude sediments: The Ross Sea. Journal of Geophysical Research, 101 (C8):

18501~18518

Deuser W G, Brewer P G, Jickells T D, Commeau R F. 1983. Biological control of the removal of abiogenic particles from the surface ocean. Science, 219 (4583): 388~390

Dodd J R, Stanton R J. 1981. Paleoecology, Concepts and Applications. New York: John Wiley & Sons. 559

Dymond J, Suess E, Lyle M. 1992. Barium in the deep-sea sediment: A geochemical proxy for paleoproductivity. Paleoceanography, 7 (2): 163~181

Elderfield H R, Rickaby R E M. 2000. Oceanic Cd/P ratio and nutrient utilization in the glacial Southern Ocean. Nature, 405 (6784): 305~310

Elvert M, Suess E, Greinert J, Whiticar M J. 2000. Archaea mediating anaerobic methane oxidation in deep-sea sediments at cold seeps of the eastern Aleutian subduction zone. Organic Geochemistry, 31 (11): 1175~1187

Ercegovac M, Kostić A. 2006. Organic facies and palynofacies: Nomenclature, classification and applicability for petroleum source rock evaluation. International Journal of Coal Geology, 68 (1-2): 70~78

Fildani A, Hanson A D, Chen Z, Moldowan J M, Graham S A, Arriola P R. 2005. Geochemical characteristics of oil and source rocks and implications for petroleum systems, Talara basin, northwest Peru. AAPG Bulletin, 89 (11): 1519~1545

Follmi K B. 1996. The phosphorus cycle, phosphogenesis and marine phosphate-rich deposits. Earth-Science Reviews, 40 (1-2): 55~124

Francois R, Honjo S, Manganini S J, Ravizza G E. 1995. Biogenic barium fluxes to the deep sea: Implications for paleoproductivity reconstruction. Global Biogeochemical Cycles, 9 (2): 289~303

Gardner R M, William Tindall G, Cline S M, Brown K L. 1993. Ergosterol determination in activated sludge and its application as a biochemical marker for monitoring fungal biomass. Journal of Microbiological Methods, 17 (1): 49~60

Gehman H M Jr. 1962. Organic matter in limestones. Geochimica et Cosmochimica Acta, 26 (8): 885~897

Glikson M. 2001. The application of electron microscopy and microanalysis in conjunction with organic petrology to further the understanding of organic-mineral association: Examples from Mount Isa and McArthur basins, Australia. International Journal of Coal Geology, 47 (3-4): 139~159

Greenwood P F, Summons R E. 2003. GC-MS detection and significance of crocetane and pentamethylicosane in sediments and crude oils. Organic Geochemistry, 34 (8): 1211~1222

Grice K, Schaeffer P, Schwark L, Maxwell J R. 1996. Molecular indicators of palaeoenvironmental conditions in an immature Permian shale (Kupferschiefer, Lower Rhine Basin, north-west Germany) from free and S-bound lipids. Organic Geochemistry, 25 (3-4): 131~147

Grice K, Twitchett R J, Alexander R, Foster C B, Looy C. 2005. A potential biomarker for the Permian-Triassic ecological crisis. Earth and Planetary Science Letters, 236 (1-2): 315~321

Gu S, Zhang M, Gui B, Lu X. 2007. An attempt to quantitatively reconstruct the paleo-primary productivity by counting the radiolarian fossils in cherts from the latest Permian Dalong Formation in southwestern China. Frontiers of Earth Science in China, 1 (4): 412~416

Hatch J R, Leventhal J S. 1992. Relationship between inferred redox potential of the depositional environment and geochemistry of the Upper Pennsylvanian (Missourian) stark shale member of the Dennis Limestone, Wabaunsee County, Kansas, USA. Chemical Geology, 99 (1-3): 65~82

Hayes J M, Strauss H, Kaufman A J. 1999. The abundance of $\delta^{13}C$ in marine organic matter and isotopic fractionation in the global biogeochemical cycle of carbon during the past 800 Ma. Chemical Geology, 161 (1-3): 103~125

Henderson G M. 2002. New oceanic proxies for paleoclimate. Earth and Planetary Science Letters, 203 (1): 1~13

Hinrichs K-U, Summons R E, Orphan V, Sylva S P, Hayes J M. 2000. Molecular and isotopic analysis of anaerobic methane-oxidizing communities in marine sediments. Organic Geochemistry, 31 (12): 1685~1701

Huang J H, Luo G M, Bai X, Tang X. 2007. Organic fraction of the total carbon burial flux deduced from carbon isotopes across the Permo-Triassic boundary at Meishan, Zhejiang Province, China. Frontiers of Earth Science in China, 1 (4): 425~430

Huggett J M, Gale A S, Evans S. 2000. Carbonate concretions from the London Clay (Ypresian, Eocene) of southern England and the exceptional preservation of wood-boring communities. Journal of Geological Society, 157 (1): 187~200

Hunt J M. 1979. Petroleum Geochemistry and Geology. San Francisco: Freeman and Company. 524

Ibach L E J. 1982. Relationship between sedimentation rate and total organic carbon content in ancient marine sediments. AAPG Bulletin, 66 (2): 170~188

Jones B, Manning D A C. 1994. Comparison of geochemical indices used for the interpretation of palaeoredox conditions in ancient mudstones. Chemical Geology, 111 (1-4): 111~129

Jones R W. 1987. Organic facies. In: Brooks J, Welte D (eds). Advances in Petroleum Geochemistry. London: Academic Press. 1~90

Kaiho K. 1994. Benthic foraminiferal dissolved-oxygen index and dissolved-oxygen levels in the modern ocean. Geology, 22 (8): 719~722

Katz B J. 2005. Controlling factors on source rock development: A review of productivity, preservation, and sedimentation rate. In: Harris N B (ed). The Deposition of Organic-carbon-rich Sediments: Models, Mechanisms, and Consequences. Special Publication-Society for Sedimentary Geology, 82: 7~16

Köster J, Volkman J K, Rullkötter J, Scholz-Böttcher B M, Rethmeier J, Fischer U. 1999. Mono-, di- and trimethyl-branched alkanes in cultures of the filamentous cyanobacterium *Calothrix scopulorum*. Organic Geochemistry, 30 (11): 1367~1379

Kryc K A, Murray R W, Murray D W. 2003. Al-to-oxide and Ti-to-organic linkages in biogenic sediment: Relationships to paleo-export production and bulk Al/Ti. Earth and Planetary Science Letters, 211 (1-2): 125~141

Kump L R, Arthur M A. 1999. Interpreting carbon isotope excursions: Carbonates and organic matter. Chemical Geology, 161 (1-3): 181~198

Lash G G, Engelder T. 2005. An analysis of horizontal microcracking during catagenesis: Example from the Catskill delta complex. AAPG Bulletin, 89 (11): 1433~1449

Leythaeuser D, Schaefer R G, Radke M. 1988. Geochemical effects of primary migration of petroleum in Kimmeridge source rocks from Brae field area, North Sea. I: Gross composition of C_{15+}-soluble organic matter and molecular composition of C_{15+}-saturated hydrocarbons. Geochimica et Cosmochimica Acta, 52 (3): 701~713

Li Y H. 1991. Distribution patterns of the elements in the Ocean: A synthesis. Geochimica et Cosmochimica Acta, 55 (11): 3223~3240

Lyons T W, Severmann S. 2006. A critical look at iron paleoredox proxies based on new insights from modern euxinic marine basins. Geochimica et Cosmochimica Acta, 70 (23): 5698~5722

Ma Z, Hu C, Yan J. 2008. Biogeochemical records at Shangsi section, northeast Sichuan in China: The Permian paleoproductivity proxies. Journal of ChinaUniversity of Geosciences, 19 (5): 461~470

Marlowe I T, Brassell S C, Eglinton G, Green J C. 1990. Long-chain alkenones and alkyl alkenoates and the fossil coccolith record of marine sediments. Chemical Geology, 88 (3-4): 349~375

Martin J H, Coale K H, Johnson K S, Fitzwater S E, Gordon R M, Tanner S J, Hunter C N, Elrod V A, Nowicki J L, Coley T L, Barber R T, Lindley S, Watson A J, Van Scoy K, Law C S, Liddicoat M I, Ling R, Stanton T, Stockel J, Collins C, Anderson A, Bidigare R, Ondrusek M, Latasa M, Millero F J, Lee K, Yao W, Zhang J Z, Friederich G, Sakamoto C, Chavez F, Buck K, Kolber Z, Greene R, Falkowski P, Chisholm S W, Hoge F, Swift R, Yungel J, Turner S, Nightingale P, Hatton A, Liss P, Tindale N W. 1994. Testing the iron hypothesis in ecosystems of the equatorial Pacific Ocean. Nature, 371 (6493): 123~129

McManus J, Berelson W M, Klinkhammer G P. 1998. Geochemistry of barium in marine sediments: Implications for its use as a paleoproxy. Geochimica et Cosmochimica Acta, 62 (21): 3458~3473

Méjanelle L, Lòpez J F, Gunde-Cimerman N, Grimalt J O. 2000. Sterols of melanized fungi from hypersaline environments. Organic Geochemistry, 31 (10): 1031~1040

Meyers S R, Sageman B B, Lyons T W. 2005. Organic carbon burial rate and the molybdenum proxy: Theoretical framework and application to Cenomanian-Turonian oceanic anoxic event 2. Paleoceanography, 20: 2002~2020

Morel F M M, Price N M. 2003. The biogeochemical cycles of trace metals in the oceans. Science, 300 (5621): 944~947

Morford J L, Emerson S. 1999. The geochemistry of redox sensitive trace metals in sediments. Geochimica et Cosmochimica Acta, 63 (11-12): 1735~1750

Morford J L, Russell A D, Emerson S. 2001. Trace metal evidence for changes in the redox environment associated with the transition from terrigenous clay to diatomaceous sediment, Saanich Inlet, BC. Marine Geology, 174 (1-4): 355~369

Mozley P S, Burns S J. 1993. Oxygen and carbon isotopic composition of marine carbonate concretions: An overview. Journal of Sedimentary Petrology, 61 (3): 73~83

Mucci A, Sundby B, Gehlen M, Arakaki T, Zhong S, Silverberg N. 2000. The fate of carbon in continental shelf sediments of Eastern Canada: A case study. Deep-Sea Research, 47 (3): 733~760

Murray R W, Leinen M. 1996. Scavenged excess aluminum and its relationship to bulk titanium in biogenic sediment from the central equatorial Pacific Ocean. Geochimica et Cosmochimica Acta, 60 (20): 3869~3878

Murray R W, Leinen M, Isern A R. 1993. Biogenic flux of Al to sediment in the Central Equatorial Pacific Ocean: Evidence for increased productivity during glacial periods. Paleoceanography, 8 (5): 651~670

Neuendorf K K, Nehl J P, Jackson J A. 2005. Glossary of Geology (5th edition). Alexandria: American Geological Institute. 779

Niemann H, Lösekann T, de Beer D, Elvert M, Nadalig T, Knittel K, Amann R, Sauter E J, Schlüter M, Klages M. 2006. Novel microbial communities of the Haakon Mosby mud volcano and their role as a methane sink. Nature, 443 (7113): 854~858

Packard J J, Al-Aasm I, Samson I, Berger Z, Davies J. 2001. A Devonian hydrothermal chert reservoir: The 225 bcf Parkland field, British Columbia, Canada. AAPG Bulletin, 85: 51~84

Pancost R D, Sinninghe Damsté J S, de Lint S, van der Maarel M J E C, Gottschal J C. 2000. Biomarker evidence for widespread anaerobic methane oxidation in Mediterranean sediments by a consortium of methanogenic archaea and bacteria. Applied and Environmental Microbiology, 66 (3): 1126~1132

Parks R J, Taylor J. 1983. The relationship between fatty acid distribution and bacterial respiratory types in contemporary marine sediments. Estuarine, Coastal and Shelf Science, 16 (2): 173~189

Pattan J N, Shane P. 1999. Excess aluminum in Deep Sea sediments of the Central Indian Basin. Marine Geology, 161 (2): 247~255

Paytan A, Griffith E M. 2007. Marine barite: recorder of variations in ocean export productivity. Deep Sea Research Part II. Topical Studies in Oceanography, 54 (5-7): 687~705

Paytan A, McLaughlin K. 2007. The oceanic phosphorus cycle. Chemical Reviews, 107 (2): 563~576

Paytan A, Kastner M, Chavez F P. 1996. Glacial to interglacial fluctuations in productivity in the equatorial Pacific as indicated by marine barite. Science, 274 (5291): 1355~1357

Paytan A, Lyle M, Mix A C, Chase Z. 2004. Climatically driven changes in oceanic processes throughout the Equatorial Pacific. Paleoceanography, 19 (4017): 1~6

Piper D Z, Perkins R B. 2004. A modern vs. Permian black shale—the hydrography, primary productivity, and water-column chemistry of deposition. Chemical Geology, 206 (3-4): 177~197

Rabbani A R, Kamali M R. 2005. Source rock evaluation and petroleum geochemistry, offshore SW Iran. Journal of Petroleum Geology, 28 (4): 413~428

Raiswell R, Berner R A. 1985. Pyrite formation in euxinic and semi-euxinic sediments. American Journal of Science, 285 (8): 710~724

Raiswell R, Buckley F, Berber R A, Anderson T F. 1988. Degree of pyritization of iron as a paleoenvironmental indicator of bottom-water oxygenation. Journal of Sedimentary Petrology, 58 (5): 812~819

Retallack G J. 2002. Carbon dioxide and climate over the past 300 Myr. Phil Trans R Soc Lond A, 360 (1793): 659~673

Riediger C, Carrelli G G, Zonneveld J P. 2004. Hydrocarbon source rock characterization and thermal maturity of the Upper Triassic Baldonnel and Pardonet Formations, northeastern British Columbia, Canada. Bulletin of Canadian Petroleum Geology, 52 (4): 277~301

Rimmer S M. 2004. Geochemical paleoredox indicators in Devonian-Mississippian black shales, Central Appalachian Basin (USA). Chemical Geology, 206 (3-4): 373~391

Rosenthal Y, Lam P, Boyle E A, Thomson J. 1995. Authigenic cadmium enrichments in suboxic sediments: Precipitation and postdepositional mobility. Earth and Planetary Science Letters, 132 (1-4): 99~111

Sageman B B, Murphy A E, Werne J P, Ver Straeten C A, Hollander D J, Lyons T W. 2003. A tale of shales: The relative roles of production, decomposition and dilution in the accumulation of organic-rich strata, Middle-Upper Devonian, Appalachian basin. Chemical Geology, 195 (1-4): 229~273

Sarnthein M, Faugéres J C. 1993. Radiolarian contourites record Eocene AABW circulation in the equatorial East Atlantic. Sedimentary Geology, 82 (1-4): 145~155

Schmitz B. 1987. Barium, equatorial high productivity, and the northward wandering of the Indian continent. Paleoceanography, 2 (1): 63~77

Severmann S, Larsen O, Palmer M R, Nüster J. 2002. The isotopic signature of Fe-mineralization during early diagenesis. Geochimica et Cosmochimica Acta, 66: A698

Sharaf L M. 2003. Source rock evaluation and geochemistry of condensates and natural gases, offshore Nile Delta, Egypt. Journal of Petroleum Geology, 26 (2): 189~209

Shiea J, Brassell S C, Ward D M. 1990. Mid-chain branched mono- and dimethyl alkanes in hot spring cyanobacterial mats: A direct biogenic source for branched alkanes in ancient sediments? Organic Geochemistry, 15 (3): 223~231

Siebert C, McManus J, Bice A, Poulson R, Berelson W M. 2006. Molybdenum isotope signatures in continental margin marine sediments. Earth and Planetary Science Letters, 241 (3-4): 723~733

Sinninghe Damsté J S, Hopmans E C, Pancost R D, Schouten S, Geenevasen J A J. 2000. Newly discovered non-isoprenoid glycerol dialkyl glycerol tetraether lipids in sediments. Chemical Communications, 2000 (17): 1683~1684

Stein R. 2004. Origin of marine petroleum source rocks from the Late Jurassic to Early Cretaceous Norwegian Greenland Seaway—evidence for stagnation and upwelling. Marine and Petroleum Geology, 21 (2): 157~176

Summons R E, Powell T G. 1986. Chlorobiaceae in Palaeozoic sea revealed by biological markers, isotopes and geology. Nature, 319 (6056): 763~765

Summons R E, Jahnke L L, Simoneit B R. 1996. Lipid biomarkers for bacterial ecosystems: Studies of cultured organisms, hydrothermal environments and ancient sediments. In: Evolution of Hydrothermal Ecosystems on Earth (and Mars?). CIBA Foundation Symposium, 202: 174~194

Summons R E, Jahnke J J, Hope J M, Logan G A. 1999. 2-Methylhopanoids as biomarkers for cyanobacterial oxygenic photosynthesis. Nature, 400 (6744): 554~557

Tait V. 1981. Elements of Marine Ecology (3rd ed). London: Butterworths Scientific. 345

Takeda S, Ramaiaha N, Mikia M, Kondo Y, Yamaguchi Y, Arii Y, Gómez F, Furuya K, Takahashi W. 2007. Biological and chemical characteristics of high-chlorophyll, low-temperature water observed near the Sulu Archipelago. Deep-Sea Research II, 54 (1-2): 81~102

Taylor S R, McLennan S M. 1985. The Continental Crust: Its Composition and Evolution. Oxford: Blackwell. 28

Tenger, Hu K, Meng Q, Huang J, Fu X, Xie X, Yang Y, Gao C. 2011. Formation mechanism of high quality marine source rocks—Coupled control mechanism of geological environment and organism evolution. Journal of Earth Science, 22 (3): 326~339

Thiel V, Peckmann J, Richnow H H, Luth U, Reitner J, Michaelis W. 2001. Molecular signals for anaerobic methane oxidation in Black Sea seep carbonates and a microbial mat. Marine Chemistry, 73 (2): 97~112

Timothy D A, Calvert S E. 1998. Systematics of variations in excess Al and Al/Ti in sediments from the Central Equatorial Pacific. Paleoceanography, 13 (2): 127~130

Tribovillard N, Algeo T J, Lyons T, Riboulleau A. 2006. Trace metals as paleoredox and paleoproductivity proxies: An update. Chemical Geology, 232 (1-2): 12~32

Tyson R V. 1996. Sequence stratigraphy in interpretation of organic facies variations in marine siliciclastic system: General principles and application to the onshore Kimmeridge Clay formation, UK. Geological Society of London, Special Publications, 103: 75~96

Tyson R V. 2005. The "productivity versus preservation" controversy: Cause, flaws and resolution. In: Harris N B (ed). The Deposition of Organic-carbon-rich Sediments: Models, Mechanisms, and Consequences. Tulsa, Oklahoma, Special Publication-Society for Sedimentary Geology, 82: 17~33

Valentine D L, Reeburgh W S. 2000. New perspectives on anaerobic methane oxidation. Environmental Microbiology, 2 (5): 477~484

van den Berg C M G, Boussemart M, Yokoi K, Prartono T M, Campos L A M. 1994. Speciation of aluminium, chromium and titanium in the NW Mediterranean. Marine Chemistry, 45 (4): 267~282

van Geen A, McCorckle D C, Klinkhammer G P. 1995. Sensitivity of the phosphate-Cd-C isotope relation in the ocean to Cd removal by suboxic sediments. Paleoceanography, 10 (2): 159~169

Ventura G T, Kenig F, Reddy C M, Schieber J, Frysinger G S, Nelson R K, Dinel E, Gaines R B, Schaeffer P. 2007. Molecular evidence of Late Archean archaea and the presence of a subsurface hydrothermal biosphere. Proceedings of the National Academy of Sciences of the United States of America 104: 14260~14265

Vetö I, Hetényi M, Demény A, Hertelendi E. 1995. Hydrogen index as reflecting sulphidic diagenesis in non-bioturbated shales. Organic Geochemistry, 22 (2): 299~310

Vetö I, Demény A, Hertelendi E, Hetényi M. 1997. Estimation of primary productivity in the Toarcian Tethys: A novel approach based on TOC, reduced sulphur and manganese contents. Palaeogeography, Palaeoclimatology, Palaeoecology, 132: 355~371

Vetö I, Ozsvan P, Futó I, Hetényi M. 2007. Extension of carbon flux estimation to oxic sediments based on sulphur geochemistry and analysis of benthic foraminiferal assemblages: A case history from the Eocene of Hungary. Palaeogeography, Palaeoclimatology, Palaeoecology, 248 (1-2): 119~144

Voigt S, Gale A S, Voigt T. 2006. Sea-level change, carbon cycling and palaeoclimate during the Late Cenomanian of northwest Europe: an integrated palaeoenvironmental analysis. Cretaceous Research, 27 (6): 836~858

Volkman J K, Eglinton G, Corner E D S, Sargent J R. 1980. Novel unsaturated straight-chain C_{37}-C_{39} methyl and ethyl ketones in marine sediments and a coccolithophore *Emiliana huxleyi*. Physics and Chemistry of the Earth, 12: 219~227

Volkman J K, Barrerr S M, Blackburn S I, Sikes E L. 1995. Alkenones in *Gephyrocapsa oceanica*: Implications for studies of paleoclimate. Geochimica et Cosmochimica Acta, 59 (3): 513~520

Volkman J K, Barrett S M, Blackburn S I, Mansour M P, Sikes E L, Gelin F. 1998. Microalgal biomarkers: A review of recent research developments. Organic Geochemistry, 29 (5-7): 1163~1179

Watanabe S, Tada R, Ikehara K, Fujine K, Kido Y. 2007. Sediment fabrics, oxygenation history, and circulation modes of Japan Sea during the Late Quaternary. Palaeogeography, Palaeoclimatology, Palaeoecology, 247 (1-2): 50~64

Weete J D. 1974. Fungal Lipid Biochemistry: Distribution and Metabolism. New York: Plenum Press

Weijers J W H, Schouten S, Spaargaren O C, Sinninghe Damsté J S. 2006. Occurrence and distribution of tetraether membrane lipids in soils: Implications for the use of the TEX$_{86}$ proxy and the BIT index. Organic Geochemistry, 37 (12): 1680~1693

Wilde P, Timothy W L, Quinby-Hunt M S. 2004. Organic carbon proxies in black shales: Molybdenum. Chemical Geology, 206 (3-4): 167~176

Woo K S, Khim B K. 2006. Stable oxygen and carbon isotopes of carbonate concretions of the Miocene Yeonil Group in the Pohang Basin, Korea: Types of concretions and formation condition. Sedimentary Geology, 183 (1-2): 15~30

Yang H, Wang Y B, Chen L, Dong M. 2007. Calci-microbialite as a potential source rock and its geomicrobiological processes. Frontiers of Earth Science in China, 1 (4): 438~443

Younes M A. 2003. Hydrocarbon seepage generation and migration in the southern Gulf of Suez, Egypt: Insights from biomarker characteristics and source rock modeling. Journal of Petroleum Geology, 26 (2): 211~224

Younes M A, Philp R P. 2005. Source rock characterization based on biological marker distributions of crude oils in the southern Gulf of Suez, Egypt. Journal of Petroleum Geology, 28 (3): 301~317

Zhou L, Huang J H, Archer C, Hawkesworth C. 2007. Molybdenum isotope composition from Yangtze block continental margin and its indication to organic burial rate. Frontiers of Earth Science in China, 1 (4): 417~424

Zhu X K, O'Nions R K, Guo Y, Belshaw N S, Rickard D. 2000. Determination of natural Cu-isotope variation by plasma-source mass spectrometry: Implications for use as geochemical tracers. Chemical Geology, 163 (1-4): 139~149

Zhu X K, O'Nions R K, Guo Y. 2001. Isotopic homogeneity of iron in the early solar nebula. Nature, 412 (6844): 311~313

Ziegler A M. 1965. Silurian marine communities and their environmental significance. Nature, 207: 270~272

第二章 二叠纪和寒武纪典型烃源岩的地球生物学解剖

在第一章介绍了烃源岩地球生物学评价体系之后，就可以进行烃源岩地球生物学半定量评价的实践。本章重点对华南二叠系和寒武系这两个比较重要的烃源岩层段作精细解剖。二叠系以四川广元上寺剖面为例，寒武系则以湖南借母溪剖面为例。

第一节 二叠系烃源岩的地球生物学解剖

广元上寺剖面位于四川省广元市剑阁县上寺镇北部，曾作为二叠系-三叠系界线候选剖面（杨基端等，1986）。总体来看，川东北烃源岩发育好，是烃类富集最有利、勘探潜力最大的地区之一（张斌等，2007）。对上寺剖面二叠纪海相地层的地球生物学分析，可以为广元地区烃源岩评价提供新思路。该剖面露头出露良好，地层连续，研究程度高。从下到上依次出露梁山组、栖霞组、茅口组、吴家坪组和大隆组。总厚度451m，野外分为164层。这里主要介绍地球生物学评估时所需要的各参数及其烃源岩评价。

一、生 境 型

根据野外特征和镜下微相，广元上寺剖面可以划分为9种生境型，分别是 II_1、II_{2-1}、II_{2-2}、III_1、III_2、IV_1、IV_2、V_1 和 VII_8（图2.1）。

1. 生境型 II_1

生境型 II_1（沼泽相）见于梁山组（第12层）、吴家坪组的底部（第111~113层）。梁山组与吴家坪组的底部为一套海陆交互相的碎屑岩及页岩沉积，假整合于下伏地层之上，岩性为一套黄褐色的铝土矿、硅质泥岩、根土岩及黑色的煤层。

2. 生境型 II_{2-1}

生境型 II_{2-1}（滩间潟湖）分布在栖霞组中部（第40~44层）。野外露头为厚层状白云岩，晶粒较粗，显示砂糖状结构。局部保留有原来的灰岩组构，其灰泥含量很高，生物碎屑很少且不能辨识。推测白云岩的原岩为生物碎屑粒泥岩-泥晶灰岩，沉积环境的水动力较低。白云岩的上下层位均为似球粒滩相。从地层序列和沉积相演化角度看，这段白云岩代表水动力相对较低的滩间潟湖环境（马志鑫等，2011）。

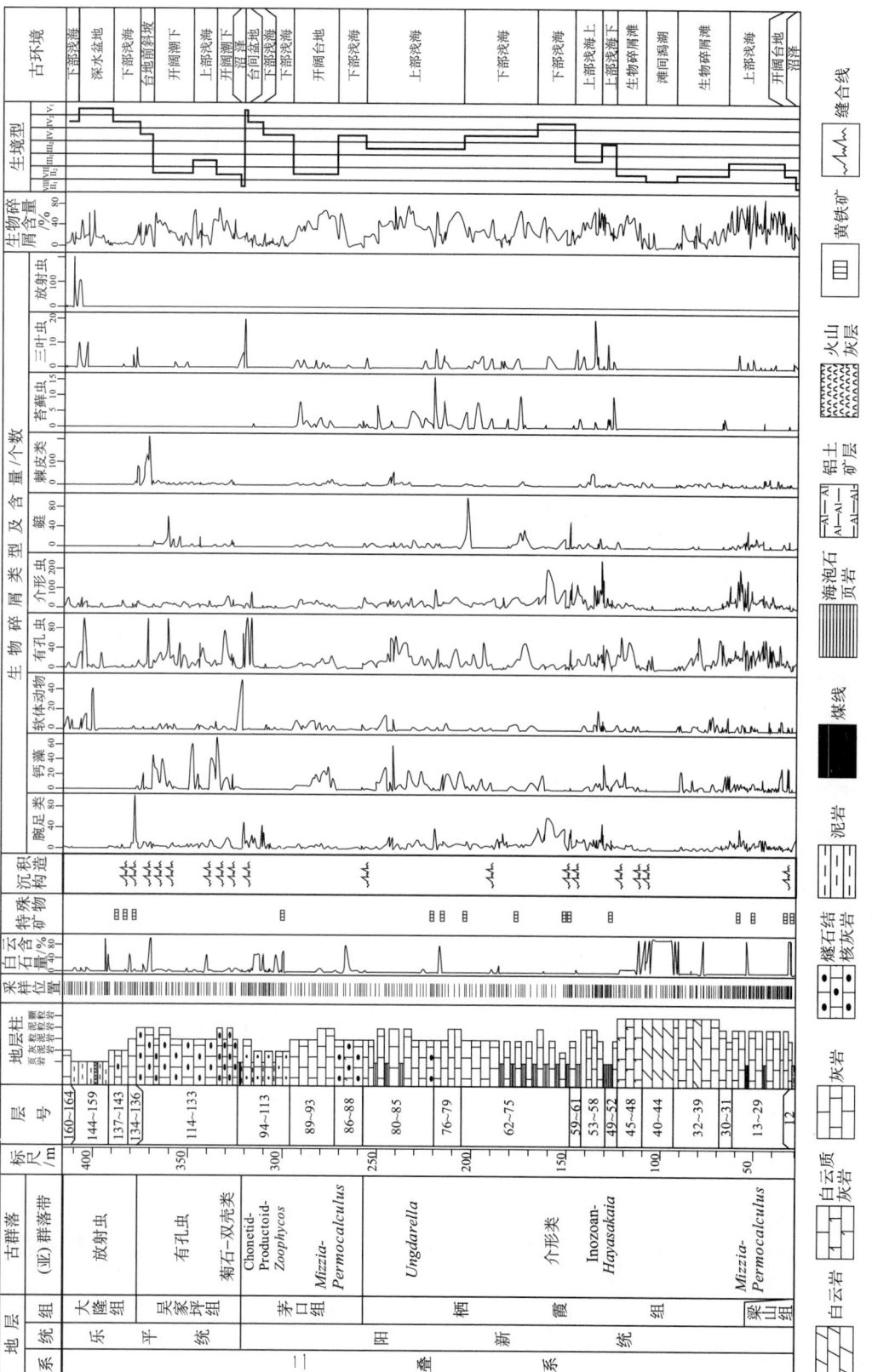

图 2.1 四川广元上寺二叠纪生态综合地层柱状图

3. 生境型 II$_{2-2}$

生境型 II$_{2-2}$（开阔台地相）见于栖霞组的底部（第 13～16 层），茅口组的中部（第 89～93 层），吴家坪组底部（第 114～116 层）和顶部（第 126～133 层），岩性主要为灰白色厚层灰岩。

第 13～16 层，以钙藻群落为特征。生物碎屑以钙质绿藻为主，藻类含量可以占到生物碎屑含量的一半以上。其他生物包括非䗴有孔虫、介形虫、腕足类、少量遗迹化石 *Chondrites*。钙藻主要是 *Permocalculus* 和 *Mizzia*，少量的 *Pseudovermiporella*。非䗴有孔虫包括 *Nodosaria*、*Climacammina* 等。䗴类主要为 *Nankinella*。*Nankinella* 类主要分布在潮间带及近岸陆架上。

第 89～93 层，生物碎屑以藻类为主，主要是 *Mizzia*、*Permocalculus*，少量的 *Pseudovermiporella*。其他生物碎屑包括非䗴有孔虫、海百合茎、介形虫、双壳类等。非䗴有孔虫主要有 *Cribrogenerina*、*Pachyphloia*（图 2.2A）。

第 114～116 层，生物碎屑以藻类、腕足类、非䗴有孔虫为主。藻类主要是 *Pseudovermiporella*。非䗴有孔虫主要是 *Cribrogenerina*。其他生物碎屑包括䗴类、海百合茎、介形虫等。

第 126～133 层，生物碎屑以藻类、非䗴有孔虫为主。藻类主要是 *Mizzia*、*Permocalculus*。非䗴有孔虫主要是 *Pachyphloia*、*Geinitzina*、*Globivalvulina* 等。少量腕足类、海百合茎等。

Mizzia-Permocalculus 组合的出现是开阔台地的一种标志（黎泉水、袁恒焕，1983），假蠕孔藻、裸海松藻是一种在浅海环境中适应性较强、生态范围较广的藻类。而 *Pachyphloia*、*Nankinella* 同样生活在浅水碳酸盐台地区（殷鸿福等，1995）。

4. 生境型 III$_1$

生境型 III$_1$（上部浅海上部）主要分布在栖霞组底部（第 17～30 层）、中部（第 53～58 层）和顶部（第 76～85 层）。岩性主要为灰色中厚层灰岩，或夹有燧石团块和条带。

群落为钙藻-腕足类-珊瑚组合（第 17～30 层）：生物化石以钙藻、腕足类和珊瑚为主。其他生物包括非䗴有孔虫、腹足类、海百合茎、钙质海绵等。钙藻主要是 *Pseudovermiporella*，珊瑚主要为横板珊瑚，非䗴有孔虫包括 *Pachyphloia*、*Climacammina*、*Globivalvulina*、*Padangia*，生物碎屑含量高（图 2.2B）。

珊瑚-腕足类-钙藻群落（第 53～58 层）：珊瑚、腕足类、苔藓虫丰富。非䗴有孔虫包括 *Pachyphloia*、*Nodosaria* 等。钙藻主要是 *Pseudovermiporella*。

红藻-非䗴有孔虫群落（第 76～85 层）：藻类主要是 *Ungdarella*，少量 *Mizzia* 和 *Pseudovermiporella*。非䗴有孔虫包括 *Cribrogenerina*、*Pachyphloia*。其他生物包括腕足类、介形虫、腹足类、海百合茎等。

生境型 III$_1$ 为海洋中生产力最高的区域之一，藻类繁盛。但是相对于 II$_{2-2}$ 藻类数量减少，腕足类繁盛。

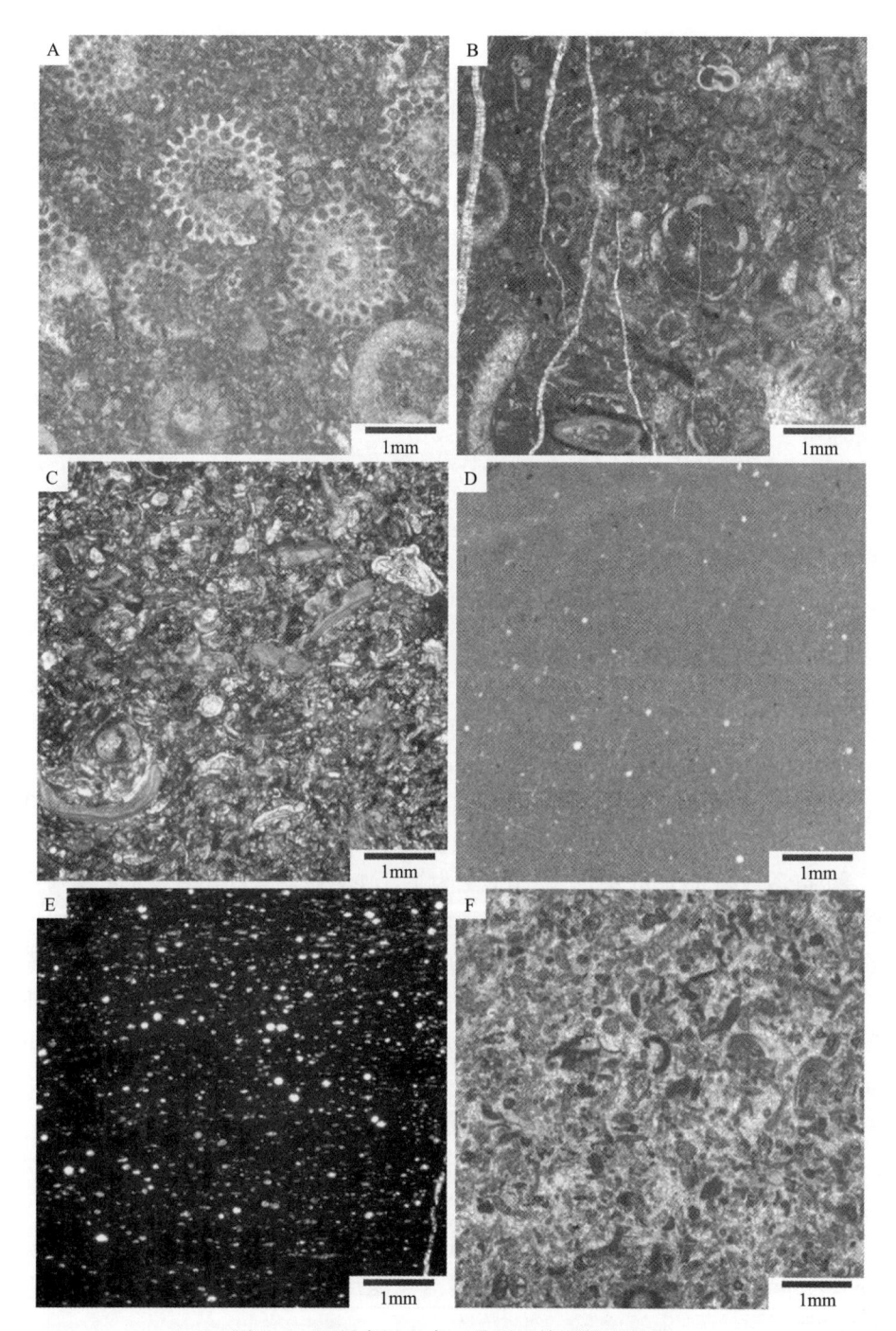

图 2.2 四川广元上寺二叠纪生境型镜下特征

A. *Mizzia-Permocalculus* 群落，生境型 II$_{2-2}$，茅口组第 89 层；B. 钙藻-腕足类-珊瑚群落，生境型 III$_1$，栖霞组第 17 层；C. 介形虫群落，大量生物介壳呈定向排布，生境型 IV$_1$，栖霞组第 62 层；D. 微晶灰岩微相，生境型 IV$_2$，大隆组第 141 层；E. 放射虫泥岩微相，白色球状为放射虫，生境型 V$_1$，大隆组第 156 层；F. 似球粒颗粒岩微相，生境型 VII$_8$，栖霞组第 32 层

5. 生境型 III$_2$

生境型 III$_2$（上部浅海下部）主要分布在栖霞组的中部（第 49~52 层）和上部层位（第 76~85 层）和吴家坪组上部（第 117~125 层）。

Inozoan 群落（第 49~52 层）：该群落以纤维海绵为特征，包括 *Peronidella* 和 *Corynella*。围岩为块状中层—厚层生物碎屑粒泥岩。大多数化石保存状态为原位，少量呈现平行层面分布，指示弱水流或者短暂的波浪作用（图 2.3A）。伴生化石包括介形虫、非䗴有孔虫和少量 *Dasycladalean* 化石。

腕足类-介形虫-非䗴有孔虫群落（第 76~85 层）：腕足类、非䗴有孔虫以及介形虫等底栖生物丰富，少量钙藻、䗴类。非䗴有孔虫主要是 *Padangia*、*Cribrogenerina* 等，钙藻主要是 *Pseudovermiporella*、*Permocalculus*。

腕足类-非䗴有孔虫-钙藻群落（第 117~125 层）：腕足类、非䗴有孔虫、钙藻丰富。钙藻主要是 *Mizzia*、Codiaceae。非䗴有孔虫主要是 *Cribrogenerina*、*Nodosaria* 等。其他生物碎屑包括介形虫。

生境型 III$_2$ 仍然是海洋中生产力较高的区域，但是由于水体加深，蓝绿光难以透过水层，藻类数量减小，而其他底栖生物，如腕足类、非䗴有孔虫、介形虫等繁盛。

6. 生境型 IV$_1$

生境型 IV$_1$（下部浅海上部和斜坡）包括两个沉积相，即下部浅海上部和斜坡相。前者主要分布在栖霞组中部（第 60~65 层）、茅口组底部（第 86~88 层）和顶部（第 95~100 层）；后者分布在大隆组和吴家坪组顶部（第 133~136 层）。

介形虫群落（第 60~65 层）：以介形虫为主，伴生该群落的还有少量纤维海绵、长身贝类腕足动物和小个体米契林珊瑚（横板珊瑚）。围岩主要为生物碎屑粒泥岩以及发育层纹的泥粒岩。在显微镜下，颗粒全部为生物碎屑，其边缘成岩溶解极为明显（图 2.2C）。除方解石质的介形虫和少量非䗴有孔虫之外，大多生物碎屑的门类归属难以确定。长条状生物碎屑平行层理的定向排列、压实裂隙和波状起伏的缝溶层（dissolution seam），都表明成岩压实作用极为强烈。

第 86~88 层：薄层灰岩与燧石条带互层，灰岩主要为灰泥岩，少量粒泥岩。生物碎屑主要包括介形虫、非䗴有孔虫以及一些外来的腕足类、海百合茎碎片，含量较低。原地保存介形虫的个体较小，双瓣壳体保存完整，指示静水的沉积环境。

腕足类群落（第 95~100 层）：发育在中薄层灰岩之间的夹层——泥灰岩中，主要是 chonetid、productoid。在灰岩层中，发育大量遗迹化石 *Zoophycos*。其他生物少见，只有极少的腹足类。

腕足类-海百合茎群落（第 133~136 层）：在野外露头的岩石层面上见大量的介壳混杂堆积。镜下见大量海百合茎碎片，大小一致。除此之外，可见少量的非䗴有孔虫。整体特征是生物碎屑单一、堆积杂乱，灰泥成分多。生物碎屑为浅水区搬运而来的异地沉积，分选较好，属于斜坡相沉积（图 2.3D）。

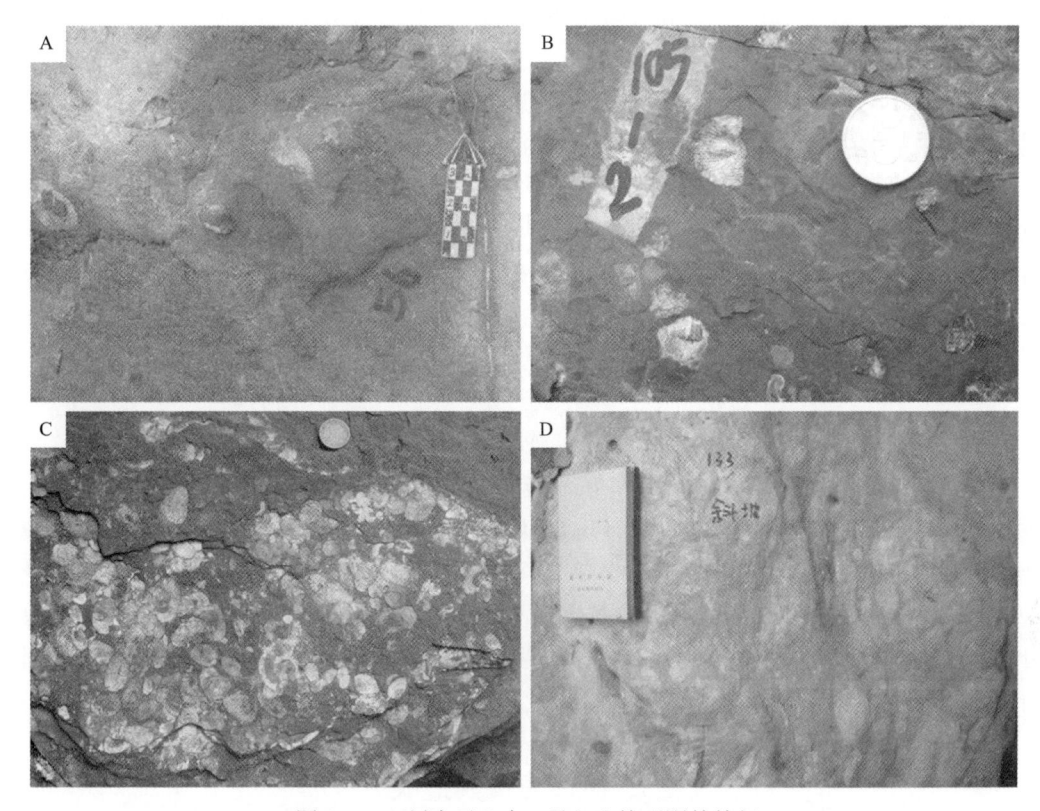

图 2.3　四川广元上寺二叠纪生境型野外特征
A. Inozoan 群落，栖霞组第 56 层；B. 腕足类群落，茅口组第 105 层；C. 双壳类群落，茅口组第 109 层；
D. 重力堆积，吴家坪组第 133 层

7. 生境型 IV$_2$

生境型 IV$_2$（下部浅海下部）主要分布在茅口组顶部（第 101~107 层）、大隆组底部（第 137~143 层）和顶部（第 160~164 层）。

第 101~107 层：腕足类群落发育在中层的泥晶灰岩夹薄层泥质灰岩中。在泥质灰岩中以长身贝和戟贝为主的腕足类化石群落较为发育。化石为原位保存，腹瓣上的刺仍保留完好。偶尔可以见到遗迹化石出现于块状的泥晶灰岩中（图 2.3B）。上述特征反映了一种较为平静的环境。

第 137~143 层和第 160~164 层：中薄层的泥晶灰岩，生物化石较为单一。主要是腕足类、小型介形类和非䗴有孔虫类。生物碎屑含量小于 10%。黄铁矿广泛发育（图 2.2D）。这些特征均表明沉积环境为深水滞留还原环境，缺乏光照，不适宜生物生长，生物个体趋于小型化。

8. 生境型 V$_1$

生境型 V$_1$（台间盆地）群落带为原地埋藏浮游群落，生物种类单一。主要分布在茅口组顶部（第 108~110 层）和大隆组中部（第 144~157 层）。

菊石-双壳类群落（第 108~110 层）：在泥岩中保存完好的双壳类（图 2.3C）和菊石类（*Altudoceras*），纹饰清晰。其他生物少见。底栖生物的缺乏表明水体深度已经不适宜底栖生物的生活，而常见的为游泳的和浮游的菊石和双壳类化石。

放射虫-菊石群落（第 144~157 层）：化石群落以放射虫和菊石（有时）为主，少量的介形虫类，有时可见遗迹化石 *Chondrites*。菊石主要是 *Pseudotirolites*。密集的放射虫形成硅质泥岩（图 2.2E）。本群落产于一套灰黑色薄层至中层的微晶灰岩和黑色薄层硅质泥岩互层中，水平纹理发育，含有有机质。纹层薄，化石保存完整，表明沉积速率缓慢，并且缺乏生物扰动。

9. 生境型 VII$_s$

生境型 VII$_s$（生物碎屑滩）分布在栖霞组的中部（第 32~39 层，第 45~48 层），发育一套白色巨厚层灰岩。颗粒类型以似球粒为主，主要为粪球粒、巴哈马似球粒、微生物似球粒三种。少量的钙藻、非䗴有孔虫类（图 2.2F）。非䗴有孔虫主要为 *Globivalvulina*、*Nodosaria*。骨骼颗粒泥晶化广泛发育，使得化石难以辨认。颗粒的分选、磨圆较好，颗粒之间为亮晶胶结，泥晶很少。这些特征代表水动力较强的碳酸盐岩浅滩相沉积环境。

二、生产力及其组成

1. 生物碎屑反映的古生产力变化

该剖面中二叠统以浅水碳酸盐沉积为主，晚二叠世沉积环境由浅水碳酸盐台地（吴家坪组）逐渐转变为硅质岩盆地（大隆组）。浅水碳酸盐岩地层中生物碎屑丰富，而大隆组硅质岩、硅质泥岩中除放射虫外，仅见少量菊石化石，难以利用生物碎屑统计进行生物生产力恢复。

浅水碳酸盐岩中主要生物碎屑类型有钙藻、非䗴有孔虫、介形虫，其次包括䗴、腕足类、腹足类、双壳类、棘皮类、珊瑚（四射珊瑚和床板珊瑚）、苔藓虫、三叶虫和海绵骨针等。放射虫主要见于硅质岩中。钙藻主要为粗枝藻科的 *Mizzia*、*Eogoniolina*、*Pseudovermiporella*、*Sinoporella*；裸海松藻科的 *Gymnocodium*、*Permocalculus*；少量管孔藻科的 *Ungdarella*。非䗴有孔虫包括 *Padangia*、*Nodosaria*、*Geinitzina*、*Cribrogenerina*、*Tetrataxis*、*Palaeotextularia*、*Glomospira*、*Globivalvulina*、*Ammodiscus*、*Pachyphloia*。根据生物碎屑在剖面上的分布，可以将该剖面划分如下（图 2.1）：

栖霞组下段（第 13~31 层），生物碎屑丰富，含量一般在 20%~70%。岩性主要为灰黑色中—厚层状生物碎屑粒泥岩和中层层纹状生物碎屑泥粒岩。前者以钙藻、䗴、非䗴有孔虫较为发育为特征，后者以介形虫、非䗴有孔虫较为发育为特征。

栖霞组中段下部（第 32~39 层），以生物碎屑和似球粒颗粒岩为特征，为水动力条件相对较高的浅滩相，海百合茎较为发育。由于泥晶化现象较为普遍，生物碎屑大多数被泥晶化而难以识别门类（马志鑫等，2011）。栖霞组中段中部（第 40~44 层），为中厚层状细晶白云岩，生物碎屑较少。栖霞组中段上部（第 45~48 层），主要为生物碎屑粒泥岩，生物碎屑含量在 30%~40%，以藻类生物碎屑为主。

栖霞组上段下部（第 49~79 层），生物碎屑含量 20%~30% 为主，中部第 60 层附近，层纹状含海泡石灰岩发育，生物碎屑含量稍有增加。栖霞组上段上部（第 80~85 层），生物碎屑含量增加，达到 40%，藻类较为发育。

茅口组下部以泥晶灰岩为主，生物碎屑含量一般低于 10%，中部类似于台地边缘相，为厚层块状生物碎屑灰岩，藻类和珊瑚较为发育。生物碎屑含量可达 30%~50%。上部以中薄层泥晶灰岩为主，生物碎屑含量较低（<10%）。

吴家坪组以生物碎屑粒泥岩为主，下部泥晶灰岩较为发育，生物碎屑含量一般在 10% 左右；中上部 20%~30%。大隆组以硅质泥岩和硅质岩为主。镜下仅可见放射虫。

从整个剖面生物碎屑分布与生物生产力的关系来看，两者有一定的相关性。如早期胶结作用较差的含海泡石灰岩段，生物碎屑含量相对较高（50%~60%），对应的生物生产力可能可以达到 200~300g C/(m²·a)（详见第四章和第六章第三节），而含钙藻的生物碎屑粒泥岩，生物生产力次之。但是值得注意的是反映高能水动力条件的生物碎屑滩相，生物碎屑含量可达 80%，但是生物生产力可能 <100g C/(m²·a)。

2. 地球化学指标重建的古生产力演变

地球化学分析结果表明，四川广元上寺剖面地层碳酸盐含量高，陆源物质输入极少，非常适合利用 Al/Ti 重建古生产力（详见第四章第三节分析）。

广元二叠纪剖面的地球化学组成和重建的古生产力如图 2.4。生产力组分（Al_{xs}、Ba_{xs}、P_{xs}）主要富集在三个阶段，分别是栖霞组中部、茅口组顶部及大隆组，对应古生产力的三个高峰时期。除去这三个高生产力阶段外，在其他层位，Al_{xs} 平均仅为 0.08%，而 P_{xs} 为 0.1%，Ba_{xs} 平均含量 0.002%。在这些层段，初级生产力比较稳定，约为 120g C/(m²·a)。

在栖霞组中部部分层段，Al_{xs} 平均含量 0.22%，初级生产力在 150~350g C/(m²·a) 范围内。茅口组顶部是古生产力组分富集的另一个层段。Al_{xs} 平均含量为 0.35%，初级生产力均值为 153g C/(m²·a)，超过 200g C/(m²·a) 的样本有 8 个。在大隆组，各生源组分高度富集，Al_{xs} 平均含量高达 0.53%，是普通层段平均含量的 6.6 倍，但 Al_{xs} 含量变化波动较大。P_{xs} 也高度富集，其均值为 0.45%。Al/Ti 表征的海洋初级生产力在这段时期内却比较恒定，处于较高的水平。二叠纪海洋生产力变化显然与海洋环境变化，如海平面的变迁、海水温度和营养物质等有直接的联系。

为了了解古海洋初级生产力与宏体生物之间的关系，我们考察了 Al/Ti 重建的古海洋初级生产力与生物碎屑含量的相关关系。结果发现两者呈现较好的正相关（$R=0.33$, $n=138$），超过 99% 的置信度（图 2.5），说明生产力总量与宏体动植物总体上是相对应的，即生产力水平高，有利于宏体生物的繁盛。

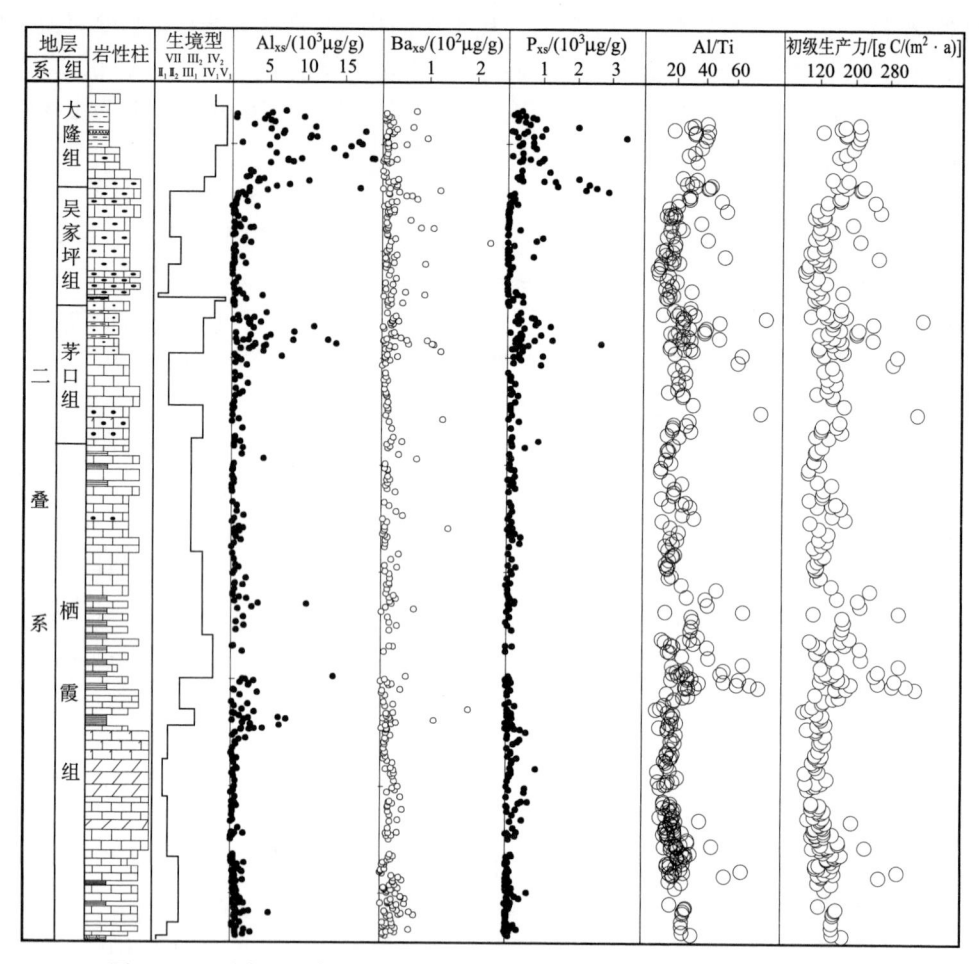

图 2.4　四川广元上寺二叠纪剖面由地球化学指标得出的古海洋生产力变化

岩性柱图例参见图 2.1

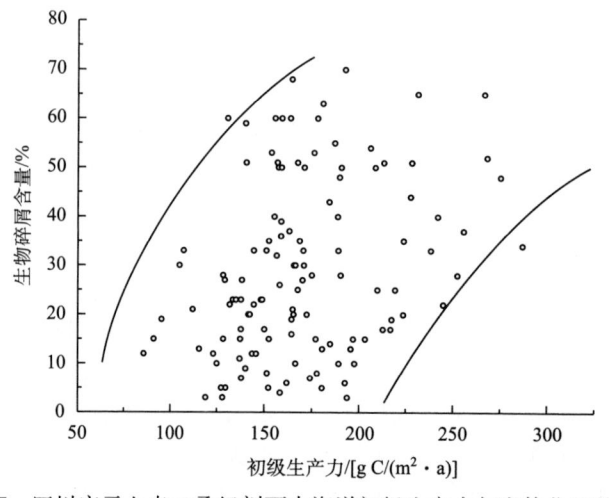

图 2.5　四川广元上寺二叠纪剖面古海洋初级生产力与宏体化石的关系

同时，我们还发现，古生产力明显受到生物生长环境的制约（图 2.6）。随着海水深度和离岸距离的增加，古生产力水平下降。这与现代海洋的变化模式相似。

三、埋藏环境和有机埋藏量

1. 碳同位素与有机质埋藏

广元上寺剖面碳酸盐岩氧同位素值均大于 $-10‰$，$\delta^{13}C_{carb}$ 和 $\delta^{18}O$ 之间的相关性较小（$R^2=0.17$），说明该剖面的碳酸盐岩同位素受后期成岩和风化作用影响较小。而且该剖面 $\delta^{13}C_{carb}$ 值均大于 0，符合二叠纪海洋富集 ^{13}C 的地质背景（Veizer et al., 1980）。

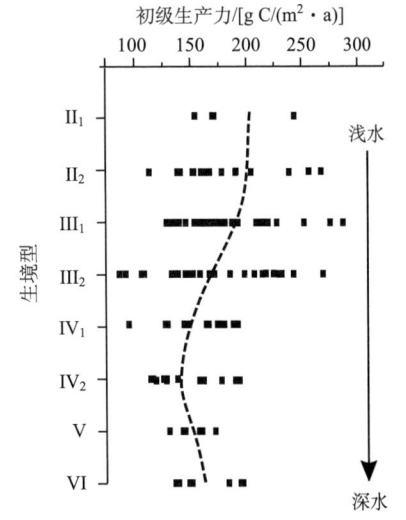

图 2.6 二叠纪海洋古生产力随生境型的变化特征

从早二叠世全球大范围海侵开始，随着海平面不断升高，四川广元上寺剖面从栖霞组底部开始，$\delta^{13}C_{carb}$ 数值逐渐正偏（图 2.7）。这说明碳同位素可能指示这一时期海平面的上升（Compton et al., 1990）。栖霞组底部和中部 $\delta^{13}C_{carb}$ 的正漂移，可能与生物相对繁盛和有机质加速埋藏有关。在栖霞组中部，生境型经历了从 III_2 到 III_1 再到 IV_1 的变化，碳同位素则由 1.8‰ 逐渐正漂移到 4.5‰，至栖霞组顶部碳同位素一直保持在 4‰ 左右。这不仅揭示了广元地区的海平面变化，而且还说明了该层位由于生物繁盛，生产力处于较高阶段。

在栖霞组底部和中部，有机碳埋藏分数（f_{org}）逐渐正偏，说明当时埋藏下来的有机碳逐渐增多。由于栖霞组底部沉积时海平面开始上升，导致当时生物相对繁盛，因此引起输入的有机碳量增多，而沉积环境（氧化还原条件）的改变，形成了一个有利于有机碳保存的缺氧环境（颜佳新、刘新宇，2007）。由于有机碳输入量增加，消耗量相对变少，使得埋藏下来的有机碳量相对增多。因此，在栖霞组底部和中部，f_{org} 的高值指示了适合烃源岩形成和保存的条件。

广元上寺二叠纪剖面生境型比较齐全，样品从 II（潮间带）到 IV（下部浅海）以及 VI（相对较深水）分布相对均匀，这为统计不同生境的碳同位素分布特征提供了条件（图 2.8）。

二叠纪广元上寺剖面 $\delta^{13}C_{carb}$ 在 III（上部浅海）、IV（下部浅海）生境型偏正。根据殷鸿福等（1995）对生境型的划分及其生物特点，III 生境型海洋生产力较高，随水深而降低。在 V_1（上部大陆坡）生境型 $\delta^{13}C_{carb}$ 出现最低值，说明 $\delta^{13}C_{carb}$ 能够有效地响应生境型古生产力的变化。f_{org} 是氧化还原环境的指标之一，能定性地反映氧化还原环境是否适合有机质的保存。经统计，在 III（上部浅海）、IV（下部浅海）生境型，有机质埋藏较高，说明该生境型较有利于有机质的埋藏。有机碳同位素与无机碳同位素的差值（$\Delta^{13}C$）对生物和环境变化都有响应，它在 III 生境型达到最高值，可能是受生产力和埋藏环境的双重影响。

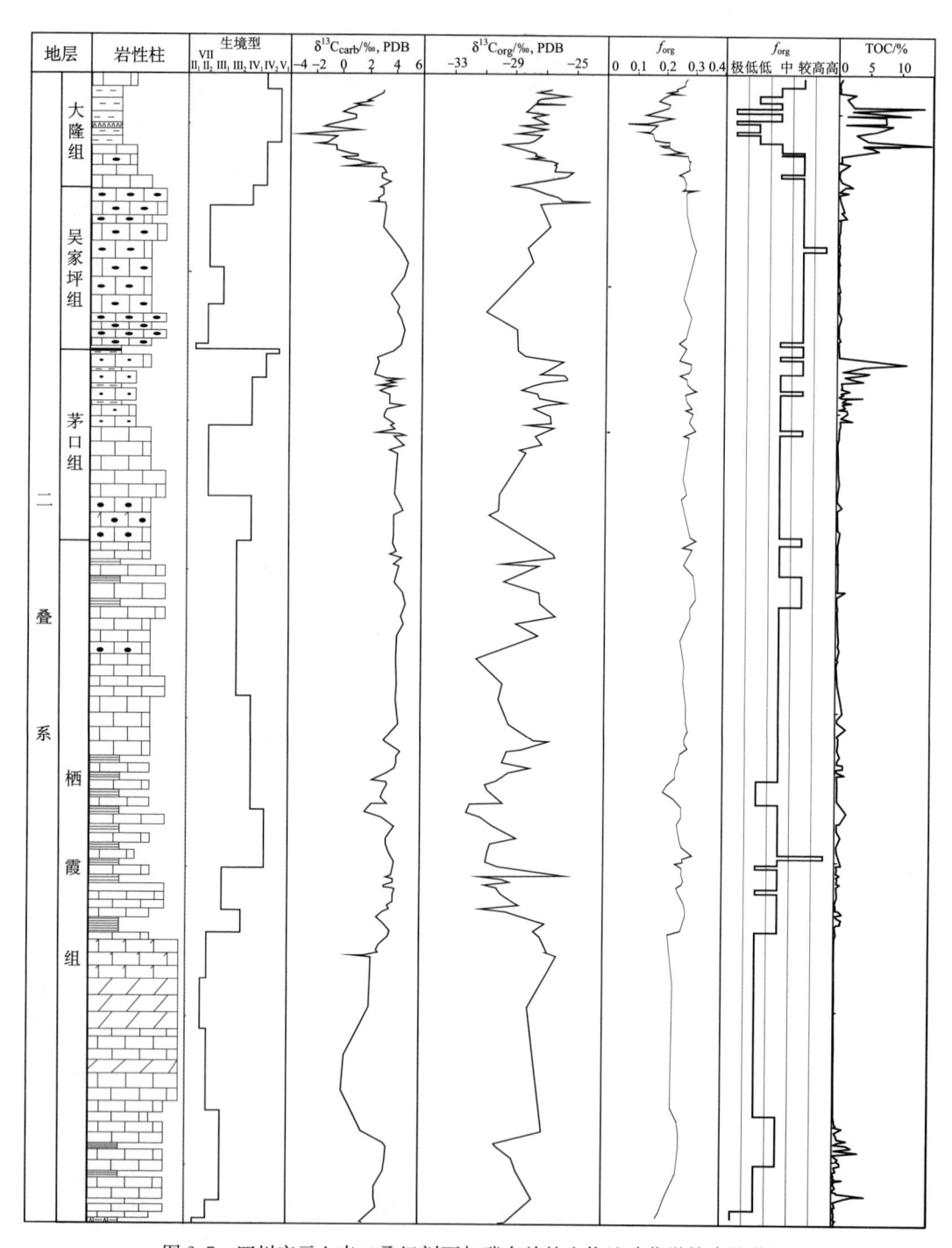

图 2.7　四川广元上寺二叠纪剖面与碳有关的生物地球化学综合柱状图

岩性柱图例参见图 2.1

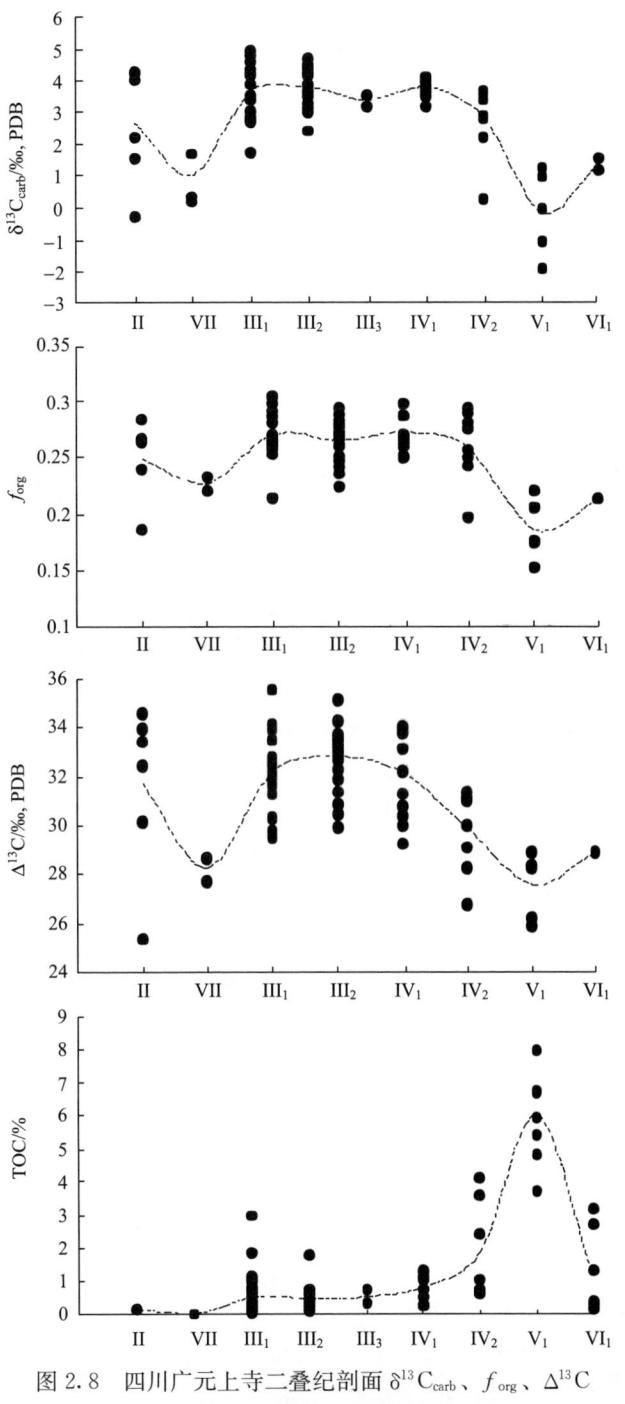

图 2.8　四川广元上寺二叠纪剖面 $\delta^{13}C_{carb}$、f_{org}、$\Delta^{13}C$ 和 TOC 含量随生境型的变化

在二叠纪大隆组，碳同位素发生了强烈负漂移，TOC 值也很高，但 f_{org} 却是全剖面最低的。引起以上情况的原因可能有两个：一是四川广元上寺大隆组由于火山作用与上升流带来了大量富含轻碳的营养物质，从而使得碳同位素在该组出现负漂移（Bai et al.，2008）。在 $f_{org}=(\delta'w-\delta^{13}C_{carb})/\Delta^{13}C$ 的计算公式［式（1.17）］中，$\delta'w$ 是考虑到火山作用和风化作用后使用了 $-5‰$ 这一经验值。在大隆组第 144～159 层，由于火山作用与上升流带来了大量的轻碳物质，建立的模型公式需要加入轻碳分量。二是 f_{org} 高低变化所指示的并不是残余 TOC 含量的高低，因为影响残余 TOC 含量高低的因素还包括古海洋生产力和沉积有机质的保存环境。

2. 硫同位素与有机质埋藏及其消耗

在近代沉积物中，硫酸盐还原菌对有机碳的降解量可占微生物对有机碳矿化总量的 40%～100%。在沿岸海相沉积物中，氧吸收率尽管比硫酸盐还原作用快 4 倍，但就氧化能力来说，氧的氧化能力只是硫酸盐的氧化能力的一半，而且有一半的氧被用于 H_2S 的再氧化。因此，在理论上沉积物中应有一半有机碳的氧化作用是由硫酸盐还原菌引起的（Gørgensen，1977）。

原生黄铁矿往往形成于沉积物或水柱中，是硫酸盐还原菌代谢产物与还原性铁离子结合形成的。黄铁矿的形成及其同位素组成不仅受氧化还原界面的控制，还受体系的性质和有机碳供给的制约。在近岸沉积物中，硫酸根在几米深度内就可能消耗殆尽。而在远洋沉积物中，硫酸根可以渗透到几百米深（Goldhaber and Kaplan，1974）。在深水沉积物中，如果有机碳供给充足，所形成黄铁矿的量就会较高，其同位素组成更加富集 ^{32}S。在浅水的滨岸沉积物中，由于硫酸盐供给受到限制，所形成的黄铁矿硫同位素组成就会接近海水硫酸盐的硫同位素组成。因此，原生黄铁矿硫同位素分馏保留了沉积环境的信息。在黑海，由近岸带到远海，$\Delta^{34}S_{CAS-Py}$ 由 4.7‰ 增加到 50‰（郑永飞、陈江峰，2000），这为我们利用硫同位素评价有机碳埋藏效应提供了依据。根据这一理论，我们试探性地将 $\Delta^{34}S_{CAS-Py}$ 进行等级划分（表 2.1）并用于有机碳埋藏效应的研究。

表 2.1 硫同位素的埋藏效应等级划分

$\Delta^{34}S_{CAS-Py}/‰$	氧化还原条件	沉积环境	有机质的保存条件	埋藏效应
>50	底部水体为还原环境	深水盆地	有利于有机质的沉积与保存	好
40～50	氧化还原界面在水-沉积物界面附近	大陆坡	不利于有机质的沉积但有利于有机质的保存	中
25～40	表层沉积物为氧化环境	大陆架	不利于有机质的沉积与保存	差
<25	氧化还原界面在表层沉积物之下	滨海	极不利于有机质的保存	极差

注：以上划分未考虑沉积速率的变化。

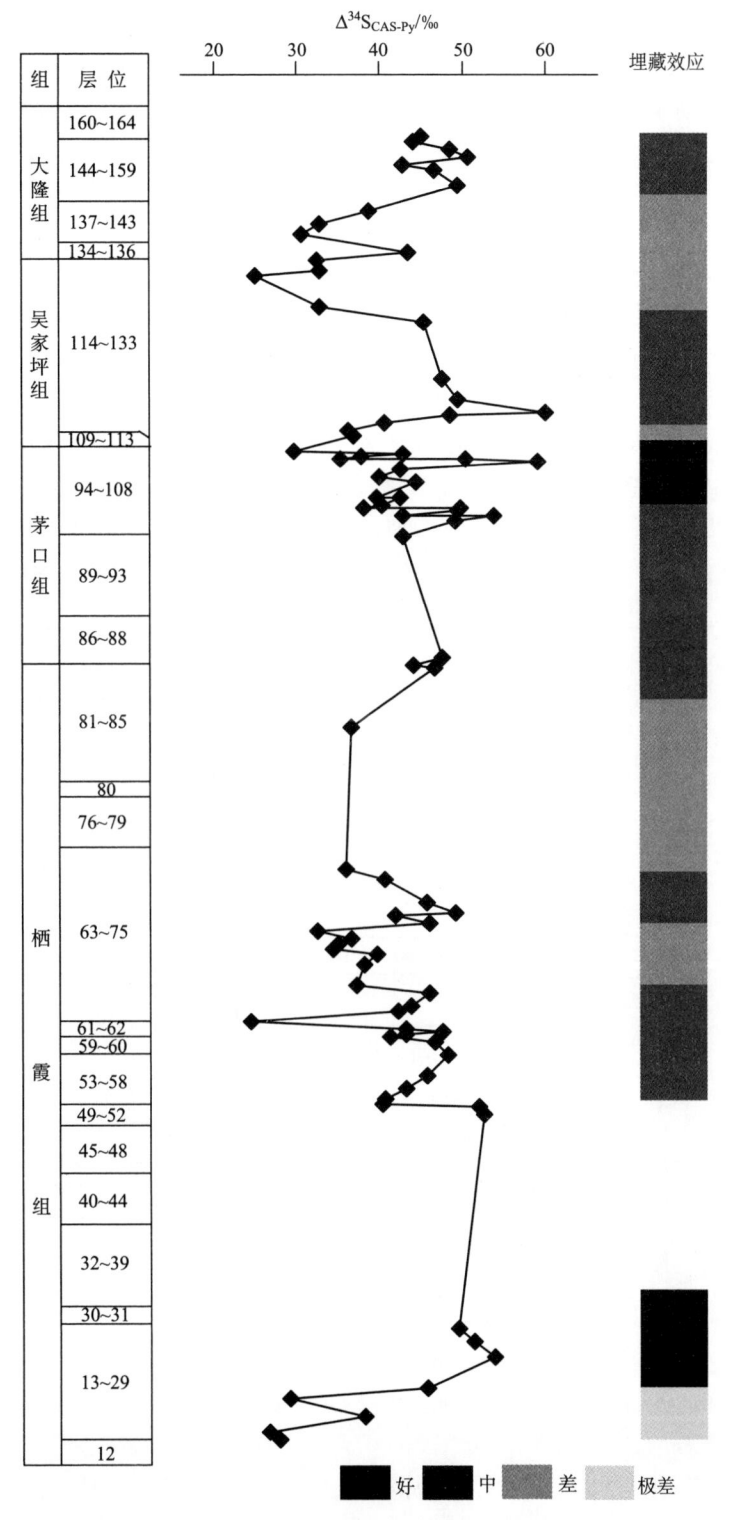

图 2.9　四川广元上寺二叠纪剖面根据硫同位素划分的有机埋藏效应等级

岩性柱与生境型参见图 2.1

根据表 2.1 等级划分标准,我们对四川广元上寺地区二叠纪各个时期有机碳埋藏效应进行了划分(图 2.9)。结果显示,栖霞组早期和茅口组末期的埋藏效应为好,环境有利于有机碳的保存。栖霞组中期、茅口组早中期、吴家坪组早中期和大隆组中晚期的埋藏效应为中等。其他时期埋藏效应均较差。大隆组中期之所以没有茅口组末期的埋藏效应好,可能与这一时期硫酸盐还原菌的异常活跃有关。而栖霞组初期则可能由于黄铁矿的硫同位素包含了晚期成岩作用的信息,它对沉积环境的指示意义不明确。

以上只是一种定性的分析。我们还可以从有机质的消耗量来进行定量分析(图 2.10)。在第一章第三节,我们在总结埋藏有机碳的替代指标时,提到埋藏阶段有机质的消耗量与 $\delta^{34}S_{CAS-Py}$ 正相关。这样可以利用 $\delta^{34}S_{CAS-Py}$ 来定量计算埋藏阶段有机质的消耗量(参见公式 1.21)。从四川广元上寺二叠纪沉积岩所保存的硫同位素分馏来看,24.8‰<$\delta^{34}S_{CAS-Py}$<55.2‰,其值主要分布在 40‰~50‰范围,具有硫酸盐还原菌还原分馏的特征。因此,沉积岩中所保留的黄铁矿是硫酸盐细菌还原的产物,而且可以肯定的是,在总硫含量越高的地方,硫酸盐还原菌所消耗的有机质含量就越高。

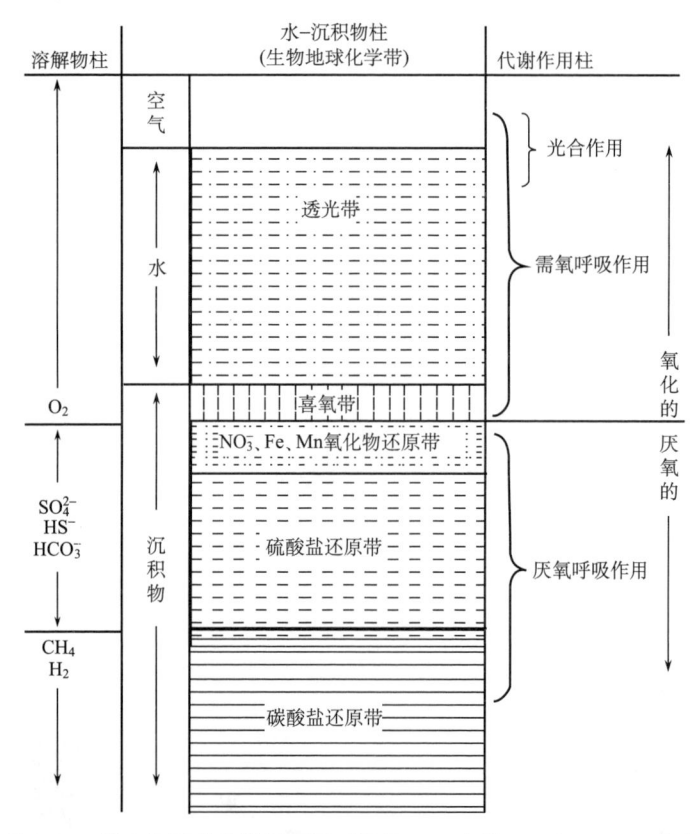

图 2.10 微生物活动分带剖面图(据 Rice and Claypool,1981,略改)

从计算的结果来看(图 2.11),在大隆组中部、茅口组顶部和栖霞组底部等总硫含量高的层位,ΔTOC_{sulf}[参见式(1.20)与式(1.21)]也很高,尤其是在大隆组。栖霞组 ΔTOC_{sulf} 除中部和底部较高外,其他层位均很低,最大 3.5%,最小 0.01%,平均只有0.40%。茅口组有所增加，尤其是在茅口组顶部，最大2.4%，最小0.1%，平均0.4%。吴家坪组相应很低，最大只有0.4%，平均0.1%。而大隆组达到最大，ΔTOC_{sulf}最大可达5.62%，平均1.86%。从总体上来讲，茅口组顶部、大隆组中部硫酸盐的细菌还原比较活跃，这可能与底部水体为还原环境、有机质供给充足（TOC含量高）、硫酸盐的细菌还原环境相对开放有关。

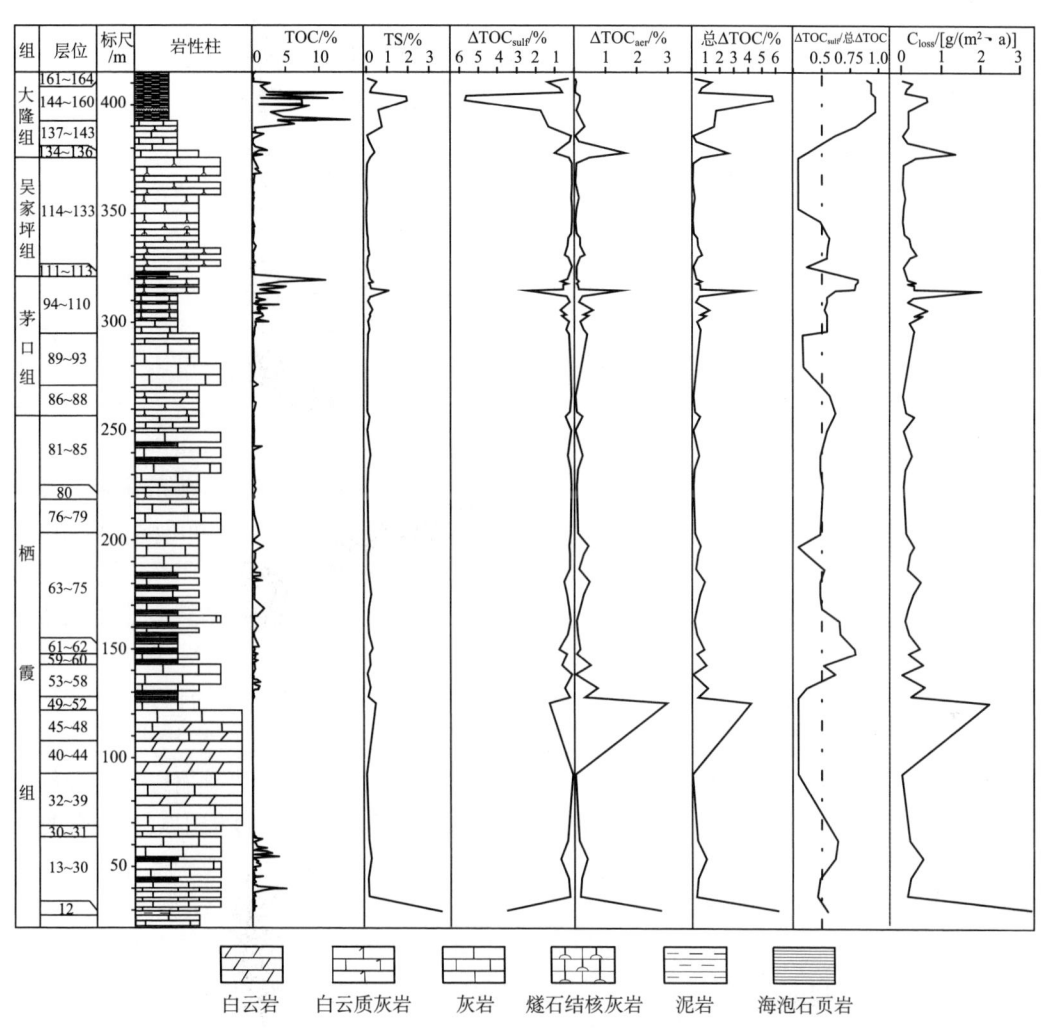

图2.11　四川广元上寺二叠纪剖面根据硫同位素计算的有机碳消耗量变化

从ΔTOC_{sulf}在有机碳总消耗量所占的比重也可以看出，在栖霞组底部和中部、茅口组底部和大隆组，$\Delta TOC_{sulf}/$总$\Delta TOC>50\%$，也即以硫酸盐细菌还原作用消耗有机质为主。大隆组$\Delta TOC_{sulf}/$总ΔTOC可达97%，即这段有机质的有氧消耗很少。在栖霞组中下部和吴家坪组中上部，有氧消耗相对较高，占总有机质消耗量的70%左右。除此以外，在栖霞组中部至茅口组中部、吴家坪组底部，有氧消耗的有机质与硫酸盐还原菌作用的消耗量相当。但从总体上讲，有氧消耗的有机质的量（ΔTOC_{aer}，图2.11）在整个二叠纪都很低，最大也只有2.96%。这可能与还原环境或有氧环境条件下有机质埋藏较低有关。因此，总有机质消耗量（总 ΔTOC 值）与 ΔTOC_{sulf} 值在整个二叠纪有相同的变化趋势。如果将时间因素考虑进去，整个二叠纪有机碳的消耗通量（C_{loss}）在 $0.02 \sim 3.30$g C/($m^2 \cdot a$) 范围内变化，但大部分都小于 1g C/($m^2 \cdot a$)，平均值为 0.36g C/($m^2 \cdot a$)。

3. 钼含量与有机碳埋藏速率

有机碳的埋藏速率和黑色页岩的形成机理，早已引起人们的广泛重视。人们应用多种手段分别从地层学、沉积学、古生物学和地球化学等方面进行研究，并普遍认为有机碳埋藏速率与初始生产力的大小及其保存条件有密切的关系。但是，如何定量地确定有机碳的埋藏速率，仍然是争论的焦点（Arthur and Sageman，1994；Wignall，1994；Tyson，1995，2001；Sageman and Lyons，2003）。

研究表明，钼的积累与 TOC 含量以及海洋系统硫循环存在一定的相关性（Erickson and Helz，2000；Vorlicek and Helz，2002；Wilde et al.，2004）。在某种程度上，钼积累可以追溯有机碳的堆积速率。这是由于钼在海洋中主要以 MoO_4^{2-} 的形式存在，在缺氧环境形成的沉积岩和锰结核是海洋钼的主要储库（Bertine and Turekian，1973；Brumsack and Gieskes，1983；Calvert and Pedersen，1993；Crusius et al.，1996；Helz et al.，1996；Siebert et al.，2003）。在氧化的沉积岩中，大约有一半的钼来自海洋（Bertine and Turekian，1973），钼的富集与 HS^- 具有明显的相关性（Shimmield and Price，1986；Emerson and Huested，1991；Calvert and Pedersen，1993）。因此，Zheng 等（2000）推测钼的自生作用与孔隙水的硫化物浓度明显相关。虽然在现代沉积物和贫氧海相盆地的沉积岩中，钼含量与有机碳含量之间存在明显的正相关（Brumsack，1986；Werne et al.，2002），但是，这种正相关也有可能受到陆源沉积物、碳酸钙和蛋白石的稀释作用影响。一般采用铝、钛对钼含量进行校正，这是由于铝、钛往往不会在海洋沉积物中自生富集。假定陆源的铝、钛完全来自地壳中铝硅酸盐，那么铝、钛含量可以代表碎屑组分的含量并用来扣除其他元素的碎屑背景（Wilde et al.，2004）。当然，在风化过程中，有机碳的丢失和改变也会使有机碳含量与钼含量之间的相关性不明显。在加利福尼亚中部和智利等大陆边缘沉积岩中，也有类似情况的出现（Wilde et al.，2004）。

McManus 等（2006）通过对加利福尼亚南部和墨西哥大陆边缘的分析表明，底层水氧含量对铀的堆积速率（U_{AR}）是一个次要的影响因素。当有机物数量达到一定程度时，U_{AR} 高于 0.5mmol/($m^2 \cdot d$) 临界值，并提出有机碳堆积速率（C_{burial}）和 Mo_{hydr} 的堆积速率（Mo_{AR}）有一定的相关性。Mo 的堆积速率可表示为（Algeo and Lyons，2006）：

$$F(Mo) = [Mo]_{hydr} \times \rho_{db} \times v \tag{2.1}$$

式中，$F(Mo)$ 是单位时间内单位面积上埋藏的自生钼的质量 [mmol/($m^2 \cdot a$)]，ρ_{db} 为沉积物干密度（g/m^3），v 是沉积速率（mm/a）；

$$[Mo]_{hydr} = [Mo]_s - [Mo]_{detr}/[Al]_{detr} \times [Al]_s \tag{2.2}$$

式中，$[Mo]_s$、$[Al]_s$ 分别为样品的钼含量、铝含量，$[Mo]_{detr}$、$[Al]_{detr}$ 分别为平均上地壳的钼含量、铝含量。页岩的 Mo_{detr} 和 Al_{detr} 数据引自 Taylor 和 McLennan（1981，1985）。

在式（2.1）中，沉积速率和干密度是影响有机碳埋藏量计算的重要因素，特别是沉积速率。这是由于沉积速率随时间而变化，并有较大的变化范围。一些主量元素比值可以用来估算沉积速率的变化，如根据沉积岩 CaO/Al_2O_3 变化的规律，可以判断沉积速率的相对变化。但是，它们很难获得准确的沉积速率。已有研究表明（Vetö et al.，2007），古近纪与新近纪地层沉积速率在 6～22.7m/Ma，而早侏罗世缺氧沉积岩的沉积速率在 15～48m/Ma（Vetö et al.，1997）。沉积速率的估算需要与精细的生物地层学研究相配套，而这正是难以准确获得沉积速率的原因之一。

Mundil 等（2004）对四川广元上寺大隆组和吴家坪组进行了高分辨率的年代学研究，并得出了沉积速率。以此为依据，我们对广元上寺剖面二叠系进行了高分辨率微量元素的分析。结果表明，K/Al 值与已发表的沉积速率有一定的相关性（图 2.12），可以根据 K/Al 值的变化对沉积速率进行初步估算。K/Al 等于 0.15 时，对应的沉积速率为 4.34m/Ma；K/Al 等于 0.28 时，对应沉积速率为 20.33m/Ma；K/Al 等于 0.5 时，对应沉积速率为 35m/Ma（图 2.12）。

在此基础上，利用 McManus 等（2006）有机碳埋藏速率计算模型对四川广元上寺

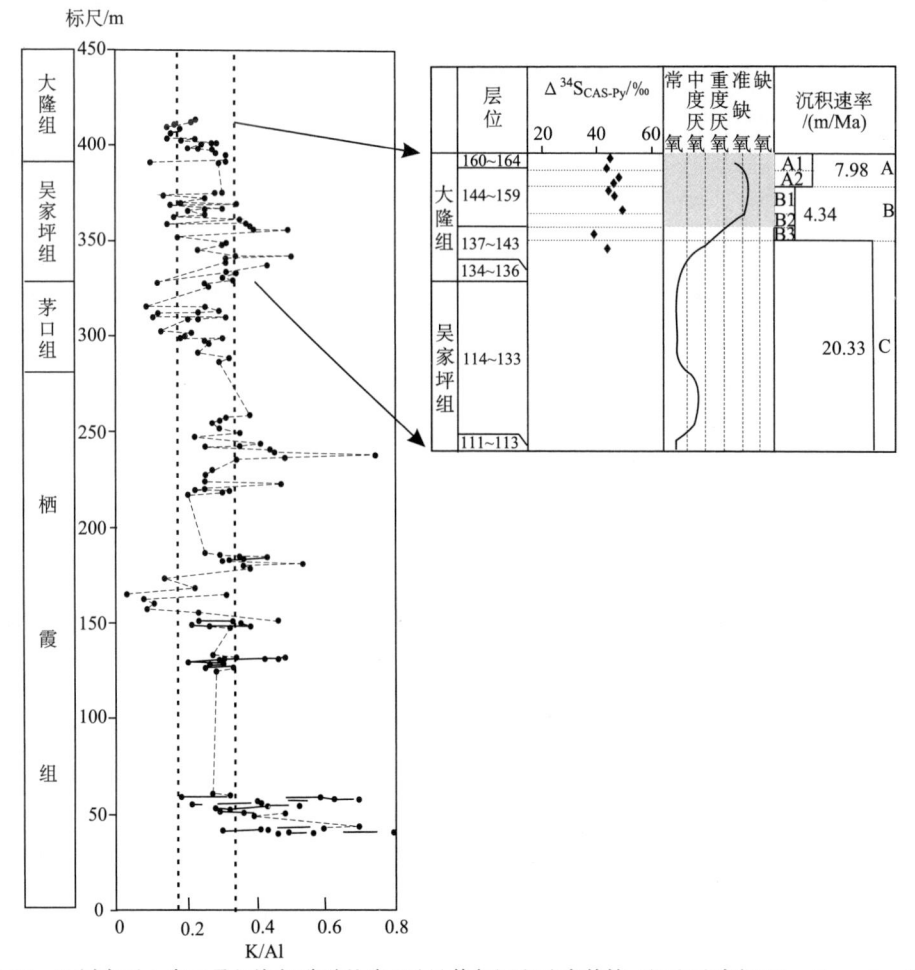

图 2.12 四川广元上寺二叠纪海相碳酸盐岩 K/Al 值与沉积速率估算（沉积速率据 Mundil et al.，2004）

剖面 440 个二叠纪海相碳酸盐岩的有机碳埋藏速率进行计算。结果表明，该区有机碳埋藏速率有较大的变化，在 0.45~26.07mmol/(m²·d)（图 2.13），明显大于美国加利福尼亚、墨西哥、秘鲁和智利等大陆边缘沉积岩有机碳埋藏速率的变化范围［1.5~8.4mmol/(m²·d)］（McManus et al.，2006），以及加拿大东部 Gulf 地区的有机碳埋藏速率的变化范围［0.74~1.44mmol/(m²·d)］（Mussi et al.，2000）。周炼等（2007）对扬子克拉通大陆边缘有机碳埋藏速率进行了估算，在 0.43~2.87mmol/(m²·d)。与已有古大陆边缘的有机碳埋藏速率相比，四川广元上寺地区二叠纪有机碳埋藏速率具有较大的变化范围，特别是晚二叠世大隆组具有较高的有机碳埋藏速率，暗示该沉积时段为烃源岩的主要发育期，对应于我国南方广泛沉积的富含有机质的硅泥质岩系。同时，栖霞组中部（含海泡石层位）和茅口组部分沉积时段也具有较高的有机碳埋藏速率，有可能是烃源岩的潜在层位。

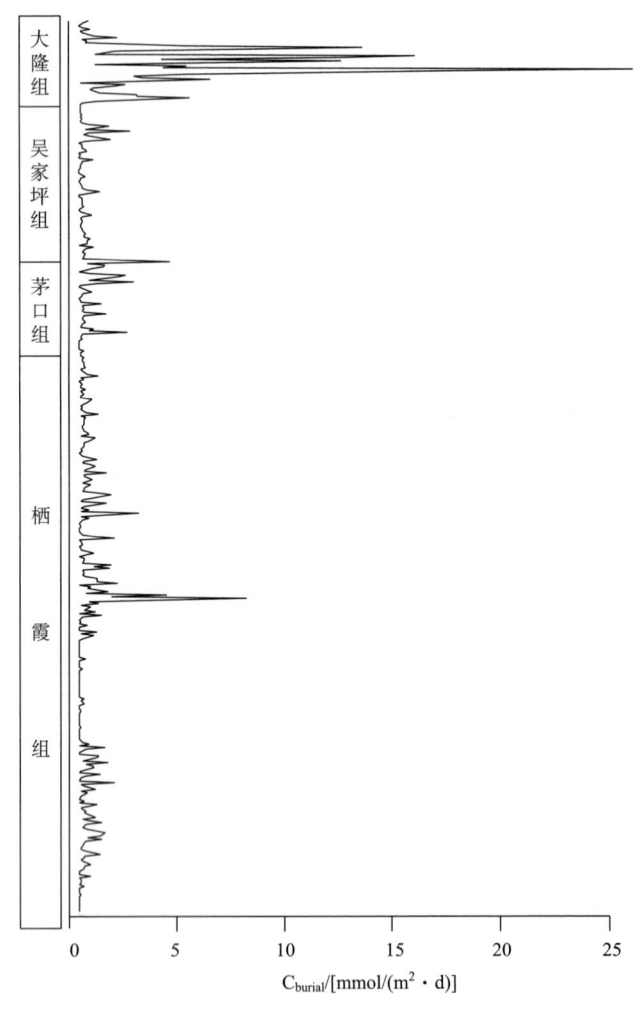

图 2.13 四川广元上寺二叠纪剖面海相碳酸盐岩有机碳埋藏速率变化

四、烃源岩地球生物学评价

以上分别获得了地球生物学评估所需要各个参数的替代指标值，包括生境型、生产力、沉积有机质和埋藏有机质。在此基础上，就可以根据这些参数对该剖面进行地球生物学的评估。图 2.14 显示了所采用的模式之一（四参数的替代指标组合为生境型-Ba_{xs}-f_{org}-

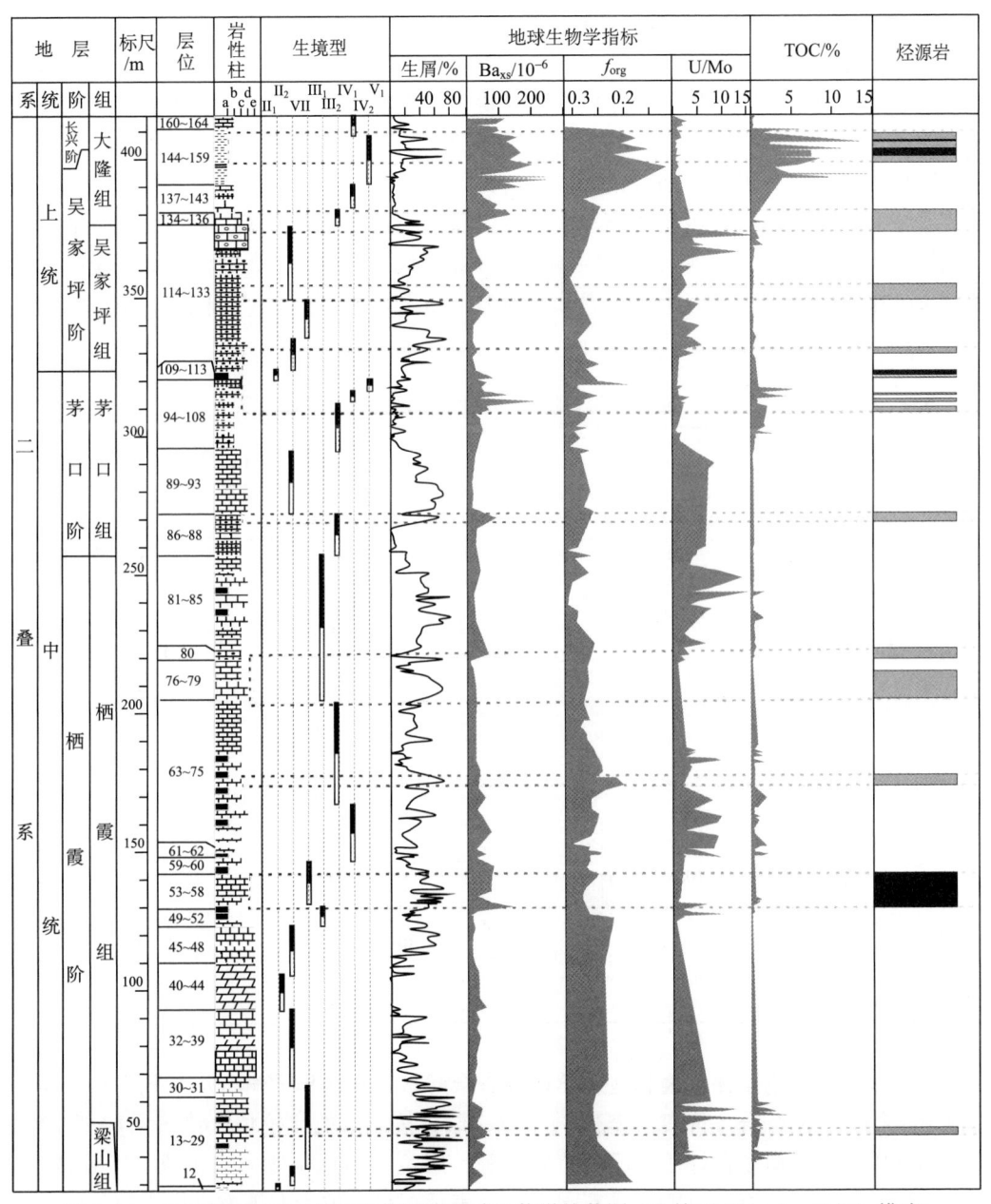

图 2.14 四川广元剖面二叠系的烃源岩地球生物学柱状图（生境型-Ba_{xs}-f_{org}-U/Mo 模式）

岩性柱：a. 页岩；b. 灰泥岩；c. 泥粒岩；d. 粒泥岩；e. 颗粒岩

U/Mo）。图 2.14 中显示了各个地球生物学参数及 TOC 含量（未参与评价，但在右侧一列中列出以供参考），在最右列中标示了据其半定量评价获得的一般烃源岩（灰色横条）和优质烃源岩（黑色横条）。

在本书烃源岩半定量评价中，使用了地球生物学评价体系及各替代指标的分级系统。由于各替代指标值已按分级系统确定了优劣（或高低）档次，故各层位的位置均可填入具分级表格的评价表中。生物学评价表（表 2.2）的横排、纵排由生境型和初级生产力 PP（表 2.2 中以 Ba_{xs} 作替代指标）两个生物学参数组成，各自从左到右、从上往下按分级顺序排列，从而使最优的层位置于右下角，最差的层位置于左上角（表 2.2）。广元二叠系的全部 164 层均可如此填入该评价表。生物学评价的结果是，右下角黑体数字的层位为优秀，其左邻方格中的下划线黑体数字的层位为良好。再向左上方，斜体数字的层位为中等，非黑体下划线数字者差，其他者很差。同样，地质学评价表的纵横坐标由沉积有机质及埋藏有机质两个参数组成，在本模式中分别由 f_{org} 及 U/Mo 代表。经过同样的填入过程（其格式及数字字体与表 2.2 相同），分别获得 100 余个层位的地质学评价，按从优秀到很差五个分级划分，即右下角黑体数字的层位为优秀，下划线黑体数字为良好，依此类推（表从略）。

表 2.2　四川广元二叠系 100 余个层位的生物学评价表

生境型 Ba_{xs}	V, I	IV$_2$	IV$_1$	III$_2$	III$_1$, II$_1$	II$_2$, VII$_r$
甚低				51, 78, 79	<u>17</u>, <u>29</u>	*13*, *92*
低	146, 148, 150	60, 62, 65, 108, 110, 142, 162	<u>55</u>, <u>70～75</u>, <u>86</u>, <u>87</u>	<u>50</u>, <u>52</u>, <u>76</u>, <u>77</u>, <u>81～84</u>	*18*, *19*, *23*, *26*, *30*, *44*, *120～122*, *124*	**14, 16, 31～34, 37, 39, 45～49, 89～91, 93, 114～119, 127, 128, 131, 132**
中		<u>61</u>, <u>64</u>, <u>102</u>, <u>103</u>, <u>105～107</u>, <u>140</u>, <u>141</u>	66～69, 94～98, 100, 134	85	<u>**20～22, 24, 25, 27, 28, 40～43, 123, 125**</u>	*15, 35, 36, 38, 129, 130*
高-甚高	<u>144</u>, <u>145</u>, <u>147</u>, <u>149</u>, <u>151～157</u>	63, 109, 138, 139, 158～161, 163, 164, 101, 104, 136, 137, 143	<u>**54, 56～59, 88, 99, 135**</u>	<u>53</u>, <u>80</u>		**126, 133**

下一步是将生物学评价表和地质学评价表合起来，填构地质学（从左到右）和生物学（从上往下）的综合评价表（表 2.3）。每一层位按先前的评价填入该表，如第 19 层为生物学中等，地质学良好。最后获得的是每一层位的地球生物学（生物学＋地质学）评价，以其在表格中所处位置（或不同字体）表示。只有位于右下方诸格中的黑体数字的层位才认为是优质或一般烃源岩。在表 2.3 中，从右下角至左上角，具有高分级值从

而标以 1 或 2 的为优质烃源岩，标为 3 的可认为一般烃源岩，4 及其余均无价值。这样得到各层位的地球生物学评价结果。它可以与基于 TOC 含量等有机地球化学指标的传统评价作对比。

因为除生境型外其他参数均有一个以上的替代指标，故同一剖面可使用多个模式。考虑到在具体剖面中某些单个替代指标可能存在误判参数的情况，最好使用多个模式（不同替代指标的组合）互相检验。例如，同一剖面用四种模式（不同替代指标的组合）互相检验可将误判率减到 1/4。广元剖面曾使用 8 个模式取得不同的评价结果。对 8 个模式进行了综合分析，获得了对广元剖面的总体地球生物学评价（表 2.4）。结果是，碎屑岩的地球生物学参数显示的优质烃源岩与具高 TOC 含量的传统烃源岩一致

表 2.3　烃源岩的地球生物学综合评价表

生物学参数＼地质学参数	甚差	差	中等	良好	优秀
甚差					4
差				4	3
中等			4	3	2
良好		4	3	2	1
优秀	4	3	2	1	1

表 2.4　四川广元剖面用 8 个模式评价结果的综合分析

综合评价	层段	烃源岩 层号范围	烃源岩 生境型	烃源岩 TOC/%	烃源岩 选中次数*	优质烃源岩 层号范围	优质烃源岩 生境型	优质烃源岩 TOC/%	优质烃源岩 选中次数*
优质烃源岩层段	大隆组上部	154～157	V_1	6.53	2	154, 156 157	V_1 V_1	6.44	1 2
优质烃源岩层段	吴家坪组上部—大隆组底部	125～135	125～131 (II_2), 132～133 (II_2), 134～135 (IV_2)	0.41	6	126 129, 133 127	II_2 II_2,IV_1 II_2	0.17 0.21 0.28	1 2 3
优质烃源岩层段	茅口组上部—吴家坪组底部	108～113	108～110 (IV_2), 111～113 (II_1)		8	108 111～113	IV_2 II_1		1 8
优质烃源岩层段	栖霞组中部	50～59	50～53 (III_2), 54～59 (IV_1)	0.41	7	51 52, 53 56, 57, 59 54, 58	III_2 III_2 IV_1 IV_1	0.07 0.17 0.73	1 2 4 5
一般烃源岩层段	大隆组上部	161～164	IV_2	0.28	4	164	IV_2	0.37	1
一般烃源岩层段	吴家坪组下部	92～101	92～93 (II_2), 94～100 (IV_1), 101 (IV_2)	0.8	3	99	IV_1		1
一般烃源岩层段	茅口组底部	88	IV_1		5	88	IV_1		2
一般烃源岩层段	栖霞组上部	76～80	III_2	0.21	3	80	III_2	0.27	1
一般烃源岩层段	栖霞组底部	24～29	III_1	1.10	7	27, 29	III_1	1.59	2

* 选中次数：某层位在 8 种评价模式中达到优质或一般烃源岩的次数，最高为 8 次。

（大隆组上部及茅口组-吴家坪组交界层位）；但碳酸盐岩地球生物学参数所指出的优质烃源岩却可能具低 TOC 含量（在栖霞组中部第 51～59 层为 0.07%～0.73%）。在图 2.14 中亦显示，栖霞组中部的烃源岩对应于低 TOC 含量。

广元上寺剖面栖霞组中部第 51～59 层值得进一步讨论。其 TOC 含量为 0.41%。根据传统评价，此段尚未达到一般烃源岩。从表 2.2 可知，此段地层生物学属良好级，而按生境型-Ba_{xs}-f_{org}-U/Mo 模式（图 2.14）评价为优秀。在 8 种模式评价中，此段地层 7 次达一般烃源岩标准，其中若干层位多次达优质烃源岩标准（表 2.4）。此段地层为由生物碎屑泥粒灰岩及含自生海泡石纹层灰岩韵律层组成的浅水碳酸盐岩。含海泡石纹层灰岩 TOC 含量较高（可达>1%），且含藻类等细生物碎屑，古生态学研究认为其初级生产力较高。但是此段地层含磷灰质甚低，且海泡石从不与磷灰石共生，因此，它与同期高生产率的上升流沉积（北美的 Phosphoria 组）不同，其初级生产力亦未达到上升流沉积所具的高生产率（颜佳新，2004）。古生物学及地球化学研究显示，该韵律层的生物碎屑灰岩部分形成于常氧条件，而纹层部分形成于缺氧的埋藏条件。后一组分的重复出现可能是由古生产力升高所导致（颜佳新、刘新宇，2007）。此种解释与其地球生物学评价中良好的生物学评级（与初级生产力有关）及优秀的地质学评级（与埋藏条件有关）相一致。以前认为，这一碳酸盐韵律层段的"泥质部分"TOC 含量较高，可视为烃源岩。现在由于该"泥质部分"不是陆源泥质沉积，而是自生的海泡石，在早期成岩作用下通过基质的分异成层，并从碳酸盐岩中分出。因此，栖霞组中段应视为纯碳酸盐岩，沉积于类似巴哈马台地的孤立浅水环境。这是另一种可形成烃源岩的浅水碳酸盐岩（详见第六章第三节）。类似的含海泡石碳酸盐相亦见于他处，例如冀北凹陷的中元古代碳酸盐岩中。

第二节 寒武系烃源岩的地球生物学解剖

一、地质与地球化学特征

1. 剖面地质及样品采集

借母溪寒武系剖面地处湖南省沅陵县筒车坪乡。寒武系剖面观察及样品采集主要沿张家界—沅陵公路（S228）由北向南进行（图 2.15）。剖面起点位置为 N 28°52.259′，E 110°28.015′；终点为 N 28°50.790′，E 110°28.182′。该剖面地层连续出露，从震旦系到奥陶系均较完整发育。寒武系厚度近 1900m，出露地层包括下统的牛蹄塘组、石牌组和清虚洞组，中统的敖溪组和花桥组以及上统的车夫组和比条组。各组从下到上简单介绍于下。

牛蹄塘组$\mathcal{E}_1 n$：底部最下面为紫红色铁质壳，厚约 0.5～1cm。下部发育灰黑色薄层状硅质岩。上部发育薄层状碳质泥岩。向上单层厚度增加，后又减薄，至顶层碳质泥岩厚度又渐厚，且顶部见煤线及零星黄铁矿，并见海绵骨针。属于外陆架浅海沉积环境。该组厚度约 300m。本组与下伏的震旦系呈整合接触。根据区域地质研究及该区油气勘探实践，下寒武统牛蹄塘组是该区优质的烃源岩。

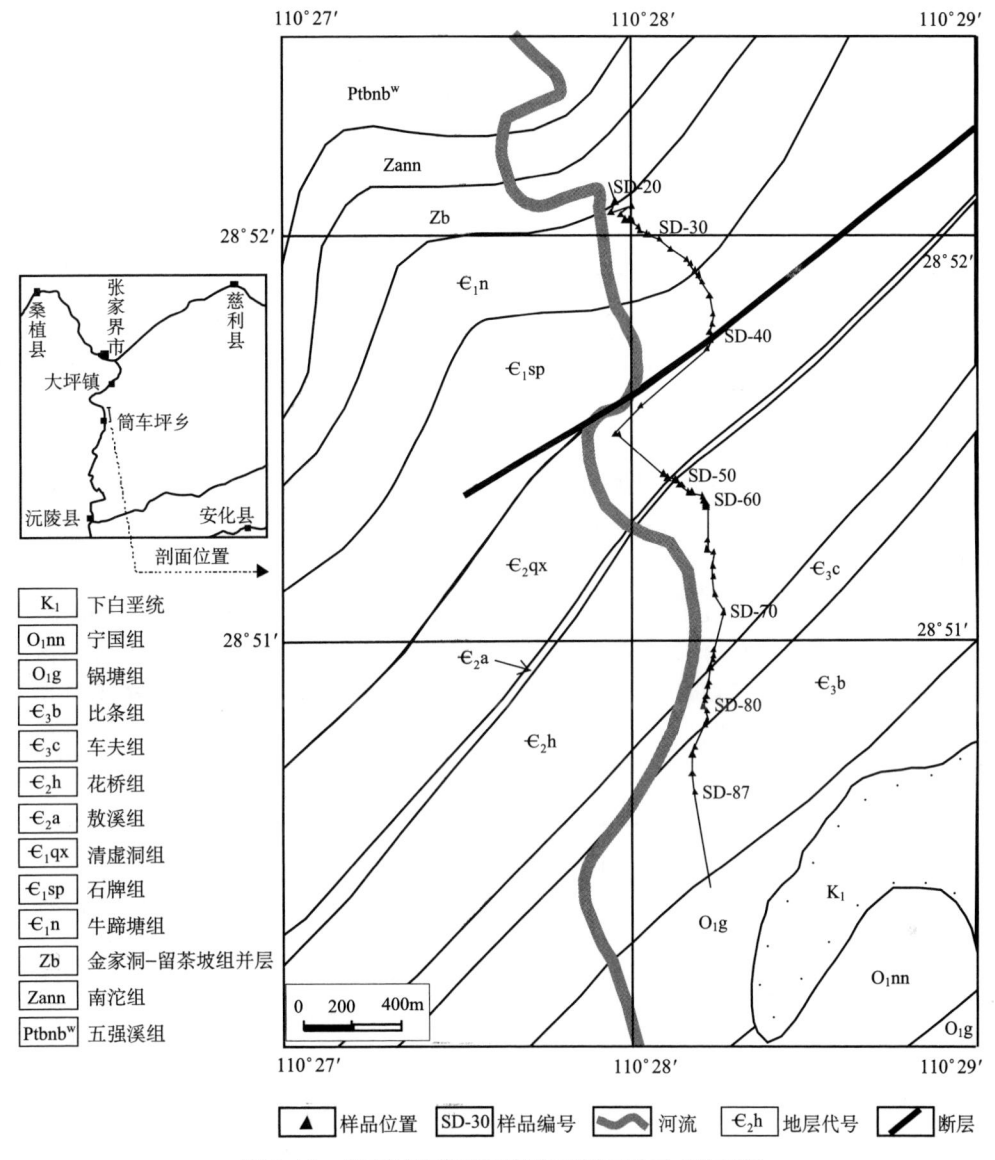

图 2.15　湖南沅陵借母溪寒武系剖面采样点位置图

石牌组$\epsilon_1$sp：下部及中部以发育黑色碳质泥岩为主，在某些层段风化为土黄色的钙质泥岩；顶部发育有薄层泥灰岩、灰黑色中层泥质条带灰岩，见有海绵骨针，野外露头可见泥质条带的厚度呈连续或不连续的波浪状变化。该组沉积于陆架浅海的沉积环境。厚度约174m。石牌组与下伏的牛蹄塘组呈整合接触。

清虚洞组$\epsilon_1$qx：本组以发育灰岩为主，岩性及古生物群落均有较大的变化。下部为深灰至黑灰色薄层灰岩夹页岩及中至厚层灰岩，上部为薄层灰岩与黑色、灰黄色页岩互层，夹少量白云岩，并可见较丰富的三叶虫化石。该组属于内陆架浅海沉积。厚度约447m。清虚洞组与下伏的石牌组呈整合接触。

敖溪组$\epsilon_2 a$：本组岩性较稳定。下部为灰色薄层状含泥白云岩，向上泥质成分减少；上部白云岩单层厚度增大，夹少量页岩及灰岩。见有三叶虫化石。本组沉积于滨海环境。厚度约 20m。敖溪组与下伏的清虚洞组呈整合接触。

花桥组$\epsilon_2 h$：下部发育黑色薄层状碳质页岩、深灰色薄—中层泥灰岩及风化较严重的土黄色薄层状钙质泥岩；中部发育大段的钙质泥岩、泥质条带灰岩，部分层位见有钙质泥岩与泥质条带灰岩互层；上部主要由薄层致密灰岩及泥质微晶灰岩、白云质灰岩组成，顶部见有泥质条带灰岩。该组三叶虫化石较少见。沉积于内陆架浅海与滨海过渡的环境中。厚度约 490m。花桥组与下伏的敖溪组呈整合接触。

车夫组$\epsilon_3 c$：下部发育深灰色薄层致密灰岩；中部由大段泥质条带灰岩组成；上部发育灰色薄层灰岩。属于由内陆架浅海向滨海过渡的沉积环境。该组厚度约 150m。车夫组与下伏的花桥组呈整合接触。

比条组$\epsilon_3 b$：该组主要由青灰色厚—巨厚层致密灰岩组成。上部夹有细粒结晶白云岩，下部夹薄—中层灰岩。属于滨海沉积环境。该组厚度约 220m。比条组与下伏的车夫组呈整合接触。

在野外，对该剖面进行了系统观测，将寒武系划分为 58 层，并根据露头情况、岩性变化、层厚等因素，在每层中采集了 1～6 块不等的岩石样品（图 2.15）。经样品位置（经纬度）与地层产状换算后，获得了每块样品距离寒武系底界的位置（表 2.5），由此建立寒武系岩性柱状图。

表 2.5　湖南沅陵借母溪寒武系剖面样品分布及其分析测试项目

地层			分层			样品		测试项目			
系	统	组	层号	层厚/m	相对位置/m	野外采样号	样品位置	TOC	$\delta^{13}C_{carb}$	$\delta^{18}O_{carb}$	无机元素
奥陶系 O					>1882.28						
寒武系 ϵ	上统 ϵ_3	比条组 $\epsilon_3 b$	58	179.97	1702.31	SD-87	1882.28	√	√	√	√
						SD-86	1809.44	√	√	√	√
						SD-85	1750.18	√	√	√	√
						SD-84	1720.74	√	√	√	√
			57	42.76	1659.55	SD-83	1702.30	√	√	√	√
		车夫组 $\epsilon_3 c$	56	9.03	1650.52	SD-82	1655.03	√	√	√	√
			55	28.27	1622.25	SD-81	1641.53	√	√	√	√
			54	14.79	1607.46	SD-80	1611.15	√	√	√	√
			53	26.65	1580.81	SD-79	1599.09	√	√	√	√
			52	16.45	1564.36	SD-78	1588.64	√	√	√	√
			51	8.37	1555.99	未能采样					
			50	17.09	1538.9	SD-77	1561.01	√	√	√	√
			49	27.81	1511.09	SD-76	1554.05	√	√	√	√
						SD-75	1511.42	√	√	√	√

续表

地层			分层			样品		测试项目			
系	统	组	层号	层厚/m	相对位置/m	野外采样号	样品位置	TOC	$\delta^{13}C_{carb}$	$\delta^{18}O_{carb}$	无机元素
寒武系 €	中统 €₂	花桥组 €₂h	48	10.39	1500.7	SD-74	1511.08		√	√	
^	^	^	47	6.68	1494.02	SD-73	1497.36	√	√	√	√
^	^	^	46	13.37	1480.65	SD-72	1491.44	√	√	√	√
^	^	^	45	17.53	1463.12	SD-71	1472.24		√	√	
^	^	^	44	201.97	1261.15	SD-70	1305.06	√	√	√	√
^	^	^	43	20.93	1240.22	SD-69	1244.58	√	√	√	√
^	^	^	42	59.29	1180.93	SD-68	1186.57	√	√	√	√
^	^	^	41	14.4	1166.53	SD-67	1168.42	√	√	√	√
^	^	^	40	25.44	1141.09	SD-66	1144.01	√	√	√	√
^	^	^	39	9.78	1131.31	SD-65	1135.22	√	√	√	√
^	^	^	^	^	^	SD-64	1132.77		√	√	√
^	^	^	38	17.37	1113.94	SD-63	1121.58	√	√	√	√
^	^	^	37	47.62	1066.32	SD-62	1067.78	√	√	√	√
^	^	^	36	12.67	1053.65	SD-61	1065.05	√	√	√	√
^	^	^	^	^	^	SD-60	1061.25				
^	^	^	35	7.08	1046.57	SD-59	1048.80	√	√	√	√
^	^	^	34	5.2	1041.37	SD-58	1045.08	√	√	√	√
^	^	^	33	19.09	1022.28	SD-57	1027.13	√	√	√	√
^	^	^	32	18.4	1003.88	SD-56	1008.78	√	√	√	√
^	^	^	31	9.96	993.92	SD-55	994.68	√	√	√	√
^	^	^	30	45.61	948.31	SD-54	961.26	√	√	√	√
^	^	^	^	^	^	SD-53	954.82	√	√	√	√
^	^	^	29	12.04	936.27	SD-52	938.92	√	√	√	√
^	^	敖溪组 €₂a	28	13.09	923.18	SD-51	926.91	√			√
^	^	^	27	6.29	916.89	SD-50	918.73	√	√	√	√
^	下统 €₁	清虚洞组 €₁qx	26	27.61	889.28	未能采样					
^	^	^	25	395.01	494.27	SD-49	852.58	√	√	√	√
^	^	^	^	^	^	SD-48	830.34	√	√		√
^	^	^	^	^	^	SD-47	563.46	√			√
^	^	^	^	^	^	SD-46	548.63		√	√	√
^	^	^	^	^	^	SD-45	495.09	√	√	√	√
^	^	^	^	^	^	SD-44	494.68	√	√	√	√
^	^	^	24	13.02	481.25	未能采样					
^	^	^	23	11.45	469.8	SD-43	473.81	√	√	√	√

续表

地层			分层			样品		测试项目			
系	统	组	层号	层厚/m	相对位置/m	野外采样号	样品位置	TOC	$\delta^{13}C_{carb}$	$\delta^{18}O_{carb}$	无机元素
寒武系 €	下寒武统 €₁	石牌组 €₁sp	22	5.9	463.9	SD-42	464.20	√			√
^	^	^	21	8.59	455.31	未能采样					
^	^	^	20	4.04	451.27	SD-41	451.61	√	√	√	√
^	^	^	19	37.13	414.14	SD-40	424.54	√	√	√	√
^	^	^	18	9.79	404.35	未能采样					
^	^	^	17	20.61	383.74	SD-39	400.74	√			√
^	^	^	16	15.59	368.15	未能采样					
^	^	^	15	13.1	355.05	SD-38	365.17	√			√
^	^	^	14	22.6	332.45	未能采样					
^	^	^	13	13.93	318.52	未能采样					
^	^	^	12	12.48	306.04	SD-37	316.12				
^	^	牛蹄塘组 €₁n	11	10.42	295.62	SD-36	301.18				√
^	^	^	10	13.68	281.94	SD-35	287.20	√			√
^	^	^	9	22.05	259.89	SD-34	274.59	√			√
^	^	^	^	^	^	SD-33	263.23	√			
^	^	^	8	68.27	191.62	SD-32	198.08	√			√
^	^	^	7	29.10	162.52	未能采样					
^	^	^	6	32.69	129.83	SD-31	160.92	√			√
^	^	^	^	^	^	SD-30	130.15	√			√
^	^	^	5	28.43	101.4	SD-29	122.08	√			√
^	^	^	^	^	^	SD-28	101.66	√			√
^	^	^	4	14.61	86.79	SD-27	87.11	√			√
^	^	^	3	27.31	59.48	SD-26	66.80	√			√
^	^	^	^	^	^	SD-25	59.76	√			√
^	^	^	2	15.24	44.24	SD-24	46.86	√			√
^	^	^	1	44.24	0	SD-23	21.44	√			√
^	^	^	^	^	^	SD-22	7.75	√			√
震旦系 Z												

2. 元素地球化学特征

对所采集的样品进行了总有机碳（TOC）含量、无机碳和氧同位素、微量元素含量等测试分析。其中，下寒武统部分样品由于碳酸盐含量过低未能测出无机碳、氧同位素（表 2.5）。

（1）总有机碳含量

总有机碳含量-深度关系表明，不同层位的有机碳含量具有明显差异。下寒武统牛蹄塘组—石牌组底部及中统敖溪组—花桥组下部的 TOC 含量较高（图 2.16）。

下寒武统牛蹄塘组 14 个样品测得的 TOC 含量平均值为 7.72%，最大值为 16.84%，向上显著减小；石牌组 6 个样品 TOC 含量均值为 0.93%，最大值为 1.68%；中统敖溪组 TOC 含量可达 2.19%，但地层薄，仅有 2 个样品数据。花桥组下部 TOC 含量均值可达 0.89%，向上变小，全组平均为 0.47%。其他各组 TOC 含量均很低。

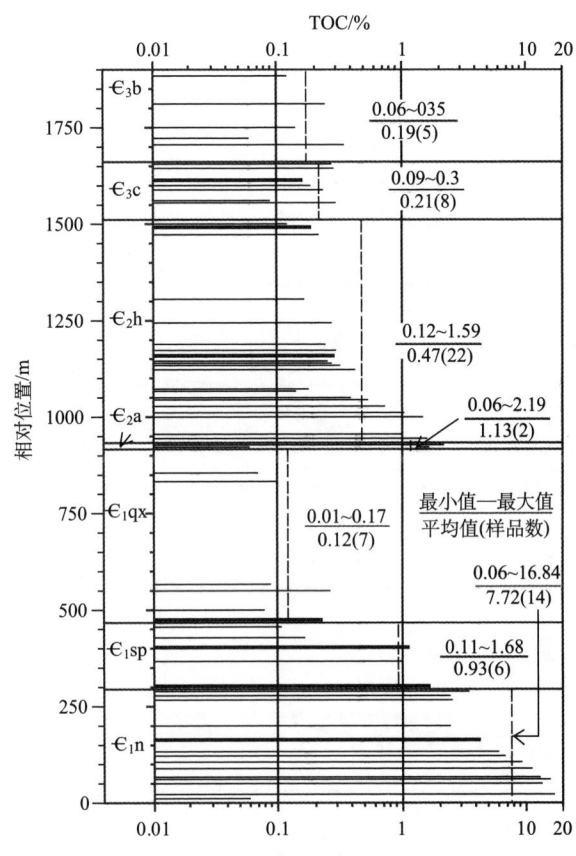

图 2.16　湖南沅陵借母溪剖面寒武系各组 TOC 含量

（2）无机元素含量

对该剖面样品进行无机常量及微量元素分析，获得了 Al、Ca、Mg、Ba、Fe、Mn、Mo、P、Sr、Ti、V、K、Na、S 14 种元素含量数据，并编绘了元素含量在寒武系剖面上的变化（图 2.17）。不同元素含量差异显著（表 2.6）。

元素含量随层位的纵向变化规律，能更好地反映剖面上岩性、沉积环境及地球生物学特征的变化规律。常量元素 Ca、Mg 主要与碳酸盐岩组成有关，Al、K、Fe、Ti 等元素与陆源碎屑颗粒、泥质成分有关。这里不再讨论元素含量特征及其变化规律。

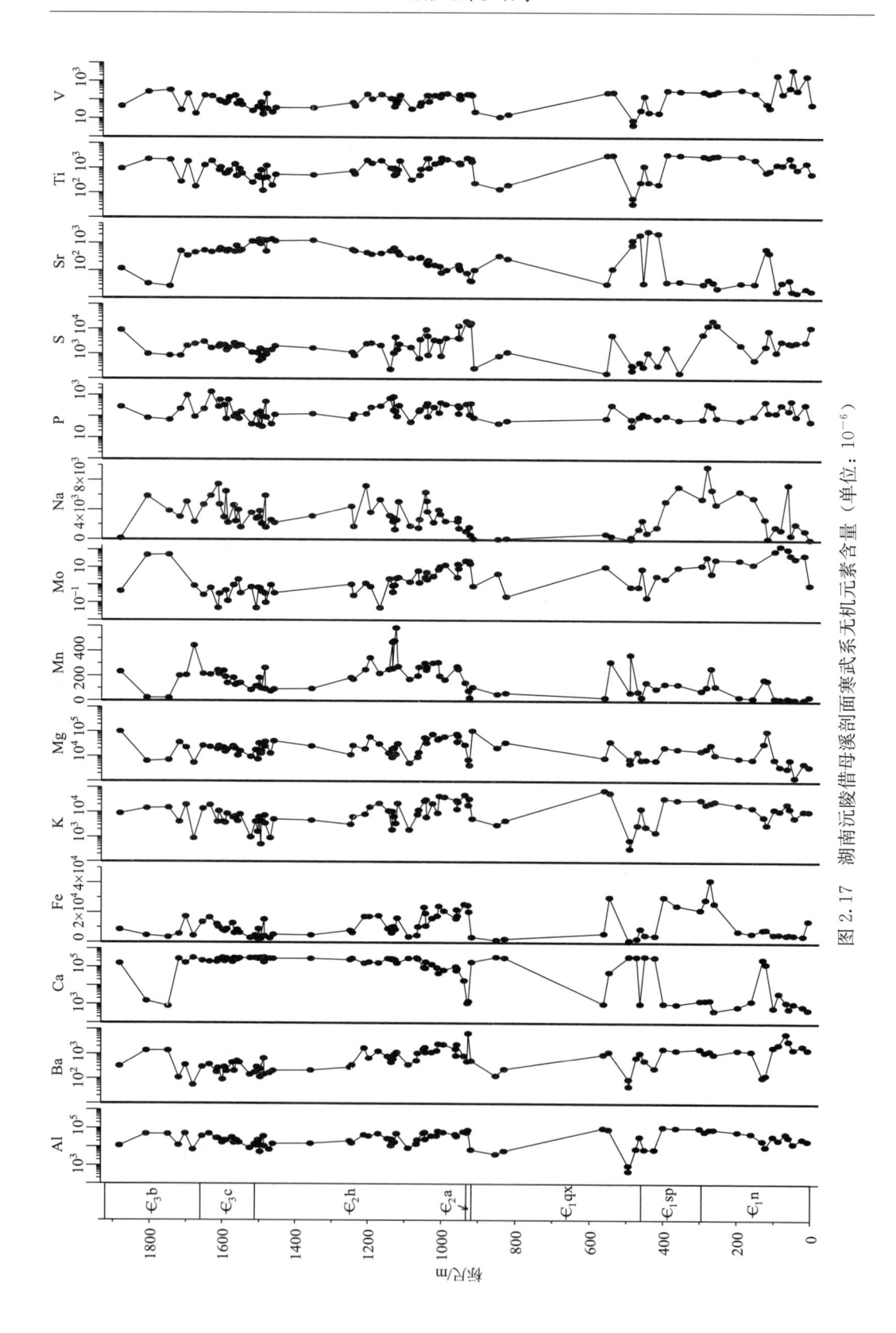

图 2.17 湖南沅陵借母溪剖面寒武系无机元素含量（单位：10^{-6}）

表 2.6 湖南沅陵借母溪剖面寒武系岩石元素组成基本统计简表（单位：10^{-6}）

	Ca	Mg	Al	K	Fe	S	Na	Ti	Ba	Sr	P	V	Mn	Mo
平均值	149278.8	35188.6	32681.2	13915.3	11148.6	3629.9	2523.8	1247.9	859.6	389.5	298.7	205.4	153.8	11.3
最大值	360155	116341	116489	74461	45593	21721	10144	3724	6787	2666	1852	4324	482	167
最小值	400.8	979.7	199.1	327.9	631.7	150.2	0	35.3	32.6	8.5	33.4	4.46	11.2	0
测点数	94	94	94	94	94	94	90	94	94	94	94	94	94	56

借母溪剖面中 Ba、Mo、P、V 含量的变化具有一定的同步性。在牛蹄塘组、石牌组、清虚洞组底部及敖溪组、花桥组下部，这些元素含量较高；而在清虚洞组上部这些元素含量偏低。这些元素均不同程度地与沉积环境的有机质营养程度、沉积介质氧化还原条件、水体盐度等因素有关，因此它们呈现大致统一的纵向变化规律。元素 Sr、Mn、S、Na 含量纵向变化各不相同，一方面反映这些元素含量变化的复杂性，另一方面说明某些元素含量的比值可能包含更丰富的环境信息。这将在下一节结合地球生物学评价参数加以讨论。

二、地球生物学参数

如第一章所述，地球生物相评价包括生物学、地质学两方面的参数。其中，生物学参数包括生境型、初级生产力，地质学参数包括沉积有机碳、埋藏有机碳。这里分别详细地论述借母溪寒武系剖面这四项参数的特征。

1. 生境型

在借母溪剖面，下寒武统牛蹄塘组及石牌组中、下部层段生境型为 IV 型（包括 IV_1 和 IV_2），属于外陆架浅海的沉积环境，主要岩性为黑色碳质泥岩；下寒武统石牌组的顶部、清虚洞组及中统的敖溪组和花桥组，其生境型以 III 型（包括 III_1 和 III_2）为主，但在敖溪组的中下部以及花桥组的顶部生境型为 II_2，属于内陆架浅海—滨海的沉积环境；上统的车夫组及比条组生境型为 II 型（包括 II_1 和 II_2），属于滨海沉积环境（图 2.18）。

2. 初级生产力及其评价参数

初级生产力的评价参数可以是生物学替代指标（例如野外露头可估测的化石相对丰度、薄片中可估测的生物碎屑含量），也可以是元素地球化学替代指标（例如 Al、Ba、P、Fe 等元素相对含量）。结合借母溪剖面地质、岩性组成、样品分布特点，这里主要使用 Ba_{xs}（过剩钡）、Al_{xs}（过剩铝）参数反映古生产力大小。初级生产力 [PP, g C/(m²·a)] 共分 5 个级次：甚高（PP>400）、高（200<PP<400）、中（100<PP<200）、低（50<PP<100）和甚低（PP<50）。各级相对应的替代指标 Ba_{xs} 标准（10^{-6}）分别为 >100、50~100、25~50、10~25、<10；替代指标 Al_{xs} 标准（10^{-6}）则分别为 >3000、1000~3000、500~1000、100~500、<100（表 1.8）。从换算得到的 Ba_{xs} 的数据也可以看出

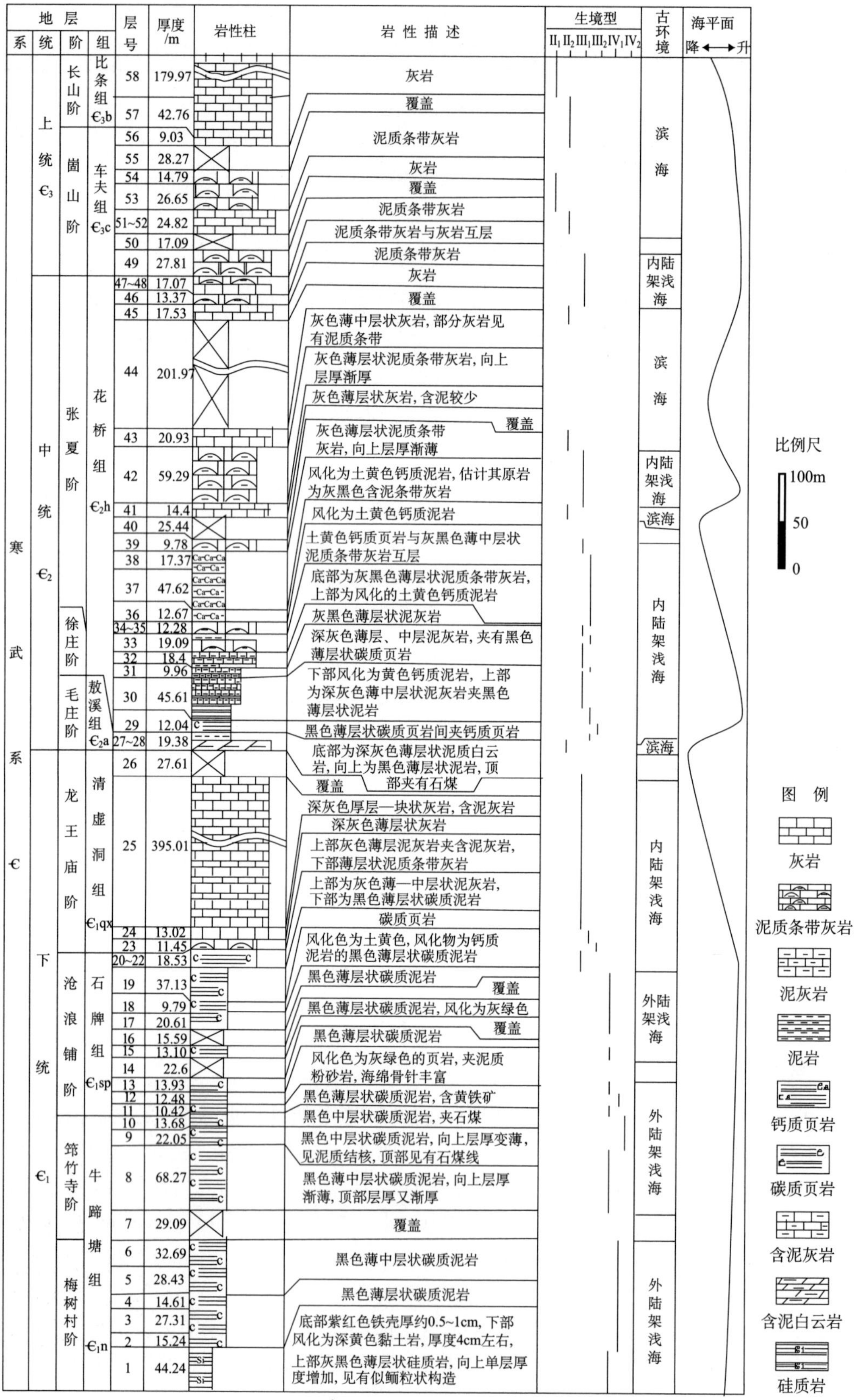

图 2.18 湖南沅陵借母溪剖面寒武系生境型及沉积环境

（图 2.19，左数第一列），在借母溪剖面，除了上寒武统车夫组以外，Ba$_{xs}$ 含量均大于 100×10^{-6}，属于甚高古生产力，说明借母溪剖面寒武纪古生产力甚高。而在车夫组，Ba$_{xs}$ 处于 $25\times10^{-6}\sim100\times10^{-6}$ 之间，古生产力处于中—高的水平。Al$_{xs}$ 基本上也都大于 3000×10^{-6}，同样说明该剖面古生产力甚高。

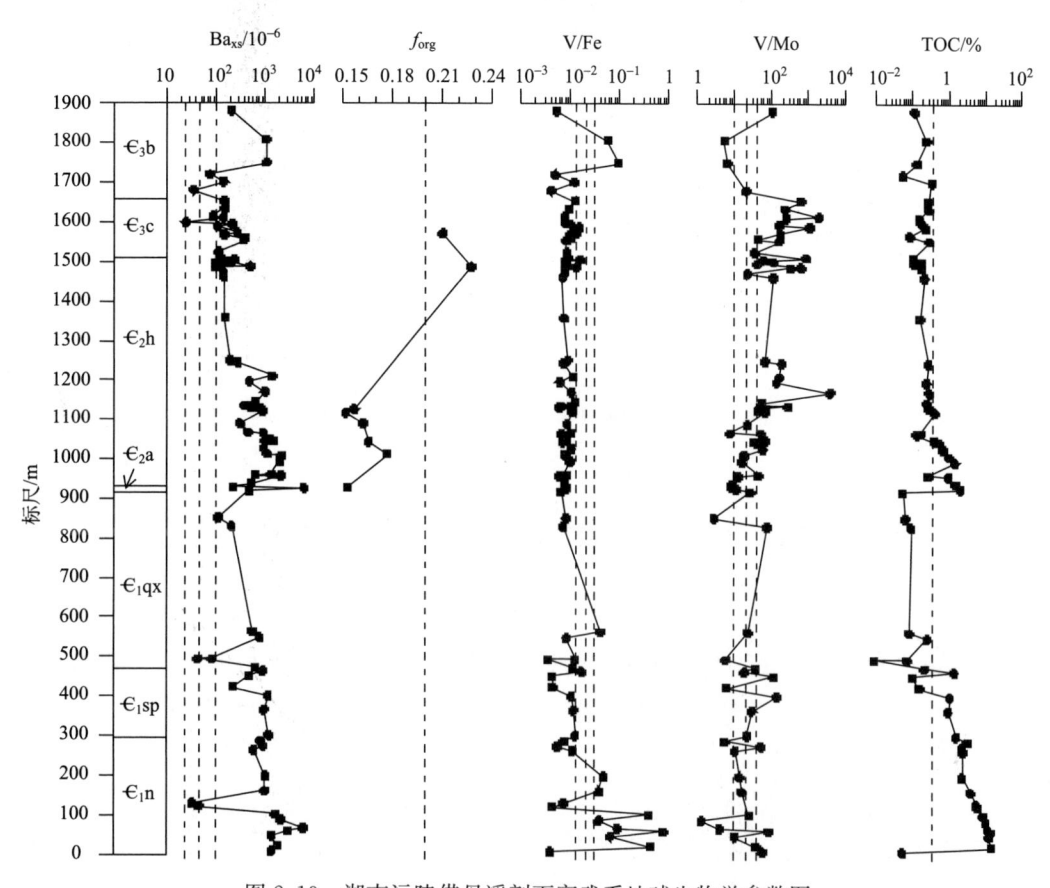

图 2.19　湖南沅陵借母溪剖面寒武系地球生物学参数图

3. 沉积有机碳及其替代指标

在活生物生产力提供的有机碳进入沉积物并得以保存的过程中，古氧相起决定作用，因此通常以古氧相作为判断沉积有机碳多少的重要评价参数。古氧相替代指标包括指示化石（如底栖生物等）、特征岩石及矿物（如黄铁矿等）、地球化学参数（如 Ni/Co）等，一般按常氧、贫氧和厌氧 3 个级别划分。其中，地球化学参数的具体替代指标，除了 Ni/Co 外，常用的还有有机碳埋藏分数 f_{org}（取决于有机碳、无机碳同位素 $\delta^{13}C_{org}$ 与 $\delta^{13}C_{carb}$）、V/(V+Ni)、V/Cr 等值。但遗憾的是，借母溪寒武系剖面中能计算获得 f_{org} 参数值（同时具备 $\delta^{13}C_{org}$ 与 $\delta^{13}C_{carb}$ 数据）的样品很少（图 2.19，左数第二列）；而且在实测的元素含量中，缺少 Ni、Co、Cr 等微量元素，因此，也不能直接用 Ni/Co、V/(V+Ni)、V/Cr 等值来评价氧化还原条件。

在分析四川南江杨坝剖面寒武系微量元素之间的相关性时发现，杨坝剖面寒武系的 V/Fe 值与 Ni/Co 值之间具有良好的正相关（图 2.20），二者线性回归方程为

$$(V/Fe) = 0.00408015(Ni/Co) - 0.006653062 \quad （相关系数 R = 0.77） \quad (2.3)$$

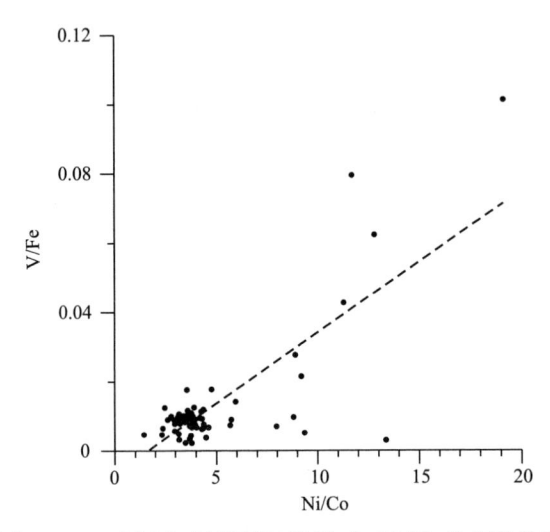

图 2.20　四川南江杨坝剖面 V/Fe 与 Ni/Co 的相关关系

根据这种相关性，在湖南沅陵借母溪剖面缺乏 Ni、Co 元素含量的条件下，不妨采用 V/Fe 值代替 Ni/Co 值，作为古氧相的替代指标，来评价沉积有机碳特征。利用上面的回归关系，将 Ni/Co 值参数的划分标准转换成 V/Fe 值参数的对应评价标准（表 2.7）。

表 2.7　湖南沅陵借母溪剖面寒武系 V/Fe 值划分氧化还原条件标准

沉积环境 判识指标	厌氧	准厌氧	贫氧	富氧
Ni/Co	>9.00	7.00～9.00	5.00～7.00	<5.00
V/Fe	>0.03	0.022～0.03	0.014～0.022	<0.014

分析借母溪剖面 V/Fe 值可以看出，在下寒武统牛蹄塘组下部及上寒武统比条组 V/Fe>0.03，属于厌氧的沉积环境，有利于有机质的保存；其他层位中 V/Fe 值大多处于 0.014 以下，属于富氧的环境，有机质在沉积过程中易被氧化（图 2.19 中列；图 2.21 最右列）。

4. 埋藏有机碳及其指标

根据借母溪剖面元素分析数据，可选用 V/Mo 值作为反映埋藏有机质的参数。按照第一章标准（表 1.8），以 V/Mo 值等于 10、20、40 为界线，0～10 属于甚高、10～20 为高、

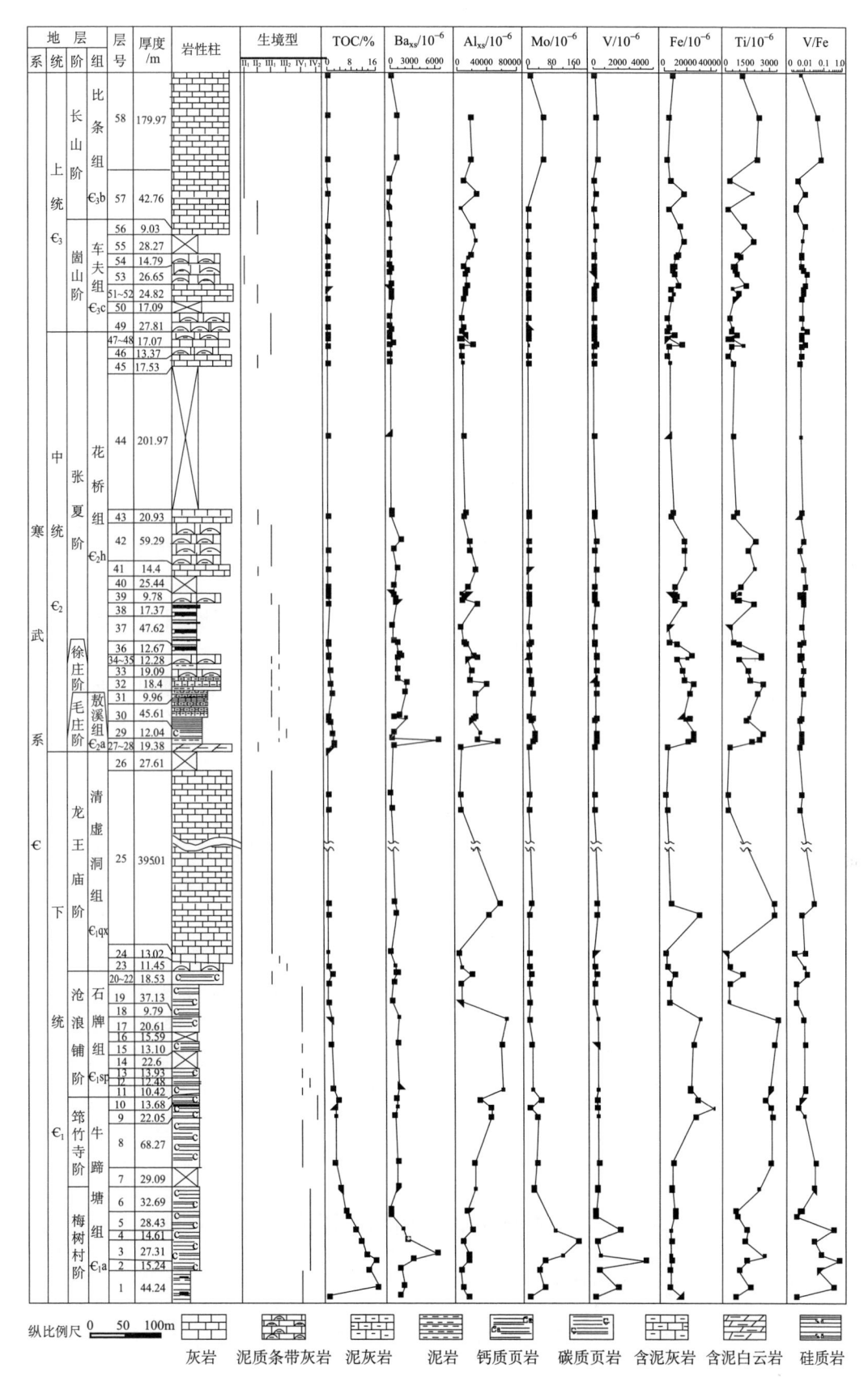

图 2.21 湖南沅陵借母溪剖面寒武系有机及无机地球化学综合柱状图

20～40 为中等、大于 40 属于低。借母溪剖面下寒武统牛蹄塘组下部、中寒武统敖溪组与花桥组底部、上寒武统比条组，V/Mo 值介于 0～20，有机质的埋藏效率较高；清虚洞组与石牌组局部层段 V/Mo 值较低。清虚洞组中—上部及车夫组中 V/Mo 远大于 40，反映该层位埋藏效率低（图 2.19，左数第四列）。

5. 地球生物相特征

根据以上分析，在划分借母溪寒武系剖面地球生物相时，采用 Ba_{xs}（结合 Al_{xs}）作为生产力参数、V/Fe（结合 f_{org}）作为沉积有机碳参数、V/Mo 作为埋藏有机碳参数，从而构成"生境型-Ba_{xs}-V/Fe-V/Mo 组合"的地球生物相评价方案。

从生境型参数看（图 2.18），借母溪剖面寒武系发育的生境型主要为 III、II 与 IV 型。自下而上，下寒武统牛蹄塘组与石牌组基本为 IV（包括 IV_1、IV_2），下寒武统的清虚洞组与中寒武统花桥组基本为 III（包括 III_1、III_2），中寒武统局部发育 II_2，上寒武统主要为 II（包括 II_1、II_2），但上统底部发育 III_1。

Ba_{xs} 反映的古生产力（图 2.19），在剖面整体达到甚高级次的背景上，由底至顶出现两个半由高到低的变化旋回：牛蹄塘组下部最高，向上至清虚洞组上部降至最低，构成第 1 旋回；敖溪组与花桥组下部出现次高峰，向上至花桥组上部—车夫组—比条组底部再降至最低，构成第 2 旋回；比条组第三次达到高峰。说明牛蹄塘组下部、敖溪组与花桥组下部、比条组这三段沉积时期古生产力很高。

由 V/Fe 反映的沉积有机碳（图 2.19，图 2.21），在下寒武统牛蹄塘组下部及上寒武统比条组各出现一个峰值，属于厌氧的沉积环境，有利于有机质的保存；从牛蹄塘组上部到车夫组 V/Fe 值揭示的沉积有机碳呈逐渐降低的趋势，基本属于富氧—弱还原的环境。

由 V/Mo 反映的埋藏有机碳，纵向变化趋势与 Ba_{xs} 生产力大体呈"镜像"：与 Ba_{xs} 生产力"三高两低"相反，V/Mo 埋藏有机碳呈"三低两高"（图 2.19）。考虑到 V/Mo 值越低越有利于有机质埋藏保存，牛蹄塘组下部、敖溪组与花桥组下部、比条组这三段的有机质埋藏保存条件是最有利的。

定性综合分析以上四项参数在剖面上的纵向变化趋势，不难发现如下一些规律：上寒武统比条组四项参数重叠呈现最优，无疑属于最好的地球生物相；下寒武统牛蹄塘组除了生境型为 IV 型不是最优以外，其余三项均显最优，也属于很好的地球生物相；石牌组这三项参数基本都属于仅次于牛蹄塘组的较高级次，地球生物相综合评价应较好；敖溪组与花桥组下部，生境型为 III、V/Fe 沉积有机碳偏低，另两项参数显优，也是较好的地球生物相；其他层段，如清虚洞组上部、花桥组上部—车夫组，基本属于生境型参数优、其余三项参数差的情形，综合评价应该较差。

三、烃源岩地球生物学评价

1. 烃源岩半定量地球生物学评价方法

如上所述，借助地球生物相分析，能够从生物学参数（生境型与生产力）、地质学参数（沉积有机碳与埋藏有机碳）两个方面综合评价有机质产生、沉积、直至埋藏各环节的条件优劣，从而实现烃源岩形成条件的"正演法"评价。换言之，烃源岩地球生物学评价方法不涉及残余有机质，有别于石油地质学中烃源岩有机地球化学评价方法（从烃源岩残余有机质数量与特征出发的"反演法"评价）。

针对湖南沅陵借母溪寒武系剖面的实际，采用生境型-Ba_{xs}-V/Mo-V/Fe参数模型进行烃源岩地球生物学评价。其中，构成生物学参数评价表时，将生境型参数按照（V、I）、（IV_2）、（IV_1）、（III_2）、（III_1、II_1）、（II_2、VII）的顺序由左向右依次排列，将Ba_{xs}代表的生产力参数按前述标准划分为低、较低、中、高—极高由上而下依次排列，获得了湖南沅陵借母溪剖面生物学参数评价表（表2.8）。构成地质学参数评价表时，将V/Fe、V/Mo代表的沉积有机碳和埋藏有机碳参数按照低、中、较高、高共四档，由左至右、由上至下的顺序依次排列，获得了湖南沅陵借母溪剖面地质学参数评价表（表2.9）。最后，将生物学、地质学参数评价结果均按照差、较差、中等、较优、优等共五档划分，由左向右、由上向下依次排列，构成湖南沅陵借母溪剖面地球生物学参数总评价表（表2.10）。

2. 烃源岩评价结果

（1）生物学条件评价

借母溪剖面的生物学参数（表2.8）表明，Ba_{xs}基本上都大于50×10^{-6}，处于高—极高的等级范围内，代表生物生产力高。同时，该剖面的生境型以II（含II_1、II_2）、III（含III_1、III_2）、IV（含IV_1、IV_2）居多。综合生境型与Ba_{xs}生产力这两个参数，各层的生物学评级结果可分为如下三种类型。

表2.8 湖南沅陵借母溪剖面生物学参数评价表（生境型-Ba_{xs}模型）

生境型 Ba_{xs}	V, I	IV_2	IV_1	III_2	III_1, II_1	II_2, VII_r
低						
较低						
中						57
高—极高		2（部分），3（部分），4（部分），5（部分），6（部分），9, 10	**1**, **2**（部分），**3**（部分），**4**（部分），**5**（部分），**6**（部分），**8**, **11**, **15**, **17**, **19**	**20**, **22**, **23**, **28**（部分），**29**, **30**（部分），**32**（部分），**36**（部分），**37**（部分），**38**（部分）	25, 28（部分），30（部分），31, 32（部分），33, 34, 35, 36（部分），37（部分），38（部分），39、42, 48, 49, 53（部分），54（部分），58（部分）	27, 41, 43, 45, 46, 47, 51, 53（部分），54（部分），56, 58（部分）

1) 优等生物学条件（表 2.8 黑体数字）：包括清虚洞组的第 25 层，敖溪组的第 27、28 层（部分），花桥组的第 30~48 层（其中第 30、32、36~38 层为部分），车夫组的第 49、51、53、54、56 层及比条组的第 57、58 层。这些层处于 II_2、II_1 及 III_1 型生境型，即上部浅海的上部向潮下带过渡的环境，生物繁盛。在层位上，以上、中寒武统居多。

2) 较优生物学条件（表 2.8 下划线黑体数字）：包括牛蹄塘组的第 1~8 层（其中 2~6 层部分样品），石牌组的第 11、15、17、19、20、22 层，清虚洞组的第 23 层，敖溪组的第 28 层部分及花桥组的第 29、30、32、36~38 层部分。这些层位包括 III_2、IV_1 生境型，属于内陆架浅海—上部浅海的环境。这种环境生物较繁盛，能够向海洋提供较多的原生有机质；同时结合各层 Ba_{xs} 值（均大于 $50×10^{-6}$），说明这些层位发育时期具有较高的生产力。在层位上，以中寒武统、下寒武统的上部为主。

3) 中等生物学条件（表 2.8 斜体数字）：包括借母溪剖面牛蹄塘组的第 2~6 层的一部分及第 9、10 层。它们处于 IV_2 生境型，属于外陆架浅海的环境。这种环境与该剖面其他几种生境型相比，由于海水较深，生物发育的相对较少，提供的原生有机质数量也相对减少，反映其综合的生物学条件不太理想，仅属于中等水平。

（2）地质学条件评价

借母溪剖面的地质学参数（表 2.9）表明，V/Fe、V/Mo 分别代表的沉积有机质、埋藏有机质参数，总体上以低—较低为主（V/Fe 小于 0.014、V/Mo 大于 40）。综合沉积有机质、埋藏有机质参数，各层的地质学评级结果可分为如下五种类型。

1) 优等地质学条件者（表 2.9 黑体数字）：牛蹄塘组的第 2、3、4、6、8 层及比条组的第 58 层处于厌氧环境，且其有机质埋藏效率较高，说明沉积下来的有机质能够快速堆积埋藏，且基本不受氧化作用的影响，使得最终保留下来的有机质数量较多。因此，这些层位有机质的保存条件很好。在层位上，以下寒武统下部为主。

2) 较优地质学条件者（表 2.9 下划线黑体数字）：牛蹄塘组第 5 层，有机质沉积条件好，V/Fe 值大于 0.03，属于厌氧环境；有机质埋藏效率参数 V/Mo 为 24.4，属于中等埋藏效率。说明该层位沉积有机质受水体氧化的影响较小，能有效埋藏保存下来。

表 2.9　湖南沅陵借母溪剖面地质学参数评价表（V/Fe-V/Mo 模型）

V/Mo \ V/Fe	低	中	较高	高
低	17、20、33、35、36、38、39、40、41、42、43、45、46、48、49、50、51、52、54、55、56	53		*1*
中	11、15、23、25、27、34、47、57			**5**
较高	*9*、**30**、*31*、**32**	22		**6、8**
高	*10*、*19*、*28*、*29*、*37*、*44*			**2、3、4、58**

3) 中等地质学条件者（表2.9斜体数字）：包括牛蹄塘组的第1、10层，石牌组的第19、22层，敖溪组的第28层及花桥组的第29、37和44层等。这些层位有机质的沉积环境与埋藏效率不能很好地匹配：厌氧环境、沉积有机碳高的层位（如第1层），其有机质埋藏效率却极低；而埋藏效率较高的层位（如第10、19、28、29、37、44等层），又属于含氧量较高的沉积环境。这样就使得有机质的数量由于受到氧化或埋藏过慢等因素的影响，综合地质条件不优。

4) 较差地质学条件者（表2.9下划线非黑体数字）：牛蹄塘组的第9层、花桥组的第30～32层水体含氧量高，属于富氧环境；然而有机质埋藏效率较高。在这种环境中，尽管有机质容易氧化，但其快速的埋藏堆积过程在一定程度上减少了有机质的损失。

5) 差的地质学条件者（表2.9其他数字）：借母溪剖面其他各层，有机质的保存条件极差。由于这些层位的有机质在缓慢的埋藏过程中受到氧化作用的影响严重，从而使得有机质损失极大。

（3）地球生物学综合评价结果

综合借母溪剖面的上述生物学与地质学参数评价结果，进一步构成湖南沅陵借母溪剖面地球生物学参数总评价表表2.10。按照"对角线法则"评价结果包括5类，即优质烃源岩、一般烃源岩、差烃源岩、无效烃源岩及非烃源岩（表2.11）。

1) 优质烃源岩：牛蹄塘组的第2、3、4、6（部分样品）、8层及比条组的第58层属于优质烃源岩层位。这些层位不仅生物繁盛，生产力高，而且有机质在厌氧的环境中快速的堆积埋藏，说明其保存条件也较好。在这种环境，有机质在沉积、埋藏过程中损失较少，有利于优质烃源岩的形成。

表 2.10　湖南沅陵借母溪剖面地球生物学参数总评价表（生境型-Ba_{xs}-V/Fe-V/Mo 模型）

地质学条件 \ 生物学条件	差	较差	中等	较优	优等
差			11, 15, 17, 20, 23, 36（部分），38（部分）	25, 27, 33～35, 36（部分），38（部分），39, 41～43, 45～49, 51, 53, 54, 56
较差		9	30（部分），32（部分）	31, 30（部分），32（部分）
中等		10	1, 19, 22, 28（部分），29, 37	28（部分），37（部分）
较优		5（部分）	5（部分）	
优等		2（部分），3（部分），4（部分），6（部分）	2（部分），3（部分），4（部分），6（部分），8	58

表 2.11　湖南沅陵借母溪剖面烃源岩生境型-Ba_{xs}-V/Fe-V/Mo 模型地球生物学评价结果

评价归类	非烃源岩	无效烃源岩	差烃源岩	一般烃源岩	优质烃源岩
小层编号	11，15，17，20，23，36（部分），38（部分）	9，25，27，30（部分），32（部分），33～35，36（部分），38（部分），39，41～43，45～49，51，53，54，56	1，5（部分），10，19，22，28（部分），29，30（部分），32（部分），37（部分）	2（部分），3（部分），4（部分），5（部分），6（部分），28（部分），37（部分）	2（部分），3（部分），4（部分），6（部分），8，58

2）一般烃源岩：牛蹄塘组的第 2、3、4、5、6 层（部分样品），敖溪组的第 28 层及花桥组的第 37 层部分样品属于一般烃源岩。这些层位的地质学与生物学参数都处于中等偏上的水平，而且地质学条件与生物学条件互补，即地质学条件中等的对应着生物学条件优（如 28、37 层）、生物学条件中等的对应着地质学条件优（如第 2、3、4、5、6 层）。在这两种情况下，有机质得以适度保存，发育一般烃源岩。

3）差烃源岩：包括牛蹄塘组的第 1、5、10 层，石牌组的第 19、22 层、敖溪组的第 28 层（部分）及花桥组的第 29、30、32、37 层（部分）。这些层位生物学条件中等至优，但地质学条件仅较优至较差，反映了有机质原始形成条件与后期沉积、埋藏的地质条件未能较好协同优化，导致有机质在沉积、埋藏过程中损失较多，或者原始形成条件本身不够优越的烃源岩在后期沉积、埋藏过程又不能弥补先天不足，最终参与形成烃源岩的有机质数量较少，只能形成差的烃源岩。

4）无效烃源岩：包括牛蹄塘组的第 9 层，清虚洞组的第 25 层，敖溪组的第 27 层，花桥组的第 30、32、33～35、36、38（部分）、39、41～43、45～48 层，车夫组的第 49、51、53、54、56 层。这些层位虽然生物学条件均在中等以上，但地质学条件（有机质沉积、埋藏保存）属于较差—差的范畴。反映了大量有机质在沉积、埋藏、演化的过程中被分解、氧化或被水体搬运而损失掉，不能形成有效的烃源岩。

5）非烃源岩：包括石牌组的第 11、15、17、20 层，清虚洞组的第 23 层及花桥组的第 36、38 层。一方面，在这些地层中，原始有机质形成的生物学条件不够优越；另一方面，有机质的沉积、埋藏保存条件差。因此，有机质在沉积、埋藏过程中损失很严重，剩余的有机质数量极少，难以形成烃源岩。

3. 地球生物学评价结果与有机碳含量对比

根据地球生物学评价结果，借母溪剖面牛蹄塘组中下部、比条组部分层位有利于优质烃源岩的发育，牛蹄塘组、敖溪组及花桥组少量层位能够形成一般烃源岩，石牌组、牛蹄塘组、敖溪组及花桥组一些层位可能形成差烃源岩。

把地球生物学评价结果与目前石油地质学界常用的烃源岩评价参数——有机碳含量进行对比（图 2.22），可以看出二者在多数层段基本吻合，但在少数层段两种评价结果存在差异。其中，在 TOC 含量较高的层段吻合程度相对较高，在 TOC 很低的层段则

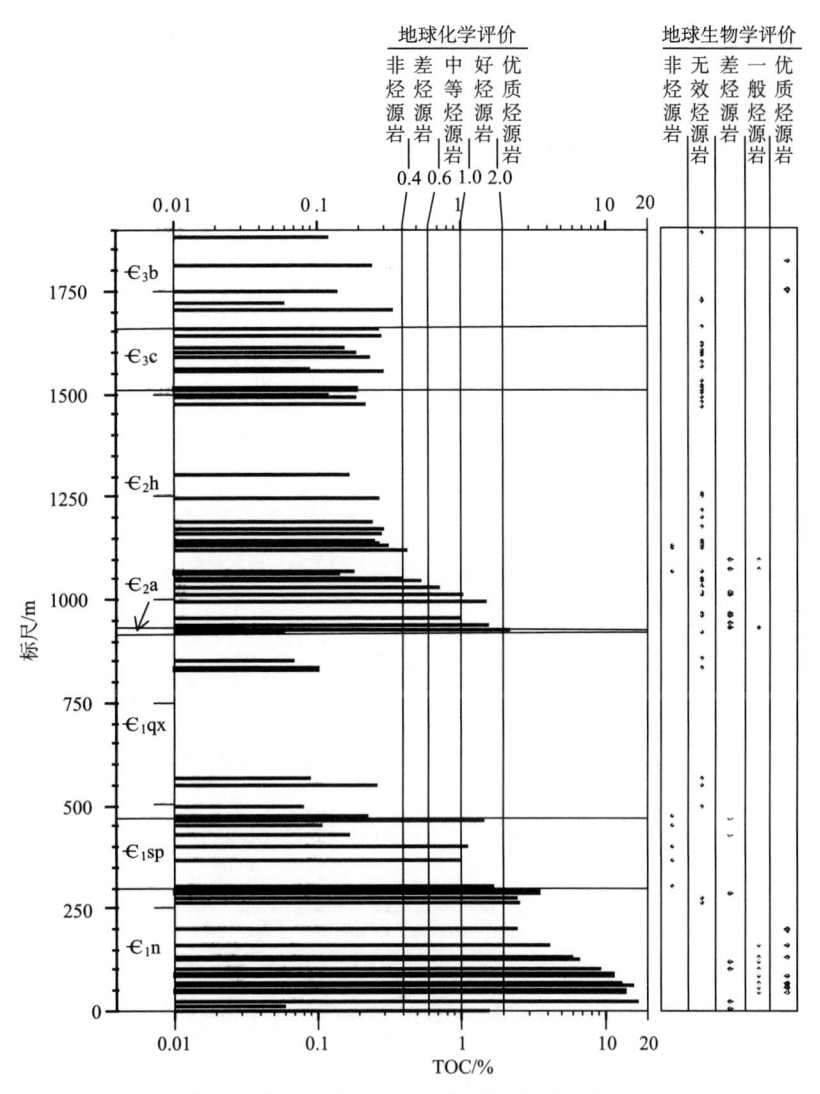

图 2.22　湖南沅陵借母溪剖面地球生物学评价结果与 TOC 含量对比

差异性更大些。

1) 牛蹄塘组实测 TOC 含量均大于 2%，按照石油地质学烃源岩评价标准均属于优质烃源岩。对应样品的地球生物学评价结果大部分为优质烃源岩，少部分为一般烃源岩。两种评价方法的结果吻合程度较高。

2) 石牌组、花桥组下部，实测 TOC 含量大多介于 1.0%～2.0%，按石油地质学标准属于一般或差烃源岩。地球生物学评价属于差烃源岩或一般烃源岩。二者也基本吻合。

3) 清虚洞组、花桥组中上部及车夫组，实测 TOC 含量低于烃源岩下限（0.4%），石油地质学评价为非烃源岩。而地球生物学评价结果主要为无效烃源岩。二者差异也不大。

4）石牌组部分样品实测 TOC 含量介于 1.0%～2.0%，地球生物学评价结果却为非烃源岩，二者明显有出入。比条组部分样品实测 TOC 含量低于 0.4%，地球生物学评价结果却为优质烃源岩，二者完全不同。直接原因是，比条组 SD-85、SD-86 号样品的 Ba、V、Mo 元素含量明显偏高，而 Fe 略显偏低，生境型属于 II，因此四个参数全部为优，地球生物学评价结果必然为优；但由于岩性为较纯灰岩，TOC 含量很低。

可见，"正演法"烃源岩地球生物学评价结果，与石油地质学基于 TOC 含量的评价结果并不完全一致。特别是对于 TOC 含量低于传统评价标准下限（0.4%左右）的碳酸盐岩，而地球生物学评价为较好烃源岩的情况，应当高度重视。因为这可能揭示了这些层段原本有机质丰富，只是由于成熟度过高，地质时期曾大量生烃及排烃，致使残余有机碳含量偏低。从这个角度理解，烃源岩地球生物学评价方法在应用于高演化烃源岩（诸如我国下古生界海相烃源岩）方面，意义更大。

参 考 文 献

黎泉水，袁恒焕. 1983. 江西萍乐坳陷早二叠世的藻类组合及其环境意义. 地层学杂志，（4）：280～284

马志鑫，李波，颜佳新，薛武强. 2011. 四川广元中二叠世栖霞组似球粒灰岩微相特征及沉积学意义. 沉积学报，29（3）：449～457

颜佳新. 2004. 华南地区二叠纪栖霞组碳酸盐岩成因研究及其地质意义. 沉积学报，22（4）：579～587

颜佳新，刘新宇. 2007. 从地球生物学角度讨论华南中二叠世海相烃源岩缺氧沉积环境成因模式. 地球科学——中国地质大学学报，32（6）：789～796

杨基端，李子舜，张景华，曲立范，詹立培. 1986. 我国二叠-三叠系界线和事件研究的新进展. 地球学报，（3）：133～144

殷鸿福，丁梅华，张克信，童金南，杨逢清，赖旭龙. 1995. 扬子区及其周缘东吴-印支期生态地层学. 北京：科学出版社. 1～388

张斌，赵喆，张水昌，陈建平. 2007. 塔里木盆地和四川盆地海相烃源岩成烃演化模式探讨. 科学通报，52（A01）：108～114

郑永飞，陈江峰. 2000. 稳定同位素地球化学. 北京：科学出版社. 1～230

周炼，周红兵，李茉，王峰，Archer C. 2007. 扬子克拉通古大陆边缘 Mo 同位素特征及对有机碳埋藏量的指示意义. 地球科学——中国地质大学学报，32（6）：759～766

Algeo J T, Lyons T W. 2006. Mo-total organic carbon covariation in modern anoxic marine environments: Implications for analysis of paleoredox and paleohydrographic conditions. Paleoceanography, 21: PA1016

Arthur M A, Sageman B B. 1994. Marine black shales: Depositional mechanisms and environments of ancient deposits. Annu Rev Earth Planet Sci, 22: 499～551

Bai X, Luo G, Wu X, Wang Y, Huang J, Wang X. 2008. Carbon isotope records indicative of paleoceanographical events at the latest Permian Dalong Formation at Shangsi, Northeast Sichuan, China. Journal of China University of Geosciences, 19 (5): 481～487

Bertine K K, Turekian K K. 1973. Molybdenum in marine deposits. Geochimica et Cosmochimica Acta, 37 (6): 1415～1434

Brumsack H J. 1986. The inorganic geochemistry of Cretaceous black shales (DSDP Leg 41) in comparison to modern upwelling sediments from the Gulf of California. In: Summerhayes C P, Shackleton N J (eds). North Atlantic Palaeoceanography. Geological Society, London, Special Publications, 21: 447～462

Brumsack H J, Gieskes J. 1983. Interstitial water trace-metal chemistry of laminated sediments from the Gulf of California, Mexico. Marine Chemistry, 14 (1): 89～106

Calvert S E, Pedersen T F. 1993. Geochemistry of recent oxic and anoxic marine sediments: Implications for the geological record. Marine Geology, 113 (1-2): 67~88

Compton J S, Snyder S W, Hodell D A. 1990. Phosphogenesis and weathering of shelf sediments from the southeastern United States: Implications for Miocene δ^{13}C excursions and global cooling. Geology, 18 (12): 1227~1230

Crusius J, Calvert S, Pedersen T, Sage D. 1996. Rhenium and molybdenum enrichments in sediments as indicators of oxic, suboxic, and sulfidic conditions of deposition. Earth and Planetary Science Letters, 145 (1): 65~78

Emerson S R, Huested S S. 1991. Ocean anoxia and the concentrations of molybdenum and vanadium in seawater. Marine Chemistry, 34 (3-4): 177~196

Erickson B E, Helz G R. 2000. Molybdenum (VI) speciation in sulfidic waters: Stability and lability of thiomolybdates. Geochimica et Cosmochimica Acta, 64 (7): 1149~1158

Goldhaber M B, Kaplan I R. 1974. The sedimentary sulfur cycle. In: Goldberg E B (ed). The Sea, vol. 4. New York: Wiley

Gørgensen B B. 1977. Bacterial sulfate reduction within reduced microniches of oxidized marine sediments. Marine Biology, 41 (1): 7~17

Helz G R, Miller C V, Charnock J M, Mosselmans J F W, Pattrick R A D, Garner C D, Vaughan D J. 1996. Mechanism of molybdenum removal from the sea and its concentration in black shales: EXAFS evidence. Geochimica et Cosmochimica Acta, 60 (19): 3631~3642

McManus J, Berelson W M, Severmann S, Poulson R L, Hammond D E, Klinkhammer G P, Holm C. 2006. Molybdenum and uranium geochemistry in continental margin sediments: Paleoproxy potential. Geochimica et Cosmochimica Acta, 70 (18): 4643~4662

Mundil R, Ludwig K R, Metcalfe I, Renne P R. 2004. Age and timing of the Permian mass extinctions: U/Pb dating of closed-system zircons. Science, 305: 1760~1763

Mussi A, Sundby B, Gehlen M, Arakaki T, Zhong S, Silverberg N. 2000. The fate of carbon in continental shelf sediments of eastern Canada: A case study. Deep Sea Res II, 47: 733~760

Rice D D, Claypool G E. 1981. Generation, accumulation and resource potential of biogenic gas. Am Assoc Petrol Geol Bull, 65: 5~25

Sageman B B, Lyons T W. 2003. Geochemistry of fine-grained sediments and sedimentary rocks. In: Mackenzie F (ed). Treatise on Geochemistry, vol. 7. New York: Elsevier. 115~158

Shimmield G B, Price N B. 1986. The behavior of molybdenum and manganese during early sediment diagenesis—Offshore Baja California, Mexico. Marine Chemistry, 19 (3): 261~280

Siebert C, Nägler T F, von Blanckenburg F, Kramers J D. 2003. Molybdenum isotope records as a potential new proxy for paleoceanography. Earth and Planetary Science Letters, 211 (1-2): 159~171

Taylor S R, McLennan S M. 1981. The composition and evolution of the continental crust: Rare earth element evidence from sedimentary rocks. Royal Society of London Philosophical Transactions, Series A, 301 (1461): 381~399

Taylor S R, McLennan S M. 1985. The Continental Crust: Its Composition and Evolution. Oxford: Blackwell

Tyson R V. 1995. Sedimentary Organic Matter: Organic Facies and Palynofacies, Boca Raton: CRC Press. 615 pp

Tyson R V. 2001. Sedimentation rate, dilution, preservation and total organic carbon: Some results of a modelling study. Organic Geochemistry, 32: 333~339

Tyson R V, Pearson T H. 1991. Modern and ancient continental shelf anoxia: An overview. In: Tyson R V, Pearson T H (eds). Modern and Ancient Continental Shelf Anoxia. Geol Soc Spec Publ, 58: 1~24

Veizer J, Holers W T, Wilgues C K. 1980. Correlation of $^{13}C/^{12}C$ and $^{34}S/^{32}S$ secular variations. Geochimica et Cosmochimica Acta, 44 (4): 579~587

Vetö I, Demény A, Hertelendi E, Hetényi M. 1997. Estimation of primary productivity in the Toarcian Tethys—A novel approach based on TOC, reduced sulphur and manganese contents. Palaeogeography, Palaeoclimatology,

Palaeoecology, 132 (1-4): 355~371

Vetö I, Ozsvárt P, Futó I, Hetényi M. 2007. Extension of carbon flux estimation to oxic sediments based on sulphur geochemistry and analysis of benthic foraminiferal assemblages: A case history from the Eocene of Hungary. Palaeogeography, Palaeoclimatology, Palaeoecology, 248 (1-2): 119~144

Vorlicek T P, Helz G R. 2002. Catalysis by mineral surfaces: Implications for Mo geochemistry in anoxic environments. Geochimica et Cosmochimica Acta, 66 (21): 3679~3692

Werne J P, Sageman B B, Lyons T W, Hollander D J. 2002. An integrated assessment of a 'type euxinic' deposit: Evidence for multiple controls on black shale deposition in the Middle Devonian Oatka Creek Formation. American Journal of Science, 302 (2): 110~143

Wignall P B. 1994. Black Shale. New York: Oxford University Press. 1~127

Wilde P, Lyons T W, Quinby-Hunt M S. 2004. Organic carbon proxies in black shales: Molybdenum. Chemical Geology, 206 (3-4): 167~176

Zheng Y, Anderson R F, Van G A, Kuwabara J. 2000. Authigenic molybdenum formation in marine sediments: A link to pore water sulfide in the Santa Barbara Basin. Geochimica et Cosmochimica Acta, 64 (24): 4165~4178

第三章 中元古代至三叠纪典型剖面的生境型

在第二章精细解剖的基础上，从本章开始，将进行时代上的扩展，对华南和华北元古宙至三叠纪典型剖面的烃源岩逐一进行评价。由于地球生物学各参数的替代指标众多，这里重点从生态学（生态地层学）角度展开，配合部分地球化学测试分析。本章主要讨论生境型，因为它不仅与生产力有关，也与沉积有机质和埋藏有机质有关。

第一节 中元古代

中元古代地层主要以华北地台为例进行分析。由于中元古界的岩石地层单位多，地层厚度大，难以逐个分析。因此，为代表性起见，本书将区域分析与典型剖面分析结合起来，在比较详细地介绍雾迷山组和高于庄组区域生境型的基础上，重点以河北平泉剖面为例对高于庄组进行解剖。

一、华北地台中部中元古代地层发育特征与年代约束

华北地台中—新元古界发育于 Columbia 超大陆裂解（Pt_2）到 Rodinia 超大陆汇聚（Pt_3）的全球构造背景条件下。虽然华北地台在超大陆中的位置及其与其他古大陆的连接模式仍然存在分歧，但华北古大陆在约 1.8Ga 发生的吕梁造山运动和 1.7Ga 前后发生的裂解事件是公认的。自 1.6Ga 以后，华北地台中元古代发育了以碳酸盐岩为主的巨厚沉积地层，构造上处于相对稳定状态，这种状态一直持续到约 1.0Ga（王鸿祯等，2000）。虽然在青白口群中存在几个重要的不整合面，但均不是造山作用形成的构造不整合（Lu et al.，2008）。大部分地区缺失震旦系，代表了 Rodinia 超大陆形成所导致的华北地台全区抬升。而自寒武纪早期以后出现的广泛沉积，则反映了在 Rodinia 超大陆裂解后，在主要大陆块体离散背景下的大区域性基底缓慢沉降与持续的海进过程。

华北地台的中元古代及新元古代早期地层主要分布在地台的北缘、西—南缘以及地台中部。其中，以地台中部的燕山地区发育最好，一直作为中国中元古代地层划分与对比的标准剖面（陈晋镳等，1999；王鸿祯等，2000；程裕淇等，2009）。在中元古代，燕山地区在古地理上代表由北侧位于中朝板块和西伯利亚板块之间的原亚洲洋向南伸入中朝板块内部形成的海湾。沿华北地台北缘有近于东西向分布的不连续古陆或隆起带（王鸿祯，1985；马丽芳等，2002），在隆起带北侧为开放的深水盆地，发育深水相硅泥质复理石沉积为主的渣尔泰山群—白云鄂博群（陈晋镳等，1999；程裕淇等，2009）。而在以南地区，由于受古隆起的限制，总体上属于与北侧开阔海盆交流受限的海域（陈晋镳等，1999；王鸿祯等，2000）。在燕山地区，中元古代地层以陆表海浅水沉积为主，

碳酸盐岩占主导地位（王鸿祯等，2000）。自下而上包括长城群上部高于庄组、蓟县群（含杨庄组、雾迷山组、洪水庄组和铁岭组4个组），以及青白口群下部下马岭组（表3.1）。在沉积序列上，这6个岩石地层单位构成三个大的沉积旋回，各旋回的顶底界均以明显的区域地层不整合面为界（陈晋镳等，1999；程裕淇等，2009）。

下部旋回由高于庄组和杨庄组构成。高于庄组以浅海碳酸盐岩沉积为主，个别层段夹有暗色页岩和结核状碳酸盐岩。底部以重大的海进面为标志，与下伏大红峪组石英砂岩之间存在明显的陆上风化面，在河北井陉可见显著的角砾岩层。从总体沉积特征看，这个旋回的最大沉积水深在高于庄组第三段顶部至第四段底部，该层段普遍发育黑灰色薄层泥晶白云岩和黑色页岩或暗色硅质页岩夹层，并出现较特征的瘤状至结核状碳酸盐岩层（图3.1A），沉积水深可能位于风暴浪基面附近或其下。由此向上表现为海水逐步变浅的进积过程，在不同地区都发育有规模不等的微生物岩，在一些地区形成较大的礁体（图3.1B）。高于庄组第四段上部多以潮间带、潮坪沉积为主，常见小的陆上暴露风化面。杨庄组以紫红色泥晶白云岩及泥质与浅灰白色细晶白云岩交互为特征，在天津蓟县地区尤其明显（图3.1C），厚度较大。但在其他地区该组不稳定，有较多含砾砂岩或粗碎屑岩，或完全缺失。推测其可能主要形成于潮坪或受河流影响较明显的近岸潟湖环境。

雾迷山组、洪水庄组和铁岭组构成另一个大的沉积旋回。雾迷山组总体以浅海环潮坪相碳酸盐岩沉积为主，米级高频旋回发育，含多种微生物岩，尤其以层状凝块石（图3.1D）和微生物席纹层白云岩（或层状叠层石）最为丰富（图3.1E）。洪水庄组以暗色页岩为重要特征，上部有较多粉砂岩夹层，可能沉积于较深水潮下带或潟湖环境。铁岭组主要为浅水微晶白云岩或白云质灰岩，发育大量柱状和锥状叠层石（图3.1F），常形成明显的礁状建隆。其中还含较多的海绿石颗粒，大部分可能形成于潮下带上部—潮间带下部环境。该组顶部也可识别明显的陆上风化面。从总体上看，这个旋回主要代表从潮下带中部至潮坪环境的浅水沉积。

下马岭组本身构成一个沉积旋回，但上部不完整。该组以暗色页岩为重要特征，可分为四个岩性段。第一段以暗色粉砂质页岩为主，含有较多的铁饼状含钙粉砂质结核。第二段含较多紫红色及灰绿色粉砂质页岩。第三段则含丰富的粉砂质、钙质大结核。第四段沉积水深一般较大，含有较多硅质页岩以及硅质碳酸盐岩薄层。向上被长龙山组底部含砾长石石英砂岩所覆盖，其间可见显著起伏的陆上风化面。

近年来，在华北地台中元古界年代地层学研究方面取得了重要进展，获得了一批高精度的SHRIMP测年数据，为标定地层年代位置提供了重要的年龄约束。据凝灰层中获取的锆石U-Pb测年数据（表3.1），可将各组的大致年龄总结如下。下马岭组下部为1368±12Ma（高林志等，2007，2008a）和1372±18Ma（Su et al.，2008；苏文博等，2010）。铁岭组为1437±21Ma（苏文博等，2010）。高于庄组中上部为1560±5Ma（李怀坤等，2010），大红峪组上部为1625Ma（陆松年、李惠民，1991）、1625.9±8.9Ma（高林志等，2008b）、1622±33Ma（Lu et al.，2008），故可大致将高于庄组顶、底界年龄分别确定为1.53Ga和1.60Ga，属中元古代早期（Calymmian系下部）。下马岭组的顶、底界年龄分别确定为1.30Ga和1.40Ga（乔秀夫等，2007；高林志等，2009，2010），

第三章 中元古代至三叠纪典型剖面的生境型

表 3.1 华北地台中-新元古界划分与对比简表

国际年代地层划分		年龄/Ma	中国传统划分			代表性生物化石			华北地台中-新元古界划分					中朝板块		塔里木板块		扬子板块	
界	系		系	群	组	微古植物	藻类及其他	燕山地区	辽宁凌源		山西恒山	河南汝阳	鄂尔多斯		库鲁克塔格	北塔山	扬子板块	湘黔桂地区	
新元古界 Neoproterozoic	埃迪卡拉系 Ediacaran	542	震旦系		灯影组	Hubeisphaera Cyatiosphaera Tianzhushania Comasphaeridium	Sinotubilites Paracharia Eospicula Huayuanella								汉格尔乔克组		留茶坡组	
		635			陡山沱组										水泉组		陡山沱组	
	成冰系 Cryogenian		南华系		南沱组	Teophipolia Tasmanites Aechaeodiscina Trachytrichoides	Tawuria Pumilibaxa Shouhsienia								育肯沟组		南沱组	
					大塘坡组										扎摩克提组		富禄组	
		850			古城组										特瑞爱肯组		两界河组	
					莲沱组										阿里勒通沟组			
	拉伸系 Tonian		青白口系	青白口群	景儿峪组	Megasacculina Lonfophsphaeridium	Glossophyton Lonfengshania	景儿峪组	景儿峪组		望	东坡组			照壁山组		五强溪组	冷家溪群
		1000			长龙山组			长龙山组	长龙山组		狐	罗圈组			贝义西组		马底驿组	
					?						组	董家组						
中元古界 Mesoproterozoic	狭带系 Stenian	1200	蓟县系	蓟县群	下马岭组	Trachysphaeridium Microconcentrica	Chuaria Shouhsienia	下马岭组	下马岭组			黄连垛组			北赛纳尔塔格组			
	延展系 Ectasian	1400			铁岭组	Quadratimorpha Triangumorpha Leiofusa Pseudocomosphaera Trachysphaeridium	Palaeolyngbya Oscillatoriopsis Pandorinopsis	铁岭组	铁岭组			洛峪口组			南赛纳尔塔格组		独岩塘组	
					洪水庄组		Wumishania Chuaria	洪水庄组	洪水庄组			三教堂组						梵
					雾迷山组		Hyalothecopsis Eoentophysalis Saaybngylocc	雾迷山组	雾迷山组		雾迷山组	崔庄组	王全口组		爱尔吉干群		淮溪组	净 山 群
					杨庄组			杨庄组	杨庄组		杨庄组	北大尖组	闪家沟组			波 瓦 姆 群		
	盖层系 Calymmian	1600		长城群	高于庄组	Trachyarachnitum Leioarachnitum Diplomembrana Leiopsophoaphaera Kildinella Leiominuscula	Grypania Grueneria Eucapsiphora Manchuriophycus	高于庄组	高于庄组		高于庄组	汝阳群 白草坪组	黄旗口组			杨吉布拉克群	铜厂组	
					大红峪组			大红峪组	大红峪组			云梦山组					回香坪组	
					团山子组			团山子组	团山子组			兵马沟组					肖家河组	
					串岭沟组			串岭沟组	串岭沟组			马家河组					余家沟组	
		1800			常州沟组		Tuanshazia Changchengia Gunfintia Eomycetopsis	常州沟组	常州沟组		常州沟组	熊 耳 群 许山组 鸡蛋坪组					海金组	
古元古界 Paleoproterozoic	造山系 Orosirian	2050	滹沱系	滹沱群	郭家寨亚群 东冶亚群 豆村亚群						郭家寨亚群 东冶亚群 豆村亚群	大古石组	赵池沟群		兴地塔格群		水月寺群	
	层侵系 Rhyacian	2300		五台群	五台群						高凡亚群 五台群	嵩山群 花岭组 庙坡山组 五指岭组 罗汉洞组	贺兰山群					
	成铁系 Siderian	2500																

注：灰色表示地层缺失。? 表示目前还没有发现相当的地层。"年龄"一列中，除了界线年龄值来源于国际地层委员会外，其余为华北近年取得的各组对应实测年龄值。

图 3.1　华北地台中元古代碳酸盐岩沉积特征

A. 高于庄组第三段上部潮下带深水暗色泥晶碳酸盐岩，河北宽城；B. 高于庄组第四段下部微生物岩礁，北京延庆；C. 杨庄组紫红色泥岩与浅色白云岩互层，天津蓟县；D. 雾迷山组第三段凝块石白云岩，河北野三坡；E. 雾迷山组第二段微生物席纹层白云岩，河北野三坡；F. 铁岭组中的柱状叠层石，柱间充填海绿石及泥质，天津蓟县

属中元古代中期（Ectasian 系下部）。迄今，在雾迷山组尚未取得直接的年龄数据，但据上下地层关系及现有年龄约束，推测雾迷山组的年龄约在 1.50Ga 至 1.45Ga 之间（高林志等，2009），属中元古代早期（Calymmian 系上部）。长龙山组也缺乏可信的同位素年龄约束，但据其中发现的宏观藻类（如 *Longfengshania*）及微古植物群组合特征，其年龄可能不早于 1.0Ga（高林志等，2009，2010），属新元古界（Tonian 系），而中元古界上部（Ectasian 系上部及 Stenian 系）在华北地台大部分地区可能缺失。因此，位于长龙山组和下马岭组间的不整合至少代表了长达 3 亿年的地层间断（表 3.1）。

二、华北地台中部中元古代碳酸盐岩地层的生境型

与显生宙大部分沉积地层相比，中元古代沉积地层的生境型很难准确标定。主要原因是这个时期缺乏动物化石，而微生物类群的识别与分类位置往往依赖于分子生物学的研究。在很多情况下，仅依靠沉积特征分析标定其沉积环境也存在较大的不确定性。而生境型的判定，不仅依赖于沉积环境与相分析，而且要求较多的生物群信息和生物分类属性。这些研究在中元古代沉积地层中均很难实现。因此，这里对生境型的确定是粗略的，主要依赖沉积相与环境的分析，仅在个别情况下有可能结合有限的生物资料。对生境型的划分参照殷鸿福等（2011）提出的方案。本节重点研究高于庄组和雾迷山组的碳酸盐岩地层，它们在厚度上构成了华北地台中元古界的主体部分。

1. 雾迷山组的主要沉积相类型与生境型

雾迷山组是华北地台中元古界分布最广的岩石地层单位，在不同地区厚度变化较大，但沉积特征基本稳定，以微晶白云岩为主（陈晋镳等，1999；周洪瑞等，2006），含较多硅质条带和多种微生物岩（梅冥相，2007；史晓颖等，2008a；汤冬杰等，2011）。该组在天津蓟县厚约3340m，可分为4个岩性段（陈晋镳等，1999）。第一段主要为含球粒白云岩、凝块白云岩及含硅质条带白云岩，以潮间、潮上带沉积为主。第二段主要为凝块白云岩及厚层纹层状白云岩，以潮下带中部—潮坪沉积为主。第三段以发育厚—巨厚层凝块石、纹层石白云岩为特征，具明显的旋回性，主要为潮下带下部—潮间带下部沉积。第四段则主要为中—薄层席纹层白云岩，总体上单层厚度向上变小并被叠层石白云岩所替代，反映海水变浅的进积过程（Shi et al.，2008；汤冬杰等，2011）。其中，第一段和第四段发育纹层状藻席和少量叠层石，少见微生物岩建隆和厚层状凝块石。第二段和第三段潮下带较深水沉积占有较大比重。在这两段地层中米级旋回十分发育，它们有序叠加形成向上变浅的副层序，并构成不同级别的沉积层序。以凝块石为主的微生物岩主要出现在米级旋回的下部，代表以潮下带为主的沉积环境。而层状叠层石（席纹层碳酸盐岩）则主要集中在米级旋回的中部，并伴生有较多的"板刺"构造和少量低丘状叠层石，主要代表潮间带环境（汤冬杰等，2011）。微生物岩建隆构造一般出现在较深水环境下，与层状凝块石的分布范围接近或略深。与高于庄组相比，雾迷山组内微生物岩非常发育，特别是在第二段和第三段，其有机质含量较高。这些层位应是华北地台中元古界碳酸盐烃源岩勘察的重要层段。

据不同剖面综合特征分析，雾迷山组的沉积亚相及其对应的生境型由深到浅主要有以下7种类型。

（1）潮下带中部深灰色厚层小凝块白云岩（生境型 $II_2^2 \sim II_2^1$）（图3.2A）

这种沉积相类型以发育厚—巨厚层状凝块石为重要特征。它在雾迷山组第二段和第三段尤为丰富，一般都构成米级旋回的最下部单元。单层厚度一般在1m以上，有些可达8m。其内部凝块构造较小（<5mm），但含量很高（>35%）。形态不规则，多呈弥

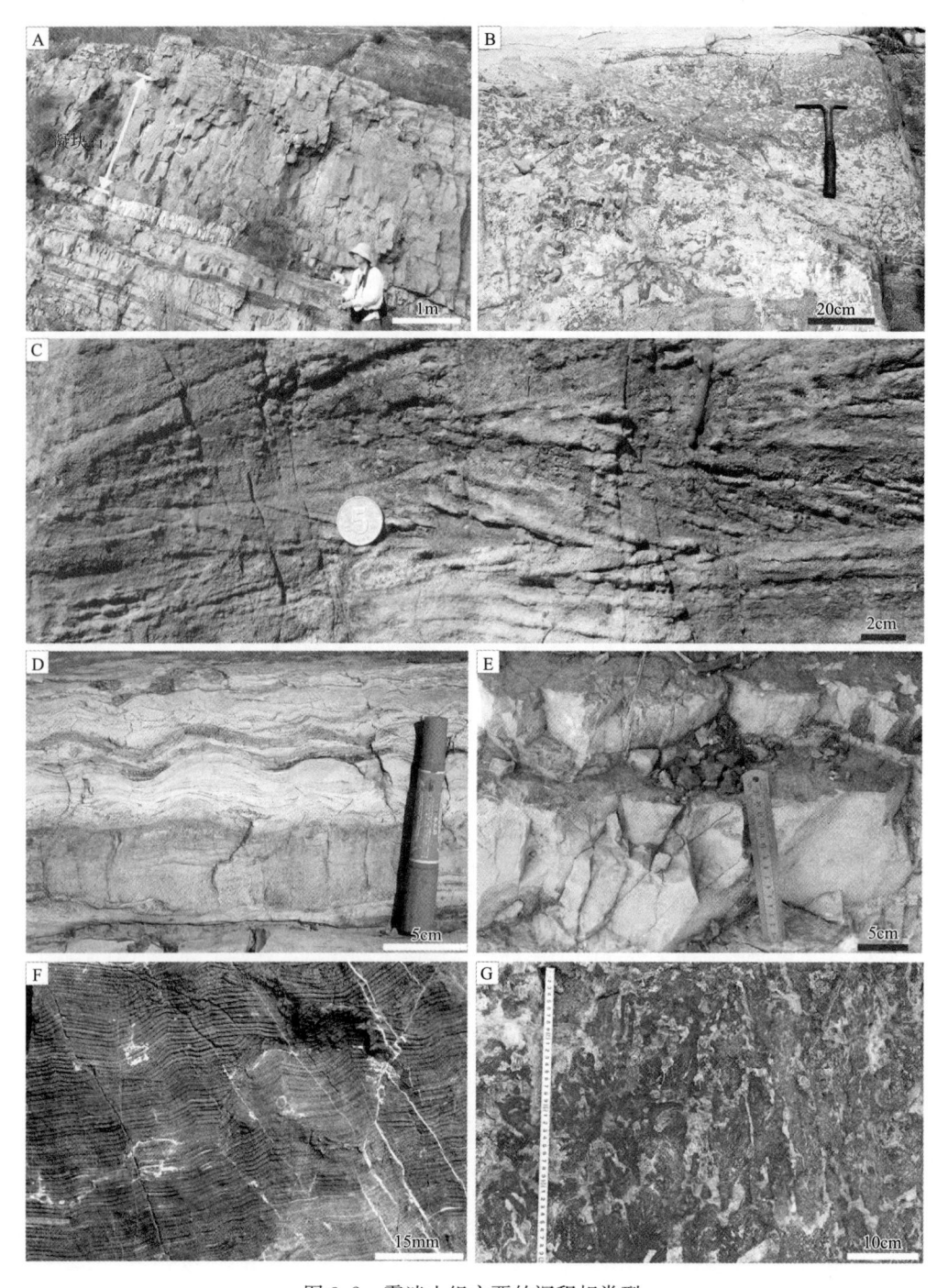

图 3.2 雾迷山组主要的沉积相类型

A. 雾迷山组第三段深灰色巨厚层凝块白云岩（II_2^2），北京西山珠窝水库；B. 雾迷山组第三段厚层凝块白云岩（II_2^2），河北野三坡；C. 雾迷山组第二段发育交错层理的含颗粒白云岩（II_2^1），河北野三坡；D. 雾迷山组第二段席纹层白云岩（II_1），北京西山；E. 雾迷山组第二段浅灰色泥晶白云岩（I），河北野三坡；F. 雾迷山组第二段潟湖相黑色纹层石（II_2^2），河北野三坡；G. 雾迷山组第三段微生物岩礁（VII），河北野三坡

散状分布。在野外露头上常显示为复杂的"指纹状"样式或呈不规则带状。其中很少见有波浪影响或高能冲刷构造。从沉积特征以及相序分析，它们可能主要发育在平均浪基面以下的较深水环境，部分可达浪基面附近。镜下研究表明，凝块内富含有机质。超微观察发现其内存在有大量非晶质 EPS（胞外聚合物）以及丝状和球状细菌。推测其主要发育于生境型 II_2^2～II_2^1 下部。

(2) 浅潮下带下部厚层大凝块白云岩（生境型 II_2^1）（图 3.2B）

与上述相类型相近，但单层厚很少达 2m。其内部凝块普遍较大，呈很不规则的团块状或斑状，有些可形成不规则分支。凝块周边微晶充填，它与亮晶胶结物的比例明显高于上述的小凝块白云岩。在地层层序上这种沉积类型也主要出现在米级副层序的下部，但也常见于前述的小凝块石层位之上，且内部含较多高能水流或波浪破碎的凝块碎屑，故多属生境型 II_2^1。

(3) 浅潮下带上部含颗粒白云岩（生境型 II_2^1）（图 3.2C）

这种相类型在雾迷山组虽然出现的层位不少，但一般厚度很小，单层很少超过 40cm。多数情况下其颗粒的主要组分为团粒或球粒，少量为假鲕。前者可能主要源于破碎并被改造的微生物凝块，也有部分属矿化的微生物集群。在这种相类型中也常见薄—中层状细粒内碎屑碳酸盐颗粒，并时常见有交错层理和冲刷构造，表明其形成于水动力条件较强的潮下高能带至潮间带下部。在层序上，多位于米级副层序内下—中单元过渡带。这种沉积相主要形成于生境型 II_2^1，含较多有机质碎屑，并常伴生小型丘状叠层石。

(4) 潮间带微生物席条带白云岩（生境型 II_1）（图 3.2D）

这种沉积类型以发育密集的微生物席薄层与微晶碳酸盐沉积薄层交互为重要特征。微生物席层一般 0.5～3cm 厚，富有机质，易硅化，露头上多表现为硅质条带。在这种沉积相中，时常夹有不稳定颗粒碳酸盐岩或细内碎屑白云岩夹层，以及小型丘状和低丘状叠层石。局部发育有交错层理和"板刺"构造。在米级副层序中，这种沉积类型厚 0.5～3m 不等，出现在厚层凝块白云岩之上，构成特征显著的中部单元。其中石化的微生物席层约占岩层总厚度的 25%～40%，是这种沉积类型中主要的有机质来源。从综合特征分析，这种沉积相主要属生境型 II_1，在潮间带下部尤其突出。

(5) 潮坪相浅灰色泥晶白云岩（生境型 I）（图 3.2E）

主要出现在米级旋回的上部，以中—薄层状微—泥晶白云岩为主。其内部虽然可见薄的微生物席纹层，但一般保存较差。在这种沉积相中可见良好的波痕、泥裂和石盐假晶，以及由于微生物席暴露形成的脱水裂痕构造（一类 MISS 构造），在表面发育明显的红色氧化膜。因此，这种相类型显然代表了生境型 I。相对而言，可能由于强烈的氧化分解，其中保存下来的有机质碎屑较少，但 MISS 构造的发育表明其沉积期微生物群落也是很活跃的。

(6) 深水潟湖黑色纹层石相（生境型 II_2^1）（图 3.2F）

黑色纹层石相是一种特殊的微生物岩相类型。完全由密集的亚毫米级别明、暗纹层对（light/dark lamina couplets）组成，平均每厘米内有 21~23 个对偶层。纹层基本平行，或略呈波纹状。其内部完全缺乏冲刷或受波浪影响的痕迹，表明形成于低能静水环境。显微与超微研究表明，对偶层中的亮纹层由微晶质组成，富含有机质，并见大量微生物残余。而暗纹层则以纤维状文石（假晶）构成等厚层为特征。在一些保存较好的标本中，纤维状等厚层中也见有丝状细菌，与缺氧、硫化条件下微生物诱发的碳酸盐沉淀相关。因此，黑色纹层石可能由密集堆积的微生物席层矿化而成。在层序上，它们往往与滩相含球粒或假鲕白云岩相邻，可能形成于有障壁限制且相对深水的潟湖环境。这种沉积类型含有机质很高，原始的有机质碎屑组分可达 30% 或更高（图 3.3）。

雾迷山组的沉积旋回性特征显著，此处仅以河北野三坡雾迷山组第三段的一段地层为例来反映这种变化。其他层段也具有相近的特征。

(7) 微生物岩礁相（生境型 VII）（图 3.2G）

雾迷山组的微生物岩非常发育，特别是层状凝块石相当普遍，但具明显建隆与格架构造的微生物岩礁仅见于第三段下部和第二段上部，高可达 4~6m，宽 8~25m。礁内格架由不规则凝块石和柱状叠层石构成，格架间充填物为大量破碎的微生物岩碎屑以及微晶—亮晶碳酸盐岩胶结物，但未见类似高于庄组礁内常见的鱼骨状方解石。在层序上，这种礁体与层状凝块石相邻或横向取代，并被潮间带环境的层状叠层石所覆盖，故推测其沉积环境可能为潮下带上部浪基面附近，其生态位置与厚层状凝块石相当或略浅。其内有机质碎屑组分很高，可达总体积的 20%~35%。

2. 高于庄组的主要沉积相类型与生境型

高于庄组在华北地台分布较广，厚 1600 余米，以碳酸盐岩为主，分 4 个岩性段（也称亚组；陈晋镳等，1999）。第一段以环潮坪相白云岩为主，含较多叠层石。第二段以含锰白云岩为特征，含具瘤状构造的泥质泥晶白云岩和暗色页岩，沉积水深较大。其中曾见有 *Grypania* 和 *Chuaria*（?）等宏观藻类。第三段以浅潮下带碳酸盐岩为主，常见硅质结核和条带，藻纹层以及白齿（MT）构造发育。上部发育薄层暗色泥晶碳酸盐岩以及结核状碳酸盐岩（图 3.4A）。第四段以微生物席纹层碳酸盐岩为主，发育大量叠层石及结核状白云岩，并常形成明显的微生物岩层或微生物岩礁体（图 3.4H）。从总体上看，高于庄组沉积以滨—浅海沉积为主，个别层段沉积水深可能达到风暴浪基面之下（图 3.4A）。

据地台中部地区若干剖面的综合特征分析，其沉积相类型及对应的生境型由深到浅主要有以下 8 种。

(1) 潮下带中下部暗色泥晶碳酸盐岩（生境型 II_2^2）（图 3.4A）

这种岩相类型多以中—薄层状深灰色泥晶—细晶碳酸盐岩为主，并时常夹有薄层黑

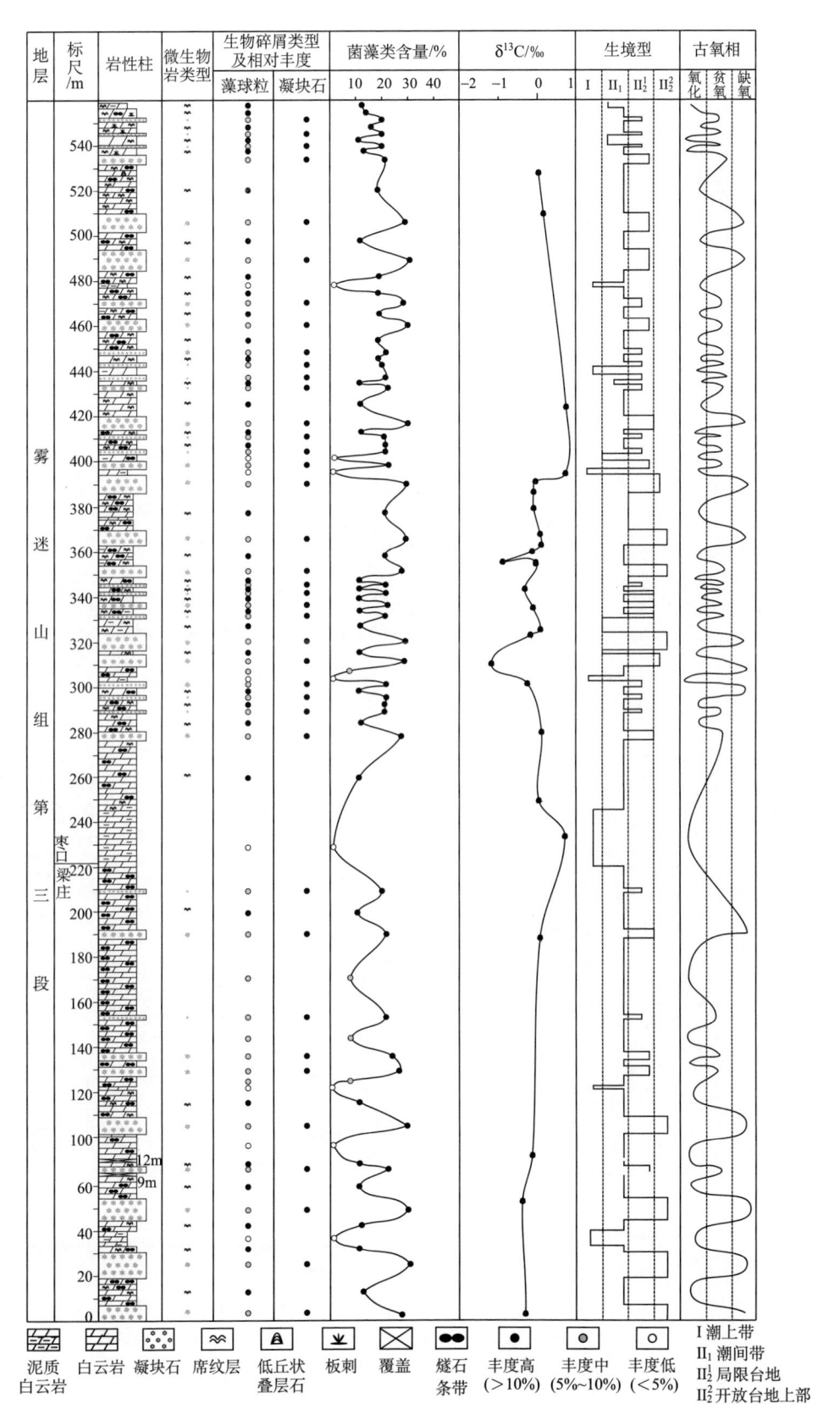

图 3.3 雾迷山组第三段的生境型与有机质碎屑含量变化

图 3.4 高于庄组主要的沉积相类型

A. 高于庄组第三段上部暗色泥晶灰岩（II_2^2），河北宽城；B. 高于庄组第三段上部黑灰色结核状碳酸盐岩（II_2^2），北京延庆；C. 高于庄组第三段含颗粒碳酸盐岩（II_1），天津蓟县；D. 高于庄组第二段叠层石白云岩（II_1），河北宽城；E. 高于庄组第二段席纹层白云岩（II_1），河北宽城；F. 高于庄组第二段泥晶白云岩（I），河北宽城；G. 高于庄组第二段潟湖相暗色粉砂质页岩（II_2^2），北京延庆；H. 高于庄组第四段微生物岩礁（VII），北京延庆

色页岩或硅化页岩。岩性细腻，层面平整，缺乏冲刷或波浪扰动迹象。镜下观察其主要组分为微—泥晶质，少见碎屑成分，但含较多细—微粒黄铁矿，局部见有分散状有机质颗粒和少量微生物席纹层。从沉积特征及相序分析，这种沉积类型可能主要发育于风暴浪基面以下的低能环境条件。其中微生物席不易辨识。可观察到的有机质碎屑含量一般小于5%，但在一些黄铁矿化强烈的层段（如高板河矿区第三段上部），微生物席纹层发育，主要由矿化细菌组成，含量高达25%~30%。这种沉积类型主要见于第三段顶部至第四段底部，相当于生境型III$_2$。在河北宽城、兴隆，北京延庆及天津蓟县地区均有发现，代表高于庄组沉积水深最大的层段，并反映了较明显的海水硫化特征。

（2）潮下带中部黑灰色瘤状结核状碳酸盐岩（生境型II$_2^1$）（图3.4B）

这种沉积类型以发育大量碳酸盐岩瘤状、结核为重要特征。结核一般呈近球状—椭圆状，直径2~12cm不等，但多数集中在2~6cm。围岩成分主要为微晶、泥晶碳酸盐岩，局部含泥质。结核内部及"外层"中含有较多的矿化微生物残余。较小的结核常形成明显的纤维状文石（假晶）外壳。在一些层段，围岩中可见大量的自生碳酸盐沉淀（纤维状文石）形成等厚结壳层或晶体扇，并常共生有明显的残余沥青质和有机质碎屑。这种类型最有可能形成于缺氧条件下的硫化与非硫化交互带。在层序上，往往与上述相类型相邻。可能多位于风暴浪基面之上，间或过渡到浪基面之下。其中可识别的有机质碎屑或微粒含量可达5%~10%。属生境型II$_2^1$为主。

（3）潮下带上部深灰色颗粒碳酸盐岩（生境型II$_2^1$~II$_1$）（图3.4C）

这种相类型与前述雾迷山组的同种类型相似，但在高于庄组产出层位的数量与分布范围明显要小。颗粒的主要组分为球粒、团粒和假鲕，通常仅出现为薄的夹层或透镜体，并常与叠层石碳酸盐岩相邻或相互过渡。从特征上看，其可能主要发育在生境型II$_2^1$~II$_1$。其有机碎屑主要为微生物碎屑形成的球粒和团粒。

（4）潮间带下部叠层石碳酸盐岩（生境型II$_1$）（图3.4D）

叠层石在高于庄组的分布在空间和时间上均有较大变化。从总体上看，在高于庄组第一段和第四段相对较多，个体较大的柱状、锥状叠层石主要在相对较深水的潮下带上部环境，以II$_2^1$生境型为主。而小的丘状叠层石多出现在相对较浅的潮间带下部，多属II$_1$生境型。在这种沉积相中，波浪影响与冲刷构造较明显，在叠层石体间多发育颗粒与再沉积的细内碎屑碳酸盐岩。有机质碎屑主要源于叠层石碎屑。

（5）潮间带上部席纹层碳酸盐岩（生境型II$_1$）（图3.4E）

这种相类型与雾迷山组发育的同类沉积相似，但不如后者中典型和丰富。在高于庄组中，席纹层较少硅化，且大多数情况下席纹层密集度较小。在这种相类型中常可见低丘状或形态很不规则的层状叠层石。在一些地点，岩层表面可见大量的微生物席成因构造（MISS）。

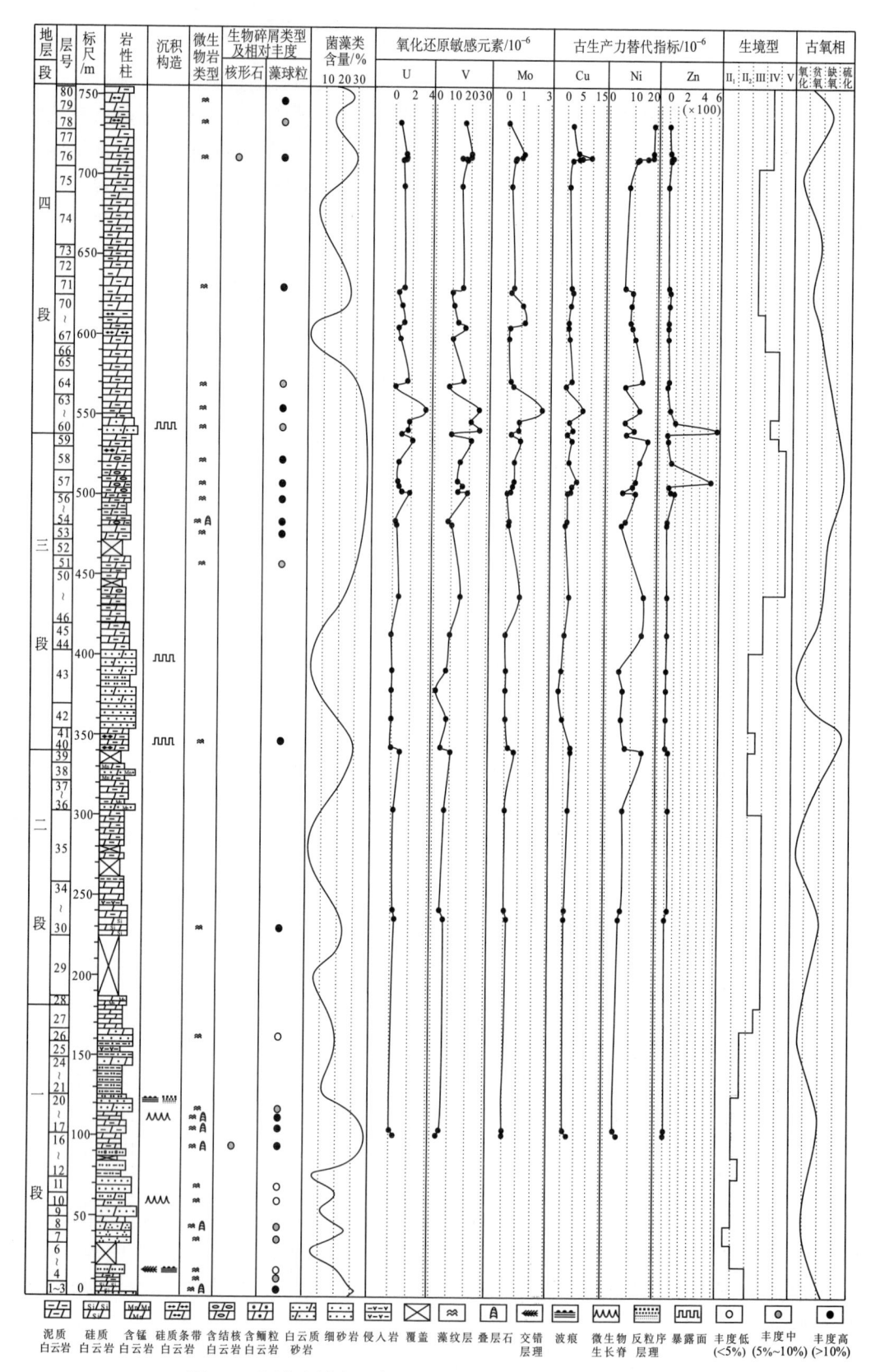

图 3.5 河北宽城高于庄组的生境型与有机质碎屑含量变化

(6) 潮坪相含席纹层泥晶碳酸盐岩（生境型 $II_1 \sim I$）（图 3.4F）

这种沉积相类型在高于庄组相对较少。在特征上，与雾迷山组发育的同类沉积相似，岩石的颜色较深，中层状居多。在个别层段可见波痕、泥裂，少见其他构造。

(7) 潟湖相暗色粉砂质页岩（生境型 II_2^1）（图 3.4G）

这种相类型主要见于第二段，在北京延庆和河北平泉厚度较大，在天津蓟县及河北兴隆也发育较薄的层段。其粉砂质含量变化较大，局部可形成泥质粉砂岩薄层，一般颜色并不很黑，局部见有微弱波痕。在北京延庆及河北平泉，粉砂质页岩中含锰质、微粒黄铁矿以及较明显的含锰质核形石或藻团，可鉴别的有机质碎屑含量<5%。在天津蓟县，见有较多的微生物席碎屑，并且个别呈圆形，直径可达 3~7mm。据不同地点的沉积相及所含微生物碎屑分析，这种相类型形成于浅水潟湖的可能性较大，但也不排除潮坪成因的可能。本书将其归属生境型 II_2^1。

(8) 微生物岩礁相（生境型 VII）（图 3.4H）

在高于庄组碳酸盐岩中，虽然发育微生物岩的层段不少，但规模较大、具有明显礁体格架构造的建隆主要集中在第四段，以北京延庆地区发育最好。礁体厚可达 240m，沿走向延伸可达 30km。礁体由形态多变的叠层石和凝块石构成骨架结构（图 3.4H），其间发育大量被鱼骨状方解石胶结物充填的孔洞。叠层石和凝块石约占礁体总体积的 40%~60%。胶结物主要是鱼骨状方解石（已白云岩化）和微亮晶。孔洞（voids）约占总体积的 10%~15%。与铁岭组发育的叠层石礁相比，高于庄组微生物岩礁具有更大的规模，其结构与现代微生物岩礁相近，但构成格架的叠层石与凝块石往往不具有明显的边界层。这种沉积类型发育的古环境可能主要为潮下带中上部，受波浪作用影响较明显，其中可识别的微生物席与有机质碎屑含量高达 20%~30%，推测其原始生产力可能更高。按当前的划分方案（殷鸿福等，2011），属生境型 VII。

综上，在华北地台中元古代上述的两个以碳酸盐岩为主的地层单位中，较大部分沉积发育于潮下带上部至潮间带环境。特别是在雾迷山组，环潮坪碳酸盐岩沉积约占地层总厚度的 70%~80%，主体部分属于生境型 II（图 3.3）。高于庄组的沉积环境变化相对较大，位于生境型 III 的沉积相类型占有较高比例，而属于生境型 II_1 和 I 的沉积比例明显较低（图 3.5）。

三、河北平泉剖面生境型

在前述区域分析基础上，这里以河北平泉剖面为例进行重点解剖。平泉剖面（40°50.55′N，118°36.931′E）位于河北省平泉县城西南约 10km 的王杖子村采石场附近。剖面自南西向北东地层由老到新依次出露长城群的常州沟组、串岭沟组、团山子组、大红峪组以及蓟县群的高于庄组和杨庄组，雾迷山组地层在该剖面未见顶。这里重点考察以碳酸盐岩为主的高于庄组剖面。如前所述，高于庄组生境型的划分也只能通过由沉积特征所限定的沉积体系予以确定。

通过对河北平泉高于庄组的野外实测、观察以及室内 254 块岩石薄片的沉积微相分析，并以殷鸿福等（2011）提出的古海洋生境型模型为基础，将整个高于庄组划分为 7 种 15 个生境型。沉积相从潮上带至外陆架均有分布，并显示出各自不同的特征（图 3.6）（郭华等，2010）。

潮上带生境型 I（第 68～77 层）：以灰白色含泥质、砂质白云岩为主，部分层位见有与周期性暴露作用有关的鸟眼构造和帐篷构造（图 3.7A）。此外，竹叶状角砾白云岩也较为常见（图 3.7B）。生物碎屑颗粒类型单调且含量较低，主要以微生物球粒为主，约占 1%～5%。陆源石英颗粒分选和磨圆中等—好，一般约占 7%～10%。部分层位石英含量可以达到 30%。总体来看，沉积相应属于极浅水潮上带，生境型定为 I。

潮间带生境型 II_1（第 1～6, 50～52, 55～65 层）：微生物席极为发育（图 3.7C），生物碎屑组成以微生物球粒和凝块石为主，并含有少量的核形石和藻鲕（图 3.8A），生物碎屑总含量约 30%。凝块石多为球粒黏结而成的不规则颗粒。核形石一般由核心和包壳组成，核心组成有内碎屑和陆源的石英颗粒两种类型，包壳壁一般较薄。由于处于近岸浅水环境，陆源输入物质较多，石英含量约占 20%～25%。这些层位总体反映了一种极适宜菌藻类微生物生长的浅水环境，生境型定为 II_1。

潮下带生境型 II_2（第 7～14, 38～39, 66～67 层）：含微生物球粒、凝块泥晶白云岩，水平微波状层理发育。生物碎屑以微生物球粒为主，含少量砂级凝块石，生物碎屑含量约占 5%～10%，部分层位可以达到 30%（图 3.8B）。陆源石英颗粒和泥质较少，约占 3%～5%。第 38、39 层发育大量柱状叠层石，其横向连续足以形成巨大的叠层石礁体（图 3.7D）。上述特征表明，此相带形成于潮下带高能环境，生境型为 II_2。

潟湖相生境型 II_{2r}（第 15～22, 53～54 层）：薄层的钙质泥岩、泥质白云岩，纹层平直为主，生物碎屑较少，但个别层位以微生物球粒为主的生物碎屑含量可以达到 5%～10%（图 3.8C）。陆源石英极少或无，含少量黄铁矿晶体。这些特征表明相关层位可能处于水流不畅的礁后静水环境，海水适度贫氧，生境型为 II_{2r}。

内陆架上部生境型 III_1（第 33～37, 40～45 层）：深灰色厚层—中厚层的细晶白云岩为主，岩石层面上常见波状层理、浪成交错层理（图 3.7E）。在该层段发现了较好的油苗和软质沥青。岩石薄片镜下观察生物碎屑颗粒以微生物球粒为主，含量约 2%～5%，含少量陆源石英碎屑（图 3.8D）。生境型为 III_1。

内陆架下部生境型 III_2（第 23～27, 31～32, 46～49 层）：深灰色薄层的细晶白云岩、泥质白云岩为主，水平层理发育。部分层位见有风暴砾屑白云岩和粒序层理（图 3.7F）。陆源石英和生物碎屑颗粒较少，部分层位含黄铁矿晶体。总体处于风暴浪基面附近静水环境，偶尔受到大的风暴潮影响，形成风暴砾屑白云岩。生境型定为 III_2。

外陆架上部生境型 IV_1（第 28～30 层）：以深灰色细晶白云岩为主，发育极薄的水平纹层，富有机质和黄铁矿颗粒。部分层位见有沥青质碎屑。在这些层段的中上部发育一套密集堆积的核形石状碳酸盐岩建隆（图 3.7G），这些碳酸盐结核大小不一，直径多为 2～5cm。结核中心不发育核心，内部及其围岩中发育良好的细纹层理。围岩未见指示高能水体环境的沉积构造和颗粒沉积物。前人曾在结核的内部和周边围岩中发现了大

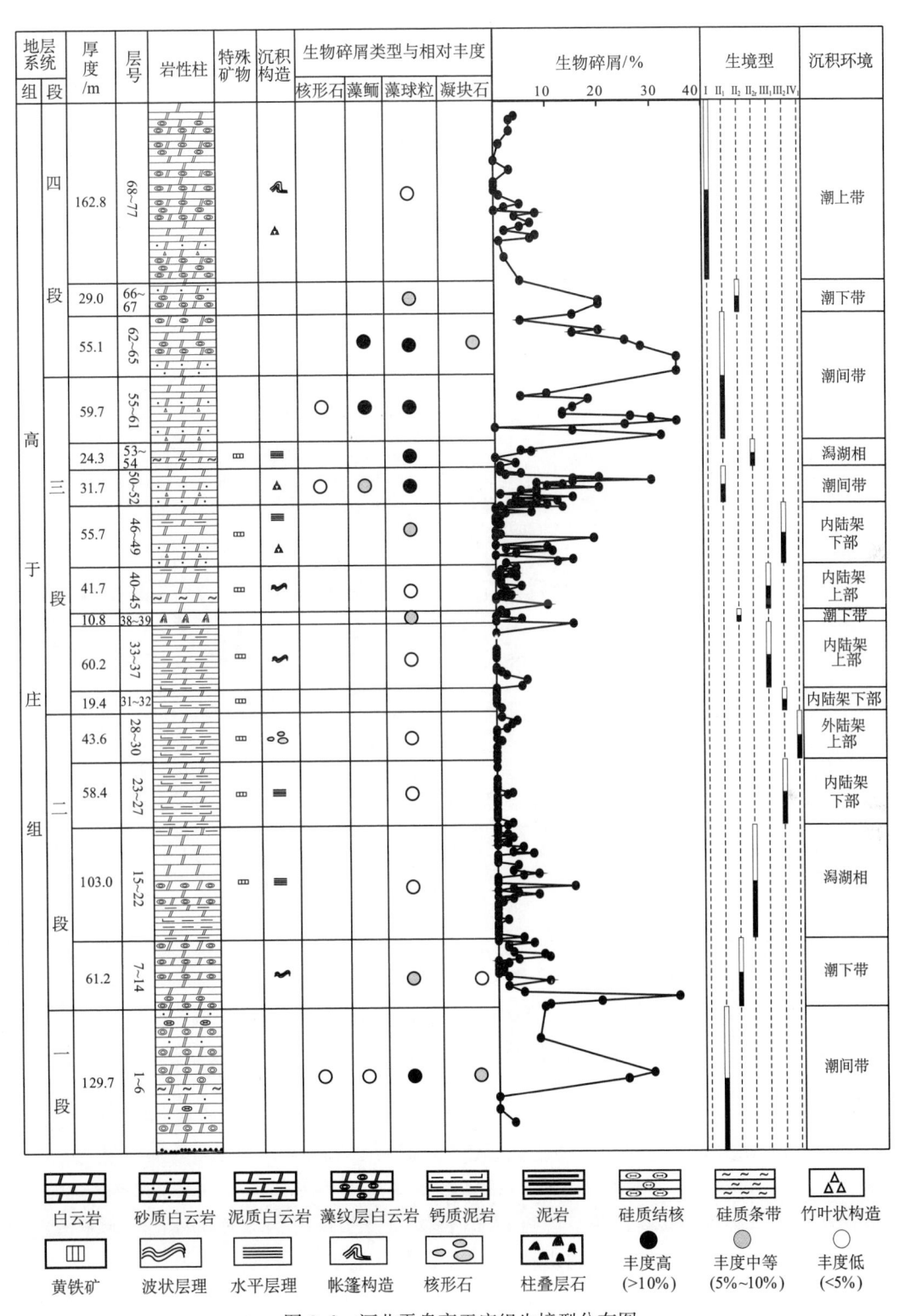

图 3.6 河北平泉高于庄组生境型分布图

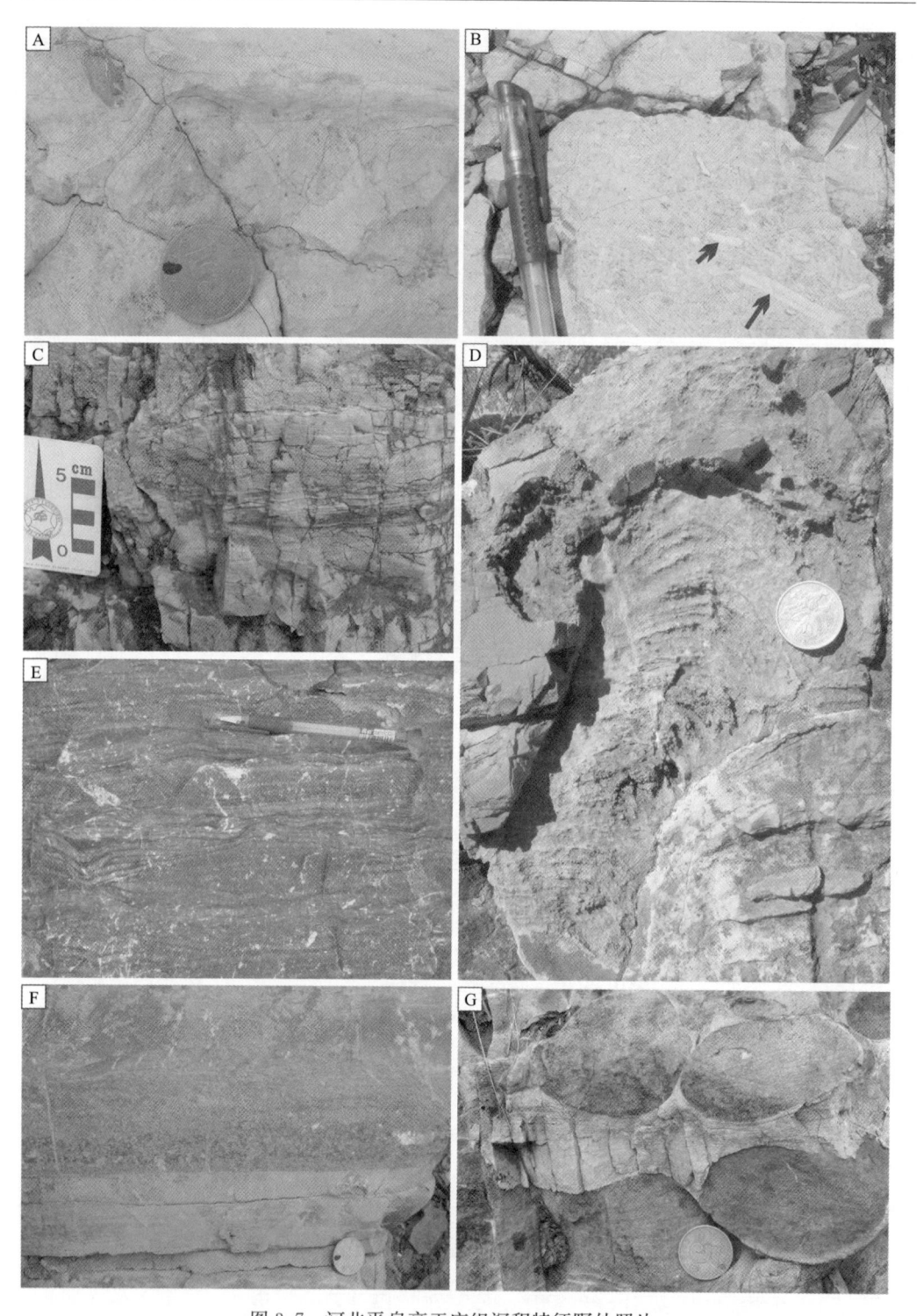

图 3.7 河北平泉高于庄组沉积特征野外照片

A. 潮上带帐篷构造；B. 潮上带竹叶状角砾白云岩；C. 潮间带藻纹层白云岩；D. 潮下带柱状叠层石；E. 内陆架上部浪成交错层理；F. 内陆架下部正粒序层理；G. 核形石状碳酸盐结核

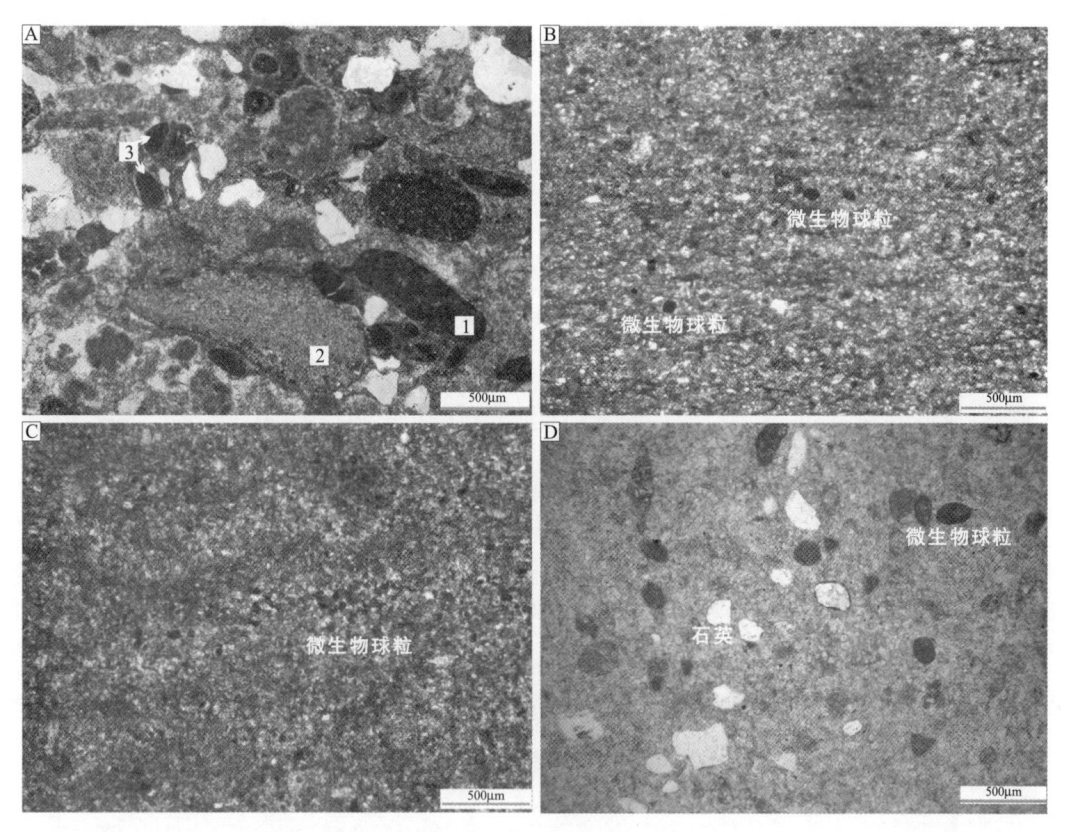

图 3.8 河北平泉高于庄组镜下微相特征

A. 潮间带典型显微特征，其中 1 代表砂级凝块石，2 代表内碎屑，3 代表微生物球粒；B. 潮下带细晶白云岩，微波状层理，含少量微生物球粒；C. 潟湖相泥质白云岩，含少量微生物球粒；D. 块状细晶白云岩，含少量石英碎屑和微生物球粒，形成于内陆架上部环境

量的自生碳酸盐矿物和莓状黄铁矿颗粒，认为可能与海洋中强烈的甲烷厌氧氧化以及硫酸盐还原过程有关（史晓颖等，2008）。这些特征表明该层位主要形成于缺氧—硫化的条件，古海水深度可能达到风暴浪基面以下，因此将生境型定为 IV_1。

第二节 埃迪卡拉纪—寒武纪

一、埃迪卡拉纪剖面

1. 华南灯影组与留茶坡组的对比

埃迪卡拉系碳酸盐台地相的灯影组与斜坡相的留茶坡组被普遍认为是同期异相沉积（王砚耕等，1984；Zhu et al.，2007）。从较浅水相到较深水相，灯影组碳酸盐岩的厚度逐渐变薄，沉积构造逐渐减少或不发育。然而，在湘西张家界和黔东剑河一带，灯影组碳酸盐岩的上覆地层为留茶坡组硅质岩。在湘西沅陵、安化和桃源一带，以硅质岩为特征的留茶坡组中部存在白云岩或泥质粉砂岩，以及其上的紫红色黏土岩（图 3.9）。

图 3.9 留茶坡组的白云岩或泥质粉砂岩和紫红色黏土岩
A, B. 留茶坡组中部硅质岩中的白云岩和其上的紫红色黏土岩，湖南安华留茶坡；C. 留茶坡组中部硅质岩中的白云岩和其上的黏土岩，白云岩层之下的黑色页岩中产"武陵山生物群"，湖南桃源理公港；D, E. 留茶坡组下部的硅质岩、白云岩和紫红色黏土岩，湖南沅陵借母溪；F, G. 留茶坡组中下部的紫红色黏土岩及其冲刷构造，湖南沅陵借母溪。SI-硅质岩，DO-白云岩，PC-紫红色黏土岩，SM-泥质粉砂岩，BS-黑色页岩

留茶坡组的白云岩或泥质粉砂岩和其上的紫红色黏土岩可能与灯影组白云岩在沉积时间上存在一定的相关性，可能是灯影峡期末期海平面下降、地壳上升时期在相对深水地区的沉积。灯影组之上为黑色页岩和厚度不一的硅质岩，在不同地区分别归于水井沱组、牛蹄塘组、桃子冲组和留茶坡组等不同名称的地层单元（王砚耕等，1984；贵州省地质矿产局，1987；湖南省地质矿产局，1988；Yang et al.，2004；杨瑞东、钱逸，2005；Zhu et al.，2007），为寒武纪早期新一轮海侵沉积（图 3.10）。

另外，在湘西桃源，以藻类为主的"武陵山生物群"（Steiner et al.，1992；Steiner，1994；陈孝红等，1999；陈孝红、汪啸风，2002）产于留茶坡组中部的白云岩层之下硅质岩所夹的黑色页岩中。"武陵山生物群"中的生物（包括宏体藻类和后生动物）结构构造和器官分化等相对较为简单，其演化水平并不高于"庙河生物群"（朱为庆、陈孟莪，1984；陈孟莪、萧宗正，1992；Steiner，1994；陈孟莪等，1994，2000；丁莲芳等，1996；Yuan et al.，1999；Xiao et al.，2002）和"瓮会生物群"（王约等，2005，2007a，b；Wang and Wang，2008；Wang et al.，2008，2011），其时代应属埃迪卡拉纪陡山沱期。而寒武纪的多射状的海绵骨针 *Protospongia* 则发现于湘西沅陵地区的留茶坡组上部（唐天福等，1978）。因而，以硅质岩为特征的留茶坡组的时代应为埃迪卡拉纪至早寒武世早期（图 3.10）。

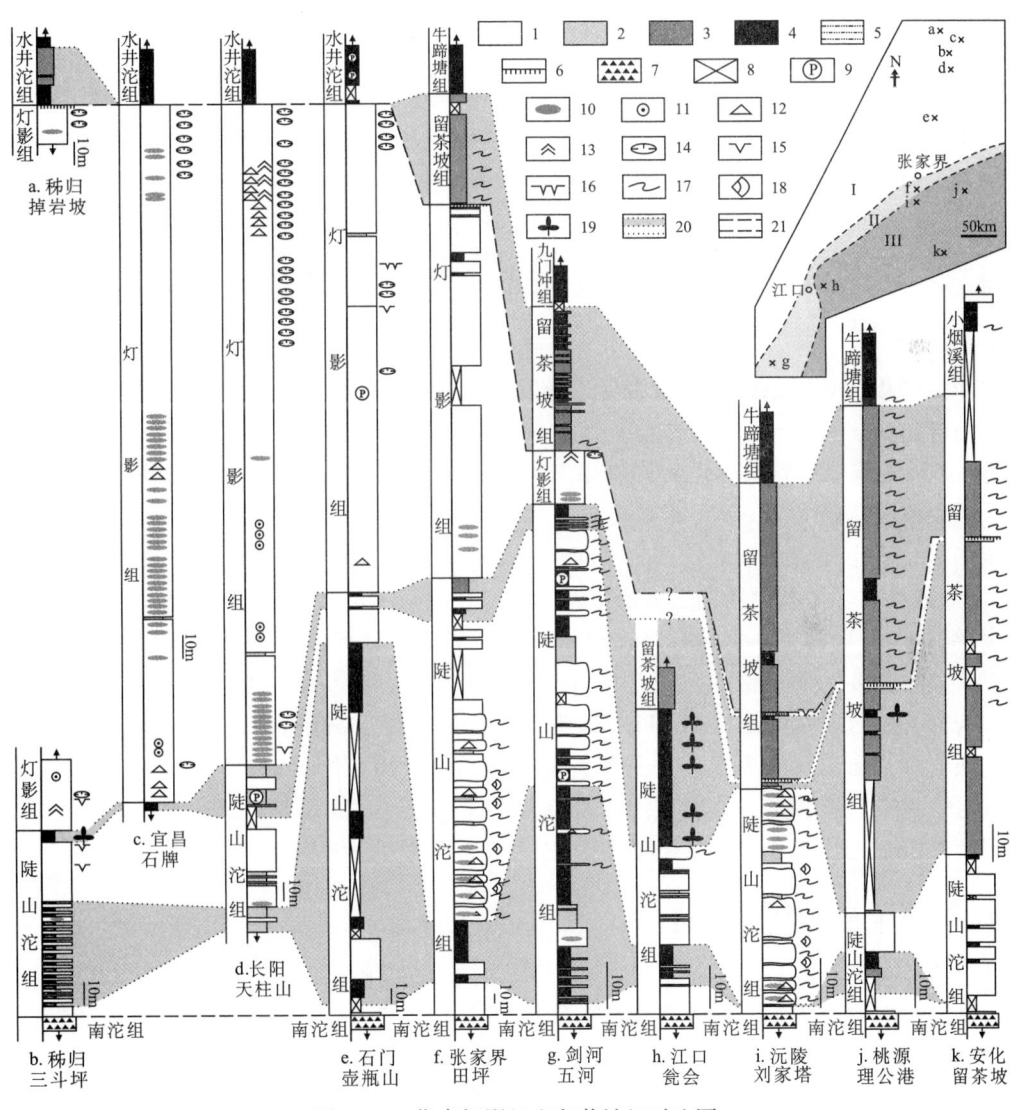

图 3.10 华南灯影组和留茶坡组对比图

1. 碳酸盐岩；2. 钙质页岩；3. 硅质岩；4. 黑色页岩；5. 泥质粉砂岩；6. 紫红色黏土岩；7. 冰碛砾岩；8. 覆盖；9. 磷质结核；10. 硅质结核；11. 鲕状构造；12. 角砾构造；13. 帐篷构造；14. 晶洞构造；15. 冲刷构造；16. 龟裂；17. 同生变形构造；18. 鲍马序列；19. 宏体生物化石；20. 岩性对比；21. 陡山沱阶和灯影峡阶。I-碳酸盐台地沉积区，II-硅质岩沉积区，III-碳酸盐岩与硅质岩的混积区

2. 川北南江杨坝剖面

埃迪卡拉纪川北南江地区位于上扬子板块的西北缘，陡山沱期主要为滨海环境，灯影峡期主要为碳酸盐岩潮坪环境。

（1）观音崖组

南江杨坝的陡山沱阶观音崖组出露状况欠佳，以碎屑岩为主，未发现化石（图3.11）。

底部含砾砂岩层（第1层）：与下伏元古界火地垭群变质岩系呈不整合接触，发育不平整冲刷构造。该层主要为后滨环境沉积，相当于后滨生境型 I。

中部含泥质砂岩层（第2~5层）：砂岩中见有交错层理、波痕和小型冲刷等沉积构造，也见有黄铁矿的结核。该层主要为前滨环境沉积，相当于前滨带生境型 II_1。

顶部石英砂岩层（第7~8层）：岩性以灰白色的细粒石英砂岩为主，见有交错层理。该层主要为临滨环境沉积，相当于临滨带生境型 II_2。

（2）灯影组

南江杨坝的灯影组以白云岩为主，未发现化石（图3.11）。

角砾白云岩和中-粗晶白云岩层（第9~17，19~31，35~47，53~55，57，65~73层）：以中至厚层状角砾白云岩和中至块状的中-粗晶白云岩为主。角砾白云岩中的白云质角砾多为棱角状；中-粗晶白云岩中葡萄状（皮壳）构造和晶洞构造较为发育，晶洞中常见有干沥青。该层主要为潮间带的沉积，相当于潮间带生境型 II_1。

微-细晶白云岩和钙质白云岩层（第18，32~34，48~50层）：该层以中至厚层状的微-细晶白云岩为主，多见有藻纹层和硅质条带，并见有较多的分散零星的草莓状黄铁矿。该层主要为潮下带的沉积，相当于潮下带生境型 II_2。

灰岩和白云质灰岩层（第51~52，56，58~64层）：该层以浅灰-灰白色薄至厚层状的灰岩和白云质灰岩为主，常夹有灰绿色-深灰色的泥岩或泥质粉砂岩。灰岩和白云质灰岩中见有鸟眼构造；泥岩或泥质粉砂岩中含有较丰富的草莓状黄铁矿。该层主要为潮下带的沉积，相当于潮下带生境型 II_2。

3. 湘西石门壶瓶山杨家坪剖面

埃迪卡拉纪湘西石门地区处于上扬子板块的台地边缘，陡山沱期主要为开阔海环境，灯影峡期主要为碳酸盐岩潮坪相环境。

（1）陡山沱组

石门壶瓶山杨家坪陡山沱组出露良好，下部主要为碳质泥岩，夹白云岩，底部为"盖帽白云岩"与南沱组的冰碛砾岩相接触；上部为中—厚层状白云岩与灯影组的薄层白云岩呈整合接触（图3.11）。该剖面陡山沱组中未发现化石。

黑色碳质页岩层（第3层）：该层为陡山沱组下部、"盖帽白云岩"之上的黑色碳质

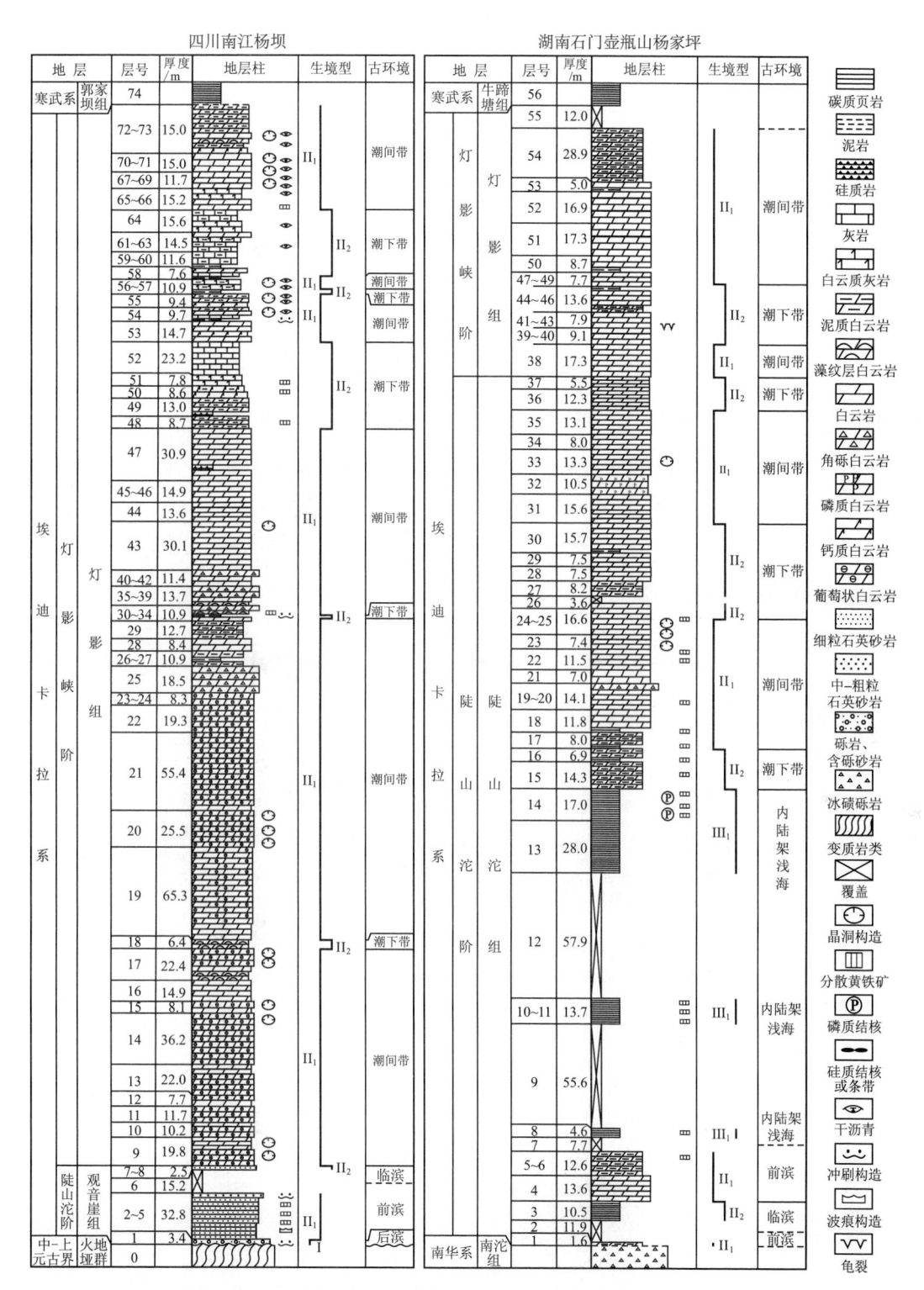

图 3.11 四川南江杨坝和湖南石门壶瓶山杨家坪埃迪卡拉系剖面

页岩，水平层理发育，含有较为丰富的草莓状黄铁矿。该层主要为相对静水的沉积，相当于临滨带生境型 II_2。

中-粗晶白云岩和角砾白云岩层（第1，4～6，17～24，31～35层）：该层主要以灰色中层至块状中-粗晶白云岩和角砾白云岩层为主。中-粗晶白云岩中见有晶洞构造，晶洞中偶见干沥青；角砾白云岩中的白云质角砾多为棱角状。该层主要为潮间带的沉积环境，相当于潮间带生境型 II_1。其中，在陡山沱组中上部（第32层），发育有液化碳酸盐岩脉、液化磷质岩脉以及阶梯状层内断层（图3.12）等古地震事件记录，表明陡山沱期晚期扬子地区曾发生过因地球内部巨大能量快速释放而引发的强烈的地震事件（王约等，2009a）。

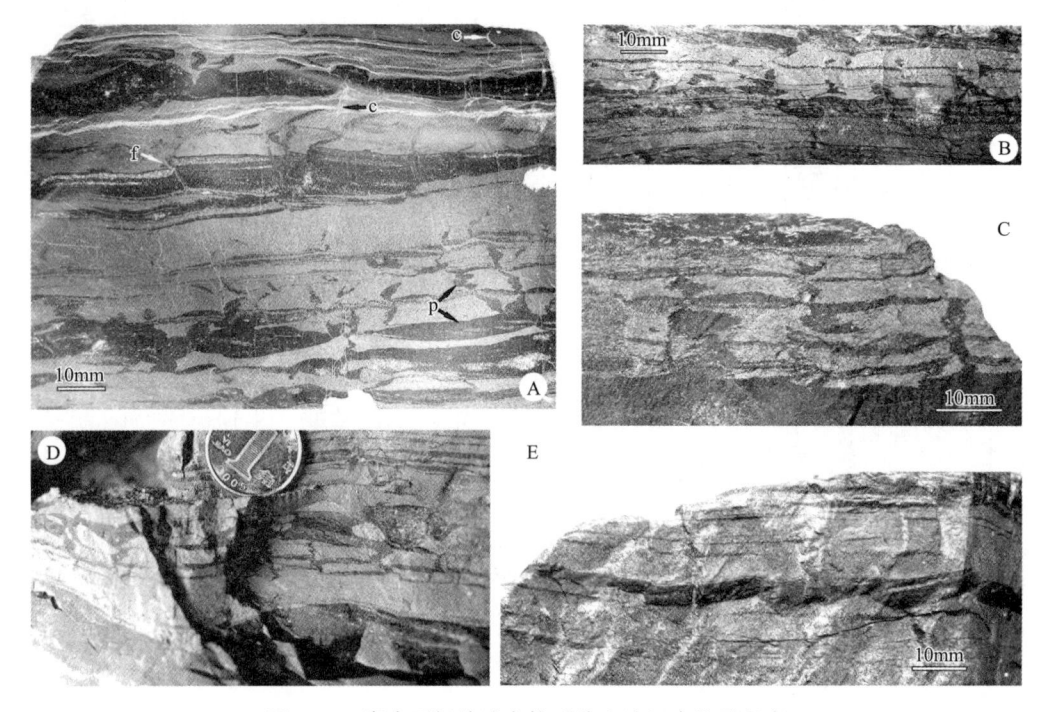

图3.12 湖南石门埃迪卡拉系陡山沱组中的震积岩
A. 水平和斜交或垂直的振动液化脉，磨光面标本；B. 向上穿刺的火焰状或不规则的磷质液化岩脉和与其相连接的水平磷质液化岩层；C. 白云岩层受磷质液化脉的影响形成可拼性的、较规则的网格状液化角砾岩；D. 液化角砾岩的变化，中下部为规则的网格状液化角砾岩，中上部为不规则的液化角砾岩；E. 阶梯状层内断层。c. 液化碳酸盐岩脉；p. 液化磷质岩脉；f. 层内断层

黑色页岩层（第8，10～11，13～14层）：该层为黑色页岩，含有较为丰富的草莓状黄铁矿，常含磷质结核。主要为上部浅海的相对静水沉积，相当于上部浅海上部生境型 III_1。

微-细晶白云岩层（第15～16，25，27～30，36～37层）：该层主要以深灰色、灰色薄至中层状的微-细晶白云岩和含泥质微晶-细晶白云岩为主，含有较为丰富的分散黄铁矿，见有水平层理。该层主要为潮下带的相对静水沉积，相当于潮下带生境型 II_2。

(2) 灯影组

湘西石门壶瓶山的灯影组出露良好，以白云岩为主。该剖面的灯影组中未发现化石。

中-粗晶白云岩层（第38，47~53层）：主要分布于下部和中上部，多为浅灰色、灰白色中层至块状中-粗晶白云岩，偶夹泥质白云岩和白云质泥岩。白云岩中晶洞较为发育，晶洞中见有干沥青。该层主要为潮间带的沉积，相当于潮间带生境型 II_1。

微-细晶白云岩层（第39~46层）：主要分布于灯影组的中-下部，多为灰色、浅灰色薄层-中层状微-细晶白云岩，见有藻纹层和草莓状黄铁矿，在下部偶见黑色的碳质屑。该层主要为潮下带的沉积，相当于潮下带生境型 II_2。

泥质白云岩层（第54层）：主要分布于灯影组的上部，主要为灰白色中层状泥质白云岩，偶见鸟眼及晶洞构造。该层主要为碳酸盐潮坪和潮间带环境的沉积，相当于潮间带生境型 II_1。

4. 上扬子陡山沱组顶部含宏体化石黑色页岩

上扬子地区埃迪卡拉系陡山沱组顶部黑色页岩中产有较为丰富宏体化石的剖面目前仅发现于黔东北江口瓮会和鄂西秭归庙河，但鄂西庙河剖面现已淹没于长江大坝的水位之下。

黔东北瓮会地区的陡山沱组出露良好，发育齐全，其顶部有机质丰富的黑色页岩中产有极为丰富的碳质膜化石，包括三胚层动物 *Wenghuiia*；两侧对称后生动物 *Protoconites*；二胚层动物 *Eoandromeda*，*Cyclomedusa*，*Cucullus*，Trilobozoa（三叶动物）；遗迹化石 *Linbotulichnus*；宏体藻类 *Anomalophyton*，*Baculiphyca*，*Beltanelliformis*，*Chuaria*，*Doushantuophyton*，*Enteromorphites*，*Flabellophyton*，*Gesinella*，*Globusphyton*，*Jiangkouphyton*，*Liulingjitaenia*，*Longifuniculum*，*Miaohephyton*，*Sangshuania*，*Sectoralga*，*Sinocylindra*，*Wenghuiphyton*，*Zhongbaodaophyton*；以及不同形态的藻类固着器（王约等，2005，2007a，b，2009b，2010；王约、王训练，2006；Wang et al.，2008，2011；Wang and Wang，2008；Tang et al.，2008；唐烽等，2009）。该宏体生物群（"瓮会生物群"）被认为是未被长距离搬运的原地或近原地埋藏，并认为其生活环境为光照充分、温暖清澈、有一定含氧量（贫氧）、具弱水动力条件、粥性基底的浅海环境（王约等，2005，2007a，2009b，2010；王约、王训练，2006），应属于上部浅海生境型（III）与下部浅海生境型（IV）的过渡类型。

二、寒武纪剖面

1. 川北南江杨坝剖面

川北南江杨坝剖面寒武系出露良好，包括郭家坝组、仙女洞组、阎王碥组和石龙洞组，缺上寒武统。寒武系底部以郭家坝组的黑色碳质泥岩与埃迪卡拉（震旦）系灯影组的白云岩相接触，顶部以石龙洞组泥质白云岩与奥陶系宝塔组紫红色黏土岩为界，呈假整合接触（图3.13）。

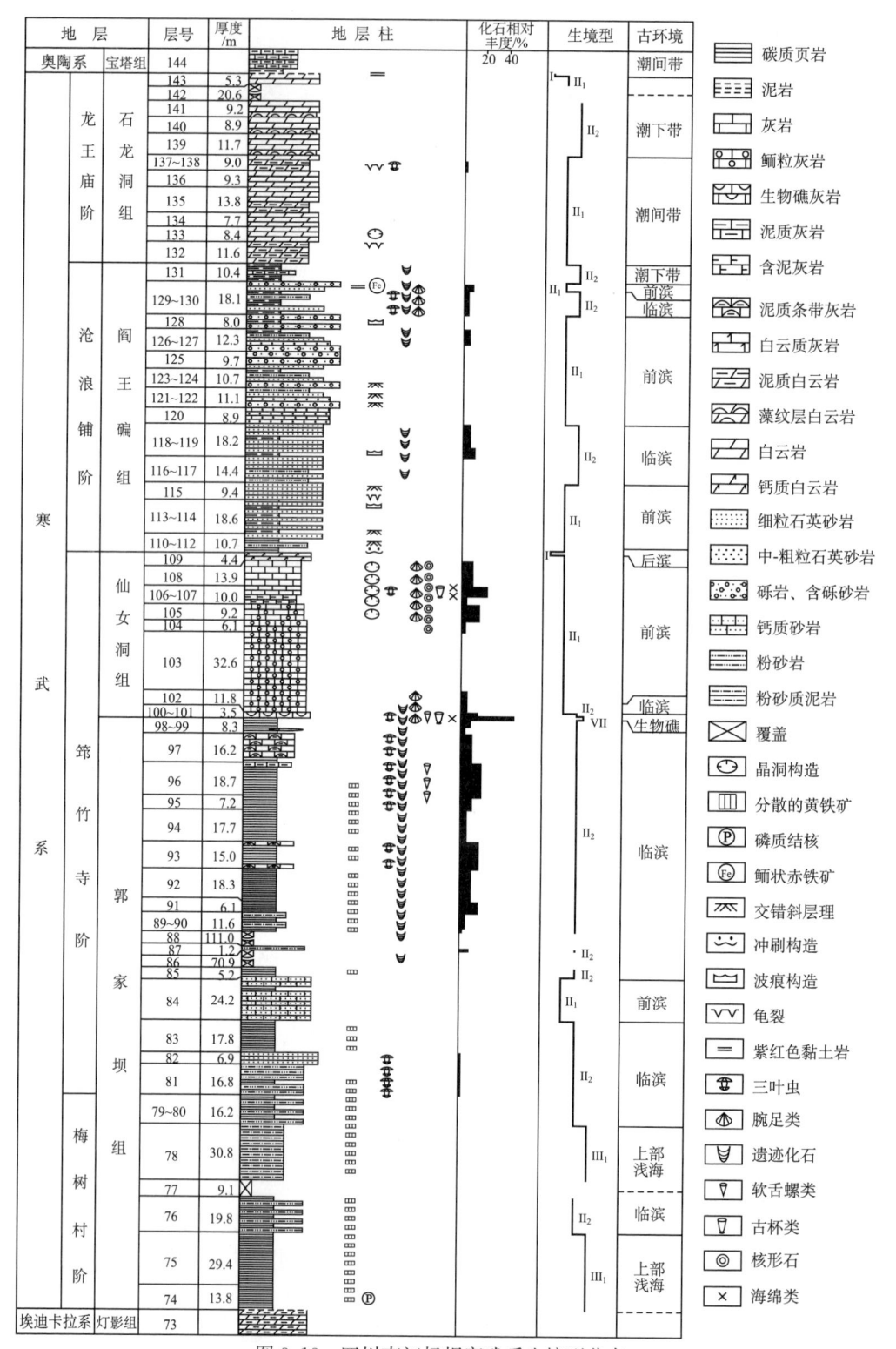

图 3.13 四川南江杨坝寒武系生境型分布

(1) 郭家坝组

黑色碳质泥岩和粉砂质泥岩层（第74~75，78层）：该层主要以黑色碳质泥岩、粉砂质泥岩为主，水平层理发育，分散零星的黄铁矿较为常见，但未见化石。该层主要为相对静水的上部浅海环境沉积，相当于上部浅海上部生境型 III$_1$。

粉砂岩层（第76，79~80，82~83层）：该层岩性主要为灰黑色、深灰色薄层状粉砂岩与黑色或灰绿色页岩互层，常见分散零星的草莓状黄铁矿，未见化石。该层主要为临滨环境的沉积，相当于临滨带生境型 II$_2$。

Eoredlichia-Teichichnus 群落（第81，85，87，90~99层）：以三叶虫 *Eoredlichia* 和遗迹化石 *Teichichnus* 为特征的群落。该群落中三叶虫有 *Eoredlichia*，*Yunnanocephalus*，*Kunmingella* 等，*Eoredlichia* 占优势；遗迹化石有 *Planolites*，*Gordia*，*Palaeophycus*，*Teichichnus*，为 *Cruziana* 遗迹相主要分子。该群落主要出现于郭家坝组的中上部，岩性主要为灰绿色钙质泥岩，夹泥质条带灰岩和钙质粉砂岩，以水平层理为主，也见有低角度的斜层理。该群落生境型属临滨带生境型 II$_2$。

钙质砂岩层（第84层）：主要为灰色的钙质砂岩，夹灰黑色页岩，见有低角度的斜层理构造，未见化石。该层主要为前滨环境的沉积，相当于前滨带生境型 II$_1$。

(2) 仙女洞组

古杯-海绵-蓝细菌群落（第100层）：在露头上该群落构成层状或丘状生物礁，以造礁生物的古杯类（*Dictyocyathus*）、海绵类和蓝细菌为主，均为原地埋藏特征，其含量约占40%（图3.14A~D）；附礁生物以三叶虫（*Redlichia*）、软舌螺（*Circotheca*）和腕足类（*Obolella*）等为主；岩性为生物礁灰岩。该群落生境型属生物礁生境型 VII。该生物礁的层位低于张廷山等（2005）所描述的扬子地台北缘仙女洞组生物礁，可能是扬子地台北缘寒武纪早期最早的生物礁之一。

三叶虫-腕足类群落（第101层）：位于生物礁之上的生物灰岩夹深灰色泥岩。该群落中三叶虫有 *Redlichia*，腕足类主要是 *Obolella*，还有软舌螺 *Circotheca* 等。该群落生境型属临滨带生境型 II$_2$。

鲕粒灰岩层（第102~105层）：该层以灰色中—厚层状的鲕粒灰岩为主，偶见腕足类碎片，见有大型楔状交错层理和板状斜层理，上部晶洞构造发育。该层主要为前滨环境的沉积，相当于前滨带生境型 II$_1$。

核形石群落（第106~108层）：以灰色核形石生物灰岩（图3.14G）为特征。该群落中含有的古杯类 *Dictyocyathus* 多以平卧状保存，且海百合茎具有一定的分选性和被搬运的特征（图3.14F），表明这些生物化石多为异地埋藏。核形石生物灰岩晶洞发育（图3.14E）。该群落的沉积环境为高能的近滨环境，属近滨带生境型 II$_1$。

白云质灰岩和钙质白云岩层（第109层）：位于仙女洞组顶部，为浅灰色、灰白色的白云质灰岩、钙质白云岩，晶洞十分发育。该层为前滨环境的沉积，相当于前滨带生境型 II$_1$。

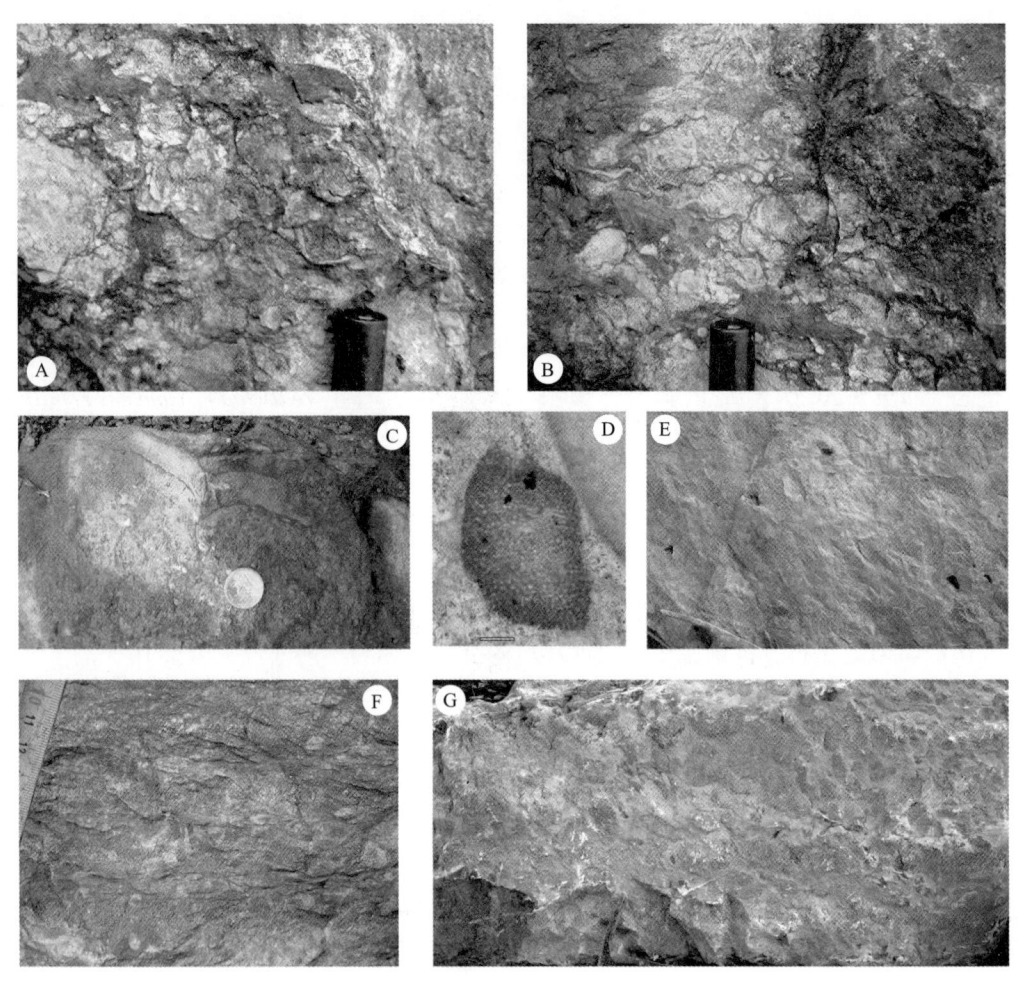

图 3.14 川北南江杨坝仙女洞组的生物化石

A~D. 仙女洞组底部的生物礁灰岩（A 和 B 为生物礁的古杯和海绵造礁生物，C 为似层状的蓝细菌，D 为显微镜下的古杯动物，比例尺为 0.1mm）；E. 仙女洞组上部生物碎屑灰岩中的晶洞构造；F. 仙女洞组上部生物碎屑灰岩中异地埋藏的生物化石；G. 仙女洞组上部生物碎屑灰岩之上的核形石灰岩

(3) 阎王碥组

砂岩和钙质泥岩层（第 110~115 层）：岩性为砂岩和钙质泥岩，夹粉砂岩，泥裂、波痕（以双向的干涉波痕为主）、交错层理发育，未见化石。该层为前滨环境的沉积，相当于前滨带生境型 II_1。

Palaeophycus-Planolites 群落（第 116~119，129，131 层）：以丰富水平潜穴 *Palaeophycus* 和 *Planolites* 为特征。岩性为砂岩和粉砂岩，夹钙质泥岩和钙质砂岩。该群落生境型属临滨带生境型 II_2。

Diplocraterion-Redlichia 群落（第 120~128，130 层）：以 U 型垂直潜穴 *Diplocraterion* 和三叶虫 *Redlichia* 为特征，岩性为砾岩、含砾砂岩和砂岩，夹钙质泥

岩、粉砂质泥岩和鲕状赤铁矿砂岩，交错层理发育。该群落中有遗迹化石 *Diplocraterion* 和 *Palaeophycus*，主要产于含砾砂岩和砂岩中；三叶虫 *Redlichia*，*Drepanopyge*，*Mayiella* 和 *Palaeolenus* 等，主要产于钙质泥岩、粉砂质泥岩中。该群落的 U 型垂直潜穴、岩性和沉积构造等都表明为较高能的前滨的沉积环境，属前滨带生境型 II_1。

（4）石龙洞组

白云岩和泥质白云岩层（第 132～138，143 层）：该层以白云岩和泥质白云岩为特征，偶见三叶虫 *Redlichia*，*Hoffetella* 和 *Yuehsinszella* 等，泥裂和晶洞构造发育，为碳酸盐台地潮间带的沉积，相当于潮间带生境型 II_1。

藻纹层白云岩层（第 139～141 层）：以薄层状的藻纹层白云岩和细晶白云岩互层为特征，为碳酸盐台地潮下带的沉积，相当于潮下带生境型 II_2。

2. 湘西石门壶瓶山杨家坪剖面

湘西石门寒武系主要位于扬子地台碳酸盐台地的东南缘。这一地区寒武系出露良好，包括下寒武统牛蹄塘组、石牌组和清虚洞组，中寒武统高台组和孔王溪组，以及上寒武统娄山关组。底部以牛蹄塘组的黑色碳质页岩与埃迪卡拉系灯影组白云岩呈平行不整合接触。顶部以娄山关组白云岩与奥陶系南津关组含砾灰岩呈平行不整合接触，其间见有冲刷构造（图 3.15）。

（1）牛蹄塘组

黑色页岩层（第 56，58 层）：页状层理发育，常见分散零星和似层状的黄铁矿和磷质结核，未见化石。该层为上部浅海环境的沉积，相当于上部浅海上部生境型 III_1。

海绵骨针-三叶虫群落（第 59 层）：该群落以丰富的海绵骨针 *Protospongia* 等和见有三叶虫 *Hunnanocephalus* 等为特征，产于页状层理发育的黑色页岩中，属上部浅海上部生境型 III_1。

（2）石牌组

Redlichia-Planolites 群落（第 63～75 层）：该群落有三叶虫 *Hunnanocephalus*，*Redlichia*，*Arthricocephalus*，*Changaspis* 等；遗迹化石 *Planolites*，*Gordia* 等。主要岩性为灰色、深灰色的泥灰岩，夹灰岩，水平层理发育。属上部浅海上部生境型 III_1。

（3）清虚洞组

Redlichia-Obolus-Palaeophycus 群落（第 76～83，96～97，102～105，107～110，118～119，121～125，132 层）：该群落三叶虫有 *Redlichia*，*Probowmanis*，*Yuehsienszella* 等；腕足类有 *Obolus* 等；遗迹化石有 *Palaeophycus*，*Planolites* 等。主要产于含泥灰岩、泥质灰岩和泥晶灰岩中，见有交错层理、鸟眼构造和藻纹层。属临滨带或潮下带生

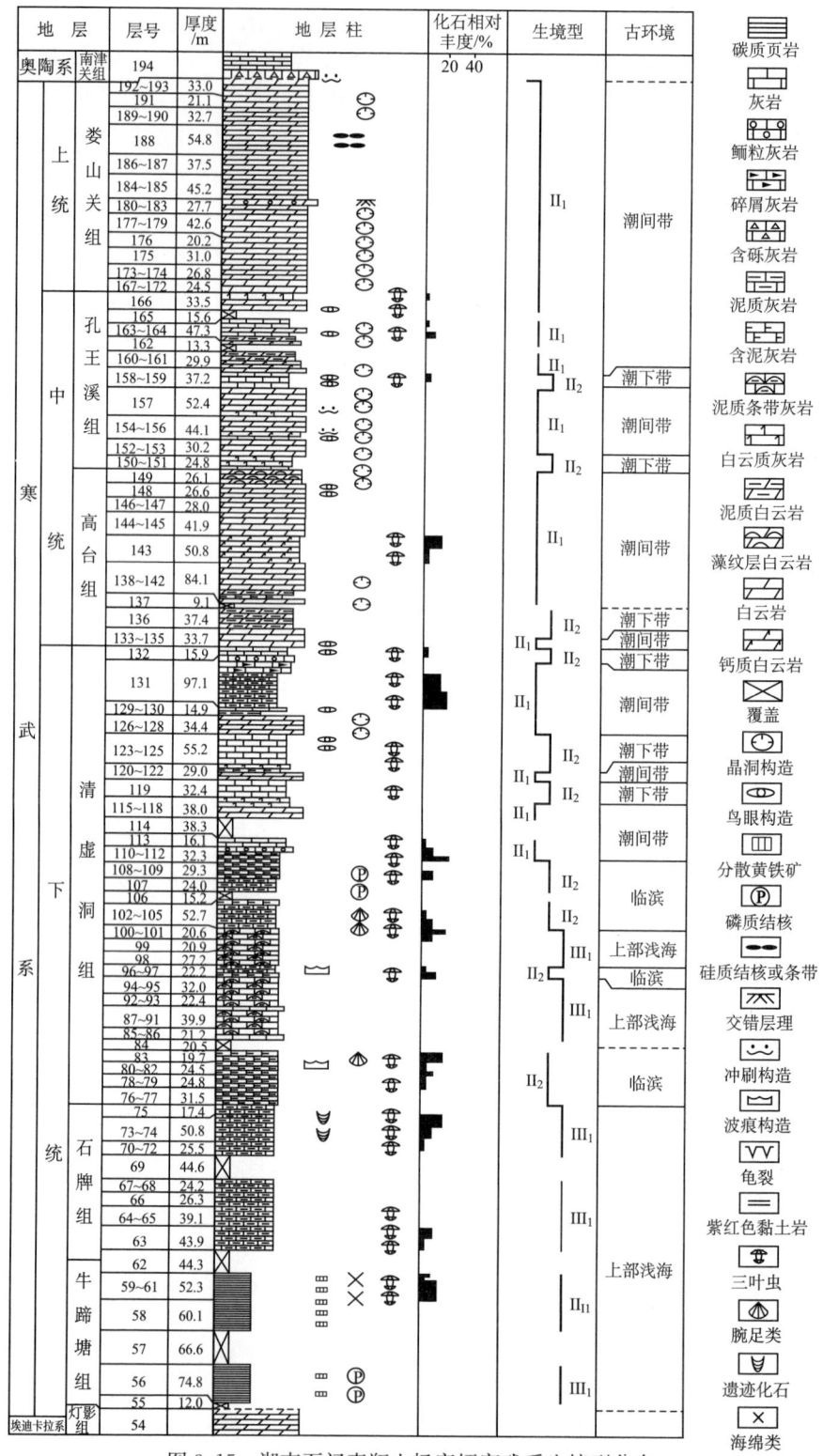

图 3.15 湖南石门壶瓶山杨家坪寒武系生境型分布

境型 II$_2$。

泥质条带灰岩层（第 86～95，98～101 层）：主要以深灰色薄—中层状泥质条带灰岩为主，水平层理发育，未见化石。该层为上部浅海环境的沉积，相当于上部浅海上部生境型 III$_1$。

白云岩和内碎屑灰岩层（第 111～113，115～117，120，126～131 层）：该层岩性主要为白云岩、钙质白云岩、白云质灰岩、鲕状灰岩和角砾灰岩，偶见三叶虫碎屑，见有交错层理，鸟眼和晶洞构造较为发育。该层为潮间带环境的沉积，相当于潮间带生境型 II$_1$。

(4) 高台组

白云岩和钙质白云岩层（第 133～135，138～149 层）：以白云岩、钙质白云岩、藻纹层白云岩为主，鸟眼和晶洞构造发育，偶见三叶虫 *Kaotaia* 和 *Sinoptychoparia* 等，其沉积环境为碳酸盐台地的潮间带环境，相当于潮间带生境型 II$_1$。

泥质白云岩层（第 136 层）：以泥质白云岩为主，水平层理发育，其沉积环境为碳酸盐台地的潮下带环境，相当于潮下带生境型 II$_2$。

(5) 孔王溪组

灰岩和白云质灰岩层（第 150～151，158 层）：为灰岩、白云质灰岩，未见化石。该层为碳酸盐台地的潮下带的沉积，相当于潮下带生境型 II$_2$。

白云岩层（第 152～157，159～166 层）：为白云岩、钙质白云岩、泥质白云岩互层，夹有至少两层 2～5cm 厚的紫红色黏土岩，白云岩中的晶洞发育。该层化石稀少，偶见三叶虫 *Solenoparia* 和 *Anomocarella* 等。该层主要为碳酸盐台地潮间带的沉积环境，相当于潮间带生境型 II$_1$。

(6) 娄山关组

白云岩层（第 167～193 层）：以白云岩为主，夹鲕粒白云岩，鸟眼和晶洞构造十分发育，化石稀少，仅见少量难以鉴定的三叶虫碎片。鲕粒白云岩中发育有交错层理。晶洞构造形态多样，主要有近圆形或近椭圆形的，最大直径可达 1m；其次为层状或似层状的，主要分布于白云岩单层的下部。该组主要沉积于潮间带环境，相当于潮间带生境型 II$_1$。

第三节 奥陶纪—志留纪

在本书中，奥陶纪以湖北宜昌黄花场剖面为主体，并辅以王家湾、陈家河和普溪河组成台地相区的主干剖面。选择湖南桃源九溪剖面作为奥陶纪斜坡-盆地相区的主干剖面。志留纪则选择了四川旺苍王家沟-鹿渡联合剖面作为台地相区主干剖面，陕西紫阳芭蕉口-皮家坝联合剖面作为斜坡-盆地相区主干剖面。以这四条主干剖面的资料为基础，综合前人对上述剖面的生物地层学等研究，分别建立了扬子区内奥陶纪和志留纪综合地层格架（图 3.16，图 3.17）。在此基础上，通过生态地层学分析，配合横向上其他

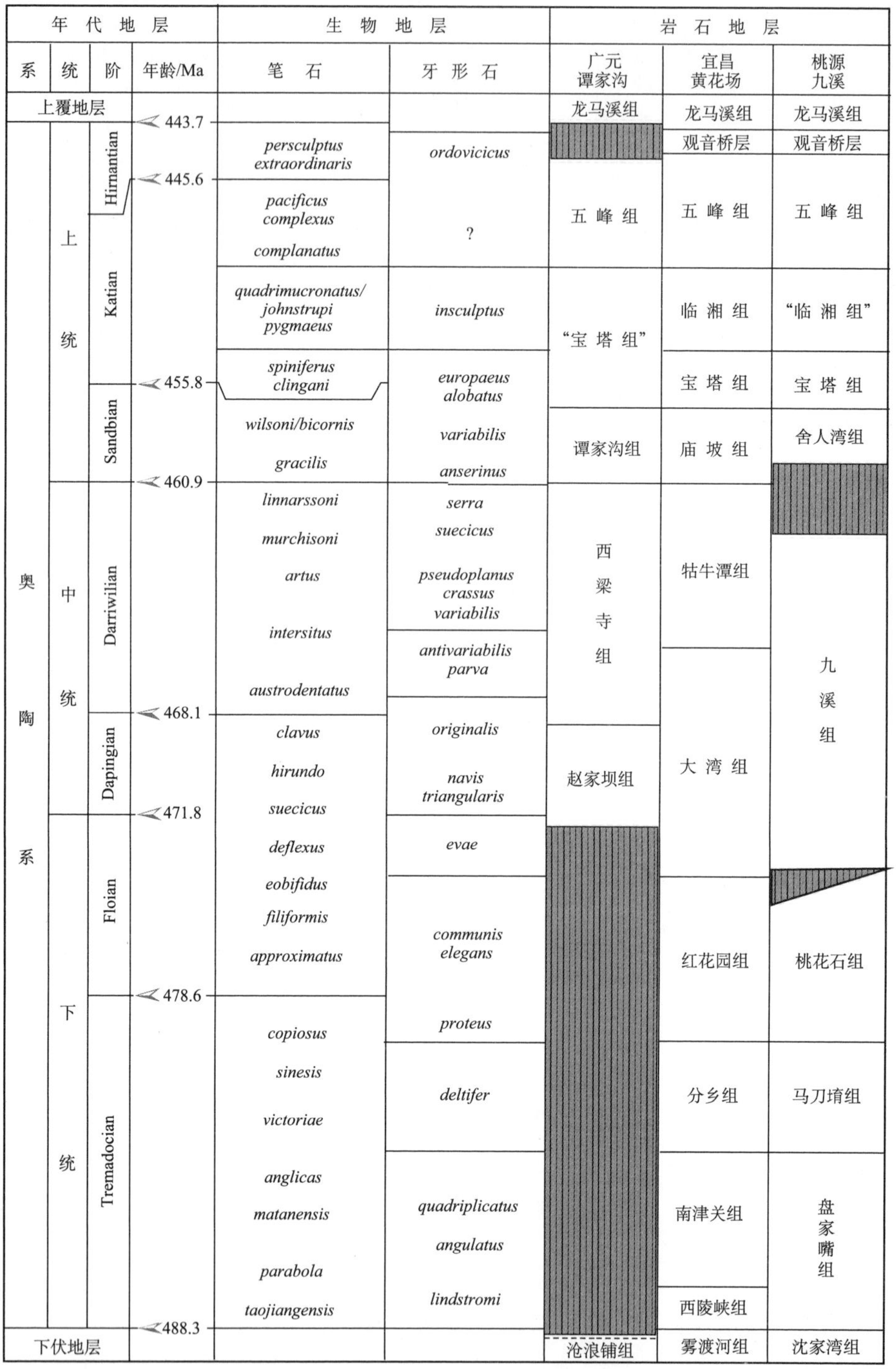

年代地层				生物地层		岩石地层		
系	统	阶	年龄/Ma	笔石	牙形石	广元谭家沟	宜昌黄花场	桃源九溪
上覆地层			◁443.7			龙马溪组	龙马溪组	龙马溪组
奥陶系	上统	Hirnantian	◁445.6	*persculptus* *extraordinaris*	*ordovicicus*		观音桥层	观音桥层
		Katian		*pacificus* *complexus* *complanatus*	?	五峰组	五峰组	五峰组
				quadrimucronatus/ *johnstrupi* *pygmaeus*	*insculptus*	"宝塔组"	临湘组	"临湘组"
			◁455.8	*spiniferus* *clingani*	*europaeus* *alobatus*		宝塔组	宝塔组
		Sandbian		*wilsoni/bicornis*	*variabilis*	谭家沟组	庙坡组	舍人湾组
			◁460.9	*gracilis*	*anserinus*			
	中统	Darriwilian		*linnarssoni* *murchisoni* *artus* *intersitus* *austrodentatus*	*serra* *suecicus* *pseudoplanus* *crassus* *variabilis* *antivariabilis* *parva*	西梁寺组	牯牛潭组	九溪组
			◁468.1					
		Dapingian		*clavus* *hirundo* *suecicus*	*originalis* *navis* *triangularis*	赵家坝组	大湾组	
			◁471.8					
	下统	Floian		*deflexus* *eobifidus* *filiformis* *approximatus*	*evae* *communis* *elegans*		红花园组	桃花石组
			◁478.6					
		Tremadocian		*copiosus* *sinesis* *victoriae*	*proteus* *deltifer*		分乡组	马刀垭组
				anglicas *matanensis* *parabola* *taojiangensis*	*quadriplicatus* *angulatus* *lindstromi*		南津关组 西陵峡组	盘家嘴组
			◁488.3			沧浪铺组	雾渡河组	沈家湾组
下伏地层									

图 3.16 研究区奥陶系综合地层划分与对比

年代地层据陈旭和 Bergstöm（2008）。分界时限据 Gradstein 等（2004）。生物地层及各地区地层划分主要根据四川省区域地层表编写小组（1978）、汪啸风等（1987，1996，2005）、Chen 和 Zhou（1997）、苏文博（2001）等综合。本次研究对一些划分略有修改，具体参见正文

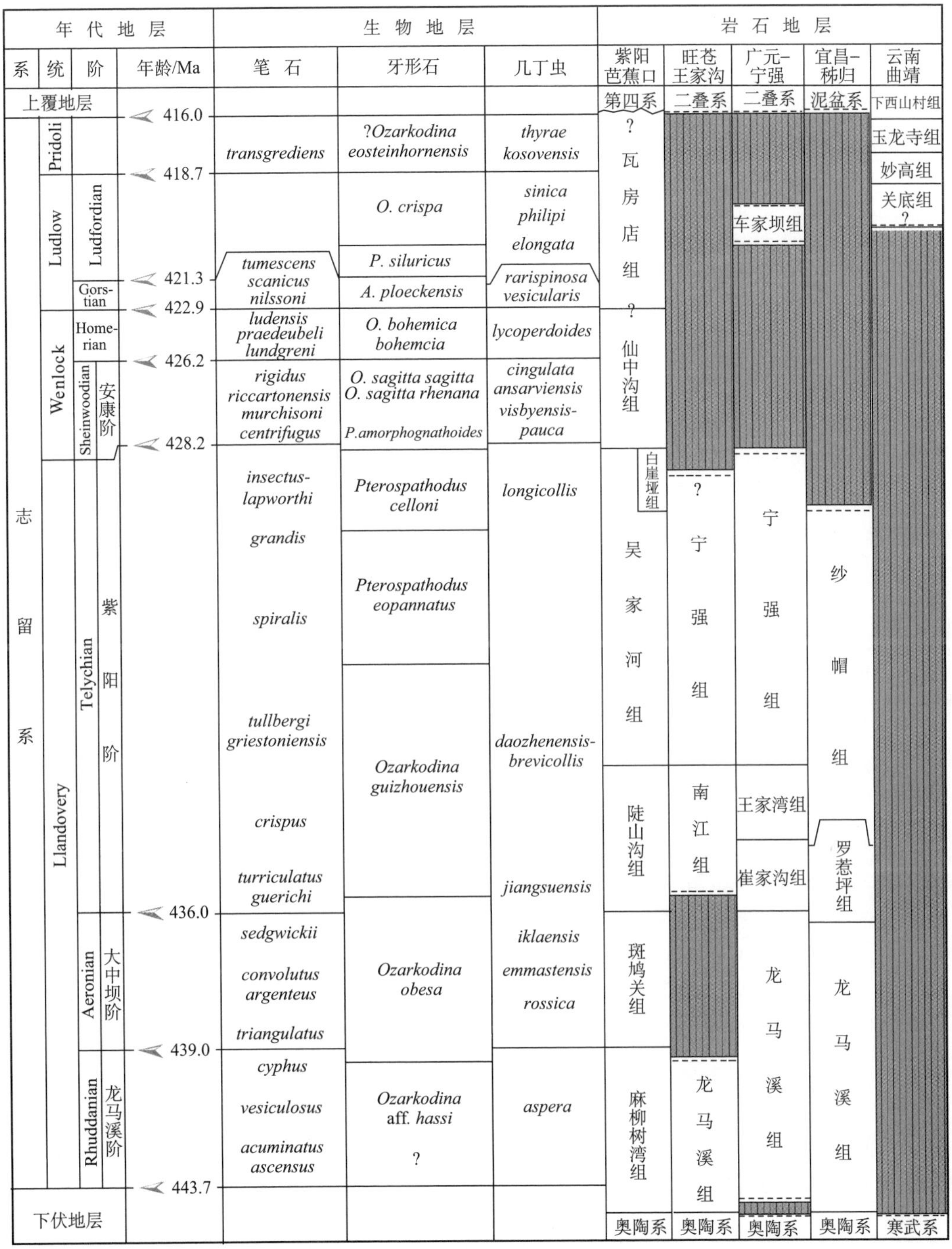

年代地层					生物地层			岩石地层				
系	统	阶	年龄/Ma	笔石	牙形石	几丁虫	紫阳芭蕉口	旺苍王家沟	广元-宁强	宜昌-秭归	云南曲靖
上覆地层			◁ 416.0				第四系	二叠系	二叠系	泥盆系	下西山村组
志留系	Pridoli			transgrediens	?Ozarkodina eosteinhornensis	thyrae kosovensis	?瓦房店组			车家坝组	玉龙寺组
	Ludlow	Ludfordian	◁ 418.7		O. crispa	sinica philipi elongata					妙高组
		Gorstian	◁ 421.3	tumescens scanicus nilssoni	P. siluricus A. ploeckensis	rarispinosa vesicularis				车家坝组	关底组 ?
	Wenlock	Homerian	◁ 422.9	ludensis praedeubeli lundgreni	O. bohemica bohemcia	lycoperdoides	?仙中沟组				
		Sheinwoodian 安康阶	◁ 426.2	rigidus riccartonensis murchisoni centrifugus	O. sagitta sagitta O. sagitta rhenana P.amorphognathoides	cingulata ansarviensis visbyensis- pauca					
	Llandovery	Telychian 紫阳阶	◁ 428.2	insectus- lapworthi	Pterospathodus celloni	longicollis	白崖垭组	?	宁强组	纱帽组	
				grandis spiralis	Pterospathodus eopannatus		吴家河组	宁强组				
				tullbergi griestoniensis	Ozarkodina guizhouensis	daozhenensis- brevicollis					
				crispus				陡山沟组	南江组	王家湾组		
			◁ 436.0	turriculatus guerichi	Ozarkodina obesa	jiangsuensis			崔家沟组	罗惹坪组	
		Aeronian 大中坝阶		sedgwickii convolutus argenteus triangulatus		iklaensis emmastensis rossica	斑鸠关组		龙马溪组	龙马溪组	
		Rhuddanian 龙马溪阶	◁ 439.0	cyphus vesiculosus acuminatus ascensus	Ozarkodina aff. hassi ?	aspera	麻柳树湾组	龙马溪组			
下伏地层			◁ 443.7				奥陶系	奥陶系	奥陶系	奥陶系	寒武系

图 3.17 研究区志留系综合地层划分与对比

年代地层据汪啸风等（2005）。分界时限据 Gradstein 等（2004）。生物地层及紫阳、广元、宜昌、曲靖等地区地层划分主要根据王成源（1980，2001）、戎嘉余和杨学长（1981）、周希云和余开富（1984）、周希云等（1985）、傅力浦和宋礼生（1986）、傅力浦等（2006）、汪啸风等（1987，2005）、金淳泰等（1992，1997）、方宗杰等（1994）、林宝玉等（1996）、陈旭和戎嘉余（1996）、耿良玉等（1999）、王成源等（2010）、唐鹏等（2011）等综合。旺苍王家沟剖面主要据本次研究，详见正文

剖面的资料，初步建立了区内奥陶系-志留系生态地层格架。

生态地层学工作主要采用殷鸿福等（1995）所建议的方法和流程，通过主干剖面的地层学、古生态学、沉积学等的综合研究，并参照前人资料，识别生态群落，划分生境型，建立生态地层格架。

殷鸿福等（1995）的模式以深度（或离岸远近）和底质作为划分生境型的主要因素，同时考虑浮游生物、礁相和大陆斜坡-深盆环境对生态群落的贡献和影响。按此标准，生境型主要按照水深大致划分为 7 类 15 亚类，每类和亚类又可按底质再分（图 3.18 上部）。

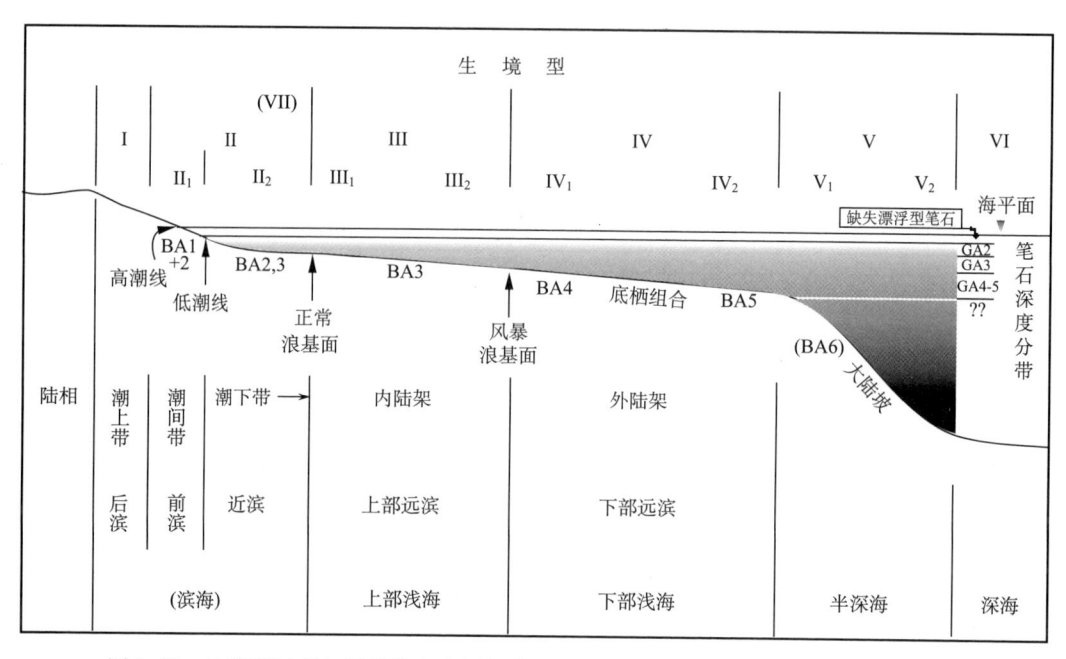

图 3.18 生境型及其与平坦海底底栖组合（BA）、笔石深度分带（GA）关系示意图
参见 Su et al.（2008）根据殷鸿福等（1995）及陈旭（1990）的综合

从图 3.18 可以看出，它（图 3.18 上部）与传统的 Boucot（1981）模式（图 3.18 下部）既有区别又有联系。近年来，一些学者把滨海带及礁滩体系等又做了进一步的细化（杜远生等，2007）。考虑到扬子地台奥陶纪、志留纪地层以海相为主，而滨岸及陆相沉积很少这一具体情况，本书主体仍采用殷鸿福等（1995）的模式，但将礁-滩体系（VII）进一步分为礁（VII$_1$）和滩（VII$_2$）两种生境亚型。与此同时，考虑到奥陶纪-志留纪地层多含有笔石，本书参照有关笔石的深度分带研究（陈旭，1990；Zhan and Jin，2007），将其进一步综合表示在上述模式中（图 3.18 中部阴影区）（Su et al.，2008）。

按照上述标准和方法，本书对前述奥陶纪-志留纪各两条主干剖面进行了生态地层学为基础的解剖，其结果如图 3.19 至图 3.22 所示。由这些图中可以看出，各剖面生境型的确立实际上是一个综合分析的过程和结果。其研究内容及划分依据主要包括生物化石的类别、生物的丰度和分异度、生物的保存（埋藏）状态、生物化石的围岩特征、生物类群结构分析（如生物的优势类群、特征类群、生物组合或生物群落、生物依存关系等）等。其中，生物化石的围岩特征主要是指地层的沉积岩石学、沉积相特征，它和生物化石群分析的有机结合，是正确恢复生境型的基本途径（殷鸿福等，1995）。

一、湖北宜昌黄花场-王家湾奥陶纪剖面

作为扬子地区奥陶纪标准剖面的湖北宜昌黄花场剖面，其原始露头大部已被掩盖或破坏，这里所观测的奥陶纪台地相区主干剖面由黄花场（第1~31层、第43~47层）、陈家河（第32~36层）、王家湾（第48~50层）和普溪河（第37~42层）等四段联合而成（图3.19）。剖面总厚度约287m，自下往上依次包括西陵峡组、南津关组、分乡组、红花园组、大湾组、牯牛潭组、庙坡组、宝塔组、临湘组、五峰组（含下部的笔石相黑色页岩段和上部的壳相观音桥段）。

基于前人在该地区多年的工作以及丰富系统的生物地层学积累，此次基本沿用已有的地层划分，只对其中的南津关组与分乡组分界进行了厘定。以黄花场及陈家河剖面为例，选择南津关组上部一个三级沉积层序的暴露界面（苏文博，2001）作为两组分界（图3.19）。该界面位于原宜昌地质矿产研究所（汪啸风等，1987）所确立的分乡组/南津关组界碑以下15m左右。这一厘定没有改变其原始的生物地层和年代地层的划分（仍属Tremadocian晚期），但因其物理标志更为明显，易于野外识别和区域对比，符合地层分组的一般原则。

从整体上来看，该剖面可分为两大部分。第一部分是该剖面下部的西陵峡组、南津关组、分乡组及红花园组等层位，对应Tremadocian阶—Floian阶中下部（图3.19）。其相关沉积物主要为高能背景的碳酸盐沉积，间夹潮坪相—潟湖相的白云质灰岩和潮下带泥页岩沉积，主要的生物群落都是潮间带和潮下带上部类型（BA2~3）（图3.19）。第二部分是红花园组以上的层位，包括大湾组—五峰组等，大体对应Floian阶上部-Hirnantian阶（图3.16）。其主要的生物群落包括笔石、头足类这样的游泳-漂浮类型，也包括腕足类、三叶虫、介形虫等底栖类型，但都是陆架中部附近群落（BA3~4）。沉积物主要为含泥质灰岩、瘤状灰岩及黑色、暗色泥页岩等。常见水平层理，极少见到交错层理。在许多层位都出现了海绿石、黄铁矿以及钙质结核（瘤状灰岩）、核形石等（图3.19）。其生境型特征依次简述于下。

西陵峡组厚约19m，包括宜昌黄花场剖面第1~5层，对应Tremadocian阶下部（图3.19）。主要岩石是中厚层白云岩，可见大量的燧石条带。水平层理发育，偶见鸟眼构造。生物类型主要为低丰度的棘皮类和中等丰度的头足类，生物总量较少。整体代表潮间带环境，生境型为II_1上部。

南津关组整体为高能背景的碳酸盐岩，厚度约60m，在黄花场剖面为第6~14层，对应Tremadocian阶中下部（图3.19）。根据岩性特征及生物组合特征又可以分为下、中、上三段。下段（第6~10层）主要岩石为中厚层骨屑、砂屑灰岩，发育交错层理及波痕。生物类型主要为中等丰度的三叶虫、棘皮类以及低丰度的头足类、腹足类、腕足

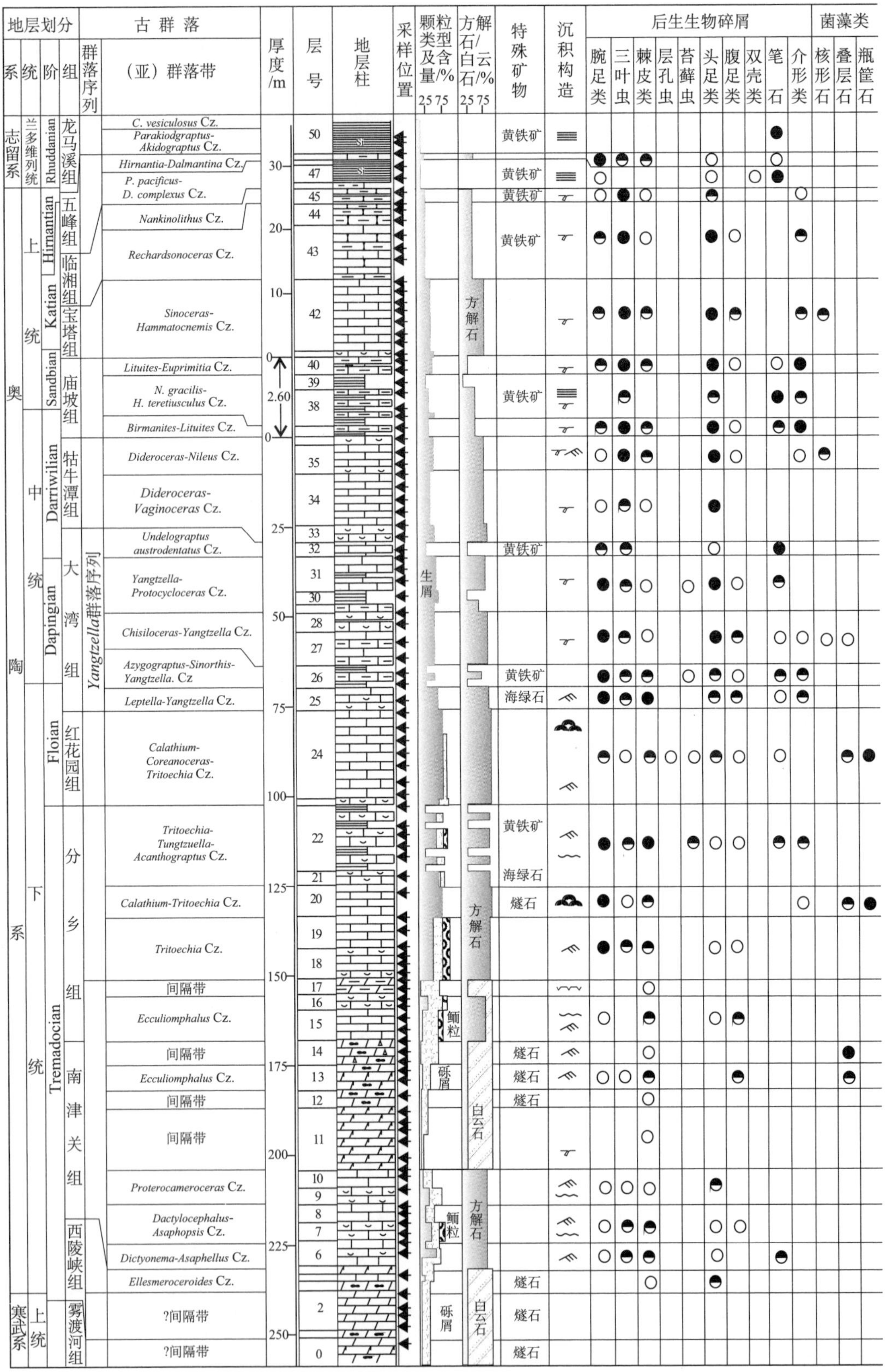

图 3.19　湖北宜昌黄花场奥陶纪剖面

生态地层综合柱状图（台地相区）

类，生物化石丰富。整体代表滨岸高能环境，生境型主要为 II$_1$ 中下部，但第 7 层以生物碎屑为主并含少量鲕粒，生境型可归为 VII$_2$（滩）。中段（第 11 层）主要岩石为浅灰色厚层状钙质白云岩，可见硬底及生物钻孔。生物含量很少，主要为低丰度的棘皮类。大体属于干化潟湖的沉积环境，生境型为 II$_1$ 上部。上段（第 12～14 层）主要岩石为中厚层状砂屑、砾屑白云岩、白云质灰岩，普遍夹有燧石条带，局部可见小型波状交错层理。生物类型为少量-中等丰度的腹足类、棘皮类以及高丰度的叠层石，除第 13 层外，生物总量较少。该段地层总体可能代表了一种潮间带上部或滩间潟湖的低能环境，其生境型归为 II$_1$ 到 II$_2$ 上部。

分乡组厚 62m，包括剖面第 15～22 层，对应 Tremadocian 阶中上部（图 3.19）。根据岩性特征一般可以分为上、下两段。下段（第 15～20 层）主要岩石为深灰色中厚层状砂屑灰岩、生物碎屑灰岩及鲕粒灰岩。生物类型为中等丰度的三叶虫、棘皮类以及高丰度的腕足类、瓶筐石。在一些层位（如剖面第 20 层）可出现点状或布丁状的生物礁丘。礁丘由瓶筐石、苔藓虫、海绵及海百合等构成。生物总量很高，最高可达 80% 以上。该段特别突出的特征为富含鲕粒及生物碎屑，鲕粒类型基本为放射鲕和同心鲕，圈层发育，基质为亮晶胶结，反映了典型动荡的高能水体环境。亮晶砂屑灰岩中，颗粒含量高，分选、磨圆好；亮晶生物碎屑灰岩中，骨屑磨圆好，显示出经过充分簸选的特点。此段普遍发育波痕及各类交错层理，代表典型的潮间～潮下高能浅滩相沉积环境，生境型判定为 VII（包括滩 VII$_1$ 和礁 VII$_2$），但在第 17 层，出现了泥裂及白云岩化现象，可能代表了短暂的干化潟湖背景，生境型属于 II$_1$。分乡组上段（第 21～22 层）主要岩石为灰色中厚层状生物碎屑、砂屑灰岩夹灰黑色碳质泥页岩（风化后为灰黄色、黄绿色），一些地点可呈加积型的互层状韵律。生物类型主要为高丰度的腕足类和棘皮类，以及中等丰度的苔藓虫、三叶虫、笔石、介形类，生物总量较高。在所夹泥页岩中见有笔石等，指示了水体的加深。在此段地层的灰岩中，可见大型对称波痕及板状、槽状交错层理等，页岩则发育水平层理并含黄铁矿结核。整体代表了浅滩向广海陆架过渡的潮间偏潮下沉积环境，灰岩生境型主体为 II$_2$，页岩则以 III$_1$ 为主体。

红花园组厚 27m，包括剖面第 23～24 层，对应 Tremadocian 阶上部及 Floian 阶下部（图 3.19）。主要岩石为灰色厚层状生物碎屑灰岩以及生物骨架-黏结灰岩，野外可见槽状-波状交错层理等。主要生物类型为高丰度的瓶筐石以及中等丰度的腕足类、棘皮类、头足类、叠层石等，生物总量很高，在顶部发育较大规模的生物礁丘。整体代表礁坪-礁核相的潮间-潮下沉积环境，生境型主要为 VII$_2$，底部和顶部夹有滩相 VII$_1$。

大湾组厚度约 44m，包括剖面第 25～32 层，对应 Floian 阶上部、Dapingian 阶及 Darriwilian 阶中下部。主要生物类型为高丰度的头足类、腕足类以及中等丰度的三叶虫、棘皮类、介形类，生物总量较高。主要岩石为泥质灰岩、瘤状灰岩并含泥质夹层，整体可再分为下、中、上三段。泥页岩主要出现在下段上部和上段底部。中部则为泥质灰岩，呈现典型的紫红色，又被称之为"中红层"，该段中常见硬底及生物钻孔并以大量中型—大型头足类出现为特征。在该组底部含有大量海绿石，泥页岩中多含黄铁矿。此前根据人们对其中腕足类等代表性生态类群的分析，一般认为属于 BA3～4 组合。但从部分层位（第 26 层及第 30～31 层）发育较丰富的漂浮型笔石生物群，以及灰黑色页岩夹少量瘤状泥灰岩的沉积等特征来看，不排除这些层位可以到 BA4～5 的背景。综上大湾组整体代表潮下带—内陆架中上部的沉积环境，局部可能可以达到外陆架上部，即该组整体的生境型为 III_1～III_2，局部（第 26 层及第 30～31 层）应可达到 IV_1，而在中段上部（"中红层"，第 27～28 层）可能为 II_2 与 III_1 之间过渡类型。

牯牛潭组厚约 27m，包括剖面第 33～36 层，大体对应 Darriwilian 阶中上部。主要岩石为深灰色-灰紫色中厚层状泥晶生物碎屑灰岩，常见硬底及生物钻孔。主要生物类型为高丰度的头足类以及中等丰度的三叶虫、腕足类、棘皮类及少量核形石等，生物总量较高。代表内陆架中上部的沉积环境，主体生境型为 III_1～III_2。在该组上部（第 35 层），局部可出现含交错层理的生物碎屑灰岩并含有核形石，沉积环境应处于潮下带—内陆架上部，生境型很可能为 III_1～II_2。

庙坡组厚约 2.6m，对应剖面第 37～40 层，大体属于 Darriwilian 阶顶部—Sandbian 阶中部。根据岩石组合分为上、中、下三部分。下部（第 37 层）主要岩石为灰色薄层状-瘤状泥质灰岩夹页岩，前者可见硬底及生物钻孔。主要生物类型为高丰度的介形类、头足类、三叶虫以及中等丰度的腕足类、棘皮类、笔石，生物总量高。其总体代表潮下带-内陆架上部的沉积环境，生境型为 III_1～II_2。中部（第 38 层）主要岩石为黑色、灰黑色泥页岩，含黄铁矿化钙锰质结核。泥页岩中发育水平层理。主要生物类型为高丰度的 *Nemagraptus gracilis* 为代表的笔石类以及中等丰度的三叶虫、头足类等。生物总量很高，可达 75%。代表内陆架中下部的沉积环境，局部可达外陆架上部，生境型为 III_2～IV_1。上部（第 39～40 层）为中薄层泥质灰岩夹薄层的页岩，其灰岩夹层向上变厚、页岩减薄，显示一种较典型的进积特征。主要生物组合为高丰度的三叶虫、头足类、介形类以及中等丰度的腕足类、棘皮类等，生物总量较高。因此该组上部总体代表内陆架上部—潮下带的沉积背景，生境型复转为 III_1～II_2。需要指出的是，该组可见较典型的黑色结晶状、浸染状沥青残余体。

宝塔组厚约 12m，包括剖面第 41～42 层，大体对应 Sandbian 阶上部及 Katian 阶下部。主要岩石为浅紫红色的中厚层状"马蹄纹"灰岩夹薄层状瘤状泥灰岩，常见硬底及生物钻孔。主要生物类型为高丰度的头足类、三叶虫以及中等丰度的腕足类、棘皮类、腹足类、核形石、介形类，生物总量高。在普溪河剖面该组中下部（第 41 层）灰岩顶面的硬底上，还发现了原地型的棘皮类固着系统残余体组合（苏文博等，2007）。基于这一发现，并因岩层中虽含核形石但未见交错层理等，推断该组的沉积环境总体应该处于内陆架中上部—潮间带下部的沉积环境，生境型为 III_1～II_2。在该组头足类的空腔内，常常见到结晶状的沥青残余体。

临湘组厚约 14m，包括剖面第 43～45 层，对应 Katian 阶中部。主要岩性为灰绿色瘤状泥灰岩夹灰色中厚层状灰岩。可见硬底及生物扰动现象，黄铁矿结核发育。主要生物类型为高丰度的三叶虫、头足类以及中等丰度的腕足类、腹足类、介形类，生物总量较高。古生态研究（曾庆銮，1991；Rong et al.，2002）表明，该组上部含有 BA4～5 的 *Nankinolithus* 及 *Foliomena* 动物群，推测其整体代表内陆架下部—外陆架上部沉积环境，生境型为 III_2～IV。

五峰组沉积约 5.5m，剖面第 46～49 层，对应 Katian 阶上部及 Hirnantian 阶中下部。传统上，整个五峰组可分为下部的笔石页岩段及上部的观音桥段（层）。下部（第46～47层）主要岩性为中薄层的碳质硅质页岩。水平层理发育，并可见黄铁矿结核。其下部（第46层）以碳质页岩为主，质地较软。上部以碳硅质页岩为主，夹有质地坚硬的中薄层状含碳质的硅质岩，以及多层薄层状钾质斑脱岩（苏文博，2001；Su et al.，2003，2009）。主要生物类型为聚集式保存的高丰度的漂浮型笔石动物群，底部和顶部一些层位含有少量的无铰纲腕足类和少量小型双壳类、头足类、放射虫等。生物总量高。综合沉积特征和生物特征，其整体可能代表了外陆架中下部的沉积环境，生境型应为 IV_1～IV_2，当然在其底部（第46层）和顶部（第47～48层）层位可能有内陆架下部-外陆架上部的背景，即 III_2～IV_1。上部的观音桥段（第49层）主要为泥质灰岩或含碳钙质泥岩，主要生物类型为以 Hirnantia 动物群为代表的高丰度的腕足类以及中等丰度的三叶虫、头足类、棘皮类等，局部发育有生物钻孔等扰动构造。生物总量较高。根据古生态研究（曾庆銮，1991；Rong et al.，2002；詹仁斌等，2010），此间的腕足类以 BA3～4 组合为主，兼有 BA2 分子，因此其主体应代表内陆架上部沉积环境，生境型为 III_1～II_2。

这里有必要对宜昌地区五峰组笔石页岩段的沉积背景及生境型划分稍做一点讨论。

根据古生态学研究（曾庆銮，1991；Rong et al.，2002；詹仁斌等，2010），在该地区五峰组笔石页岩段上覆的观音桥段里，含有底栖组合主体为 BA3～4 的 Hirnantia-Dalmantina 生物群；在笔石页岩段之下为临湘组瘤状泥灰岩，含有 BA4～5 的 Nankinolithus 及 Foliomena 动物群。换言之，从古生态学及沉积学角度看，这样几个岩石地层单位之间在宜昌一带并没有发育明显的侵蚀作用和不整合。由瓦尔特相律可以推定，五峰组笔石页岩段的沉积背景应当限定在 BA5 以内，即不超过外陆架与大陆坡之间。又因至今还没有在宜昌及整个上扬子地区的五峰组及其上、下地层中见到过代表斜坡背景的沉积建造（如滑塌构造、浊积岩等重力流沉积建造），这应可从另一角度暗示，"扬子区内的五峰组笔石页岩是大陆斜坡或洋盆背景"的可能性其实不大。另外，研究表明，富含 Hirnantia-Dalmantina 生物群的观音桥段是扬子地区对奥陶纪末 Hirnantian 期冈瓦纳冰川事件的沉积响应（戎嘉余，1984，1986；汪啸风等，1987；苏文博，2001；Rong et al.，2002；Chen et al.，2004；Zhan and Jin，2007；詹仁斌等，2010）。这次短暂的冰川事件所造成的全球海平面下降幅度被广泛认为应该在 50～100m（Brenchley et al.，1994；Johnson et al.，2007）。这样，若将宜昌一带观音桥段的生境型 BA3～4 背景深度再加上 50～100m，就应该大体是该地区五峰组笔石页岩段的背景深度，即 BA4～5。由此可以推定，宜昌一带五峰组笔石页岩段的生境型最多应属于 IV_1 或 IV_2，整体代表一种陆架背景盆地的深（静）水沉积。实际上，这也基本代表了整个上扬子五峰组笔石页岩的生境型，而且在有些地方可能会更浅些（II_1～II_2），因为它们的底部可以直接超覆在更早期古陆上（如黔东北、川北-陕南）（Rong et al.，2002；Chen et al.，2004；Zhan and Jin，2007；Su et al.，2008）。

二、湖南桃源九溪奥陶纪剖面

桃源九溪剖面为本书奥陶纪斜坡-盆地相区分析研究的主干剖面（图3.20）。剖面总厚 697m。自下往上依次为盘家嘴组、马刀垭组、桃花石组、九溪组、舍人湾组、宝塔组、临湘组、五峰组等。

1. 地层单位厘定

根据野外实测及进一步研究，这里对该剖面两个组的传统定义或原来划分方案稍做了一些厘定和调整（图 3.20），现简述如下：

1) 舍人湾组底界：在九溪剖面，原来的舍人湾组（湖南省区调队，1986）实际上包括了九溪组顶部的一部分地层。但是研究表明，这套沉积的顶部为黄绿色钙质泥岩、粉砂质泥岩，含有 *Nicholsonograptus* 等笔石。它和上覆含有 *Glossograptus* 及 *Nemagraptus* 等笔石动物群的黑色碳质页岩之间，存在一个因暴露剥蚀形成的不整合面，并有铁质风化壳残余（苏文博，2001）。因此，它们应属于不同的地层单位。本书将原定义的下部仍划归九溪组，而将暴露剥蚀界面之上的黑色页岩沉积定义为舍人湾组。根据其中所含化石群，舍人湾组时限应与庙坡组等大体相当，九溪组的最高层位则大体与牯牛潭组等相当。

2) 桃花石组底界：原来定义（湖南省区调队，1986）仅指桃源九溪剖面上的一层 3m 左右的杂色生物灰岩。观测表明，九溪往西的许多地点实际上不止这一层，九溪所见实为最上部的一层；其余的类似沉积自西往东逐渐减薄，乃至消失，全部相变为杂色泥页岩。但是这套沉积底部为一相关层序的最大海泛面所在（苏文博，2001），展布稳定，特征清楚。因此，本书采用这一最大海泛面作为桃花石组底界，也即斜坡区马刀垭组与桃花石组界线。从所含化石组合特征（湖南省区调队，1986；安泰庠，1987）来看，厘定后的桃花石组可与台地相区的红花园组对比，而马刀垭组则与分乡组相当。

2. 生境型划分

该剖面整体可以分为三个部分（图 3.20）。第一部分是碳酸盐岩为主的盘家嘴组，对应九溪剖面第 1～23 层，大体归属于 Tremadocian 阶下部。第二部分是马刀垭组-桃花石组，主要是一套灰岩与泥岩互层沉积，对应剖面第 24～36 层，大体归属于 Tremadocian 阶上部-Floian 阶中部。第三部分包括九溪组-五峰组各组地层，对应剖面第 37～49 层。这部分地层总体上以泥岩、页岩为主，夹有少量灰岩。时限归属于 Floian 阶上部—Hirnantian 阶。

盘家嘴组厚 252m。根据岩石组合类型，该组又可再分为下、中、上三部分。

下部（第 1～11 层）主要岩石类型为泥质灰岩、灰岩、白云质灰岩夹多层角砾灰岩。在角砾灰岩及泥质灰岩中可见典型的滑塌和揉皱构造。同时在这段地层中也见有粒序层理（中厚层状灰岩）、水平层理（薄层泥质灰岩），局部还见较完整的鲍马序列。这些特征显示了斜坡上部的沉积环境。其主要生物类型为高丰度的三叶虫（破碎者居多）以及中等丰度的头足类、漂浮型树笔石类、小个体的无铰纲腕足类等。生物总量中等——一般。其整体生境型为 IV_2～V_1。

中部（第 12～16 层）主要岩石为泥质灰岩和生物碎屑灰岩，偶夹燧石条带。在泥质灰岩中可见硬底及生物钻孔，生物碎屑灰岩中偶见交错层理。主要生物类型为中等丰

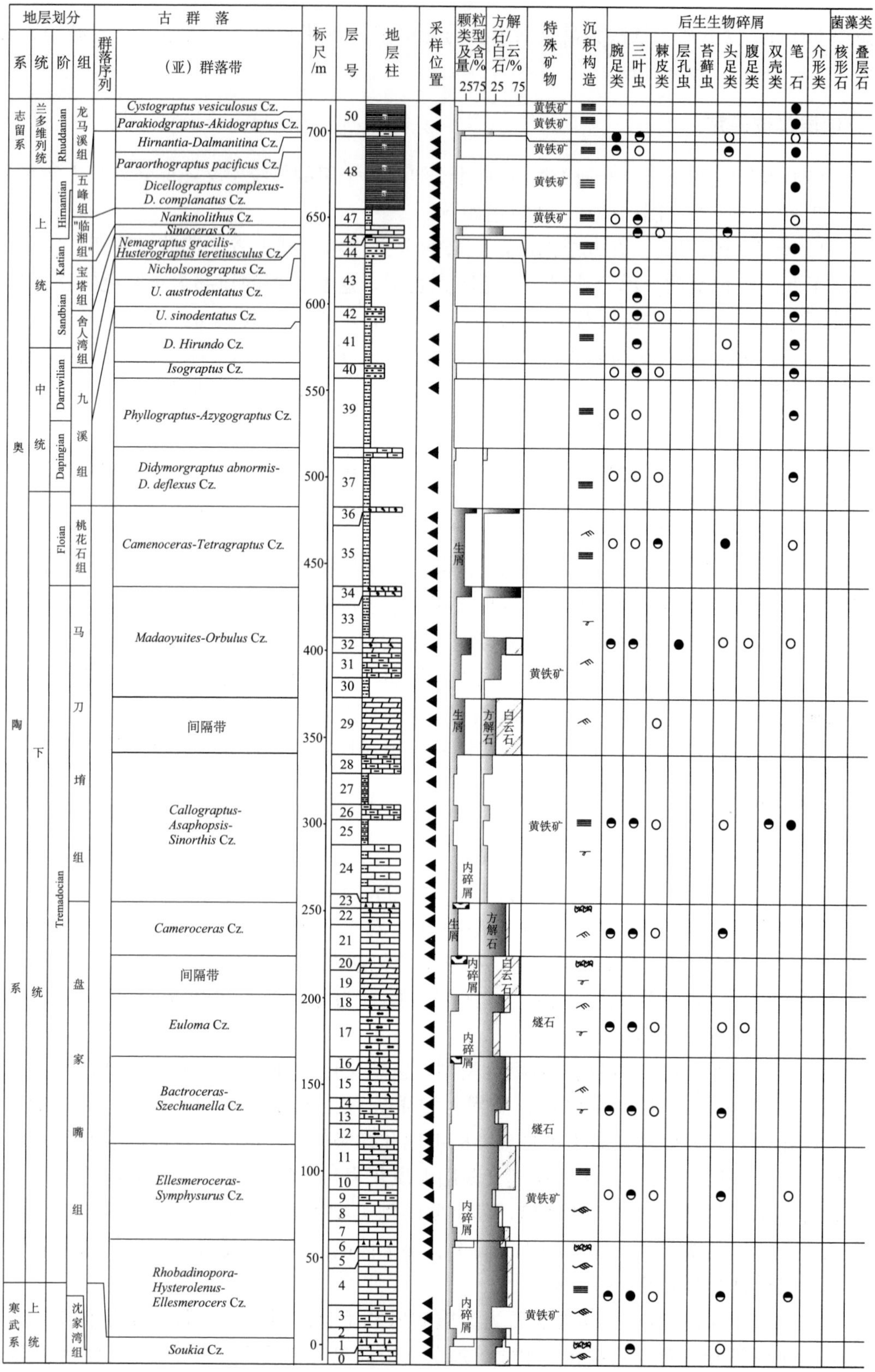

图 3.20 湖南桃源九溪奥陶纪剖面

生态地层综合柱状图（斜坡相区）

度的头足类、腕足类、三叶虫。生物总量中等——一般。显示内外陆架过渡处的沉积环境，生境型为 $III_2 \sim IV_1$。

上部（第17～23层）主要为燧石条带灰岩、白云岩，局部见生物碎屑灰岩、角砾灰岩。燧石条带灰岩及生物碎屑灰岩中可见小型波状交错层理、硬底及生物钻孔，白云岩中可见风暴型角砾岩（第23层）等。其主要生物类型为中等丰度的头足类、腕足类、三叶虫，生物总量一般。因此，该组上部总体代表了风暴浪基面附近、潮下带—内陆架中上部的沉积环境，生境型应属于 $III_1 \sim III_2$，并呈现出从下往上逐渐变浅的整体趋势。

需要说明的是，这里所划分的盘家嘴组下部生境型斜坡相 V_1 与真正的大陆斜坡是有区别的。此间有学者曾在该剖面盘家嘴组内识别出"等深流"沉积，并推测其位于典型的大陆斜坡基部。笔者曾根据该剖面上的角砾灰岩实地观测统计，参照相关方法估算该地的古斜坡坡度约在 $0.12°$ 与 $1.4°$ 之间。基于此并参照该组上部的岩性组合和区域资料等，进一步估算出当时该地的水体深度在 $100 \sim 200m$（苏文博，2001）。这一估算表明，九溪剖面盘家嘴组所代表的"斜坡"只能相当于一个现代碳酸盐台地前缘斜坡，这与九溪剖面及该地区所见岩性组合和生物类型也是吻合的。因此，这一水体深度和上述生物组合限定了该组的沉积背景，至多只能到外陆架中部一带区域，即该组生境型主体应为 IV_1（本节下文有关该组上覆地层——马刀堉组等地层单元的沉积环境和生境型分析，也不支持盘家嘴组属于大陆斜坡背景的认识）。对应当前的生境型分析，结合整个早古生代扬子及华南的沉积古地理格局（刘宝珺等，1993；许效松等，1996）等，笔者认为，如果盘家嘴组属于现代碳酸盐台地斜坡这样的外陆架背景，该组内是否能够出现真正的"等深流"沉积有待商榷。

马刀堉组厚182m（剖面第24～34层），对应于 Tremadocian 阶中上部。根据岩性组合可分为下、中、上三部分。

下部（第24～28层）主要岩石为瘤状泥质灰岩与灰黑色泥页岩互层。可见黄铁矿结核，水平层理、硬底及生物钻孔发育。主要生物类型为高丰度的笔石类以及中等丰度的腕足类、三叶虫，化石通常比较完整，生物总量中等。整体代表静水的内外陆架过渡处的沉积环境，生境型为 $III_2 \sim IV_1$。其中第25层和27层主要为灰黑色含碳钙质泥岩，含有比较丰富的漂浮型笔石动物群并发育水平层理，可归于外陆架上部 IV_1。第28层为泥灰岩，含有少量的生物碎屑，显示出一定的水动力改造和搬运机制，推测该层应属于内陆架上部-中部，生境型主体应为 III_1。即在整体上，这部分地层的水体深度和生境型都呈现出向上变浅的趋势。

中部（第29层）主要岩石为白云质生物灰岩，发育交错层理。主要生物类型为低分异度、高丰度的海百合茎等棘皮类。生物总量中等—丰富。代表潮间带-潮下带的沉积环境，生境型可能为 $II_1 \sim II_2$。

上部（第30～34层）主要岩石为泥岩、泥质灰岩及生物碎屑灰岩薄层。硬底及生物钻孔、水平层理发育。泥质灰岩中可见小型波状交错层理。主要生物类型为高丰度的棘皮类及中等丰度的腕足类、三叶虫等。化石较破碎，生物总量中等。整体代表了潮下带-内陆架中上部的沉积环境，生境型为 $II_2 \sim III_1$。其中第32层和第34层含有丰富的海百合等生屑,并显示一定的定向排列,顶部出现硬底,推测应属于潮下带,生境型为 II_2。

桃花石组厚 46m,对应九溪剖面第 35~36 层,属于 Tremadocian 阶上部及 Floian 阶中下部。主要岩石为发育水平层理的泥岩夹生物灰岩。主要生物类型为高丰度头足类及中等丰度的棘皮类。化石多破碎,生物总量中等。第 35 层为杂色泥岩夹薄层状生物碎屑灰岩,水平层理发育;第 36 层为生物碎屑灰岩,可见粒序层理。因此,其整体代表风暴浪基面附近的陆架沉积环境,生境型大体为 $III_1 \sim III_2$。

九溪组厚 156m,对应于 Floian 阶顶部、Dapingian 阶及 Darriwilian 阶。根据岩性组合及生物类型分为上、下两部分。

下部(第 37~38 层)主要岩石为发育水平层理的泥岩,局部发育生物碎屑灰岩。主要生物类型为中等丰度的笔石类,生物总量较少。代表内外陆架过渡处的沉积环境,生境型为 $III_2 \sim IV_1$。

上部(第 39~44 层)主要岩石为发育水平层理的钙质泥岩、夹薄层泥质粉砂岩。主要生物类型为中-高丰度的漂浮型笔石类及中等丰度的三叶虫。化石通常较完整,但生物总量一般。整体代表外陆架中上部的沉积环境,生境型为 $IV_1 \sim IV_2$。

在舍人湾组(第 45 层)沉积前,该地曾一度暴露出水面接受风化剥蚀,从而形成了九溪组顶部的不整合和铁泥质风化壳残余。舍人湾组在本剖面仅厚 1.8m,主要岩石为发育水平层理的灰黑色碳质页岩(风化后呈浅紫红色)。从所含笔石动物群(湖南省区调队,1986)来看,当属 Sandbian 阶下部及中部。主要生物类型为聚集式保存的高丰度笔石类,生物总量较高。除去底界附近很少沉积外,整体代表内外陆架过渡处的沉积环境,生境型为 $III_2 \sim IV_1$。

宝塔组(第 46 层)厚约 5m,大体对应于 Sandbian 阶顶部及 Katian 阶下部。主要岩石为灰色含泥质灰岩,发育有微弱的马蹄状收缩纹。主要生物类型为中等—低丰度的头足类、三叶虫,生物总量一般。大体代表内陆架中下部的沉积环境,生境型为 $III_1 \sim III_2$。

"临湘组"(第 47 层)厚 9m,对应于 Katian 阶中部。该地区的临湘组与标准地点岩性有较大差异,故采用前人研究方案(湖南区调队,1986)并加引号,以示区别。其主要岩石为水平层理发育的硅质钙质泥岩夹泥质灰岩,可见黄铁矿结核。主要生物类型为低丰度的三叶虫、腕足类等,生物总量较小。代表外陆架中下部的沉积环境,生境型为 IV_2。

五峰组厚约 45m(第 48~49 层),对应于 Katian 阶上部及 Hirnantian 阶中下部。根据岩性特征及生物组合可分为笔石页岩段(中下部)(第 48 层)及观音桥段(顶部)(第 49 层)两部分。笔石页岩段的下部为中厚层状碳硅质页(泥)岩,夹少量斑脱岩,水平层理发育。主要生物类型为高丰度的笔石类,生物总量中等。代表外陆架中下部的沉积环境,生境型为 IV_2。中上部主要岩石为中薄层状硅质岩夹碳质页岩,并夹有多层斑脱岩薄层,水平层理很发育,含有黄铁矿结核。主要生物类型为高丰度的笔石类、少量头足类及小的无铰纲腕足类等,生物总量中等——一般。大体代表外陆架中上部的沉积环境,生境型为 IV_1。该组顶部观音桥段(第 49 层)主要岩石为含碳质的泥质灰岩,主要生物类型为高丰度的头足类及中等丰度的腕足类、三叶虫等（湖南省区调队，1986）。生物总量较高。代表内陆架中下部的沉积环境，生境型为 $III_2 \sim IV_1$。

与同期的黄花场剖面相比，九溪剖面总体反映出水深更大，沉积厚度超出许多，显示斜坡背景下相对活跃的沉积基底。但它们的生态群和生境型在纵向上的演替却显示出很好的同步性，即都是逐步由早期的浅水背景过渡到晚期的深水背景，较好地反映了奥陶纪早、中期之交扬子地台东南缘碳酸盐台地的淹没过程（刘宝珺等，1993；许效松等，1996）。

三、四川旺苍王家沟-鹿渡志留纪剖面

四川旺苍王家沟-鹿渡剖面是由王家沟剖面及鹿渡剖面组合而成的志留纪台地相区主干剖面（图3.21）。此剖面位于旺苍北部自县城通往国华镇的乡村公路边。由于王家沟剖面上部部分地层被掩盖，选取鹿渡附近采石场的一段剖面做补充。该联合剖面的志留系总厚度为669m。自下往上可划分为龙马溪组、南江组、宁强组。

1. 地层单位厘定

与奥陶系工作类似，根据野外观测及进一步研究，对原来的地层划分方案做了一些厘定（图3.21），简述如下。

1）宁强组：四川旺苍王家沟剖面与东部不远的南江桥亭剖面处于同一个背斜上。桥亭剖面被划分为下部的南江组和上部的"罗惹坪组"（刘第墉等，1964），后者大体与峡东一带的罗惹坪组可对比。1984年，周希云、余开富（1984）在桥亭剖面"罗惹坪组"（他们沿用的是更早的名称"韩家店组"）下部发现了牙形石 *Spathognathus parahasis-S. guizhouensis* 组合，上部发现了 *S. celloni* 组合，从而将其顶界时代确认为 Telychian 晚期，并与陕南宁强组（群）和川南的秀山组对比。经过工作发现，该剖面上的"罗惹坪组"（或"韩家店组"）无论是在岩性组合上，还是牙形石及珊瑚生物群等所揭示的时代特征上，都与剖面附近宁强-广元一带的宁强组可以对比。因此本研究直接采用"宁强组"来指代该剖面上部这套含有多层碳酸盐岩夹层的沉积，其底界则仍采纳刘第墉等（1964）根据桥亭剖面所提出的"砂球"构造（实为砂枕构造）砂岩沉积的出现。

2）龙马溪组：经研究发现，在刘第墉等（1964）所划分的南江组黑色碳硅质页岩之下、五峰组黑色页岩顶部观音桥层之上，整合沉积了厚约2m的黑色碳硅质岩。在这套沉积中，发现了龙马溪组底部常见的笔石化石，初步鉴定包括 *Paraothograptus vesiculosus*，*Coronograptus cyphus* 等。而在这层碳硅质页岩之上，发育一个含铁泥质风化壳的不整合面，其上才出现南江组底部的 *Sinograptus turriculatus* 等笔石带。进一步追溯发现，这一沉积实际上在旺苍北部均有发育。这是在该地区第一次确认龙马溪组的存在。

3）南江组：在确认了本地区存在龙马溪组之后，沿用刘第墉等（1964）最初的含义，仍将其上覆的黑色页岩、灰绿色泥页岩划归南江组，时代则因 *S. turriculatus* 等

笔石带的存在而归为 Telychian 期中期。其下与龙马溪组之间有一个较长时间的地层缺失，应是川北、陕南一带的"西乡上升"（陈旭、戎嘉余，1996）所致。

2. 生境型划分

王家沟-鹿渡剖面由下部的黑色、暗色含笔石页岩向上逐渐过渡为含床板珊瑚及腕足类、三叶虫等壳相化石的泥岩夹灰岩沉积（图3.21）。其下部发育水平层理，但往上逐渐发育波痕、波状交错层理、脉状交错层理，并出现小型珊瑚礁和生物碎屑滩、鲕粒滩（秦松等，2011）。因此，这一剖面整体上反映了志留纪时期川北海盆由相对静水滞留的背景逐渐变浅和高能通畅的过程。

该剖面最底部为残留厚度并不大的龙马溪组（剖面第6~7层），可见厚度约为3m，对应 Rhuddanian 阶。和宜昌一带类似，它直接位于奥陶纪最晚期冰期海退事件产物——五峰组观音桥层（剖面第5层）之上。但不同于宜昌一带的是，这里的观音桥层厚度仅有20cm左右，其中含有很多粗砂和细砾，并与腕足类、三叶虫等伴生，含有相当多的腹足类化石，显示出一种近岸浅水高能背景，其水体深度应远浅于宜昌一带的同时期沉积。可推定其生境型为潮间带 II_1。在观音桥层之上的龙马溪组，含有高丰度的笔石；其主要岩性为黑色页岩；之上即为8~10cm 的铁泥质风化壳，应该代表着陆上暴露与剥蚀（生境型I）。在第7层之上则与南江组呈平行不整合接触。这样，在该剖面上，由上、下极浅生境型层位所限定的龙马溪组（第6~7层）黑色笔石页岩，其生境型应不会超出内陆架太远，大体为 $III_2 \sim VI_1$，即内陆架下部-外陆架上部，并且极可能为内陆架下部 III_2（Su et al.，2008）。

南江组厚为347m，包括第8~28层，对应于 Telychian 阶中部。根据岩石及生物组合类型可进一步分为下、中、上三段或三部分。

下段下部（第8~9层）主要为黑色碳质泥页岩，含高丰度的笔石类，生物总量较高。代表内陆架中下部-外陆架中上部沉积环境，生境型为 $III_2 \sim VI_1$。下段上部（第10层）主要为泥岩，水平层理、生物遗迹发育，可见黄铁矿结核，含中等丰度的笔石，生物总量一般。代表内陆架中上部沉积环境，生境型为 III_1。

中段下部（第11~12层）为泥质粉砂岩，可见小型波痕、交错层理及生物遗迹。主要生物类型为低丰度的笔石类、棘皮类、腕足类，生物总量较小。说明水体较此前进一步变浅，代表潮下带-内陆架上部沉积环境，生境型为 $II_2 \sim III_1$。中段上部（第13~17层）仍为泥质粉砂岩，但是可见灰岩透镜体，并在上部转化为厚约10cm 的含鲕粒颗粒灰岩夹层（秦松等，2011）。鲕粒以纯放射鲕为主，代表了相对动荡的水体环境。此层中也可见小型波痕及交错层理。主要生物类型为低丰度的复体珊瑚、头足类、棘皮类。生物总量较小。代表潮间带-潮下带沉积环境，生境型为 $II_1 \sim II_2$（鲕粒席层段为 VII_2）。

上段（第18~28层）为钙质泥岩、泥质粉砂岩、生物碎屑灰岩互层沉积，并且从下往上显示出钙质增加的趋势。在生物碎屑灰岩中有小型珊瑚礁体（第22层、第28层）出现，在泥质粉砂岩及钙质泥岩中发育生物遗迹、小型波痕及交错层理，代表了此段夹杂补丁礁（patch-reef）的潮间-潮下带沉积环境。主要生物类型为高丰度的复体珊

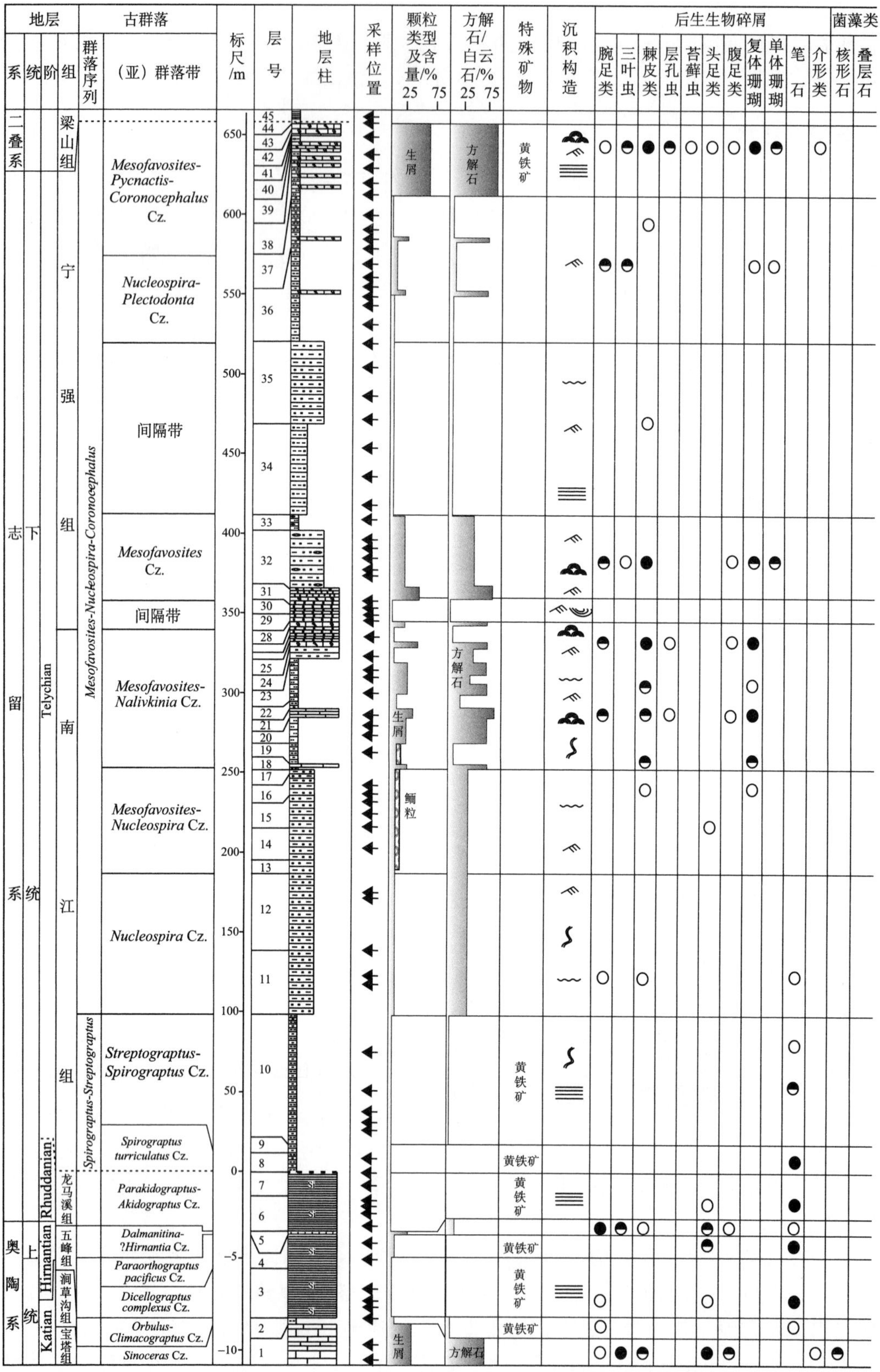

图 3.21 四川旺苍王家沟-鹿渡志留纪

剖面生态地层综合柱状图（台地相区）

瑚、棘皮类及中等丰度的腕足类，生物总量一般。因此该段整体上的生境型为 II$_1$～II$_2$（补丁礁层段为 VII$_1$）。

宁强组厚 316m，包括第 29～44 层，对应于 Telychian 阶中上部。根据岩性及生物类型也可以分为下、中、上三段。

下段下部（第 29～30 层）主要岩石为细砂岩，见砂枕状构造及交错层理，生物稀少，代表潮间-潮间水道的沉积环境，生境型为 II$_1$～II$_2$。下段上部（第 31～33 层）主要岩石为泥质粉砂岩夹灰岩透镜体，在局部出现生物礁体，交错层理发育。主要生物类型为高丰度的棘皮类及中等丰度的复体珊瑚、单体珊瑚、腕足类。生物总量一般。代表潮间带-潮下带的沉积环境，生境型为 II$_1$～II$_2$（补丁礁层段为 VII$_1$）。

中段（第 34～35 层）主要岩石为粉砂质泥岩、泥质粉砂岩，粉砂质泥岩中水平层理发育，泥质粉砂岩中可见小型交错层理及波痕。主要生物类型为低丰度的棘皮类，生物总量很少。整体代表潮下带-内陆架上部的沉积环境，生境型为 II$_2$～III$_1$。

上段下部（第 36～37 层）主要岩石为泥岩夹薄层的生物碎屑灰岩，交错层理发育。主要生物类型为中等丰度的腕足类、三叶虫，生物总量较少。属于潮下带的沉积环境，生境型为 II$_2$。上段上部（第 38～44 层）主要岩石为钙质泥岩与生物碎屑灰岩互层沉积，偶见小型的生物礁，交错层理发育。主要生物类型为高丰度的复体珊瑚、棘皮类及中等丰度的单体珊瑚、三叶虫、层孔虫。生物总量较高，达到 50%。整体上属于潮间带-潮下带的生屑滩、补丁礁的沉积环境，生境型为 VII。

剖面顶部以平行不整合与二叠系梁山组接触，显示本区志留纪中晚期或已隆升成陆遭受长期剥蚀，其沉积保存并不完全。这一点与鄂西杨林剖面所见的扬子区北部基本一致（王成源等，2010）。

四、陕西紫阳芭蕉口-皮家坝志留纪剖面

陕西紫阳芭蕉口-皮家坝剖面主要由芭蕉口和皮家坝剖面联合而成，代表志留纪扬子北缘斜坡-盆地相区沉积（图 3.17）。此剖面志留系合计厚度 1360m。自下往上依次为麻柳树湾组、斑鸠关组、陡山沟组、吴家河组、仙中沟组等，包括了自志留系底部 Rhuddanian 阶（下统即 Llandovery 统）到 Sheinwoodian 阶（中统即 Wenlock 统）的完整的地层序列（傅力浦、宋礼生，1986；傅力浦等，2006）。根据化石记录（傅力浦、宋礼生，1986；林宝玉等，1996），本地区还存在更高层位的瓦房店组等，但因有断层，与仙中沟组之间没有观察到直接接触关系，本书仅列出其相对层位以供参考（图 3.17）。

该剖面的特点是厚度巨大，岩性相对单一，浊积型的砂岩十分发育，滑塌构造、槽模构造、鲍马序列等重力流沉积构造随处可见（图 3.22）。其间的泥页岩中含有较多的笔石化石，并在一些层段较为富集，极少见有壳相化石，黄铁矿结核比较多见（傅力浦、宋礼生，1986；傅力浦等，2006）。总体显示一种较为单调的深水的大陆斜坡-盆地环境。这里主要根据砂岩和页岩的厚度比、滑塌和揉皱层发育程度、所含化石类型和丰度等来细分其生境。因此，与台地相区相比较，当前剖面的生态群落和生境型总体是比

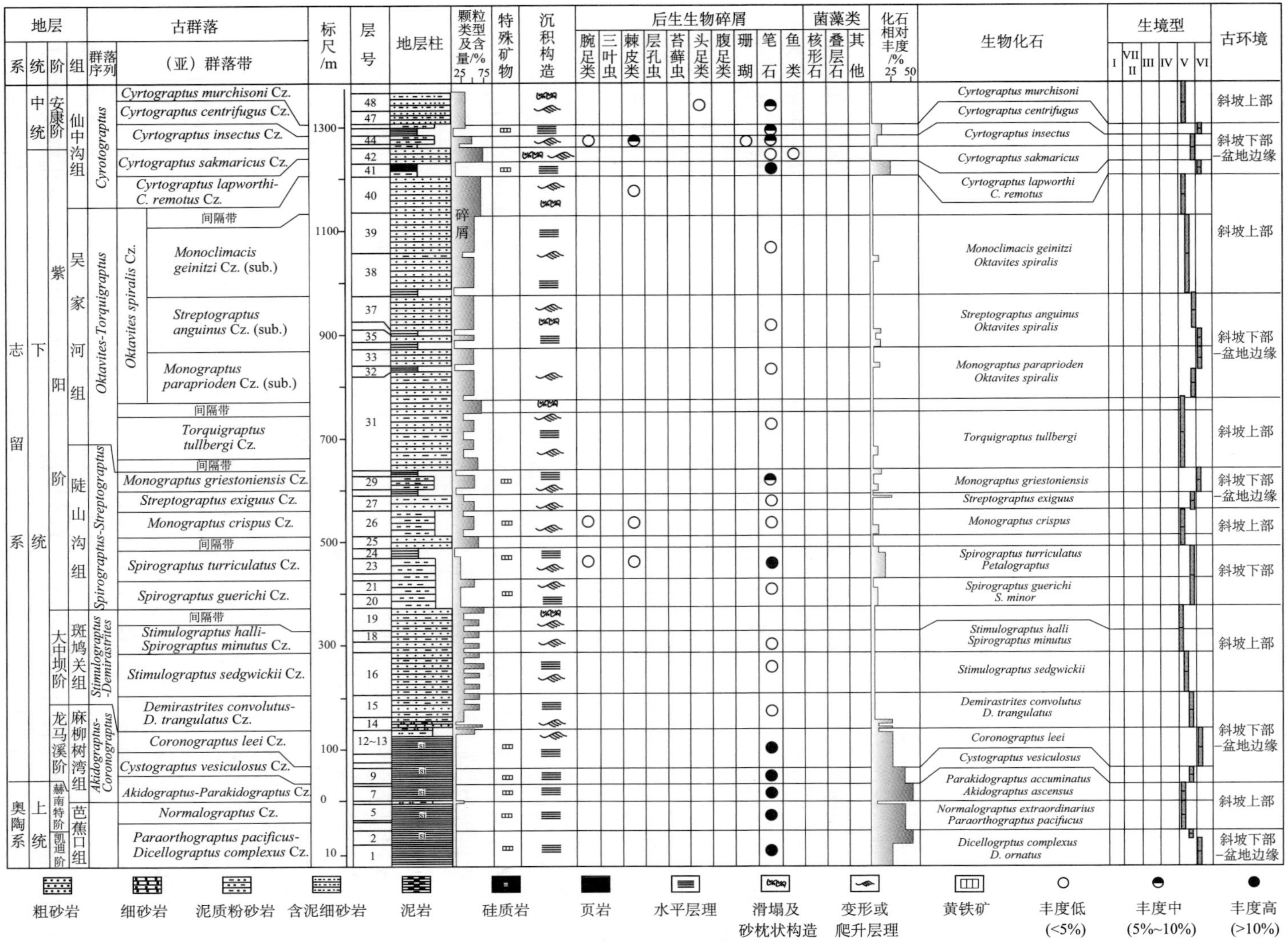

图 3.22 陕西紫阳芭蕉口志留纪剖面生态地层综合柱状图（斜坡相区）

较单调的，相关划分也还很粗略，更准确和详细的研究显然还有待将来的进一步工作。

麻柳树湾组厚137m，为图3.22所示的剖面第7～13层，基本对应于Rhuddanian阶。主要为黑色硅质页岩，上部夹有少量薄层状砂岩。砂岩中发育有不完整的鲍马序列，页岩中水平层理发育。黄铁矿结核较多。主要生物类型为高丰度的笔石类，生物总量较高。总体显示远离物源区、静水滞留等特点。推测其代表了斜坡下部-盆地边缘的沉积环境，生境型为V_2～VI_1。

斑鸠关组厚234m，包括剖面第14～19层，大体对应于Aeronian阶。该组主要为含泥细砂岩、泥质粉砂岩、细砂岩。往上砂岩逐渐增多、增厚，并在顶部出现巨厚的滑塌层堆积（第19层），整体上显示水体相对变浅并逐渐靠近物源的特点。主要生物类型为低丰度的笔石类，生物总量很少。总体代表斜坡上部的沉积环境，推定其生境型为V_1。

陡山沟组厚264m，包括剖面第20～30层，对应于Telychian阶下-中部。根据岩性组合及生物特征可以再分为下、中、上三部分。

下部（第20～24层）主要为泥质粉砂岩、页岩。发育水平层理及不完整的鲍马序列，可见黄铁矿结核。主要生物类型为高丰度的笔石类，生物总量一般。从沉积特点来看，较此前有颗粒变细、水体变深的退积趋势，推测属于斜坡下部的沉积环境，生境型为V_2。

中部（第25～27层）主要为细砂岩、泥质粉砂岩。发育较完整鲍马序列及砂枕状构造、槽模构造等。主要生物类型为低丰度的笔石类、棘皮类、腕足类，生物总量较少。整体反映出趋向物源区的进积型趋势，水体有所变浅，推测属于斜坡上部的沉积环境，生境型为V_1。

上部（第28～30层）主要为细砂岩、含泥细砂岩、泥质粉砂岩、页岩，泥质逐渐增多。发育水平层理及不完整的鲍马序列，可见黄铁矿结核。主要生物类型为中等丰度的笔石类，生物总量较少。比较此前显示出远离物源、水体加深的退积趋势，推测其代表斜坡下部-盆地边缘的沉积环境，生境型为V_2～VI_1。

吴家河组厚618m，包括剖面第31～40层，大致对应于Telychian阶上部。根据岩石组合及生物类型也可以分为下、中、上三部分。

下部（第31层）主要为细砂岩夹含泥细砂岩薄层。发育比较完整的鲍马序列，并可见滑塌及砂枕构造。主要生物类型为低丰度的笔石类，生物总量很少。大体代表了斜坡上部的沉积环境，生境型为V_1。

中部（第32～37层）主要为细砂岩、页岩薄层。主要生物类型为低丰度的笔石类及棘皮类，生物总量较少。水平层理发育，见有不太完整的鲍马序列，并可见少量滑塌及砂枕构造。主体代表斜坡下部-盆地边缘的环境，生境型可能主要为V_2～VI_1。

上部（第38～40层）主要为泥质粉砂岩、泥岩、页岩。鲍马序列、水平层理、滑塌及砂枕构造、槽模构造均十分发育。主要生物类型为高丰度的笔石类并出现少量的头足类和鱼类化石，显示出与陆架浅海的较紧密联系，但生物总量较少。大体代表了斜坡上部的环境，生境型可能为V_1。

仙中沟组厚106m，包括剖面第41～48层。上部因断层影响，该组出露不全。基本对应于 Wenlock 统，并在底部含有 Telychian 阶-Sheinwoodian 阶界线附近地层，产有 *Cytograptus centrifugus*，*C. lapworthi* 等弓笔石动物群序列（傅力浦、宋礼生，1986；傅力浦等，2006）。根据岩性及生物类型可分为上、下两部分。

下部（第 41～46 层）主要为中厚层状的泥质粉砂岩夹泥岩。发育比较完整的鲍马序列。主要生物类型为中等丰度的笔石类、棘皮类、腕足类，生物总量一般。代表斜坡下部-盆地边缘的环境，生境型为 V_2～VI_1。

上部（第 47～48 层）主要为含泥质细砂岩、粉砂岩。水平层理为主，局部可见不完整的鲍马序列、滑塌及砂枕构造等。主要生物类型为中等丰度的笔石类，生物总量较少。推测这部分地层可能代表了斜坡中上部的沉积环境，生境型大体应属于 V_1。

第四节 泥盆纪—石炭纪

一、广西桂林杨堤泥盆纪剖面

杨堤剖面位于广西桂林市东南桂林至阳朔公路约 30km 的杨堤路口，地理坐标为 N 24°58.265′，E 110°22.872′。整个杨堤剖面缺失下泥盆统以及上泥盆统法门阶上部地层，出露的地层自下而上有中泥盆统信都组和东岗岭组，上泥盆统榴江组和五指山组。实测总厚度 255.4m（图 3.23）。

中泥盆统信都组（第 1 层），未见底，可见厚度 5.0m，与上覆东岗岭组整合接触。为浅灰色-紫灰色中—厚层细粒砂岩夹薄—中层粉砂岩和泥质粉砂岩。发育干涉波痕和水平层理。含 *Planolites*、*Skolithos* 和 *Palaeophycus* 等遗迹化石，未见宏体实体化石，生境型划分为 II_1。

中泥盆统东岗岭组（第 2～19 层），厚 140.6m，与上覆榴江组和下伏信都组均为整合接触。东岗岭组主体岩性为灰岩和白云岩。下部（第 2～6 层）为灰色-深灰色块状—厚层白云岩、白云质灰岩；中上部（第 7～16 层）为深灰-灰黑色白云质灰岩、灰岩；顶部（第 17～19 层）为灰黑色含硅质灰岩夹泥岩，暗色细组分含量较高，约 15%。东岗岭组各类化石丰富，是杨堤剖面底栖生物的全盛时期，珊瑚、层孔虫、腕足类、腹足类大量发育，常堆积成生物碎屑灰岩；除实体化石以外，本组也含遗迹化石 *Planolites* 和 *Chondrites* 等。还值得一提的是，在东岗岭组中上部（第 8 层）发现了大量球状层孔虫，从产出的密度来讲，达到了层孔虫礁的规模。桂林其他地区同期的层孔虫层状点礁被认为是中—晚泥盆世碳酸盐台地形成的雏形。东岗岭组下部化石种类丰富，包括珊瑚、枝状层孔虫、块状层孔虫等，向上化石变得相对单一；中部往上晶洞发育，局部层位具藻纹层白云岩，富含腕足类、腹足类生物灰岩，藻纹层灰岩，含硅质条带灰岩。这些生物特征和相标志反映了东岗岭组的生境型为从下部的 II_2 到中部的 III_1 和上部的 III_2。

上泥盆统榴江组（第 20～23 层），厚 23.8m。与上覆五指山组和下伏东岗岭组均为整合接触，岩性渐变过渡。榴江组主体岩性为深灰色-黑灰色薄层状硅质岩（图 3.24E，F）、硅质泥岩。发育水平层理（图 3.24F），富含竹节石（图 3.24D，E）和放

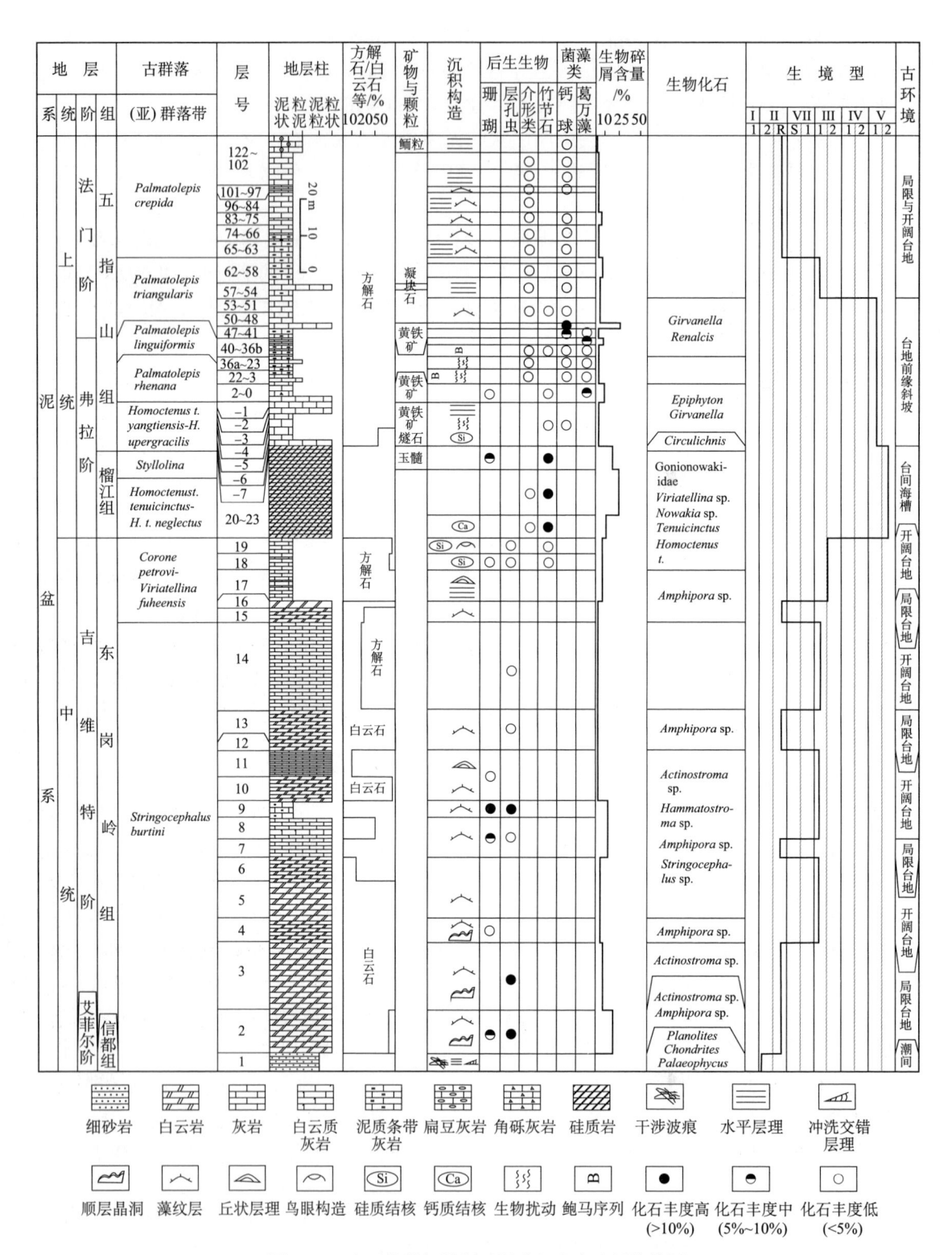

图 3.23 广西桂林杨堤剖面泥盆纪生态地层柱状图

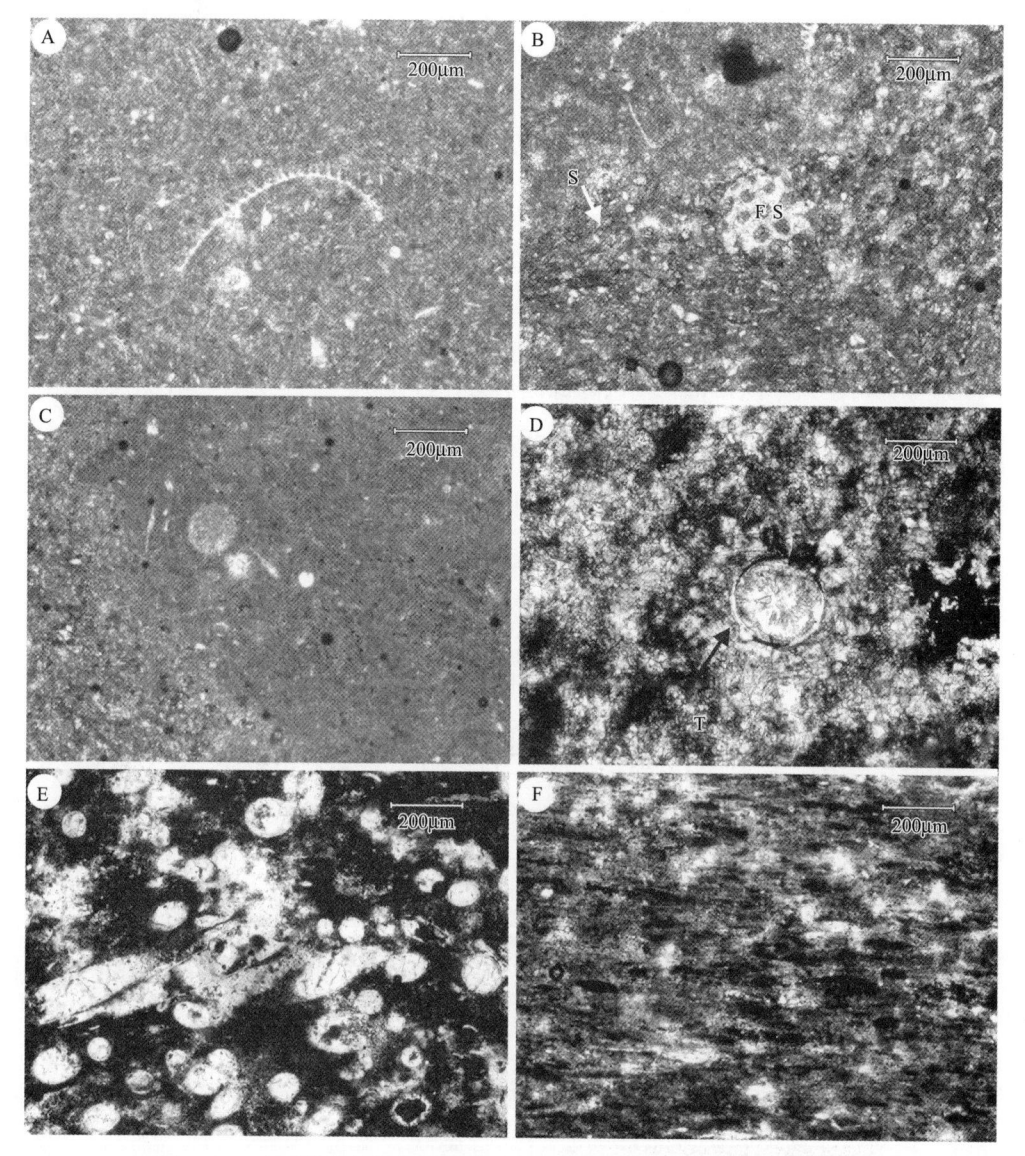

图 3.24　广西桂林杨堤剖面晚泥盆世五指山组和榴江组岩石镜下特征

A. 微晶灰岩，见一严重泥晶化生物壳体，单偏光，薄片号 D_3w-59-1；B. 微晶灰岩，发育冲刷面（S），并在冲刷面中见一棘皮类化石碎片（FS），单偏光，薄片号 D_3w-58-1；C. 微晶灰岩，见泥晶化钙球，单偏光，薄片号 D_3w-45-1；D. 含燧石重结晶微晶灰岩，见一竹节石化石（T，横切面），单偏光，薄片号 D_3l-4-56；E. 竹节石硅质岩，见大量竹节石化石，内部充填石英，单偏光，薄片号 D_3l-3-42；F. 纹层状硅质岩，见明显纹层结构，单偏光，薄片号 D_3l-1-0。A～C 为上泥盆统五指山组，D～F 为上泥盆统榴江组

射虫，并见有竹节石与腕足类共生的现象。这些生物特征和相标志反映了榴江组的生境型为 V_2。

上泥盆统五指山组（第 7～122 层），厚 86.1m，未见顶，其层位延续到法门阶 crepida 带内部，与下伏榴江组整合接触，岩性渐变过渡。五指山组跨越上泥盆统弗拉阶-法门阶界线。五指山组的弗拉阶和法门阶底部地层岩性为深灰-黑灰色中—薄层扁豆状灰岩、微晶灰岩、钙质泥岩，见丰富的鲍马序列（钙质浊积岩），含牙形石、疑源类、介形虫、菌藻类（葛万藻、粗枝藻等）以及大量的钙球（图 3.24C）、腕足类碎片等实体化石（图 3.24A～C），另外还含遗迹化石 *Planolites*，*Palaeophycus*，*Circulichnis*，*Chondrites* 等及个体形态难辨认的生物扰动，其生境型为 V_1（碳酸盐台地斜坡，自下往上为下斜坡至上斜坡）。五指山组的法门阶地层岩性为灰-浅灰色中—厚层微晶灰岩夹藻纹层灰岩、凝块石颗粒灰岩和含鲕粒微晶灰岩。发育纹带状和条带状水平层理，含少量钙球、鲕粒和牙形石，其生境型为 $II_2 \sim III_{1-2}$。

综上所述，桂林杨堤剖面泥盆纪仅发育中泥盆世至晚泥盆世法门期早期的沉积记录，生境型经历了从中泥盆世早期以陆源碎屑近岸浅水为主的生境型（II_1/潮坪）到中泥盆世晚期以碳酸盐台地—斜坡为主的生境型（II～III）、晚泥盆世早期以硅质岩和浮游生物组合为特色的生境型（V_2/盆地环境）到晚泥盆世早—中期以碳酸盐台地—斜坡为主的生境型（II～III）的演变（图 3.23）。

二、四川甘溪泥盆纪剖面

甘溪剖面位于四川省北川县杜溪乡甘溪村沙窝子一带，即 N 31°54.302′，E 104°41.643′。剖面地处成都西北九寨沟旅游环线东段 200km，东距绵阳市、江油市约 35km。剖面起始于北川县桂溪乡汽车站附近，终止于沙窝子石灰窑。泥盆系沿涪江支流平通河两岸分布，实测剖面在成都—九寨沟旅游环线公路北川县段的东侧，全长约 13km。泥盆系厚 3981.9m，构造简单，呈单一产状连续出露。甘溪剖面泥盆系下、中、上统出露良好，下泥盆统以陆源碎屑岩为主，中—上泥盆统以碳酸盐岩为主（图 3.25）。

下泥盆统自下往上包括平驿铺组、白柳坪组、甘溪组、谢家湾组、二台子组和养马坝组中下部，共厚 2160.0m。平驿铺组与下伏上志留统角度不整合接触，下泥盆统其他各组之间均为整合接触。

平驿铺组（第 1～50 层），厚 1514.5m，主要岩性为灰白色至浅灰色中厚层—厚层石英砂岩、灰色至深灰色泥质粉砂岩、深灰色石英杂砂岩、深灰色至灰黑色粉砂质泥岩、深灰色至灰黑色泥质、碳质页岩。石英砂岩含量 70%，粉砂岩和粉砂质泥岩含量 20%，泥岩与碳质页岩含量 10%。石英砂岩中发育低角度板状交错层理、楔状交错层理、平行层理和浪成交错层理以及潮汐层理；粉砂岩和泥岩中发育水平层理和小型沙纹层理。细砂岩和粉砂岩或粉砂质泥岩中含丰富遗迹化石：*Palaeophycus*（古藻迹），*Cruziana*（克鲁兹迹），*Planolites*（漫游迹），*Skolithos*（石针迹），*Chondrites*（丛藻迹）和 *Diplocoraterion*（双杯迹）以及植物化石，并见有双壳类、腕足类和海百合等，腕足类主要为 *Howellella* sp.，*Orientospirifer latesinutus*。其生境型为 $II_1 \sim III_1$。

白柳坪组（第 51～52 层），厚 46.4m，总体出露不好，岩性以灰色中—薄层粉砂岩、泥岩为主（占 80%）。顶部夹有两层生物碎屑灰岩，其生境型为 III_1。

甘溪组（第 53～61 层），厚 109.1m，主要岩性为灰色-深灰色薄层—中厚层泥晶灰岩、灰色-深灰色粉砂质泥岩，灰岩占 60%，泥岩和粉砂质泥岩占 30%。含原地埋藏的腕足类 *Orientospirifer*、*Athyrisina*、*Delthyris*，双壳类和三叶虫 *Gravialymene*（隐头虫）等；遗迹化石主要有 *Zoophycos*（动藻迹）（图 3.26）、*Rhizocorallium*（根珊瑚迹）和 *Chondrites*（丛藻迹）等；无机沉积构造见有水平层理和潮汐层理。其生境型为 $II_1 \sim III_1$。

谢家湾组（第 62~66 层），厚 56.0m，主要岩性为页岩，下部以灰色-黑灰色薄层状细砂岩、粉砂岩为主夹有薄层或透镜状灰岩，细砂岩和粉砂岩占 70%；上部为薄层—中层粉砂岩、页岩、泥岩与灰岩呈不等厚互层，粉砂岩和页岩占 60%，灰岩占 30%。含腕足类、介形虫和腹足类。其生境型为 $III_1 \sim III_2$。

二台子组（第 67~81 层），厚 156.9m，岩性主要为一套富含珊瑚与层孔虫的深灰色中层—块状泥晶灰岩以及礁灰岩，占 80%。可以分为上、下两段。上段为富含珊瑚和层孔虫的生物碎屑灰岩和礁灰岩，占 80%；下段尽管也含有珊瑚和层孔虫，但少见礁灰岩，主要以生物碎屑灰岩为主，占 80%。其生境型主要为 VII_r 和 VII_s。

养马坝组（第 82~94 层），厚 161.8m，岩性为灰色-深灰色中层—厚层状石英砂岩、杂砂岩、泥岩、泥质粉砂岩、生物碎屑灰岩、泥晶灰岩。碎屑岩占 30%，灰岩占 70%，表现为碳酸盐岩与陆源碎屑岩的混合沉积特征。含腕足类、介形虫、腹足类、珊瑚、层孔虫等，以及遗迹化石 *Zoophycos*。其生境型为 $II_1 \sim II_2$ 和 III_1。

中泥盆统，包括养马坝组上部、金宝石组和观雾山组中下部。组与组之间均为整合接触。

金宝石组（第 95~113 层），厚 211.3m。下部（第 95~96 层）以陆源碎屑岩为主，上部（第 97~113 层）以生物碎屑灰岩、礁灰岩为主，主要岩性为灰-深灰色中层—厚层泥晶灰岩、生物碎屑灰岩、礁灰岩和石英砂岩、粉砂岩、泥岩。陆源碎屑岩中发育中—大型楔状交错层理；生物碎屑灰岩、礁灰岩中发育丰富的群体珊瑚［主要是 *Hexagonaria*（六方珊瑚）］，层孔虫，腕足类（如鸮头贝）和腹足类等。因此，金宝石组的生境型为 $II_1 \sim II_2$ 和 VII_r，VII_s。

观雾山组（第 114~129 层），厚 448.3m。岩性主要为灰色-深灰色中—厚层泥晶灰岩、白云质灰岩、白云岩和生物礁灰岩以及生物碎屑灰岩，富含珊瑚、层孔虫、腕足类、海百合茎和腹足类以及菌藻类化石。白云质灰岩和白云岩中发育水平层理、潮汐层理和小型交错层理以及鸟眼构造。因此，观雾山组的生境型包括 $II \sim III$ 和 VII_s。

上泥盆统自下往上包括观雾山组上部、土桥子组、小岭坡组、沙窝子组和茅坝组。均为碳酸盐岩，共厚 1125.0m。各组之间均为整合接触。与上泥盆统相关的两条重要界线，即弗拉阶-法门阶界线和泥盆系-石炭系界线分别从沙窝子组白云岩中部和茅坝组顶部通过。

土桥子组（第 130~134 层），厚 216.4m。岩性为灰色薄—中层状泥晶灰岩、泥晶生物碎屑灰岩。发育水平层理和韵律层理，含枝状层孔虫、腕足类、双壳类、介形虫和钙球等。其生境型为 V_1 和 V_2 及 II_2。

小岭坡组（第 135~137 层），厚 265.7m。岩性为浅灰色泥晶灰岩和礁灰岩及藻纹层灰岩。含双壳类、枝状层孔虫、腕足类、腹足类化石和藻纹层，可见遗迹化石 *Chondrites*、核形石、鸟眼构造，局部可见潮汐层理。其生境型为 $II_1 \sim II_2$。

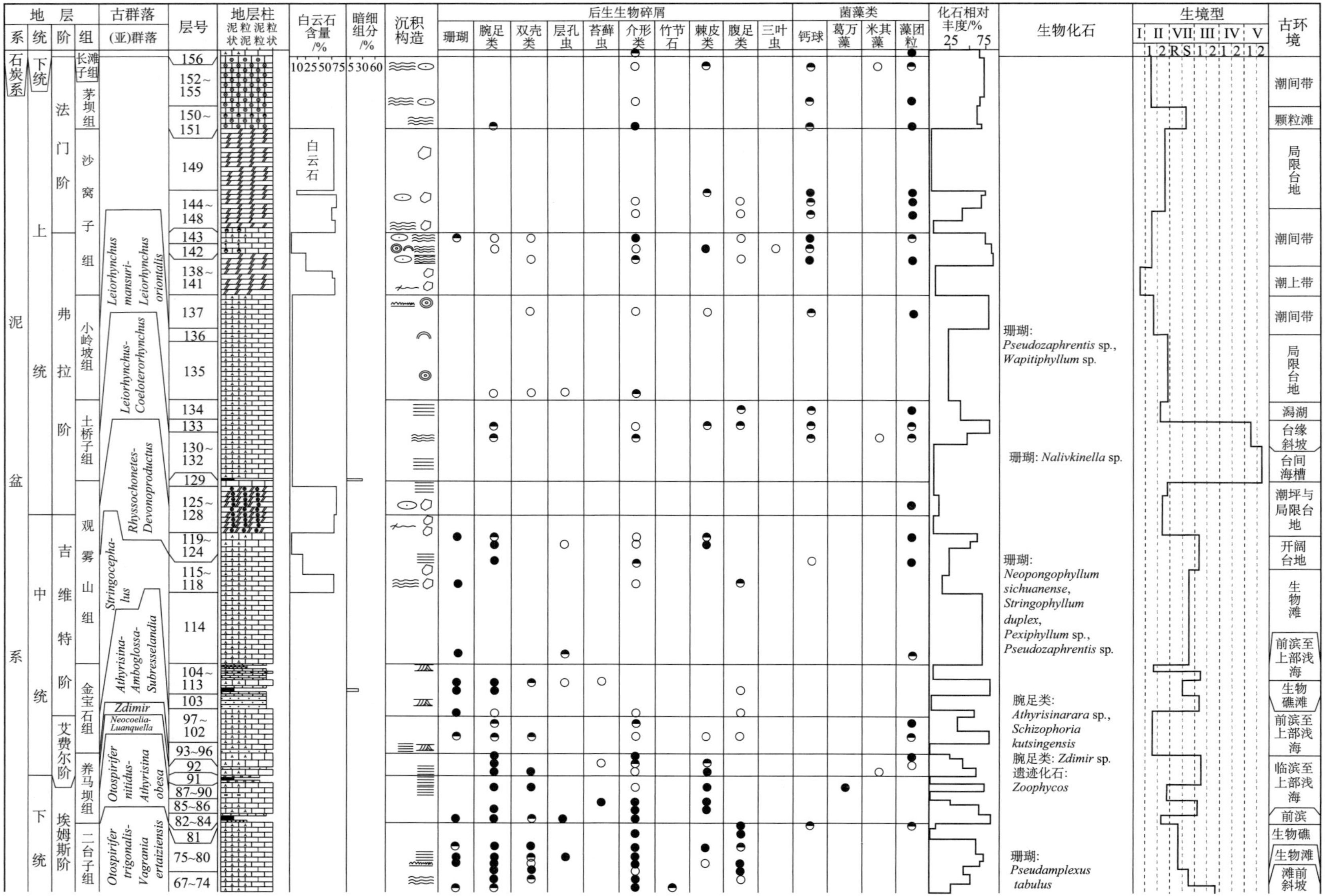
地层
系
统
阶
组
古群落
(亚)群落
层号
地层柱
泥粒状 泥粒 泥粒状
白云石含量/%
10 25 50 75
暗细组分/%
5 30 60
沉积构造
后生生物碎屑
珊瑚
腕足类
双壳类
层孔虫
苔藓虫
介形类
竹节石
棘皮类
腹足类
三叶虫
菌藻类
钙球
葛万藻
米其藻
藻团粒
化石相对丰度/%
25 75
生物化石
生境型
I II VII III IV V
1 2 R S 1 2 1 2 1 2
古环境
石炭系
下统
长滩子组
泥盆系
上统
法门阶
茅坝组
沙窝子组
弗拉阶
小岭坡组
土桥子组
中统
吉维特阶
观雾山组
金宝石组
艾费尔阶
养马坝组
下统
埃姆斯阶
二台子组
Leiorhynchus mansuri-Leiorhynchus oriontalis
Leiorhynchus-Coeloterorhynchus
Rhyssochonetes-Devonoproductus
Stringocephalus
Athyrisina-Amboglossa-Subresselandia
Zdimir
Neocoelia-Luanquella
Otospirifer nitidus-Athyrisina obesa
Otospirifer trigonalis-Vagrania ertaiziensis
156
152~155
150~151
149
144~148
143
142
138~141
137
136
135
134
133
130~132
129
125~128
119~124
115~118
114
104~113
103
97~102
93~96
92
91
87~90
85~86
82~84
81
75~80
67~74
白云石
珊瑚: Pseudozaphrentis sp., Wapitiphyllum sp.
珊瑚: Nalivkinella sp.
珊瑚: Neopongophyllum sichuanense, Stringophyllum duplex, Pexiphyllum sp., Pseudozaphrentis sp.
腕足类: Athyrisinarara sp., Schizophoria kutsingensis
腕足类: Zdimir sp.
遗迹化石: Zoophycos
珊瑚: Pseudamplexus tabulus
潮间带
颗粒滩
局限台地
潮间带
潮上带
潮间带
局限台地
潟湖
台缘斜坡
台间海槽
潮坪与局限台地
开阔台地
生物滩
前滨至上部浅海
生物礁滩
前滨至上部浅海
临滨至上部浅海
前滨
生物礁
生物滩
滩前斜坡

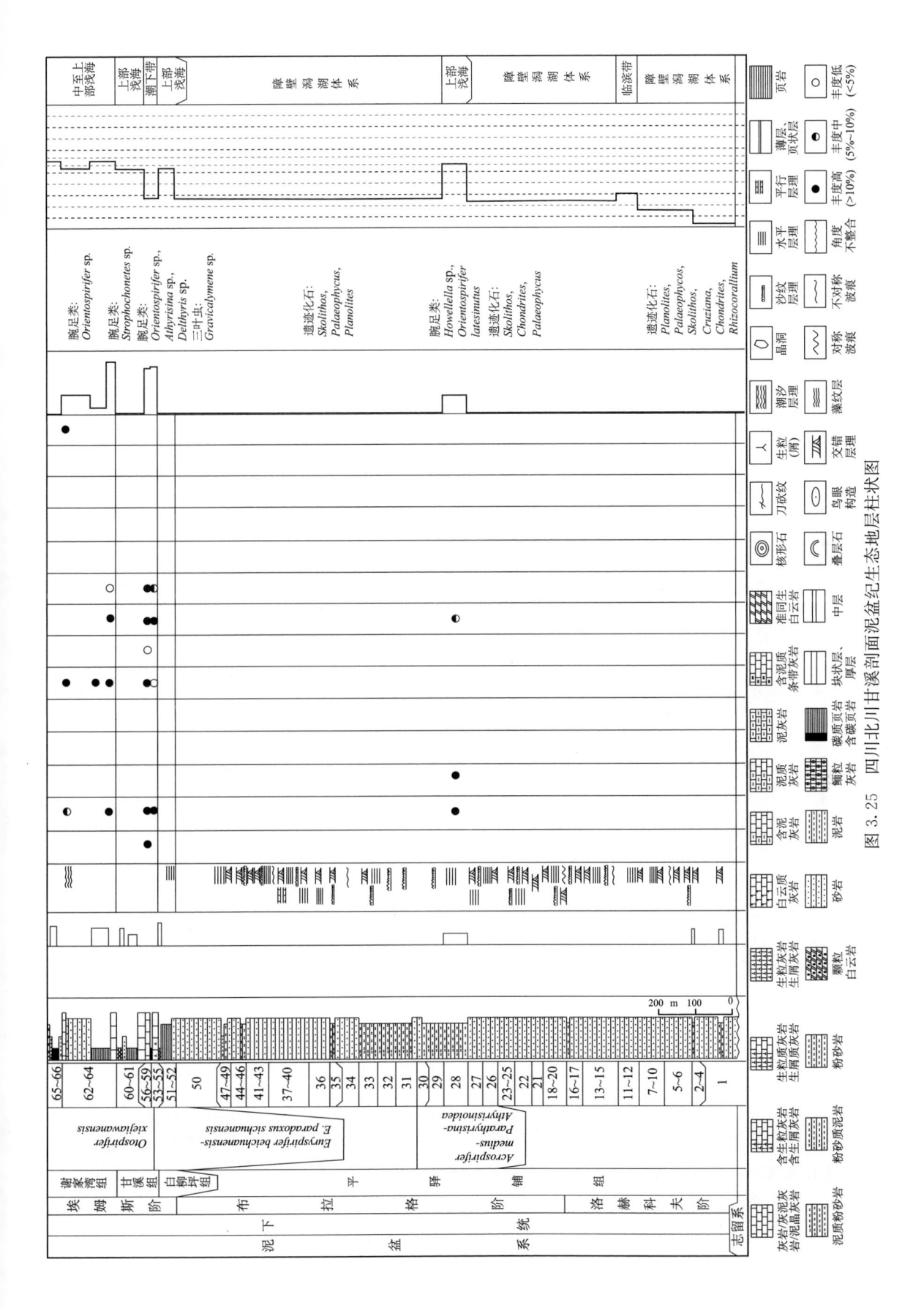

图 3.25 四川北川甘溪剖面泥盆纪生态地层柱状图

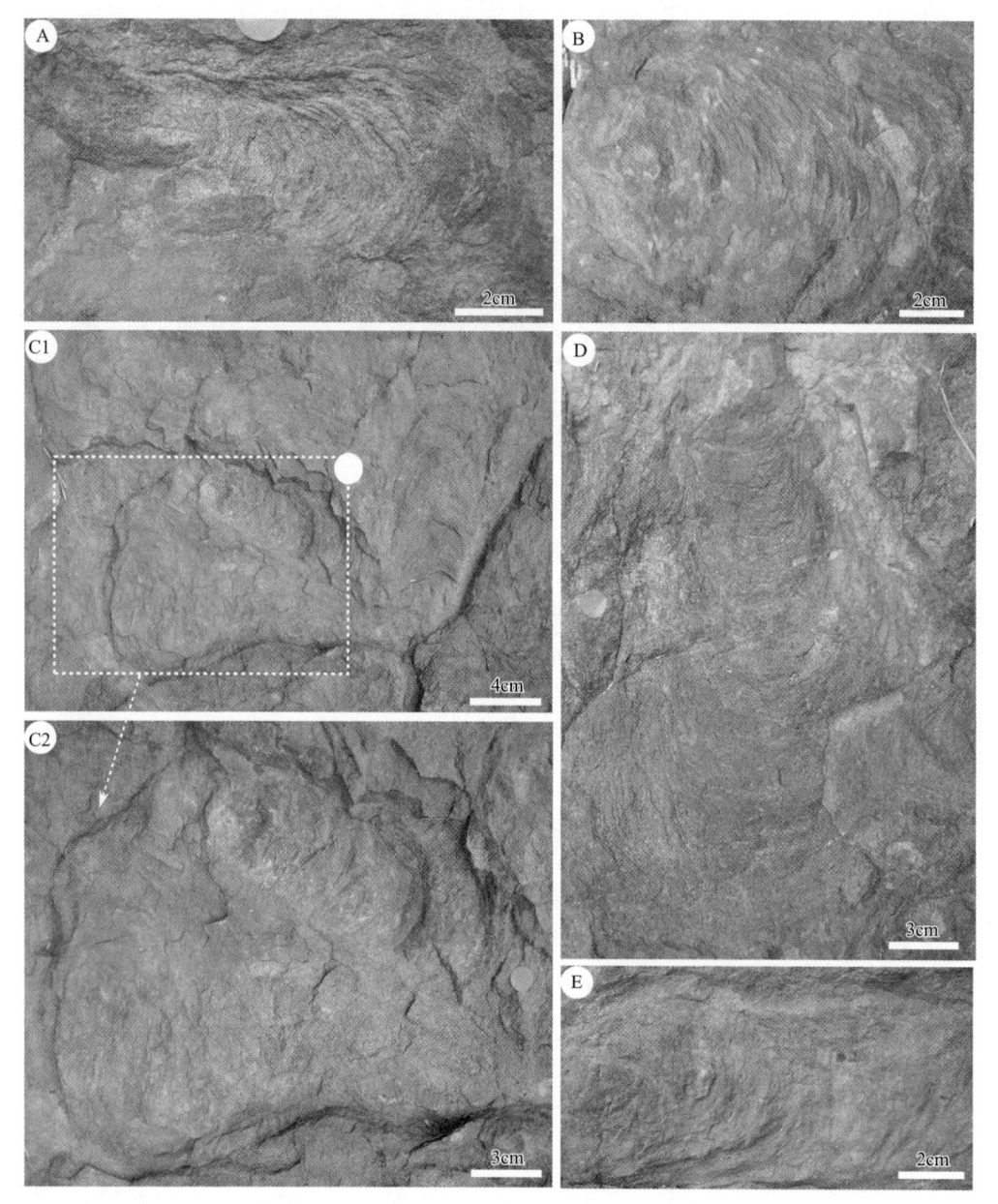

图 3.26　早泥盆世甘溪组遗迹化石 Zoophycos

A. Zoophycos，登记号 D₁gx-2-4；B. Zoophycos，登记号 D₁gx-2-5；C1. Zoophycos，登记号 D₁gx-2-6；C2. 为 C1 的局部放大，登记号 D₁gx-2-7；D. Zoophycos，登记号 D₁gx-2-8；E. Zoophycos，登记号 D₁gx-2-9。A～E 照片面均为表层面，产自四川北川甘溪下泥盆统甘溪组

沙窝子组（第 138～149 层），厚 413.7m。岩性主要为灰-浅灰色中—厚层白云岩、白云质灰岩，少量生物碎屑灰岩和泥晶灰岩。富含枝状层孔虫和藻纹层。发育鸟眼构造、核形石和藻团粒。其生境型为 I_1，II_1，II_2。

茅坝组（第 150～155 层），厚 171.4m。主要岩性为灰色中层状鲕粒灰岩、球粒灰岩及泥晶灰岩。富含真鲕和薄皮鲕，发育藻团粒、钙球、藻纹层、潮汐层理和鸟眼构造以及大—中型楔状交错层理。其生境型为 II_1 和 VII_s。

综上所述，四川甘溪剖面泥盆纪生境型经历了从早泥盆世早-中期以陆源碎屑近岸浅水 Skolithos 遗迹相和 Cruziana 遗迹相（张立军、龚一鸣，2011）以及植物化石和少量腕足类、双壳类、腹足类为主的生境型，逐渐演变为早泥盆世晚期至中-晚泥盆世以碳酸盐岩为主、Skolithos 遗迹相和 Cruziana 遗迹相遗迹化石稀少，层孔虫、珊瑚、腕足类等浅海相实体化石丰富的生境型为主的过程。晚泥盆世早期的土桥子组沉积时的水深最大，其生境型为 V_2（图 3.25）。

三、广西南丹巴平和么腰石炭纪剖面

广西南丹巴平剖面和么腰剖面分别位于广西壮族自治区南丹县巴平乡和四大寨镇。巴平剖面石炭系自下而上分为鹿寨组、巴平组和黄龙组。么腰剖面石炭系自下而上分为黄龙组和南丹组。巴平剖面的地层序列及生境型划分如图 3.27 所示。

该区石炭纪处于台间盆地环境，海水较深，主要生境型为 III_2、IV、V 和 VI，各生境型的岩石组合及生物特征有较大的差别。

1. 台间盆地 VI_b

台间盆地 VI_b 相当于殷鸿福等（1995）定义的下部大陆坡，分为四种岩相类型，包括黑色碳质页岩相、黑色碳质页岩及泥灰岩相、黑色碳质页岩及硅质岩相、泥晶灰岩及硅质岩相。

（1）黑色碳质页岩相

位于鹿寨组第 4~6 层。岩性为黑色碳质页岩、硅质碳质页岩夹少量钙质结核，水平层理发育，局部见有黄铁矿晶粒。生物贫乏，未见宏体化石。碳质页岩经过酸处理后，可见有低等浮游植物藻类化石碎片、孢子及无定形有机质，局部见有由高等植物（尤其是裸子植物）的茎干、表皮及管胞组成的古植物碎片。

（2）黑色碳质页岩及泥灰岩相

分布在鹿寨组第 7、9~11、13~15、22 层。岩性为黑色碳质页岩夹灰褐色薄层泥灰岩，局部为深灰色薄层泥灰岩、泥晶灰岩与黑色页岩互层，夹有多层灰色中层生物碎屑、藻屑微晶-粉晶灰岩。生物碎屑微晶灰岩产大量海百合茎化石，及少量单体四射珊瑚和腕足类化石，化石保存差，分选较好，为重力流成因的异地埋藏，物源来自于碳酸盐台地。

（3）黑色碳质页岩及硅质岩相

分布在鹿寨组第 19、23、25 层。岩性为黑色碳质页岩、黑色页岩夹黑色薄层硅质岩。硅质岩中含有大量已褐铁矿化的黄铁矿。

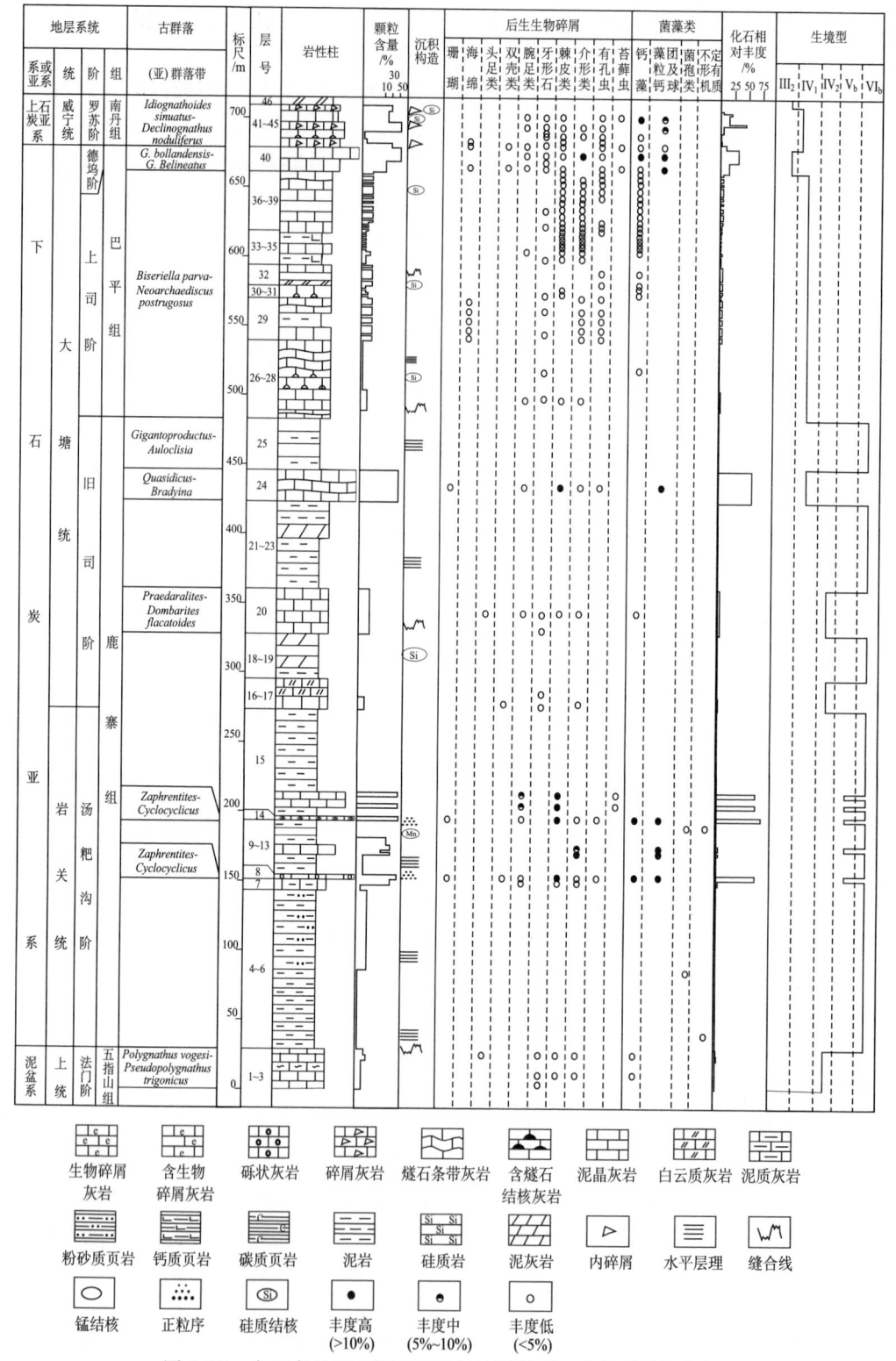

图 3.27 广西南丹巴平剖面石炭纪地层序列、生境型及沉积相

(4) 泥晶灰岩及硅质岩相

分布在么腰剖面南丹组第 25~27 层。岩性为深灰色薄—中层泥晶灰岩夹黑色薄层硅质岩。水平层理发育，未见生物碎屑，属深水盆地沉积。

2. 台间盆地斜坡 V_b

该生境型比殷鸿福等（1995）定义的大陆坡的水深要小，故用 V_b 来表示。以发育重力流沉积为特征，在巴平剖面和么腰剖面均有分布。

在巴平剖面，该生境型分布在鹿寨组第 8 和 12 层。第 8 层为两个旋回。每个旋回底部为复成分砾岩，其上为厚层亮晶生物碎屑灰岩。砾岩中砾石含量 60%~65%，主要为燧石砾和灰岩砾，砾石分选、磨圆较差。砾石中见有较多的单体四射珊瑚、复体四射珊瑚、腕足类及海百合茎化石，化石保存较差，为异地埋藏。

在么腰剖面，该生境型分布在南丹组，岩性为灰黑色厚层砾屑灰岩。砾石含量 25%~30%，砾石为泥晶灰岩砾，大小混杂，无磨圆。底部具有侵蚀构造，为典型的斜坡碎屑流沉积，物源来自下部浅海或斜坡。

3. 下部浅海下部 IV_2

分布在巴平组第 16~17 和 20 层，岩性为灰色薄—中层含生物碎屑微晶灰岩。生物碎屑含量 3%~5%，主要为介形虫、双壳类、菊石和少量腕足类碎片。灰岩水平层理发育，产大量菊石化石，为 *Praedaralites-Dombarites flacatoides* 群落。由于该群落中缺乏底栖分子，仅有游泳分子，代表了低能的较深水环境。

4. 下部浅海上部 IV_1

分布在巴平组第 24 和 26~39 层。岩性主要为深灰色薄—中层含生物碎屑泥-微晶灰岩夹灰黑色薄层硅质岩及少量灰黑色钙质泥岩。水平层理发育。产 *Biseriella parva-Neoarchaediscus postrugosus* 群落，生物分子主要为牙形石和非䗴有孔虫。含生物碎屑泥-微晶灰岩中生物碎屑含量一般为 3%~5%，主要为介形虫、棘皮动物、海绵骨针和非䗴有孔虫，反映了一种能量较低的沉积环境。

5. 上部浅海下部 III_2

分布在巴平组上部第 40~45 层及黄龙组第 46~51 层。主要特征是生物碎屑含量增加，含有较多的藻类。巴平组上部的第 40~45 层岩性为灰黑色、深灰色厚层含生物碎屑泥晶-微晶灰岩、含泥藻屑微晶灰岩、藻屑泥晶灰岩、生屑藻团粒微晶灰岩。含生物碎屑泥晶-微晶灰岩中生物碎屑含量可达 15%，生物碎屑主要为棘皮动物、藻团粒、非䗴有孔虫、腕足类、双壳类碎片，大量藻类化石的出现说明沉积环境水不会很深，主要为低能环境。

四、广西隆安石炭纪剖面

该剖面位于广西隆安县都结乡。石炭系出露齐全,自下而上分为隆安组、都安组、大埔组、黄龙组和马平组。生境型主要有 III$_2$、III$_1$、II$_2$、II$_1$ 和 VII,其序列见图 3.28。各生境型特征如下。

1. 生物礁、滩 VII

分为生物碎屑滩 VII$_s$ 及鲕粒滩 VII$_o$,与殷鸿福等(1995)所定义的 VII 有较大的差别,故加下标予以区别。

(1) 生物碎屑滩 VII$_s$

主要分布在黄龙组和马平组下部。岩性为巨厚层—块状亮晶生物碎屑灰岩。生物碎屑含量一般为 45%~60%,主要为海百合茎,其次为腕足类、非蜓有孔虫。生物碎屑破碎厉害。见有大量腕足类和单体四射珊瑚化石,腕足类多破碎,四射珊瑚多斜交层面,反映了一种高能环境,与生境型 VII 中的生物碎屑滩特征类似。但是,由于这种滩相的上、下地层均为碳酸盐台地沉积,应属碳酸盐台地之上的生物碎屑滩。该生境型在马平组发育互嵌状及块状复体四射珊瑚化石,构成厚 40~60cm 的层礁,伴生有单体四射珊瑚和大量蜓类化石。

(2) 鲕粒滩 VII$_o$

主要分布在都安组第 42~45 层。该类滩的规模较大,属碳酸盐台地边缘滩。冯增昭等(1998)在《中国南方石炭纪岩相古地理》中曾经描述过该颗粒滩。岩性主要为浅灰色块状含内碎屑的藻团粒微晶灰岩、鲕粒灰岩、藻黏结岩及窗格孔微晶灰岩。

浅灰色含内碎屑的藻团粒微晶灰岩:分布在第 42 和 43 层,颗粒主要为藻团粒及藻斑点(45%),少量介形虫(3%)、棘皮动物碎片(1%)及钙藻(1%),属台地边缘滩中的藻滩,造滩生物主要为藻。

浅灰色亮晶鲕粒灰岩:分布在都安组第 45 层,颗粒主要为鲕粒(75%)及少量棘皮类碎屑(3%)。鲕粒大部为同心鲕,但也见有放射状。鲕粒直径较小,一般为 0.5~0.8mm,为藻鲕,代表能量较高的藻滩。

灰色、浅灰色厚层—块状藻黏结岩:主要分布在都安组上部,以第 42 层和第 45 层为代表。岩性为浅灰色厚层藻黏结岩。黏结岩由暗色藻成因的泥晶层和亮晶层组成,由大量藻丝状体、藻纹层组成,类似于叠层石。代表滩后水能量较低的局限环境。

灰色、浅灰色厚层—块状藻窗格孔黏结岩:主要分布在都安组上部,以第 42 层、第 45 层和第 49 层为代表。与纹层状的藻黏结岩共生,由纹层黏结岩过渡到具窗格孔构造的藻黏结岩。

在都安组,该生境型为 *Eostaffella-Kizilia* 群落,主要分子为四射珊瑚和非蜓有孔虫,当时底栖生物及藻类繁盛。但生物破碎厉害,由藻类组成的藻团及藻席多被打成

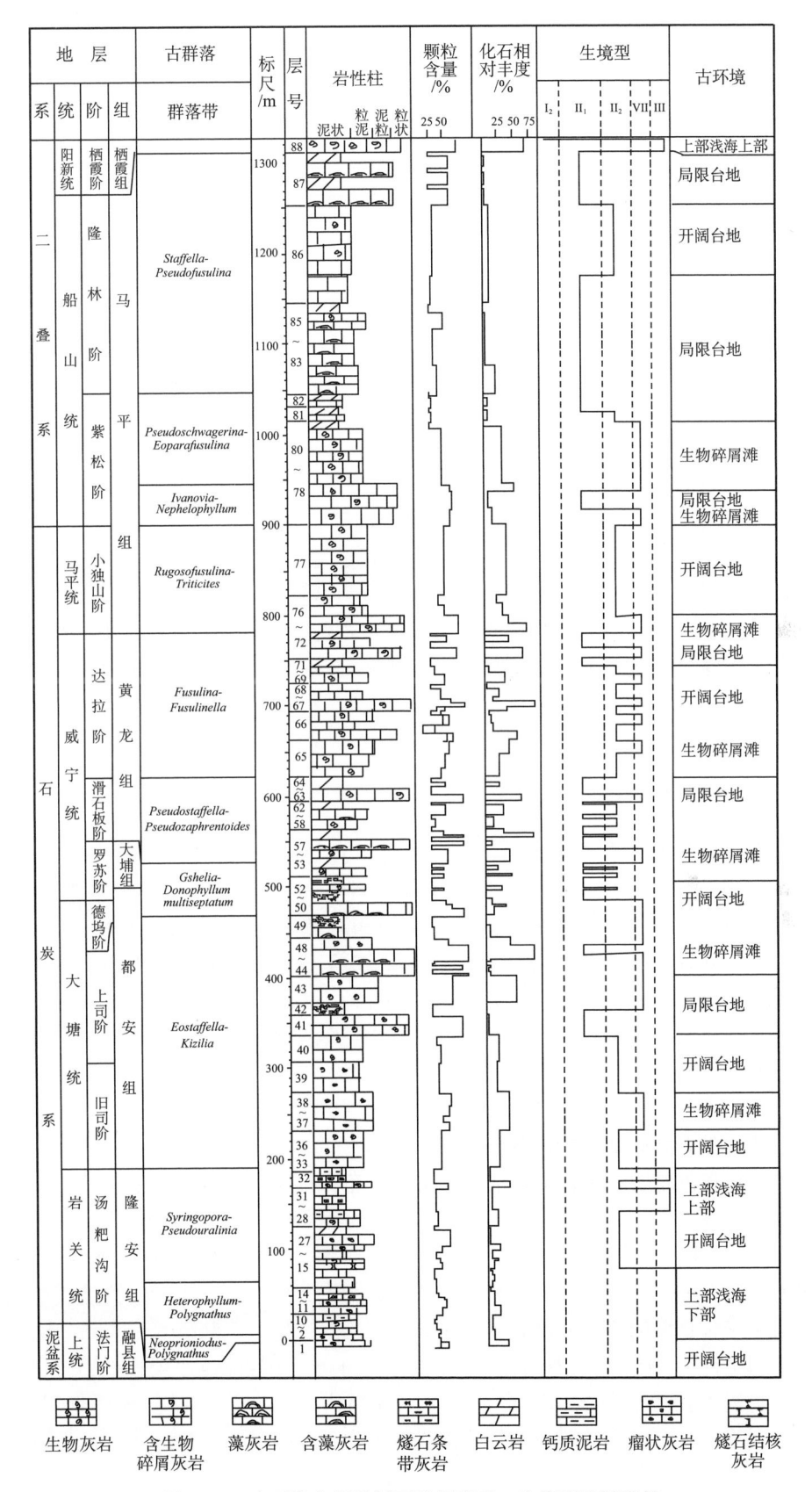

图 3.28 广西隆安都结剖面地层序列、生境型及沉积相

碎块，呈内碎屑状，表明生物生产力很高，但水能量也很高。属富氧环境，有机质难以保存。

2. 上部浅海下部 III$_2$

分布在隆安组下部。其中第2～6层岩性较为特殊，为深灰色、浅灰黑色薄层含生物碎屑微晶-泥晶灰岩、含生物碎屑及内碎屑微晶-粉晶灰岩、含生物碎屑藻鲕微晶-粉晶灰岩。生物主要为藻类、牙形石、介形虫。为 *Neoprioniodus-Polygnathus* 群落，群落主要分子为牙形石，缺乏底栖生物。含生物碎屑微晶-泥晶灰岩中生物碎屑含量为10%，主要为介形虫（3%）、藻孢子（3%）及由藻孢子为核形成的藻鲕（4%）。基质为斑块状粉晶方解石（30%）和富含有机质的泥晶方解石（60%）。介形虫保存较好，为原地保存。

第14～20层岩性为深灰色、浅灰黑色薄—中层含生物碎屑泥-微晶灰岩、含生物碎屑及内碎屑泥-微晶灰岩，夹少量硅质岩团块及条带。灰岩中生物碎屑含量5%～8%，主要为海绵骨针、海百合茎、介形虫、藻屑、腕足类。基质含量较高。局部见有缺氧或贫氧的潜穴类遗迹化石 *Chondrites*，表明该环境为贫氧还原环境。

总的来看，该生境主要生物为介形虫、海绵古针、藻类及少量腕足类和棘皮类，底栖生物相对贫乏。灰泥含量较高，水能量较低，有机质含量较高，局部夹有薄层硅质岩。见有缺氧或贫氧的潜穴类遗迹化石，并且发育非正常海环境常见的介形虫化石。这些特征表明该生境型为内陆架低能的缺氧或贫氧环境。

3. 上部浅海上部 III$_1$

主要分布在隆安组第7～13层。岩性为深灰色薄—中层含生物碎屑泥-微晶灰岩、泥晶生物碎屑藻鲕灰岩。含生物碎屑泥-微晶灰岩中生物碎屑含量5%，主要为介形虫、腕足类、苔藓虫及少量藻屑和海绵骨针。生物相对贫乏，见有大量的潜穴类遗迹化石 *Chondrites*，如第8、9层。部分生物碎屑含量较高，可达20%，生物碎屑主要为海绵骨针、腕足类、藻孢子、绿藻、腹足类及藻屑。为 *Heterophyllum-Polygnathus* 群落。与 III$_2$ 相比，本环境的生物含量相对较高，局部见较多的藻类。

4. 临滨带 II$_2$

隆安剖面的开阔碳酸盐台地相均属于该生境型，主要分布在隆安组中部、都安组下部、大埔组、黄龙组、马平组。

隆安组中部第21～29层岩性为深灰色中层含生物碎屑粉晶-微晶灰岩，生物碎屑含量达15%。与 III$_1$ 生境型相比，该生境型出现了大量非鲢有孔虫、腕足类及床板珊瑚，局部见有生物介壳层。主要生物有珊瑚、非鲢有孔虫、牙形石。大量窄盐性底栖生物的出现代表了一种正常的浅海环境。

都安组下部第34～36层及第40～41层岩性为灰色中层—巨厚层含生物碎屑泥晶灰岩、含生物碎屑内碎屑灰岩。其中，含生物碎屑内碎屑灰岩中的内碎屑含量60%～65%，主要为富含有机质的藻团粒及藻泥晶灰岩块体。代表了一种浅水、藻类发育，且水能量很高的环境。

大埔组第 51 层及第 53~54 层岩性为浅灰色厚层—巨厚层生物碎屑泥-微晶灰岩，生物碎屑含量 30%。该层位的生物化石丰富，见有大量单体、丛状复体四射珊瑚及非䗴有孔虫，为一种正常的浅海环境。

黄龙组第 57~59、61、64~65、69 层岩性为浅灰色厚层—巨厚层生物碎屑泥晶-微晶灰岩。如第 65 层，生物碎屑含量 35%，主要为非䗴有孔虫、䗴、棘皮类、双壳类和藻䖽。在黄龙组，该生境型生物化石丰富，为 *Gshelia-Donophyllum multiseptatum* 群落和 *Fusulina-Fusulinella* 群落，主要生物为珊瑚和䗴，代表了一种正常浅海碳酸盐台地环境。

马平组第 70、76~77、86 层岩性主要为灰色厚层—巨厚层生物碎屑泥晶-微晶灰岩。灰岩中生物碎屑含量 25%~40%，主要为䗴、非䗴有孔虫、藻团粒和藻丝状体、腕足类及棘皮类，以䗴含量最高。在马平组，该生境型包括 *Rugosofusulina-Triticites* 群落和 *Ivanovia-Nephelophyllum* 群落，以䗴、四射珊瑚和非䗴有孔虫繁盛为特征。代表一种正常盐度的、局部夹有生物碎屑滩及生物礁的开阔碳酸盐台地环境。

5. 潮间带 II$_1$

在本剖面，该生境型的沉积环境主要为局限碳酸盐台地，其岩性组合有如下几种类型：

含藻粒泥晶灰岩及泥晶灰岩：分布在黄龙组第 61 层和马平组第 83、84 层。岩性主要为泥晶灰岩及含藻粒泥晶灰岩。生物碎屑极少或不含生物碎屑。局部含藻团粒或藻丝状体（<10%），水平层理发育。代表局限台地低能环境。

钙质白云岩、白云岩：分布在都安组第 46 层、大埔组第 52 层及黄龙组和马平组部分层位。岩性为浅灰色厚层—块状微-细晶白云岩及钙质白云岩。不含生物碎屑，或仅在钙质白云岩中含极少的生物碎屑（<5%）。生物碎屑主要为腕足类，破碎厉害，属异地埋藏。

第五节 二叠纪—三叠纪

一、广西来宾铁桥二叠纪剖面

铁桥剖面位于来宾县城南 5km 处红水河铁桥附近。金玉玕等最早对此剖面进行观测，沙庆安等（1990）对地层进行详细的分层、描述。该剖面位于来宾向斜西翼，出露地层有马平组上部、栖霞组、茅口组、吴家坪组和大隆组。剖面由西向东地层由老到新。枯水季节出露良好，露头面广泛，有利于地质观察与化石采集。由于大隆组覆盖较严重，因而未开展详细的野外工作，故未涉及。

通过对广西来宾铁桥剖面野外实测观察，分析了生物群落，在室内偏光显微镜下对 158 块岩石薄片进行了碳酸盐岩微相分析。综合起来整个剖面可区分出 5 种 22 个生境型，沉积相带从潮下带至盆地均有分布，并显示出各自不同的特征（图 3.29）。

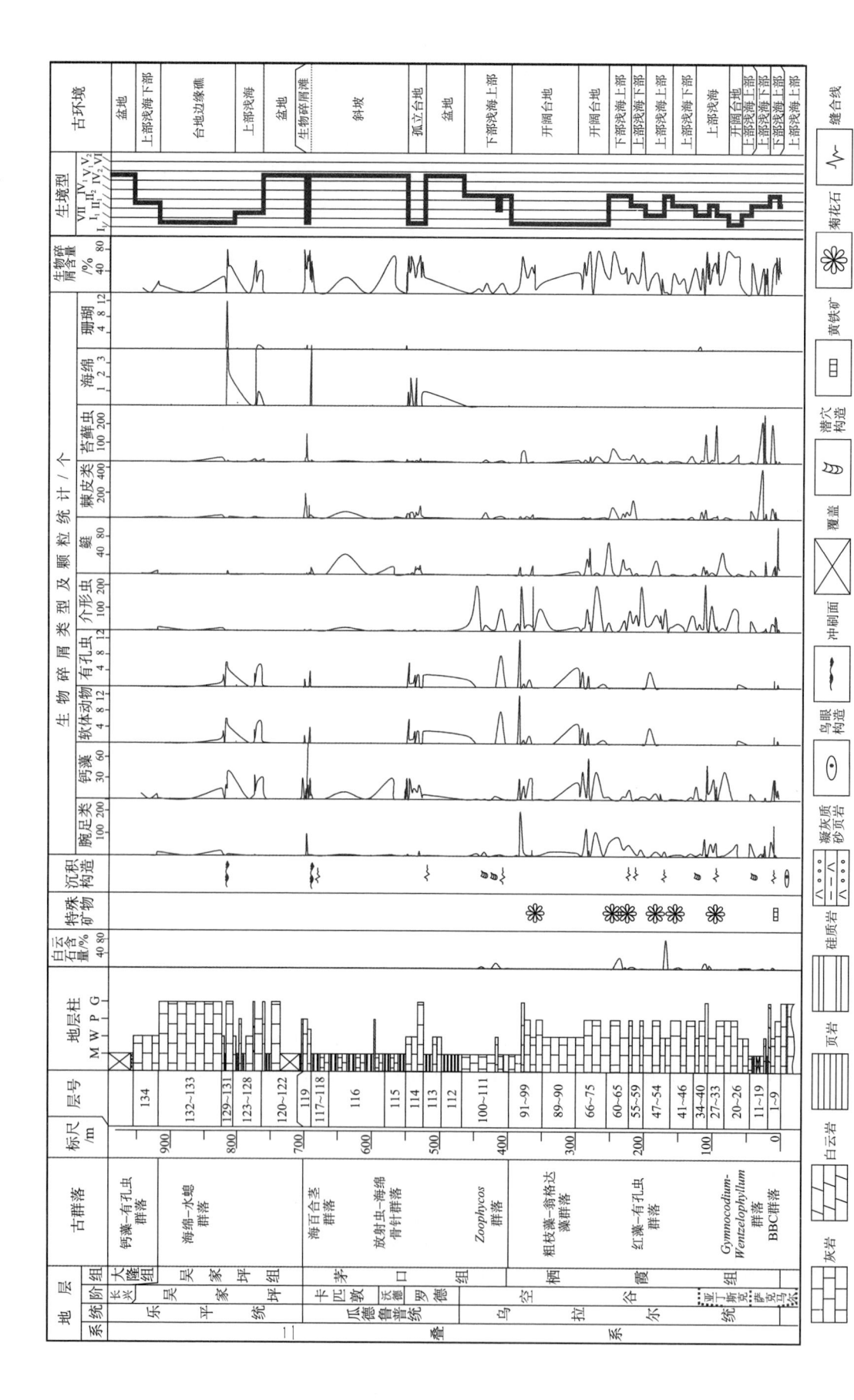

图 3.29 广西来宾铁桥剖面二叠纪生态地层综合柱状图
M,W,P,G 分别为灰泥岩,粒泥岩,泥粒岩和颗粒岩

1. 栖霞组

䗴-非䗴有孔虫-腕足类群落（第1~3层，第10~15层）：这是一个多门类的化石群落，出现于中薄层状生物碎屑灰岩或含泥灰岩中。在这个群落中，没有优势种。䗴主要是 *Pseudofusulina* 或 *Nankinella*。非䗴有孔虫包含 *Nodosaria*，*Globivalvulina*。腕足类为 *Eomarginifera*。除了上述生物之外，还包含一些海百合茎、介形虫的碎片。藻类少见。颗粒之间为泥晶基质充填。藻类的缺乏，表明沉积水深位于透光带之下，考虑到相对丰富的化石种类，将生境型定为 III_2（图 3.30A）。

BBC 群落（第4~9层）：栖霞组底部由腕足类、苔藓虫、海百合茎构成的群落（图 3.30B，3.31A）。其中占优势的分子有扇状的苔藓虫、小型腕足类以及海百合，它们分别占据不同层次的空间。苔藓虫呈扇状，主要由窗格苔藓虫组成，保存完好，反映较静水环境。腕足类个体小，壳体薄，背腹壳仍然铰合在一起，反映了一种原地埋藏的特征。海百合茎细的直径在1mm左右，粗的达5mm。有些海百合茎只保留茎板结合面，大部分长短相似，最大可达5cm。茎板结合面有时可见放射纹或者格网。绝大多数海百合茎都没有受到磨蚀或溶蚀。所以说这是一个滤食性的生物群落，生活在陆架较深水环境（沙庆安等，1990）。颗粒之间为灰泥充填，该群落沉积环境属于生境型 IV_1。

第16~19层化石类型和第1~3层差别不大，但是化石属种有所变化，䗴主要是 *Staffella*，非䗴有孔虫包括 *Pachyphloia*，*Tetrataxis* 等。灰岩层厚有所增加，页岩所占的比例有所减少，将其生境型定为 III_2。

Gymnocodium（*Pseudovermiporella*）-*Wentzelophyllum* 群落：（第20~21层，第22~30层，第34~40层）：以 *Gymnocodium*（或 *Pseudovermiporella*）和 *Wentzelophyllum* 为主的群落类型，出现于中厚层状（部分中薄层状）生物碎屑灰岩中。生物碎屑除 *Gymnocodium* 和 *Wentzelophyllum* 外，还有藻类 *Pseudovermiporella*、*Sinoporella*，珊瑚类 *Cystomichelinia* 和 *Akagophyllum*（王志根、赵嘉明，1998）以及非䗴有孔虫、腕足类、苔藓虫、海百合和少量腹足类化石，为较弱水动力条件下的产物。藻类的大量发育说明水体不但较平静清洁，而且分布在透光带以上。因而中厚层状（部分中薄层状）生物碎屑灰岩是一种较浅水正常潮下低能沉积环境的产物，属于生境型 II_{2-2}~III_1。当钙质绿藻 *Pseudovermiporella* 和 *Sinoporella* 含量多时，可定为生境型 II_{2-2}。而红藻 *Gymnocodium* 大量发育、绿藻稍少时，定为生境型 III_1（图 3.31B）。

红藻-非䗴有孔虫群落（第41~46层，第55~59层）：生物化石以红藻类 *Gymnocodium* 和非䗴有孔虫类 *Eolasiodiscus* 和 *Globivalvulina* 为主，还有一些绿藻类 *Pseudovermiporella*。其他生物包含一些苔藓虫、介形虫碎片。红光在海水中穿透性较绿光强，利用红光的红藻相对于绿藻可以生长在更加深的水体中。因此将其生境型定为 III_2。

绿藻-非䗴有孔虫群落（第47~54层）：绿藻主要是 *Pseudovermiporella*，少量 *Sinoporella*。非䗴有孔虫包括 *Climacammina*，*Pachyphloia*，*Nodosaria* 等。䗴、介形虫、海百合茎也占一定比例。绿藻主要生活在水深10~30m的透光带中，因此生境型定为 III_1（图 3.30C）。

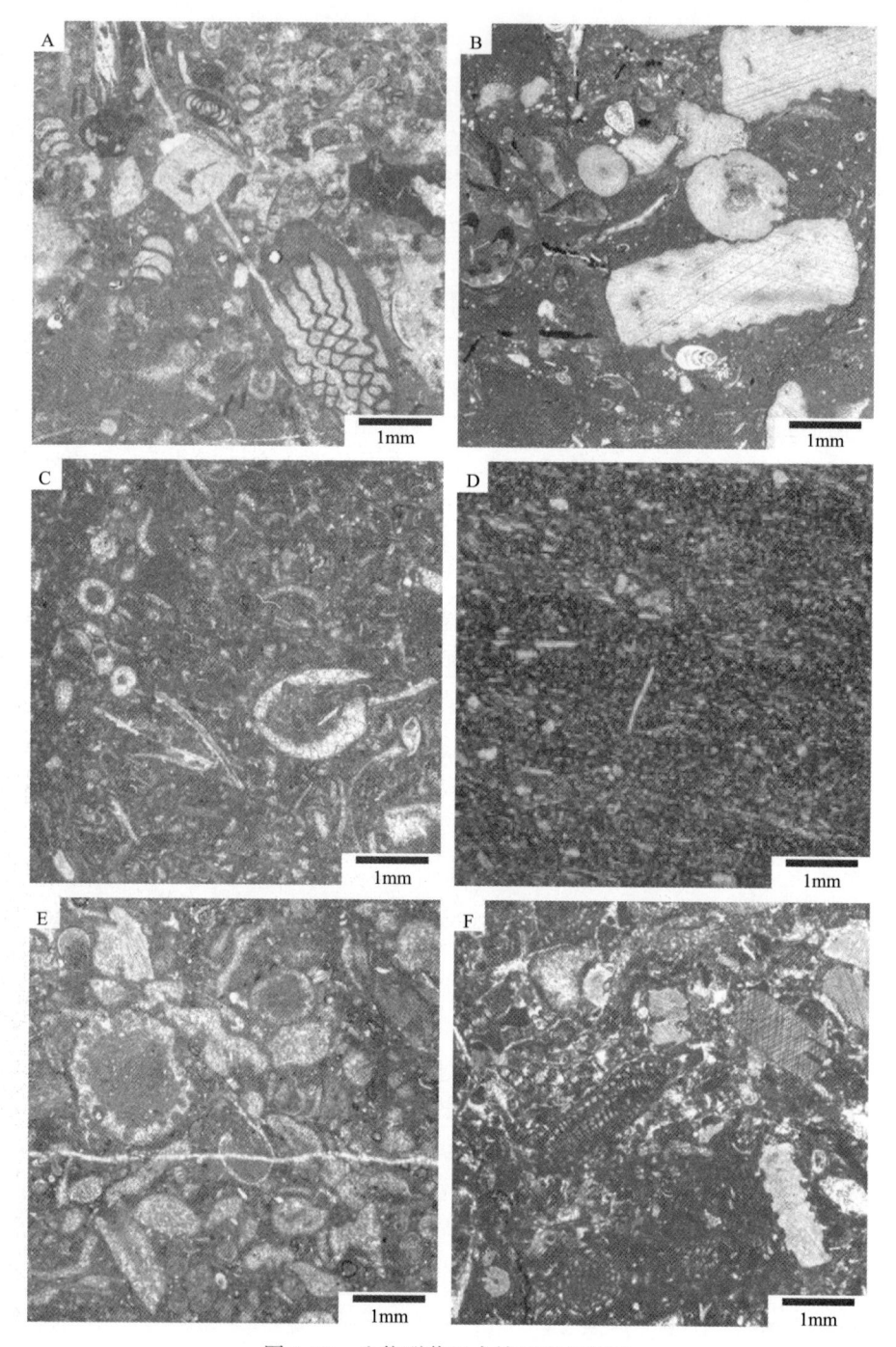

图 3.30 生物群落组合镜下微相特征

A. 鳞-非鳞有孔虫-腕足类群落微相特征,栖霞组第 3 层；B. BBC 群落微相特征,栖霞组第 7 层；C. 绿藻-非鳞有孔虫群落微相特征,栖霞组第 50 层；D. 介形虫-非鳞有孔虫群落微相特征,栖霞组第 62 层；E. 粗枝藻-翁格达藻群落微相特征,栖霞组第 70 层；F. 钙藻-鳞-棘皮动物群落微相特征,茅口组第 114 层

介形虫-非䗴有孔虫群落（第 60~65 层）：介形虫-非䗴有孔虫见于栖霞组中部含海泡石层段，微层理极其发育，块状灰岩呈透镜体状。在纹层状灰岩中，发育介形虫-非䗴有孔虫群落。颗粒全部为生物碎屑，长条状生物碎屑平行层理定向排列，压实作用强烈，颗粒之间有机质丰富。除介形虫、非䗴有孔虫和海百合茎可以辨认外，大多生物碎屑的门类归属难以确定（图 3.30D）。该群落生境型属于 IV_1。

粗枝藻-翁格达藻群落（第 66~75 层，第 89~99 层）：发育在厚层—块状的生物碎屑灰岩中。生物碎屑以藻类为主。绿藻主要是 Dasycladaceae，少量 Sinoporella。红藻主要为 Ungdarella。其他生物碎屑包括非䗴有孔虫、䗴，少量的珊瑚，生境型为 II_{2-2}（图 3.30E）。

2. 茅口组

Zoophycos 群落：在栖霞组中部（第 39 层）局部地方、茅口组的底部（第 100~111 层）非常丰富，在岩层表面形成了虫迹灰岩层，每层虫迹灰岩层厚约 10~30cm（图 3.31C）。属于原地埋藏生物群落，也是一个极为单调的、几乎全为蠕虫形生物所组成的群落。在断面上，Zoophycos 呈深灰色或灰黑色，呈蚯蚓状或平行排列，多期潜穴交切。潜穴直径一般在 3~5mm 左右。潜穴中充填物含有少量细小的生物碎屑。它产于暗色含有细小生物碎屑及较高有机质的泥晶灰岩之中。高度密集而又单调的生物潜穴、丰富的灰泥基质及有机质，反映了静水、缺氧滞流的环境，属于生境型 IV_1。

钙藻-䗴-棘皮动物群落：见于茅口组中部第 114 层，巨厚层—块状的生物碎屑灰岩。生物碎屑主要为钙藻、䗴和珊瑚。钙藻包含 Anthracoporella，Tubiphytes 等。典型的浅水生物群落。颗粒含量在 50% 左右，颗粒之间为泥晶基质充填，显示水能量较低。基于沉积物组构和宏观丘状形貌，以及上下层位的突变性（均为深水型沉积），将这个群落的生境型定为 VII（图 3.30F）。

放射虫-海绵骨针群落（第 112~113 层和第 115~118 层）：生物较贫乏。当时只有一些壳体微小的硅质放射虫在水中漂浮生活。一些海绵固着在海底，少数蠕虫形生物在这里栖息、觅食而留下潜穴。这一生物群的面貌反映了深水远岸静水环境，为远洋深水沉积环境。在这种深水背景沉积中，碳酸盐浊流沉积、颗粒流沉积和碎屑流沉积，以及重力滑动构造时有发育（图 3.31D，E）。从异地搬运再沉积的生物碎屑主要是浅水的小有孔虫以及介形虫、腹足类、腕足类、珊瑚等生物，颗粒磨蚀强烈，破成碎片。这段岩层展现出明显的深水斜坡相沉积特征，生境型定为 V_1。

海百合茎化石群落：该化石群落属于水动力条件较强的生物碎屑滩环境，因而属于生境型 VII（殷鸿福等，1995），是孤立台地背景。分布在茅口组的顶部（第 119 层顶部），在层面上可见密集分布的海百合茎、茎板，大小混杂，属于原地保存（图 3.31F）。

3. 吴家坪组

吴家坪组底部（第 120~122 层）为浅灰色薄层硅质岩与硅质灰岩互层。生物群落继承了茅口组顶部的特征，放射虫和海绵骨针为主，少见其他生物碎屑。为远洋盆地沉积，生境型定为 V_1。

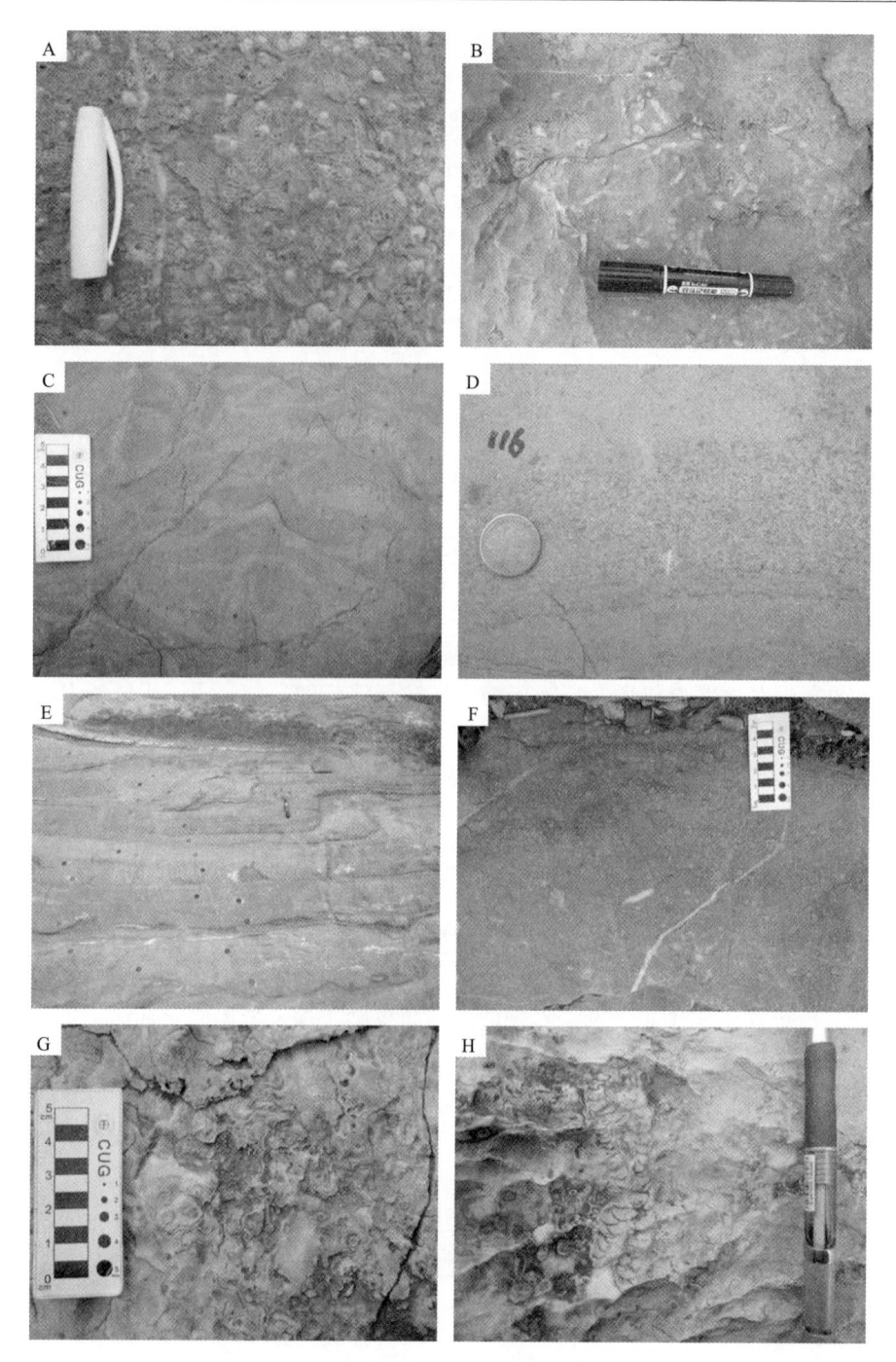

图 3.31 生物群落及其沉积特征野外照片

A. BBC 动物群,栖霞组第 5 层; B. *Gymnocodium-Wentzelophyllum* 群落,栖霞组第 39 层; C. *Zoophycos* 群落,图中白色条带状为遗迹潜穴,茅口组第 105 层; D. 正粒序层,茅口组第 115 层; E. 重力滑动变形构造,茅口组第 119 层下部; F. 海百合茎群落,茅口组第 119 层底部; G,H. 海绵-水螅群落,吴家坪组第 133 层

多门类生物群落（第 123~128 层）：此生物群落的分异度较高，有海绵、管壳石、腕足类、苔藓虫、鏟和棘皮类。它们有原地生长的，也有从台地边缘搬运而来的，并有不少礁灰岩的微礁砾。生境型定为 III_2~IV_1。

海绵-水螅群落：分布于吴家坪组的生物礁灰岩中（第 129~133 层）。这一群落的生物门类繁多。主要造架生物有海绵、水螅类等。附礁生物如腕足类、腹足类、非鏟有孔虫、棘皮类等。黏结生物有 Tabulozoa、蓝细菌，以及 Tubiphytes 等。海绵数量丰富而且保存完好，以串管海绵、纤维海绵为主，包括 Amblysiphonella，Colospongia，Intrasporeocoelia，Sollasia 和 Tabulozoa 以及多囊腔海绵等。它们互相缠结或包覆其他生物。这些海绵动物及其他生物所反映的环境应为海水透明度好、循环良好、氧气充分、盐度正常、风浪中等的热带浅海。水深一般小于 10m，这是成礁的良好环境，属于生境型 VII（图 3.31G，H）。

钙藻-非鏟有孔虫群落（第 134 层）：钙藻主要是红藻类 Gymnocodium 和 Permocalculus，非鏟有孔虫包括 Nodosaria 和 Globivalvulina，还有一些鏟化石。属于生境型 III_2。

二、四川华蓥山二叠纪剖面

四川华蓥山二叠纪剖面位于一煤矿废弃铁轨边，从山脚到山顶地层由老到新，地层产状基本一致。下部地层出露较好，地层连续。上部地层覆盖较严重，地层不连续。区内岩层含大量生物化石和生物碎屑。自下到上依次出露梁山组、栖霞组和茅口组。总厚度 352.15m，共分为 67 层。根据野外特征和镜下微相，华蓥山中二叠世可以划分为 6 种生境型，即 II_1、II_2、III_1、III_2、IV_1、IV_2（图 3.32）。

1. 梁山组

第 14~16 层：俗称"梁山段"，属栖霞组下部，灰黄色破碎铝土矿与页岩，含有大量植物碎片。风化严重，典型的海陆交互相沉积。生境型为 II_1。

2. 栖霞组

第 17~19 层：纹层状灰岩夹薄层灰岩透镜体。生物化石少，仅有少量的小型介形虫壳体，含量在 5% 左右。为较深水沉积环境，生境型为 IV_2（图 3.33A）。

第 20~23 层：介形虫-非鏟有孔虫组合。压实作用强烈，介形虫壳体呈现定向排列。生物碎屑含量高，主要包括介形虫、非鏟有孔虫、海百合茎碎片、少量钙藻。颗粒之间微晶充填物富含有机质。非鏟有孔虫主要包括 Padangia，Cribrogenerian。钙藻主要为 Permocalculus，Pseudovermiporella 类碎片。生境型为 IV_1~III_2。

第 24~27 层：钙藻-非鏟有孔虫组合。钙藻主要为 Permocalculus、Pseudovermiporella。钙藻保存完好，同种大小不同的个体保存在一起，属于原地埋藏。其他生物碎屑包括介形虫碎片，非鏟有孔虫等。颗粒总含量在 50% 左右。非鏟有孔虫主要是 Nodosaria，Pachyphloia，Tetrataxis。绿藻主要分布在浅水区（Flügel，2004），因此将生境型定为 III_1（图 3.33B）。

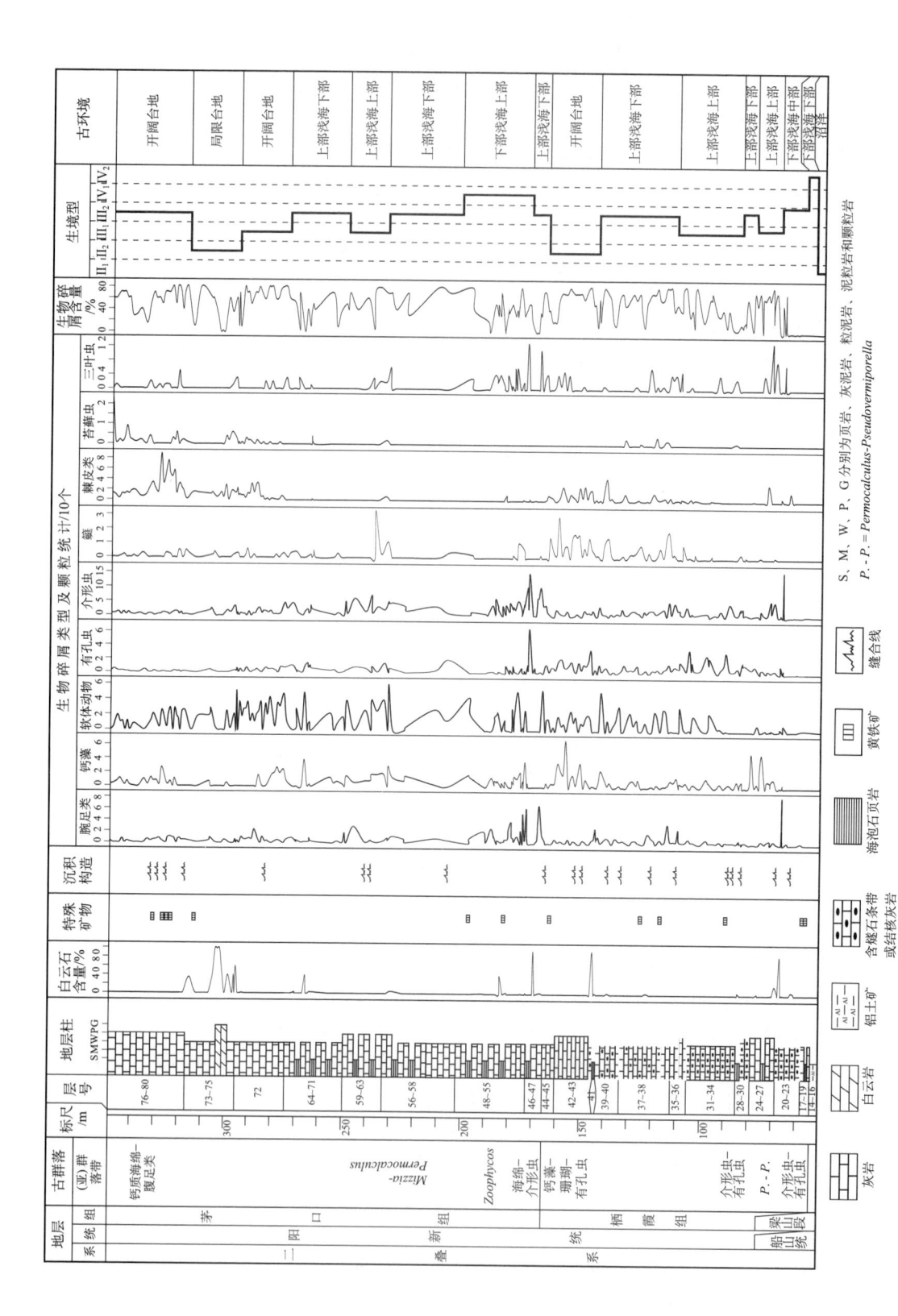

图 3.32 四川华蓥山二叠纪剖面生态地层综合柱状图

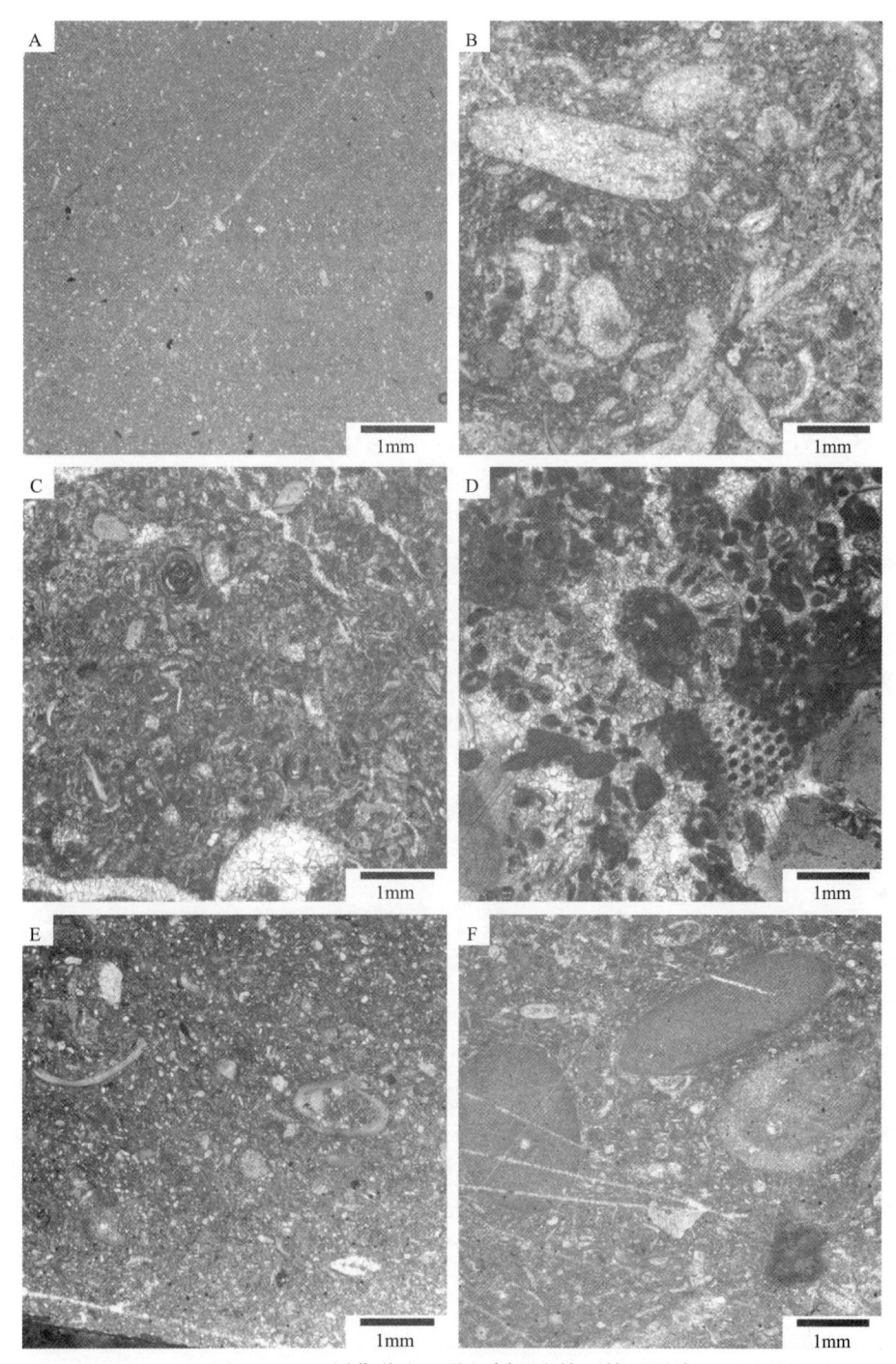

图 3.33 四川华蓥山二叠纪剖面生境型镜下照片

A. 微晶灰岩，生境型 IV_2，栖霞组第 19 层；B. 钙藻-非䗴有孔虫群落，生境型 III_1，栖霞组第 27 层；C. 生物碎屑粒泥岩-泥粒岩，生境型 III_2，栖霞组第 38 层；D. 钙藻-珊瑚-非䗴有孔虫群落，生境型 II_2，栖霞组第 43 层；E. 介形虫群落，生境型 IV_1，栖霞组第 29 层；F. 生物碎屑泥粒岩，生境型 III_2，茅口组第 80 层

第28～30层：介形虫-非䗴有孔虫组合。灰白色中厚层灰岩与黑色含海泡石页岩互层。生物碎屑以介形虫和非䗴有孔虫为主。非䗴有孔虫主要为 *Tetrataxis*。少量腕足类化石、钙藻碎片。颗粒含量在15%左右。*Tetrataxis* 常出现在开阔潮下带的海百合茎类和苔藓虫类的丛状生物集群中，或低于正常浪基面的环境（Flügel，2004），生境型定为 III$_2$。

第31～36层：腕足类-珊瑚-海百合茎-非䗴有孔虫组合。还包括少量的腹足类、䗴以及钙质海绵等。这是一个多门类的生物组合，各种生物化石丰富，没有单一的门类占主导地位。钙藻主要为 *Mizzia*。非䗴有孔虫包括 *Cribrogenerina*，*Climacammina*，*Nodosaria* 等。多种门类生物化石的繁盛，代表了一个高生产力地区。加之绿藻的发育，生境型定为 III$_1$。

第37～41层：生物碎屑粒泥岩-泥粒岩，生物化石丰富。野外露头可见大量腕足类、海百合茎、䗴、珊瑚化石。镜下非䗴有孔虫丰富，包括 *Multidiscus* 和 *Cribrogenerina* 等。少量藻类，包括绿藻 *Pseudovermiporella*，红藻 *Ungdarella*。生物碎屑泥晶化。钙质藻类繁盛在浅水透光带中，指示水体较浅，但是钙藻并不占主导地位。生境型为 III$_2$（图 3.33C）。

第42～45层：钙藻-珊瑚-非䗴有孔虫组合。灰白色厚至巨厚层泥粒岩-颗粒岩。化石种类多，群体珊瑚、藻类、腕足类、腹足类、非䗴有孔虫丰富。藻类包括钙质绿藻 *Mizzia*，红藻 *Ungdarella*。非䗴有孔虫包括 *Padangia*，*Pachyphloia*，*Cribrogenerina*。颗粒含量在60%左右。部分层位亮晶胶结，表明颗粒沉积时水体动荡，位于正常浪基面之上。生境型 II$_2$（图 3.33D）。

3. 茅口组

第46～47层：海绵-介形虫组合。灰白色中薄层生物碎屑灰岩与纹层状灰岩互层，块状灰岩中发育海绵、腹足类、珊瑚等化石。纹层状灰岩中大量发育介形虫化石，压实作用强烈。生境型为 III$_2$。

第48～55层：黑色含海泡石页岩层和中厚层灰岩互层。黑色纹层状灰岩普遍发育。代表深水贫氧环境的动藻迹（*Zoophycos*）在该段块状灰岩中发育广泛。黑色含海泡石页岩层和黑色纹层状灰岩层内有机质含量高，二者镜下生物碎屑种类基本一致。主要为介形虫、非䗴有孔虫、腕足类碎片、苔藓虫碎片和三叶虫碎片等，其余均为细粒难以识别门类的生物碎屑。生物碎片大体成定向排列，并遭受强烈成岩压实作用影响（碎片被折断）。该段应该沉积于浪基面以下、缺氧的沉积环境。生境型定为 IV$_1$（图 3.33E）。

第56～58层：生物碎屑以介形虫、非䗴有孔虫为主。非䗴有孔虫主要有 *Padangia*，*Cribrogenerina*。少量藻类碎片（可能是 Codiaceae）。颗粒含量较高，颗粒之间为泥晶基质充填，表明水动力较弱。生境型为 III$_2$。

第59～63层：灰白色厚层灰岩夹纹层状灰岩。生物碎屑主要为藻类，以 *Mizzia* 和 *Permocalculus* 为主，少量 *Pseudovermiporella*。其他生物碎屑包括小型的非䗴有孔虫、介形虫、䗴、腕足类、腹足类、苔藓虫。颗粒之间为泥晶基质充填。绿藻在水深小于 30m 的浅水环境中繁盛，因此将生境型定为 III$_1$。

第 64～71 层：灰白色中薄层生物碎屑灰岩，夹黑色含海泡石页岩。生物化石以非䗴有孔虫、腕足类、海百合茎为主，少量珊瑚、䗴和钙藻。非䗴有孔虫包括 *Climacammina*，*Pachyphloia*。䗴 *Palaeofusulina*。部分介形虫双瓣壳体保存完好，颗粒间泥晶基质较多，表明水体能量较低，应为较深水的沉积环境。生境型为 III_2。

第 72 层：灰白色巨厚层生物碎屑灰岩。生物化石丰富，包括腕足类、海百合茎、䗴、珊瑚和腹足类，生物碎屑含量在 65% 左右。钙藻含量较高。丰富的生物种类以及高含量的钙藻，均表明沉积水体较浅。生境型 III_1。

第 73～75 层：灰白色厚到巨厚层生物碎屑灰岩，普遍发育斑块状白云岩。在灰岩中，腕足类、海百合茎、䗴、介形虫丰富，少量苔藓虫、钙藻。白云石晶型较好，自形程度高，白云石颗粒之间残余化石海百合茎、苔藓虫以及介形虫。生境型 II_2。

第 76～80 层：灰白色巨厚层含生物碎屑灰岩。大型钙质海绵、腹足类、海百合茎丰富，少量的钙藻 *Tubiphytes* 和非䗴有孔虫（主要是 *Pachyphloia*）。颗粒之间泥晶基质较多。生境型 III_2（图 3.33F）。

三、贵州罗甸纳水二叠纪剖面

贵州罗甸纳水剖面（又称纳庆剖面）位于罗甸县罗苏乡纳庆村西南约 5km 处。剖面沿罗甸至望谟公路一侧展布，自上泥盆统至三叠系均良好出露，其中下石炭统上部至上二叠统连续出露。自上世纪 80 年代起，我国的地层古生物学家对该地区自下石炭统至上二叠统牙形石序列和地层界线划分进行了大量的工作（王志浩等，1987；Zhu and Zhang，1994；王志浩，2000；王志浩、祁玉平，2002），建立了良好的生物地层学研究基础。

该区二叠系处于斜坡带。二叠系主要为暗色薄层泥粒岩、粒泥岩、泥晶灰岩及页岩、硅质条带灰岩，含有大量滑塌角砾状灰岩、近源碎屑流砾屑灰岩和浊积细粒碳酸盐岩，并常常夹有泥质硅质岩类。在纳水剖面，底栖生物较少，䗴化石丰富，但是多出现在异地沉积的碎屑流沉积中。主要的生境型为 III_3、IV_2、V_1、V_2（图 3.34）。

1. 马平组

主要发育薄层—中薄层的灰泥岩、泥晶灰岩夹细粒—粗粒重力流成因灰岩（图 3.35A）。重力流形成的韵律层常见。浊积岩主要发育鲍马序列的 a 段，向上变细的正粒序层底部有时出现砾级岩屑。马平组整体原地生物较少，部分层位含有海绵骨针等浮游类型。重力流携带的异地生物碎屑主要为䗴、海百合茎以及管壳石（图 3.35B），主要生境型为 V_1、III_3。

第 96～118 层：主要为中—中厚层细粒或泥晶灰岩夹薄层硅质岩或硅化灰岩，见海绵骨针，生境型定为 V_1，上部斜坡环境。

第 119～124 层：同沉积变形构造发育，夹颗粒流形成的厚层生屑泥粒岩，含有大量的䗴及海百合茎（图 3.35B），生境型定为 III_3，台前斜坡环境。

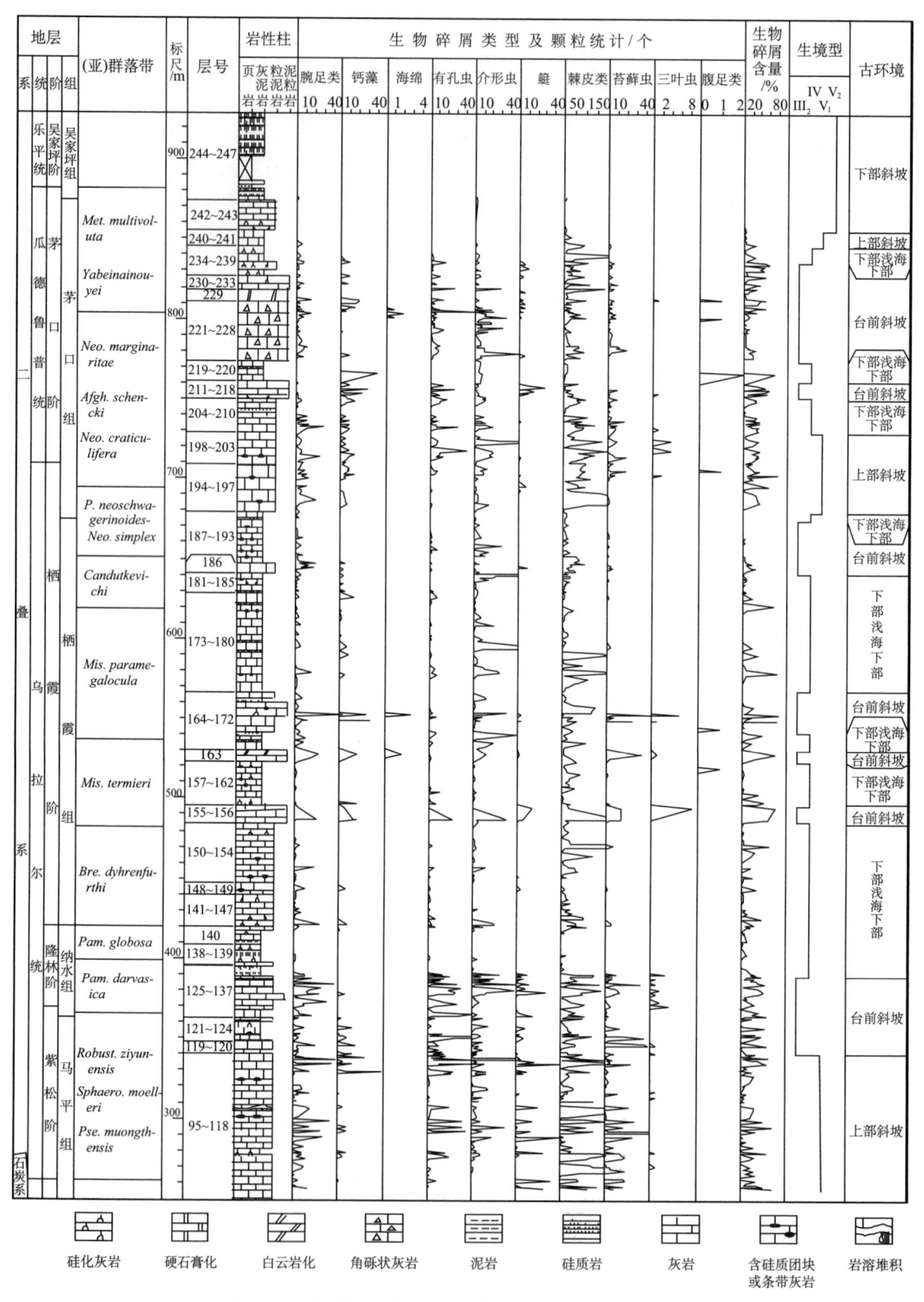

图 3.34 贵州罗甸纳水二叠纪剖面生态地层综合柱状图

Met.-Metadoliolina，Neo.-Neoschwagerina，Afgh.-Afghanella，P.-Parafusulina，Can.-Cancellina，Mis.-Misellina，Bre.-Brevaxina，Pam.-Pamirina，Robust.-Robustoschwagerina，Sphaero.-Sphaeroschwagerina，Pse.-Pseudoschwagerina

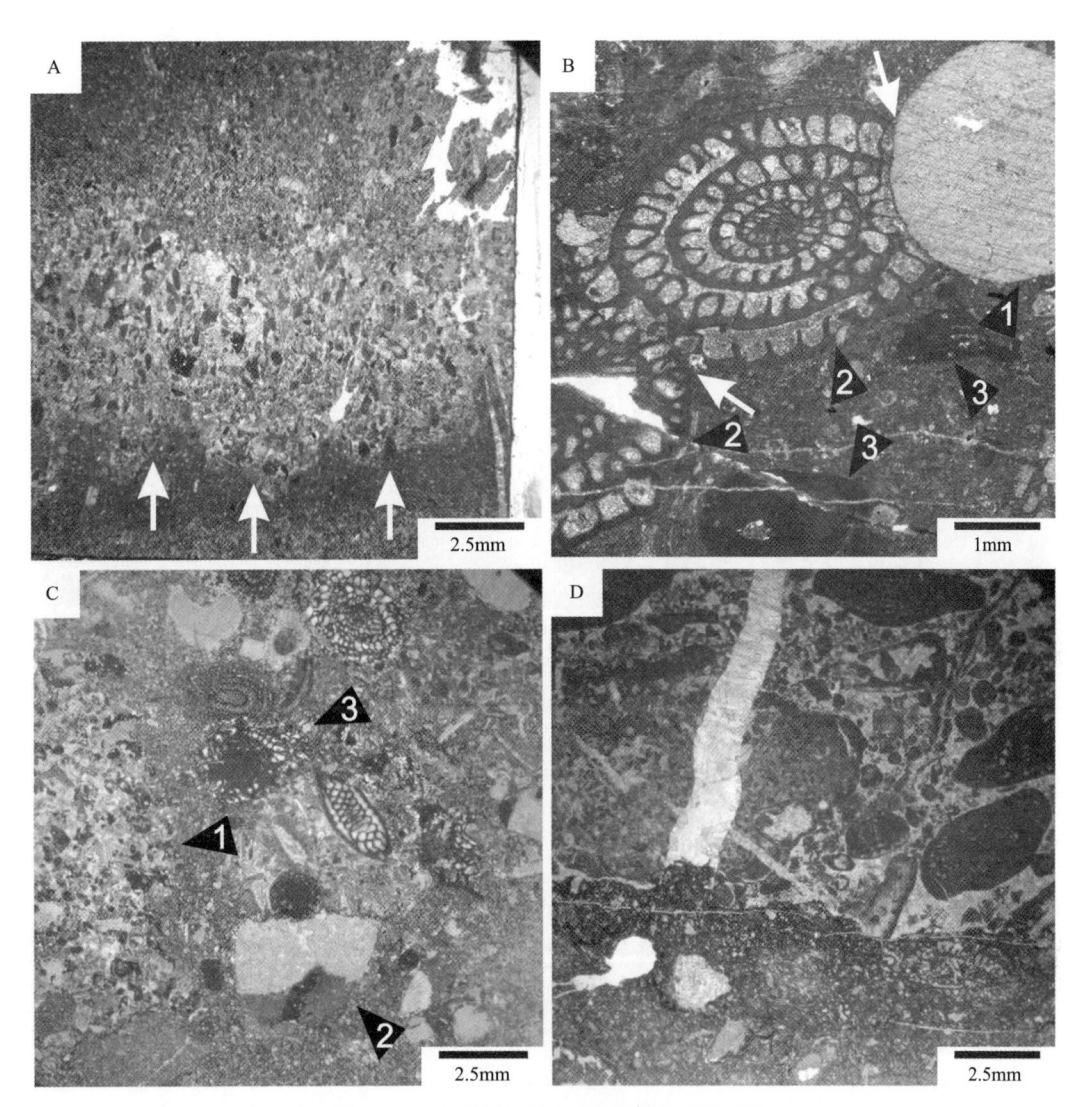

图 3.35 贵州罗甸纳水剖面典型镜下特征

A. 浊积岩向上变细的正粒序层理，白色箭头指示粒序方向和两粒序层间的冲刷面，第 118 层；B. 颗粒流成因的泥粒岩，含有大量的鳞。1-海百合茎，2-鳞，3-*Tubiphytes*。箭头指示颗粒间紧密接触，第 121 层；C. 角砾灰岩。1-粒泥岩角砾，2-异地保存的海百合茎碎片，3-破碎的鳞，第 226 层；D. 浅水台缘颗粒岩角砾，颗粒间亮晶胶结，第 225 层

2. 纳水组

纳水组单层层厚较小，以灰-深灰色薄层灰泥岩为主，夹有灰-深灰色硅质岩或硅化灰岩。主要生境型为 $IV_2 \sim III_3$。

第 125～134 层：为薄层细粒或泥晶灰岩夹中厚—厚层粗粒或砾屑浊积灰岩；向上变细的正粒序层较发育，见颗粒流形成的厚层泥粒-颗粒灰岩，底部发育逆粒序；原地

生物稀少，生物碎屑主要赋存于重力流形成的灰岩夹层中，生境型定为 III$_3$，台前斜坡环境。

第 135~140 层：主要为水平纹层发育的灰泥岩夹硅质岩或硅化灰岩（图 3.36A），史晓颖等（1999）指出此处沉积环境较深，可能代表由于快速海平面上升所造成的缺氧环境，具有饥饿沉积的特点。纳水组下部生境型定为 IV$_2$，下部浅海下部环境。

图 3.36　贵州罗甸纳水剖面野外特征
A. 灰岩，发育水平层理；B. 碎屑流角砾灰岩。虚线圈出的为生物碎屑灰岩角砾。图中记号笔长为 15cm

3. 栖霞组

第 141~191 层：栖霞组的岩性分为两种，一种为夹硅质团块或硅质岩的泥灰岩或泥晶灰岩，生物较贫乏，多为灰泥岩，含钙球，部分含少量海百合茎、非䗴有孔虫和介形虫等，生境型定为 IV$_2$，下部浅海下部环境；另一种为中厚层—厚层中-粗粒粒泥-泥粒灰岩，正粒序层理发育，且粒度较大，粒度变化形成的韵律层常见，为颗粒流-浊流成因，各门类生屑含量较多，但多为异地保存，生境型定为 III$_3$，台前斜坡环境。这两种岩性在剖面上交替出现，组成了栖霞组的 4 个向上变浅的旋回。栖霞组的主要生境型为 III$_3$~IV$_2$。

4. 茅口组

茅口组发育碎屑流-浊流成因的灰岩，大部分角砾来自浅水台地边缘或台前斜坡上部，含有大量的棘屑、钙藻、腕足类、非䗴有孔虫、介形虫等生物碎屑，角砾中颗粒间多为亮晶胶结，反应来源地水体能量较高（图 3.35D）。

第 192~193 层：厚层灰泥岩夹薄层硅质岩或硅质团块，生物较少，生境型定为 IV$_2$，下部浅海下部环境。

第 194~203 层：厚层粒泥-泥粒灰岩，中部夹薄层硅质岩或硅质团块，生境型为 V$_1$，上部斜坡环境。

第 204~218 层和第 219~233 层为两个向上变浅的序列，生境型分别由 IV$_2$ 演化为 III$_3$，即下部浅海下部—台前斜坡。第二个序列中台前斜坡沉积明显增厚。这一部分发育大规模的碎屑流角砾灰岩（图 3.36B），厚达 36m，指示同时期构造活动剧烈，角砾岩之上第 229 层为一套白云岩及白云质灰岩。角砾类型多样，包括含藻生屑灰岩角砾、生屑灰岩角砾、泥晶灰岩角砾和硅化灰岩角砾。角砾磨圆差，分选差，角砾间由泥质或黑色有机质充填（图 3.35C）。

第 234～243 层：下部发育了下部浅海下部环境的薄层—中薄层泥晶灰岩，中部为局部硅化的厚层泥晶灰岩，向上变为中厚层泥晶灰岩，顶部为中薄层硅化灰岩、中薄层泥晶灰岩，生境型由底至顶为 IV_2～V_2。

5. 吴家坪组

第 244～247 层：由下部的中厚层灰岩夹薄层硅化灰岩向上变为薄层硅质泥岩-硅质岩，生境型定为 V_2，下部斜坡环境。

四、贵州罗甸关刀二叠纪—三叠纪剖面

关刀剖面位于贵州省罗甸县边阳镇东约 2km 的滥田湾山坡小路上，剖面出露较好。王红梅等（2005）对地层进行过详细的分层和描述。该剖面由东向西地层由老到新出露有上二叠统大隆组、下三叠统罗楼组和中三叠统关刀岩楔。夏季植被茂盛，剖面覆盖较为严重，其他季节露头广泛，有利于地质观察和化石采集。

通过对贵州罗甸关刀剖面野外实测观察，分析了生物群落，在室内偏光显微镜下对 183 块岩石薄片进行了碳酸盐岩微相分析，综合起来将整个剖面分为 4 种类型生境型，沉积相带从下部浅海下部到潮下带均有分布，并显示出各自不同的特征（图 3.37）。

1. 大隆组

腕足类-菊石群落（第 1～2 层）：该群落主要包含腕足类和菊石以及少量双壳类，出现于深灰色薄—中层硅质岩和泥岩中（图 3.38A，B）。在这个群落中没有优势种，菊石主要是 *Pseudotirolites mapingensis* 和 *Pleuronodoceras* sp.，腕足类主要为 *Fusichonetes pigmaea*，*Kotlaia strophiria*，*Neochonetes* sp.，*Paryphella obicularia* 和 *Waagenites* cf. *soochowensis*，双壳类为 *Eumorphotis* sp.。根据出露的硅质岩和泥岩以及包含较为丰富的菊石和腕足类，将生境型定为下部浅海上部 IV_1（图 3.37）。

2. 罗楼组

菊石-双壳类群落（第 3～4 层）：罗楼组底部由菊石、双壳类和牙形石构成的群落，出现于泥岩中。其中占优势的分子主要是 *Ophiceras* spp. 和 *Claraia* spp.。此外该群落中还发现三叠纪最早的牙形石分子 *Hindeodus parvus*。菊石 *Ophiceras* spp. 的单调富集通常出现在较深水的环境，同时参考下伏地层的沉积环境类型，将生境型定为下部浅海上部 IV_1（图 3.37）。

非鳋有孔虫-牙形石-介形虫群落（第 5～20 层）：该群落中生物丰度和分异度都比较低，是典型大灭绝后的生物面貌。非鳋有孔虫、牙形石和介形虫是该段地层的主导生

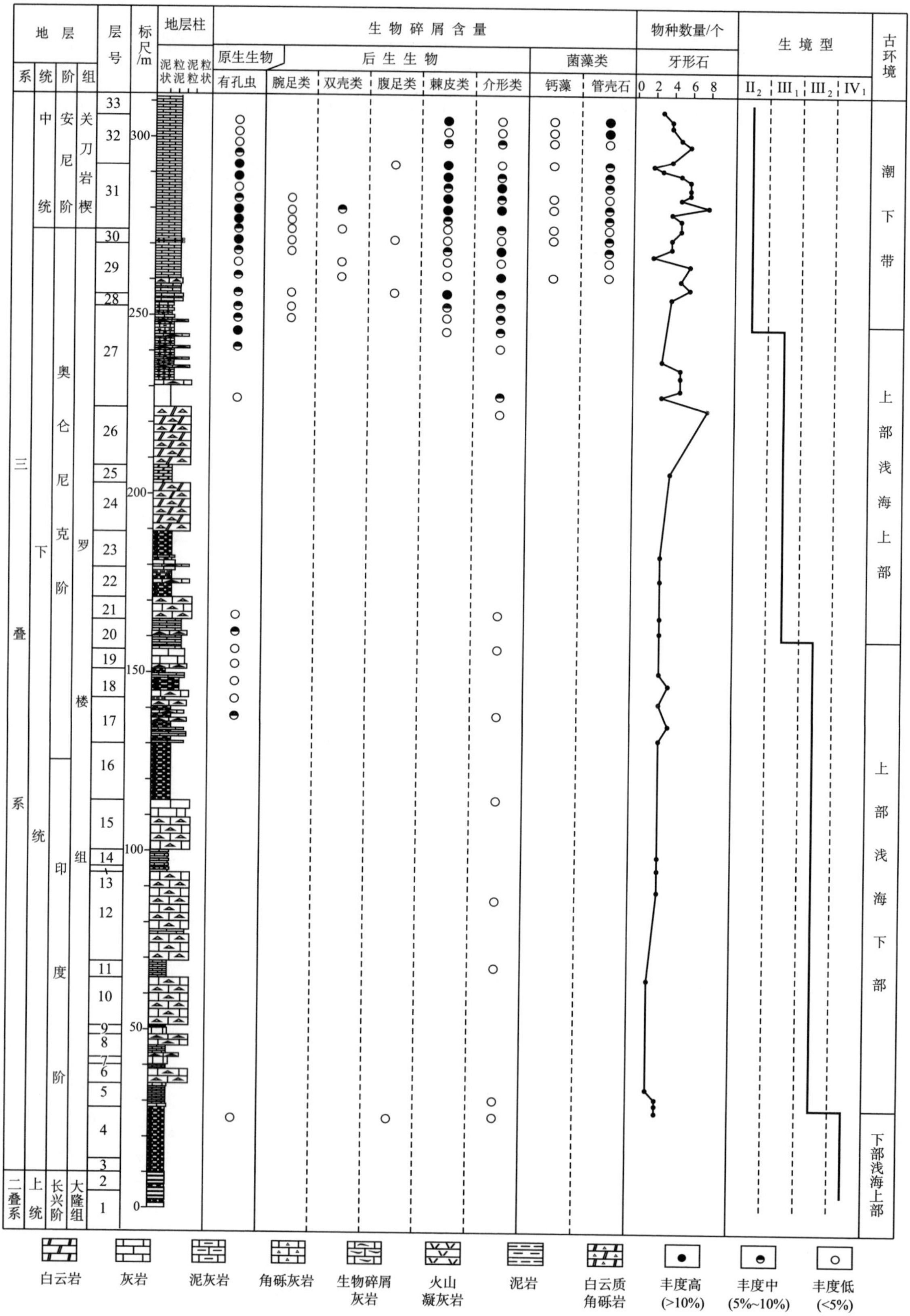

图 3.37 贵州罗甸关刀剖面二叠纪—三叠纪生态地层综合柱状图

物，此外还有少量的腹足类（图3.37）。非鏇有孔虫主要为 *Nodosaria* sp. 和 *Glomospira* spp.（图3.38C）。牙形石主要包括 *Hindeodus parvus*，*H. typicalis*，*H. anterodentatus*，*Neospathodus dieneri*，*N. cristagalli*，*N. peculiaris*，*N. waageni*，*N. conservativus*，*N. discreus* 和 *Parachirognathus* spp.。根据牙形石生物化石带，该群落属于早三叠世格里斯巴赫期到斯密斯期。该段地层下部以薄层灰岩与厚层角砾状灰岩为主，上部以薄层灰岩夹薄层泥岩为主。水平层理相对发育，表明水动力条件较弱，游泳、底栖等生物类型均存在，且游泳类生物所占比例略高。因此根据岩性、化石及沉积构造将生境型定为上部浅海下部 III$_2$（图3.37）。

非鏇有孔虫-牙形石-介形虫群落（第21～27层）：该群落生物丰度和分异度较高，反映了大灭绝后生物复苏的早期阶段。其中非鏇有孔虫、牙形石和介形虫仍是该段地层的主导生物，此外还有少量的棘皮动物化石（图3.37）。非鏇有孔虫主要包括 *Arenovidalina chialingchiangensis*，*Glomospira* spp.，*Endoteba bithynica*，*Gaudryina triadica*，*Meandrospira dinarica* 和 *Hoyenella sinensis*，牙形石主要包括 *Neospathodus waageni*，*N. conservativus*，*N. discreus*，*N. symmetricus*，*N. homeri*，*N. brochus* 和 *Parachirognathus* spp.。根据牙形石生物化石带，该群落属于早三叠世斯密斯期至斯帕斯期。该段地层以厚层状角砾灰岩、白云质角砾岩、薄层灰岩和页岩为主。底栖生物的比例相比下伏地层有所增加，将生境型定为上部浅海上部 III$_1$（图3.37）。

3. 关刀岩楔

管壳石-非鏇有孔虫-牙形石群落（第28～33层，部分属于罗楼组）：该群落中各门类化石十分丰富，主要包括管壳石、非鏇有孔虫、牙形石、介形类和棘皮动物，此外还含有少量的钙藻、腕足类、腹足类和双壳类化石（图3.38D，E，F）。其中非鏇有孔虫主要包括 *Endoteba bithynica*，*Gaudryina triadica*，*Meandrospira dinarica*，*Hoyenella sinensis*，*Endotriadella radstadtensis*，*Palaeolituonella meridionalis*，*Pilammina densa* 和 *Pilamminella grabd*。钙藻类包括 *Physoporella* sp.，*Griphoporella* sp. 和 *Pseudodiplopora proba*。牙形石包括 *Neospathodus symmetricus*，*N. homeri*，*N. brochus*，*N. gondolelloides*，*N. regalis* 和 *Chiosella timorensis*。根据牙形石生物化石带，该群落属于早三叠世斯帕斯期至中三叠世安尼期。该段地层以中、厚层状含生物碎屑灰岩为主。钙质藻类的出现表明水体较平静，且分布在透光带以上，因而以中厚层状为主的生物碎屑灰岩是一种较浅水正常潮下低能的沉积环境产物，属于生境型 II$_1$（图3.37）。

五、四川广元上寺三叠纪剖面

上寺剖面位于剑阁县上寺村长江沟采石场及村间公路边，出露连续良好，构造简单，有利于地质观察及采样。该剖面由北到南由老到新出露地层有下三叠统飞仙关组、铜街子组、嘉陵江组以及中三叠统雷口坡组。该剖面曾作为国际二叠系-三叠系全球界线层型剖面与点的候选剖面，许多学者对下三叠统飞仙关组底部开展过详细的研究（李子舜等，1989；Lai et al.，1996；Jiang et al.，2011）。我们通过对该剖面详细的分层、

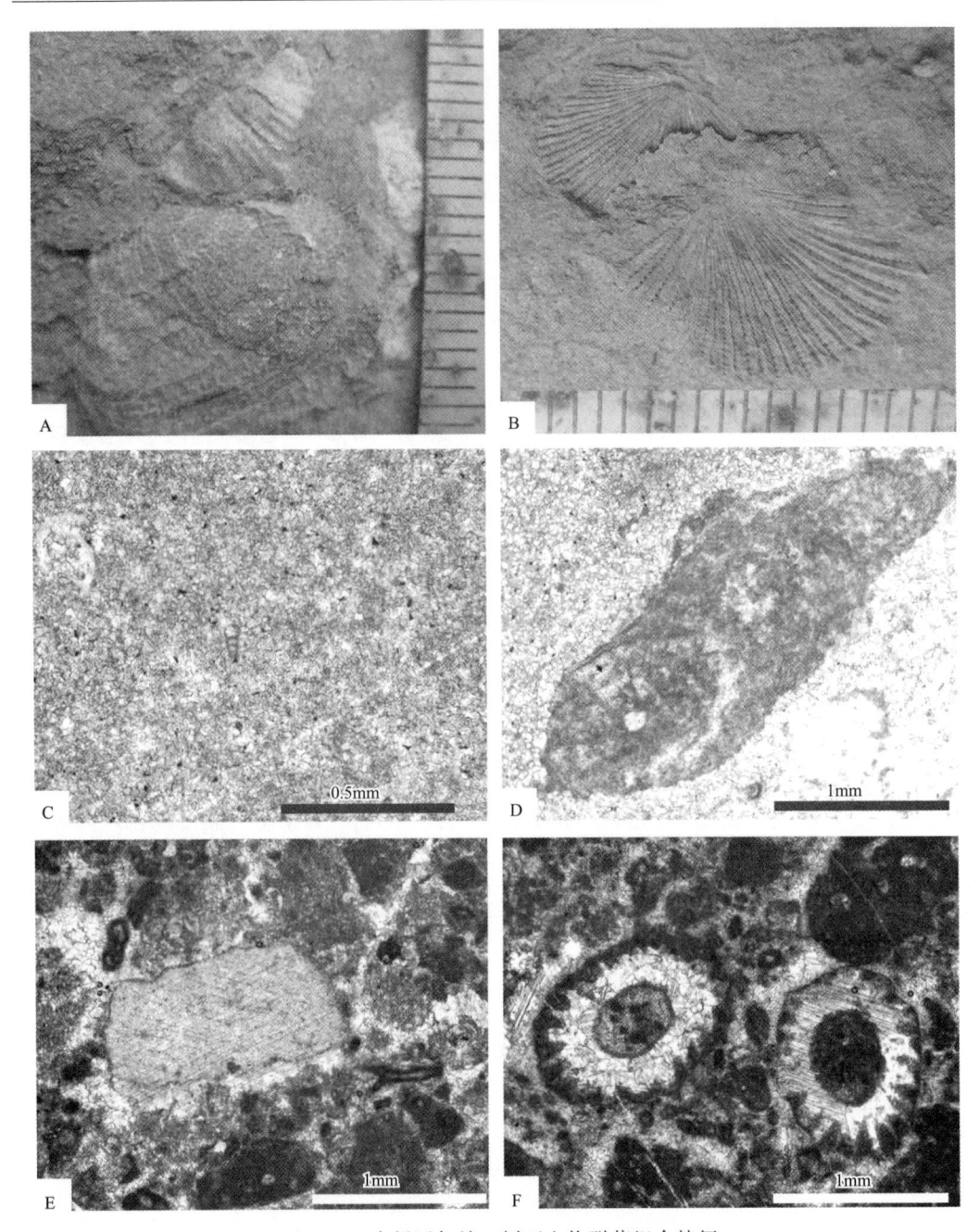

图 3.38 贵州罗甸关刀剖面生物群落组合特征

A. 腕足类 *Paryphella obicularia*（上），大隆组第 2 层；B. 双壳类 *Eumorphotis* sp.，大隆组第 2 层；C. 非鱯有孔虫 *Nodosaria* sp.，罗楼组第 5 层；D. 管壳石，关刀岩楔第 32 层；E. 棘皮动物、非鱯有孔虫、管壳石，关刀岩楔第 33 层；F. 钙藻 *Pseudodiplopora proba*、管壳石，关刀岩楔第 33 层

描述、野外观察，分析了生物群落，在室内偏光显微镜下对 462 块岩石薄片进行了碳酸盐岩微相分析，综合起来将整个剖面划分为 4 类 18 个生境型，沉积相带从潮下带到下部浅海上部（图 3.39）。

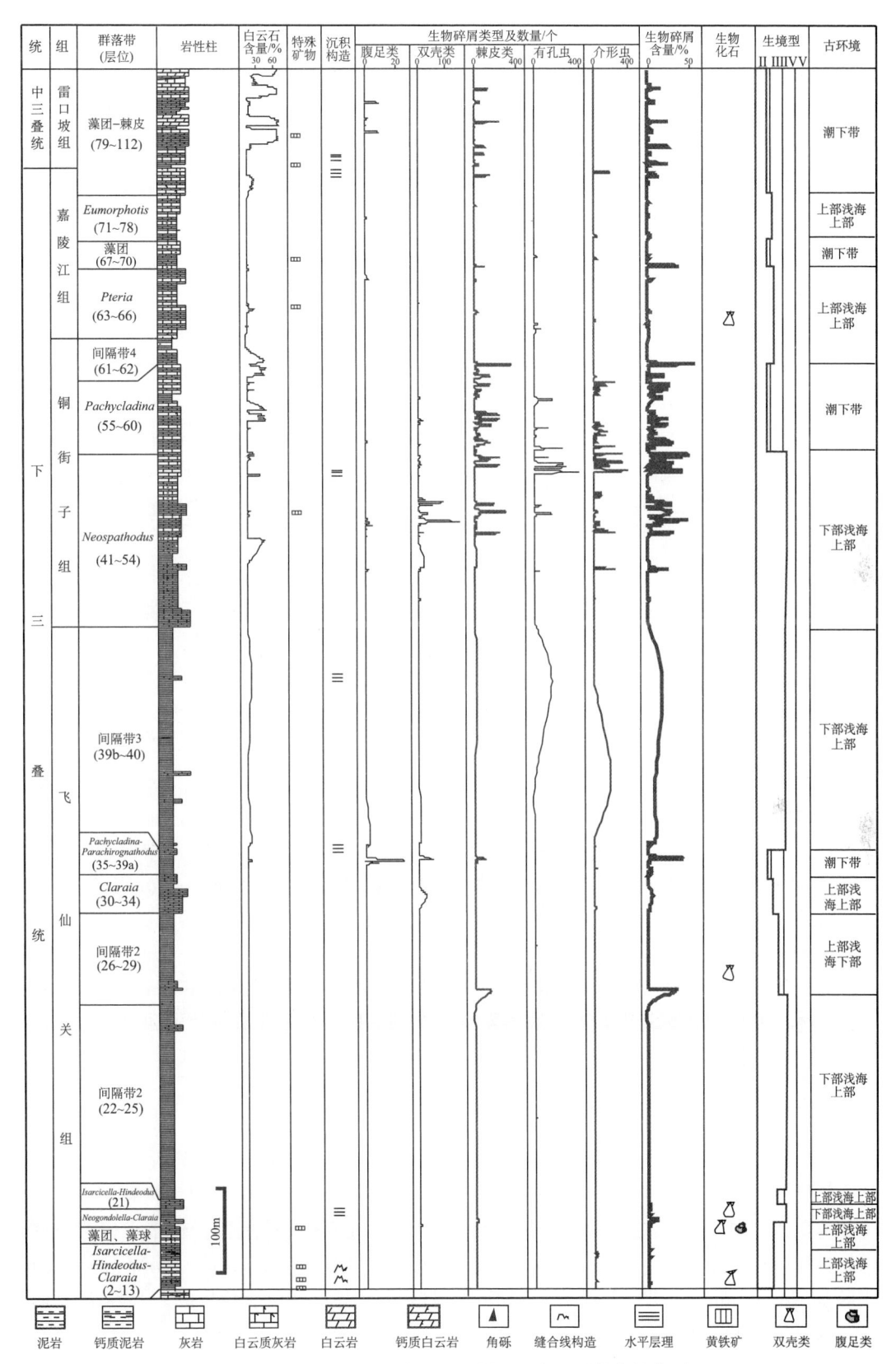

图 3.39　四川广元上寺三叠纪剖面生态地层综合柱状图

1. 飞仙关组

Isarcicella-Hindeodus-Claraia 群落（第 2～13 层顶部）：该段下部以土黄色薄层泥岩夹薄层泥灰岩为主，上部为灰白色到灰红色中—厚层灰岩夹黑色碳质页岩。泥晶灰岩中生物碎屑含量极为稀少，偶可发现少量的介形虫碎片。含多门类化石，牙形石主要是 *Isarcicella-Hindeodus* 分子，如 *H. parvus*，*I. isarcica* 等；双壳类有 *Claraia griesbachi*，*C. wangi*；含菊石 *Ophiceras*。生境型为 III$_1$。

藻团、藻球群落（第 14～16 层）：本段下部为灰红色厚层含角砾灰岩，中上部为青灰色中层灰岩夹黑色碳质页岩。本段出现了较多的藻团、藻球等，其他生物碎屑含量依然极少。仍为上部浅海上部，生境型为 III$_1$。

Neogondolella-Claraia 群落（第 17～20 层）：岩性为薄层灰岩、泥灰岩夹薄层泥岩。含牙形石 *Neogondolella carinata*，双壳类 *Claraia stachei*。本段总体生物碎屑含量稀少，藻团块不发育，水平层理发育，指示水动力很弱。生境型定为 IV$_1$。

Isarcicella-Hindeodus 群落（第 21 层）：本层岩性为灰黄色灰岩夹泥灰岩，微相镜下观察生屑含量极为稀少。生境型为 III$_1$。

间隔带 1（第 22～25 层）：岩性以较深水的紫红色泥页岩组合为主。本段总体生物碎屑含量极为稀少，藻团块不发育，水平层理发育，指示水动力很弱。生境型为 IV$_1$。

间隔带 2（第 26～29 层）：岩性以青灰色中薄层泥灰岩夹泥岩和紫红色薄层泥岩夹钙质泥岩（夹少量紫红色页岩）为主。该段生物极其贫乏，镜下和野外生物含量极少，镜下一般不含生物碎屑，也不含藻团。结合上下层位综合分析该段生境型为 III$_2$。

Claraia 群落（第 30～34 层）：岩性为青灰色中薄层泥灰岩，夹少量泥质条带灰岩，微相镜下观察为几乎不含生物碎屑的泥晶灰岩，含双壳类 *Claraia aurita*，发育遗迹化石。生境型为 III$_1$。

Pachycladina-Parachirognathodus 群落（第 35～39a 层）：飞仙关组中部，岩性以灰红色泥质灰岩夹钙质泥岩为主。本段对应的群落组合为牙形石 *Pachycladina-Parachirognathodus* 组合，代表一种水动力较强的环境，生物碎屑以浅水腹足类为主。生境型为 II$_2$。

间隔带 3（第 39b～40 层）：本带岩性以较深水的紫红色泥页岩组合夹灰岩为主。本段总体生物碎屑含量稀少，藻团块不发育，个别区段含少量非鲢有孔虫和介形虫；水平层理发育，指示水动力很弱。生境型为 IV$_1$。

2. 铜街子组

Neospathodus 群落（第 41～54 层）：为铜街子组的中下部。本段岩性主要为土黄色中厚层泥灰岩夹薄层泥灰岩和青灰色厚层泥灰岩夹厚层灰岩。本段以生物碎屑含量较丰富的粒泥岩-粒泥岩为主，生物碎屑组合以介形虫和非鲢有孔虫含量较多，也有一些棘皮类和双壳类。牙形石有 *Neospathodus novaehollandiae*，*N.* cf. *triangularis* 等。牙形石 *Neospathodus* 组合是下三叠统盆地相指示标志之一。结合生物碎屑组合及岩性，该段生境型为 IV$_1$。

Pachycladina 群落（第55～60层）：岩性以紫红色中层灰岩（夹少量薄层灰岩或青灰色灰岩）和青灰色厚层至巨厚层白云质灰岩为主。微相镜下观察显示本段含较多的白云石（可达20%～35%），生物碎屑含量多，种类丰富。其中，棘皮类含量极为丰富，部分薄片显示为棘皮类堆积。牙形石 *Pachycladina* 组合代表一种水动力很强的环境，暗示海水较浅。综合上述标志，该段生境型为 II_2。

间隔带4（第61～62层）：岩性以青灰色中层到厚层灰岩为主，夹少量角砾岩。镜下该段地层主要为生物碎屑粒泥岩组合，生物碎屑种类较多但丰度不大；含少量藻团。生境型为 III_1。

3. 嘉陵江组

Pteria 群落（第63～66层）：岩性以青灰色中层到厚层灰岩为主，夹少量角砾岩。镜下观察，该段地层主要为生物碎屑粒泥岩组合，生物碎屑种类较多但丰度不大，含少量藻团。含双壳类化石 *Pteria* cf. *murchisoni*。生境型为 III_1。

藻团群落（第67～70层）：该群落岩性以土黄色薄层钙质泥岩和灰白色厚层灰岩为主。藻团发育，表明水深不深且较动荡，其他生物类别较为单调。生境型为 II_2。

Eumorphotis 群落（第71～78层）：岩性以青灰色中层到厚层灰岩为主，夹少量角砾岩。含双壳类化石 *Eumorphotis*。微相镜下观察主要为生物碎屑粒泥岩组合，生屑种类较多但丰度不大，含少量藻团。生境型为 III_1。

藻团-棘皮类群落（第79～81层）：嘉陵江组顶部，岩性以厚层至巨厚层钙质白云岩、白云岩为主。藻团极其发育，生物碎屑类型以浅水腹足类和棘皮类占统治地位，几乎不含非鳎有孔虫，表明了动荡的潮下带环境。生境型为 II_2。

4. 雷口坡组

藻团-棘皮类群落（第82～112层），与嘉陵江组第79～81层同属一个群落，只是依据早-中三叠世之交一层玻屑凝灰岩（俗称绿豆岩）将二者区分开来，二者岩性、生物碎屑类型高度相似。生境型为 II_2。

第六节 中元古代至三叠纪生境型变化规律

一、生境型的划分和识别

虽然生境型的划分和识别主要依据生物群落的特征，但是在缺乏实体化石的情况下，生境型的划分需要通过沉积特征所限定的沉积体系予以补充确定。如中元古代地层中，宏观的、野外肉眼可以分辨的、与生物活动有关的藻纹层和叠层石，以及镜下根据显微结构特点识别出的与生物活动有关的沉积颗粒（如高于庄组藻球粒、藻鲕，以及凝块石和核形石），可以作为生境型划分的依据之一。但是重要的还是地层沉积特征限定的沉积体系。类似情形也见于研究程度较低的剖面和生物化石较为贫乏的碎屑岩地层中。新元古代晚期，宏观藻类开始发育［包括产于泥（页）岩中的"陡山沱早期生物群"、"庙河生物群"、"瓮会生物群"和"武陵山生物群";和产于磷块岩和白云岩地层中的"瓮安生物群"、"高家山生物群"和"西陵峡生物群"],生物化石逐渐成为生境型确定的重要依据。

另外,由于化石保存的差别,以及研究者所熟悉的门类的差别,不同时代生物群落划分所依据的生物门类有所不同。从目前情况看,主要依据研究者相对较为熟悉的门类。

二、一些特殊生境型的特征和识别

由于生境型是生物化石的类别、丰度和分异度、保存(埋藏)特征、生物群落结构以及围岩沉积特征等的综合分析结果,从多个侧面反映了生物的生活环境特征,因而对沉积环境的刻画更为精细,并不等同于沉积环境和沉积相分析。华南地区南华纪至中三叠世地层中,发育一些分布广泛、特征典型的沉积相,它们在相关的沉积相模式中已有较好总结。但是其生境型特征的识别和划分,仍值得在相关研究中加以注意。

首先是台间海槽和台盆沉积环境。由于中上扬子地区震旦纪至三叠纪期间整体属于陆壳板块发育阶段,沉积环境主体以浅水沉积环境为主。但是在这些浅水沉积环境中,由于受到基底断裂活动或者碳酸盐产率的影响,常常发育相对较深的沉积环境。这些相对较深的沉积环境,从沉积地质学的角度看,水深范围涵盖了浅海陆架至大于 200m 的环境,往往也没有进一步区分。而这些环境在生境型和生物生产力方面存在明显区别,有必要加以区分。

如中、晚泥盆世时期,受北东和北西向同沉积断裂构造的控制,滇黔-湘桂的广泛海域普遍呈现台-盆相间的"棋盘格"式古地理格局。这些"台间海槽"发育在浅水碳酸盐台地和台地前斜坡之外,更多呈现的是陆架沉积环境的特点,虽然含有竹节石等浮游生物,但是岩性以薄层泥晶灰岩和泥灰岩为主。而南丹罗富剖面下-中泥盆统塘丁组-罗富组"南丹型"沉积以硅泥质为主,含大量的浮游生物化石(三叶虫、竹节石和菊石等),因而其环境水深明显大于上述"台间海槽"。

而二叠纪茅口期和长兴期以硅质岩为主的沉积,属于典型的"台盆"环境。它们含有放射虫和大量浮游类菊石化石,缺乏底栖生物,甚至缺乏生物扰动。其相邻的较为浅水的地层则主要为薄层泥晶灰岩夹泥质灰岩和泥岩,以小型长身贝和戟贝为主,反映了下部浅海沉积环境特征。两者之间常常为过渡关系,缺乏应有的斜坡沉积环境。因此类似"台盆"环境生境型的水深可能并不大,估计稍大于 200m。

其次是碳酸盐台地"台前斜坡"环境。该环境在碳酸盐地层中较为常见,也较容易识别。但是并非所有碳酸盐台地和陆架沉积序列中都有发育。其中的生物碎屑和生物化石包括碳酸盐台地的浅水类型,也包括原地的生物碎屑。后者是其生境型确定的主要依据。根据环境特点,该生境型的特点有些类似上陆架环境的特点,但是有其特殊性,因而应该区别对待。

三、生境型的时空变化

图 3.40 是本书涉及的埃迪卡拉纪—三叠纪剖面生境型特征的简单总结。由于具体研究剖面所处的古地理背景的差异，因此生境型在剖面上的变化与当时的古地理背景密切相关。如四川广元剖面整体位于扬子地台内部，二叠纪时沉积环境以开阔台地为主，生境型以 III 为主。当水体变浅时，生境型逐渐转化为 II；当水深变深时，逐渐演化为生境型 IV 和"台盆"型生境型 V。由于当时的上扬子碳酸盐台地顶部平坦，环境空间稳定性较好，各生境型之间的变化多为渐变。而二叠纪广西来宾地区位于桂中孤立碳酸盐台地，因此该剖面中二叠世栖霞期以生境型 III 为主，自茅口期出现斜坡相的生境型 V 与台地浅滩生物礁（或滩）生境型 VII 的交替。广西来宾剖面的生境型 V 与广元剖面生境型 V 无论是在生物构成还是沉积特征方面都有明显的差别。因此，具体剖面生境型的纵向演化与剖面所处古地理位置密切相关。

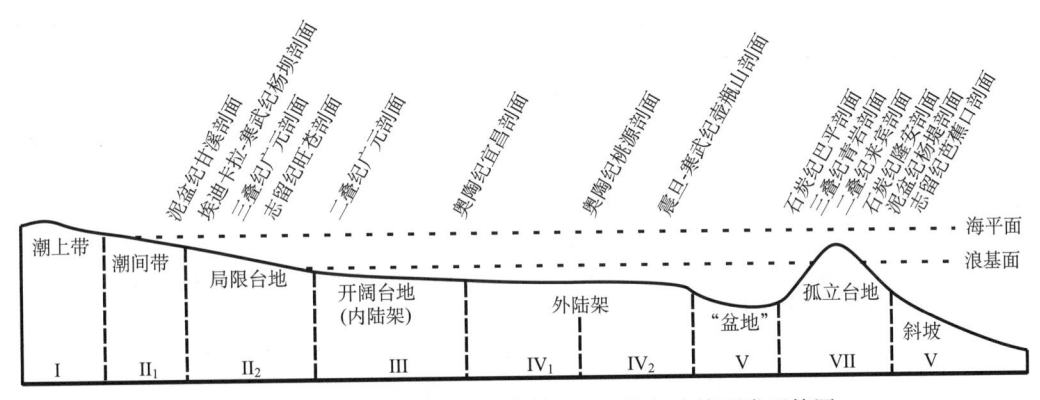

图 3.40 中上扬子地区埃迪卡拉纪—三叠纪生境型类型简图

参 考 文 献

安泰庠. 1987. 中国南部早古生代牙形石. 北京：北京大学出版社. 1~238
陈晋镳，张鹏远，高振家，孙淑芬. 1999. 中国地层典（中元古界）. 北京：地质出版社. 89
陈孟莪，萧宗正. 1992. 峡东震旦系陡山沱组宏体生物群. 古生物学报，31（5）：513~529
陈孟莪，萧宗正，袁训来. 1994. 晚震旦世的特种生物群落——庙河生物群新知. 古生物学报，33（4）：391~403
陈孟莪，陈其英，萧宗正. 2000. 试论宏体植物的早期演化. 地质科学，35（1）：1~15
陈孝红，汪啸风. 2002. 湘西震旦纪武陵山生物群的化石形态学特征和归属. 地质通报，21（10）：638~645
陈孝红，汪啸风，王传尚，李志宏，陈立德. 1999. 湘西留茶坡组碳质宏体化石初步研究. 华南地质与矿产，2：15~30
陈旭. 1990. 论笔石的深度分带. 古生物学报，29（5）：507~526
陈旭，Bergstöm S M. 2008. 奥陶纪研究百余年：从英国标准到国际标准. 地层学杂志，32（1）：1~14
陈旭，戎嘉余. 1996. 中国扬子区兰多维列统特列奇阶及其与英国的对比. 北京：科学出版社. 1~162
程裕淇，王泽九，黄枝高. 2009. 中国地层典（总论）. 北京：地质出版社. 1~411
丁莲芳，李勇，胡夏嵩，肖娅萍，苏春乾，黄建成. 1996. 震旦纪庙河生物群. 北京：地质出版社. 62~146
杜远生，颜佳新，龚一鸣，冯庆来. 2007. 地球生物相中的生境型：概念、模式和编图. 地球科学——中国地质大学学

报, 32 (6): 721~727

方宗杰, 蔡重阳, 王怿, 李星学, 王成源, 耿良玉, 王尚启, 高联达, 王念忠, 李代英. 1994. 滇东曲靖志留-泥盆系界线研究的新进展. 地层学杂志, 18 (2): 81~90

冯增昭, 杨玉卿, 鲍志东, 金振奎. 1998. 中国南方石炭纪岩相古地理. 北京: 地质出版社

傅力浦, 宋礼生. 1986. 陕西紫阳地区 (过渡带) 志留纪地层及古生物. 中国地质科学院西安地质矿产研究所所刊, 第14号: 1~198

傅力浦, 张子福, 耿良玉. 2006. 中国紫阳志留系高分辨率笔石生物地层与生物复苏. 北京: 地质出版社. 1~151

高林志, 张传恒, 史晓颖, 周洪瑞, 王自强. 2007. 华北青白口系下马岭组凝灰岩锆石 SHRIMP U-Pb 定年. 地质通报, 26 (3): 249~255

高林志, 张传恒, 尹崇玉, 史晓颖, 王自强, 刘耀明, 刘鹏举, 唐烽, 宋彪. 2008a. 华北古陆中、新元古代年代地层框架 SHRIMP 锆石年龄新依据. 地球学报, 29 (3): 366~376

高林志, 张传恒, 史晓颖, 宋彪, 王自强, 刘耀明. 2008b. 华北古陆下马岭组归属中元古界的锆石 SHRIMP 年龄新证据. 科学通报, 53 (21): 2617~2623

高林志, 张传恒, 刘鹏举, 丁孝忠, 王自强, 张彦杰. 2009. 华北-江南地区中、新元古代地层格架的再认识. 地球学报, 30 (4): 433~446

高林志, 丁孝忠, 曹茜, 张传恒. 2010. 中国晚前寒武纪年表和年代地层序列. 中国地质, 37 (4): 1014~1020

耿良玉, 张允白, 蔡习尧, 钱泽书, 丁连生, 王根贤, 刘春莲. 1999. 扬子区后 Llandovery 世 (志留纪) 胞石的发现及其意义. 微体古生物学报, 16 (2): 111~151

贵州省地质矿产局. 1987. 贵州省区域地质志. 北京: 地质出版社. 5~48

郭华, 杜远生, 黄俊华, 杨江海, 黄虎, 陈玉, 周瑶. 2010. 河北平泉中元古界高于庄组生境型及古环境. 古地理学报, 12 (3): 269~280

湖南省地质矿产局. 1988. 湖南省区域地质志. 北京: 地质出版社. 25~40

湖南省区调队. 1986. 湖南地层. 北京: 地质出版社. 151~254

金淳泰, 万正权, 叶少华等. 1992. 四川广元、陕西宁强地区志留系. 成都: 成都科技大学出版社. 1~97

金淳泰, 万正权, 陈继荣. 1997. 上扬子地台西北部志留系研究新进展. 特提斯地质, 21: 142~157

李怀坤, 朱士兴, 相振群, 苏文博, 陆松年, 周红英, 耿建珍, 李生, 杨锋杰. 2010. 北京延庆高于庄组凝灰岩的锆石 U-Pb 定年研究及其对华北北部中元古界划分新方案的进一步约束. 岩石学报, 26 (7): 2131~2140

李子舜, 詹立培, 戴进业等. 1989. 川北-陕南地区二叠纪-三叠纪生物地层和事件地层. 北京: 地质出版社. 1~435

林宝玉, 苏养正, 朱秀芳. 1996. 中国地层典-志留系. 北京: 地质出版社. 1~104

刘宝珺, 许效松, 潘杏男, 黄慧琼, 徐强. 1993. 中国南方古大陆沉积地壳演化与成矿. 北京: 科学出版社. 1~118

刘第墉, 陈旭, 张太荣. 1964. 四川北部南江早古生代地层. 中国科学院地质古生物研究所集刊, 1: 161~170

陆松年, 李惠民. 1991. 蓟县长城系大红峪组火山岩的单颗粒锆石 U-Pb 法准确定年. 中国地质科学院院报, 22 (1): 137~145

马丽芳, 乔秀夫, 闵隆瑞, 范本贤, 丁孝忠, 许薇玲, 刘训, 姚冬生, 张德全, 顾澎涛. 2002. 中国地质图集. 北京: 地质出版社. 1~348

梅冥相. 2007. 中元古代叠层石-非叠层石碳酸盐岩层序地层序列及其沉积特征——以北京延庆千沟剖面高于庄组为例. 现代地质, 21 (2): 387~396

梅冥相, 高金汉, 易定红, 孟庆芬, 李东海. 2002. 黔桂地区二叠系层序地层格架及相对海平面变化研究. 高校地质学报, 8 (3): 318~333

乔秀夫, 高林志, 张传恒. 2007. 中朝板块中新元古界年代地层柱与构造环境新思考. 地质通报, 26 (5): 503~509

秦松, 张涛, 苏文博, 王巍, 马超. 2011. 四川旺苍志留系鲕粒灰岩特征及地质意义. 地球科学——中国地质大学学报, 36 (1): 43~52

戎嘉余. 1984. 上扬子区晚奥陶世海退的生态地层证据与冰川活动影响. 地层学杂志, 8 (1): 19~30

戎嘉余. 1986. 国际志留系研究的新进展. 地层学杂志, 10 (3): 238~242

戎嘉余, 杨学长. 1981. 简论滇东的志留纪地层. 地层学杂志, 5 (1): 1~4

沙庆安，吴望始，傅家谟. 1990. 黔桂地区二叠系综合研究——兼论含油气性. 北京：科学出版社. 15～35

史晓颖，梅仕龙，孙岩，李斌，孙克勤. 1999. 黔南斜坡相区二叠系层序地层序列及其年代地层对比. 现代地质，13（1）：1～10

史晓颖，王新强，蒋干清，刘典波，高林志. 2008a. 贺兰山地区中元古生微生物席成因构造——远古时期微生物群活动的沉积标识. 地质论评，54（5）：877～586

史晓颖，张传恒，蒋干清，刘娟，王议，刘典波. 2008b. 华北地台中元古代碳酸盐岩中的微生物成因构造及其生烃潜力. 现代地质，22（5）：669～682

四川省区域地层表编写小组. 1978. 西南地区区域地层表，四川省分册. 北京：地质出版社. 1～672

苏文博. 2001. 上扬子地台东南缘奥陶纪层序地层及海平面变化. 北京：地质出版社. 1～106

苏文博，李志明，Ettensohn F R, Johnson M E, Huff W D, 王巍，马超，李录，张磊，赵慧静. 2007. 华南五峰组-龙马溪组黑色岩系时空展布的主控因素及其启示. 地球科学——中国地质大学学报，32（6）：819～827

苏文博，李怀坤，Huff W, Ettensohn F R, 张世红，周红英，万渝生. 2010. 铁岭组钾质斑脱岩锆石SHRIMP U-Pb年代学研究及其地质意义. 科学通报，55（22）：2197～2206

汤冬杰，史晓颖，裴云鹏，蒋干清，赵贵生. 2011. 华北中元古代陆表海氧化还原条件. 古地理学报，13（5）：563～580

唐烽，尹崇玉，刘鹏举，高林志，王自强. 2009. 华南新元古代宏体化石特征及生物地层序列. 地球学报，30（4）：505～522

唐鹏，黄冰，王成源，徐洪河，王怿. 2011. 四川广元志留系Ludlow统的再研究兼论车家坝组的含义. 地层学杂志，(3)：241～253

唐天福，张俊明，蒋先健. 1978. 湘、鄂西部晚震旦世地层与古生物的发现及其意义. 地层学杂志，2（1）：32～44

汪啸风，倪世钊，曾庆銮，徐光洪，周天梅，李志宏，项礼文，赖才根. 1987. 长江三峡地区生物地层学（2），早古生代分册. 北京：地质出版社. 1～641

汪啸风，李志明，陈建强，陈孝红，苏文博. 1996. 华南早奥陶世海平面变化及其对比. 华南地质与矿产，3：1～11

汪啸风，Stouge S, 陈孝红，李志宏，王传尚，Erdtmann B D, 曾庆銮，周志强，陈辉明，张淼，徐光洪. 2005. 全球下奥陶统-中奥陶统界线层型候选剖面——宜昌黄花场剖面研究新进展. 地层学杂志，29（增刊）：467～495

王成源. 1980. 云南曲靖上志留统牙形刺. 古生物学报，19（5）：369～381

王成源. 2001. 云南曲靖地区关底组的时代. 地层学杂志，25（2）：125～128

王成源，陈立德，王怿，唐鹏. 2010. *Pterospathodus eopennatus*（牙形刺）带的确认与志留系纱帽组的时代及相关地层的对比. 古生物学报，49（1）：10～28

王红梅，王兴理，李荣西，魏家庸. 2005. 贵州罗甸边阳镇关刀剖面三叠纪牙形石序列及阶的划分. 古生物学报，44（4）：611～626

王鸿祯. 1985. 中国古地理图集. 北京：地图出版社. 1～143

王鸿祯，史晓颖，王训练，殷鸿福，乔秀夫，刘本培，李思田，陈建强. 2000. 中国层序地层研究. 广州：广东科技出版社. 457

王砚耕，尹恭正，郑淑芳，钱逸. 1984. 贵州扬子区震旦系-寒武系界线地层学. 见：王砚耕. 贵州上前寒武系及震旦系-寒武系界线. 贵阳：贵州人民出版社. 31

王约，王训练. 2006. 黔东北新元古代陡山沱期宏体藻类的固着器特征及其沉积环境意义. 微体古生物学报，23（2）：154～164

王约，何明华，喻美艺，赵元龙，彭进，杨荣军，张振含. 2005. 黔东北震旦纪陡山沱晚期庙河型生物群的生态特征及埋藏环境初探. 古地理学报，7（3）：327～335

王约，王训练，黄禹铭. 2007a. 黔东北伊迪卡拉纪陡山沱组的宏体藻类. 地球科学，32（6）：828～844

王约，王训练，黄舜铭. 2007b. 华南伊迪卡拉系陡山沱组*Protoconites*的分类位置与生态初探. 地球科学，32（增刊）：41～50

王约，雷灵芳，陈洪德，侯明才. 2010. 扬子板块伊迪卡拉（震旦）纪多细胞生物的发展与烃源岩的形成. 沉积与特提斯地质，30（3）：30～38

王约，楚靖岩，王训练，杨艳飞，徐一帆. 2009a. 华南陡山沱组磷质震积岩及其与多细胞生物群相关性初探. 地质论评，55（4）：620～626

王约，赵明胜，杨艳飞，王训练. 2009b. 华南陡山沱期晚期宏体生物生态系统的出现及其意义. 古地理学报，6（11）：640～650

王志根，赵嘉明. 1998. 广西来宾中二叠世的珊瑚群. 古生物学报，37（1）：40～59

王志浩. 2000. 黔南下-中二叠统界线层的牙形刺——瓜达鲁平统底界在华南的确认. 微体古生物学报，17（4）：422～429

王志浩，祁玉平. 2002. 贵州罗甸上石炭统罗苏阶和滑石板阶牙形刺序列的再研究. 微体古生物学报，19（2）：134～143

王志浩，芮琳，张遴信. 1987. 贵州罗甸纳水晚石炭世至早二叠世早期牙形刺及鲢序列. 地层学杂志，11（2）：155～159

许效松，徐强，潘桂棠. 1996. 中国南大陆演化与全球古地理对比. 北京：地质出版社. 42～140

杨瑞东，钱逸. 2005. 贵州台江五河剖面灯影组顶部微体动物化石. 地质科学，40（1）：40～46

殷鸿福，丁梅华，张克信，童金南，杨逢清，赖旭龙. 1995. 扬子区及其周缘东吴-印支期生态地层学. 北京：科学出版社. 1～338

殷鸿福，谢树成，颜佳新，胡超涌，黄俊华，腾格尔，郄文昆，邱轩. 2011. 海相碳酸盐烃源岩评价的地球生物学方法. 中国科学：地球科学，41：895～909

曾庆銮. 1991. 峡东地区奥陶系腕足类群落与海平面升降变化. 中国地质科学院宜昌地质矿产研究所所刊，16：13～39

詹仁斌，刘建波，Percival I G，靳吉锁，李贵鹏. 2010. 华南上扬子区晚奥陶世赫南特贝动物群的时空演变. 中国科学：地球科学，40（9）：1154～1163

张立军，龚一鸣. 2011. 华南晚古生代 Zoophycos 时空分布及其控制因素. 科技导报，29（31）：18～28

张廷山，兰光志，沈昭国，王顺玉，姜照勇. 2005. 大巴山、米仓山南缘早寒武世礁滩发育特征. 天然气地球科学，16（6）：170～174

周洪瑞，梅冥相，杜本明，罗志清，吕苗. 2006. 天津蓟县雾迷山组高频旋回沉积特征. 现代地质，20（2）：209～215

周希云，余开富. 1984. 四川南江、城口、岳池等地早志留世牙形刺的发现. 地层学杂志，8（1）：67～70

周希云，钱泳秦，喻洪津. 1985. 我国西南地区志留纪牙形刺生物地层概述. 贵州工学院院报，1985：31～42

朱为庆，陈孟莪. 1984. 峡东区上震旦统宏体藻类化石的发现. 植物学报，26（5）：558～560

Boucot A J. 1981. Principles of Benthic Marine Palaeoecology. New York: Academic Press. 1～463

Brenchley P J, Marshall J D, Carden G A F, Robertson D B R, Long D G F, Meidla T, Hints L, Anderson T F. 1994. Bathymetric and isotopic evidence for a short-lived Late Ordovician glaciation in a greenhouse period. Geology, 22: 295～298

Chen J Y, Zhou G Q. 1997. Biology of the Chengjiang Fauna. Bulletin of the National Museum of Natural Science, 10: 1～106

Chen X, Rong J Y, Li Y, Boucot A J. 2004. Facies patterns and geography of the Yangtze region, South China, through the Ordovician and Silurian transition. Palaeogeography, Paleoclimatology, Paleoecology, 204 (3-4): 353～372

Flügel E. 2004. Microfacies of Carbonate Rocks. New York: Springer. 1～976

Gradstein F M, Ogg J G, Smith A G. 2004. A New Geologic Time Scale 2004. Cambridge: Cambridge University Press. 1～464

Jiang H S, Lai X L, Yan C B, Aldridge R J, Wignall P B, Sun Y D. 2011. Revised conodont zonation and conodont evolution across the Permian-Triassic boundary at the Shangsi section, Guangyuan, Sichuan, South China. Global and Planetary Change, 72 (3/4): 103～115

Johnson M E, Baarli B G. 2007. Topography and depositional environments at the Ordovician-Silurian boundary in the Iowa-Wisconsin region, USA. Acta Palentologica Sinica, 46, Sup: 208～217

Lai X L, Yang F Q, Hallam A, Wignall P B. 1996. The Shangsi section, candidate of the global stratotype section and point of the Permian-Triassic boundary. In: Yin H F (ed). The Palaeozoic-Mesozoic Boundary, Candidates of the Global Stratotype Section and Point of the Permian-Triassic Boundary. Wuhan: China University Geosciences Press. 113～124

Lu S, Zhao G, Wang H, Hao G. 2008. Precambrian metamorphic basement and sedimentary cover of the North China Craton: A review. Precambrain Research, 160 (1-2): 77～93

Rong J, Chen X, Harper D A T. 2002. The lastest Ordovician Hirnantia Fauna (Branchiopoda) in time and space. Lethaia, 35 (3): 231～249

Shi X, Zhang C, Jiang G, Liu J, Wang Y, Liu D. 2008. Microbial mats in the Mesoproterozoic carbonates of the North China platform and their potential for hydrocarbon generation. Journal of China University of Geosciences, 19 (5): 549～566

Steiner M. 1994. Die neoproterozoishen Megaalgen Sudchinas. Berliner Geowissrnschaftliche Abhandlungen, 15 (E): 1～146

Steiner M, Erdtmann B-D, Chen J. 1992. Preliminary assessment of new Late Sinian (Late Proterozoic) large siphonous and filamentous "megaalgae" from eastern Wulingshan, north-central Hunan, China. Berliner Geowissenschaftliche Abhandlungen, 3 (E): 305～319

Su W, He L, Wang Y, Gong S, Zhou H. 2003. K-Bentonite beds and high-resolution integrated stratigraphy of the uppermost Ordovician Wufeng and the lowest Silurian Longmaxi formations in South China. Science in China Series D: Earth Sciences, 46 (11): 1121～1133

Su W, Zhang S, Huff W D, Li Huaikun, Ettensohn F R, Chen X, Yang H, Han Y, Song B, Santosh M. 2008. SHRIMP U-Pb ages of K-bentonite beds in the Xiamaling Formation: Implications for revised subdivision of the Meso- to Neoproterozoic history of the North China Craton. Gondwana Research, 14 (3): 543～553

Su W, Huff W D, Ettensohn F R, Liu X, Zhang J, Li Z. 2009. K-bentonite, black-shale and flysch successions at the Ordovician-Silurian transition, South China: Possible sedimentary responses to the accretion of Cathaysia to the Yangtze Block and its implications for the evolution of Gondwana. Gondwana Research, 15: 111～130

Tang F, Yin C, Bengtson S, Liu P, Wang Z, Gao L. 2008. Octoradiate spiral organisms in the Ediacaran of South China. Acta Geologica Sinica, 82 (1): 27～34

Wang Y, Wang X. 2008. Annelid from the Neoproterozoic Doushantuo Formation in northeast Guizhou, China. Acta Geologica Sinica, 82 (2): 257～265

Wang Y, Wang X, Huang Y. 2008. Megascopic symmetrical metazoans from the Ediacaran Doushantuo Formation in the northeastern Guizhou, South China. Journal of China University of Geosciences, 19 (3): 200～206

Wang Y, Chen H, Wang X, Huang Y. 2011. Research on succession of the Ediacaran Doushantuoian meta-community in northeast Guizhou, South China. Acta Geologica Sinica, 85 (3): 533～543

Xiao S, Yuan X, Steiner M, Knoll A H. 2002. Macroscopic carbonaceous compressions in a terminal Proterozoic shale: A systematic reassessment of the Miaohe Biota, South China. Journal of Paleontology, 76 (2): 347～376

Yang R, Qian Y, Zhang J, Zhang W, Jiang L, Gao H. 2004. Sponge spicules in phosphorites of the Early Cambrian Gezhongwu Formation, Zhijin, Guizhou. Progress in Natural Science, 14 (10): 898～902

Yuan X, Li J, Cao R. 1999. A diverse metaphyte assemblage from the Neoproterozoic black shales of South China. Lethaia, 32 (2): 143～155

Zhan R B, Jin J S. 2007. Ordovician-early Silurian (Llandovery) stratigraphy and palaeontology of the Upper Yangtze Platform, South China. Beijing: Science Press. 1～169

Zhu M, Zhang J, Yang A. 2007. Integrated Ediacaran (Sinian) chronostratigraphy of South China. Palaeogeography, Palaeoclimatology, Palaeoecology, 254 (1-2): 7～61

Zhu Z, Zhang L. 1994. On the Chihsian successions in South China. Paleoworld, 4: 114～137

第四章 中元古代至三叠纪典型剖面的古生产力

在第三章讨论了生境型以后，本章重点解剖元古代至三叠纪典型剖面的古生产力这个地球生物学参数。分别从生物碎屑和地球化学替代指标两方面进行分析，并对现代海洋的生产力进行总结，以便为地质时期的分析提供对比依据。

第一节 现代海洋生产力变化特征

一、现代海洋生产力概述

海洋生产力是指海洋通过同化作用产生有机物的能力，是海洋最重要的功能之一，一般以每年（或每日）单位面积所固定的有机碳或能量来表示。从海洋生物产生的有机物中扣除消费的部分，就是海洋的净生产力。一般来讲，净生产力不到总生产力的一半。海洋生产力可以通过呼吸和被捕食两种途径消耗。

光合自养生物和化能自养生物分别为有光生物圈和黑暗生物圈提供初级生产力（primary productivity）。就整个海洋系统而言，以有光生物圈形成的初级生产力为主。有光生物圈的海洋初级生产力主要是海洋浮游藻类的贡献。此外，底栖藻类、底栖大型植物（包括红树）、生物礁中的光合微生物也是海洋初级生产力的重要贡献者。通过卫星遥感数据计算，世界海洋中浮游植物的初级生产力达 $4.5 \times 10^{10} \sim 6.8 \times 10^{10}$ t C/a，沿海底栖植被的初级生产力为 1.9×10^{10} t C/a（Longhurst et al., 1995）。初级生产力中的有机碳一部分会以颗粒的形式沉降，成为新生产力（new productivity），从而脱离食物链成为沉积有机碳（Dugdale and Goering, 1967）。在稳态下，新生产力等于真光层中颗粒有机物的输出通量（Eppley and Peterson, 1979）。初级生产力中的另一部分有机碳在食物链中被循环利用，称之为再生产力（regenerated productivity）。

摄食海洋初级生产者制造的有机物合成自身有机物的能力称为海洋次级生产力，也称为海洋二级生产力（secondary productivity）。二级生产者包括浮游动物和底栖动物，例如幼鱼、小虾等。依食物链的摄食顺序，可以定义出海洋三级生产力、海洋四级生产力等。前一级生产力与后一级生产力之间能量流动的比例一般为 $10\% \sim 20\%$。

二、现代海洋初级生产力分布概况

不同海域的初级生产力差别很大，这不仅与海域本身所处的位置、是否具有上升流等因素有关，还与生产力本身的结构、气候变化等因素有关。

1. 不同海域初级生产力

不同海域初级生产力分布差异很大。在三大洋中，印度洋平均初级生产力最高[80g C/(m²·a)]，大西洋次之[69g C/(m²·a)]，太平洋最小[46g C/(m²·a)]（Dawes，1981）。海洋可分成大洋区、沿岸区和上升流区三类区域（Ryther，1969）。尽管上升流地区只占海洋总面积的1%左右，但其平均初级生产力高达500g C/(m²·a)。其次是沿岸区，平均生产力为300g C/(m²·a)。大洋区的平均生产力最低，为75g C/(m²·a)（表4.1）。

表 4.1 不同海域海洋初级生产力估计（据 Lalli and Parsons，1997）

	大洋区	沿岸区	上升流区
占海洋总面积的百分比/%	89	10	1.0
平均初级生产力/[g C/(m²·a)]	75	300	500
总初级生产量/(10⁹ t C/a)	24	11	1.8

通过卫星遥感估计，得到全球海洋初级生产力的分布如图4.1所示。

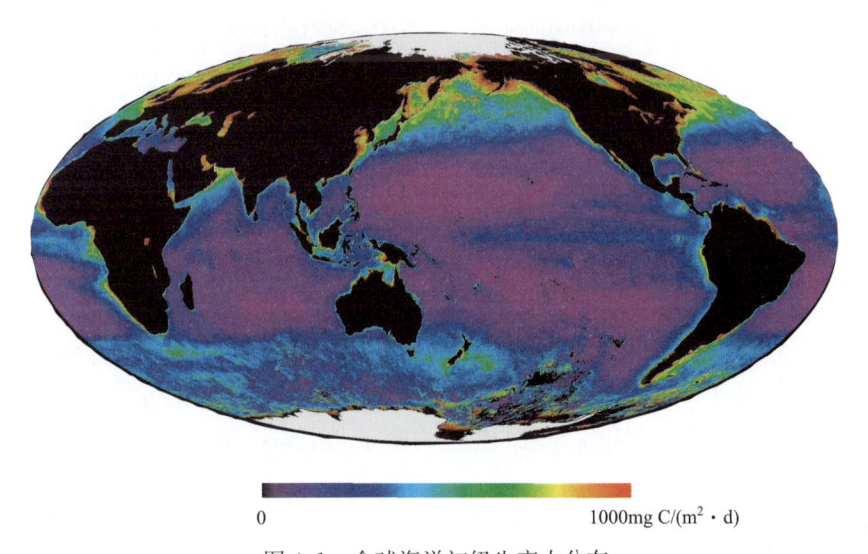

图 4.1 全球海洋初级生产力分布
(http：//public.wsu.edu/~dybdahl/lec10.html)

2. 边缘海初级生产力

通过JGOFS（Joint Global Ocean Flux Study）项目和科学家们的通力合作，对全球边缘海的初级生产力分布规律有了统一的认识（图4.2）。极地初级生产力最低。北极为59g C/(m²·a)，南极为80g C/(m²·a)。沿岸上升流地区最高，为300~500g C/(m²·a)左右（Liu and Atkinson，2009）。

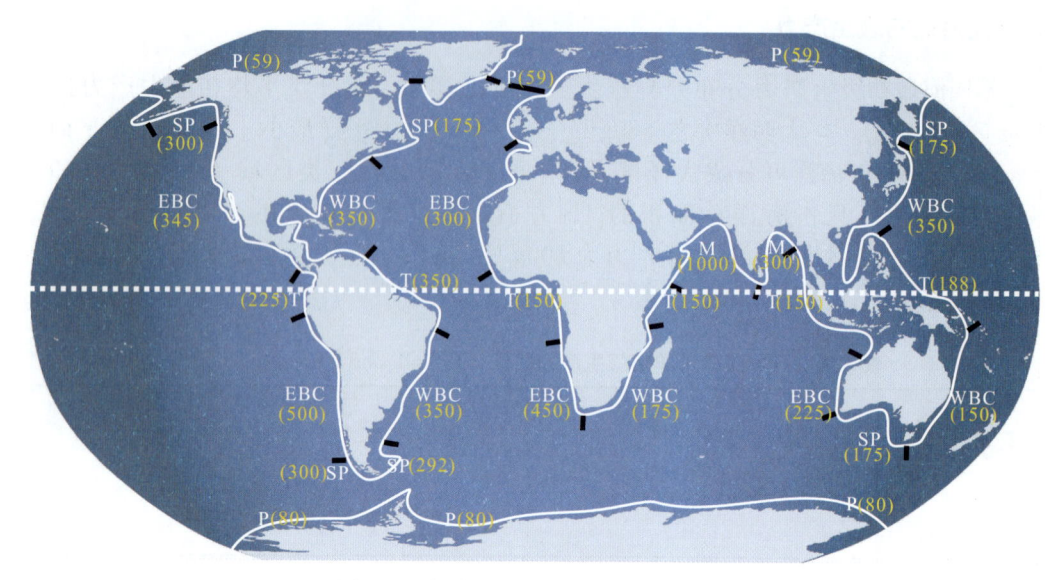

图 4.2　全球边缘海初级生产力分布图

黑线为区域间隔，括号内为初级生产力的量，单位：g C/(m² · a)。P-极区，SP-亚极区，T-热带区，M-季风区，EBC-大陆东岸洋流区（eastern boundary current），WBC-大陆西岸洋流区（western boundary current）。

据 Liu 和 Atkinson（2009）整理

3. 上升流地区初级生产力

由于表层流场的水平辐射，导致下层海水垂直向上流动，形成上升流。上升流存在于各大洋的很多海域。沿岸海域受季风的影响，会形成大面积的上升流。全球主要的上升流地区分布在西班牙西北部、加那利群岛（Canary Islands）、本格拉南部、中国东海南部、太平洋赤道东部、Cariaco 盆地、智利西海岸等地（图 4.3）。上升流地区的生产力变化很大，最高可达 3700g C/(m² · a)，最低只有 177g C/(m² · a)（表 4.2）。在纬度相同的情况下，南半球上升流地区的生产力高于北半球，而赤道上升流地区的初级生产力最低（表 4.2）。

上升流地区的初级生产力之所以丰富，得益于洋流带来的丰富营养物质。沿岸和近海上升流是受地形或（和）季风作用而产生的深层水涌升，把温度低、营养盐丰富的海水带到真光层，促进了浮游植物的增长，从而对海域初级生产力和生物资源产生深刻影响。在我国报道的有浙江沿岸上升流、台湾海峡上升流和东海南部陆架外缘上升流。

宁修仁等（1985）对浙江近海上升流区的叶绿素分布进行了调查，结合浮游植物优势种类、海面辐照度、海水光学参量、浮游植物光合作用速率和同化指数的测定，指出叶绿素分布的高值区位于近岸和上升流锋层顶部，最大值为 7.4mg/m³，调查海区上升流盛期的平均现场初级生产力为 1.25mg C/(m² · d)，上升流中心区要超过 2.0g C/(m² · d)，整个水域有机碳生产量约为 4.4×10⁴ t C/d。对台湾海峡上升流的研究表明，

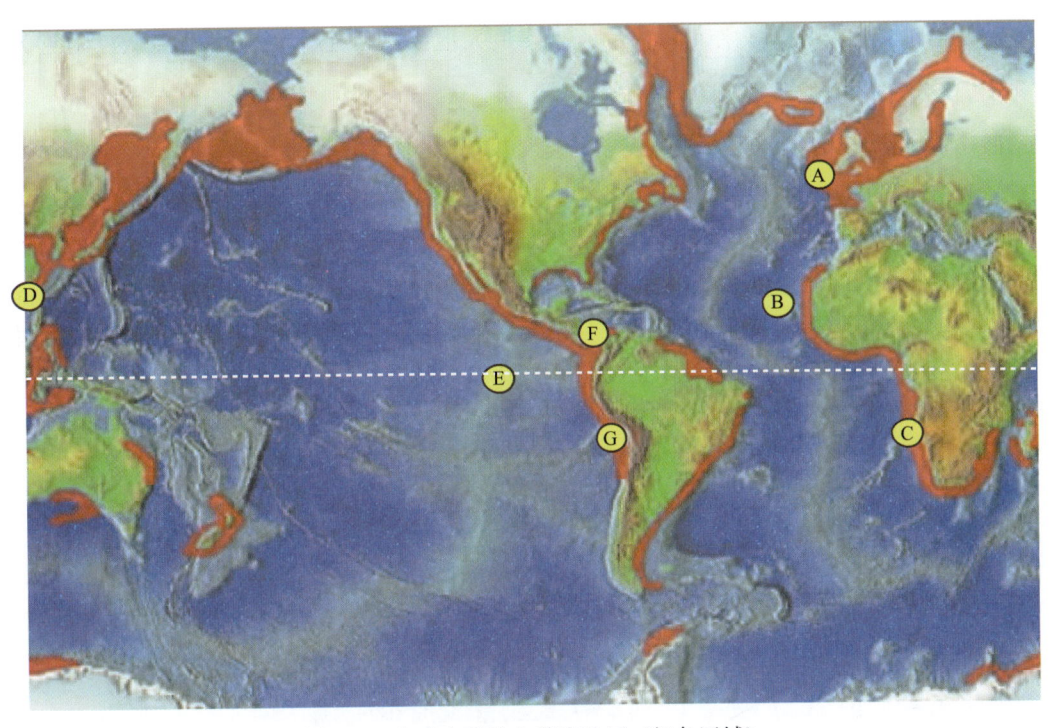

图 4.3 全球主要的上升流地区（红色区域）
(http://en.wikipedia.org/wiki/Wild_fisheries)
A. Baixas of Galicia；B. 加那利群岛；C. 本格拉南部；D. 东海南部；
E. 太平洋赤道东部；F. Cariaco 盆地；G. 智利西海岸

表 4.2 全球主要上升流地区的海洋初级生产力

地 区	纬度/(°)(北纬为正)	初级生产力/[g C/(m² · a)]	参 考 文 献
俄勒冈沿岸	44	438	Anderson, 1964
Ria de Vigo	43	350	Prego, 1993
Baixas of Galicia（A）	43	252（有上升流作用的180天）	Figueiras et al., 2002
浙江沿岸	28	456.3	宁修仁等, 1985
加利福尼亚上升流	27	361.35	Carr, 2001
东海南部（D）	25.5	576	Liu et al., 2002
加那利群岛（B）	24	624.15	Carr, 2001
西北非水域	21.6	730	Huntsman and Barber, 1977
Cariaco 盆地（F）	10.3	690（1996年），540（1997年）	Muller-Karger et al., 2001
太平洋赤道东部（E）	0	177~197	Chavez and Barber, 1987
秘鲁近海	−15	627.8	Boje and Tomczak, 1978
本格拉南部（C）	−25	3700	Andrews and Hutchings, 1980
	−25	1254	Brown, 1984
智利西海岸（G）	−30	930	Daneri et al., 2000

注：地区一栏地名后面括号内的大写英文字母为图 4.3 表示的位置代码。

低温高盐的涌升水中叶绿素 a 的含量较高，最大值出现在上升流边缘，温跃层附近为 1.32mg/m³（宁修仁等，1985）。

4. 海洋初级生产力的月际变化

通过卫星遥感可以获得海水表面叶绿素浓度随时间的变化情况，进而计算出各海洋初级生产力随时间的变化（图 4.4）（Antoine et al., 1996）。太平洋、印度洋、大西洋三大洋海洋生产力呈现出明显的季节性变化，但北半球海域和南半球海域初级生产力的年际变化规律有所不同。北半球海域（北大西洋和北太平洋）的海洋初级生产力在 5 月份开始达到较高值，在 6 月份出现最高值。高值可以持续到 8 月份左右，之后开始下降。而南半球海域（南大西洋、南太平洋和印度洋）在 4、5、6 月份生产力是最低的，8 月达到最高值。之后一直到 2 月份都可以维持在较高的水平（图 4.4）。

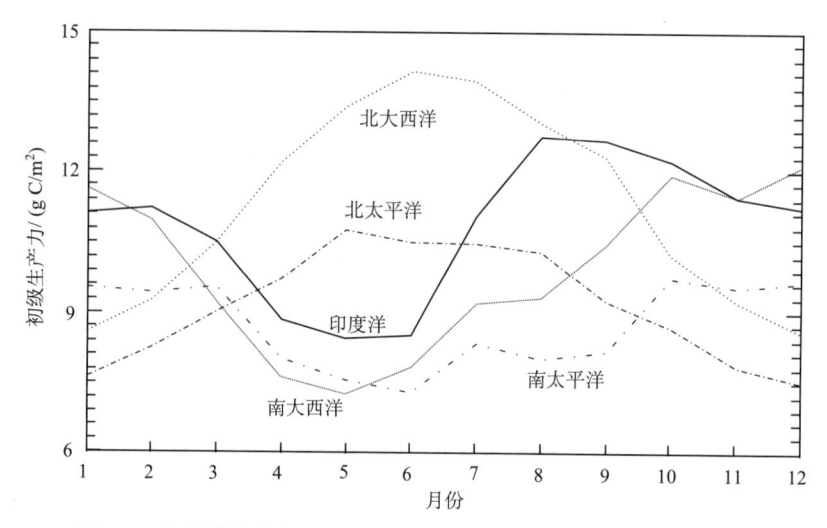

图 4.4 各大洋各月海洋初级生产力的变化（Antoine et al., 1996）

三、我国各海域初级生产力的分布特征

对 2005 年中国近海不同生境型叶绿素数据进行了统计，以便为地质历史时期相同生境型生产力的估算提供现代依据。统计的原始数据是基于遥感手段获得的中国近海 2005 年全年叶绿素 a 浓度平均值，每个生境型统计至少 1500 个点，之后取平均值。各生境型所对应的海水深度见殷鸿福等（2011）。数据统计所涵盖的范围包括渤海、长江入海口（河口地区）、黄海和南海的不同海域。统计结果显示，中国各海域叶绿素的平均值由渤海、长江河口地区、东海、南海从北向南依次降低。同一海域，叶绿素浓度从岸边向远岸逐渐降低。尤其是在 IV₁ 生境型，生产力出现急剧下降，之后的 IV₂、V、VI 生境型叶绿素浓度趋于稳定，变化不大（图 4.5）。

通过分析 2003～2005 年度的卫星遥感数据，获得了这一时期不同海区的年平均初

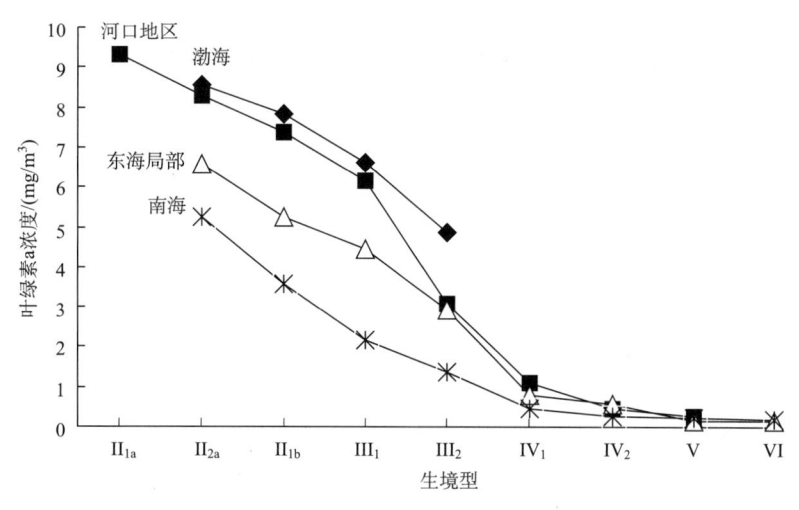

图 4.5 中国不同海域不同生境型叶绿素浓度的变化

级生产力。渤海、北黄海、南黄海、东海北部、东海南部以及南海的年平均初级生产力分别为 564.39g C/(m^2·a)、363.08g C/(m^2·a)、536.47g C/(m^2·a)、413.88g C/(m^2·a)、195.77g C/(m^2·a) 和 100.09g C/(m^2·a)，各月的每天平均初级生产力如图 4.6（檀赛春，石广玉，2006）。渤海三面靠陆，是典型的内陆海。大量陆源物质输入，使渤海海水中的氮磷等营养物质丰富，初级生产力偏高。由于营养物质随长江水流注入，一方面使得南黄海海域和东海北部海域初级生产力呈现较高水平，另一方面，导致长江口水体浑浊，近河口小范围海域初级生产力按离岸距离增加而逐渐增大（刘子琳等，2001）。南海大陆架范围狭小，水深较大，营养物质浓度受到限制，其生产力水平较低。

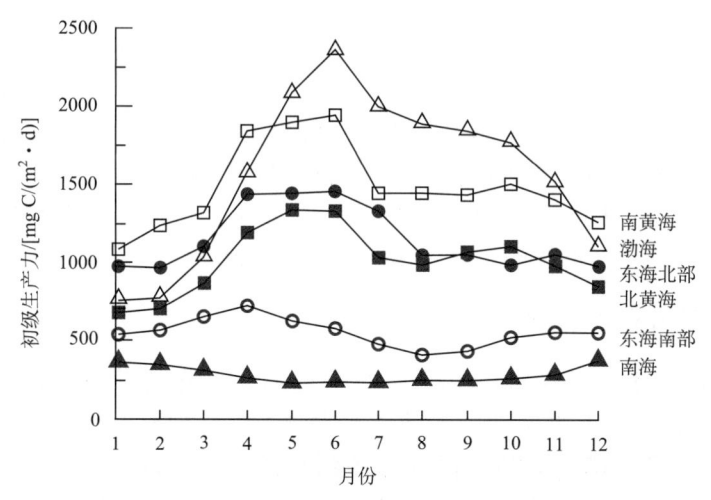

图 4.6 2003~2005 年间中国近海各月的每天平均初级生产力
（檀赛春、石广玉，2006）

四、影响海洋初级生产力的环境因素

影响海洋初级生产力的主要环境因子有光照强度、营养盐浓度、海水温度等。这些环境因子随着水深、离岸远近,以及纬度和季节的变化而改变。

1. 光照条件

藻类的光合作用速率与光照强度通常呈抛物线关系。在一定光照强度范围内,海洋浮游植物光合作用速率随光照强度的增加而线性增加。然后,增速逐渐减慢,光合作用被酶促反应的速度所抑制,从而达到光合作用的饱和点。再增加光强,部分参与光合作用过程的酶会受到破坏,同时强光还会刺激呼吸作用的加强,导致光合效率进一步下降(Parsons et al., 1983)。

在光抑制前,总生产速率

$$P_g = \frac{P_{max} I}{I_k + I} \quad (4.1)$$

式中,P_g 和 P_{max} 分别代表总生产速率和最大生产速率,I 为现场光照强度,I_k 为 $P=P_{max}/2$ 时的光照强度。

在水体环境,光照强度随深度增加而减小。到达一定深度后,光合作用合成的有机质会被呼吸作用全部消耗掉,这个深度称为补偿深度(compensation depth)(Ryther, 1956)。在补偿深度上方,光合作用速率大于呼吸作用速率,有净生产力的累积;而在补偿深度以下,净生产力为负值。补偿深度受海水浑浊度、海水运动情况、日照强度和照射角度等因子影响。

2. 海水温度

海水温度从三个方面影响海洋生产力。第一,海水表面温度影响水柱稳定性,进而影响下层富含营养盐的海水向上翻涌。海水表面温度越高,海水混合层越浅,下层海水向上层交换越受限制。第二,海水温度影响植物体中参与光合作用酶的活性。第三,海水温度与海水营养盐溶解度相关,温度升高导致营养盐浓度下降(Kamykowski, 1987)。近一个世纪以来,海水表面平均温度一直上升,导致全球各海域浮游植物生物量在总体上约以每年1%的幅度递减(Boyce et al., 2010)。

3. 营养盐及微量元素浓度

在海洋中,大部分营养物质不会制约生物的光合作用速率,但 NO_3^-、PO_4^{3-}、SiO_3^{2-} 都是潜在的生产力限制性营养盐。海水营养盐主要有三个来源,即陆源物质(包括岩石风化物质、陆地有机质降解后随河流注入物质以及大气粉尘沉降物质)、海洋生源有机物质的分解、火山及热液活动。海洋营养盐的含量比陆地耕地土壤的少几个数量级。海水中氮或者磷含量过低,都会影响细胞蛋白质的合成,影响细胞的分裂和生长。

海洋浮游生物需要的微量元素包括铁、锰、铜、锌、钴、钼等。在大洋中，铁作为植物生命活动必需的微量元素，影响着叶绿素的合成，以及硝酸和亚硝酸还原酶的合成。在某些大洋海域，铁是影响海洋初级生产力的重要因子。一般来讲，近岸海水铁充足，而远洋则缺乏铁（热带东太平洋海域、东北亚极地太平洋海域、南半球部分海域）。著名的施铁肥实验证实，增加海洋铁浓度可以引起藻类爆发，使初级生产力增加数十倍（Watson et al., 2000）。

4. 大气二氧化碳浓度

由于海水中溶解无机碳（DIC）的浓度分别是硝酸盐的 100 倍、磷酸盐的 1000 倍，所以长期以来，人们认为 DIC 对海洋初级生产力没有制约作用。随着研究的深入，CO_2 补给量对海洋初级生产力的限制作用被不断揭示。一方面，CO_2 或者 HCO_3^- 是光合作用的原料；另一方面，CO_2 的量影响海水的 pH。当海水中气体达到平衡时（25℃），DIC 的浓度为 $2mmol/dm^3$，而 CO_2 的浓度仅为 $10\mu mol/dm^3$。Riebesell 等（1993）的研究表明，海洋初级生产力的重要贡献者——硅藻的生长速率受海水 CO_2 供给量的限制。大西洋中心寡营养区的 CO_2 控制实验表明，表层和深层海水在低浓度（$3\mu mol/dm^3$）CO_2 补给时的初级生产力都大约是高浓度（$36\mu mol/dm^3$）时的 65%（Hein and Sand-Jensen, 1997）。

五、影响海洋初级生产力的生物因素

1. 自养生物的组成

个体较大的硅藻和甲藻等长期以来被认为是构成海洋初级生产力的优势类群。但随着研究手段的发展，人们发现在大多数情况下，微型细胞才是初级生产力的主要贡献者。胶州湾研究结果表明，无论在弱光还是强光条件下，各粒级生物的初级生产力[以 $mg/(m^3 \cdot h)$ 为单位]排列顺序基本都是超微型浮游植物（picophytoplankton）＞微型浮游植物（nanophytoplankton）＞网采浮游植物（net phytoplankton）（焦念志、王荣，1994）。南极普利兹湾及其邻近海域的陆坡和深海区初级生产力以超微型浮游植物为主要贡献者（分别为 49.6% 和 46.2%），而在湾内和陆架区则以小型浮游植物为主要贡献者（66.2%）（刘诚刚等，2004）。

海洋大型底栖植物、珊瑚中的光合自养生物等也是海洋初级生产力的贡献者。据统计，位于西风带和信风带海域中的海洋浮游植物对海洋生产力的贡献最大，沿岸水域中的浮游植物对生产力的贡献次之，珊瑚礁中的自养微生物的贡献最小（表 4.3）。

表 4.3 海洋初级生产力的平均年产量

（据 Kaiser et al., 2005）

海区生产力	年总产量/10^9 t C
温带西风带浮游植物	16.3
热带亚热带信风带浮游植物	13.0
沿岸水域浮游植物	6.4
盐沼、河口大型底栖植物	1.2
珊瑚礁中的自养微生物	0.7

2. 牧食作用

牧食作用是指浮游动物对浮游植物的摄食作用。一方面，浮游动物摄食浮游植物，减少后者的数量和产量；另一方面，浮游动物消耗藻类后通过新陈代谢产生浮游植物生长需要的营养物质，促进其生长。当浮游植物密度很高时，大量的植物细胞被迅速吞食，常常超过动物本身的需要，造成部分细胞未被消化就从动物肠管排出，称为"过剩摄食"（沈国英等，2010）。据估算，每年有5.5Gt的浮游植物被浮游动物消耗，使得海洋初级生产力的产量下降12%（Calbet，2001）。

第二节 各时代生物碎屑指示的古生产力

一、中元古代

1. 华北中元古代碳酸盐岩中的生物碎屑及其指示的生产力

中元古代海洋生物以微生物群落为主，它们不具备钙质外壳。而且，由于特定的古海洋环境条件（如高CO_2浓度、高碱度等），绝大多数微生物细胞外壁（sheath）不钙化（Riding，2006；Kah and Riding，2007）。因此，与显生宙海相地层中保存的生物碎屑不同，华北地台中元古代碳酸盐岩层段中虽然有较高的原始有机质，但大都以微生物席（膜）或微生物凝块的形式存在。虽然这些微生物席和凝块均已矿化，但显微研究表明其中富含矿化的微生物个体或胞外聚合物（EPS）残余。在一些成岩早期硅化的样品中，可见大量的微球粒。因此，这里对于中元古代碳酸盐岩中的原始有机质及古生产力的分析与判定，主要依据地层中的各种微生物岩的比例及其矿化微生物席或微生物凝块的含量进行评估。

（1）中元古代碳酸盐岩中的主要生物碎屑类型

华北地台中元古代碳酸盐岩中的生物有机质碎屑均与微生物群落及微生物与沉积环境的相互作用相关。常见的主要类型有微生物席、微生物凝块和微生物球粒或团块，以及它们不同形式的复合体（如叠层石、凝块石等）和碎屑。这些有机质组构均已矿化，但它们代表了原始沉积期的微生物群落及其活动的有机质产物，能够部分反映古生产力。

微生物席（microbial mat）是底栖微生物群落与沉积环境相互作用，并通过黏结、圈捕沉积颗粒或诱发碳酸盐沉淀，在沉积物与水界面附近形成的富有机质层状体（Gerdes et al.，2000；Riding，2000）。现代微生物席的造席生物以蓝细菌为主，也包括其他细菌、古菌及真核微生物。其有机质组分主要包括微生物个体（细胞）及其代谢活动产生的胞外聚合物（EPS）。对黑海底部微生物席的研究证明，微生物席中的微生物个体（细胞）含量高达10^{12}个/cm^3，其所含的有机碳干重约为25mg/cm^3（Michaelis et al.，2002），它们是海洋沉积物中有机质的重要来源。大量的研究证明，绝大部分现代与古代的微生物岩形成都与微生物席的发育及其多样的微生物群落活动相关。

石化的微生物席在华北中元古代碳酸盐岩地层中非常普遍。形态多样的叠层石、席纹层碳酸盐岩以及纹层石都是微生物席与沉积物相互作用并使之矿化的结果（图4.7A）。从地层中石化微生物席的分布特征来看，在潮下带上部（生境型 II$_2^1$）至潮间带（生境型 II$_1$）最为发育。虽然在潮下带下部（生境型 II$_2^2$）和潮上带（生境型 I），也有较多不同形式的微生物席分布，但其丰度明显较低。在雾迷山组生境型 II 中发育的大量原位席纹层白云岩（过去也称之为"层状叠层石"）中，石化微生物席约占其总厚度的 25%~40%，局部甚至更高。

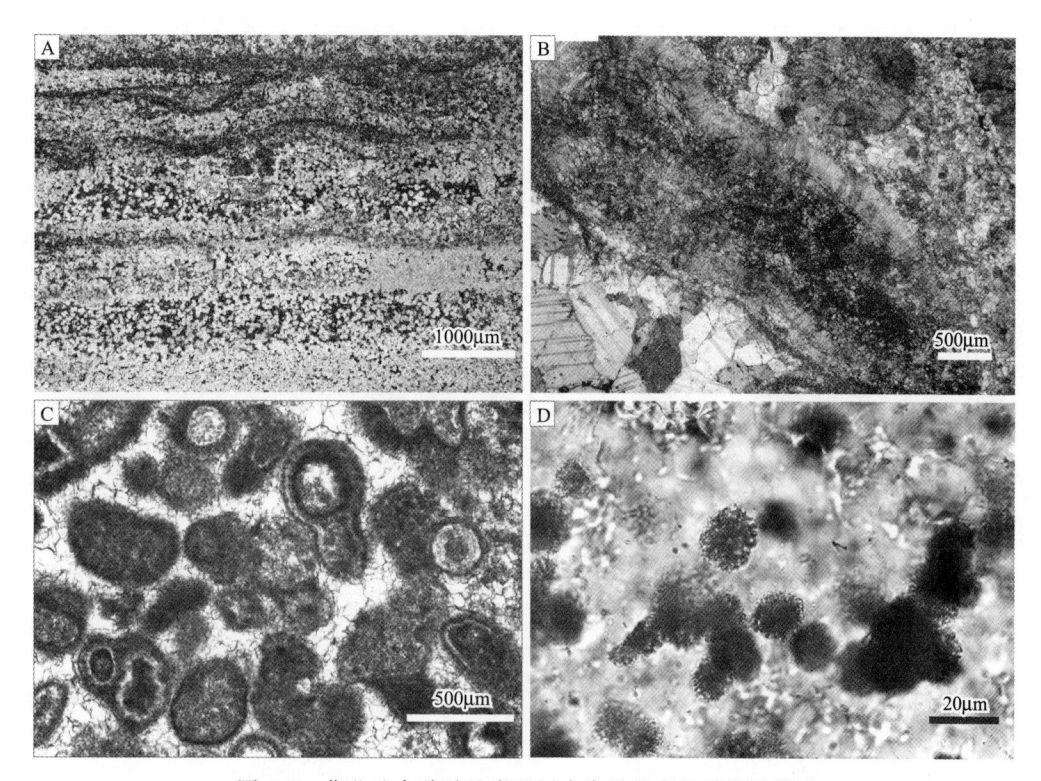

图 4.7 华北地台碳酸盐岩地层中常见的有机质碎屑类型

A. 雾迷山组第二段微生物席白云岩中的微球粒，北京昌平；B. 雾迷山组第三段微生物凝块，河北野三坡；C. 雾迷山组第二段微生物成因的球粒或团粒，北京西山；D. 雾迷山组第三段微生物成因的微团块，河北怀来

凝块（microbial clots）是凝块石微生物岩的重要组成部分。虽然目前对凝块石的形成机制与矿化过程仍不清楚，但大都认为凝块石是不同于叠层石的一种微生物岩类型（Kennard and James，1986；Feldmann and McKenzie，1998；Turner *et al*.，2000；Planavsky and Ginsburg，2009；Myshrall *et al*.，2010；Harwood and Sumner，2011；Mobberley *et al*.，2012）。其内部的凝块可与微生物席比较，也是微生物群落与环境相互作用并矿化的结果（Myshrall *et al*.，2010；Harwood and Sumner，2011；Mobberley *et al*.，2012）。在所研究的碳酸盐岩中，凝块石本身大部分由原位成因的微生物凝块构成（图4.7B），在雾迷山组生境型 III 中特别丰富。在其他生境中（II），也

见有分散出现的微生物凝块,局部还比较丰富(如生境 II 和 VII 中)。此外,在其他生境型中也见有凝块经破坏或改造而形成的富有机质碎屑,但一般呈分散状,含量相对较低。

微生物球粒(microbial peloids)和团粒也是碳酸盐岩中一种常见的富有机质碎屑(颗粒)类型。它们多集中于生境型 II_2^1 和 II_1 中发育的团粒-颗粒碳酸盐岩内,呈中-薄层或透镜体出现,少见厚层状。其中球粒的含量一般为 10%~25%,局部可达 45%~60%。在早期硅化标本中,可见球粒的核心主要由矿化的微生物细胞或微生物集群形成(图 4.7C,D),富含有机质。SEM 观察显示其中富含丝状和球状细菌,以及大量的 EPS 残余。富有机质的球粒核心往往被贫有机质的微亮晶质针状-微齿状晶体构成的外环所包覆。球粒核心一般被解释为细菌或菌群(Chafetz,1986;Chafetz and Buczynski,1992;Pedone and Folk,1996;González-Muñoz et al.,2010),而微亮晶质外环可能属微生物诱发的碳酸盐沉淀。团粒与球粒的大小、形态相近(图 4.7C,D),但不具明显的内部构造与外环,形态不规则,多呈模糊的"雾团"状(clumps)。其中可能也有部分源于破碎磨蚀的微生物席或凝块碎屑。它们也见于较深水的生境型 II_2^2 和浅水的生境型 I。

(2) 生物碎屑类型反映的古生产力变化

上述三类主要生物碎屑类型虽然在中元古代碳酸盐岩地层中分布广泛,但其丰度与保存状态明显地受沉积环境条件的影响与约束。其中,原位形成的叠层石、纹层石和凝块石等可能在较大程度上反映了原始生境型的古生产力,而有些团粒以及明显的微生物席或凝块碎屑则可能受到了波浪与水流的较大影响,其保存的沉积环境不一定能够反映其原始生产力状态。

据野外实地观察与统计分析(图 3.3 和图 3.5),在华北中元古代碳酸盐岩地层中,主要的微生物岩与生物碎屑类型在时间与空间上的分布均有较大变化,它们所反映的古生产力状态也有较大差别。层状凝块石主要集中在潮下带中—上部(II_2^1~II_2^2),其内部微生物凝块含量较高,特别是在凝块较小的厚层状凝块石中,凝块含量可高达 35%~70%。在凝块较大的斑块状凝块石中,凝块的含量约为 20%~35%。微生物席条带白云岩(层状叠层石)在潮间带(生境型 II_1)沉积中最为丰富,特别是在潮间带下部。其中微生物席层矿化形成的暗色条带一般厚 0.5~3cm,由碳酸盐沉淀形成的浅色层厚 1~8cm 不等,微生物席层约占其总厚度的 20%~45%。这两种沉积类型在雾迷山组第二至第三段中最为发育,具有很高的生产力。微生物球粒和团粒在生境型 II_{1-2} 中较常见,在薄层颗粒白云岩中相对集中,含量可达 20%~35%。在其他沉积类型中虽然也有出现,但含量一般小于 5%。在个别层段,局部可达 15%。在雾迷山组深水潟湖相(生境型 II_2^2)中发育的黑色纹层中,微生物席层所占比重较大,约为 50%~60%,甚至更高。它们可能反映缺氧硫化条件更利于有机质保存,其原始生产力可能与席条带白云岩(II_1)相当或更高。在高于庄组第四段和雾迷山组第三段发育的微生物岩礁(生境型 VII),生物碎屑含量一般为 25%~45%。

需要指出,在中元古代碳酸盐岩中所识别出的这些生物碎屑及其含量并不等于有机质含量。微生物席和凝块及其碎屑本身已经矿化，其中仍含有较高的碳酸盐矿物组分。特别是考虑到其中相当大的一部分原始有机质组分已被氧化分解，目前识别的生物碎屑所能反映的有机质含量要远低于其原始生产力。华北地台中元古代碳酸盐岩地层中生物碎屑的相对丰度分布与变化见图3.3和图3.5。从总的情况看，雾迷山组的有机碎屑含量要明显大于高于庄组，这可能从一个侧面表明，这个时期的微生物群落的多样性与丰度较之前有明显增加。

2. 河北平泉剖面高于庄组生物碎屑及其生产力

（1）生物碎屑变化趋势

我们通过对平泉剖面整个高于庄组系统的勘测和采样，以及室内254块岩石薄片显微观察分析，总结了生物碎屑的主要类型及其变化规律。河北平泉剖面高于庄组生物碎屑以微生物球粒和鲕粒为主，部分层位包含凝块石和核形石。生物碎屑的类型和含量与古海洋生境型有很大的相关性。在潮上带，生物碎屑含量较少，主要以微生物球粒的形式产出，约占1%～5%。潮间带是菌藻类微生物活跃的主要地带，生物碎屑含量高，一般约占20%～30%，部分层位可以达到35%。生物碎屑类型也比较丰富，微生物球粒、鲕粒、核形石和凝块石常见。潮下带或礁后潟湖环境，生物碎屑颗粒以微生物球粒和凝块石为主，核形石和鲕粒少见，生物碎屑含量相对潮间带要低一些，一般可以达到10%。随着海水深度的增加，到陆架环境，生物碎屑类型更加单调，含量也逐渐降低。内陆架生物碎屑含量仅有1%～5%，而外陆架已基本接近于0。

根据菌藻类生物碎屑的变化及其演化趋势，将整个高于庄组自下而上划分为6个阶段，生物碎屑含量的变化特征如图4.8所示。

阶段M_1（第1～6层）：该剖面生物碎屑含量出现的第一个峰值。生物碎屑丰度高（0～35%，许多>20%）且类型多样，核形石、凝块石、微生物球粒、鲕粒比较多。

阶段M_2（第7～22层）：生物碎屑含量逐渐降低（0～15%），以微生物球粒和凝块石居多。

阶段M_3（第23～37层）：该剖面生物碎屑含量最低的阶段，大部分样品统计的生物碎屑含量接近于0。

阶段M_4（第38～54层）：生物碎屑含量逐渐升高，为0～20%。部分层位可以达到30%。生物碎屑组成以微生物球粒为主，含少量的藻鲕和核形石。

阶段M_5（第55～67层）：该剖面生物碎屑含量的第二个高峰值（多数在15%～35%），微生物球粒、鲕粒、核形石和凝块石均有一定的丰度。

阶段M_6（第68～77层）：生物碎屑含量迅速降低（0～8%），在岩石薄片中仅见少量微生物球粒。

综上所述，河北平泉高于庄组生物碎屑的类型和含量有着比较明显的变化，自下而上生物碎屑含量表现出"高—低—高—低"的变化规律。

（2）古生产力分析

目前的研究表明，生物碎屑的含量通常与初级生产力正相关，是进行古生产力研究的重要替代指标之一(殷鸿福等,2011)。我们对高于庄组岩石薄片的生物碎屑含量进行统计,结果表明,潮间—潮下带是生物碎屑丰度最高的地带,向浅水潮上带以及深水陆架方向,生物碎屑含量逐渐递减。生物碎屑含量与古生产力等级之间的关系如表1.8所示。

除了生物碎屑含量指标外,Al、Ba、P等元素的含量与古生产力同样有着很好的对应关系,能够较好地反映古生产力的变化(Föllmi,1995,1996;Murray and Leinen,1996;McManus et al.,1998)。由于只有元素的生物成因部分才能正确地反映古生产力,故古生产力的估算均扣除了陆源的贡献,采用Al_{xs},Ba_{xs},P_{xs}等指标来指示古生产力。扣除陆源影响的公式采用

$$X_{xs} = X(样品) - Ti(样品) \times (X/Ti)_{PAAS} \tag{4.2}$$

式中,X_{xs}为不同元素(Al,Ba等)的生物成因部分,X(样品)、Ti(样品)分别为样品中所测的元素X和Ti的含量。$(X/Ti)_{PAAS}$是晚太古代澳大利亚页岩(Taylor and McLennan,1985)中元素X和Ti的比值。Al、Ba、P、Ti等元素的分析测试由中国地质大学(武汉)地质过程与矿产资源国家重点实验室完成。各地球化学替代指标分级列于表1.8。值得注意的是,虽然各地球化学指标对于指示古生产力均有很强的代表性,但各替代指标的应用仍有一定的局限性。目前使用较多的地球化学指标主要是Ba_{xs}和Al_{xs}(过剩钡和过剩铝)。一般来讲,大多数碳酸盐岩及氧化环境中,常使用Ba_{xs}作为定量指标。在还原环境的硅质岩或泥质岩中,Al_{xs}则比较适用。故这里古生产力的半定量估算主要采用Ba_{xs}指标,其他地球化学指标列出作为参考。整个高于庄组古生产力的演化趋势如图4.8所示。

阶段M_1:生物碎屑含量在0~35%之间,平均值14%。Al_{xs}为0.17~0.65%,平均值0.34%。Ba_{xs}为8.79×10^{-6}~124.09×10^{-6},平均值41.3×10^{-6}。P_{xs}为0~135.79×10^{-6},平均值48.67×10^{-6}。总体来看,此阶段各指标波动不大,生产力水平中等。

阶段M_2:生物碎屑含量在0~15%之间,平均值约2%。Al_{xs}为0.04%~0.89%,平均值0.30%。Ba_{xs}为7.12×10^{-6}~105.26×10^{-6},平均值23.52×10^{-6}。P_{xs}为0~355.21×10^{-6},平均值46.92×10^{-6}。Al_{xs}波动较大但基本保持在相对较高的水平。P_{xs}与Ba_{xs}表现为相反的变化趋势。Ba_{xs}在M_2下部出现了明显的峰值,向上逐渐降低;而P_{xs}的峰值出现在上部层位。总体来讲,此阶段各指标值相对于前一阶段有所下降,古生产力水平中等偏低。

阶段M_3:生物碎屑含量在0~6%之间,多数层位生物碎屑含量接近于0,平均值0.7%。Al_{xs}为0.06%~3.60%,平均值0.43%。Ba_{xs}为3.30×10^{-6}~227.2×10^{-6},平均值29.06×10^{-6}。P_{xs}为0~286.91×10^{-6},平均值47.51×10^{-6}。各地球化学指标在此阶段具有相似的变化趋势,表现为下部各指标值偏低,到上部有明显的增加。在这一阶段,古生产力的生物学指标(生物碎屑含量)和地球化学指标(Al_{xs},Ba_{xs},P_{xs})之间存在一定的偏差,表现为较低的生物碎屑含量与较高的地球化学指标值,造成这种偏差的原因可能与生物碎屑的保存状态有关。综合来看,该阶段古生产力处于中等水平。

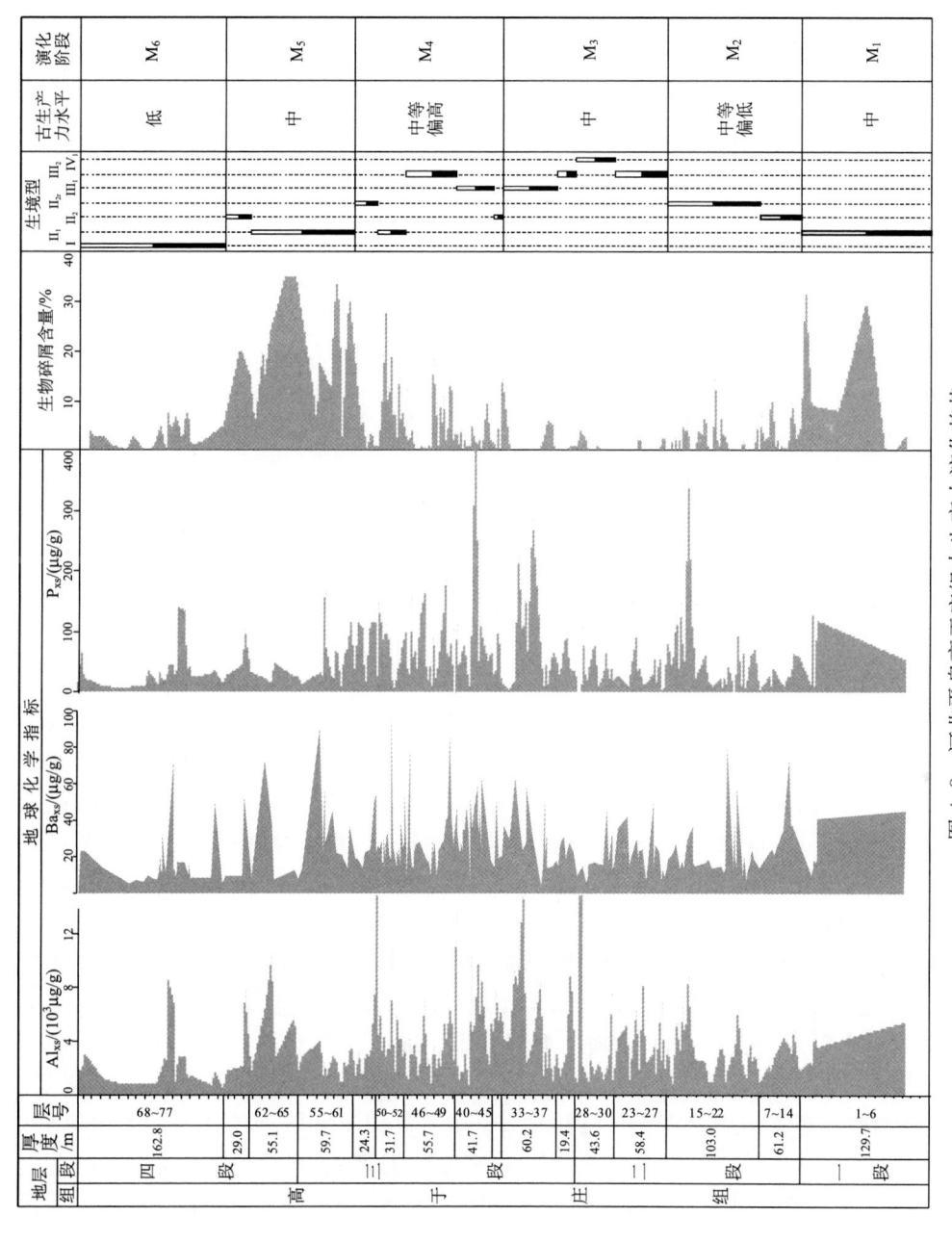

图 4.8 河北平泉高于庄组古生产力演化趋势 各层段详细岩性参见图 3.6

阶段 M_4：此阶段生物碎屑含量在 $0\sim35\%$ 之间，平均值约 7%。Al_{xs} 为 $0\sim1.91\%$，平均值 0.39%。Ba_{xs} 为 $4.18\times10^{-6}\sim504.44\times10^{-6}$，平均值 38.90×10^{-6}。P_{xs} 为 $0\sim624.78\times10^{-6}$，平均值 74.96×10^{-6}。此阶段生物学和地球化学指标值相对于上、下层位均有一定程度的增加，古生产力水平中等偏高。

阶段 M_5：生物碎屑含量为 $5\%\sim35\%$，平均值为 19%。Al_{xs} 为 $0.04\%\sim1.03\%$，平均值 0.33%。Ba_{xs} 为 $6.64\times10^{-6}\sim89.29\times10^{-6}$，平均值 29.05×10^{-6}。P_{xs} 为 $9.99\times10^{-6}\sim169.90\times10^{-6}$，平均值 51.42×10^{-6}。此阶段生物碎屑含量具有明显的峰值。然而，各地球化学指标值开始下降。古生产力总体处于中等水平。

阶段 M_6：生物碎屑含量急剧降低，变化幅度在 $0\sim8\%$，平均值约为 3%。Al_{xs} 为 $0.08\%\sim0.87\%$，平均值 0.20%。Ba_{xs} 为 $4.84\times10^{-6}\sim105.58\times10^{-6}$，平均值 18.88×10^{-6}。P_{xs} 为 $7.8\times10^{-6}\sim139.78\times10^{-6}$，平均值 32.01×10^{-6}。此阶段所有指标值明显降低，古生产力水平为低。

综上所述，平泉剖面高于庄组自下而上生产力水平表现为"中等—中等偏低—中等—中等偏高—中等—低"的演化规律。

二、埃迪卡拉纪—寒武纪

由于埃迪卡拉纪—寒武纪地层生物化石贫乏，难以从生物碎屑判断古生产力变化。但由于这个时期是生命发生重大变化时期，埃迪卡拉纪—寒武纪的生物发展史可能隐含着生产力信息。

上扬子地区埃迪卡拉系产出的化石主要以微体的菌藻类和疑源类为主，而宏体生物目前仅发现于少数地区。以宏观藻类为主的生物群，如鄂西的"庙河生物群"（朱为庆、陈孟莪，1984；陈孟莪、萧宗正，1992；Steiner，1994；陈孟莪等，1994，2000；丁莲芳等，1996；Yuan et al.，1999；Xiao et al.，2002）、黔东北的"瓮会生物群"（王约等，2005，2007a，b；Wang and Wang，2008；Wang et al.，2008，2011）和湘西的"武陵山生物群"（Steiner et al.，1992；Steiner，1994；陈孝红等，1999；陈孝红、汪啸风，2002），主要出现于陡山沱阶上部的黑色页岩中，其生物群被认为生活于透光带之上（丁莲芳等，1996；陈孟莪等，2000；王约等，2005，2007a，2009，2010；王约、王训练，2006），相当于上部浅海生境型（III）以上。产于磷块岩和白云岩地层中的生物群，黔中的"瓮安生物群"（Li et al.，1998；Xiao et al.，1998；袁训来等，2002）、陕南的"高家山生物群"（华洪等，2000，2001）和鄂西的"西陵峡生物群"（陈孟莪、萧宗正，1982；赵自强等，1988），则为临滨带生境型（II）。埃迪卡拉系生物群的产出层位可能与早期生物自身的特点和化石的保存条件等有关，在半深海生境型（IV）以下的沉积地层中目前尚无报道。

与之相比，寒武纪是生命形式发生巨大变化的时期，也是生命多样化和加速发展的时期。从20世纪80年代开始，在扬子地区下寒武统先后发现和报道了不同类型的生物群，这些生物群在分异度和丰度方面呈现出不断增加的趋势。"梅树村生物群"以软舌螺为主，包含有腹足类、单板类、双壳类、腕足类和古杯类等生物门类（蒋志文，1980）。牛蹄塘生物群以海绵类为主，除含有梅树村生物群已有的生物群外，节肢动物，包括三叶虫类、三叶虫形类、大型双瓣壳节肢类等广泛发现（赵元龙等，1999；杨兴莲等，2005）。澄江生物群已拥有现生动物中几乎所有门类（罗惠麟等，1999；蒋志文，2002；陈均远，2004）。值得思考的是，寒武纪之后动物的迅速演化和发展成为整个生态系统演化和发展的一个主导因素，环境因子中氧含量的增加和生命因子的发展成为相互促进的一对协同演化和发展的因子，促成寒武纪之后生物生产力的迅速发展。

从以上的生命发展史来看，从埃迪卡拉纪到寒武纪，古生产力有可能增高。这与后面的地球化学指标反映的古生产力变化趋势吻合。

三、奥陶纪—志留纪

地史时期组成海洋初级生产力的低等生物往往很难在岩石中直接发现，加之扬子地区早古生代地层普遍都已达到高成熟—过成熟，不能利用其中的生物标志化合物进行分析，只能通过其他途径或替代物间接进行分析。一些地球化学指标（如生源钡、TOC含量等）可以间接推算古生产力的相对大小，或者根据"现实主义原理"利用现代类似生境型的初级生产力也可以估算古生产力。同时，鉴于生物界普遍存在的食物链关系，在一定的前提下，也可以通过一些二级消费者（同时也可成为二级生产者）和更高级消费者的碎屑含量，来定性或定量地反推初级生产力。这是我们能够开展地球生物学研究的一个基本假设。在具体研究中，其基本思路如下：首先统计岩石中的生物含量（包括生物碎屑含量和生物相对丰度，前者主要通过岩石薄片镜下观察估算，后者主要通过野外露头观察获得），然后借助一些地球化学指标加以验证，最后参照现代类似环境的生产力数据，较系统而准确地揭示某一地史时期各生境型的古生产力水平。在本研究中，我们从前述奥陶纪和志留纪共四条主干剖面中各选择一条生境型比较齐全、可以最大范围涵盖研究区的台地相主干剖面，开展尝试性工作。这里侧重于各生境型生物碎屑含量的统计及古生产力的初步分析。

1. 奥陶纪剖面

（1）生物碎屑及生物类型分布情况

正如黄花场-王家湾联合剖面所显示的那样，研究区在奥陶纪主要为台地相区，其主体虽然大都为碳酸盐沉积（参见第三章第三节）。但受区域构造及海平面变化等影响，从下到上各组岩性及生境型出现了较大变化，其早、晚的生物组合也有很大不同。具体生物类型及含量参见表4.4。现将其主要特征归纳如下：

以红花园组与大湾组之间的界线为界，整个奥陶系生物碎屑及碳酸盐沉积物可以明显地分为两个大的沉积阶段。前一个阶段包括西陵峡组、南津关组、分乡组和红花园组，后一个阶段包括大湾组、牯牛潭组、庙坡组、宝塔组、临湘组及五峰组。

表 4.4 湖北宜昌黄花场-王家湾奥陶纪联合剖面生物碎屑统计一览表

纪	世	阶	层号	生物群落带	组	钙藻(一级)	放射虫(二级)	笔石(二级)	海绵骨针(三级)	介形虫(四级)	腹足类(四级)	三叶虫(四级)	苔藓虫(四级)	腕足类(四级)	头足类(四级)	双壳类(四级)	海百合(棘皮类)(四级)	瓶筐石(四级)	层孔虫(四级)	灰泥基质(一级)	微晶(二级)	中粗晶胶结物(参考)
志留纪	兰多维列世	Rhuddanian	50	*Cystograptus vesiculosus* Cz.	龙马溪组	1		40	<1													
				Parakiodgraptus-Akidograptnus Cz.		1		45														
		Hirnantian	49	*Hirnantia-Dalmanitina* Cz.				4				10		25	4		10			40		
			48		五峰组		3	60	<1													
		Katian	47	*Paraorthograptus pacificus-Dicellograptus complexus* Cz.			5	35						4	4	4						
			46				1	20						4	4	4						
	晚奥陶世		45	*Nankinolithus* Cz.								3		12	3	8		3			60		
			44	*Rechardsonoceras* Cz.	临湘组						4	1	8		4	8		1			65		
			43								4		8		4	8		1			65		
			42	*Sinoceras-Hammatocnemis* Cz.	宝塔组	1					5	5	10		5	10		5			55		
			41								5	5	13		5	13		5			50		
		Sandbian	40	*Lituites-Euprimitia* Cz.				3			12	3	12		6	12		6			45		
			39					20			10		10			10							
奥陶纪			38	*Nemagraptus* Cz.	庙坡组			16			10		10			10					50		
			37	*Birmanites-Lituites* Cz.				7			13	3	13		7	13		7			35		
			36								2	2	10		2	10		5			55		
	中奥陶世	Darriwilian	35	*Dideroceras-Nileus* Cz.	牯牛潭组						2	2	10		2	10		5			55		
			34	*Dideroceras-Vaginoceras* Cz.								7		3		13					65		
			33									7		3		13					65		
			32	*Undelograptus austrodentatus* Cz.				25				10		10	4						50		
			31								5	2	5		10	10		2		2	60		
			30	*Yangtzella-Protocycloceras* Cz.								5	2	5		15	15							
		Dapingian	29		大湾组	1					5	2	5		15	15		4			50		
			28	*Chisiloceras-Yangtzella* Cz				2			2	5	5		10	10					60		
			27					2			2	5	5		10	10					60		
			26	*Sinorthis-Azygograptus* Cz.				6				3	6	3	15	6	6	6			45		
			25	*Yangtzella-Leptella* Cz		4		4			5	9	9		20	9		15				10	20
		Floian	24	*Calathium-Coreanoceras-Tritoechia* Cz.	红花园组	7		3			3	3	3		6		6	12	3		15		30
			23			4		3			3	3	3		6		6	12			45		
			22	*Tritoechia-Tungtzuella-Acanthograptus* Cz.				5			5	5	5	15	5		10					10	30
			21					5				5	10	5	15	5		10					40
奥陶纪	早奥陶世		20	*Calathium-Tritoechia* Cz.							4		4		20			10	20			10	20
			19	*Tritoechia* Cz.	分乡组						4	8		13	4		8					15	30
			18								4	8		13	4		8				45		
			17	间隔带											1								
			16	*Ecculiomphalus* Cz.							2		1		2		2				60		
			15								2		1		2		2				60		
			14	间隔带											2								
			13	*Ecculiomphalus* Cz.							2	1			2						80		
		Tremadocian	12	间隔带											2								
			11	间隔带	南津关组										2								
			10									1		1	2		1				65		
			9	*Proterocameroceras* Cz.								3		3	6		3				45		
			8								1	2		1	2		2				60		
			7	*Dactylocephalus-Asaphopsis* Cz.							3	7		3	3		7				20	25	
			6	*Dictyonema-Asaphellus* Cz.				3				6		3	6		6				45		
			5																				
			4	*Ellesmeroceroides* Cz.	西陵峡组										10		4						
			3																				
			2	间隔带																			
			1	间隔带																			
寒武纪	晚寒武世		0	间隔带	雾渡河组																		

在前一个沉积阶段里，碳酸盐沉积物以中粗晶（亮晶）胶结物为主，少量微晶，基本未见泥晶。生物（碎屑）则以食物链中处于第四级的生物类群为主，包括腕足类、三叶虫、腹足类、棘皮类（海百合茎）、头足类等。总体代表了一个正常浅水碳酸盐台地或潮间带的沉积环境。其对应的生境型多为 II_1-II_2，但前期多夹滩席（VII_1），后期出现了生物礁丘（VII_2）（图 3.19）。

在后一个沉积阶段中，碳酸盐沉积物普遍以微晶胶结物为主，中粗晶（亮晶）胶结物基本未见，并在一些层位含有少量泥晶。生物（碎屑）则在上述第四级类群基础上，还出现了第一到第三级的部分代表。其中，第四级的腕足类逐渐减少，头足类和三叶虫明显增多，且以漂浮、游泳型为主。第二级则以漂浮型的笔石动物为主，出现在中、上统的几个层位（大湾组、庙坡组、五峰组等），同时在五峰组内还见有少量放射虫等。前人（汪啸风等，1987）曾在庙坡组见有极少放射虫，但此次未能在切片中见到。总体来看，该阶段的生态类群随时间推移逐渐呈现出越来越深水的趋势，总体代表了淹没碳酸盐台地或外陆架背景。生境型多以 III~IV 为特征（参见图 3.19）。

（2）古生产力变化特征

在进行各类后生动物生物量统计的同时，这里还选择了生源钡作为参照，同时辅以 Al/Ti 值（用以表征过剩铝）等地球化学指标进行比对，以此为基础进一步可靠地揭示古生产力的变化。从图 4.9 可以看出，奥陶纪台地相区主干剖面上的古生产力参数大体上具有如下的一些特点。

1）生物碎屑含量和生物丰度高的碳酸盐岩层段，其生源钡揭示的古生产力参数也相对较高。这包括分乡组下部，以及宝塔组和临湘组上部等（宝塔组、分乡组底部是该剖面生源钡含量最高的两个碳酸盐岩层段，五峰组生源钡虽极高但其岩性是硅泥质页岩）。反之亦然，如南津关组中上部，其生源钡含量相对比较低。

2）生物碎屑含量和生物丰度高的碳酸盐岩层段，Al/Ti 值一般也有相对高的数值。这也主要体现在南津关组底部、分乡组-红花园组、大湾组下部。反之亦然，如南津关组中上部（第 11 层、第 13 层）。例外的是，在宝塔组相关层段该值相对较低。

3）五峰组笔石页岩段这一传统优质烃源岩层位的生物相对丰度是比较高的，其生源钡数值也非常高，但 Al/Ti 值却比较低。按照现有研究，一般认为这类还原性的泥页岩中生源钡含量不能用来反映其古生产力水平（McManus et al.，1998），而应该用其他指标（如过剩铝或 Al/Ti 值）来表示。同时必须考虑的一个因素是，黑色笔石页岩的实际沉积速率往往很低，在这样的层段里古生产力代用指标的"高值"其实还有时间"凝缩"的成分在内。

4）生物礁丘发育的层位（红花园组、分乡组上部），即生境型 VII，其生物丰度高，生物碎屑含量自然也高。此时 Al/Ti 值虽高，但生源钡并不是最高。

5）在仅有滩席、没有生物礁丘出现时（如分乡组下部），其生源钡含量和 Al/Ti 值都比较高。

6）生境型为 III~IV_1 时（如临湘组、大湾组下部和上部），其生源钡数值相对较高，同时 Al/Ti 值也较高。但宝塔组生境型为 III_1，虽然生源钡极高，但 Al/Ti 值却很低。

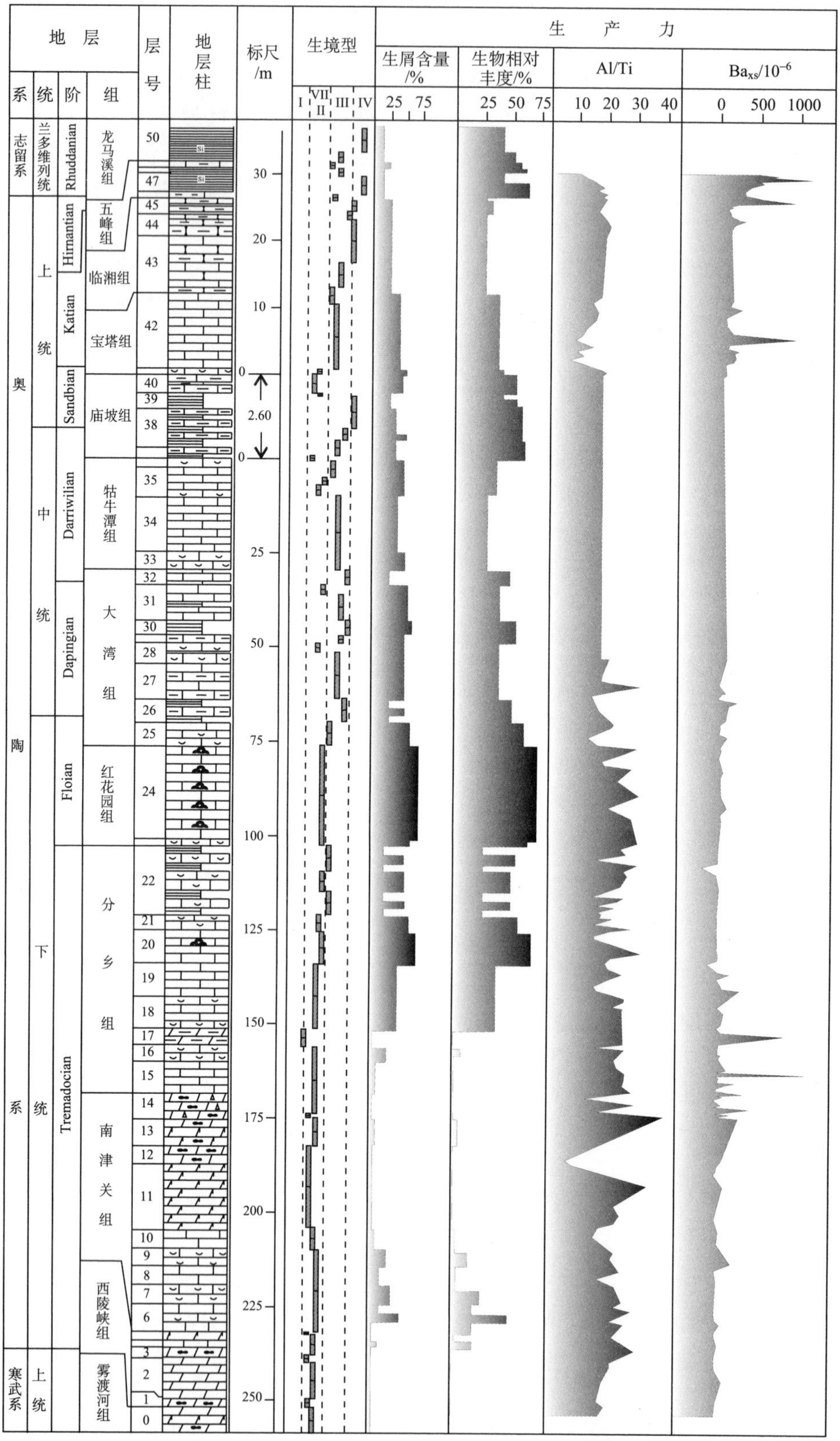

图 4.9 湖北宜昌黄花场-王家湾奥陶纪联合剖面生产力参数综合柱状图
地层岩性图例参见图 3.19

2. 志留纪剖面

(1) 生物碎屑及生物类型分布情况

研究区志留纪主干剖面四川旺苍王家沟-鹿渡联合剖面主体为碎屑岩沉积。下部为含笔石的泥页岩，碳酸盐岩只出现在上部少量层位（参见第三章第三节）。与奥陶纪相比，其生物类型也相对单调。具体的生物类型和含量参见表 4.5。从表中可以看出有如下一些特点：

志留纪早期（第 6～12 层）的生物以笔石为代表，并有少量放射虫，属于食物链第二营养级。而后笔石逐渐减少至无（第 13 层以上），海百合茎（棘皮类）、腕足类、珊瑚（复体为主）等逐渐占据主导地位。碳酸盐沉积在南江组中上部开始出现，包括一些薄层状的鲕粒灰岩夹层，一些以珊瑚为主的小型生物礁/丘，以及生物碎屑滩席等。在这些少量的碳酸盐沉积中，多以泥晶胶结为主，整体显示相对较弱的水体扰动和分选。这些特征充分反映出在志留纪上扬子地区是一个水体逐渐淤浅、逐渐靠近物源（古陆）的相对闭塞的陆架海盆（前陆盆地）。对应的生境型则由早期的 IV 逐渐演变到中晚期的 III～II（参见第三章第三节）。

(2) 古生产力变化特征

研究区志留纪主干剖面——旺苍王家沟剖面主体为碎屑岩沉积。生物含量总体来看很有限。这可能与这类生境型中的生物有关，也可能受生物在这样的岩性中的保存程度的影响。因此，在进行生物量统计的同时，也选择了 Al/Ti 值、辅以生源钡含量进行初级古生产力的表征。从图 4.10 可以看出，志留纪台地相区主干剖面上的古生产力参数具有以下特点：

1) 生物碎屑含量或生物相对丰度高的层段，其 Al/Ti 值高，比如剖面下部南江组底部以及顶部、宁强组底部和上部。有意思的是，该剖面奥陶系五峰组的 Al/Ti 值也相对较高，志留系底部的龙马溪组 Al/Ti 值在其中部则出现了一个很大的低谷。

2) 在生物碎屑含量或生物相对丰度高的层段，其生源钡含量也出现了相对较高的值，比如剖面下部南江组底部以及顶部、宁强组底部和上部（以及剖面下部奥陶系五峰组）等。但是，生源钡在志留系龙马溪组表现出总体走高的同时，也在中上部出现了低谷。也就是说，该剖面生源钡的变化与 Al/Ti 值保持了相当好的同步性。当然需要说明的是，除去下部的五峰组—南江组底部各个黑色页岩层段外，出现生源钡峰值的其他层位，绝大多数实际上都是含有灰岩沉积的层位，如宁强组底部和上部。

3) 有礁滩碳酸盐沉积的层位（生境型为 VII，如宁强组上部、南江组上部），生物丰度自然很高，Al/Ti 值和生源钡最高。

根据上述工作，我们把这两条主干剖面的生境型及古生产力结合在一起，对其生物学参数做一个粗略的定性评价，以便为后续的烃源岩评价提供依据。结果参见表 4.6、表 4.7。

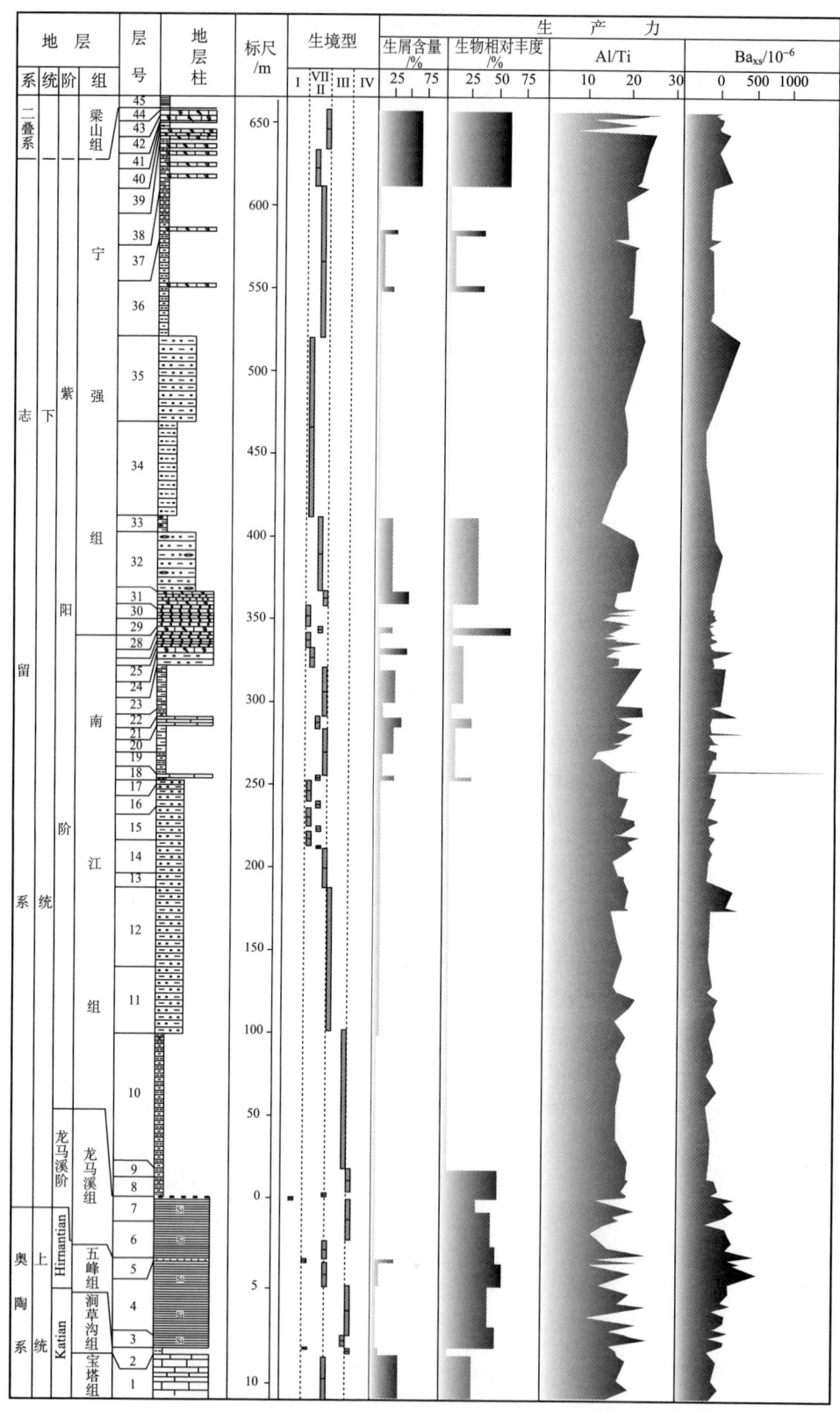

图 4.10 四川旺苍王家沟-鹿渡志留纪剖面生境型-生产力综合柱状图
地层岩性图例参见图 3.21

表 4.5 四川旺苍王家沟-鹿渡志留纪剖面生物碎屑统计一览表

纪	世	阶	层号	生物群落带	组	钙藻(一级)	放射虫(二级)	笔石(三级)	海绵骨针(四级)	介形虫	腹足类	三叶虫	腕足类	头足类	海百合(棘皮类)	层孔虫	珊瑚	灰泥基质(一级)	微晶(二级)	参考中粗晶胶结物
二叠纪			45		梁山组															
志留纪	兰多维列世	Telychian	44~38	*Mesofavosites-Pycnactis-Coronocephalus* Cz.	宁强组								5		25	5	25	10		
			37~36	*Nucleospira-Plectodonta* Cz.									5	5						
			35~34	间隔带											5					
			33~31	*Mesofavosites* Cz.									5		20		10	15		
			30~29	间隔带																
			28		南江组								10		25		25	10		
			27~26	*Mesofavosites-Nalivkinia* Cz.									5		10		10	10		
			25										5		5			15		
			24												10		5	10		
			23~22									3	5		5	3	10			
			21								5					5	15			
			20~19								10					10	10			
			18										5		3	3	5			
			17~13	*Mesofavosites-Nucleospira* Cz.						5			3		3		5			
			12~11	*Nucleospira* Cz.													3			
			10	*Streptograptus-Spirogratus* Cz.					10											
			9	*Spirograptus turriculatus* Cz.					10											
			8						50											
		Rhuddanian	7	*Parakidograptus - Akidograptus* Cz.	龙马溪组				30											
			6					2	40				5							
奥陶纪	晚奥陶世	Hirnantian	5	*Dalmanitina - ?Hirnantia* Cz.	五峰组				5		5	10	20	10	2		10			
			4	*Paraorthograptus pacificus* Cz.				10	50				5							
		Katian	4	*Dicellograptus complexus* Cz.				5	45	<1					5	5					
			3					5	45						5	5				
			2	*Orbulus - Climacograptus* Cz.	涧草沟组				5						5					
	Sandbian		1	*Sinoceras* Cz.	宝塔组	5					5	10		10	5		10			

注：该剖面下部还出露有奥陶系上统（参见第三章第三节及本节相关图件）。为参考方便起见，现将此段奥陶系顶部地层统计结果也一并列出。

表 4.6 湖北宜昌黄花场奥陶纪剖面生物学参数评价一览表

初级生产力（Ba_{xs}） \ 生境型	I, VI	V	IV	III	II, VII
低					12, 0
中				33, 34, 26	23, 21, 20, 10, 7, 8, 5, 4, 3, 1

续表

生境型 初级生产力（Ba$_{xs}$）	I, VI	V	IV	III	II, VII
高			46, 47, 44, 50	48, 49, 43, 35, 31, 30, 29	28, 22, 18, 16, 13, 11, 9, 6, 2
极高			32, 39, 38, 45	42, 29, 27	40, 37, 25, 24, 19, 17, 15, 14

表 4.7 四川旺苍王家沟志留纪剖面生物学参数评价一览表

生境型 初级生产力（Al/Ti）	I, VI	V	IV	III	II, VII
低					
中				34	42, 33, 20
高			4	35, 12, 10, 6, 3, 2, 1	41, 37, 36, 31, 29, 28, 26, 25, 24, 19, 17, 16, 14, 13
极高			7, 5	11, 9, 8	44, 43, 40, 39, 38, 32, 30, 27, 23, 22, 21, 18, 15

四、泥盆纪—石炭纪

在研究剖面上（杨堤剖面和甘溪剖面），泥盆纪的生物碎屑类型包括后生生物、菌藻类和分类位置不明的钙球（包括后生生物和菌藻类的碎屑）。后生生物的生物碎屑类型主要有竹节石、层孔虫、腕足类、腹足类、双壳类、棘皮类、珊瑚（四射珊瑚和床板珊瑚）、苔藓虫、介形虫和三叶虫等。其中，竹节石和层孔虫是泥盆纪的特色生物碎屑类型，其数量多，分布广。菌藻类生物或生物碎屑类型主要有蓝细菌、绿藻和红藻以及分类位置不明的菌藻类型。主要菌藻类群包括藻类 *Halysis*，Solenoporaceans，*Vermiporella* 等；蓝细菌 *Bevocastria*，*Girvanella*，*Hedstroemia*，*Subtifloria* 等，以及亲缘关系不明菌藻类 *?Chabakovia*，*Garwoodia*，*Izhella*，*Paraepiphyton*，*Rothpletzella*，*Shuguria*，*?Stenophycus*，*Tharama*，*Uraloporella*，*Wetheredella*（Feng et al.，2010）。下面将分别以杨堤剖面、甘溪剖面、隆安剖面、巴平和么腰剖面为例阐述泥盆纪—石炭纪生物碎屑变化及其指示的古生产力。

1. 广西杨堤泥盆纪剖面

在杨堤剖面上，中泥盆世信都组（第 1 层）为浅灰色-紫灰色中—厚层细粒砂岩夹薄—中层粉砂岩和泥质粉砂岩，生境型为 II$_1$（潮间带碎屑岩沉积环境），仅见遗迹化石 *Planolites*、*Skolithos* 和 *Palaeophycus* 等，未见实体化石和生物碎屑，指示的生产力显然应该是很低的。

中泥盆世东岗岭组（第 2~19 层）主体岩性为灰岩和白云岩，生境型从 II_2（局限台地）到 III_1（开阔台地上部）再到 III_2（开阔台地下部）。根据岩性和生物碎屑含量（总体上不高）特征，东岗岭组可分为下部（第 2~6 层）、中上部（第 7~16 层）和顶部（第 17~19 层）（图 3.23）。下部生物碎屑含量相对比较高，可达 15%，主要为层孔虫、腕足类、珊瑚和腹足类，未见菌藻类。中上部生物碎屑含量大都小于 5%，主要为层孔虫和腕足类，未见菌藻类。顶部生物碎屑含量由下往上逐渐增高，可大于 10%，主要为层孔虫、竹节石和腕足类，未见菌藻类。从生物碎屑变化及其指示的古生产力来看，东岗岭组的下部和顶部生产力相对比较高，中上部相对比较低（图 3.23）。

上泥盆统榴江组（第 20~23 层）主体岩性为硅质岩夹泥岩，岩性较单一，生境型为 V_2（台间海槽）。生物和生物碎屑主要为竹节石、介形虫和腕足类，第 22 层含量可达 25%，代表高的古生产力（图 3.23）。

上泥盆统五指山组（第－7~122 层）根据岩性和生物碎屑组合可分为下部（第－7~53 层）和上部（第 54~122 层）。下部为深灰色中—薄层灰岩，硅质含量较高，生境型为 V_1（碳酸盐台地斜坡）。生物碎屑主要为钙球、介形虫和菌藻类，其次为牙形石、竹节石和腕足类。虽然生物碎屑含量大都小于 10%，但菌藻类的广泛出现和发育的灰泥指示其古生产力相对较高。上部岩性主要是灰岩和藻纹层状灰岩，生境型为碳酸盐台地（以局限碳酸盐台地为主）。生物碎屑主要为钙球和介形虫，菌藻类仅局部可见。生物碎屑含量大都小于 5%，古生产力相对较低。需要指出的是，五指山组整体宏体化石稀少。菌藻类化石主要见于晚泥盆世 F/F 之交，在上 Kellwasser 层位比较丰富。主要类型包括葛万藻、粗枝藻等以及大量的钙球（徐冉等，2006；Xu et al.，2008）。

2. 四川甘溪泥盆纪剖面

根据岩性、生物碎屑的类型和含量以及生境型，甘溪剖面可以明显地分为下部组合（第 1~52 层）、中部组合（第 53~112 层）和上部组合（第 113~155 层）。

下部组合包括下泥盆统的平驿铺组（第 1~50 层）和白柳坪组（第 51~52 层），均为陆源碎屑岩，生境型为 II_1~III_2（障壁潟湖体系—中部浅海）。仅第 28 层含腕足类，其他层位未见海相实体化石和生物碎屑。从生物碎屑的角度指示的古生产力不高。

中部组合包括下泥盆统上部的甘溪组、谢家湾组、二台子组和养马坝组中下部以及中泥盆统养马坝组上部和金宝石组。以礁滩相碳酸盐岩和富含后生生物碎屑与菌藻类碎屑为特征。生物碎屑的含量最高可达 75%，如甘溪组的第 53~55 层、谢家湾组的第 62 层、二台子组的第 78~79 层和养马坝组的第 82~84 层。与后生生物相比，菌藻类相对较少。中部组合总体上古生产力比较高（图 3.25）。

上部组合包括中-上泥盆统的观雾山组、土桥子组、小岭坡组、沙窝子组和茅坝组，以碳酸盐岩沉积为主。除土桥子组的生境型为台缘斜坡和台间海槽外，其他均为浅水碳酸盐岩型生境型（以 I~II_2 为主）。上部组合在岩性和生物碎屑上的主要特征是出现明显的白云石化，部分层位白云石的含量可达 75%，如观雾山组和沙窝子组。后生生物明显减少，菌藻类明显增多，指示上部组合的古生产力高。需要指出的是，在沙窝子组的第 143 与 144 层之间为晚泥盆世 F/F 界线。在该界线之上后生生物的减少和菌藻类的增加格外明显，反映古生产力组成和结构的变化和调整（图 3.25）。

3. 广西隆安石炭纪剖面

隆安剖面石炭系主要为碳酸盐岩，通过岩石薄片分析可以进行详细的生物碎屑统计。在统计中，特别要注意生产者（如藻类）、初级消费者（如非䗴有孔虫、䗴）的含量，将生物碎屑含量、非䗴有孔虫含量、藻类含量作为三个重要的指标来评价不同层位生物的生产力。根据隆安剖面石炭系生物碎屑、藻类及非䗴有孔虫的含量分布，并考虑到相邻系（如二叠系）的划分标准（表1.8），将石炭系的生产力等级划分标准定义于下。

1) 藻类相对丰度与生产力等级：甚高生产力水平对应＞30％藻类相对丰度，高生产力对应20％～30％藻类相对丰度，中等生产力对应10％～20％藻类相对丰度，低生产力对应＜10％藻类相对丰度。

2) 非䗴有孔虫相对丰度与生产力等级：甚高生产力水平对应＞30％非䗴有孔虫相对丰度，高生产力对应20％～30％非䗴有孔虫相对丰度，中等生产力对应10％～20％非䗴有孔虫相对丰度，低生产力对应＜10％非䗴有孔虫相对丰度。

3) 生物碎屑含量与生产力等级：甚高生产力水平对应＞40％生物碎屑含量，高生产力对应20％～40％生物碎屑含量，中等生产力对应5％～20％生物碎屑含量，低生产力对应0～5％生物碎屑含量。

虽然生物碎屑含量可作为一个古生产力的划分标准，但在使用时必须考虑生物碎屑中藻类及非䗴有孔虫的含量。如果生物碎屑中藻类及非䗴有孔虫含量很低，但由于含有大量高级别消费者，如腕足类、棘皮类、双壳类的碎屑，导致其生物碎屑含量很高，也不能认为生产力是高的。因此，在进行生产力图表分析时，通常将生物碎屑含量与藻类含量及非䗴有孔虫含量综合考虑。

根据生物碎屑含量和藻含量标准，在隆安剖面石炭系，第2～7、44～45、50、56～57、61～62、72、74～75、78～79、87层（表4.8）为甚高生产力的层位。除第2～7层为生境型III$_2$外，其余均为生境型II$_2$的碳酸盐台地及台地上的生物滩相沉积。此外，高古生产力的层位有第11～12、24～27、41、63、66、76～77、83～84层（表4.8），属生境型III$_2$的仅有第11～12层。

表 4.8　广西隆安剖面石炭纪生物碎屑、藻类统计对比表

藻类 生物碎屑	0～10%	10%～20%	20%～30%	＞30%
0～5%	85, 82, 81, 73, 71, 68, 64, 46, 42		32～40, 58～60	43, 55
5%～20%	8～10, 13～23, 40	51～54, 86	28～31, 48～49, 65, 69～70, 80	
20%～40%			11～12, 24～27, 41, 83	63, 66, 76～77, 84
＞40%				2～7, 44～45, 47, 50, 56～57, 61～62, 67, 72, 74～75, 78～79, 87

生物碎屑含量和非䗴有孔虫含量统计结果表明（表 4.9），第 61~62、66~67、74~79 层为甚高生产力的层位。与表 4.8 相比，甚高生产力的层位明显减少，这是由于非䗴有孔虫在下石炭亚系，尤其是在岩关统含量极低。

表 4.9 广西隆安剖面石炭纪生物碎屑、非䗴有孔虫统计对比表

非䗴有孔虫 生物碎屑	0~10%	10%~20%	20%~30%	>30%
<10%	8~10, 42~46, 64~68, 71, 85	13~24, 33, 81, 82	28~31, 41, 56, 57, 69, 70	2~7, 11, 12, 32, 34~40, 43~45, 47~50, 55, 63, 84, 87
10%~20%		86	51~54, 58~60, 73	25~27, 65, 80
20%~30%			83	72
>30%				61~62, 66~67, 74~79

4. 广西巴平和么腰石炭纪剖面

巴平剖面和么腰剖面的石炭系主要为碳酸盐岩，其次为泥质岩和硅质岩。对碳酸盐岩一般通过岩石薄片分析可以进行详细的生物碎屑统计。与隆安剖面一样，在统计中，特别要注意生产者（如藻类）、初级消费者（如非䗴有孔虫、䗴）的含量，将生物碎屑含量、非䗴有孔虫含量、藻类含量作为三个重要的指标来评价不同层位生物的生产力。

从表 4.10 看出，生物碎屑含量和藻类含量最高的层为第 14 层和第 40~42 层，较高的有么腰剖面第 28~31、36~37 层，以及巴平剖面第 24、43~48 层。

表 4.10 广西巴平和么腰石炭纪剖面生物碎屑及藻类含量统计表

藻类 生物碎屑	0~10%	10%~20%	20%~30%	>30%
0~5%	4~7, 9~13, 15, 17~23, 25~39, 46, 4~11 (M), 20~27 (M), 32~35 (M), 38~41 (M)		14~19 (M)	12~13 (M), 16
5%~20%			42~43 (M)	
20%~40%			36 (M), 43~48	37 (M), 28~31 (M)
>40%			24	14, 40~42

注：M 为么腰剖面，其余为巴平剖面

在黑色页岩的岩石薄片中，很难见到生物碎屑及藻类化石碎片。但通过对碳质页岩的酸处理（与孢粉化石的处理方法相同），可见到较多的藻类、无定形有机质及来自陆地的古植物碎片。这表明碳质页岩也具有较高的古生产力。

五、二叠纪—三叠纪

1. 广西来宾铁桥二叠纪剖面

铁桥剖面二叠纪地层包括栖霞组、茅口组、吴家坪组和大隆组。大隆组覆盖较严重，因而未开展详细的野外工作。本剖面栖霞组下部（第19层以下，图3.29）黑色薄层含泥质灰岩中，含有少量腕足类、苔藓虫、海百合茎和非鳞有孔虫、介形虫，钙藻不发育。反映了浪基面到风暴浪基面之间的环境特点。之上逐渐开始发育层纹状含海泡石灰岩，至第60层附近，层纹状灰岩开始占据副层序旋回的一半厚度，整体生物碎屑含量也逐渐增加，反映了与广元上寺剖面相似的特征（较高的生物生产力）。再往上，沉积环境水深逐渐变浅，发育厚层—块状的生物碎屑灰岩。生物碎屑以藻类为主，其次为非鳞有孔虫、鳞，少量的珊瑚（图3.29）。

本剖面茅口组和吴家坪组主要为硅质岩盆地—斜坡相和孤立台地边缘生物礁相。盆地相硅质岩（第112层）含放射虫和海绵骨针；斜坡相硅质岩中夹薄层重力流沉积。在浊积岩序列下部粒序层中，生物碎屑含量可达30%，但是主要为异地搬运成因。

茅口组孤立台地边缘生物礁相包括第114层和第119层。第114层整体为巨厚层生物碎屑灰岩，空间上为透镜状，200~300m长，厚度20~40m。中下部发育生物碎屑颗粒岩薄层。核心部位发育藻类障积灰岩，因此构成一个由台地、台地浅滩和浅滩边缘生物礁组成的孤立台地沉积体系。其生物生产力较之其下伏和上覆斜坡相高。茅口组顶部第119层（来宾灰岩）类似第114层，但是其下部以斜坡相为主，上部以浅水台地相为主，似缺乏相应的生物礁沉积。不过在蓬莱滩剖面，相应层位发育以黏结岩为主的生物礁相。整体看来第119层生物生产力可能比第114层稍低。

吴家坪组主体部分（第123~133层）为海绵-藻礁。生物礁的发育由下往上经历了一个繁盛到逐渐萎缩的过程。海绵数量丰富而且保存完好，以串管海绵、纤维海绵为主，包括 *Amblysiphonella*、*Colospongia*、*Intrasporeocoelia*、*Sollasia* 和 *Tabulozoa* 以及多囊腔海绵等。此外起黏结作用的古石孔藻特别丰富。鉴于生物礁主要繁盛于寡营养环境，因此吴家坪组中部虽然生物碎屑含量较高，但是生物生产力可能仍处于中等偏下水平。

2. 贵州罗甸关刀二叠纪—三叠纪剖面

（1）大隆组

大隆组（第1~2层，图3.37）主要出露深灰色薄—中层硅质岩和泥岩，不适合进行岩石薄片研究。为此我们对该组进行了野外化石采集工作。从整体上看，该剖面大隆组化石较为丰富，主要包含腕足类、菊石以及少量的双壳类化石。从食物链的角度来看，腕足类和双壳类一般是二级消费者，而菊石是高级消费者。因此较丰富的二级消费者和高级消费者的出现表明大隆组具有较高的初级生产力。

(2) 罗楼组

罗楼组底部（第3～4层）以泥岩为主，产出的化石主要包括菊石、双壳类以及少量的牙形石。菊石和双壳类主要由 *Ophiceras* 和 *Claraia* 两类优势分子组成。从群落组成上看，生物种类单一，但部分层位丰度很高。较高级消费者的丰度在部分层位非常高，反映出初级生产者的丰度也很高，也就是具有较高的初级生产力。然而，这种高丰度层位数量并不多，因此还很难判断罗楼组底部泥岩整体的古生产力。

罗楼组中部（第5～20层）以薄层灰岩与块状角砾状灰岩为主，产出的化石主要包括非鳆有孔虫、介形虫、牙形石和少量腹足类。除牙形石外，生物面貌单一，丰度很低，且产出化石的层位较少。因此可能反映了较低的初级生产力水平。

罗楼组上部（第21～27层）以厚层状角砾灰岩、白云质角砾灰岩、薄层灰岩和页岩为主，产出的化石包括非鳆有孔虫、牙形石、介形虫和棘皮动物。与罗楼组中部相比，上部的生物丰度和分异度均有所提高，但仍处于相对较低的水平。因此代表较低的初级生产力水平，但比罗楼组中部的生产力水平稍高。

(3) 关刀岩楔

关刀岩楔（第28～33层，部分属于罗楼组）以中、厚层状含生物碎屑灰岩为主，产出的化石主要包括管壳石、非鳆有孔虫、牙形石、介形类和棘皮动物。此外，还含有少量的钙藻、腕足类、腹足类和双壳类化石。从整体上看，该段地层化石非常丰富且食物链非常完善，包括初级生产者钙质藻类，初级消费者非鳆有孔虫、介形虫，二级消费者腹足类、双壳类、腕足类和棘皮动物，以及高级消费者牙形石。从丰度上看，生物量较高，明显高于罗楼组的生物碎屑含量。因此推断关刀岩楔具有较高的初级生产力。

3. 四川广元上寺三叠纪剖面

三叠纪上寺剖面生物碎屑含量（包括钙藻和非鳆有孔虫）参见图 3.39。总体而言，早三叠世印度阶飞仙关组绝大部分层位生物碎屑含量非常低，指示古生产力较低。偶有生物碎屑也以棘皮类为主，另含一些藻团。至飞仙关组上部，非鳆有孔虫和介形虫在一定程度上有所恢复，但含量仍很低。飞仙关组个别层段，如 *Pachycladina-Parachirognathodus* 群落（第35～39a层）生物碎屑含量可达40%，指示古生产力"甚高"（分级标准参见表1.8）。

铜街子组是上寺剖面三叠系生物碎屑含量最高的。腹足类、双壳类、棘皮动物、非鳆有孔虫和介形虫都有比较高的丰度，但藻团块不发育。本组绝大部分层位生物碎屑含量可达20%，依据殷鸿福等（2011）分级标准，指示古生产力在高及甚高这两个级别上。对应的生物群落为 *Neospathodus* 群落（第41～54层）以及 *Pachycladina* 群落（第55～60层）。

至嘉陵江组和雷口坡组，生物碎屑含量较铜街子组又有所减少。但在一些层位生物碎屑含量仍可达20%，生物碎屑类别上藻团粒和藻团块变得极其发育，棘皮类也较多，个别层位含腹足类。对应地，藻团群落（第67～70层），以及藻团-棘皮群落（第79～

112层）生物碎屑含量在20%以上，指示古生产力高。

具体各层古生产力判断根据生物碎屑含量划分为低（<5%）、中（5%~20%）、高（20%~40%）、甚高（>40%）等级（据殷鸿福等，2011），见表1.8。

根据上述工作，以及第三章上寺三叠系剖面的生境型划分，可以将该剖面各层的生境型及古生产力结合在一起，对其生物学参数做一个粗略评价。生境型的初级生产力排序参见殷鸿福等（2011），结果参见表4.11。

表4.11 四川广元上寺三叠纪剖面生物学参数评价一览表

生境型 生产力	I，VI	IV，V	III$_1$，III$_2$	II$_2$，II$_1$，VII
低		17，18，22~25，41~44，47~49	2~16，21，26，28~31，33，34，62~65，67~69，71~77	35~36，39，56，60，80，84，86~89，93~96，98，100~102，104~105，108~112
中		19~20，40，45，53	32，78	37，57~58，70，79，81，90~92，97，103，106~107
高		46，51~52	27	55，59，85，99
甚高		50，54	61，66	38

第三节 各时代地球化学指标指示的古生产力

一、海洋古生产力的地球化学指标

与现代海洋可以用卫星遥感来直接获取海洋表层生产力（叶绿素）不同，过去海洋生产力（古生产力）主要靠生物学、化学的替代指标来表征。前述的生物化石等指标，在一定程度上反映了古生产力的变化状况。随着现代分析测试技术的进步和现代海洋观测水平的提高，一些地球化学指标，如生源钡、磷、过剩铝等，被认为可以用于古生产力的示踪（Henderson，2002）。在第一章第一节简单介绍的基础上，本节讨论这些新指标的生物地球化学原理及其适用性，并通过改进将其用于元古宙—三叠纪古生产力重建的实践。

1. 古生产力指标生源钡

20世纪50年代，对大洋深海沉积物的研究发现，钡的积累率在赤道附近达到高峰，推测钡的积累是上层水体生产力的标志。在20世纪80年代，通过沉积物捕获器的研究，发现有机碳通量与钡积累率有着惊人的相关性，钡再次引起人们的注意（Gingele and Dahmmke，1994），科学家开始尝试以钡为指标进行古生产力的研究。调查表明，在生物生产力高的海域，中等深度海水中的重晶石（主要含钡矿物）通量和深海沉积物中的重晶石含量也相应较高。据此，可在重晶石通量和表层海水生产力之间建立联系。由于生物钡保存率较高（30%；Paytan and Kastner，1996），且重晶石在沉积、成岩过程中比有机质更稳定，因此，深海沉积重晶石可用于古生产力重建。

那么，海洋重晶石为什么能响应生产力的变化呢？目前有两种解释。一种认为是由生物作用形成的，即生物体将钡富集在它们的骨骼中（Bernstein et al.，1998），或在生物体原生质内沉淀形成重晶石微晶。但迄今为止未发现远洋生物体沉淀重晶石的直接证据。另一种观点认为，生物成因重晶石是通过非生物作用形成的。即在有机质絮凝体如粪团等内，含硫蛋白质等有机物的分解导致粪团等絮凝体微环境中硫酸盐或钡的富集，在达到重晶石饱和条件下，重晶石发生沉淀形成无定形的硫酸钡聚合体（Gingele and Dahmmke，1994）。这种聚合体在沉降过程中发生再结晶作用而不断长大。钡在沉降颗粒物中的含量随水深的增加而增加的现象，支持了重晶石是由非生物过程形成的观点。目前普遍认为，重晶石形成于一定的微环境，其中的有机物分解释放出大量钡和锶，导致了重晶石的局部过饱和而产生沉淀（Ganeshram et al.，2003）。因而，沉降的有机物越多（对应于高生产力），越有利于重晶石的生成和保存。即钡通量与生产力正相关。

利用钡来重建生产力，首要的任务是获悉沉积物中生源钡的含量。目前，通常的方法是利用沉积物中钡的总量扣除陆源部分贡献的钡，从而得出生源钡的含量（也称过剩钡，以 Ba_{xs} 表示）。三者之间有如下关系：

$$Ba_{xs} = Ba_{total} - (Ba/Al)_{terr} \times Al_{total} \quad (4.3)$$

式中，Ba_{xs} 为生源钡含量，Ba_{total} 为实际测得的沉积物钡总含量，Al_{total} 为沉积物铝总含量，$(Ba/Al)_{terr}$ 为陆源钡与铝的比值。

在沉积物中，铝含量经常用来估算沉积物中陆缘碎屑的含量，因为从酸性到基性喷出岩和侵入岩，还有大多数的变质岩，岩石中铝的含量都非常类似。对于最常见的沉积岩——页岩，它的铝含量和上地壳的也非常类似（Turekian and Wedepohl，1961）。由于在风化作用和成土作用中，铝主要形成黏土矿物和原地保留的氢氧化物，体现出保守的地球化学特征。这样，就可以用铝对其他重金属进行标准化校正，以减少沉积物来源、粒度、矿物组成等方面的影响。也可以用铝来评价样品中某种元素陆缘碎屑部分的背景值（Loughnan，1969；Bohn et al.，1979）。世界页岩平均值（Wedepohl，1971）、太古宙以后的页岩平均值（Post-Archean Average Shale）（Taylor and McLennan，1985）和北美页岩（Gromet et al.，1984）都可用来作为陆缘成分的参考。

同时，钛也可以用来标准化元素。过去，地球化学家通常认为沉积物中的铝、钛全部来自陆源输送的矿物，因此在现代海洋沉积物、沉积物捕集器样品和沉积岩中，铝、钛含量主要用于定量描述陆源输送的贡献。然而，Murray 和 Leinen（1996）在研究赤道太平洋碳酸盐沉积物时发现，Al/Ti 值最高可达 45，是新太古代页岩平均值的 3 倍左右（Al/Ti 约 17）。他们认为，这是由于海水溶解态铝被颗粒物清除所引起的。这说明用某些海域沉积物的铝含量来校正陆源碎屑输入量时存在问题，故建议选用钛、钪作为参比元素校正陆源物质的影响。下面我们将选用钛，而不是铝，作为扣除陆源物质影响的标准化元素。

但是，有了海洋自生源的 Ba_{xs}，并不意味着就知道了生产力，因为生产力是与钡的

沉积通量相关，而不是与钡的含量相关。两者的关系为
$$F_{Ba} = Ba_{xs} \times DBD \times LSR \tag{4.4}$$
式中，F_{Ba}为钡的沉积通量，Ba_{xs}为沉积物中生源钡的含量，DBD为沉积物的干密度，LSR为沉积速率。

在第四纪古海洋研究中，由于可以得到较为准确测定的DBD和LSR，Ba作为生产力指标已得到了较广泛的应用，并取得了良好的效果。但在年代更为久远的地层中，LSR通常情况下难以准确评估，因而限制了钡作为古生产力指标的应用。

钡作为古生产力指标的另一个技术壁垒是沉积物钡的有效保存问题。相对而言，富氧环境比缺氧环境更有利于硫酸钡晶体的保存，因而更能发挥钡指示生产力的功效。但在缺氧环境下，沉积物中的重晶石由于硫酸盐的细菌还原作用而发生溶解，使钡发生迁移，生产力信号将部分或全部失真。因而，将钡这个生产力指标用于早、中生代海相烃源岩研究时，尤其需要注意钡替代指标的有效性问题。

2. 古生产力指标磷

在地质时间尺度，古海洋生产力主要受到大洋营养元素可利用程度的控制，特别是活性磷含量（Tyrrell, 1999）。沉积的活性磷含量，无疑可以作为古海洋生产力的指标之一（Föllmi, 1995, 1996）。磷是地球上所有生命必不可少的成分，因为它在很多代谢过程中具有十分重要的作用，是生物骨架的主要成分。磷是DNA、RNA以及许多酶、磷脂和其他生物分子的结构元素。磷在地壳中的丰度为0.01%，但在大多数海洋沉积物和沉积岩中的含量较高（Mackenzie et al., 1993; Trappe, 1998）。磷在沉积物和沉积岩中的分布与有机质的供应有关，高含量可能来源于高的生物生产率。

沉积物中的磷主要来源于浮游植物的残骸，还有鱼类的鳞片和骨骼。通常，在沉积物-水界面以下，在富氧、贫氧和缺氧异养细菌的作用下，有机磷以PO_4^{3-}的形式释放出来。一般说来，孔隙水中的磷既可以被释放到水柱而返回上层水体，也可以沉淀而被固定在沉积物中（Span et al., 1992; Louchouarn et al., 1997; Kidder et al., 2003）。在缺氧条件下，沉积物中的磷可以扩散到上层水体。这种循环非常有效。据估计，仅有1%的有机磷可以逃脱循环而被固定在沉积物和沉积岩中（Benitez-Nelson, 2000）。由此可能促使大洋生产力和缺氧之间形成快速的正反馈（Van Cappellen and Ingall, 1994）。当某种原因导致水柱出现缺氧条件时（Larson and Erba, 1999），有机颗粒中的磷优先快速释放，海洋中营养元素含量提高，从而导致生产力的上升。但是，生产力的上升反过来会导致水柱缺氧的加剧，从而使大洋缺氧和生产力之间建立快速的正反馈机制。在这种情况下，海洋表面的高生产力没有使沉积物出现磷的富集。所以，单一的磷记录不一定能可靠地记录生产力，应结合其他指标进行综合分析。

3. 过剩铝与古生产力

铝被认为是最有希望重建古海洋生产力的地球化学指标。Deuser（1983）首先发现生物控制着非生物颗粒的量，提出铝可以表征生产力。其后大量的研究证实，沉积物中的过剩铝的确与初级生产力相关。Murray和Leinen（1996）在研究赤道太平洋碳酸盐

沉积物时发现，Al/Ti 值最高可达 45，是太古宙以后页岩平均值（PAAS）的 3 倍左右（Al/Ti＝17）（Taylor and McLennan，1985）。相对于 PAAS 中 Al/Ti 值多的这部分铝称为"过剩铝"（Al$_{xs}$），计算公式如下：

$$Al_{xs} = Al - [Ti_{sample} \times (Al/Ti)_{PAAS}] \quad (4.5)$$

式中，Al 表示沉积物样品中铝的总量，Ti$_{sample}$ 表示沉积物样品中钛的含量，（Al/Ti）$_{PAAS}$ 表示 PAAS 中 Al/Ti 值。

上式计算的过剩铝是一种最小的估计值，因为在计算中假设样品中的钛全部来自陆源矿物相，而实际上在某些海域也发现了"过剩钛"（Ti$_{xs}$），即吸附在颗粒物表面上的钛。Orians 和 Bruland（1986）对赤道太平洋区 25m 水深处沉积物捕集器样品的分析结果显示，约有 40%～50% 的铝是被吸附在颗粒物表面。这与 Murray 和 Leinen（1996）对同一区域表层沉积物中 Al$_{xs}$ 的分析结果一致。这说明，发生在海洋表层水体中的转移过程被定量地记录在沉积物中。Banakar 等（1997）对中印度洋盆地（CIB）沉积物的研究发现，在硅质和钙质沉积中均存在显著的 Al$_{xs}$ 信号。这表明 Al$_{xs}$ 是由海水溶解态铝被颗粒物清除所引起的，且清除与颗粒物类型无关。

铝是地壳中丰度最高的金属元素（8.23%），陆地和大气每年向海洋输送铝的量很大。但因铝在海洋中的滞留时间较短（约 200 年），海水中可溶性铝的浓度低，通常小于 1μg/L（Orians and Bruland，1985；Messures and Edmond，1988；Orians et al.，1990；Li，1991；Skrabal，1995）。考虑到溶解态铝是非营养型的痕量元素，海洋表层生物并不直接摄取铝。但生源颗粒物及其降解后产生的碎屑却是清除铝的重要载体，因为生源颗粒物表面富含羟基、羧基，容易吸附 Al(OH)$_2^-$。正因为如此，铝清除的强度与颗粒物通量呈较好的相关关系（Honeyman et al.，1988；Narvekar and Singbal，1993；Upadhyay and Sen，1994），可以表征海洋初级生产力。尤其是铝的化学性质决定了其能够在沉积物中长期保存，即不易受到早期成岩作用的影响（Murray and Leinen，1996），是前第四纪古海洋生产力重建最具潜力的指标。但是，与钡和磷一样，利用 Al$_{xs}$ 重建过去海洋生产力时也遇到"沉积速率难以准确测定"的瓶颈。

4. 生产力指标在地质历史时期应用面临的问题及其解决办法

无论是 Ba$_{xs}$ 和磷，还是 Al$_{xs}$，都避不开生产力信息的保存和沉积速率这两大难题。为了克服这些难题，Murray 等（2000）提出以钛标准化过的元素（如 Al/Ti 和 Ba/Ti）来表示生产力，而不是单纯地利用元素的含量（Ba$_{xs}$、Al$_{xs}$）。铝和钛均是难溶元素，能经受后期的沉积成岩作用，容易在地质体中长期保存，加上元素比率（Al/Ti）不受沉积速率的影响，即不需要沉积速率便可以计算生产力，更适用于地质历史时期的各类沉积岩。然而，Al/Ti 作为古生产力也有适用条件。Kryc 等（2003）发现生产力指标 Al/Ti 受陆源物质含量的影响，即生产力信号随陆源物质的添加而迅速衰减（图 4.11）。当陆源物质含量大于 5% 时，生产力的信号弱得无法辨认（灰色阴影条带）。Averyt 和 Paytan（2004）基于已公开发表的数据，对比了 Ba$_{xs}$、重晶石、Al$_{xs}$ 及其 Al/Ti 和 Ba/Ti，发现钛标准化的生产力与其他指标在变化形式上存在极大的差别，从而对 Al/Ti 生产力指标提出了质疑。Anderson 和 Winckler（2005）认为，两种原因导致了

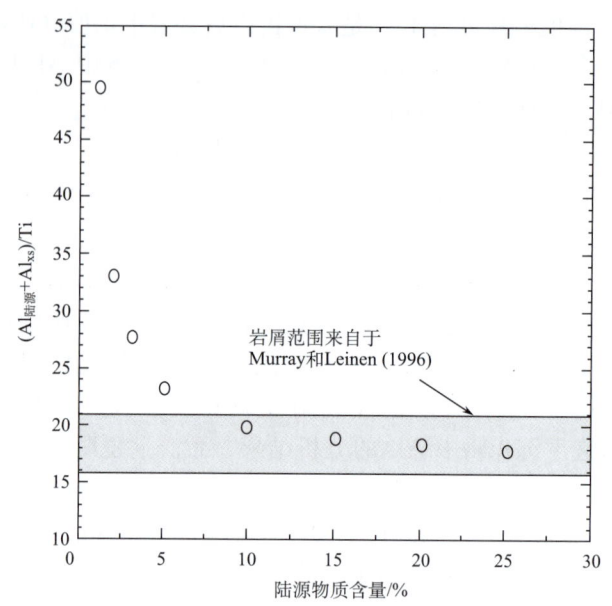

图 4.11　陆源物质含量对 Al/Ti 的影响（Kryc et al., 2003）

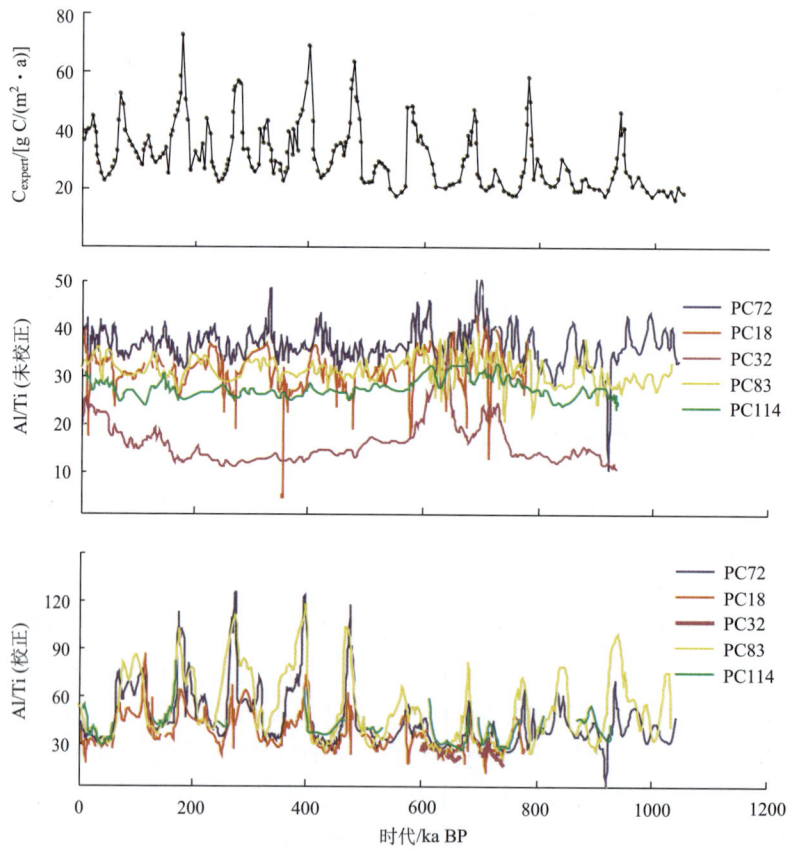

图 4.12　校正前后的 Al/Ti 及其与生产力的对比

PC 代表赤道太平洋中部的不同钻孔，参见 Murray et al., 2000

这些差异。其一是不同时期大气向海洋输入的钛的通量存在变化（冰期比间冰期大 5 倍）。其二是由于沉积物中碳酸盐的溶解，导致了那些依赖于沉积速率的 Ba_{xs}、重晶石和 Al_{xs} 等指标计算出的生产力出现高估。由此看来，要使 Al/Ti 指标得到应用，陆源钛的校正是必须的。

我们利用 Murray 等（2000）发表的中太平洋钻孔岩芯的地球化学资料，校正了陆源变化对 Al/Ti 的影响。当沉积物中陆源物质含量小于 5% 时，校正过的 Al/Ti 不但与 Ba_{xs} 等指标反映的生产力有一致的变化趋势，而且不同钻孔的变化模式也相同，即时空变化的一致性（图 4.12）。这较好地解决了困扰古生产力重建的沉积速率问题。利用该方法，我们尝试恢复华南元古代到中生代的海洋古生产力。

二、各典型剖面古生产力重建

基于以上原理和方法，在野外踏勘的基础上，采集了华南元古代—三叠纪典型剖面的研究样品 3000 余个，分析其地球化学组成，重建了不同地质时期的古生产力。

1. 埃迪卡拉纪和寒武纪

埃迪卡拉纪和寒武纪的海洋生产力演变主要以四川南江杨坝剖面和湖南壶瓶山杨家坪剖面为例。杨家坪剖面位于中扬子区，埃迪卡拉纪、寒武纪地层出露较好，尤其是海相碳酸盐沉积较有代表性。在此剖面开展古生产力的研究，有利于对动物起源时期古生产力的整体状况进行评估。

杨家坪剖面埃迪卡拉—寒武纪地层的地球化学组成及其重建的古生产力分别如图 4.13 和图 4.14。陡山沱组下部部分层位生源组分的含量较高，如沉积物中 Al_{xs} 含量高达 0.2%，而且与 Ba_{xs} 含量均表现出了相同的变化趋势。在灯影组，Al_{xs} 和 Ba_{xs} 的含量低于陡山沱组下部（图 4.13），但磷的含量升高（P_{xs} 为 0.2%~1.0%），远远高于陡山沱组下部（0.1%~0.2%）。进入寒武纪后，Al_{xs} 明显提高，在 0.1%~0.3% 之间波动，P_{xs} 也具有类似的变化特征（图 4.14），可能与古生产力水平的提高有关。

经过校正后的古生产力指标 Al/Ti 的变化支持以上认识。总体而言，埃迪卡拉纪和寒武纪早期古生产力较低，而寒武纪中晚期古生产力升高。陡山沱组低陆源含量的样品少，因而生产力只有 1 个数据 [197g C/(m²·a)]，其上的灯影组和寒武纪的牛蹄塘组及石牌组下部的古生产力水平均较低，绝对值均小于 250g C/(m²·a)（图 4.13）。但是，石牌组中部以上，古生产力逐渐提高，表现在高于 250g C/(m²·a) 层位越来越多（图 4.14）。尤其是孔王溪组和娄山关组，古生产力明显提高，250g C/(m²·a) 以上的样品数超过总数的 50%，其平均值到达 257g C/(m²·a)。

南江杨坝剖面位于四川南江县城西北，主要为埃迪卡拉纪沉积地层。该剖面的地球化学指标及其重建的古生产力如图 4.15 所示。与壶瓶山杨家坪剖面相似，南江杨坝剖面埃迪卡拉纪的古生产力较低，变化在 150~200g C/(m²·a) 之间。值得注意的是，生源组分 Al_{xs}、Ba_{xs} 和 P_{xs} 峰值特征差异明显，且均不对应于生产力的高值。造成生源组分与生产力不同的可能原因是沉积速率的变化导致的浓缩和稀释效应，比如在陡山沱

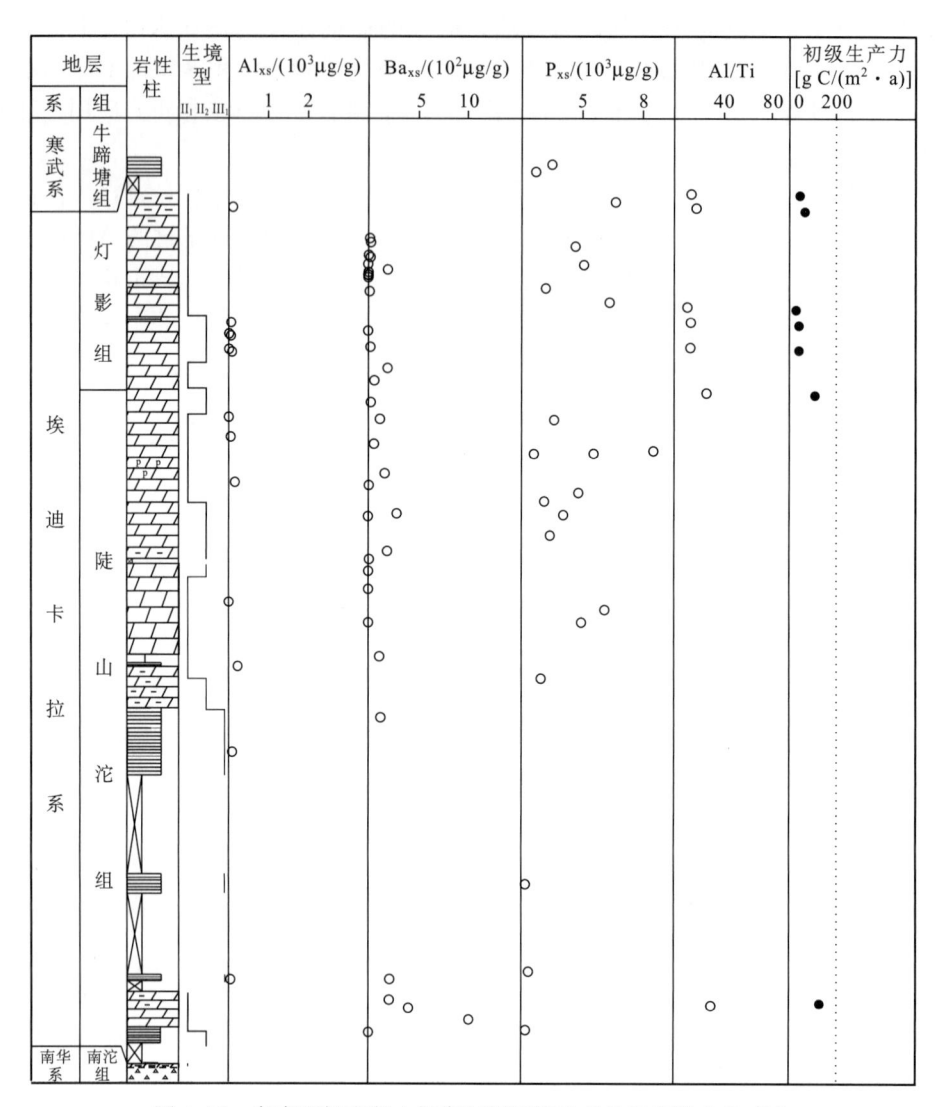

图 4.13　湖南石门壶瓶山杨家坪剖面埃迪卡拉纪海洋古生产力

岩性柱图例参见图 3.11

组的个别层位，缓慢的沉积速率造成包括 Al_{xs}、Ba_{xs} 在内的各生产力指标的浓缩富集，但古海洋初级生产力并不高 [<200g C/(m^2·a)]。而灯影组高的沉积速率使快速沉积的大量碳酸盐稀释了沉积物中的 Al_{xs}、Ba_{xs} 和 P_{xs} 等生源组分，但海洋初级生产力却表现为相对的高峰期。

2. 奥陶纪和志留纪

尽管我们分析了奥陶纪、志留纪剖面的 500 多个样品的地球化学组成，但是因为大多数样品为泥（灰）岩或页岩，陆源物质含量较高（$>5\%$），不能满足 Al/Ti 定量重建古生产力的基本条件。比较而言，宜昌黄花场剖面样品的碳酸盐含量高，陆源物质少于

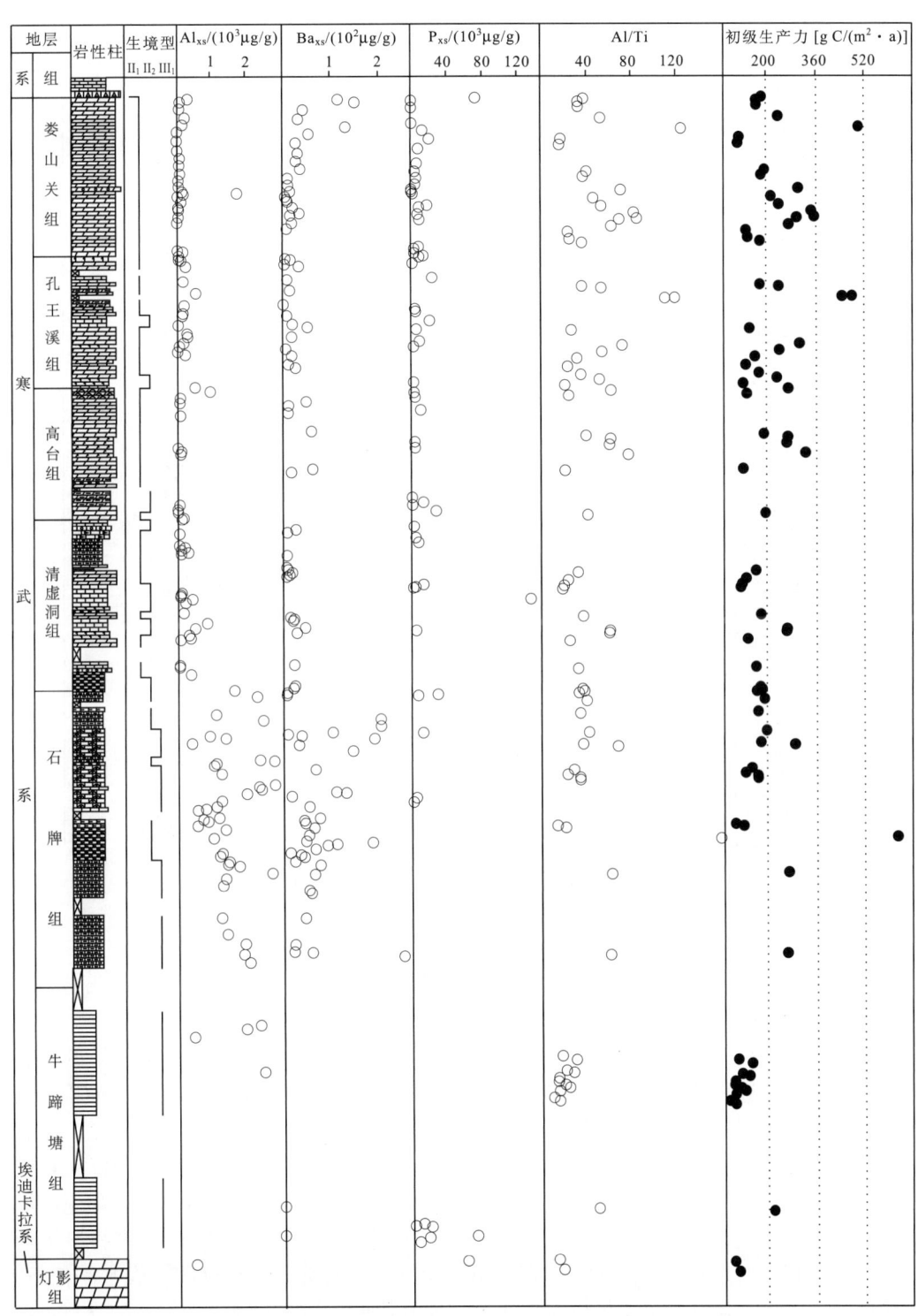

图 4.14 湖南石门壶瓶山杨家坪剖面寒武纪海洋古生产力

岩性柱图例参见图 3.15

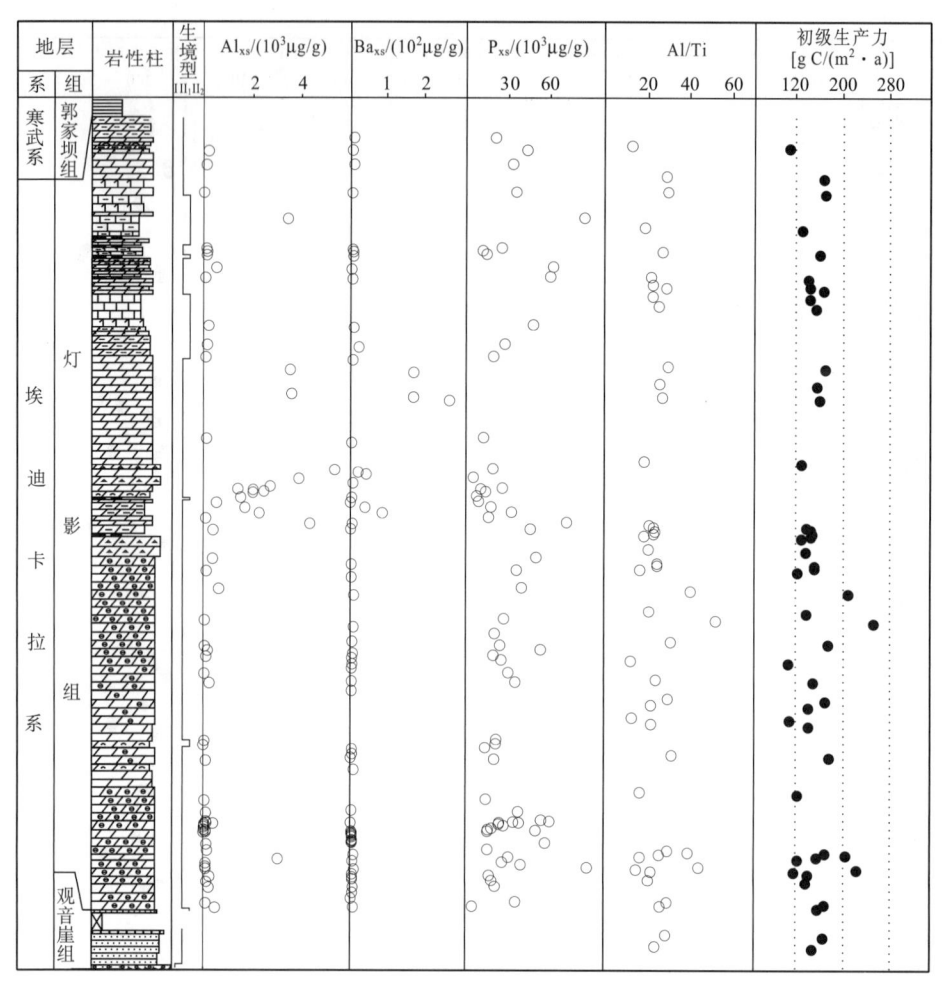

图 4.15　四川南江杨坝剖面埃迪卡拉纪海洋古生产力
岩性柱图例参见图 3.11

5‰的样本数较多。因而，奥陶纪、志留纪的海洋古生产力重建仅限于宜昌黄花场剖面的部分奥陶纪地层。

宜昌黄花场剖面位于湖北省西南部与湖南省交界处，地处长江上游与中游的结合部、鄂西秦巴山脉和武陵山脉向江汉平原的过渡地带，地势西高东低。境内地质构造较为复杂，无大断裂通过，地壳相对稳定。该剖面因地层发育完整，化石丰富齐全，是我国研究奥陶系的标准剖面，并且该地区的王家湾奥陶系-志留系界线剖面是国际对比的标准。由于受样品的限制，我们只重建了早奥陶世的古生产力（图 4.16）。奥陶纪早期的古生产力并不高，在 $150\sim200\text{g C}/(\text{m}^2\cdot\text{a})$ 之间波动。西陵峡组和南津关组生源 Al_{xs}、Ba_{xs} 和 P_{xs} 也分别小于 1.0‰、0.2‰ 和 1.0‰，也说明当时有机质合成水平低下。虽然这一记录仅来自宜昌黄花场单一剖面，需要其他更多剖面地球化学数据的支持，但地球化学的这一结论与前述的生物碎屑统计结果比较吻合，即与中、晚奥陶世相比，早奥陶世的生物碎屑含量明显较低（表 4.4）。

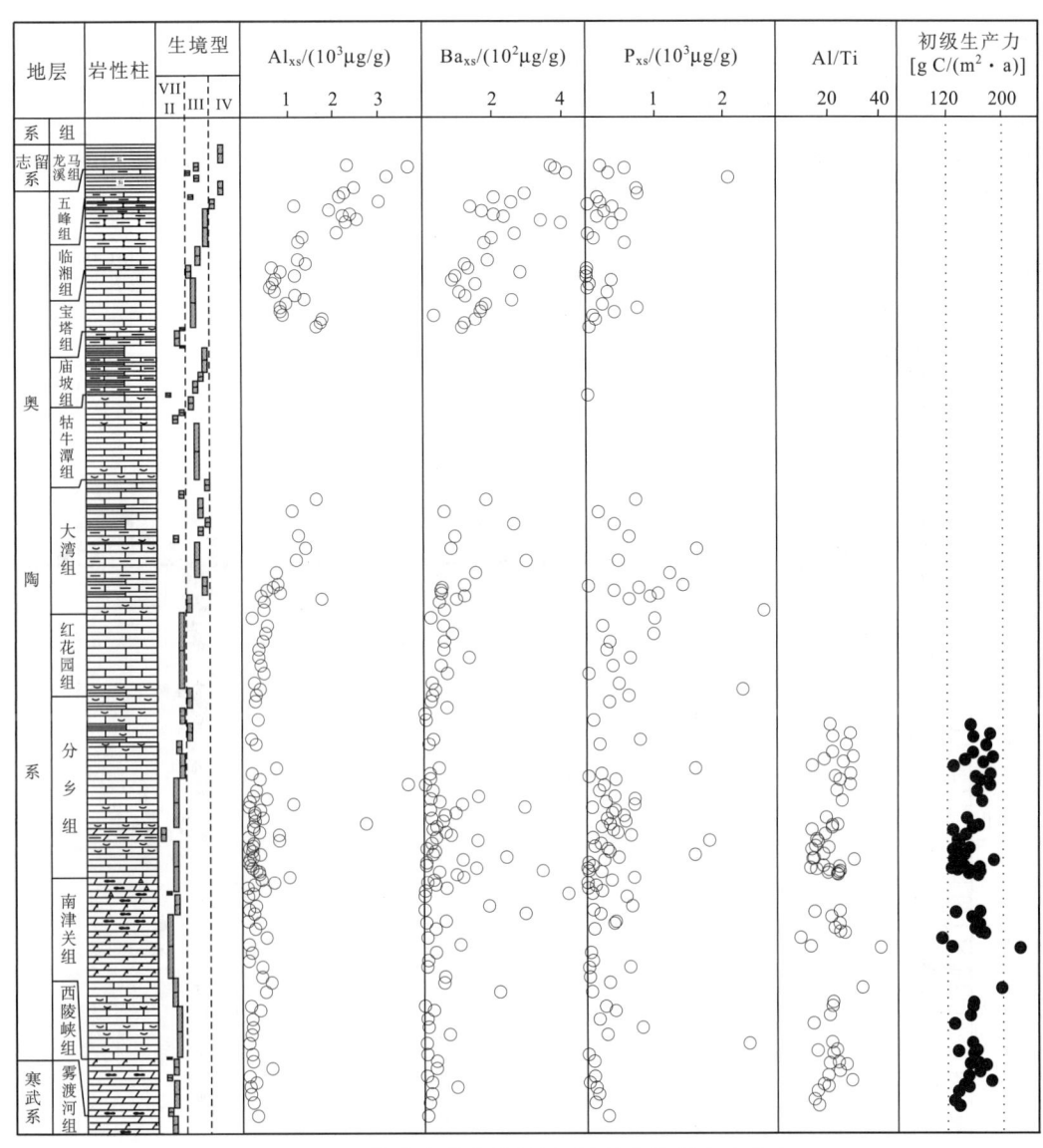

图 4.16 湖北宜昌黄花场剖面奥陶纪海洋古生产力

岩性柱图例参见图 3.19

3. 泥盆纪

泥盆纪海洋古生产力演变以广西横县六景和桂林杨堤剖面为例。华南地区泥盆系是中国南方优质烃源岩保存的主要层位之一，意味着可能有较高的海洋古生产力。为此，我们通过地球化学的手段对广西横县六景和桂林杨堤两个泥盆纪剖面的古生产力水平进行调查。

广西横县六景泥盆纪剖面位于孤立台地边缘，发育局限台地生态系统（张哲等，2007）。那叫组生源组分 Al_{xs}、Ba_{xs} 和 P_{xs} 总体含量较低，古生产力在 150g C/(m²·a) 左右。民塘组下部生源组分含量升高，Al_{xs}、Ba_{xs} 和 P_{xs} 均存在一定的富集，最高古生产力可达 540g C/(m²·a)。上泥盆统的生源组分富集程度中等，其中融县组略高于谷闭组（图 4.17）。从 Al/Ti 值重建的古生产力水平来看，当时海洋生物丰度中等。除了民塘组下部和融县组下部外，重建的古生产力绝大多数位于 180g C/(m²·a) 附近。值得注意的是，尽管在 F-F 界线附近发生了生物集群灭绝，但古生产力水平却相当高。这一点似乎与二叠纪-三叠纪之交生物灭绝后古生产力降低的情况不同。

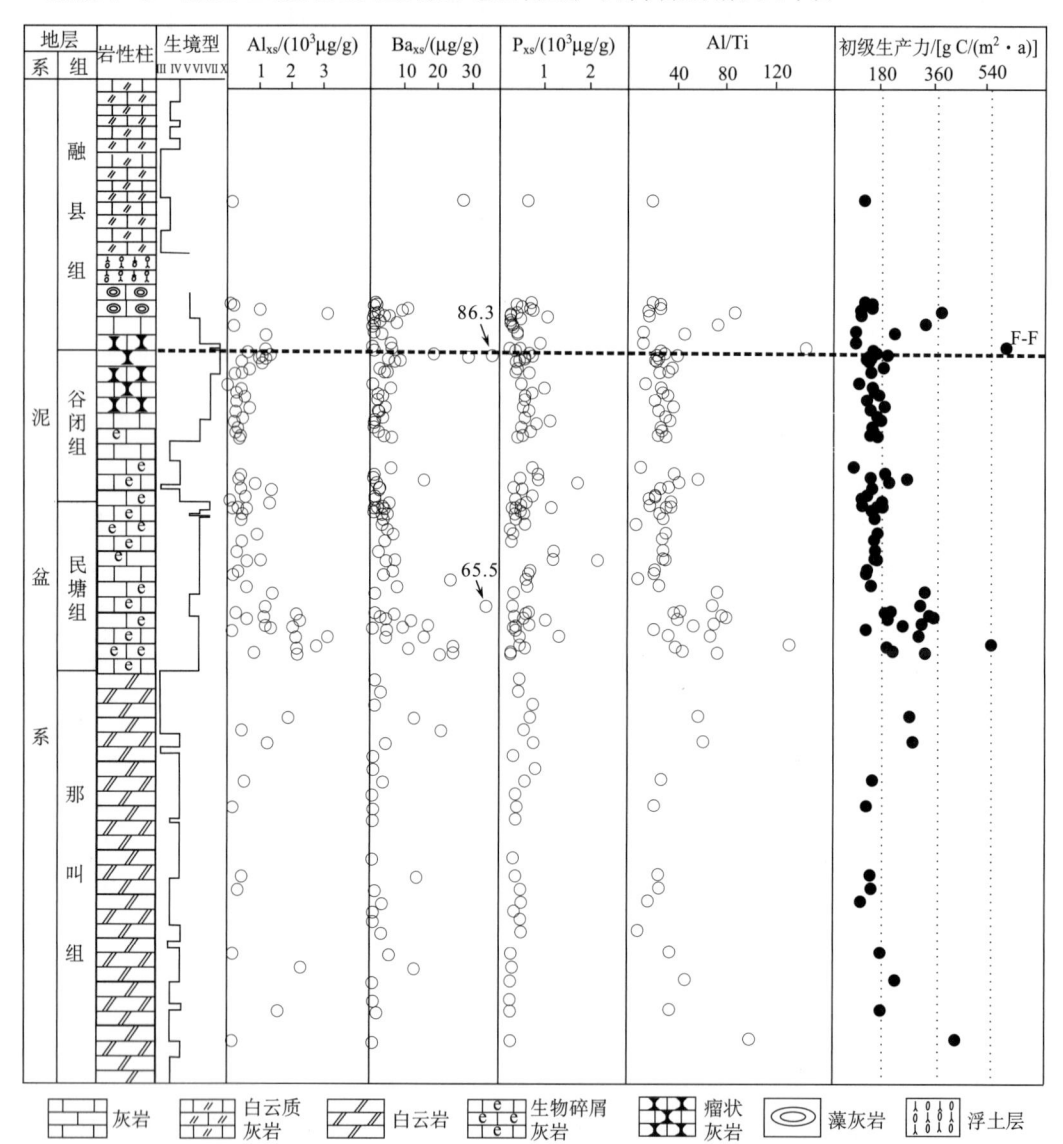

图 4.17　广西横县六景剖面泥盆纪海洋古生产力

F-F 为弗拉阶与法门阶界线

在广西桂中地区，在泥盆纪的吉维特期—法门期受板内裂陷影响，形成孤立台地与台间裂陷海槽间列的构造-沉积盆地格局，是研究孤立台地碳酸盐烃源岩的理想剖面（张哲等，2007）。桂林杨堤作为典型地质剖面，其较高的碳酸盐含量和较低的陆源输入为利用地球化学手段重建过去海洋生产力提供了条件。从生物地球化学组成来看，中泥盆统吉维特阶的东岗岭组表征生物颗粒通量的 Al_{xs} 含量一般处于 0.5% 以内，但是由于较高的沉积速率，该层段仍记录了较高的古海洋初级生产力 [约 250g C/(m²·a)]。而到了弗拉阶和法门阶，由于沉积速率的减缓造成 Al_{xs}、Ba_{xs} 和 P_{xs} 含量增加，但是以 Al/Ti 代表的古海洋初级生产力总体趋势降低。尤其需要注意的是，在弗拉阶的榴江组 Al_{xs}、Ba_{xs} 以及 P_{xs} 含量均处于整个剖面的最高值，然而，我们得到的古生产力却并未见到提升（图 4.18），究其原因可能是由于大量陆源输入（10%~35%）或者火山喷发造成元素富集。与横县六景剖面相似，杨堤剖面 Al/Ti 重建的古生产力较高，处于 200~

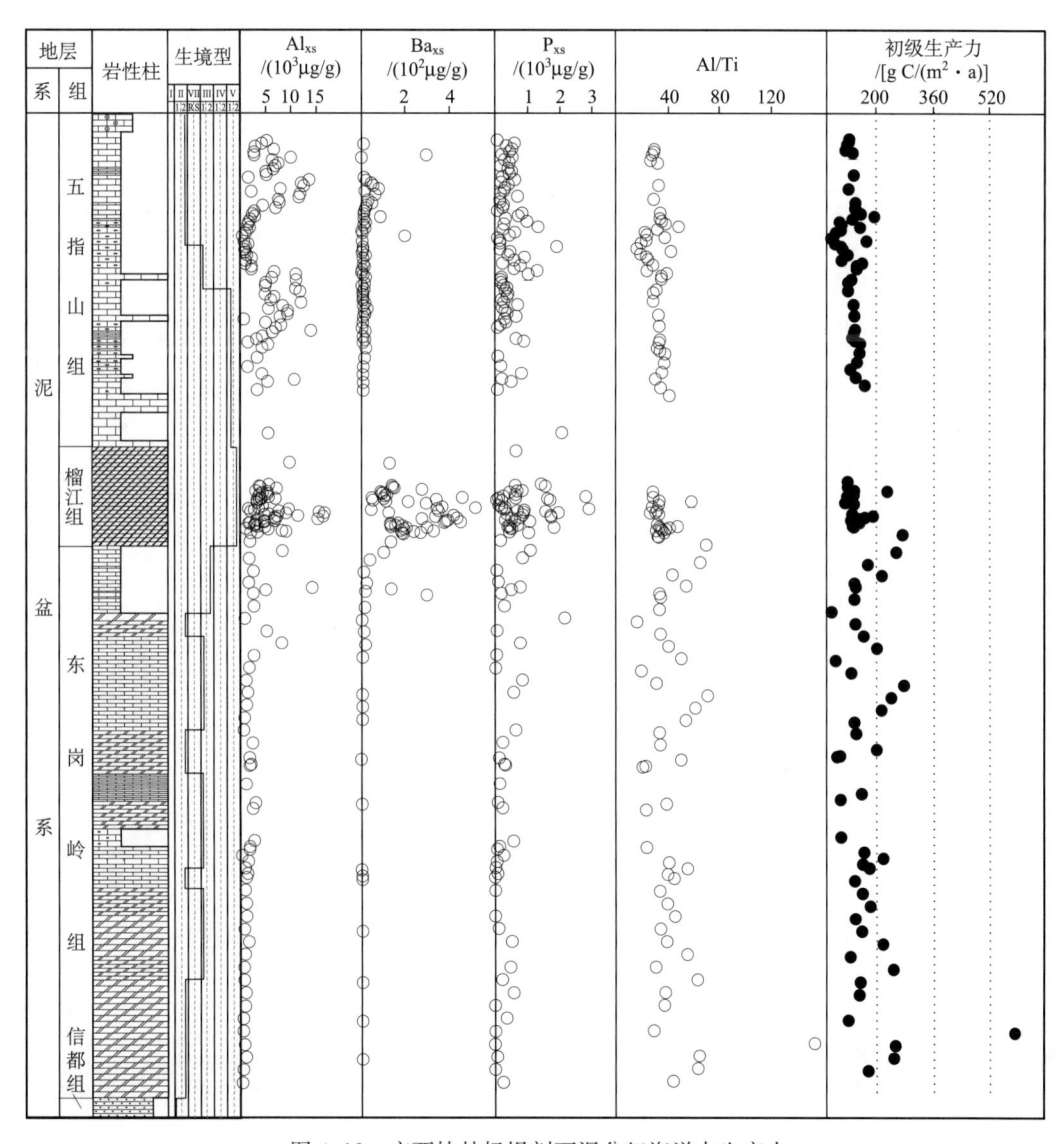

图 4.18 广西桂林杨堤剖面泥盆纪海洋古生产力

岩性柱图例参见图 3.23

300g C/(m² · a)之间。遗憾的是，在 F-F 界线附近缺少数据，无法验证六景剖面古生产力升高的现象。但五指山组生产力总体偏低，与生物碎屑分析结论类似。

4. 石炭纪

石炭纪海洋古生产力演变主要以广西巴平剖面和隆安剖面为例。我国华南地区石炭纪位于赤道附近，发育了大量的碳酸盐沉积，沉积域内古地理格架与晚泥盆世基本相同，构造环境相对稳定，碳酸盐台地和盆地广泛分布，海平面变化引起古生产力频繁波动（郄文昆等，2007）。广西巴平剖面就是石炭纪海洋生物与环境的写照。该剖面生境型主要在 IV 和 VI 之间变化，海洋古生产力从石炭纪早期鹿寨组到巴平组呈现不断升高的态势（图 4.19）。在鹿寨组古生产力较低，但各生源组分（Al_{xs}、Ba_{xs}、P_{xs}）含量却远远高于巴平组。除了低沉积速率下元素的富集之外，该阶段陆源输入比例很高，许多层位陆源输入都达到 20% 以上，导致了许多层位古生产力无法评估。

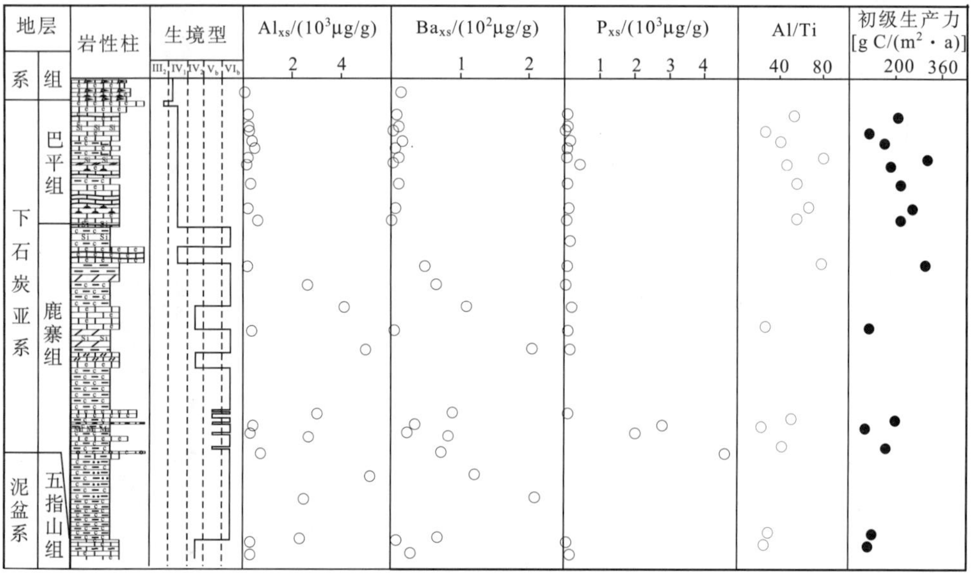

图 4.19 广西巴平剖面石炭纪海洋古生产力

岩性柱图例参见图 3.27

在广西隆安县都节乡，出露了一条以石炭纪海相碳酸盐岩为主的剖面，其生境型主要在 II 和 III 之间。生源组分 Al_{xs}、Ba_{xs} 和 P_{xs} 的含量均较低，Al_{xs} 在该剖面大多层位都处于 0.1% 左右，最高为 0.5%。而 Ba_{xs} 低于 0.02%，P_{xs} 大多数在 0.1% 以内。重建的海洋初级生产力在隆安石炭纪剖面的变化从隆安组到马平组呈缓慢升高趋势（图 4.20），但波动较大，平均值高达 381g C/(m² · a)，是所有研究剖面中最高的，说明当时海洋具有很高的生产力。

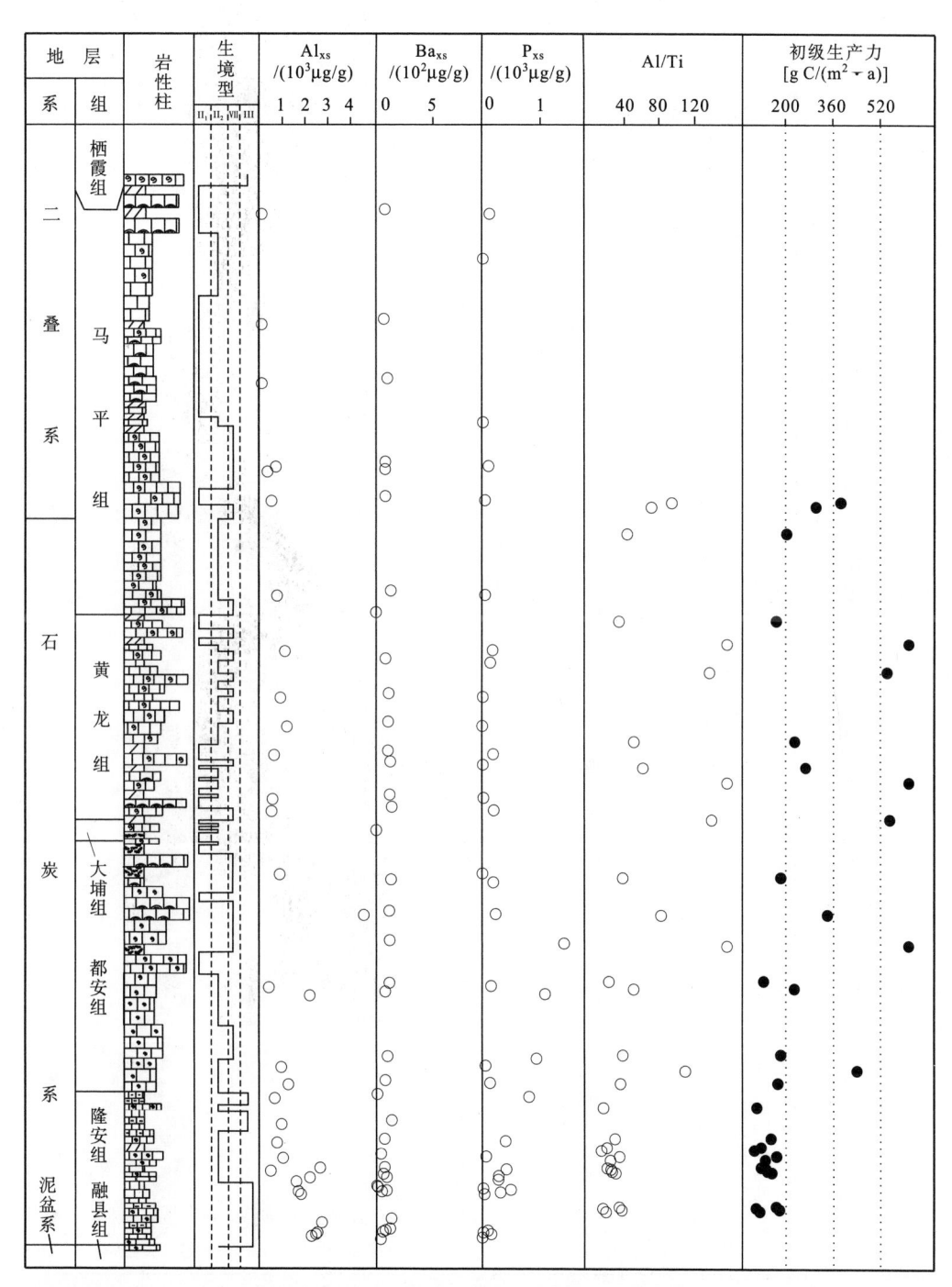

图 4.20 广西隆安剖面石炭纪海洋古生产力

岩性柱图例参见图 3.28

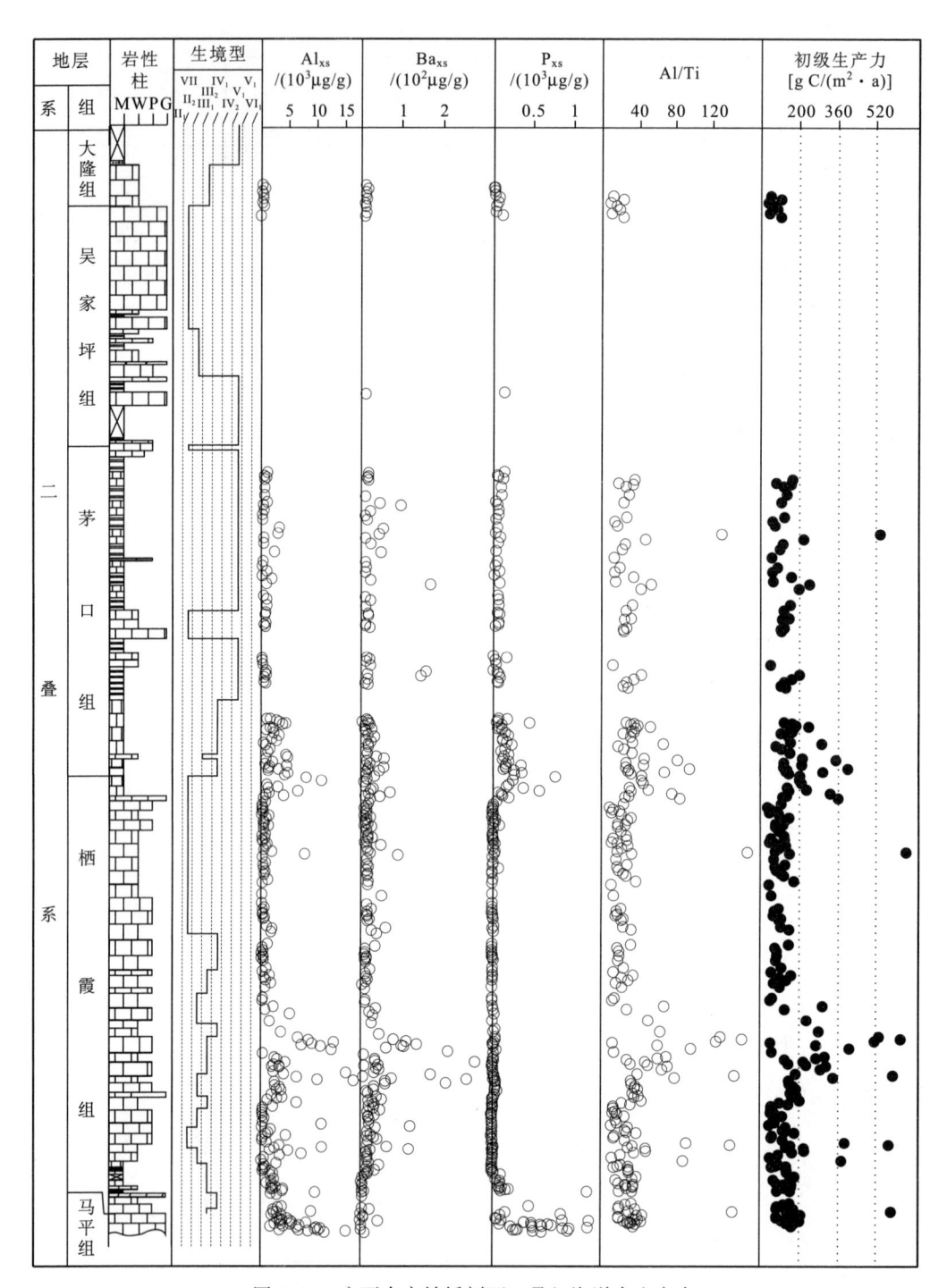

图 4.21 广西来宾铁桥剖面二叠纪海洋古生产力

岩性柱图例参见图 3.29

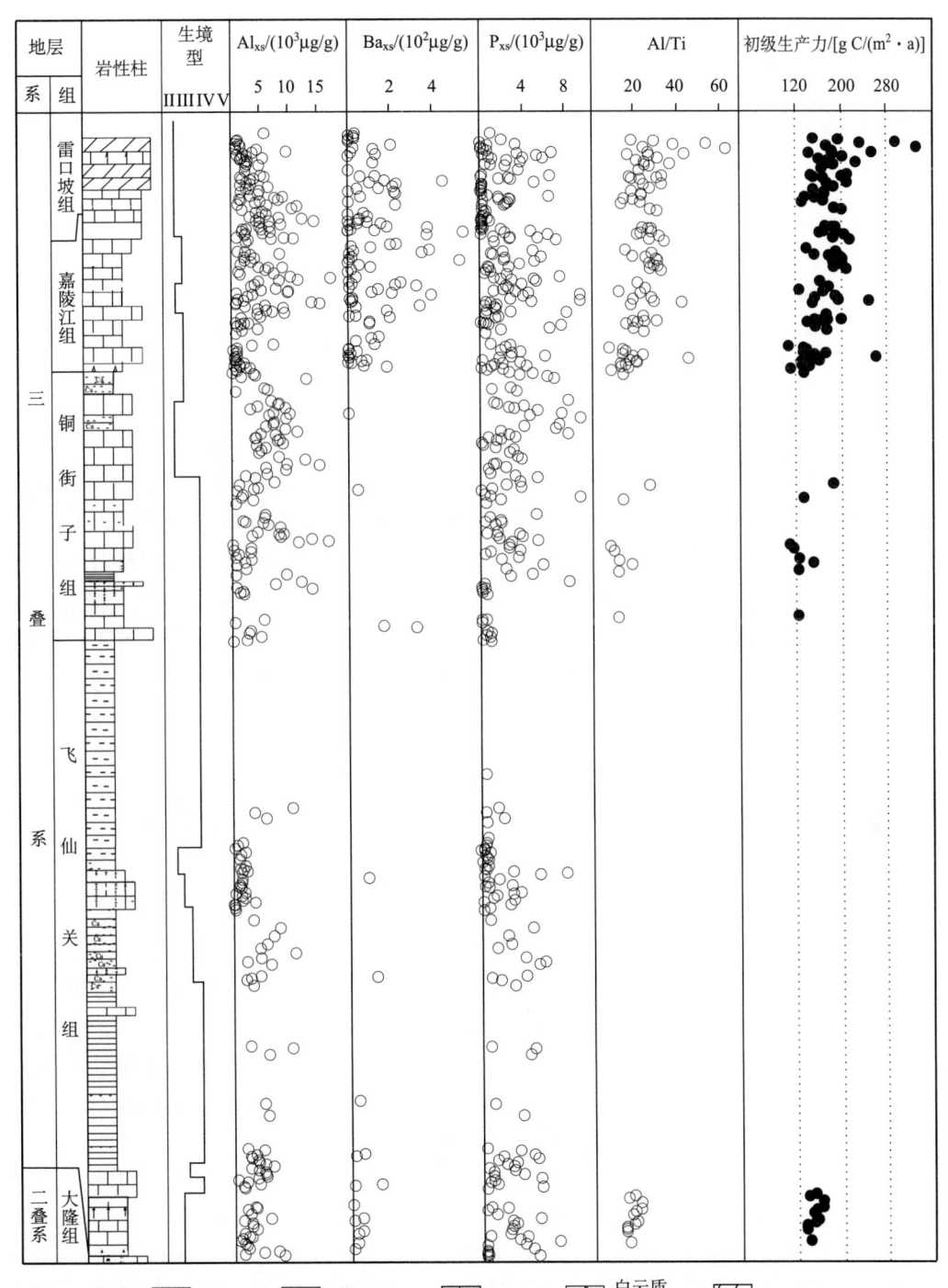

图 4.22 四川广元上寺剖面三叠纪海洋古生产力

5. 二叠纪

二叠纪海洋古生产力演变以四川广元上寺和广西来宾铁桥剖面为例。广元上寺剖面已在第二章进行详细的分析。广西来宾铁桥剖面是一个具有连续完整的中、晚二叠世层序的碳酸盐沉积剖面（图3.29），该剖面由于出露二叠纪瓜德鲁普统-乐平统界线地层，反映二叠纪晚期生物大灭绝事件而受到国内外学者的关注。此剖面碳酸盐含量高，陆源物质丰度低，重建的古生产力精度高。

铁桥剖面的古生产力呈现波动变化的特征（图4.21）。栖霞组中下部和茅口组出现高古生产力的层位。吴家坪组的古生产力相对较低，可能与二叠纪中、晚期频繁的火山活动导致的海洋环境恶化有关。通过与广元上寺剖面（第二章第一节）的比较发现，铁桥剖面的古生产力比广元上寺剖面的高，可能与该剖面水浅、离岸距离短有关。

6. 三叠纪

三叠纪海洋古生产力演变以四川广元上寺剖面为例。该剖面曾作为全球二叠系-三叠系界线的层型候选剖面之一。四川广元上寺剖面不但二叠纪海相地层完整性高，而且早三叠世地层也较连续。在该剖面，我们也进行了下三叠统海相碳酸盐岩的生物地球化学研究（图4.22）。结果发现，在下三叠统飞仙关组下部古生产力极低，平均值为160g C/(m^2·a)，反映出生物尚未从二叠系-三叠系之交大灭绝中恢复。其后，古生产力水平逐渐升高，但除个别层位以外，大多数层位的古生产力位于150～200g C/(m^2·a)之间，仍低于泥盆纪、石炭纪和二叠纪的古生产力。

第四节 华南古海洋生产力的时空演变

一、古生产力的时间演变

古生产力直接影响全球的碳循环，因而具有重要的科学意义。有很多指标可以表征现代海洋的生产力，然而地质历史时期古生产力的研究一直是个难点问题。目前还没有形成一条比较系统的古生产力变化曲线。本研究基于对各个剖面的生物碎屑统计和地球化学元素分析，分别得到了各个剖面的古生产力的数据。以国际地层年表的年代框架（精确到组）为依据，我们对Al/Ti和生物碎屑表征的古生产力进行了综合集成，获得新元古代—三叠纪华南古海洋生产力的演化曲线（图4.23）。

从总体上来看，显生宙与前寒武纪的生产力明显不同。新元古代的生产力水平整体较低，不管是生物碎屑反映的古生产力，还是地球化学指标Al/Ti值反映的古生产力，均在新元古代出现低值。其中，由Al/Ti重建的海洋古生产力处于150g C/(m^2·a)这样较低的水平。出现前寒武纪古生产力比较低的原因可能有多种。在动物大爆发之前的前寒武纪，虽然没有大量动物来消费生产者形成的有机质，但是当时大气氧含量比较低、海洋的硫酸盐浓度很低、与酶活性有关的微量元素含量也比较低，这些环境因素都可能造成了前寒武纪古海洋的生产力比较低。

虽然显生宙出现了大量的动物，对海洋生产者形成影响，但可能得益于有利的环境条件，其生产力整体水平较高。需要注意的是，显生宙不同时期的生产力变化很大。显生宙古生产力最高的几个时期分别是二叠纪、泥盆纪和奥陶纪。特别是二叠纪，生物碎屑和地球化学指标 Al/Ti 值均反映出了高生产力，而且这个时期的碳酸盐碳同位素也是最高的（参见第五章），这三者共同指示了二叠纪的高生产力状况。Al/Ti 值反映泥盆纪也是高生产力时期，生物碎屑也出现一个较高峰，这个时期的碳酸盐碳同位素也比较高（参见第五章），这三者反映了泥盆纪的古生产力虽然没有二叠纪的高，但也是一个比较高的时期。需要指出的是，奥陶纪的高生产力仅是从生物碎屑中反映出来，但缺乏 Al/Ti 值的数据，需要进一步证实。

在显生宙的某些时段，如早志留世、晚泥盆世至早石炭世、早三叠世，海洋古生产

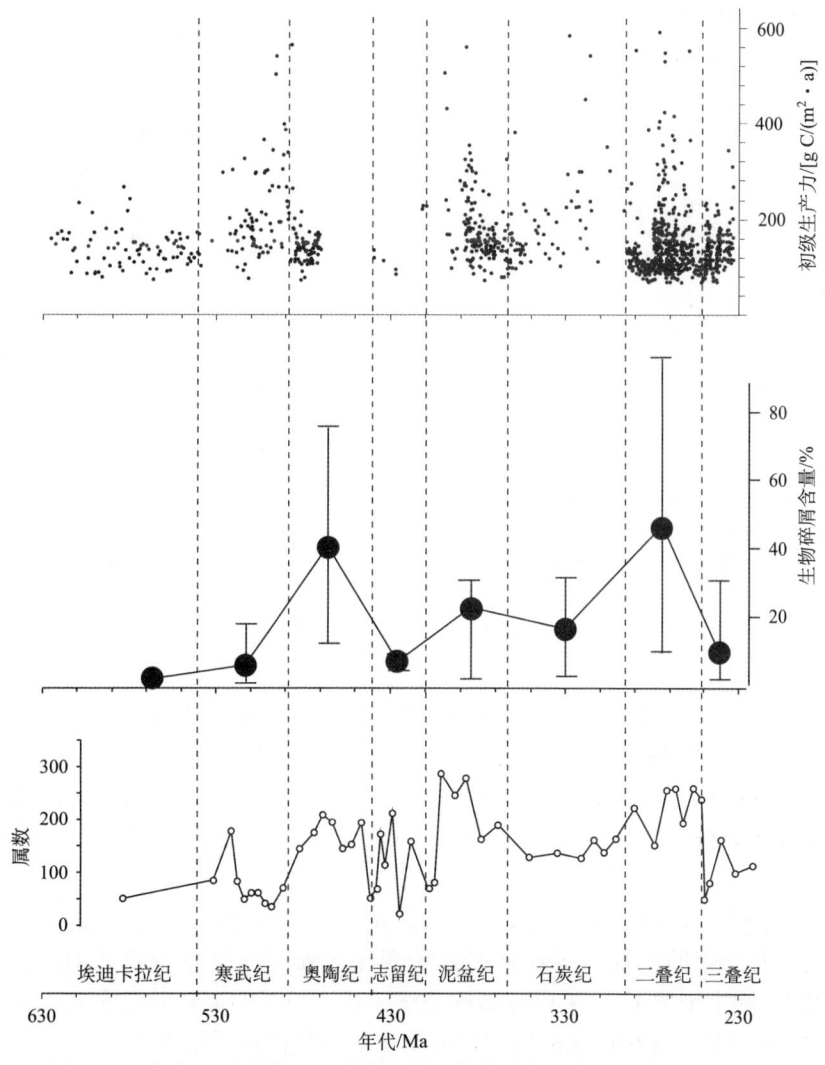

图 4.23 华南新元古代—三叠纪海洋生产力演变及其与生物多样性关系
华南生物多样性根据戎嘉余等（2006）

力处于明显的低谷（图4.23）。例如，在早三叠世，生物碎屑含量很低，Al/Ti值很低，碳酸盐碳同位素也出现低值。同样的情形也出现在早志留世。在这些低生产力时期，不仅海洋环境发生了重大变化，动植物也出现了很大变化。

二、古生产力的空间变化

古生产力不仅随时间出现规律性的变化，在空间上也存在明显的规律。本书所研究的典型剖面，在奥陶纪、泥盆纪、石炭纪、二叠纪这四个时期的生境型比较齐全，从II_1到V均有分布，因此，可以总结出这四个时期由生物碎屑所反映的古生产力随生境型的变化（图4.24）。

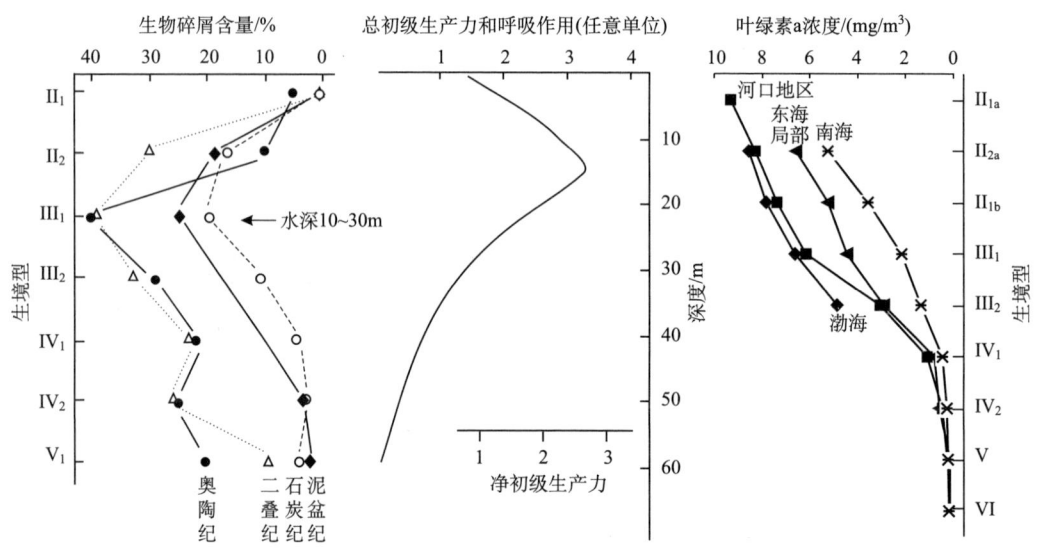

图4.24 不同时期的生产力随生境型（水深）的变化及其对比
地质历史时期的古生产力由生物碎屑反映（左），现代海洋为中纬度海区晴天初级生产力（Tait，1981）（中），中国现代海区生产力由叶绿素反映（右）

奥陶纪生产力最高的生境型为III_1。泥盆纪和石炭纪生产力最高的生境型均为III_1和II_2。二叠纪生产力最高的生境型为III_1和III_2。很显然，在这四个时期，生产力均在生境型III_1出现最高，相当于海水深度为10~30m。这与现代海洋所观察到的总初级生产力随深度变化的特点（图4.24中）一致。这进一步反映出，利用生物碎屑可以反映古生产力的变化。

然而，这些生产力随水深（生境型）的变化与中国现代海区由叶绿素反映的生产力（图4.24右）有一定的差别。尽管它们最大变化之处均发生在生境型III与IV之间，即从生境型III到生境型IV，生产力出现突然降低。但很明显，叶绿素从II到III是逐渐降低的（图4.24）。这种情况的出现可能与中国现代海区受陆源影响有关。

受生境型和地球化学指标适用性的限制，难以从各个不同时代分析由Al/Ti值反映出的古生产力随生境型的变化。但我们还是可以从四川广元上寺二叠纪剖面看出古生产力与生境型之间的关系（图 2.6）。Al/Ti 值显示，古生产力在生境型 III$_1$ 形成了一个高峰，而从生境型 III 到生境型 IV，古生产力出现突然的降低。这一规律与各时代生物碎屑随生境型的变化规律一致，也与现代海洋生产力随生境型变化的情况一致。

值得注意的是，在奥陶纪和二叠纪，由生物碎屑反映的古海洋生产力在生境型 IV$_2$ 出现了另一个小峰值，对应于 100~200m 的水深。在现代海洋，也存在同样的现象。例如，在 Sulu 海与 Celebes 海之间的 Sulu Archipelago 附近，发现在 100~150m 的海水深度，出现了生产力的次高峰（Takeda et al.，2007）。这与奥陶纪和二叠纪的情况类似，而且后两个时期又是生产力最高的两个时期，也是生物多样性最高的时期（见下面讨论）。对于这两个时期出现生产力的次高峰的原因，目前还不清楚。

三、古生产力与生物多样性的关系

通过生物碎屑和地球化学 Al/Ti 指标建立了华南新元古代到三叠纪的古海洋生产力变化曲线，把这些曲线与生物多样性（主要是动物多样性）进行比较（图 4.23），可以探讨古生产力与生物多样性之间的关系。从生态学角度分析，在短时间尺度，生产者与消费者之间应该存在相互消长关系，即消费者（如动物）生物量高，生产者的生物量就会降低。但从长时间尺度看，两者有同相变化，即生产力越高，能支持的消费者的生物量也越高。一般来说，受限于时间分辨率，地质历史时期的记录均反映了一个长期的变化趋势。因此，从生态学理论角度分析，地质历史时期古海洋初级生产力与动物多样性之间可能存在一定的正相关关系。

从华南的古生产力与生物多样性比较可以看出，二叠纪和奥陶纪是显生宙两个生物多样性很高的时期，同时也是生产力的高峰时期，说明这两个时期高的动物多样性需要很高的生产力来维持。在几大生物集群灭绝期，出现了生物多样性的剧减。与此相对应，紧接着这些生物大灭绝之后，地球化学和生物碎屑反映的海洋古生产力是异常低的。例如，在早志留世、晚泥盆世、早三叠世等生物复苏期间，古生产力均很低。这些低生产力是否影响甚至延缓了动物的复苏值得进一步研究。但不管如何，从以上的数据资料来看，海洋生产力确实对动物的多样性产生了一定的影响。

早三叠世的古生产力特别值得讨论，因为它出现在显生宙最大的生物灭绝后，也出现在最缓慢的生物复苏时期。但目前对早三叠世的生产力存在明显不同的三种认识。一种观点认为，早三叠世的生产力是升高的。因为在生物大灭绝之后出现了一些自养微生物的相对繁盛，包括蓝细菌（Xie et al.，2005；Luo et al.，2011）、草绿藻（Jia et al.，2012）、绿硫细菌（Grice et al.，2005；Cao et al.，2009）等，并出现了大量的微生物沉积。这些微生物的相对繁盛可能增加了初级生产力。而且，研究发现，在生物大灭绝期或之后，陆源风化作用加强（Sephton et al.，2005；Xie et al.，2007；Cao et al.，2009），向海洋输送了大量的营养盐，可能导致一些自养微生物的繁盛。Meyer 等（2008）的模拟结果也表明，在磷酸盐浓度增加的情况下，海洋的初级生产力会显著增加。从浅水到深水存在的碳酸盐岩碳同位素的梯度变化也被认为与比较高的初级生产力有关（Meyers et al.，2011）。第二种观点认为，早三叠世的生产力是降低的。在二叠纪末期海洋生物大灭绝过程中，藻类的丰度出现明显的下降（Cao et al., 2009; Chen et al., 2011）。Wang 等（1994）认为，生物大灭绝事件导致了海洋生产力的显著下降，从而造成了二叠纪-三叠纪之交有机碳同位素的负偏。Rampino 和 Caldeira（2005）通过对碳循环的模拟分析，也认为二叠纪末期生物大灭绝主幕（即主灭绝）之后，海洋表层生产力显著降低。由于二叠纪-三叠纪之交 $\delta^{13}C_{carb}$ 的最低值一般都位于生物主灭绝界线之上，上述观点也被很多人接受（Twitchett et al., 2001; Krull et al., 2004）。第三种观点则认为，二叠纪-三叠纪之交海洋生产力并没有出现长时间尺度的变化（Algeo et al., 2010; Wignall et al., 2010）。

综合各种证据，我们认为早三叠世的生产力很可能是降低的。首先，一些自养微生物的繁盛是相对于其他生物来说的一种相对变化，而非绝对数量的增加。其次，由于海洋的大范围缺氧，大量底层水的营养物质难以上涌，使海洋表层缺乏一些重要的营养元素。微生物固氮作用的加强就说明了海洋中生物可利用氮的缺乏。从这两个方面分析，生产力不可能出现升高。至于碳酸盐碳同位素的梯度，还需要进一步证实，因为缺乏深水盆地相的碳酸盐岩，使得盆地相的碳同位素值缺乏可靠依据。本书的生产力代用指标（Al/Ti、生物碎屑）均说明，二叠纪末期生物大灭绝后，生产力出现明显的降低。如果早三叠世的生产力很高，而且又是缺氧环境，应该出现大量的黑色岩系。事实上，浅水缺氧地区很少有大规模黑色岩系的发育，这可能从一个侧面反映出当时的生产力比较低。

参 考 文 献

陈均远. 2004. 动物世界的黎明. 南京：江苏科技出版社. 1～366
陈孟莪，萧宗正. 1992. 峡东震旦系陡山沱组宏体生物群. 古生物学报, 31 (5): 513～529
陈孟莪，萧宗正，袁训来. 1994. 晚震旦世的特种生物群落——庙河生物群新知. 古生物学报, 33 (4): 391～403
陈孟莪，陈其英，萧宗正. 2000. 试论宏体植物的早期演化. 地质科学, 35 (1): 1～15
陈孝红，汪啸风. 2002. 湘西震旦纪武陵山生物群的化石形态学特征和归属. 地质通报, 21 (10): 638～645
陈孝红，汪啸风，王传尚，李志宏，陈立德. 1999. 湘西留茶坡组碳质宏体化石初步研究. 华南地质与矿产, 2: 15～30
丁莲芳，李勇，胡夏嵩，肖娅萍，苏春乾，黄建成. 1996. 震旦纪庙河生物群. 北京：地质出版社. 62～146
华洪，张录易，张子福，王静平. 2000. 陕南末元古代高家山生物群主要化石类群及其特征. 古生物学报, 39 (4): 507～515
华洪，张录易，张子福，王静平. 2001. 高家山生物群化石组合面貌及其特征. 地层学杂志, 25 (1): 13～17
蒋志文. 1980. 云南晋宁梅树村阶及梅树村动物群. 中国地质科学院院报, 2 (1): 75～92
蒋志文. 2002. 澄江动物群群落及生态分析. 见：陈良忠等. 云南东部早寒武世澄江动物群. 昆明：云南科技出版社. 47～87
焦念志，王荣. 1994. 海洋初级生产光动力学及产品结构. 海洋学报, 16 (5): 85～91
刘诚刚，宁修仁，孙军，蔡昱明，曹建平. 2004. 2002 年夏季南极普利兹湾及其邻近海域浮游植物现存量、初级生产力粒级结构和新生产力研究. 海洋学报, 26 (6): 107～117
刘子琳，宁修仁，蔡昱明. 2001. 杭州湾-舟山渔场秋季浮游植物现存量和初级生产力. 海洋学报, 23 (2): 93～99
罗惠麟，胡世学，陈良忠，张世山，陶永和. 1999. 昆明地区早寒武世澄江动物群. 昆明：云南科技出版社. 1～129
宁修仁，刘子琳，胡钦贤. 1985. 浙江沿岸上升流区叶绿素 a 和初级生产力的分布特征. 海洋学报, 7 (6): 751～762
郄文昆，张雄华，蔡雄飞，张扬. 2007. 华南地区石炭纪—早二叠世早期成冰期的地球生物学过程与烃源岩的形成. 地球科学——中国地质大学学报, 32 (6): 803～810

戎嘉余等. 2006. 生物起源、辐射与多样性演变——华夏化石记录的启示. 北京：科学出版社. 1~962

沈国英，黄凌风，郭丰，施并章. 2010. 海洋生态学（第三版）. 北京：科学出版社. 1~360

檀赛春，石广玉. 2006. 中国近海初级生产力的遥感研究及其时空演化. 地理学报，61 (11)：1189~1199

汪啸风，倪世钊，曾庆銮，徐光洪，周天梅，李志宏，项礼文，赖才根. 1987. 长江三峡地区生物地层学（2），早古生代分册. 北京：地质出版社. 1~641

王约，王训练. 2006. 黔东北新元古代陡山沱期宏体藻类的固着器特征及其沉积环境意义. 微体古生物学报，23 (2)：154~164

王约，何607华，喻美艺，赵元龙，彭进，杨荣军，张振含. 2005. 黔东北震旦纪陡山沱晚期庙河型生物群的生态特征及埋藏环境初探. 古地理学报，7 (3)：327~335

王约，王训练，黄禹铭. 2007a. 黔东北伊迪卡拉纪陡山沱组的宏体藻类. 地球科学，32 (6)：828~844

王约，王训练，黄舜铭. 2007b. 华南伊迪卡拉系陡山沱组 Protoconites 的分类位置与生态初探. 地球科学，32（增刊）：41~50

王约，楚靖岩，王训练，杨艳飞，徐一帆. 2009. 华南陡山沱组磷质震积岩及其与多细胞生物群相关性初探. 地质论评，55 (4)：620~626

王约，雷灵芳，陈洪德，侯明才. 2010. 扬子板块伊迪卡拉（震旦）纪多细胞生物的发展与烃源岩的形成. 沉积与特提斯地质，30 (3)：30~38

徐冉，龚一鸣，汤中道. 2006. 菌藻类繁盛：晚泥盆世大灭绝的疑凶？地球科学——中国地质大学学报，31 (6)：787~797

杨兴莲，朱茂炎，赵元龙，王约. 2005. 贵州寒武纪海绵动物化石组合特征. 微体古生物学报，22 (3)：295~303

殷鸿福，谢树成，颜佳新，胡超涌，黄俊华，腾格尔，郄文昆，邱轩. 2011. 海相碳酸盐烃源岩评价的地球生物学方法. 中国科学：地球科学，41 (7)：895~909

袁训来，肖书海，尹磊明，安德鲁·诺尔，周传明，穆西南. 2002. 陡山沱期生物群——早期动物辐射前夕的生命. 合肥：中国科学技术大学出版社. 1~171

张录易，华洪. 2000. 震旦纪晚期管壳化石类群及其意义. 古生物学报，39 (3)：326~333

张哲，杜远生，龚一鸣，黄宏伟，曾雄伟，李珊珊，欧阳凯. 2007. 广西黎塘孤立台地吉维特阶—法门阶碳酸盐台地生态系到菌藻生态系的演变及其意义. 地球科学——中国地质大学学报，32 (006)：811~818

赵元龙，杨瑞东，郭庆军，周震. 1999. 贵州遵义下寒武统牛蹄塘组早期后生物群的发现及重要意义. 古生物学报，38：132~144

赵自强，邢裕盛，丁启秀，马国干. 1988. 湖北震旦系（中国震旦系研究项目成果之二）. 武汉：中国地质大学出版社. 1~112

朱为庆，陈孟莪. 1984. 峡东区上震旦统宏体藻类化石的发现. 植物学报，26 (5)：558~560

Algeo T J, Hinnov L, Moser J, Maynard J B, Elswick E, Kuwahara K, Sano H. 2010. Changes in productivity and redox conditions in the Panthalassic Ocean during the latest Permian. Geology, 38: 187~190

Anderson G C. 1964. The seasonal and geographic distribution of primary productivity off the Washington and Oregon coasts. Limnology and Oceanography, 9: 284~302

Anderson R F, Winckler G. 2005. Problems with paleoproductivity proxies. Paleoceanography, 20: PA3012, doi: 10.1029/2004PA001107

Andrews W, Hutchings L. 1980. Upwelling in the southern Benguela Current. Progress in Oceanography, 9 (1): 1~81

Antoine D, Andre J M, Morel A. 1996. Oceanic primary production: 2. Estimation at global scale from satellite (coastal zone color scanner) chlorophyll. Global Biogeochemical Cycles, 10 (1): 57~69

Averyt K B, Paytan A. 2004. A comparison of multiple proxies for export production in the equatorial Pacific. Paleoceanography, 19: PA4003

Banakar V K, Pattan J N, Mudholkar A V. 1997. Palaeoceanographic conditions during the formation of a ferromanganese crust from the Afanasiy-Nikitin seamount, North Central Indian Ocean: Geochemical evidence.

Marine Geology, 136: 299~315

Benitez-Nelson C R. 2000. The biogeochemical cycling of phosphorus in marine systems. Earth-Science Reviews, 51 (1-4): 109~135

Bernstein R E, Byrne R H, Schijf J. 1998. Acantharians: A missing link in the oceanic biogeochemistry of barium. Deep Sea Research Part I: Oceanographic Research Papers, 45 (2-3): 491~505

Bohn H L, Connor G A, McNeal B L. 1979. Soil Chemistry. New York: John Willey. 1~329

Boje R, Tomczak M. 1978. Upwelling Ecosystems. Berlin: Springer-Verlag. 1~330

Boyce D G, Lewis M R, Worm B. 2010. Global phytoplankton decline over the past century. Nature, 466 (7306): 591~596

Brown P. 1984. Primary production at two contrasting nearshore sites in the southern Benguela upwelling region, 1977—1979. South African Journal of Marine Science, 2 (1): 205~215

Calbet A. 2001. Mesozooplankton grazing effect on primary production: A global comparative analysis in marine ecosystems. Limnology and Oceanography, 46 (7): 1824~1830

Cao C Q, Love G D, Hays L E, Wang W, Shen S Z, Summons R E. 2009. Biogeochemical evidence for euxinic oceans and ecological disturbance presaging the end-Permian mass extinction event. Earth and Planetary Science Letters, 281: 188~201

Carr M E. 2001. Estimation of potential productivity in Eastern Boundary Currents using remote sensing. Deep Sea Research Part II: Topical Studies in Oceanography, 49 (1-3): 59~80

Chafetz H S. 1986. Marine peloids: A product of bacterially induced precipitation of calcite. Journal of Sedimentary Research, 56 (6): 812~817

Chafetz H S, Buczynski C. 1992. Bacterially induced lithification of microbial mats. Palaios, 7 (3): 277~293

Chavez F P, Barber R T. 1987. An estimate of new production in the equatorial Pacific. Deep Sea Research Part A. Oceanographic Research Papers, 34 (7): 1229~1243

Chen L, Wang Y, Xie S, Kershaw S, Dong M, Yang H, Liu H, Algeo T J. 2011. Molecular records of microbialites following the end-Permian mass extinction in Chongyang, Hubei Province, South China. Palaeogeography, Palaeoclimatology, Palaeoecology, 308: 151~159

Daneri G, Dellarossa V, Quinones R, Jacob B, Mintero P, Ulloa O. 2000. Primary production and community respiration in the Humboldt Current System off Chile and associated oceanic areas. Marine Ecology Progress Series, 197: 41~49

Dawes C J. 1981. Marine Botany. New York: John Wiley & Sons. 628

Deuser W G, Brewer P G, Jickells T D, Commeau R F. 1983. Biological control of the removal of abiogenic particles from the surface ocean. Science, 219 (4583): 388~391

Dugdale R, Goering J. 1967. Uptake of new and regenerated forms of nitrogen in primary productivity. Limnology and Oceanography, 12 (2): 196~206

Eppley R W, Peterson B J. 1979. Particulate organic matter flux and planktonic new production in the deep ocean. Nature, 282 (5740): 677~680

Feldmann M, McKenzie J A. 1998. Stromatolite-thrombolite associations in a modern environment, Lee Stocking Island, Bahamas. Palaios, 13 (2): 201~212

Feng Q, Gong Y, Riding R. 2010. Mid-Late Devonian calcified marine algae and cyanobacteria from South China and their geobiological significance. Journal of Paleontology, 84 (4): 569~587

Figueiras F G, Labarta U, Fernandez Reiriz M J F. 2002. Coastal upwelling, primary production and mussel growth in the Rias Baixas of Galicia. Hydrobiologia, 484 (1): 121~131

Föllmi K B. 1995. 160 m. y. record of marine sedimentary phosphorus burial: Coupling of climate and continental weathering under greenhouse and icehouse conditions. Geology, 23 (9): 859~862

Föllmi K B. 1996. The phosphorus cycle, phosphogenesis and marine phosphate-rich deposits. Earth-Science Reviews,

40 (1-2): 55~124

Ganeshram R S, Francois R, Commeau J, Brown-Leger S L. 2003. An experimental investigation of barite formation in seawater. Geochimica et Cosmochimica Acta, 67 (14): 2599~2605

Gerdes G, Klenke T, Noffke N. 2000. Microbial signatures in peritidal siliciclastic sediments: A catalogue. Sedimentology, 47 (2): 279~308

Gingele F, Dahmmke A. 1994. Discrete barite particles and barium as tracers of paleoproductivity in South Atlantic sediments. Paleoceanography, 9 (1): 151~168

González-Muñoz M T, Rodriguez-Navarro C, Martínez-Ruiz F, Arias J M, Merroun M L, Rodriguez-Gallego M. 2010. Bacterial biomineralization: New insights from *Myxococcus*-induced mineral precipitation. Geological Society, London, Special Publications, 336 (1): 31~50

Grice K, Cao C, Love G D, Böttcher M E, Twitchett R J, Grosjean E, Summons R E, Turgeon S C, Dunning W, Jin Y. 2005. Photic zone euxinia during the Permian-Triassic superanoxic event. Science, 307: 706~709

Gromet L P, Haskin L A, Korotev R L, Dymek R F. 1984. The "North American shale composite": Its compilation, major and trace element characteristics. Geochimica et Cosmochimica Acta, 48 (12): 2469~2482

Harwood C L, Sumner D Y. 2011. Microbialites of the Neoproterozoic Beck Spring Dolomite, Southern California. Sedimentology, 58 (6): 1648~1673

Hein M, Sand-Jensen K. 1997. CO_2 increases oceanic primary production. Nature, 388 (6642): 526~527

Henderson G M. 2002. New oceanic proxies for paleoclimate. Earth and Planetary Science Letters, 203 (1): 1~13

Honeyman B D, Balistrieri L, Murray J W. 1988. Oceanic trace metal scavenging: The importance of particle concentration. Deep-Sea Research, 35 (2): 227~246

Huntsman S A, Barber R T. 1977. Primary production off northwest Africa: The relationship to wind and nutrient conditions. Deep Sea Research, 24 (1): 25~33

Jia C, Huang J, Kershaw S, Luo G, Farabegoli E, Perri M C, Chen L, Bai X, Xie S. 2012. Microbial response to limited nutrients in shallow water immediately after the end-Permian mass extinction. Geobiology, 10: 60~71

Kah L C, Riding R. 2007. Mesoproterozoic carbon dioxide levels inferred from calcified cyanobacteria. Geology, 35 (9): 799~802

Kaiser M, Attrill M J, Jennings S, Thomas D N, Barnes D K A. 2005. Marine Ecology: Progresses, Systems and Impacts. Oxford: Oxford University Press

Kamykowski D. 1987. A preliminary biophysical model of the relationship between temperature and plant nutrients in the upper ocean. Deep Sea Research Part A. Oceanographic Research Papers, 34 (7): 1067~1079

Kennard J M, James N P. 1986. Thrombolites and stromatolites: Two distinct types of microbial structures. Palaios, 1 (5): 492~503

Kidder D L, Krishnaswamy R, Mapes R H. 2003. Elemental mobility in phosphatic shales during concretion growth and implications for provenance analysis. Chemical Geology, 198 (3-4): 335~353

Krull E S, Lehrmann D J, Druke D, Kessel B, Yu Y Y, Li R X. 2004. Stable carbon isotope stratigraphy across the Permian-Triassic boundary in shallow marine carbonate platforms, Nanpanjiang Basin, South China. Palaeogeography, Palaeoclimatology, Palaeoecology, 204: 297~315

Kryc K A, Murray R W, Murray D W. 2003. Al-to-oxide and Ti-to-organic linkages in biogenic sediment: Relationships to paleoexport production and bulk Al/Ti. Earth and Planetary Science Letters, 211: 125~141

Lalli C M, Parsons T R. 1997. Biological Oceanography: An Introduction, 2nd ed. Oxford: Butterworth-Heinemann

Larson R L, Erba E. 1999. Onset of mid-Cretaceous greenhouse in the Barremian-Aptian: Igneous events and biological, sedimentary and geochemical response. Paleoceanography, 14 (6): 663~678

Li C W, Chen J Y, Hua T E. 1998. Precambrian sponges with cellular structures. Science, 279: 879~882

Li Y H. 1991. Distribution patterns of the elements in the ocean: A synthesis. Geochimica et Cosmochimica Acta, 55 (11): 3223~3240

Liu K K, Atkinson L. 2009. Carbon and nutrient fluxes in continental margins: A global synthesis. Springer Verlag

Liu K K, Chao S Y, Shaw P T, Gong G C, Chen C C, Tang T. 2002. Monsoon-forced chlorophyll distribution and primary production in the South China Sea: Observations and a numerical study. Deep Sea Research Part I: Oceanographic Research Papers, 49 (8): 1387~1412

Longhurst A, Sathyendranath S, Platt T, Caverhill C. 1995. An estimate of global primary production in the ocean from satellite radiometer data. Journal of Plankton Research, 17 (6): 1245~1271

Louchouarn P, Lucotte M, Duchemin E, de Vernal A. 1997. Early diagenetic processes in recent sediments of the Gulf of St-Lawrence: Phosphorus, carbon and iron burial rates. Marine Geology, 139 (1): 181~200

Loughnan F C. 1969. Chemical Weathering of the Silicate Minerals. New York: Elsevier. 154

Luo G, Wang Y, Algeo T J, Kump L R, Bai X, Yang H, Yao L, Xie S. 2011. Enhanced nitrogen fixation in the immediate aftermath of the latest Permian marine mass extinction. Geology, 39: 647~650

Mackenzie F T, Ver L M, Sabine C, Lane M, Lerman A. 1993. C, N, P, S global biogeochemical cycles and modelling of global change. In: Wollast R, Mackenzie F T, Chou L (eds). Interactions of C, N, P and S, Biogeochemical Cycles and Global Changes. NATO ASI series I, 4: 1~61

McManus J, Berelson W M, Klinkhammer G P, Johnson K S, Coale K H, Anderson R F, Kumar N, Burdige D J, Hammond D E, Brumsack H J. 1998. Geochemistry of barium in marine sediments: Implications for its use as a paleoproxy. Geochimica et Cosmochimica Acta, 62 (21-22): 3453~3473

Messures C I, Edmond J M. 1988. Aluminum as a tracer of the deep outflow from the Mediterranean. Journal of Geophysical Research, 95 (C1): 591~595

Meyer K M, Kump L R, Ridgwell A. 2008. Biogeochemical controls on photic-zone euxinia during the end-Permian mass extinction. Geology, 36: 747~750

Meyer K M, Yu M, Jost A, Kelley B, Payne J. 2011. $\delta^{13}C$ evidence that high primary productivity delayed recovery from end-Permian mass extinction. Earth and Planetary Science Letters, 302: 378~384

Michaelis W, Seifert R, Nauhaus K, Treude T, Thiel V, Blumenberg M, Knittel K, Gieseke A, Peterknecht K, Pape T, Boetius A, Amann R, Jørgenson B B, Widdel F, Peckmann J, Pimenkov N, Gulin M B. 2002. Microbial reefs in the black sea fueled by anaerobic methane oxidation. Science, 297 (5583): 1013~1015

Mobberley J M, Ortega M C, Foster J S. 2012. Comparative microbial diversity analyses of modern marine thrombolitic mats by barcoded pyrosequencing. Environmental Microbiology, 14 (1): 82~100

Muller-Karger F E, Varela R, Thunell R, Scranton M, Bohrer R, Taylor G, Capelo J, Astor Y, Tappa E, Ho T Y. 2001. Annual cycle of primary production in the Cariaco Basin: Response to upwelling and implications for vertical export. Journal of Geophysical Research-Oceans, 106 (C3): 4527

Murray R W, Leinen M. 1996. Scavenged excess aluminum and its relationship to bulk titanium in biogenic sediment from the central equatorial Pacific Ocean. Geochimica et Cosmochimica Acta, 60 (20): 3869~3878

Murray R W, Knowlton C, Leinen M, Mix A C, Polsky C H. 2000. Export production and carbonate dissolution in the central equatorial Pacific Ocean over the past 1 Myr. Paleoceanography, 15: 570~592

Myshrall K L, Mobberley J M, Green S J, Visscher P T, Havemann S A, Reid R P, Foster J S. 2010. Biogeochemical cycling and microbial diversity in the thrombolitic microbialites of Highborne Cay, Bahamas. Geobiology, 8 (4): 337~354

Narvekar P V, Singbal S Y S. 1993. Dissolved aluminum in the surface microlayer of the eastern Arabian Sea. Marine Chemistry, 42 (2): 85~94

Orians K J, Bruland K W. 1985. Dissolved aluminum in the central North Pacific. Nature, 316: 427~429

Orians K J, Bruland K W. 1986. The biogeochemistry of aluminum in the Pacific Ocean. Earth and Planetary Science Letters, 78 (4): 397~410

Orians K J, Boyle E A, Bruland K W. 1990. Dissolved titanium in the open ocean. Nature, 348: 322~325

Parsons T R, Takahashi M, Hargrave B. 1983. Biological Oceanographic Processes. Oxford: Pergamon Press

Paytan A, Kastner M. 1996. Benthic Ba fluxes in the central Equatorial Pacific, implications for the oceanic Ba cycle. Earth and Planetary Science Letters, 142 (3): 439~450

Pedone V A, Folk R L. 1996. Formation of aragonite cement by nannobacteria in the Great Salt Lake, Utah. Geology, 24 (8): 763~765

Planavsky N, Ginsburg R N. 2009. Taphonomy of modern marine Bahamian microbialites. Palaios, 24 (1): 5~17

Prego R. 1993. General aspects of carbon biogeochemistry in the ria of Vigo, northwestern Spain. Geochimica et Cosmochimica Acta, 57 (9): 2041~2052

Rampino M R, Caldeira K. 2005. Major perturbation of ocean chemistry and a 'Strangelove Ocean' after the end-Permian mass extinction. Terra Nova, 17: 554~559

Riding R. 2000. Microbial carbonates: The geological record of calcified bacterial-algal mats and biofilms. Sedimentology, 47 (supl): 179~214

Riding R. 2006. Cyanobacterial calcification, carbon dioxide concentrating mechanisms, and Proterozoic-Cambrian changes in atmospheric composition. Geobiology, 4 (4): 299~316

Riebesell U, Wolf-Gladrow D, Smetacek V. 1993. Carbon dioxide limitation of marine phytoplankton growth rates. Nature, 361 (6409): 249~251

Ryther J H. 1956. Photosynthesis in the ocean as a function of light intensity. Limnology and Oceanography, 1 (1): 61~70

Ryther J H. 1969. Photosynthesis and fish production in the sea. Science, 166: 72~76

Sephton M A, Looy C V, Brinkhuis H, Wignall P B, De Leeuw J W, Visscher H. 2005. Catastrophic soil erosion during the end-Permian biotic crisis. Geology, 33: 941~944

Skrabal S A. 1995. Distributions of dissolved titanium in Chesapeake Bay and the Amazon River estuary. Geochimica et Cosmochimica Acta, 59 (12): 2449~2458

Span D, Dominik J, Loizeau J L, Belzile N, Vernet J P. 1992. Phosphorus trapping by turbidites in deep-lake sediments. Chemical Geology, 102 (1-4): 73~82

Steiner M. 1994. Die neoproterozoishen Megaalgen Sudchinas. Berliner Geowissenschaftliche Abhandlungen, 15 (E): 1~146

Steiner M, Erdtmann B-D, Chen J. 1992. Preliminary assessment of new Late Sinian (Late Proterozoic) large siphonous and filamentous "megaalgae" from eastern Wulingshan, north-central Hunan, China. Berliner Geowissenschaftliche Abhandlungen, 3 (E): 305~319

Tait R V. 1981. Elements of Marine Ecology. London: Butterworths

Takeda S, Ramaiah N, Miki M, Kondo Y, Yamaguchi Y, Arii Y, Gomez F, Furuya K, Takahashi W. 2007. Biological and chemical characteristics of high-chlorophyll, low-temperature water observed near the Sulu Archipelago. Deep-Sea Research II, 54: 81~102

Taylor S R, McLennan S M. 1985. The Continental Crust: Its Composition and Evolution. Oxford: Blackwell. 312

Trappe J. 1998. Phanerozoic phosphorite depositional systems. Lecture Notes in Earth Sciences. Berlin: Springer. 76: 316

Turekian K K, Wedepohl L H. 1961. Distribution of the elements in some major units of the Earth's crust. Geological Society of America Bulletin, 72 (2): 175~192

Turner E C, James N P, Narbonne G M. 2000. Taphonomic control on microstructure in early Neoproterozoic reefal stromatolites and thrombolites. Palaios, 15 (2): 87~111

Twitchett R J, Looy C V, Morante R, Visscher H, Wignall P B. 2001. Rapid and synchronous collapse of marine and terrestrial ecosystems during the end-Permian biotic crisis. Geology, 29: 351~354

Tyrrell T. 1999. The relative influence of nitrogen and phosphorus on oceanic primary production. Nature, 400 (6744): 525~531

Upadhyay S, Sen G R. 1994. Aluminum in the northwestern Indian Ocean (Arabian Sea). Marine Chemistry, 47

(3-4): 203~214

Van Cappellen P, Ingall E D. 1994. Benthic phosphorus regeneration, net primary production and ocean anoxia: A model of coupled marine biogeochemical cycles of carbon and phosphorus. Paleoceanography, 9: 677~692

Wang K, Geldsetzer H H J, Krouse H R. 1994. Permian-Triassic extinction: Organic $\delta^{13}C$ evidence from British Columbia, Canada. Geology, 22: 580~584

Wang Y, Wang X. 2008. Annelid from the Neoproterozoic Doushantuo Formation in Northeast Guizhou, China. Acta Geologica Sinica, 82 (2): 257~265

Wang Y, Wang X, Huang Y. 2008. Megascopic symmetrical metazoans from the Ediacaran Doushantuo Formation in the northeastern Guizhou, South China. Journal of China University of Geosciences, 19 (3) 200~206

Wang Y, Chen H, Wang X, Huang Y. 2011. Research on succession of the Ediacaran Doushantuoian Meta-community in Northeast Guizhou, South China. Acta Geologica Sinica, 85 (3): 533~543

Watson A, Bakker D, Ridgwell A, Boyd P, Law C. 2000. Effect of iron supply on Southern Ocean CO_2 uptake and implications for glacial atmospheric CO_2. Nature, 407 (6805): 730~733

Wedepohl K H. 1971. Environmental influences on the chemical composition of shales and clays. In: Ahrens L H, Press F, Runcorn S K, Urey H C (eds). Physics and Chemistry of the Earth. Oxford: Pergamon. 307~331

Wignall P B, Bond D P G, Kuwahara K, Kakuwa Y, Newton R J, Poulton S W, 2010. An 80 million year oceanic redox history from Permian to Jurassic pelagic sediments of the Mino-Tamba terrane, SW Japan, and the origin of four mass extinctions. Global and Planetary Change, 71: 109~123

Xiao S, Zhang Y, Knoll A H. 1998. Three-dimensional preservation of algae and animal embryos in a Neoproterozoic phosphorite. Nature, 391: 553~558

Xiao S, Yuan X, Steiner M, Knoll A H. 2002. Macroscopic carbonaceous compressions in a terminal Proterozoic shale: A systematic reassessment of the Miaohe Biota, South China. Journal of Paleontology, 76 (2): 347~376

Xie S, Pancost R D, Yin H, Wang H, Evershed R P. 2005. Two episodes of microbial change coupled with Permo/Triassic faunal mass extinction. Nature, 434: 494~497

Xie S, Pancost R D, Huang J, Wignall P B, Yu J, Tang X, Chen L, Huang X, Lai X. 2007. Changes in the global carbon cycle occurred as two episodes during the Permian-Triassic crisis. Geology, 35: 1083~1086

Xu R, Gong Y M, Zeng J W. 2008. Coupling relationships between brachiopods and *Girvanella* during the Late Devonian F-F transition in Guilin, South China. Science in China Series D: Earth Sciences, 51 (11): 1581~1588

Yuan X, Li J, Cao R. 1999. A diverse metaphyte assemblage from the Neoproterozoic black shales of South China. Lethaia, 32: 143~155

第五章 中元古代至三叠纪典型剖面的古氧相和烃源岩评价

前两章分别讨论了生境型和古生产力，本章分别从沉积学和地球化学替代指标两方面重点解剖元古宙至三叠纪典型剖面的古氧相，它直接关系到沉积有机质和埋藏有机质这两个地球生物学参数。在此基础上，本章对各时代地层进行烃源岩的地球生物学半定量评价。

第一节 各时代典型剖面的古氧相特征

一、中元古代

1. 华北中元古代碳酸盐岩的古氧相

中元古代由于大气含氧量很低（Kasting and Howard，2006；Holland，2006；Catling et al.，2007），大气与海洋的交换所产生的氧化界面（chemocline）深度有限，推测约在平均浪基面附近（Brocks et al.，2005）。因而一般认为中元古代的海洋具有永久性分层、缺氧贫铁、深部硫化的重要特征（Anbar and Knoll，2002；Kump，2008；Lyons et al.，2009）。考虑到华北地台北缘不连续古隆起带的阻隔，伸入华北地台内部的陆表海氧化界面可能还要浅一些，约为25m（汤冬杰等，2011a）。在这种特定的古地理条件下，华北地台中元古代位于潮下带上部以下的大部分较深水海底可能处于缺氧或贫氧条件（史晓颖等，2008a；汤冬杰等，2011b），这与显生宙一般的海相沉积环境条件有显著的不同。此外，在显生宙海相沉积中，生物扰动的发育程度可以作为判定缺氧与贫氧条件的重要依据，但这在后生动物出现之前明显是不适用的。而在前寒武纪早期，在碳酸盐岩中发育的自生碳酸盐矿物（针状文石及其等厚层），因其形成要求特定微生物过程和海洋化学条件，这些矿物有可能成为氧化还原条件的重要判别标志之一。根据现代海洋氧化还原条件划分的标准（Algeo and Tribovillard，2009），这里将华北燕山地区中元古代碳酸盐岩沉积区分为硫化、缺氧、贫氧和氧化4种古氧相（图5.1）。

（1）硫化（euxinic）沉积

硫化沉积是指沉积物形成于含H_2S水体之下，而一般不包括在沉积物内缺氧条件下有机质降解产生的硫化环境（Meyer and Kump，2008；Scott et al.，2008；Li et al.，2010）。硫化是由于在海底缺氧环境下细菌还原硫酸盐（BSR）而产生的硫化物

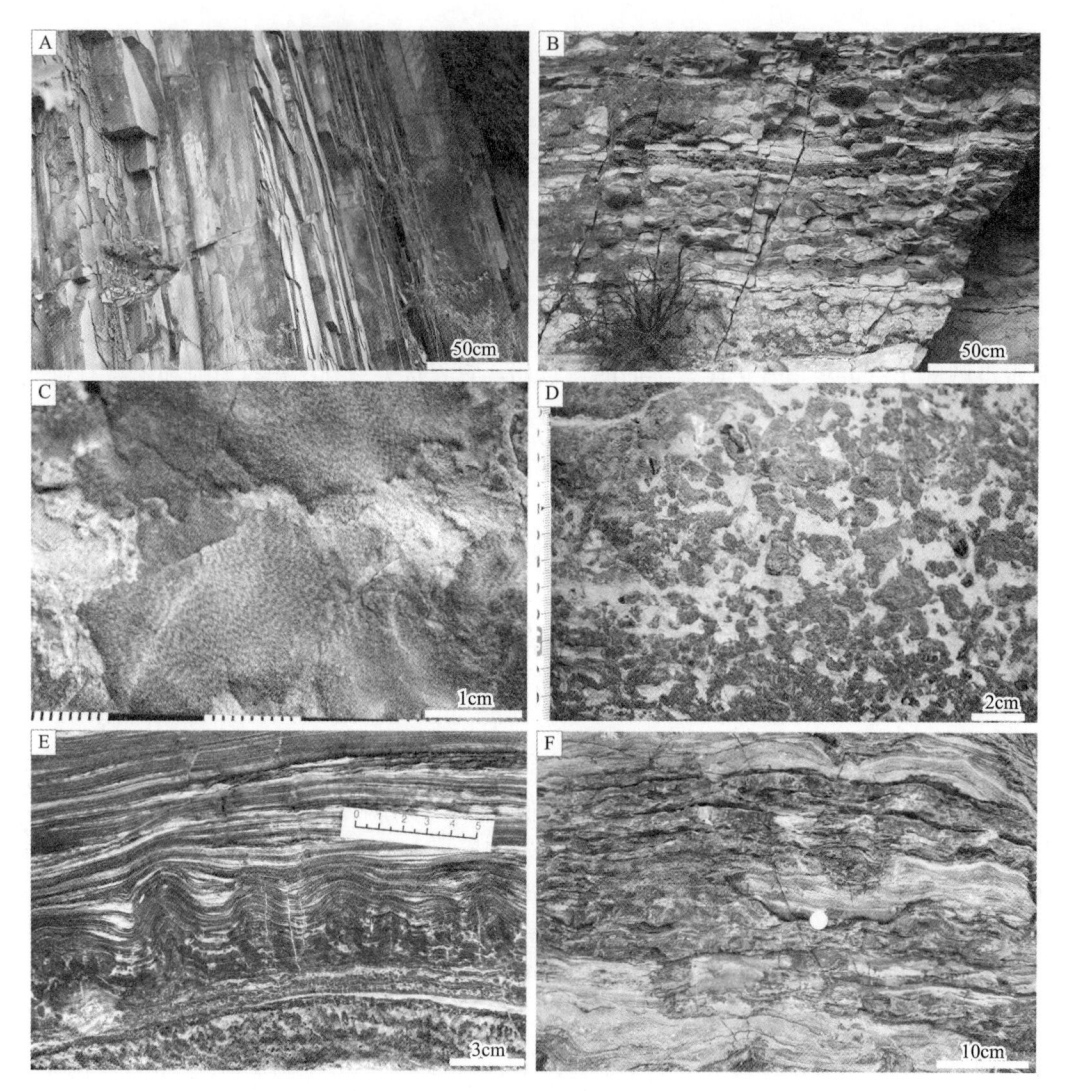

图 5.1 华北地台碳酸盐岩地层中几种古氧相沉积特征

A. 硫化沉积：黑色薄层碳酸盐岩夹页岩（III），高于庄组第三段，河北兴隆；B. 缺氧沉积：暗色结核状碳酸盐岩（III），高于庄组第三段，北京延庆；C. 缺氧沉积：鱼骨状白云岩（VII），高于庄组第四段，北京延庆；D. 缺氧-贫氧沉积：凝块石白云岩（II$_2^1$），雾迷山组第三段，河北野三坡；E. 贫氧-氧化沉积：微生物席条带白云岩，下部为小叠层石，雾迷山组第二段（II$_1$），河北怀来；F. 氧化沉积：潮坪相席纹层白云岩（I～II$_1$），雾迷山组第二段，河北野三坡

($CH_2O + SO_4^{2-} \longrightarrow HS^- + HCO_3^-$) 在水体中积聚的结果（Algeo and Tribovillard, 2009）。因此硫化沉积必然发生在缺氧条件下，但缺氧并不一定硫化（Meyer and Kump, 2008; Lyons et al., 2009）。在研究区中元古代碳酸盐岩沉积中，可识别出几种可能属硫化环境的沉积类型。一类出现在高于庄组第三段上部生境型 III 中，以富含黄铁矿微粒的黑-黑灰色席纹层碳酸盐岩为特征（图 5.1A）。其中黄铁矿莓球发育，席纹层显著黄铁矿化。显微与超微观察显示，纹层中含大量矿化微球粒，具典型的微生物

结壳型矿化特征。另一类出现在雾迷山组第二段上部较深水潟湖生境型（II$_2^1$）中，以黑色纹层石为特征。显微研究表明，组成纹层石的亚毫米级纹层对中，亮纹层富有机质、含黄铁矿微粒，暗纹层以纤维状文石假晶构成的等厚层为重要特征。虽然这类沉积发育的沉积环境水深可能并不是很大，但由于障壁阻隔，水循环受到强烈限制。大量微生物的发育与缺氧环境下有机质的分解，致使水体局部硫化。此外，在高于庄组第三段发育的结核状～瘤状碳酸盐岩中（图 5.1B）也富含纤维状文石等厚层，并共生有大量文石晶体扇。其中存在黄铁矿颗粒，但并不像第一种类型中那样多。这种沉积可能发育在硫化界面附近，与氧极小带（oxygen minimum zone；Lyons et al.，2009）位置大致对应。类似的结核在华南陡山沱组第四段以及牛蹄塘组下部黑色页岩中也很发育。陡山沱组黑色页岩的地球化学与矿物学研究都表明其形成于间歇性硫化条件（Scott et al.，2008；Li et al.，2010；Xiao et al.，2010；Wang et al.，2012）。

(2) 缺氧（anoxic）沉积

这种古氧相在高于庄组以及雾迷山组的 II$_2^2$ 及其以下生境型的碳酸盐沉积中较为广泛。多数凝块石白云岩以及暗色薄—中层状泥－微晶碳酸盐岩和硅化黑色页岩可能均形成于缺氧条件下。在这种沉积相中，一般均可见发育程度不一的草莓状黄铁矿和自形黄铁矿微粒，这些微粒有时呈细纹层或条带出现。地球化学分析显示，这类沉积往往具有明显高于其他层段的微量元素含量，如 Mo，U，V 以及 Th 与其他元素的比值（图 5.2—图 5.4）。在凝块石中存在较多的纤维状文石假晶或由其构成的等厚层和小晶体扇。尽管目前对于纤维状文石究竟属海底沉淀抑或有机质诱发成因，在认识上还存在分歧（Kah and Grotzinger，1992；Sumner，1997；Grotzinger and Knoll，1999；Grotzinger and James，2000；Sprachta et al.，2001；Meister et al.，2011），但比较肯定的是它们多形成于缺氧-贫氧条件。在我们研究的绝大部分凝块石中（图 5.1D），均发育显著的纤维状文石层，往往形成环绕有机质凝块的不规则环边。因此，这类厚层状凝块石白云岩可能主要形成于缺氧环境，部分也可能发育在贫氧条件下。此外，在高于庄组第四段发育的大规模微生物岩礁可能系缺氧-贫氧环境条件下大量微生物堆积矿化的产物。其中大量发育的鱼骨状方解石（图 5.1C），通常被解释为缺氧-贫氧环境条件的重要标志。

(3) 贫氧（dysoxic）沉积

这种古氧相与缺氧相的区分较困难，也不稳定。在研究区表现为碳酸盐岩中虽然偶有纤维状文石发育，但丰度很低，很少形成等厚层，少见黄铁矿微粒，尤其缺乏黄铁矿条带。它们多见于 II$_2^1$～II$_2^2$ 生境型，主要出现在微生物岩礁以及席条带白云岩中（图 5.1E），在 II$_1$ 中偶有发育，可能表明贫氧条件受环境因素的影响较为明显（汤冬杰等，2011b）。

(4) 氧化（oxic）沉积

在华北地台中元古代碳酸盐岩中，在氧化条件下形成的沉积岩也是广泛存在的。特别是在潮间带和潮上带沉积环境中发育的多种碳酸盐岩沉积大都是在氧化环境条件下形

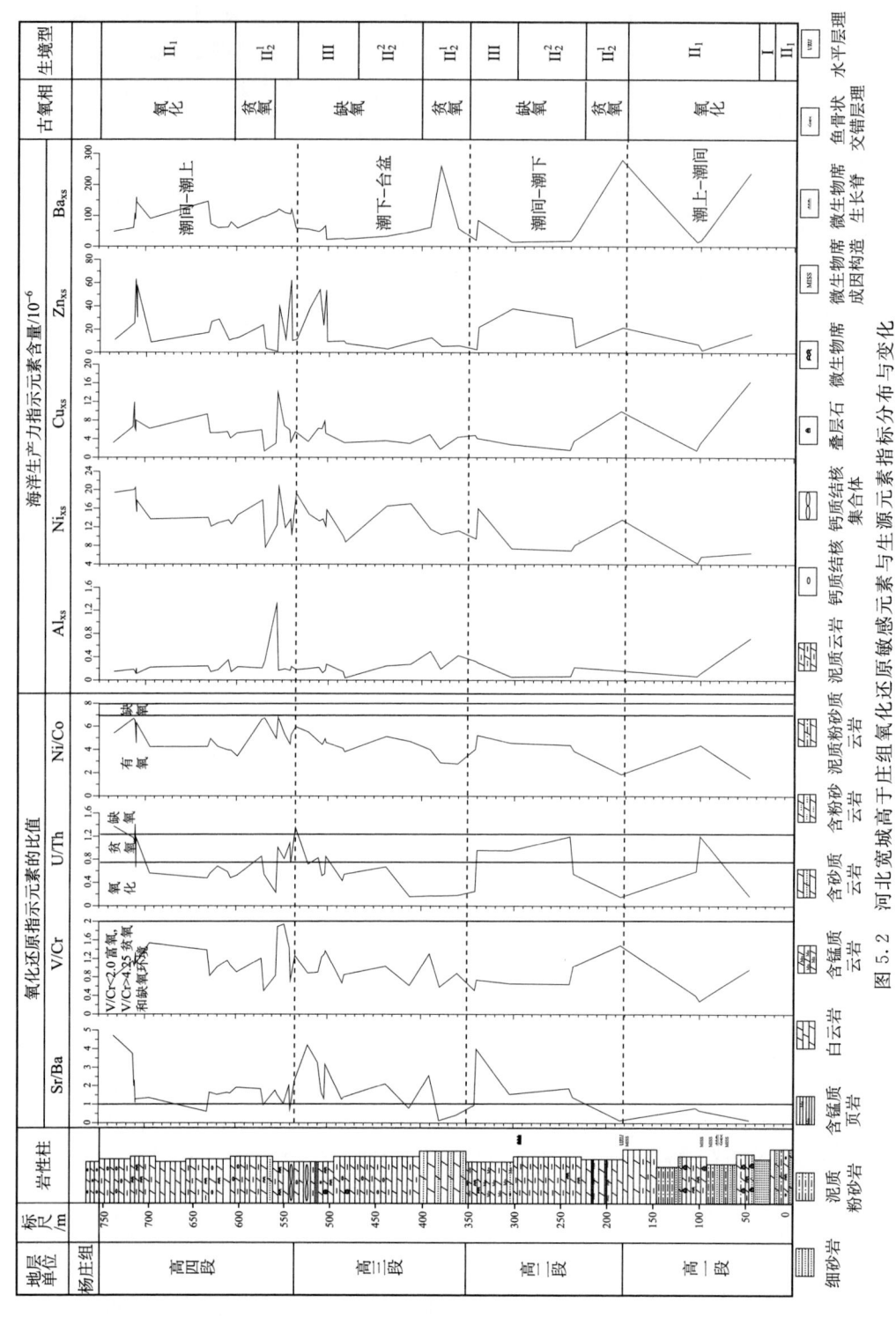

图 5.2 河北宽城高于庄组氧化还原元素与生源元素指标分布与变化

氧化还原元素与生源元素有较好的对应性。元素分布显示，在第三、四段之交存在硫化-缺氧条件

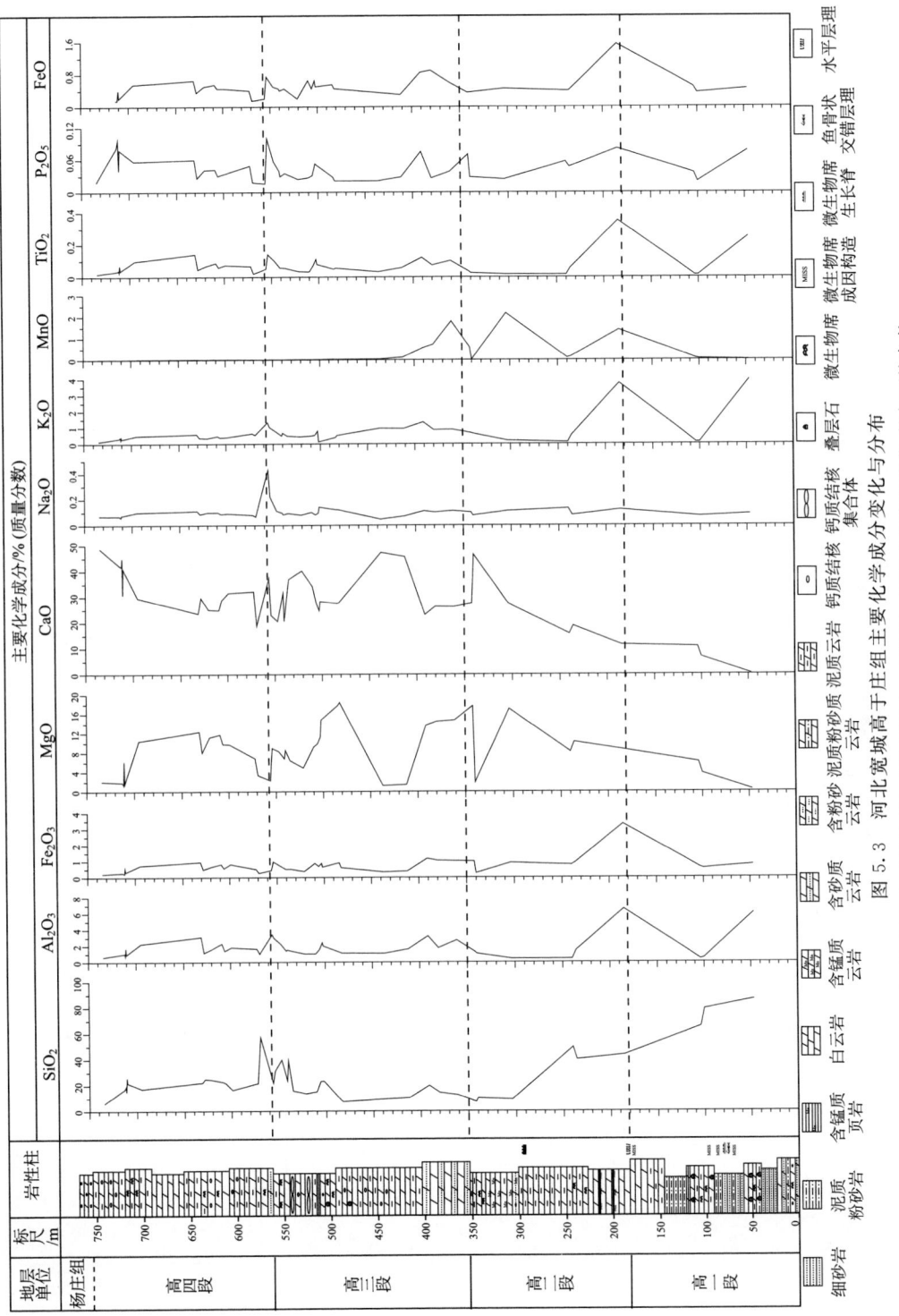

第五章 中元古代至三叠纪典型剖面的古氧相和烃源岩评价

图 5.3 河北宽城高于庄组主要化学成分变化与分布

与陆源输入相关的元素向上明显减少。在第三、四段之交存在硫化-缺氧环境条件

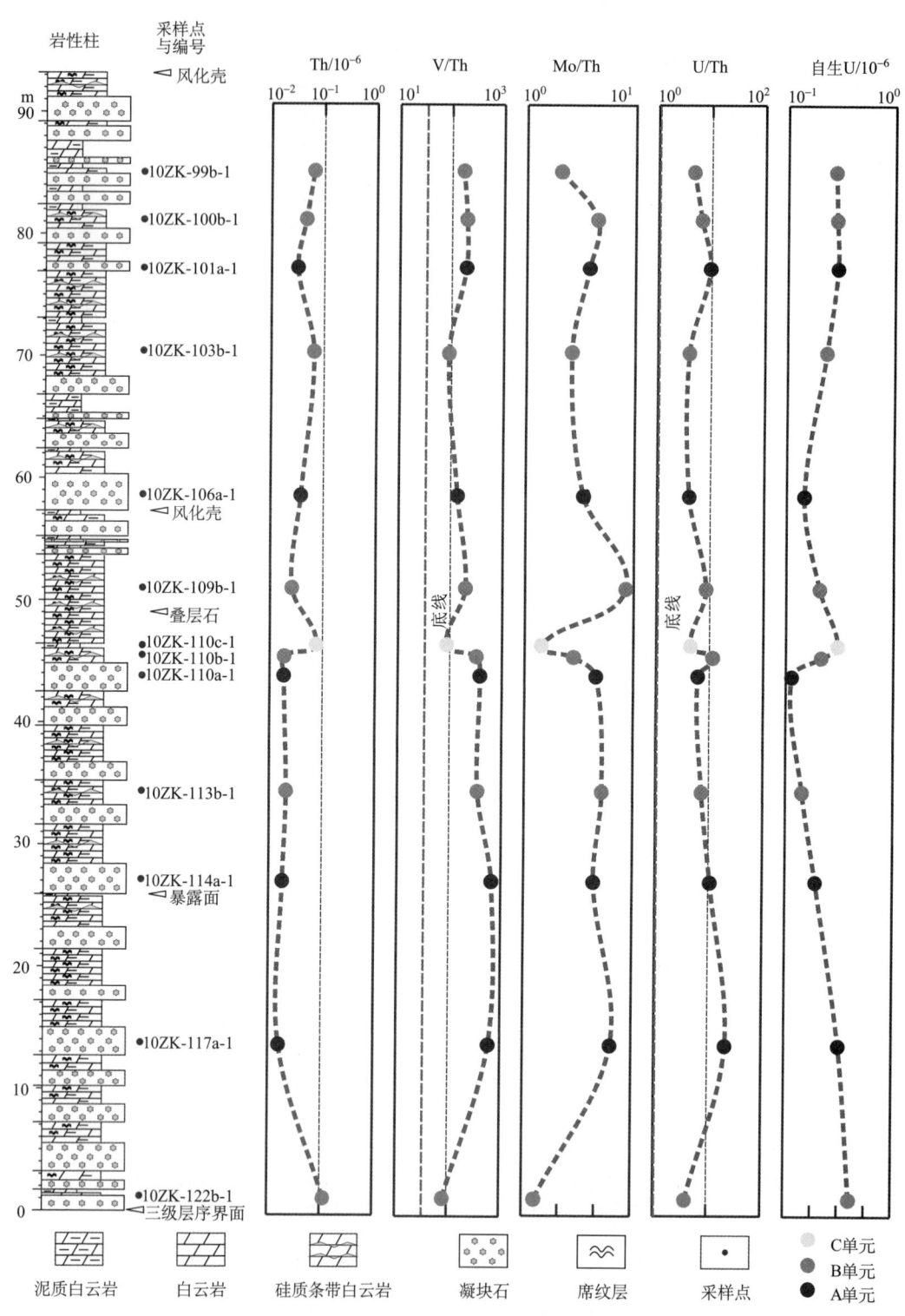

图 5.4　河北野三坡雾迷山组第三段微量元素分布变化

显示在米级旋回的下单元凝块石白云岩形成于缺氧-贫氧条件

成的（图 5.1E，F）。发育于潮下带上部高能环境下生境型 II_2^1～II_1 中的球粒-团粒碳酸盐岩大都形成于这种环境条件。它们与显生宙同类沉积一样，只是缺乏明显的生物碎屑。在潮坪沉积碳酸盐岩中，常见沉积岩表面存在薄的红色氧化膜，镜下可见少量赤铁矿颗粒。在碳酸盐岩内部组构方面，虽然在这些沉积岩中也常出现微生物席纹层，但纤维状文石完全缺乏（汤冬杰等，2011b）。

从古氧相在地层中的分布来看，高于庄组明显地较雾迷山组具有更多缺氧环境条件下发育的沉积层段（图 5.2，图 5.3）。硫化与缺氧层段在高于庄组第三段分布相对较广。缺氧～贫氧环境条件下发育的厚层状凝块石主要集中在雾迷山组第二、三段。但从有机质碎屑含量在地层中的变化看，似乎缺氧-贫氧环境下保存的有机质碎屑更加丰富。在缺氧-硫化条件下生物碎屑相对较少，一方面与这种条件下过量的有机质降解相关，另一方面可能也与这些生境的水深相对较大而不是最适合微生物发育繁盛有关。这一点似乎与现代海岸带微生物群分布的结果相似。因此，从华北中元古代地层的记录来看，这个时期微生物生产力最高的生境是在 II_2^2，这与现代海洋中微生物群的分布特征有较大的可对比性。

2. 河北平泉剖面高于庄组古氧相

我们选取平泉剖面高于庄组约 80m 厚的一段地层进行了综合的沉积学和元素地球化学分析。沉积学资料显示，这段地层记录了一个明显的向上变浅的旋回，涵盖了包括外陆架（风暴浪基面以下）、内陆架、潮下带、潮间带在内的典型沉积相组合（图 5.5）。在这段地层序列中，我们系统采集了 24 个岩石样品进行微量和稀土元素测试。样品分析由中国地质大学（武汉）地质过程与矿产资源国家重点实验室完成，分析仪器为等离子体质谱仪 ICP-MS（Agilent7500a）。部分元素测试结果列于表 5.1。

由于海水中溶解氧的含量将直接或间接地影响一些微量元素（如 U、V、Mo、Cr、Co 等）在海水中的存在状态，进而影响这些元素在海水或沉积物中的含量，因此，我们可以通过研究微量元素（特别是氧化还原敏感元素）在沉积物中的含量来推测古海水的氧化还原条件（Arnaboldi and Meyers，2007；Azmy et al.，2009）。

在常氧环境，U、V、Mo 等元素常以高价态形成稳定化合物溶解在海水中。当海水环境转变为弱还原-还原时，这些元素将从高价态化合物还原为不可溶的低价化合物进入沉积物（Breit and Wanty，1991；Wanty and Goldhaber，1992；Wignall and Twitchett，1996；McManus et al.，2006；Tribovillard et al.，2006）。因此，在常氧环境中，这些元素在沉积物中的含量一般较低。而在贫氧、厌氧条件下，U、V、Mo 等元素通常表现为一定程度的富集。Jones 和 Manning（1994）通过研究北美、北欧黑色页岩的地球化学特征，定量分析和对比了一些地球化学指标（如 DOP 等）与海水氧化-还原状态的关系，认为 V/Cr、Ni/Co 和 V/(V+Ni) 对环境 O_2 含量变化有很好的响应，能够较好地反映沉积环境的古氧相特征（表 1.6）。另外，Mo/U 可能也是非常重要的氧化还原环境指示剂（Algeo and Tribovillard，2009）。各指标值与沉积环境古氧相之间的关系见表 1.6。各古氧相指标在地层序列中的变化趋势如图 5.6 所示。

表 5.1 河北平泉剖面高于庄组微量和稀土元素含量（10^{-6}）

样品号	Zr	U	V	Mo	Cr	Co	La	Ce	Pr	Nd	Sm	Eu	Gd	Tb	Dy	Ho	Er	Tm	Yb	Lu	Y
M4-5	3.31	0.47	5.01	0.18	2.40	0.44	6.17	5.97	0.95	3.92	0.76	0.19	1.01	0.15	1.06	0.27	0.83	0.12	0.75	0.12	15.5
M4-4	2.98	0.44	3.66	0.14	2.52	0.69	3.16	3.02	0.46	1.78	0.37	0.075	0.42	0.063	0.42	0.11	0.32	0.051	0.31	0.053	6.10
M4-3	4.03	0.44	5.12	0.13	4.39	0.48	3.61	3.73	0.54	2.18	0.41	0.084	0.47	0.073	0.48	0.11	0.36	0.058	0.37	0.061	6.60
M4-2	9.10	0.57	7.01	0.30	2.71	0.53	7.35	10.2	1.39	5.41	1.05	0.18	1.14	0.18	1.16	0.29	0.88	0.13	0.90	0.15	15.3
M4-1	5.02	0.34	4.24	0.19	3.07	0.63	4.65	5.30	0.82	3.04	0.57	0.13	0.54	0.076	0.49	0.13	0.38	0.051	0.35	0.055	6.01
M3-7	28.53	0.99	22.06	0.42	9.28	1.42	10.0	14.5	1.85	6.94	1.41	0.26	1.32	0.20	1.25	0.29	0.86	0.13	0.86	0.13	13.7
M3-6	21.94	0.94	22.43	0.58	7.88	2.08	11.3	16.1	2.06	7.79	1.54	0.28	1.50	0.22	1.39	0.31	0.87	0.13	0.87	0.13	12.6
M3-5	10.16	0.88	13.92	1.20	4.26	1.16	8.01	11.7	1.53	5.65	1.01	0.20	0.95	0.14	0.79	0.16	0.42	0.066	0.36	0.056	6.09
M3-4	21.24	1.08	16.74	0.70	7.68	2.00	10.2	14.3	1.80	6.86	1.33	0.25	1.31	0.19	1.11	0.25	0.70	0.11	0.72	0.10	10.2
M3-3	30.93	1.80	29.84	0.55	11.10	1.78	8.66	14.6	1.92	7.39	1.57	0.31	1.55	0.23	1.42	0.31	0.86	0.14	0.85	0.13	11.0
M3-2	25.84	1.37	21.94	0.68	7.66	1.58	10.7	15.2	1.93	7.35	1.44	0.31	1.39	0.21	1.27	0.27	0.79	0.12	0.67	0.10	10.4
M3-1	25.21	1.33	22.08	0.98	6.59	2.02	10.5	16.2	1.98	7.58	1.49	0.27	1.40	0.21	1.23	0.25	0.71	0.10	0.64	0.085	9.35
M2-6	14.04	1.52	16.37	1.23	5.48	1.52	21.0	31.0	3.82	14.0	2.47	0.39	2.11	0.28	1.49	0.29	0.79	0.11	0.70	0.099	12.1
M2-5	5.08	1.02	10.19	0.61	3.53	0.77	14.7	17.7	2.23	8.14	1.44	0.30	1.51	0.20	1.24	0.27	0.74	0.11	0.65	0.10	13.7
M2-4	10.63	1.10	15.62	1.10	4.35	1.22	7.78	11.2	1.44	5.31	0.97	0.16	0.84	0.11	0.62	0.13	0.34	0.053	0.32	0.046	5.04
M2-3	11.35	0.87	21.50	1.43	4.38	1.29	8.64	12.6	1.63	6.14	1.14	0.21	1.06	0.15	0.91	0.18	0.54	0.079	0.48	0.076	7.28
M2-2	16.24	0.98	22.01	1.28	5.04	1.49	9.70	14.1	1.82	6.58	1.23	0.23	1.10	0.15	0.88	0.18	0.50	0.076	0.44	0.066	7.10
M2-1	37.93	1.68	16.80	1.56	2.67	0.98	12.4	20.8	2.59	9.43	1.90	0.30	1.53	0.24	1.45	0.30	0.85	0.13	0.83	0.12	9.85
M1-6	4.01	0.35	7.51	1.25	4.49	0.83	7.79	12.2	1.71	6.69	1.20	0.21	1.08	0.15	0.84	0.18	0.48	0.072	0.45	0.070	6.14
M1-5	4.99	0.29	7.14	0.68	16.34	0.87	4.54	5.81	0.77	2.88	0.50	0.096	0.49	0.064	0.38	0.075	0.23	0.032	0.20	0.032	3.19
M1-4	16.06	1.88	42.66	3.36	6.19	1.58	19.6	27.4	3.67	13.6	2.44	0.42	2.33	0.32	1.86	0.41	1.14	0.16	0.97	0.16	15.7
M1-3	3.93	0.89	10.70	1.01	3.81	1.55	11.4	15.8	2.05	7.49	1.35	0.26	1.39	0.19	1.15	0.25	0.70	0.11	0.62	0.098	10.3
M1-2	20.24	2.18	35.22	1.59	7.11	1.21	14.4	20.9	2.74	10.4	1.95	0.39	1.95	0.29	1.81	0.39	1.08	0.16	1.00	0.16	13.9
M1-1	2.59	0.98	12.97	0.59	3.38	0.86	6.92	7.07	0.90	3.23	0.56	0.15	0.61	0.092	0.57	0.14	0.41	0.062	0.41	0.065	5.99

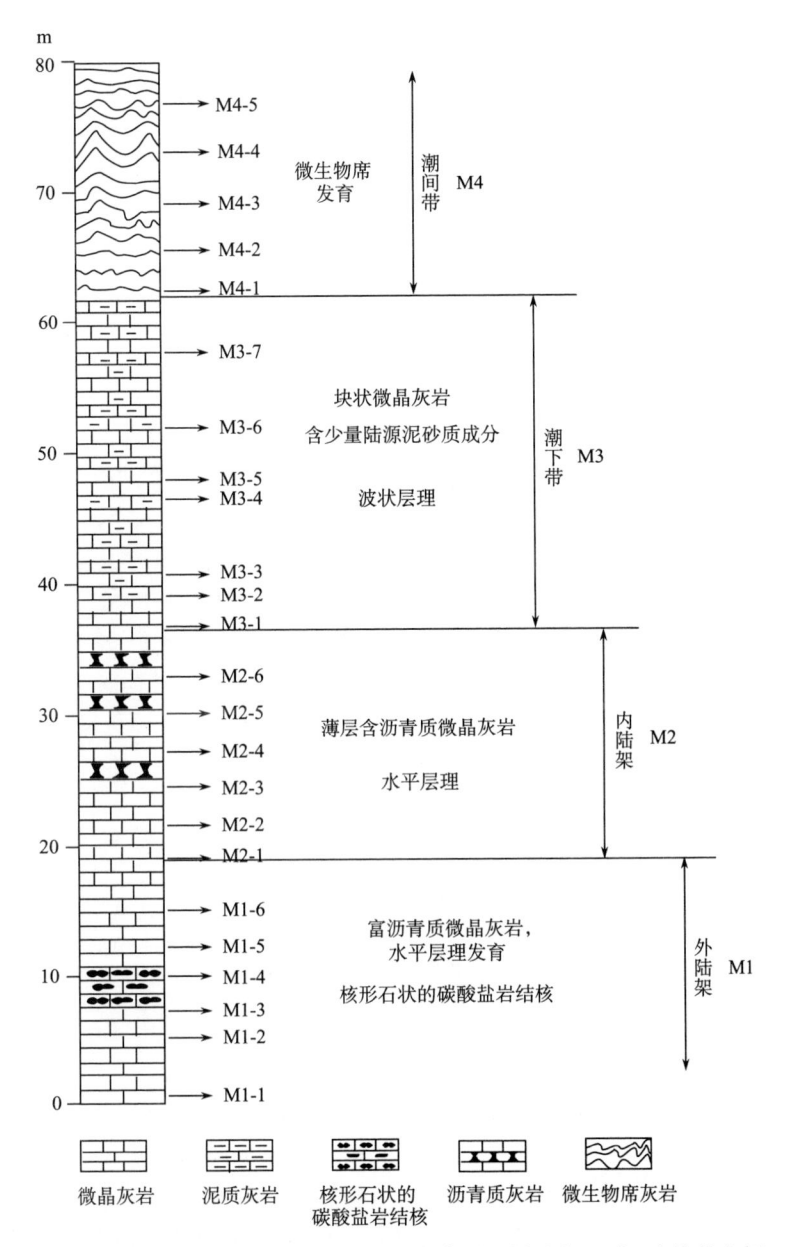

图 5.5 河北平泉高于庄组中部地层沉积序列（样品位置列于岩性柱右侧）

为了排除陆源输入对判别结果的影响，在这里我们使用 Zr 标准化后的元素丰度值进行古氧相的评估。从图 5.6 可以看出，伴随着海平面的下降、古水深的逐渐变浅，从外陆架到潮间带，U、V、Mo 元素经 Zr 标准化后的丰度值逐渐降低。在外陆架，Mo、V、U 明显富集，V/Cr、Ni/Co 值分别大于 4.25 和 7。Mo/U 也产生了明显的峰值，最大值可以达到 8.9。这些特征表明，中元古代高于庄期（约 1.6~1.55 Ga）外陆架环境基本处于厌氧-硫化的状态。在内陆架，Mo、V、U 等元素的丰度以及 Mo/U 值逐渐降低，V/Cr、Ni/Co 大多介于 2.0～4.25 和 5.0～7.0 之间。这表明内陆架沉积期或早期成岩阶段处于贫氧相。与前两个相带相比，潮下带和潮间带岩石样品中 Mo、V、U 元素经 Zr 标准化后的丰度以及 Mo/U 值明显降低，Ni/Co 值小于 5，V/Cr 接近于 2。这些特征表明，在沉积和早期成岩阶段，潮下带以上环境可能处于氧化状态。综上所述，由于地球早期大气 O_2 浓度较低，中元古代海洋具有比现代海洋更浅的氧化-还原界面，在潮下带以下环境即已处于贫氧状态。至风暴浪基面之下，海水极度厌氧甚至硫化。在这种特定的环境条件下，由微生物产生的有机质具有比显生宙富氧海底环境更多的埋藏机会与保存比例，易于形成烃源岩。

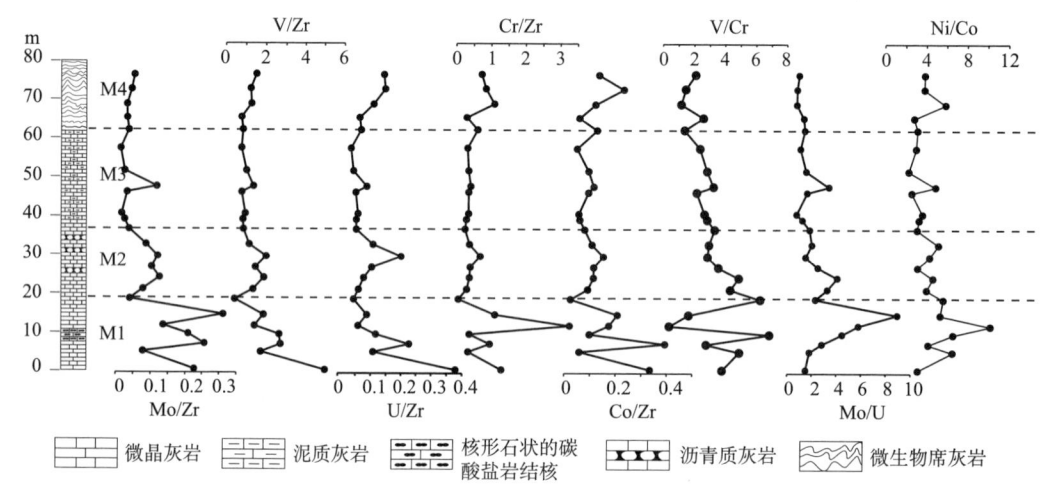

图 5.6　河北平泉高于庄组古氧相指标的变化趋势

二、埃迪卡拉纪—寒武纪

1. 埃迪卡拉纪

埃迪卡拉纪大气 CO_2 的浓度较高，但 O_2 的含量已达一定的水平（Berkner and Marshall，1965；Towe，1970；Kasting et al.，1992；Knoll，1992；王约等，2009）。Runnegar（1992）估计，澳大利亚南部埃迪卡拉生物群中的两侧对称动物 *Dickinsonia* 需要的大气含氧量至少相当于现代水平的 6%～10%。在华南陡山沱期，宏体植物的生长和繁殖需阳光进行光合作用，同时释放出大量的氧。另外，生活于沉积物表面的环节动物 *Wenghuiia* 和遗迹化石 *Linbotulichnus* 造迹生物（可能为蠕形动物）等宏体多细胞动物的存在，意味着当时水体底部含氧量已达到一定的水平（王约等，2007；Wang and Wang，2008；Wang et al.，2011）。地球化学方面的研究也有相似的结论（张同钢等，2003；郭庆军等，2003；吴凯等，2006）。氧含量的增加逐渐改善了海洋水体的环境质量，促进了生物的发展，增加了海洋中有机质的丰度（王约等，2010）。王约等（2005）认为，陡山沱期以直立宏体藻类为主构成的原始"海底草原"中存在一定能量的水动力条件，既有利于其释放氧的扩散，也有利于整个生物群的生活、生长和繁殖。

但分散零星或呈条带状的草莓状黄铁矿在上扬子地区的砂岩、硅质岩、泥岩、灰岩以及灰白色的白云岩等不同颜色、不同岩石类型中均十分常见，这可能与当时地球大气和（或）海水水体中 CO_2 的浓度较高、O_2 的含量较低相关。在同一剖面上，陡山沱组上部和灯影组黄铁矿较为明显地减少，可能与多细胞生物的发展相关（王约等，2007，2009，2010；Wang and Wang，2008）。总的来说，埃迪卡拉纪的氧化-还原界面相对较浅。在陡山沱阶，石英砂岩中见有草莓状黄铁矿，灰-灰白色白云岩中也常见有草莓状黄铁矿。在灯影峡阶灯影组的白云岩中黄铁矿相对较少，特别是在具晶洞构造和帐篷构造的白云岩中尚未发现沉积型的黄铁矿。因而，陡山沱期氧化-还原界面的深度可能相当于 II_1 和（或）II_2 生境型的水深，灯影峡期氧化-还原界面的深度可能相当于 II_2 生境型的水深。

2. 寒武纪

Crowley 和 Berner（2001）认为，早寒武世大气 CO_2 浓度是今天的 20 倍。下寒武统下部上扬子地台主要为黑色泥（页）岩沉积，见有较为丰富的黄铁矿，被普遍认为是还原环境的沉积。但在这些黑色泥（页）岩中产有较丰富的三叶虫和金臂虫等浮游类型生物，以及较为丰富的底栖固着藻类（舒德干，1986；崔智林、霍世诚，1990；Mehl and Erdtmann，1994；杨瑞东等，1999，2005；赵元龙等，1999；Steiner et al.，2001；Yang et al.，2005；杨兴莲等，2005），表明早寒武世早期的水体，至少水体表层为非还原环境，即可能上层海水正常而下层海水还原（姜月华等，1994；胡杰等，2002）。这可能与前寒武纪相似，大气 CO_2 浓度较高，海洋中的氧化-还原界面较浅。在下寒武统筇竹寺阶中上部，灰绿色的岩类成为主要的沉积物，产有较为丰富的生物潜穴（包括有 *Palaeophycus*，*Planolites*，*Teichichnus* 等）、三叶虫以及以古杯类和海绵类为主体的礁体，表明其上部浅海环境已存在可供大量需氧生物生存的氧含量，海洋中的氧化-还原界面逐渐向海洋方向推进。在早寒武世中晚期（沧浪铺期）及其之后，扬子地台的浅海已普遍存在大量的底栖生物，其氧化-还原界面进一步向海洋方向推进，基本达到显生宙的大气氧含量水平。

三、奥陶纪—志留纪

传统古生态学的原理和方法告诉我们，直接根据某些特殊的沉积构造的观察分析来判定古氧相，其结果十分有效（颜佳新等，1997；颜佳新、刘新宇，2007；Watanabe et al.，2007）。因此，当前的研究也就沿用这一方法——根据岩石地层水平纹理的发育程度和生物扰动情况来定性地判别古氧相。同时，由于先期测定了锰元素含量，而该元素的沉积主要受 pH 及 Eh 的控制，可以间接用于沉积水体古氧相的判定，因此也将其一并列出（图 5.7，图 5.8）。现将奥陶纪与志留纪两条主干剖面的古氧相特征概述如下。

1. 奥陶纪

根据沉积构造，特别是水平纹理和遗迹化石（生物扰动）的发育情况，奥陶纪黄花场主干剖面总体呈现出下部以常氧相为主，中、上部逐渐出现多个幕式厌氧-贫氧相层段的趋势。具体情况参见图 5.7 及表 5.2。

表 5.2 湖北宜昌黄花场奥陶纪剖面古氧相判别结果一览表

古氧相	识 别 依 据	层 位
厌氧相	水平纹层，厚度小于 2mm 且层面非常平整，没有任何生物扰动迹象；黑色-灰黑色	第 46、48 层（五峰组笔石页岩段），第 38、39 层（庙坡组中部黑色页岩），第 22 层（分乡组泥岩），第 50 层（志留系龙马溪组笔石页岩段）
准厌氧相	水平纹层，厚度 2~10mm，层面相对平整，略有起伏，界面有微弱的生物扰动；灰色-灰黑色	第 45 层（临湘组），第 37 层（庙坡组），第 32、30、26 层（大湾组）
贫氧相	纹层已遭彻底破坏，但竖直和横向钻孔（期次）仍可以分辨（深度一般 2cm，偶尔可达 10cm）；灰色	第 49 层（五峰组观音桥层），第 43 层（临湘组），第 31、25 层（大湾组），第 19 层（分乡组）
常氧相	整体因遭受强烈生物扰动，呈均一、弥散的块状层，已没有任何纹层或层理构造，也无法分辨任何期次的钻孔；发育交错层理的灰岩、砂岩。杂色-灰白-红色	第 1~18 层（西陵峡组—分乡组下部），第 20~22 层（分乡组礁及生物碎屑灰岩），第 23~24 层（红花园组），第 27~29 层（大湾组），第 33~35 层（牯牛潭组），第 41~42 层（宝塔组），第 44 层（临湘组）

值得注意的是，上述奥陶系厌氧相、准厌氧相和贫氧相层段，其锰含量也大都异常偏高（$1000×10^{-6}$~$1500×10^{-6}$）。而那些常氧相层段，其锰含量绝大部分都偏低（$<500×10^{-6}$）。唯一的例外似乎出现在分乡组中部第 20 层。这是一个含有托盘藻生物礁丘的层位，属于非常氧化的环境，但其锰元素却接近 $1500×10^{-6}$。也许这是藻类生长过程中在礁体内部某些地方出现了缺氧环境，但其具体情况需要进一步研究。另外一个情况是，大湾组上段到牯牛潭组尚缺少测试数据，锰含量目前还不甚清楚。

2. 志留纪

采用类似的方法，也将王家沟剖面志留纪地层做了古氧相分析，其结果和奥陶纪地层似乎正好相反。厌氧、贫氧的层位多出现在剖面的下方，往上则逐渐变成了常氧。这显然和前面已述及的整个志留纪上扬子地区不断被华夏向西挤压引起的区域抬升导致整个盆地基底抬升、盆地逐渐萎缩的过程有密切联系。其具体结果参见表 5.3。

与前述奥陶系黄花场剖面类似，在志留系王家沟剖面上，锰元素含量出现峰值的层段基本上都是准厌氧相-贫氧相层段（图 5.8）。但不同于黄花场剖面的是，该剖面上的三个黑色页岩段的锰元素都未出现峰值含量。一是奥陶系五峰组笔石页岩，锰含量非常

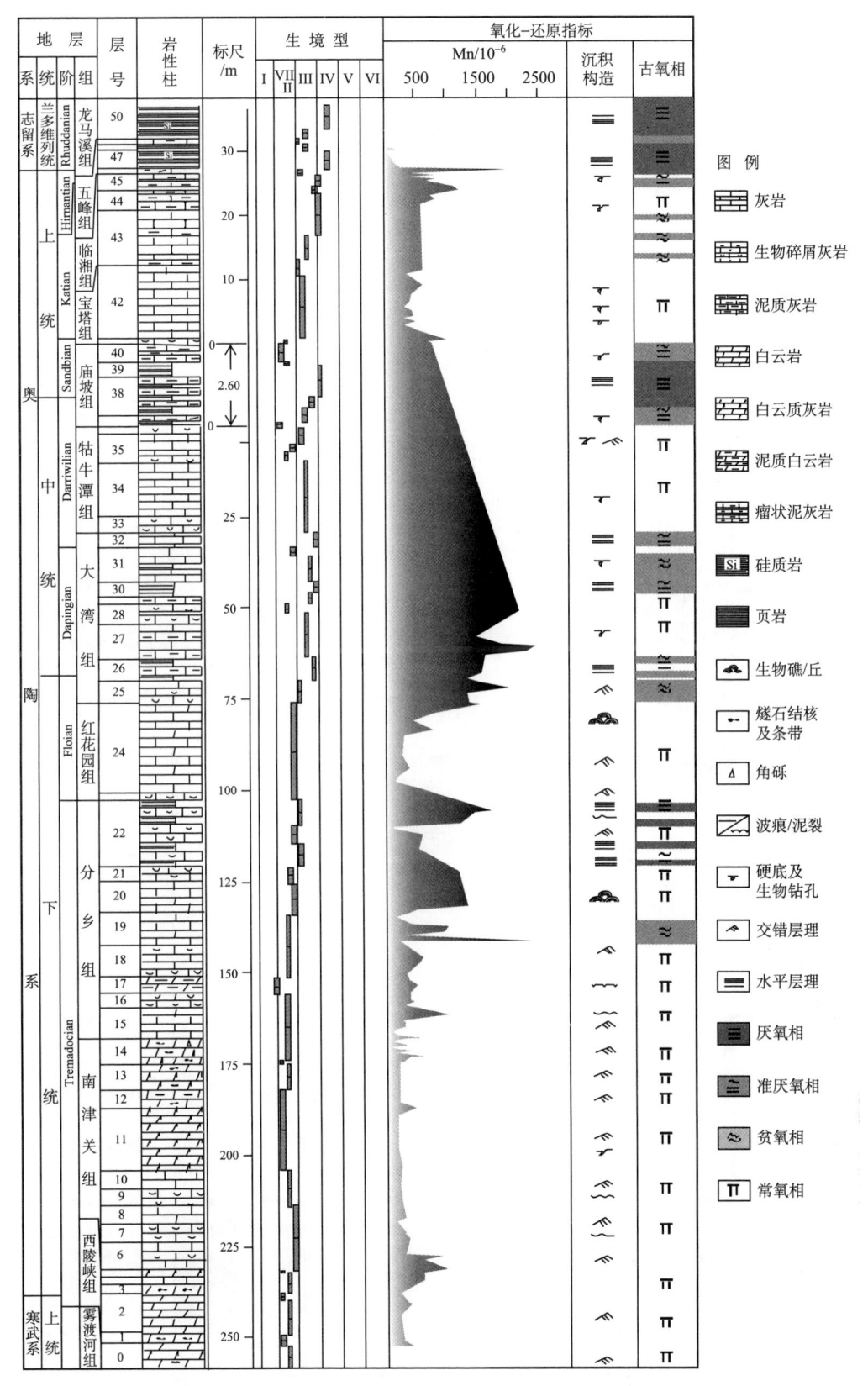

图 5.7 湖北宜昌黄花场-王家湾联合剖面奥陶纪古氧相柱状图

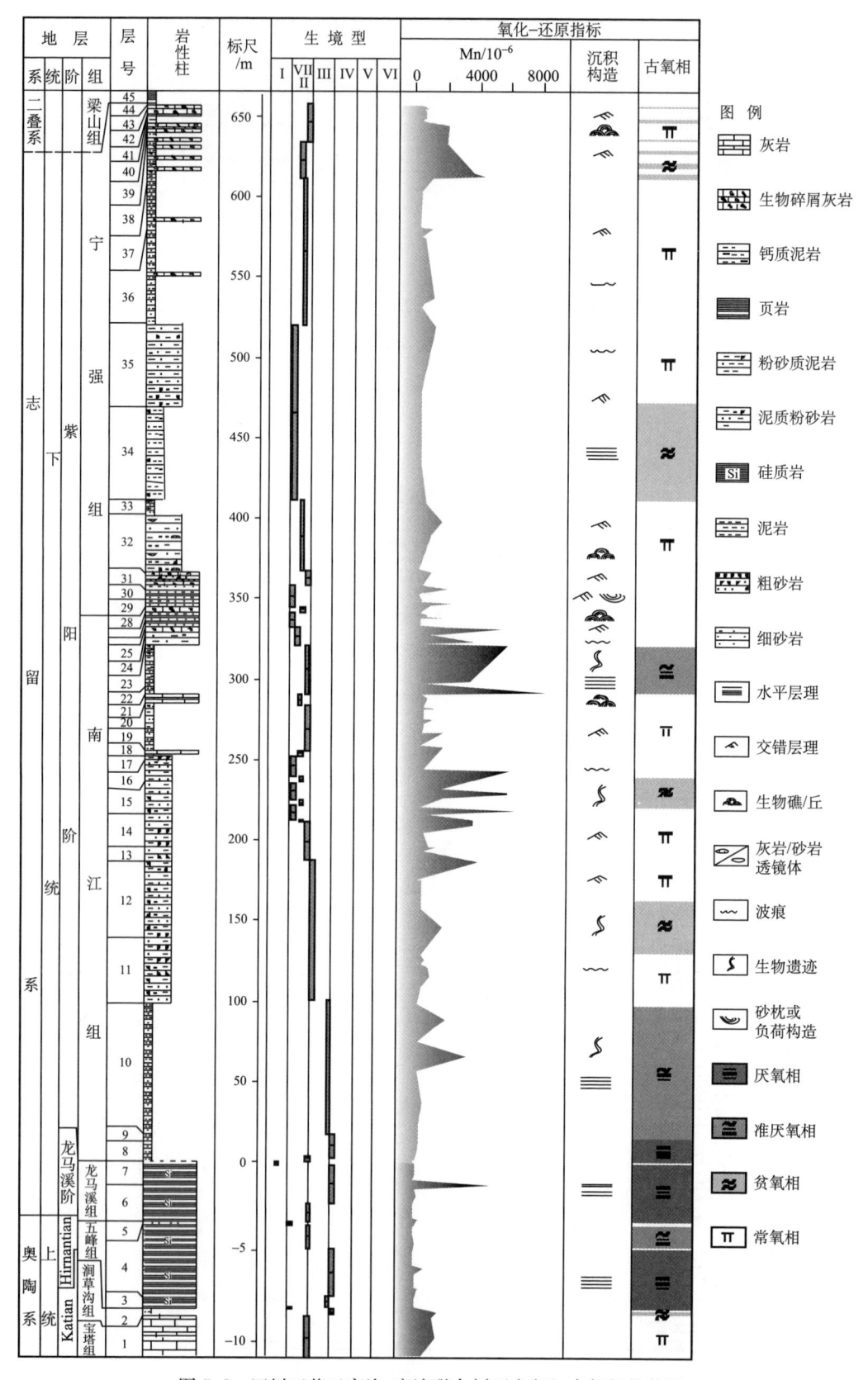

图 5.8 四川旺苍王家沟-鹿渡联合剖面志留纪古氧相柱状图

表 5.3 志留纪王家沟剖面古氧相判别结果一览表

古氧相	识 别 依 据	层 位
厌氧相	水平纹层，厚度小于 2mm 且层面非常平整，没有任何生物扰动迹象；黑色-灰黑色	第 8 层（南江组），第 6~7 层（龙马溪组），第 3~4 层（奥陶系五峰组笔石页岩段）
准厌氧相	水平纹层，厚度 2~10mm，层面相对平整，略有起伏，界面有微弱的生物扰动；灰色-灰黑色	第 9~10、22~23 层（南江组）
贫氧相	纹层已遭彻底破坏，但竖直和横向钻孔（期次）仍可以分辨（深度一般 2cm，偶尔可达 10cm）；灰色	第 34、38、40、42、44 层（宁强组），第 12、15 层（南江组），第 2 层（涧草沟组）
常氧相	整体因遭受强烈生物扰动，呈均一、弥散的块状层，已没有任何纹层或层理构造，也无法分辨任何期次的钻孔；发育交错层理的灰岩、砂岩。杂色-灰白-红色	第 29~33、35~37、39、41、43 层（宁强组），第 11、13~14、16~21、24~28 层（南江组），第 5 层（五峰组观音桥层）

低。二是志留系龙马溪组，除一个样品外，整体也不高。三是南江组底部黑色页岩，也出现低值。联系到奥陶系主干剖面的情况，这说明锰元素用于判别古氧相虽然大部分有效，但在厌氧相可能例外，特别是含笔石的黑色页岩，其具体原因和机制仍需要进一步探索。因此，锰元素只能作为一个辅助指标。

四、泥盆纪—石炭纪

1. 泥盆纪

根据第一章提出的古氧相的概念和识别方法，结合泥盆纪研究剖面的特征，泥盆纪古氧相的类型和识别判据归纳如下。

常氧相：岩石颜色（原生色）以氧化色为主，如紫红色、褐红色、灰白色等。岩石颗粒通常比较粗，层厚比较大，如巨厚层—中厚层。生物扰动构造发育，原生层理通常被严重破坏，甚至被改造成均质层，可见个体粗大的遗迹化石。各类后生生物发育，特别是底栖和底内后生生物发育，如珊瑚、层孔虫、竹节石、腕足类、海百合茎等。氧化还原敏感元素比值低，如 U/Th<0.75、V/Cr<2.0、Ni/Co<5.0 等。

厌氧相：岩石颜色以还原色为主，如黑色、灰黑色、灰绿色等；岩石颗粒通常比较细，层厚比较小，如纹层状—中薄层状。无生物扰动构造，原生层理保存好，无后生生物形成的遗迹化石。各类后生生物不发育，特别是底栖和底内后生生物不发育，后生生物化石主要是浮游生物死亡后沉降的产物，如浮游的竹节石、介形虫和笔石等。氧化还原敏感元素比值高，如 U/Th>1.25、V/Cr>4.25、Ni/Co>7.0 等。

贫氧相：在颜色、岩性、结构构造、实体和遗迹化石以及地球化学特征等方面介于常氧相和厌氧相之间。细小的遗迹化石 *Chondrites* 和 *Zoophycos* 被认为是指示贫氧相的标志性遗迹化石（龚一鸣，2004）。

在杨堤剖面，依据古氧相的识别标志，常氧相主要发育在信都组（第 1 层），东岗岭组的第 4~6、10、12~16 层，五指山组的第 48~122 层。厌氧相主要发育在榴江组（第 20~23 层）。贫氧相的主要层位为东岗岭组的第 2~3、7~9、11、17~19 层，五指山组的第－7~－1 层等。在晚泥盆世 F-F 之交，扁豆灰岩中的 U/Th 值依次变化为 0.73、0.84、0.19，同时伴生黄铁矿晶体，反映出 F-F 之交由贫氧相逐渐变为常氧相的特征（徐冉等，2006；Xu et al.，2008）。综上所述，杨堤剖面以常氧相为主，贫氧相次之，厌氧相仅出现在榴江组（第 20~23 层）。

甘溪剖面也以常氧相为主，占剖面厚度的 80% 以上。常氧相主要发育于剖面下部的平驿铺组、白柳坪组、甘溪组（第 1~61 层），剖面上部的小岭坡组、沙窝子组和茅坝组（第 135~155 层）。贫氧相断续地发育于剖面中部和中上部，如谢家湾组大部和二台子组底部（第 62~67 层），金宝石组的第 104~112 层，观雾山组的第 119~124 层和土桥子组的大部。剖面中部的其他层位仍然以常氧相为主。在甘溪剖面，未见典型和持续的厌氧相，短暂的厌氧相可能仅出现在谢家湾组。F-F 之交也以常氧相为主，古氧相的变化不明显。

2. 石炭纪

广西隆安剖面石炭系除下部发育少量 III 生境型外，主要为 II_2 和 II_1 生境型的碳酸盐台地沉积，底栖生物发育，岩石主要为浅灰色，多为厚层或块状，应属富氧相。

下石炭亚系隆安组下部主要为灰黑色薄—中层含生物碎屑泥晶灰岩，水平层理发育，灰泥含量高。底栖生物较少，生物中出现有大量介形虫，富含藻类。该组下部产有遗迹化石 *Chondrites*。该遗迹属一般出现在缺氧或贫氧环境，为缺氧环境中以化能自养菌为食的蠕虫动物所营造的化学共栖构造。以上证据表明，隆安组下部应是一种还原的贫氧环境，古氧相属贫氧相。隆安组下部虽然底栖生物，如腕足类、珊瑚和双壳类较少，但藻类与介形虫较繁盛，藻类繁盛说明水深不大，可能为富营养化导致的还原缺氧环境，这与早石炭亚纪早期间冰期的快速海侵有关。

有机碳埋藏分数（f_{org}）是指进入沉积的有机碳在碳库（包括有机碳和无机碳）所占的比例，反映了沉积有机碳的保存。隆安剖面都安组、大埔组、黄龙组和马平组（第 34~88 层）由于基本为富氧相，缺乏有机碳，f_{org} 值为 0。仅隆安组 $f_{org}>0$，其中 f_{org} 在 0.2~0.25 间的有第 11~12、16~17、21~29 层；f_{org} 在 0.15~0.2 间的有第 2~10、13~20、30~33 层，属中—较低的保存类型。

广西巴平剖面下石炭亚系下部鹿寨组主要为黑色碳质页岩，未见底栖生物化石，水平纹层发育，见有大量黄铁矿晶粒，为一种盆地相较深水的滞流环境，生境型为 VI，古氧相应属缺氧相。么腰剖面南丹组下部第 4~27 层灰黑色泥晶灰岩中未见底栖生物化石，水平纹层发育，也见有大量黄铁矿晶粒，属深水盆地沉积，生境型为 VI，古氧相应属缺氧相。

巴平剖面鹿寨组中所夹泥质灰岩及其上巴平组、南丹组上部深灰色泥晶灰岩中原地的底栖动物化石很少或缺乏，但见较多浮游或游泳生物（如菊石、海绵等），水平纹层发育，局部见有较多的黄铁矿晶粒，生境型为 IV 及 V，古氧相属贫氧相。部分层位，如巴平剖面第 41~45 层和么腰剖面第 41~43 层生物碎屑、非䗴有孔虫及藻类的含量较高，见有较多的底栖生物，灰岩多呈厚层或块状，属富氧相。

鹿寨组上部灰岩 f_{org} 所显示的有机碳保存状态主要为较高，而巴平组和南丹组灰岩主要为较高—高。根据生境型和氧化还原条件，可以判断鹿寨组碳质页岩的有机碳保存状态应属高—极高。

五、二叠纪—三叠纪

1. 华南二叠纪

有关四川广元上寺剖面二叠纪古氧相特征在第二章已经作了较为详细的论述。综合本次野外观察和测制的剖面（广元上寺、南江桥亭、宣汉渡口、重庆南川、利川黄泥塘、石阡高桥、贵定闻江寺、紫云扁平、罗甸沫阳、罗甸纳水、宜山马脑、隆林祥播、合山马滩、来宾铁桥、来宾蓬莱滩、昆明清明垭口、大理双廊等），对研究区二叠纪古氧相识别特征归纳如下：

厌氧相主要发育于大隆组薄层硅质岩和硅质泥岩相中，偶尔见于茅口组上部。岩石水平层理保存完好、缺乏生物扰动，表明内栖生物不发育。发育浮游的菊石和放射虫，缺乏底栖生物，表明环境可能具有缺氧硫化的特点。在大隆组的下部，层面上偶尔可以见到爬痕遗迹，或者发育耐低溶氧环境的、管径小的 *Zoophycos*、*Chondrites*。这段地层与上述厌氧相相邻，表明该地层形成环境缺氧程度稍弱，可能介于厌氧与极贫氧相之间。

贫氧相较厌氧相分布广泛，但是沉积特征不如厌氧相典型。生物扰动程度从完全均一化（块状）到斑块状，有机质含量相对较高，因而岩石颜色普遍较暗。贫氧相常见的为瘤状或结核状，反映原生沉积物有机质含量较高、早期胶结相对较差且不均一。该相主要分布于栖霞组中部、茅口组中上部、川中地区吴家坪组下部、吴家坪组顶部—大隆组下部。

2. 贵州罗甸关刀二叠纪—三叠纪剖面

在关刀剖面，沉积有机质主要参考生物扰动这个指标，而埋藏有机质的高低主要参照岩性。根据生物扰动强度，沉积有机质指标可分为低、中、高、极高四个等级，分别代表常氧、贫氧、准厌氧和厌氧四种情况。沉积有机质含量极高的层位包括第1~4、16层（表5.4）；沉积有机质含量高的层位包括第5、13、14、17、18、22、23、27层；沉积有机质含量中等的层位包括第11、20、25、28~33层；沉积有机质含量低的层位包括第6~10、12、15、19、21、24、26层。埋藏有机质指标分为低、较低、中、高和极高五个等级，分别对应岩石泥质含量从低到高的变化。剖面中没有出现埋藏有机质含量等级极高的层位；埋藏有机质含量等级高的层位包括第1~4、16、18层；埋藏有机质含量等级中的层位包括第13、14、17、22、23、27、28层；埋藏有机质含量等级较低的层位包括第5、7、9、11、20、29~33层；埋藏有机质含量低的层位包括第6、8、10、12、15、19、21、24~26层。

表 5.4　贵州罗甸关刀剖面地质学参数归类

埋藏有机质＼沉积有机质	低	较低	中	高	极高
低	6，8，10，12，15，19，21，24，26	7，9			
中	25	11，20，29~33	28		
高		5	13，14，17，22，23，27	**18**	
极高				1~4，**16**	

3. 上寺三叠纪剖面

上寺剖面古氧相和沉积有机碳利用古生物学、岩石矿物学等替代指标确定（殷鸿福等，2011）。古生物指标主要依据生物扰动强度，岩石矿物指标则参考了颜色、岩性、层理等。根据这些替代指标，将氧化还原条件划分为常氧、贫氧、准厌氧和厌氧，分别对应于沉积有机质含量的低、较高、高、极高这四个等级。据此，该剖面飞仙关组最底部为厌氧到准厌氧环境，如第 2~3、5、7~11、13、15~16 层。而在铜街子组、嘉陵江组和雷口坡组中，沉积有机碳虽呈波动变化态势，但总体在低到较高之间，代表贫氧或常氧环境。具体各层沉积有机质判别参见表 5.5。

埋藏有机质含量在上寺剖面以 V/Mo 模型来衡量。V/Mo 值为 0~10、10~20、20~40 和 >40 分别表示埋藏有机质含量的极高、高、中和低这四个等级（殷鸿福等，2011）。由此，上寺剖面三叠系各层的古氧相判别见表 5.5。

表 5.5　四川广元上寺三叠纪剖面地质学参数评价一览表

沉积有机质＼埋藏有机质	低	中	高	极高
低	22~25，28，32，35~41，45~46，48~49，56~58，60，62，66，73~74，76，78，80，82，84	14，42~44，47，50~55，59，61，63，65，87，89~93	20，67，70，79，86，88	4，6，12，64，94~112
较高	29~31，33~34，72，75，77	21，26~27	17，19，68~69，71，81，85	18
高			2~3	
极高			8，13，15~16	5，7，9~11

由表 5.5，可以将上寺剖面各层按地质学参数归入不同等级。其中，优秀层位为第 2~3、5、7~11、13、15~16 层；良好层位为第 18 层；中等层位为第 4、6、12、17、19、64、68~69、71、81、85、94~112 层；其他层位归入差或极差等级。

第二节　各时代碳同位素与古埋藏

一、有机碳埋藏分数

Kump 和 Arthur（1999）在全球碳循环中考虑到火山作用和风化作用的碳源输入和碳同位素在无机碳库和有机碳库的保存（图 5.9），提出了有机碳埋藏分数（f_{org}）的半定量计算模型：

$$\delta_i = (1 - f_{org})\delta^{13}C_{carb} + f_{org}\delta^{13}C_{org}$$
$$\delta^{13}C_{carb} = \delta_i + f_{org}\Delta C$$
$$f_{org} = (\delta^{13}C_{carb} - \delta_i)/\Delta C$$

有机碳埋藏分数（f_{org}）为分析地质历史时期的碳同位素以及整个碳库的变化提供了有利的理论模型。该模型的潜在意义在于，有了埋藏分数 f_{org}，就可以根据原始生产力 PP，计算出原始的有机质埋藏量 TOC_{burial}，即 $TOC_{burial} = F(f_{org} \times PP)$。

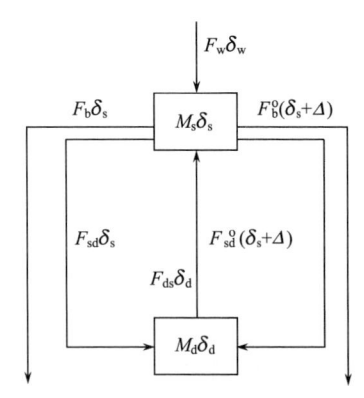

图 5.9　海洋碳循环模型
（Kump，1991）

F 为通量（F^o 代表有机的）；w、b、s、d 分别为风化、埋藏、表层海水与深层海水；δ 为 $\delta^{13}C$；M 为无机碳质量；Δ 为碳同位素效应

有了有机质埋藏量，不但可以估测最大生烃潜力，同时还可以利用其 TOC_{burial} 与样品 TOC 的差值，评估成岩过程有机质在量上的变化。考虑到原始生产力、有机碳埋藏分数 f_{org} 和 TOC_{burial} 之间的耦合关系，通过总结国外研究成果，前人发现了显生宙以来有机碳埋藏分数与碳埋藏量有较好的对应关系（Hayes et al.，1999；Berner，2003）。通过碳循环模型中有机碳埋藏分数 f_{org} 和古海洋生产力可以揭示碳埋藏量的变化。黄俊华等（2007）研究证明，有机碳埋藏分数可以定性地指示古氧相，即高 f_{org} 对应厌氧条件，低 f_{org} 对应有氧条件。因此，根据全球范围内 f_{org} 和对应碳埋藏量的变化范围，可将 f_{org} 分级划分以便于定性研究原始碳埋藏量的大小以及烃源岩的优劣，其具体分级标准详见第一章（表 1.8）。

二、各典型剖面的碳同位素组成

1. 埃迪卡拉纪-寒武纪

南江杨坝剖面埃迪卡拉纪灯影组 $\delta^{13}C_{carb}$（图 5.10）为 $-0.88‰ \sim 5.51‰$，平均值为 2.7‰。$\delta^{13}C_{org}$ 为 $-35.0‰ \sim -24.9‰$，平均值为 $-28.8‰$。f_{org} 变化范围 $0.14 \sim 0.33$，平均值为 0.24。南江杨坝灯影组的生境型主要为 II_1 和 II_2。在灯影组早期 f_{org} 等级一直较高。在该时期应该对应有较高的有机碳沉积。虽然前人研究认为，该地质历史时期碳埋藏量很低，然而在整个埃迪卡拉纪的灯影组，f_{org} 和 $\delta^{13}C_{carb}$ 是逐渐增高，并且

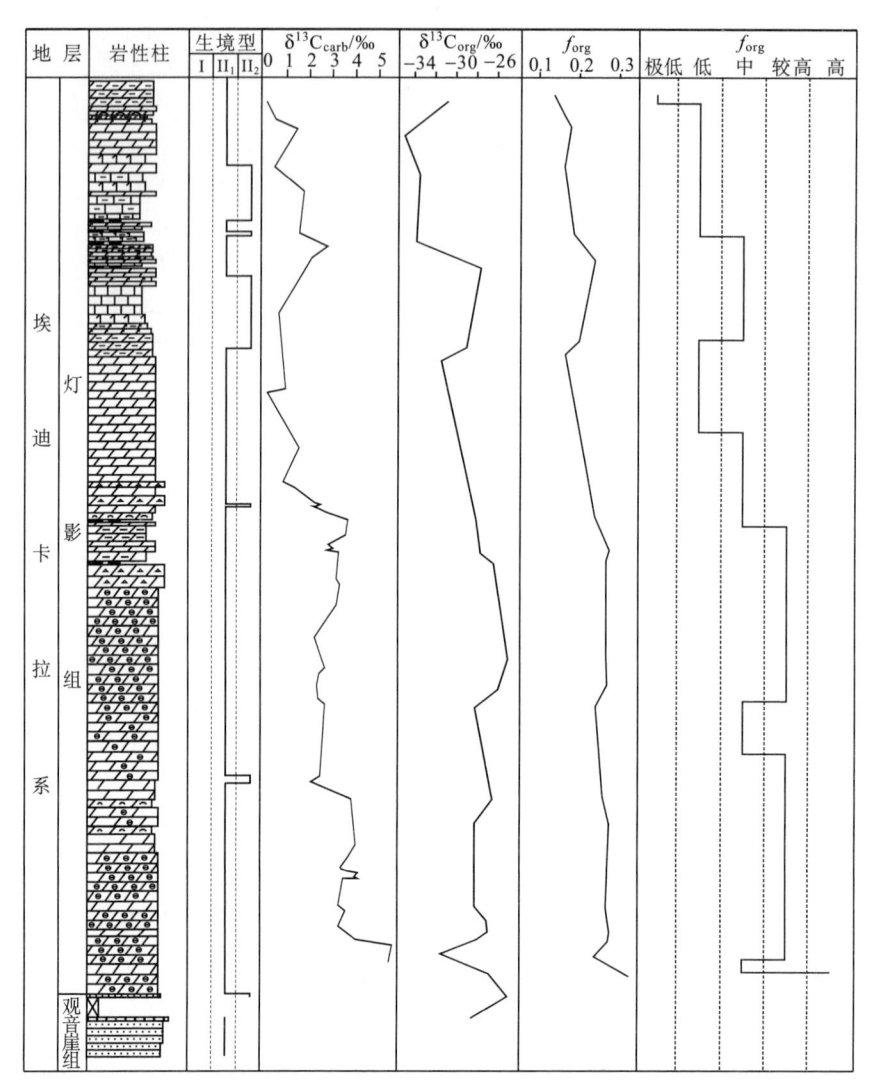

图 5.10 四川南江杨坝剖面埃迪卡拉纪碳同位素及其参数分布

岩性柱图例参见图 3.11

f_{org} 和 $\delta^{13}C_{\text{carb}}$ 平均值高于二叠纪的平均值。这是否间接指示该地质历史时期的特殊性，需要进一步深入研究。

该剖面寒武系 $\delta^{13}C_{\text{carb}}$（图 5.11）为 $-8.99‰\sim1.31‰$，平均值为 $-1.54‰$。$\delta^{13}C_{\text{org}}$ 为 $-34.1‰\sim-25.9‰$，平均值为 $-29.3‰$。f_{org} 变化范围 $0.1\sim0.21$，平均值为 0.14。TOC 含量为 $0.06\%\sim3.5\%$。该剖面生境型主要分布在 II_1、II_2、III_1 之间。郭家坝组 TOC 含量相对较高，并且该组所在生境型主要以 III 为主。该剖面 f_{org} 等级基本为中—较低，符合全球寒武纪较低的有机碳埋藏大背景。

早古生代时，湘西北石门杨家坪剖面位于中扬子区鄂中碳酸盐台地西缘，与鄂西海盆相邻，台地周缘为巨大断裂及其相伴的斜坡带。埃迪卡拉纪灯影末期，自鄂西海盆向东，

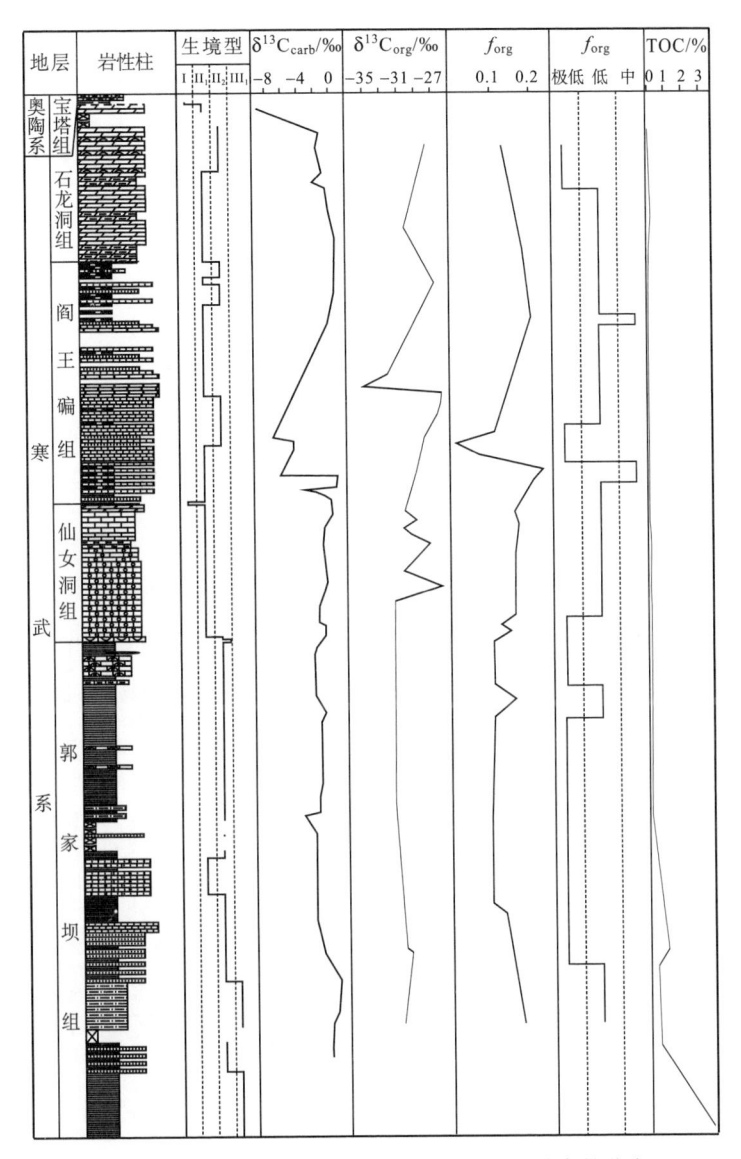

图 5.11 四川南江杨坝寒武纪碳同位素及其参数分布

岩性柱图例参见图 3.13

其沉积环境由浅海陆架渐向潮坪沉积过渡，反映鄂中台地西缘的古地势是东高西低。该剖面埃迪卡拉纪灯影组和陡山沱组 $\delta^{13}C_{carb}$（图 5.12）为 $-6.93‰ \sim 5.76‰$，平均值为 $1.31‰$。$\delta^{13}C_{org}$ 为 $-30.3‰ \sim -24.3‰$，平均值为 $-26.3‰$。f_{org} 变化范围 $0.06 \sim 0.34$，平均值为 0.23。TOC 含量为 $0.03\% \sim 1.19\%$。该剖面生境型主要为 II_1、II_2 和 III_1。$\delta^{13}C_{carb}$ 和 f_{org} 变化趋势和南江杨坝灯影组一样，$\delta^{13}C_{carb}$ 和 f_{org} 两项指标的平均值甚至高于二叠纪平均值。该剖面 TOC 含量也较高，并且在整个组中分布范围较广。两个剖面所具有的共同现象仅仅是我国华南地区特有的还是全球共有的，需要进一步深入研究。

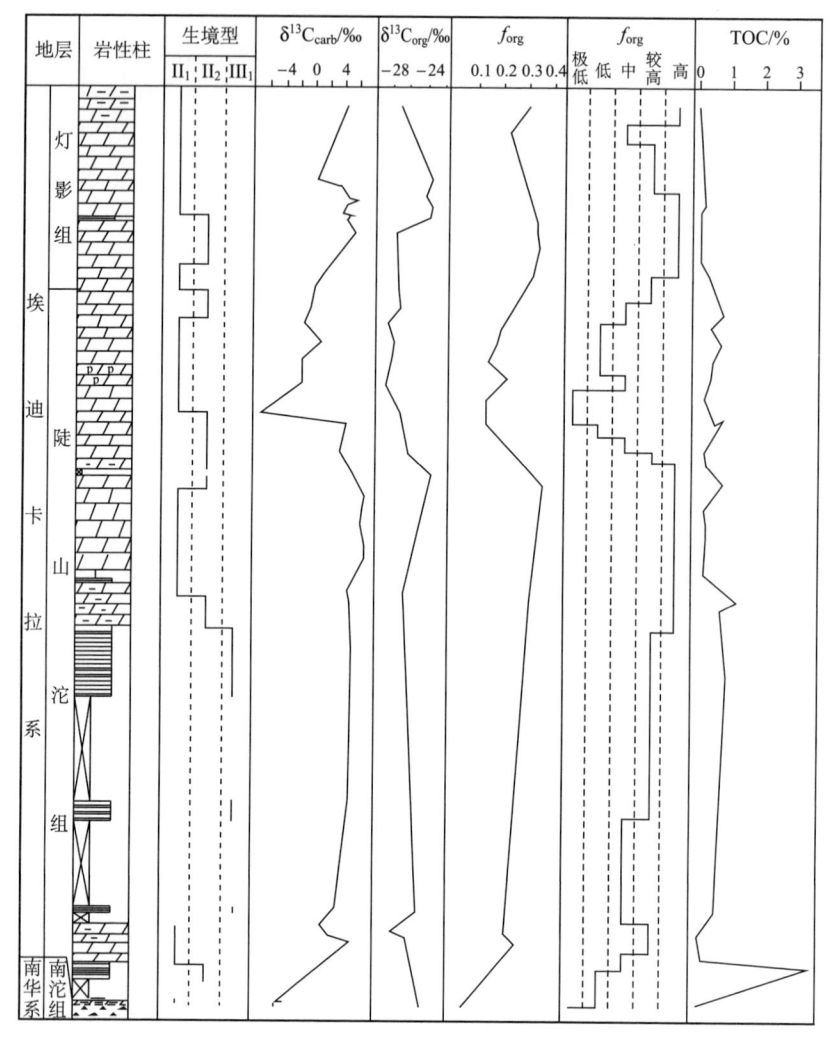

图 5.12 湖南石门壶瓶山杨家坪剖面埃迪卡拉纪碳同位素及其参数分布
岩性柱图例参见图 3.11

杨家坪剖面寒武系 $\delta^{13}C_{carb}$（图 5.13）为 −6.36‰～2.85‰，平均值为 −0.52‰。$\delta^{13}C_{org}$ 为 −28.4‰～−24.0‰，平均值为 −26.0‰。f_{org} 变化范围 0.07～0.24，平均值为 0.18。f_{org} 变化范围处于相对较高阶段。该剖面生境型主要分布在 II_1 和 II_2。

2. 奥陶纪—志留纪

样品采集于宜昌黄花场-王家湾联合剖面。该剖面为我国奥陶系的标准剖面，并且该地区王家湾的奥陶系-志留系界线剖面在国际上也被认为是界线对比的标准。该剖面 $\delta^{13}C_{carb}$ 为 −4.94‰～2.43‰，平均值为 −0.38‰。$\delta^{13}C_{org}$ 为 −34.9‰～−24.7‰，平均值为 −28.1‰（图 5.14）。f_{org} 变化范围为 0.08～0.24，平均值为 0.16。TOC 含量为 0.02%～8.76%。该剖面生境型在 III_1、III_2、IV_1 之间变化。在早志留世的龙马溪组，

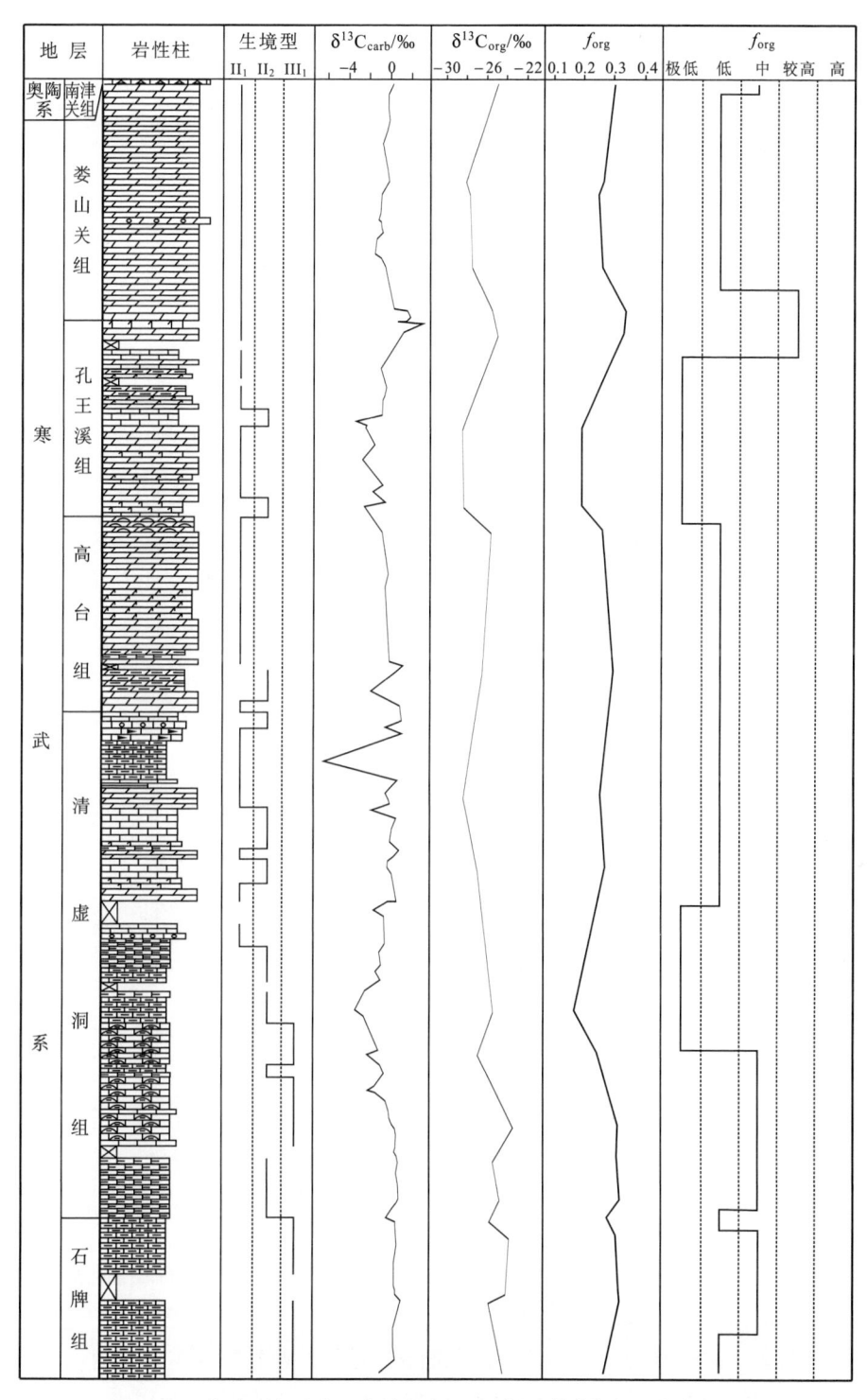

图 5.13 湖南石门壶瓶山杨家坪剖面寒武纪碳同位素及其参数分布

岩性柱图例参见图 3.15

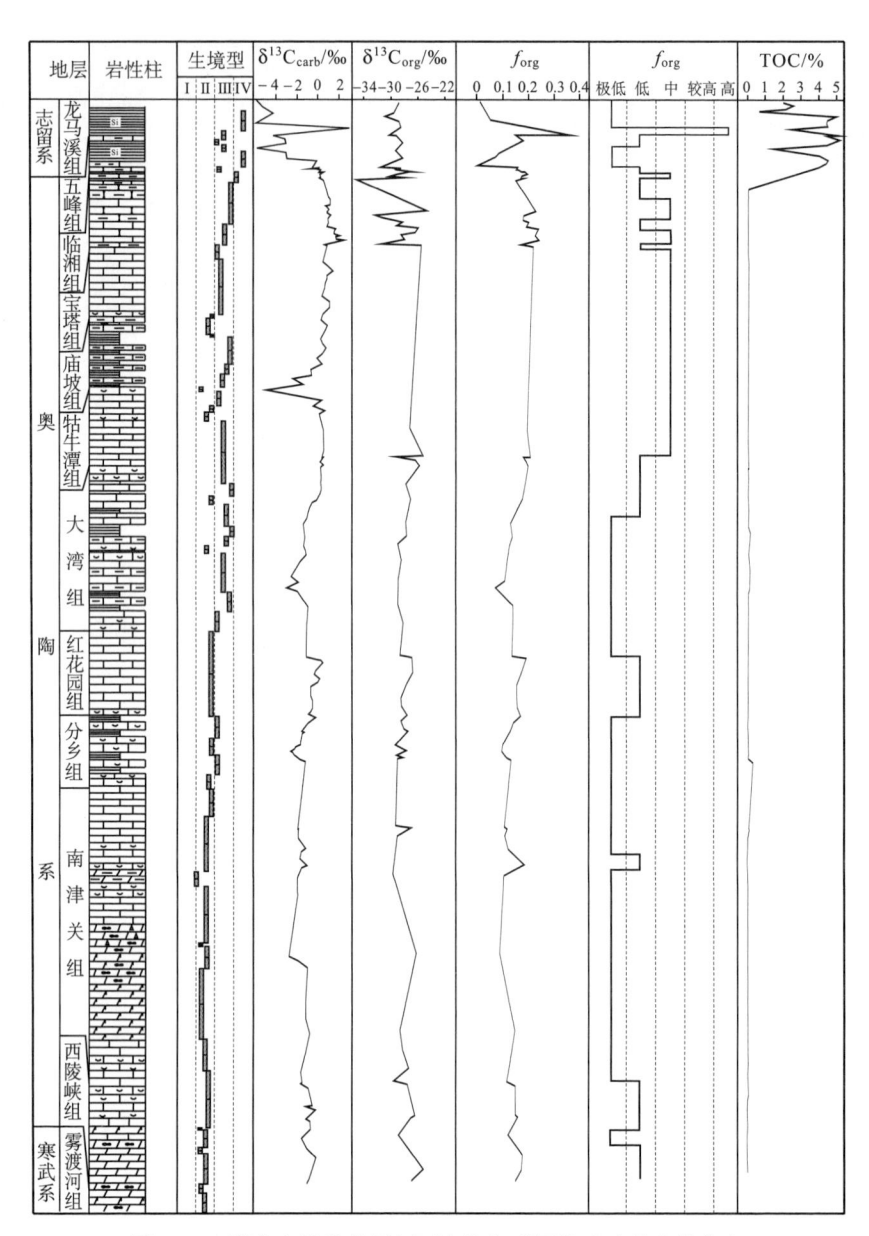

图 5.14 湖北宜昌黄花场剖面奥陶纪碳同位素及其参数分布

岩性柱图例参见图 3.19

TOC 含量从 1.87% 到 8.76%（未在图 5.14 上反映出来）。在晚奥陶世五峰组，TOC 含量从 0.58% 到 7.4%。与此对应的生境型 IV 相对较为适合有机质沉积。但是 f_{org} 一直处于中低阶段，除了样品可能受到后期成岩作用的影响外（氧同位素小于 -10‰），高生产力对有机碳量起到更为重要的作用。整个剖面 f_{org} 等级主要是极低为主，符合全球碳埋藏量在该时期很低的大背景。烃源岩主要分布于上奥陶统和下志留统。

四川旺苍王家沟-鹿渡志留纪剖面 $\delta^{13}C_{carb}$（图 5.15）为 -8.81‰～3.13‰，平均值

为 $-2.33‰$。$\delta^{13}C_{org}$ 为 $-32.8‰\sim-24.3‰$，平均值为 $-28.6‰$。f_{org} 变化范围 $0.07\sim 0.24$，平均值为 0.15。TOC 含量为 $0.02\%\sim5.23\%$。需要说明的是，由于志留纪样品的特殊性，受后期风化作用较为强烈，使得 $\delta^{13}C_{carb}$ 负偏。但在整个显生宙，中晚志留世和早奥陶世的碳埋藏量都较高，并且全球烃源岩的分布也十分广泛。f_{org} 强烈正漂移也分布在早志留世的龙马溪组和晚奥陶世的五峰组。此层位岩性主要以页岩为主，并且该层位生境型为 IV_1，指示有机碳沉积量的增加。

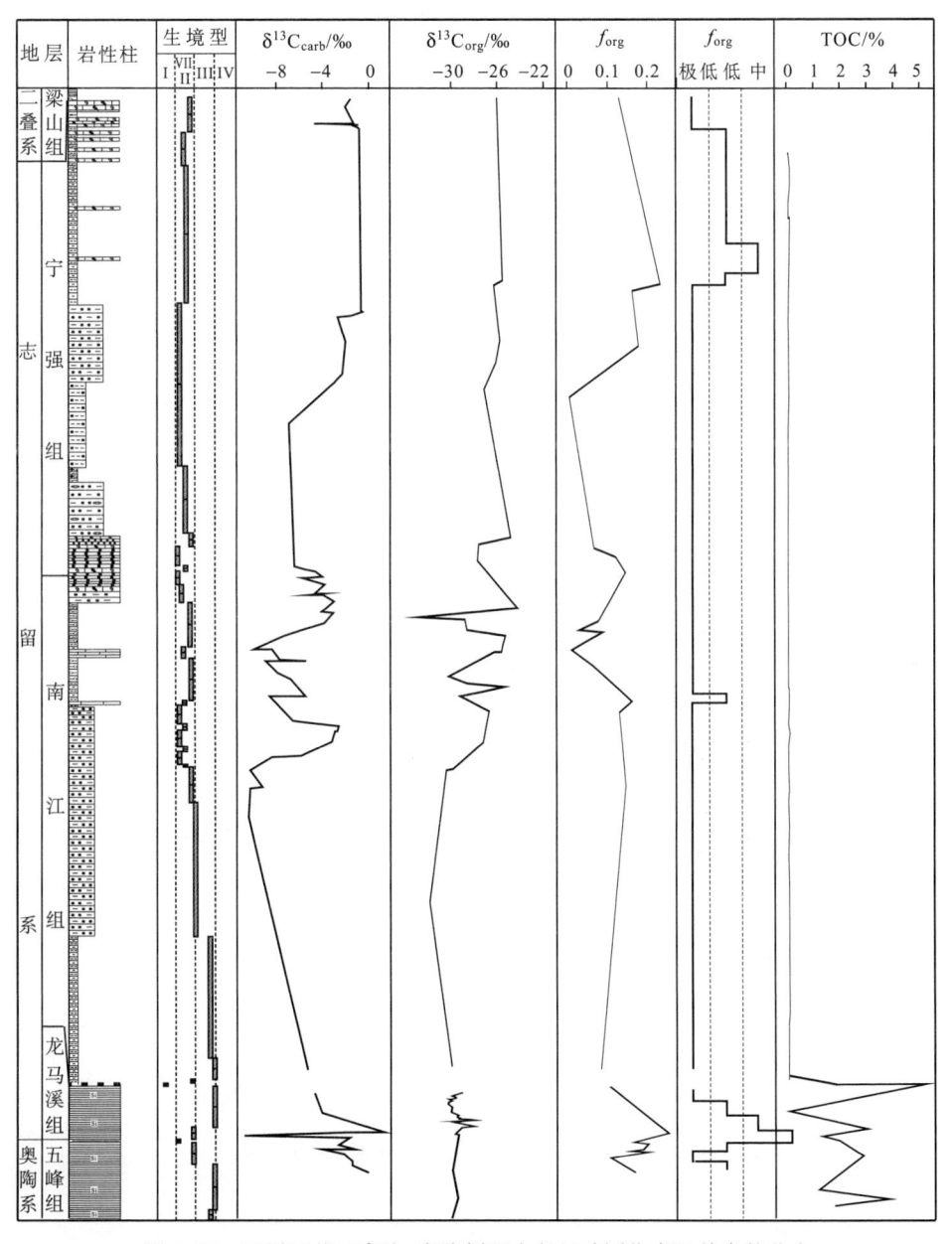

图 5.15　四川旺苍王家沟-鹿渡剖面志留纪碳同位素及其参数分布

岩性柱图例参见图 3.21

3. 泥盆纪—石炭纪

广西六景泥盆纪剖面 $\delta^{13}C_{carb}$（图 5.16）为 $-2.04‰\sim 3.22‰$，平均值为 $1.83‰$。由于该剖面没有测定 $\delta^{13}C_{org}$，计算 f_{org} 时 $\delta^{13}C_{org}$ 用平均值 $-30‰$ 来计算。f_{org} 变化范围 $0.12\sim 0.27$，平均值为 0.2。TOC 含量为 $0.01\%\sim 0.06\%$。此剖面下泥盆统莲花山组、那高岭组和郁江组 f_{org} 的等级都处于极低，该剖面的 TOC 含量也都很低。

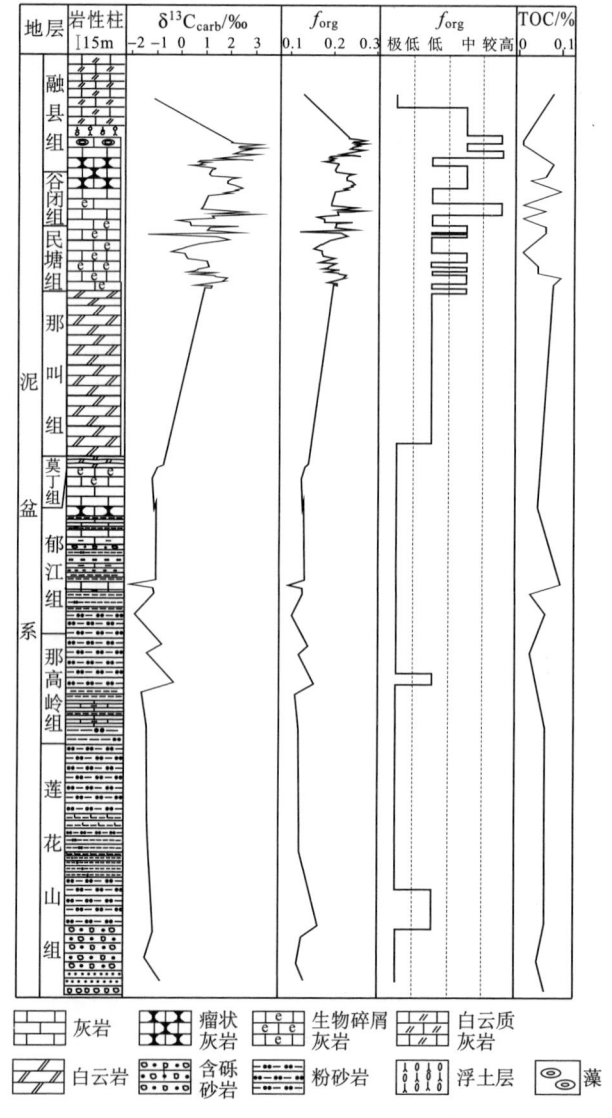

图 5.16 广西横县六景剖面泥盆纪碳同位素及其参数分布

广西桂林杨堤泥盆纪剖面 $\delta^{13}C_{carb}$（图 5.17）为 $-4.99‰\sim 1.33‰$，平均值为 $-0.68‰$。$\delta^{13}C_{org}$ 为 $-30.3‰\sim -26.5‰$，平均值为 $-28‰$。f_{org} 变化范围 $0.03\sim 0.22$，

平均值为 0.15。TOC 含量为 0.01%~5.18%。该剖面生境型主要是 II 和 III。从东岗岭组到榴江组，生境型开始转变，f_{org} 迅速正漂移，对应着 TOC 含量也相对增高。但是，泥盆纪在整个显生宙碳埋藏量大背景中是相对较低的，烃源岩主要分布在上泥盆统和下泥盆统上部。

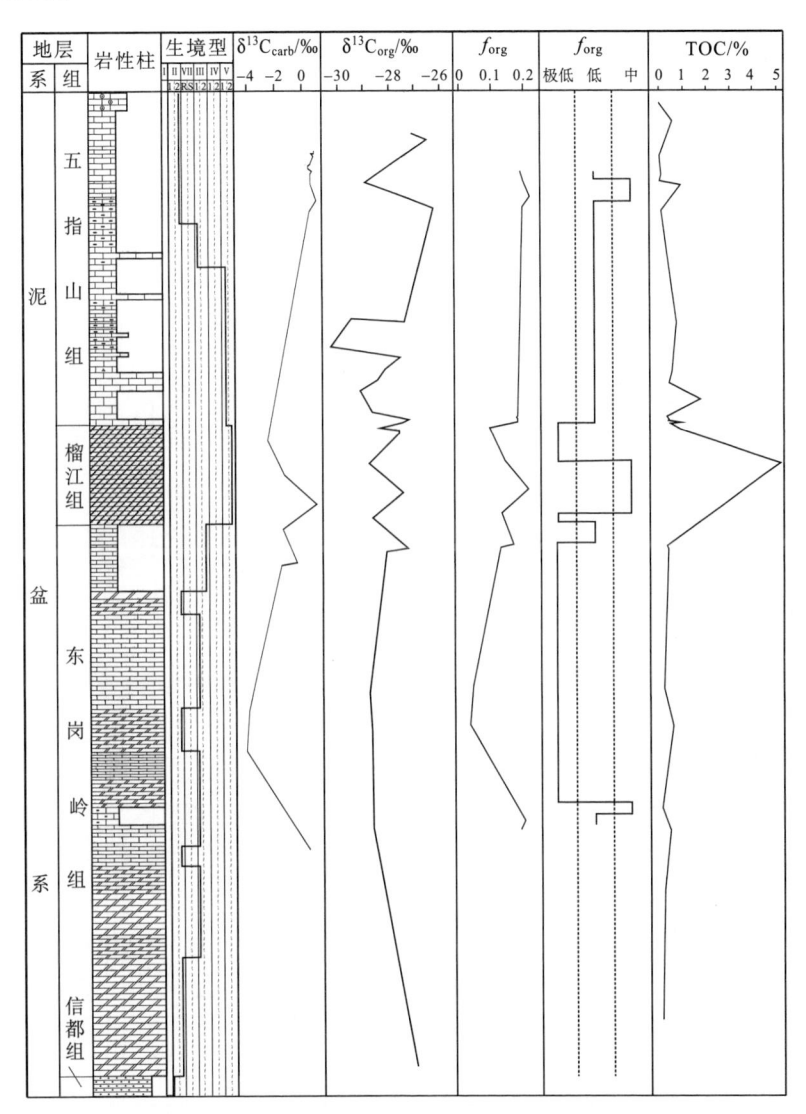

图 5.17 广西桂林杨堤剖面泥盆纪碳同位素及其参数分布

岩性柱图例参见图 3.23

广西南丹巴平-么腰石炭纪剖面 $\delta^{13}C_{carb}$（图 5.18）为 -3.78‰~7.32‰，平均值为 2.67‰。$\delta^{13}C_{org}$ 为 -30.2‰~-24‰，平均值为 -26.2‰。由于该剖面底部没有测定 $\delta^{13}C_{org}$，计算 f_{org} 时 $\delta^{13}C_{org}$ 用平均值 -30‰ 来计算。f_{org} 变化范围为 0.18~0.36，平均值为 0.26。TOC 含量为 0.03%~4.83%。该剖面生境型主要在 IV 和 VI 之间变化。

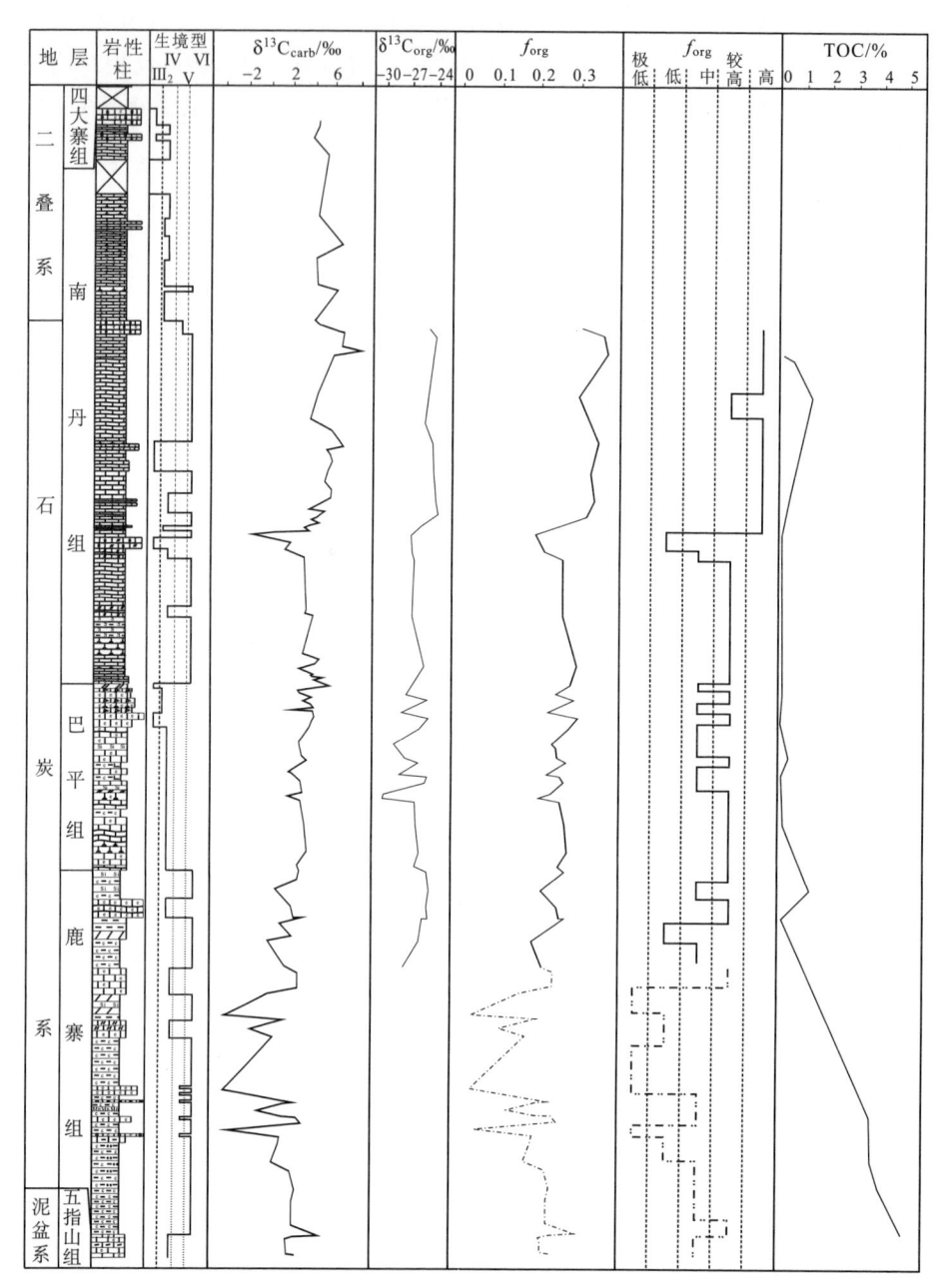

图 5.18 广西南丹巴平-么腰剖面石炭纪碳同位素及其参数分布

岩性柱图例参见图 3.27

广西隆安石炭纪剖面 $\delta^{13}C_{carb}$（图 5.19）为 $-1.68‰\sim 4.99‰$，平均值为 $1.83‰$。$\delta^{13}C_{org}$ 为 $-27.4‰\sim -24.1‰$，平均值为 $-26.2‰$。由于该剖面中上部没有测定 $\delta^{13}C_{org}$，计算 f_{org}（在图中用虚线表示）时 $\delta^{13}C_{org}$ 用平均值 $-30‰$ 来计算。f_{org} 变化范围为 $0.11\sim 0.33$，平均值为 0.22。TOC 含量为 $0.03\%\sim 0.31\%$。该剖面生境型主要为 II 和

III。由于黄龙组和都安组的生境型相对不适合有机质保存，此生境型 f_org 所指示的碳沉积量也相对较少。但是，早石炭世的隆安组由于生境型 III 相对较适合有机质保存，该层位的 f_org 很高。

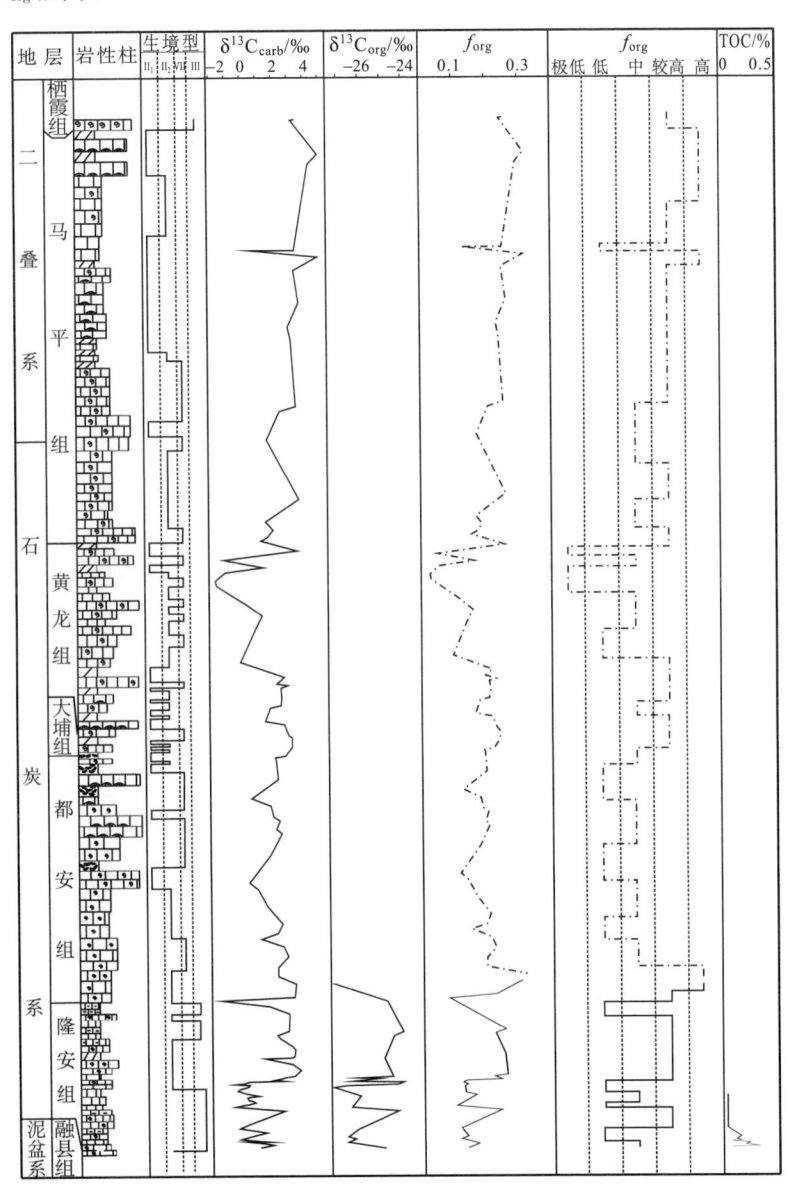

图 5.19　广西隆安剖面石炭纪碳同位素及其参数分布

岩性柱图例参见图 3.28

4. 二叠纪—三叠纪

广西铁桥剖面已进行过详细的高分辨率多重地层学研究。该剖面 $\delta^{13}C_\text{carb}$ 值（图 5.20）为 $-1.07‰\sim5.42‰$，平均值为 $2.89‰$。$\delta^{13}C_\text{org}$ 为 $-31.8‰\sim-24.1‰$，平均值为 $-27.7‰$。f_org 变化范围为 $0.16\sim0.29$，平均值为 0.26。TOC 含量为 $0.01\%\sim$

1.85%。广西来宾铁桥剖面和广元上寺剖面有很好的对应关系。在整个显生宙,二叠纪碳埋藏量是最高的,并且对应着烃源岩的分布范围最广。在整个来宾铁桥剖面,f_{org}级别都为中到较高,生境型、f_{org}和 TOC 三者之间的变化有一定的对应性。从栖霞组沉积的早期到中期,生境型同样显示海侵过程,正好对应了高的f_{org}。从栖霞组沉积末期到茅口组沉积,生境型由 II_2 演变到 IV_2,碳同位素出现正漂移,海侵使得海洋环境更有利于有机质的保存,并且f_{org}指示了高的有机碳沉积。

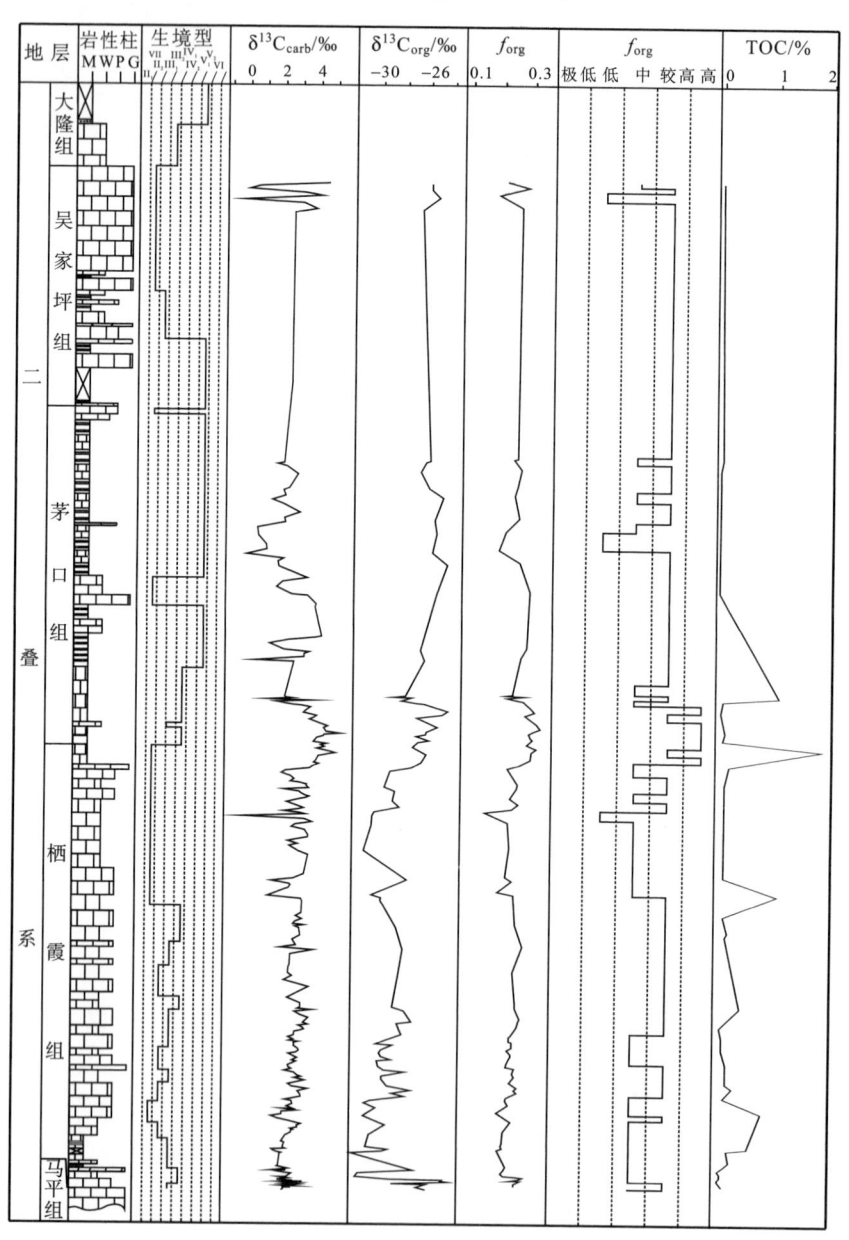

图 5.20 广西来宾铁桥二叠纪碳同位素及其参数分布图
岩性柱图例参见图 3.29

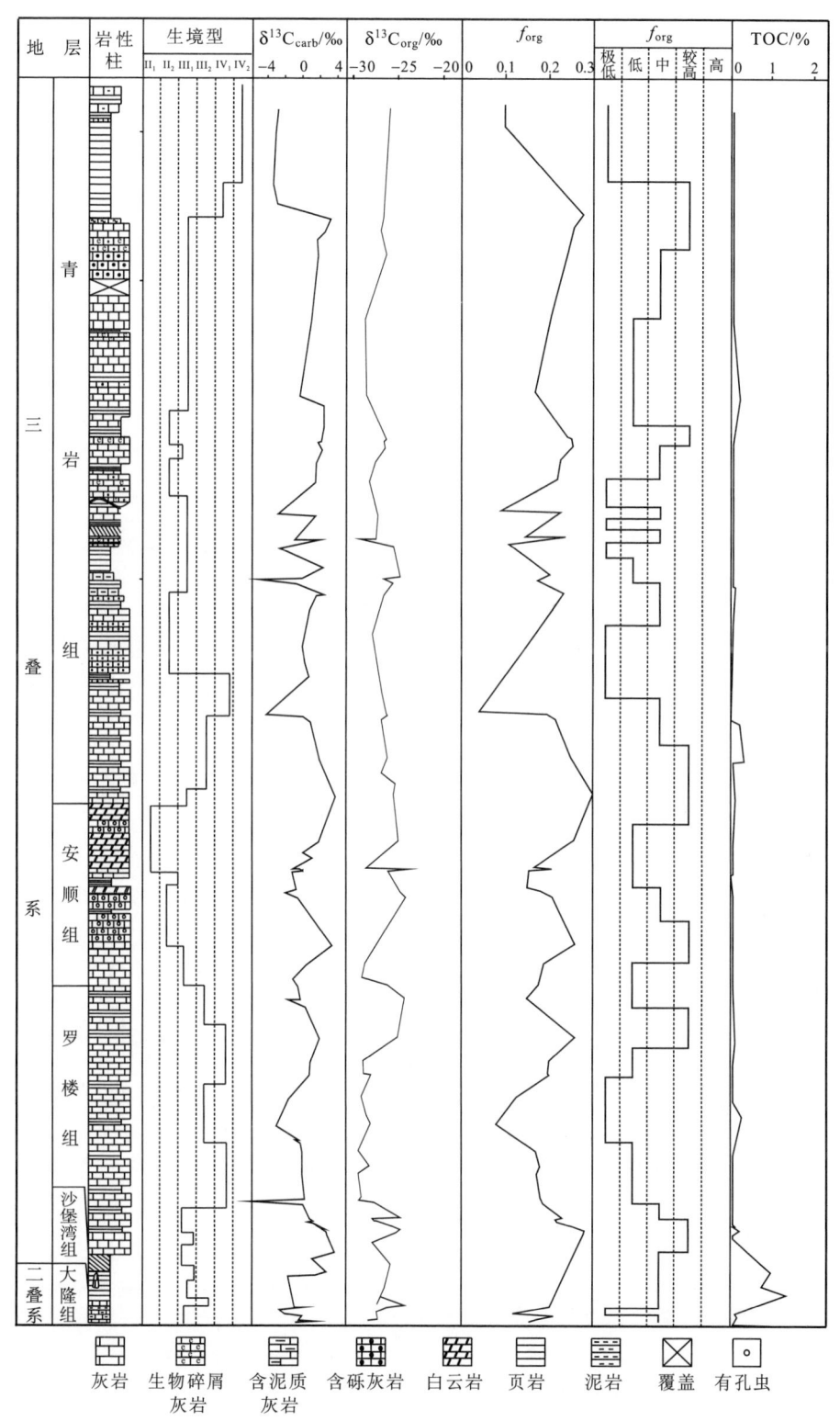

图 5.21 贵州青岩剖面中、下三叠统碳同位素及其参数分布

贵州青岩三叠纪剖面 $\delta^{13}C_{carb}$（图 5.21）漂移范围为 $-5.85‰\sim3.76‰$，平均值为 $0.22‰$。$\delta^{13}C_{org}$ 漂移范围为 $-29.4‰\sim-24.2‰$，平均值为 $-26.9‰$。f_{org} 变化范围从 $0.09\sim0.28$，平均值为 0.17。TOC 含量为 $0.02\%\sim0.12\%$。总的来说，该剖面 $\delta^{13}C_{carb}$ 变化频繁，反映了生物复苏期生态系统与环境的不稳定性。对应的 f_{org} 同样变化频繁，体现了该时期整个海洋碳库的不稳定性。总体 f_{org} 相对低，TOC 也维持在较低水平。

三、有机碳埋藏量与烃源岩和生物多样性的关系

通过对华南新元古代—三叠纪 7 条剖面碳同位素的精细解剖，建立了碳同位素以及 f_{org} 在长时间尺度上的变化曲线（图 5.22，图 5.23），并将其与 Berner（2003）建立的碳埋藏量曲线和 Veizer 等（1999）建立的显生宙 $\delta^{13}C_{carb}$ 的变化曲线进行对比。湖南壶瓶山杨家坪寒武纪剖面 $\delta^{13}C_{carb}$ 分布范围与全球碳同位素变化曲线相似。在寒武纪—早奥陶世碳埋藏较低时，无机碳同位素在数值上总体偏负。宜昌黄花场奥陶纪剖面 $\delta^{13}C_{carb}$ 呈现出逐渐正偏的趋势，对应的是全球碳埋藏升高的过程。广元王家沟志留纪剖面由于受后期风化作用较为强烈，使得 $\delta^{13}C_{carb}$ 负偏，但仍能发现在晚奥陶世的五峰组和早志留世的龙马溪组，f_{org} 的计算值出现一次正漂移，指示了有机碳沉积量的增加。桂林杨堤泥盆纪剖面 f_{org} 变化范围从 0.03 到 0.22，平均值为 0.15，指示了泥盆纪较低的有机碳埋藏量；与此同时，$\delta^{13}C_{carb}$ 的平均值为 $-0.68‰$，在整个显生宙碳埋藏量大背景中是相对较低的。在隆安石炭纪剖面，碳酸盐碳同位素出现一次正偏，对应该时期 f_{org} 也出现一个小幅度正偏，指示碳沉积量开始增加，这种生物繁盛的局面一直维持到二叠纪末期。在四川上寺二叠纪剖面，$\delta^{13}C_{carb}$ 的平均值为 $3.12‰$；f_{org} 变化范围从 0.15 到 0.31，平均值为 0.26，均达到了整个显生宙的最高水平，说明该剖面沉积时总体处于

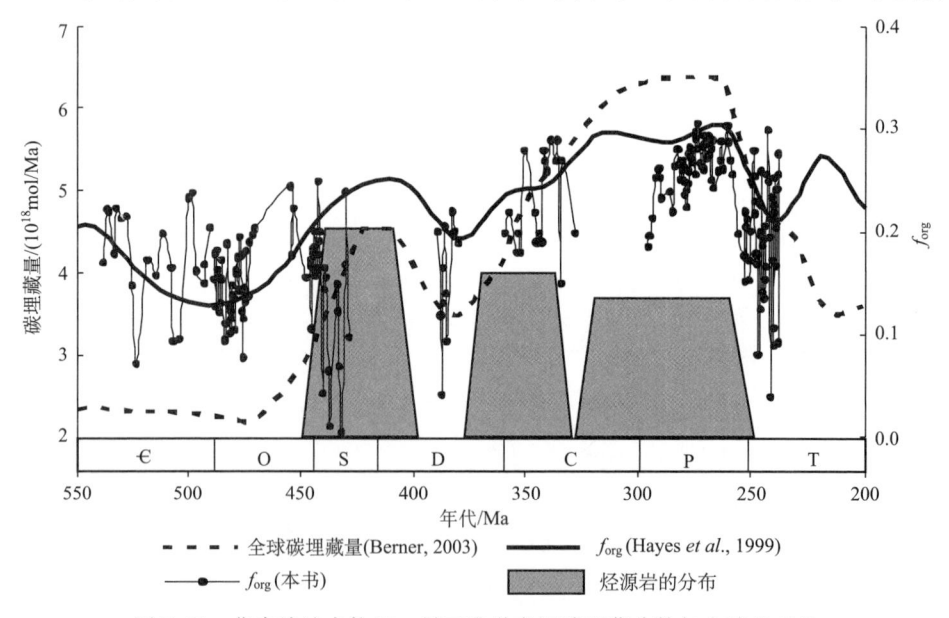

图 5.22 华南埃迪卡拉纪—早三叠世有机碳埋藏分数与全球的对比

一个较稳定的生物繁盛的时期。在二叠纪末期，发生生物大灭绝事件，$\delta^{13}C_{carb}$出现了急速负偏，f_{org}也急速降低。贵州青岩三叠纪剖面$\delta^{13}C_{carb}$变化频繁，在一定程度上也反映出生物复苏期生态与环境的不稳定性，f_{org}总体较低，其在波动中缓慢上升的趋势一定程度上反映了生物的逐渐复苏。

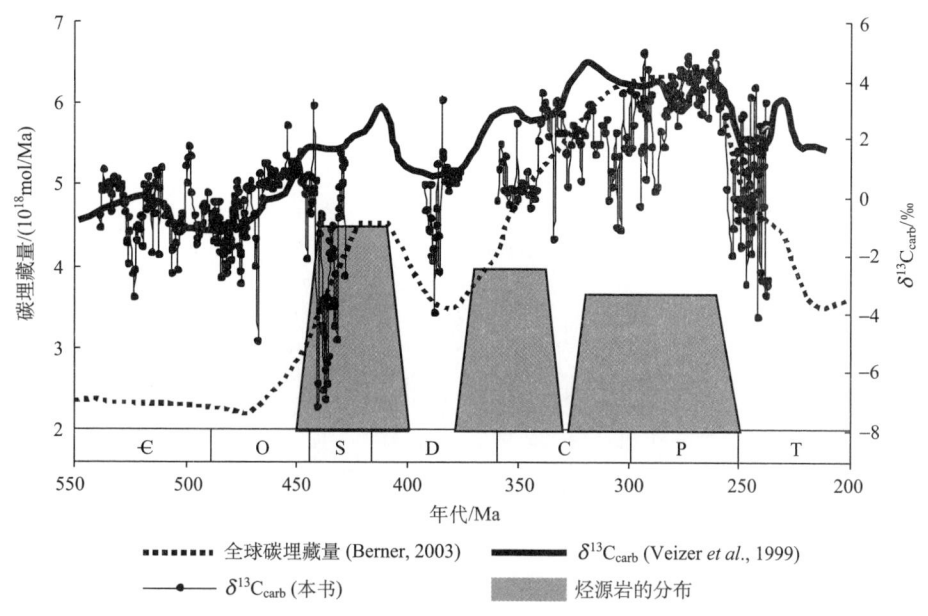

图 5.23 华南碳酸盐岩碳同位素与全球碳埋藏量和烃源岩分布的对比

前人的研究发现，志留纪、石炭纪和二叠纪都有很高的碳埋藏量，从泥盆纪到二叠纪有较为广泛的烃源岩分布，志留纪和晚奥陶世亦有大范围的烃源岩分布。我们对华南海相沉积物的有机埋藏分数的计算结果大体与全球变化趋势一致，并且f_{org}较高值能够和烃源岩的分布范围对应起来。这说明f_{org}能够作为评价烃源岩优劣的一个有效指标，并能较好地反映有机质埋藏的氧化还原环境。

新鲜岩石样品是进行地球化学工作的前提和基础。由于在华南志留纪露头很难得到新鲜的样品（受后期成岩作用和风化作用的强烈影响），其$\delta^{13}C_{carb}$明显偏负，导致我们在利用Kump和Arthur（1999）公式$f_{org}=(\delta^{13}C_{carb}-\delta_w)/\Delta C$计算时，$f_{org}$偏小。在地质历史时期，$Z-T_1$处于稳定态碳循环中的$\Delta C=(\delta^{13}C_{org}-\delta^{13}C_{carb})$，通常变化区域相对较小，$\Delta C$的值一般在$-30‰$左右有变化。可见，$f_{org}$变化的主要因素是$\delta^{13}C_{carb}$，决定$f_{org}$的变化主要受$\delta_w$-$\delta^{13}C_{carb}$的影响，因此准确的$\delta^{13}C_{carb}$对计算$f_{org}$尤为重要。

在研究中发现，TOC含量能够与生物大灭绝事件有很好的对应性（图5.24）。由于采样范围广，所涉及的岩性不全是碳酸盐岩，还包含有部分页岩、泥灰岩。尽管TOC样品在数量上相差很大，但其变化趋势却能和生物灭绝事件对应起来。晚奥陶世、晚泥盆世和晚二叠世的生物大灭绝事件都伴随出现了TOC含量的高峰值，反映了在灭绝事件中缺氧条件和微生物繁盛为生物有机碳沉积提供了良好埋藏环境，但整个二叠纪高TOC含量则是高生产力的反映。同时，TOC含量也能较好地对应生物多样性的变化

(图 5.25)。对于古生物多样性的恢复主要通过化石记录(Benton, 1995, 2001), TOC 含量与生物多样性的耦合关系, 说明了 TOC 含量不仅是埋藏环境变化的体现, 而且与古生产力组成也密切相关。

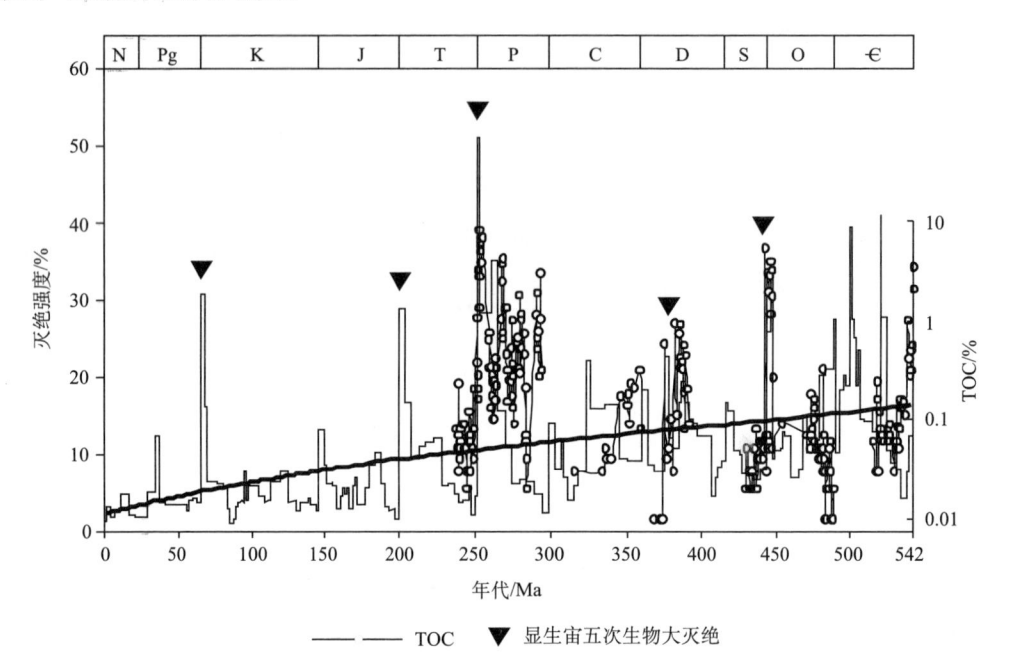

图 5.24 华南地区 TOC 含量与全球生物灭绝强度的关系

Є. 寒武纪; O. 奥陶纪; S. 志留纪; D. 泥盆纪; C. 石炭纪; P. 二叠纪; T. 三叠纪; J. 侏罗纪; K. 白垩纪; Pg. 古近纪; N. 新近纪

灭绝强度资料据 Rohde 和 Muller (2005)

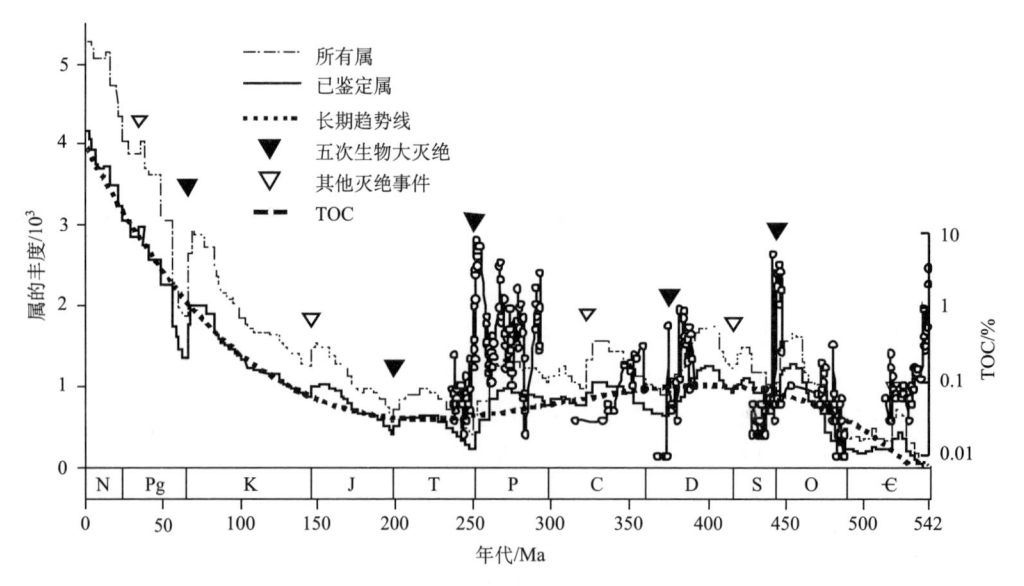

图 5.25 华南地区 TOC 含量与生物多样性的关系
代码见图 5.24
属的丰度据 Rohde 和 Muller (2005)

第三节 各时代烃源岩的地球生物学评价

一、中元古代

1. 华北中元古代碳酸盐岩潜在烃源岩评价

在华北地台中元古代沉积地层中,存在丰富的石化微生物席、微生物席成因构造以及微生物诱发的自生碳酸盐沉积和微生物建隆,这表明华北陆表海在中元古代海底曾发育有丰富的微生物群落。活跃的微生物群落活动意味着高的初级生产量和巨量的潜在有机质积累。而中元古代海洋总体缺氧和缺乏后生动物觅食消耗等特定的古海洋环境条件,有利于沉积有机质的保存和埋藏,这对于烃源岩的形成是有利的。

据地球生物学的综合研究分析,华北地台中元古界发育的较重要潜在烃源岩主要有四类(表5.6)。它们均具有良好的成烃条件,在原始沉积期具有很高的古生产力,并大多发育于缺氧或贫氧的环境条件,因而具有相对较高的有机质埋藏效率。本书主要针对三种潜在的碳酸盐岩烃源岩类型(表5.6)予以简述。

表 5.6　华北地台中元古界潜在烃源岩类型与层位

烃源岩类型	主要产出层位	古生产力	主要有机质来源	沉积环境	埋藏有机质	烃源岩质量
黑色泥页岩	下马岭组* 洪水庄组* 串岭沟组	较高	微生物席+沉降有机质微粒	缺氧-贫氧	较高	良好
黑色微生物纹层石	雾迷山组* 高于庄组	极高	微生物席	缺氧-硫化	高	优质
凝块石及微生物岩礁	铁岭组 高于庄组* 雾迷山组*	极高	微生物凝块	缺氧-贫氧	高	优质
结核状自生碳酸盐岩	高于庄组* 雾迷山组	较高	微生物席+沉降有机质微粒	缺氧	高	良好

* 表示潜在烃源岩层段。

(1) 静水潟湖相黑色微生物纹层石

这种黑色微生物纹层石(图5.26A)为颗粒细腻的泥-微晶碳酸盐岩,很少含陆源碎屑。集中产在雾迷山组第二段—三段下部。在层序上,与具交错层理的颗粒碳酸盐岩以及微生物岩礁相邻,表明可能主要发育于碳酸盐岩滩或微生物礁(建隆)之后相对较深水的静水潟湖环境背景。在这类碳酸盐岩中,微生物席极为发育,典型情况下几乎全部由密集的亚毫米级石化微生物席堆叠而成。形成的黑色纹层石(图5.26A),其单层厚度可达 1.7m，并主要集中在厚约 50m 的一段地层中。在一些部位，可见复合微生物席单层厚达 3~6cm，其中富含有机质和黄铁矿颗粒，以及大量的自生碳酸盐岩矿物（Shi et al.，2008）。在微生物席层集中的层段，往往还保存有清楚的气室构造（史晓颖等，2008a），表明发生过强烈的 BSR 过程和甲烷形成作用。在相邻的含泥质碳酸盐岩中，有机质含量普遍很高，并含较多的自生黄铁矿微粒，其中不乏草莓状球体和簇状、针状文石。这些表明，在地层的沉积与早期成岩阶段，有活跃的微生物化学作用，并具有强烈的缺氧-硫化环境条件。

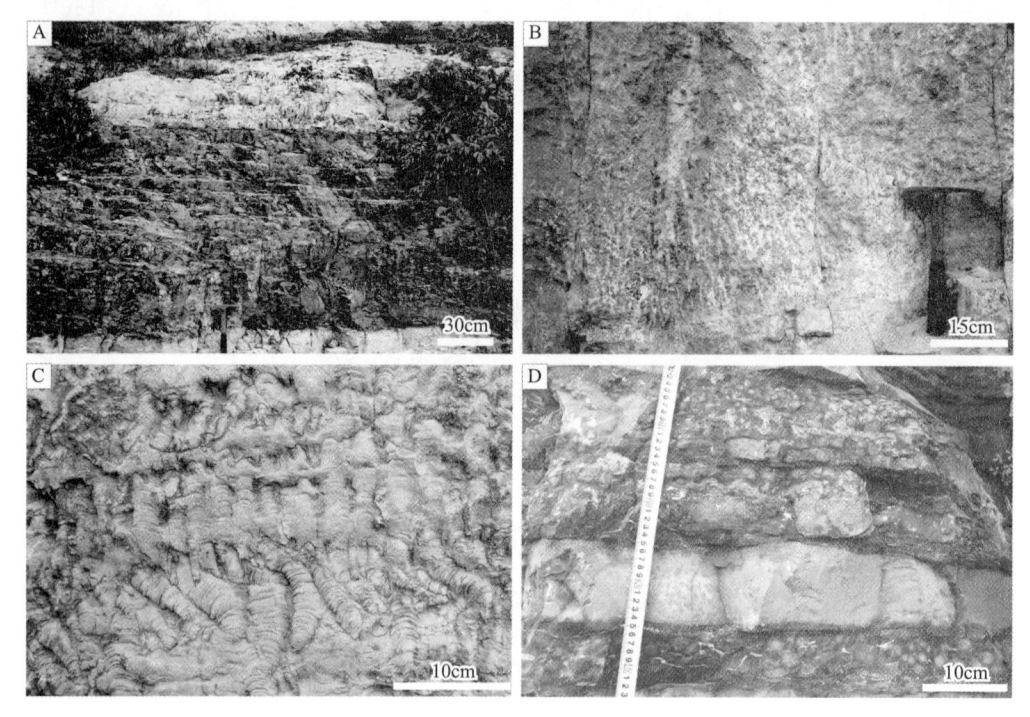

图 5.26　华北中元古界具有代表性的烃源岩类型
A. 雾迷山组第二段黑色微生物纹层碳酸盐岩，河北野三坡；B. 雾迷山组第三段凝块石层（层状微生物岩），河北野三坡；C. 铁岭组上部微生物建隆（叠层石礁），天津蓟县；D. 高于庄组第三段结核状自生碳酸盐岩，天津蓟县

据野外统计分析，在重点测量的层段中，微生物席层占地层总厚度的比例可达 12%~18%，个别层段甚至可高达 20%（Shi et al.，2008），表明其原始的有机质生产量和潜在埋藏量很大。这类岩石大部分形成于氧化界面以下，具有形成重要烃源岩的较大潜力。在河北平泉以及辽宁凌源地区，在这类岩石类型中发现了多处油苗和软质沥青（图 5.27A，B）。在京津地区和河北怀来等地，也发现有沥青质碎屑和薄沥青质层。在这类沉积相中，最有潜力的烃源岩层位应当首推雾迷山组第二段及第三段下部的相关层位。

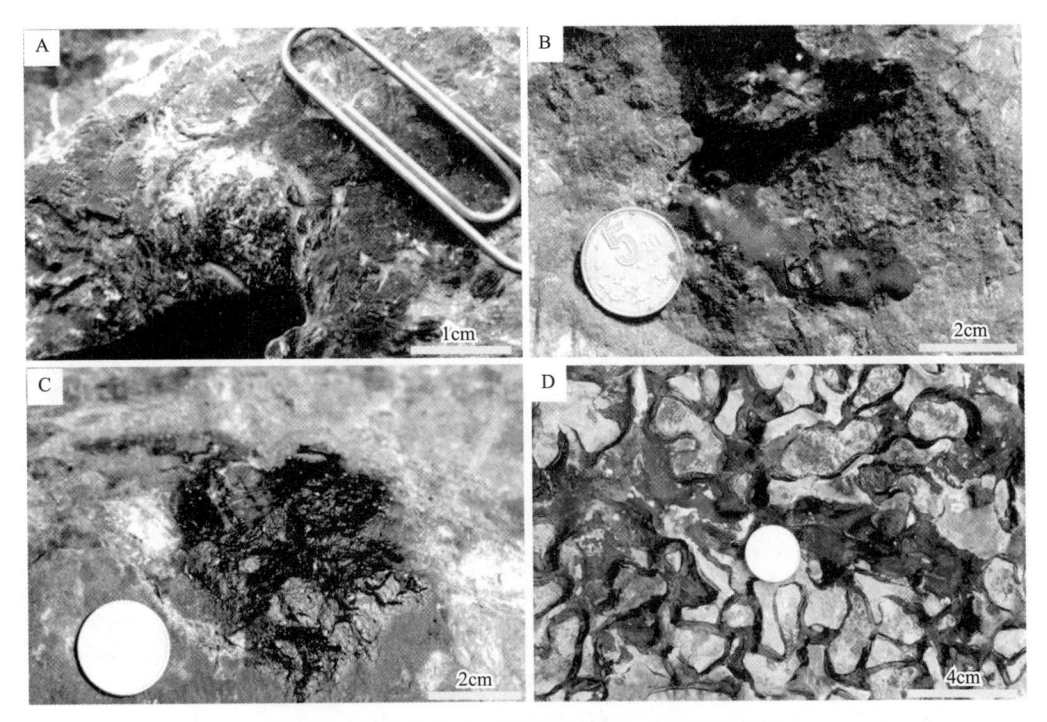

图 5.27 华北中元古界碳酸盐岩中的沥青质碎屑
A. 天津蓟县高于庄组第四段底部的沥青质碎屑；B. 辽宁凌源雾迷山组第三段中的软沥青质；C. 辽宁凌源雾迷山组第三段中的沥青质；D. 河北宽城高于庄组第三段上部的沥青质

（2）潮下带凝块石及微生物建隆

华北地台中元古界碳酸盐岩中发育多种微生物岩，其中以凝块石最为常见（图5.26B）。在雾迷山组第二段和第三段尤其发育，其厚度约占地层总厚度的20%～30%。在一些集中的层段，凝块石层的厚度可高达地层的40%～50%。这些凝块石多以层状产出，富含有机质残余，单层厚度一般为1～6 m，个别可达10m。在一些地点和层位，可形成规模不大、但形态明显的微生物岩礁。据野外以及室内样品分析，在这些凝块石中，其重要组构——凝块（clots）主要由矿化的微生物集群与微生物诱发的碳酸盐沉淀所形成，其含量约为凝块石体积的30%～65%不等，其余为微晶和亮晶胶结物。对部分凝块石薄片的显微观察分析表明，在构成凝块石格架的凝块中，矿化的微生物集群以及由它们所产生的微生物诱发微晶质沉淀可达凝块体积的25%～60%。因此这些凝块石微生物岩发育的层段和分布区应该代表了具有巨大原始有机质生产量的区域，有可能构成重要的潜在烃源岩层段。

此外，华北地台中元古代碳酸盐岩中也广泛发育多种微生物岩建隆（图5.26C），其中一些形成了规模较大的礁体。比如，在高于庄组第四段普遍发育明显的微生物建隆。在北京延庆，识别的微生物岩礁厚140～250m不等，其在空间上的横向延伸超过35km。该微生物岩礁主要由块状和不规则的凝块石以及叠层石体构成，孔洞发育。在结构上与显生宙常见的生物礁颇为相似。其中的有机质含量也很高。在天津蓟县以及辽宁凌源等地，铁岭组内也发育较大的叠层石礁体。在河北井陉和涿鹿等地，高于庄组也发育多层较明显的叠层石礁体。它们也有可能形成具有潜力的烃源岩层。

(3) 结核状碳酸盐岩沉积

这种沉积类型（图5.26D）主要发育在高于庄组第三段下部和顶部，以及部分地区的高于庄组第四段底部。此外，在雾迷山组第二段上部和第三段下部也发现有相似的沉积，但一般厚度较小，且比较分散，未形成显著的集中层段。这种特殊的沉积相类型在前寒武系碳酸盐岩中很少报道。据我们的综合研究，这种沉积相类型与缺氧-硫化海底的硫酸盐细菌还原作用直接相关，并有可能代表了一种特殊环境下的潜在碳酸盐烃源岩类型。这种沉积相在外观上往往以密集堆积的碳酸盐岩结核形成建隆或层状体为重要特征，并富含沥青质和残余有机质组分（图5.27A）。虽然这种碳酸盐岩结核与微生物群以及微生物化学过程相关，但与显生宙常见的核形石在成因上很不相同。它们的形成要求缺氧-硫化环境条件，并有丰富的有机质、活跃的微生物群落和微生物化学过程参与。在碳酸盐岩结核内部、外壳及其相邻的地层中，均发育大量自生碳酸盐矿物，尤其是针状、纤维状、哑铃状文石以及葡萄状球粒和微晶胶结物以及铁白云石、花瓣状文石和放射状重晶石簇，表明其形成于缺氧-硫化海底，并有活跃的硫酸盐细菌还原作用，可能属微生物诱发的自生碳酸盐岩。在这些结核及围岩中也发现有丰富的草莓状黄铁矿颗粒和球状、丝状微生物化石，表明与微生物活动相关，具有形成烃源岩的重要条件。

在现代黑海以及其他大洋类似的缺氧海底，发现有大量相似的结核-结壳状碳酸盐岩（Michaelis et al., 2002; Reitner et al., 2005; Pierre and Fouquet, 2007）。在多数地区，已报道的这种沉积类型与海底活跃的甲烷渗漏（seeps）和甲烷厌氧氧化过程相关，极富有机质，并往往伴生有良好的天然气水合物和油气资源。据本文的野外地质调查，在高于庄组第三段上部至第四段下部，这种结核状碳酸盐岩分布较广，层位相对稳定。其不仅具有很高的有机质，而且共生有大量的沥青质碎屑。因此，我们认为这种岩相类型代表一种微生物诱发的自生碳酸盐岩，有可能构成一种新的烃源岩类型。

2. 河北平泉剖面高于庄组烃源岩评价

在这里，我们应用殷鸿福等（2011）地球生物学指标体系，对平泉剖面高于庄组进行烃源岩的半定量评价。本研究采用Ba_{xs}指标代替初级生产力，以f_{org}和V/Mo值分别代替沉积有机碳和埋藏有机碳进行烃源岩的地球生物学评价。该评价体系中各参数的替代指标及其分级请参阅第一章表1.8。

河北平泉剖面高于庄组发育完整，总厚度946m，自下而上分为四段，共77层。在本书第三章第一节，我们已经对该剖面生境型进行了系统划分。按照烃源岩的地球生物学评价方法，首先将各层位按照替代指标分级系统分别填入生物学评价表和地质学评价表中。生物学评价表的横、纵坐标分别由生境型和Ba_{xs}指标组成，地质学评价表的横、纵坐标分别由f_{org}和V/Mo值组成。表5.7和表5.8分别列出了平泉高于庄组剖面77个层位的生物学参数和地质学参数评价结果。其中，黑体数字代表优秀，黑体下划线数字代表良好，斜体数字代表一般，非黑体下划线数字代表差，其他数字为极差。最后，我们将生物学参数和地质学参数的评价结果相结合，构建了地球生物学的综合评价表（表 5.9）。

表 5.7　河北平泉剖面高于庄组 77 个层位的生物学评价结果

生境型 Ba$_{xs}$	V，I	IV$_2$	IV$_1$	III$_2$	III$_1$，II$_1$	II$_2$，VII$_r$
甚低	74～75			23	62～63，65	13，67
低	68～71，73，76，77		28～30	24，26，32，47～48	33～34，55～56，60～61	11～12，15～22，38，54
中	72			25，27，31，46，49	1～6，35～37，41～45，50～52，57～58	7～10，14，39，53，66
高—甚高					40，59，64	

注：数字代表层号，不同字体代表生物学参数等级，参见第 60 页。

表 5.8　河北平泉剖面高于庄组 77 个层位的地质学评价结果

V/Mo f_{org}	甚低	低	中	高	甚高
甚低			27，32～34	28～31	
低		14，36，39，56，63～64，76	8～9，12，15，17，19～20，35，37～38，41～55，58～62，73～75，77	1～7，10，16，18，24～26，40，57	11，13
中		21	22，65～67，69，71～72	23，68，70	
高					
甚高					

注：数字代表层号，不同字体代表不同地质学参数等级，参见第 60 页。

表 5.9　河北平泉剖面高于庄组地球生物学综合评价表

地质学参数 生物学参数	甚差	差	中等	良好	优秀
甚差	73～77	69，71～72	23，68，70		
差	28～30，32，47～48，62～63，66	24，26，65			
中等	27，31，33～34，46，49，55～56	25，67			
良好	12，15，17，19～21，35～38，41～45，50～52，54，58	1～6，16，18，22，57	11，13		
优秀	8～9，14，39，53，59，60～61，64	7，10，40			

注：数字代表层号，不同字体代表烃源岩等级，参见第 60 页。

从地球生物学的评价结果来看，高于庄组大部分层位古生产力水平中等偏高（表5.7），这可能与华北地区高于庄期特定的古地理背景有关。吕梁运动（约1.85Ga）之后，华北地块成为全球Columbia超大陆的一部分（Rogers and Santosh，2002，2003；Zhao et al.，2003），中元古代高于庄期代表Columbia超大陆裂解的后期阶段，是中—新元古代海侵范围最广的一段时期，地层分布范围大，海域面积广阔，为典型的陆表海沉积。在这种构造背景下，非常有利于菌藻类生物的繁殖，从而为烃源岩的发育提供了重要的前提条件。然而，由于高于庄期沉积水体较浅，古氧相基本为常氧（大部分层位$f_{org}<0.20$），有机碳埋藏率较低，整个高于庄组大部分层位的地质学评价结果为甚差或差，仅少量层位评价结果中等（表5.8）（表5.7和表5.8相同的数字字体代表相同的等级）。故由生物学参数和地质学参数结合的综合评价结果不太理想，仅第7、10~11、13和40层可以被认为是一般的烃源岩，其余层位基本无价值（表5.9）。图5.28为采用生境型-Ba_{xs}-f_{org}-V/Mo四参数替代指标组合的模式对平泉剖面高于庄组进行地球生物学评价的结果，图中最右侧列出了TOC含量作为烃源岩地球生物学评价的对比和参考。从图5.28可以看出，高于庄组烃源岩的可能层位多出现在潮下带或内陆架环境，生境型为II_2或III_1，太浅或太深都不利于烃源岩的发育。地球生物学方法与传统TOC方法对烃源岩的评价结果存在一定的差异（图5.28）。造成这种差异的一个可能原因是，在高于庄组第二、三段深水环境中有机碳的矿化使部分生物碎屑发生碳酸盐化，降低了生物碎屑的含

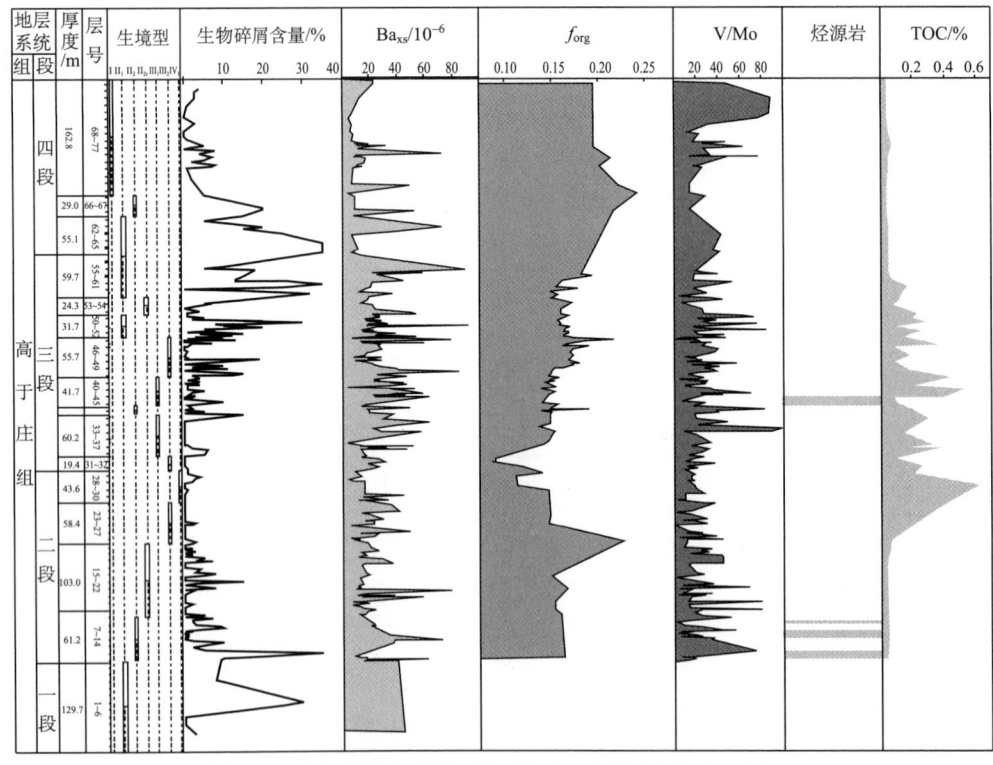

图5.28 河北平泉剖面高于庄组烃源岩地球生物学柱状图
各层段详细岩性参见图3.6

量，影响了生物学参数的评价。

二、埃迪卡拉纪—寒武纪

1. 埃迪卡拉纪

（1）宏体生物发展与海洋中有机质丰度

在扬子地区，鄂西"庙河生物群"、黔东北"瓮会生物群"、湘西"武陵山生物群"和皖南"蓝田植物群"均产自埃迪卡拉系的陡山沱阶，表明埃迪卡拉纪陡山沱期宏体生物已广泛生活于扬子海中。一方面宏体生物的繁盛增加了海洋中有机质的生产力，另一方面宏体生物的出现、发展和繁盛，使一个相对完善的生态系统逐渐形成，增强了生物之间的相互依赖和共存能力，以及生物群自身持续繁盛和发展的能力，同时也促进了海洋中微生物的持续发展，从而增加了海洋中有机质的丰度（王约等，2010）。另外，扬子板块的前成冰（南华）系为变质岩系，被称为"似盖层"。而成冰系主要以冰碛砾岩、杂砂岩、砂岩等成熟度不高的碎屑岩为主，仅在川东南、渝南、黔东北和湘西北一带有间冰期（大塘坡期）形成的厚度较小、分布有限的黑色页岩沉积。"雪球事件"之后的陡山沱期，扬子板块主要以碳酸盐岩和黑色页岩沉积为主，特别是黑色和暗色泥（页）岩、硅质岩以及磷质岩岩系广泛分布。陡山沱期沉积物质，特别是其粒度的陡然变化，有利于有机质的保存。另外，陡山沱期大气含氧量相对较低，生物死后的遗体不易腐烂和分解，可较迅速地被颗粒之间几乎没有接触而充水的粥性沉积物所覆盖，导致生物遗体处于较强的还原环境中，使有机质得以保存而形成烃源岩（王约、王训练，2006；王约等，2010）。湘西石门陡山沱组富含有机质的黑色页岩，具有很高的 Ba_{xs} 值，反映了很高的初级古生产力（表5.11），表明宏体生物对于海洋有机质丰度的贡献。

表 5.10 四川南江杨坝埃迪卡拉（震旦）系地球生物学评价表

组	生境型	层位	主要岩性	厚度/m	生产力		沉积有机质	埋藏有机质		评 价
					Ba_{xs}	f_{org}	古氧相	V/Mo	准同生结核	
灯影组	II₁	65~73	白云岩	76.1	低	较低	贫氧—有氧	较高—高	高	非烃源岩
	II₂	59~64	灰岩夹钙质白云岩	40.7	低—较低		贫氧	低		
	II₁	53~58	白云岩、灰岩	52.2	低	中	贫氧	中		
	II₂	48~52	硅质条带白云岩	61.3	较低—较高	较高	贫氧	较高—高	高	
	II₁	19~47	白云岩、角砾白云岩	354.2	低—高	较高	贫氧—有氧	低—高	高	无效烃源岩
	II₂	18	白云岩	6.4	低		准无氧		高	非烃源岩
	II₁	9~17	白云岩	55.2	低	较低	贫氧	中—较高		
观音崖组	II₂	8	石英砂岩	2.5	低		准无氧		高	非烃源岩或差烃源岩
	II₁	2~5	石英砂岩	29.0	高		贫氧	低	高	
	I	1	砾岩	1.56			贫氧			非烃源岩

上扬子地区埃迪卡拉（震旦）系的海相烃源岩主要产于陡山沱阶的黑色碳质页岩中，主要出现在上部浅海上部生境型（III$_1$）和临滨带生境型（II$_2$）中（表5.10，表5.11）。

表5.11 湖南石门壶瓶山埃迪卡拉（震旦）系地球生物学评价表

组	生境型	层位	主要岩性	厚度/m	生产力 Ba$_{xs}$	沉积有机质 f_{org}	古氧相	埋藏有机质 V/Mo	准同生结核	评价
灯影组	II$_1$	47~54	白云岩	84.5	低—较低	中—较高	有氧	中—高		非烃源岩
	II$_2$	39~46	白云岩	30.5	低—较低	高	贫氧	中—较高		非烃源岩和无效烃源岩
	II$_1$	38	白云岩	17.3	较低	高	贫氧	高		非烃源岩
陡山沱组	II$_2$	36~37	白云岩	17.8	低		贫氧	较高		非烃源岩
	II$_1$	31~35	白云岩夹磷质白云岩	60.4	中—高	较低	贫氧	中—较高		非烃源岩和无效烃源岩
	II$_2$	25~30	白云岩	50.1	较高—高	中—高	贫氧	低—中		非烃源岩和无效烃源岩
	II$_1$	17~24	白云岩、角砾白云岩	29.2	低—高		贫氧	低—中		非烃源岩
	II$_2$	15~16	碳质白云岩	21.1	中—高	高	无氧	低		非烃源岩和无效烃源岩
	III$_1$	13~14	碳质页岩	44.9	高	高	无氧	较高	高	烃源岩和优质烃源岩
	III$_1$	10	碳质页岩	13.7	较低	高	无氧	低	高	非烃源岩和无效烃源岩
	III$_1$	8	碳质页岩	4.6	高	高	无氧	低	高	优质烃源岩
	II$_1$	4~6	白云岩	26.2	高	中—较高	准无氧	低		非烃源岩
	II$_2$	3	碳质页岩	10.5	高	无氧		较高	高	优质烃源岩
	II$_1$	1	白云岩	1.6	高		准无氧	低		非烃源岩

（2）川北南江杨坝剖面烃源岩地球生物学评价

川北南江埃迪卡拉系的观音崖组以砂、砾岩为主，而灯影组则是以白云岩为主，均为非烃源岩或无效烃源岩（表5.10）。

1）观音崖组

生境型I（第1层）：砾岩，未进行地化测试，非烃源岩。

生境型II$_1$（第2~5层）：石英砂岩，古初级生产力高，贫氧环境下的沉积，V/Mo大于40，准同生结核为黄铁矿，埋藏有机质应为高，非烃源岩或差烃源岩。

生境型II$_2$（第8层）：石英砂岩，古初级生产力低，准无氧环境下的沉积，埋藏有机质低，非烃源岩。

2）灯影组

生境型II$_1$（第9~17、19~47、53~58、65~73层）：白云岩、角砾白云岩，贫氧—有氧环境下的沉积，f_{org}评价为中等—较高，尽管埋藏有机质中等—高，但古初级生产力较低，非烃源岩或无效烃源岩。

生境 II$_2$（第 18、48～52、59～64 层）：灰岩夹钙质白云岩、白云岩、硅质条带白云岩，贫氧—准无氧环境下的沉积，埋藏有机质较高—高，古初级生产力低—较低，非烃源岩。

(3) 湘西石门壶瓶山剖面烃源岩地球生物学评价

湘西石门埃迪卡拉系的陡山沱组以黑色页岩与白云岩混积为主，灯影组则以白云岩为主。陡山沱组中下部的黑色碳质页岩（生境型 II$_2$ 和 III$_1$）为优质烃源岩或烃源岩。陡山沱组和灯影组的白云岩（生境型 II）均为非烃源岩、无效烃源岩或差烃源岩（表 5.11）。

1) 陡山沱组

生境型 II$_1$（第 1、4～6、17～24、31～35 层）：白云岩、白云岩夹磷质白云岩、角砾白云岩，古初级生产力中—高，准无氧—贫氧环境下的沉积，但埋藏有机质低（第 32 层埋藏有机质为中—较高，可能与震积岩有关），非烃源岩和无效烃源岩。

生境型 II$_2$（第 15～16、25～30、36～37 层）：碳质白云岩、白云岩，古初级生产力中—高，无氧—贫氧环境下的沉积，f_{org} 评价为中—高，但埋藏有机质低—中等，非烃源岩和无效烃源岩。

黑色碳质页岩的生境型 II$_2$ 层（第 3 层）：古初级生产力高，无氧环境下的沉积，埋藏有机质较高，优质烃源岩。

生境型 III$_1$（第 8、13～14 层）：黑色碳质页岩，古初级生产力高，无氧环境下的沉积，f_{org} 评价为高，V/Mo 多大于 40，准同生结核为黄铁矿，埋藏有机质应为高，优质烃源岩。

2) 灯影组

生境型 II$_1$（第 38、47～54 层）：白云岩，古初级生产力低—较低，埋藏有机质中—高，贫氧环境下的沉积，f_{org} 评价为中—高，非烃源岩。

生境型 II$_2$（第 39～46 层）：白云岩，埋藏有机质中—较高，贫氧环境下的沉积，f_{org} 评价为高，古初级生产力低—较低，非烃源岩和无效烃源岩。

2. 寒武纪

(1) 生物发展和沉积环境与海洋中有机质丰度

寒武纪早期一系列的生物群，包括"梅树村动物群"（蒋志文，1980）、"牛蹄塘生物群"（赵元龙等，1999）、"澄江生物群"（张文堂、侯先光，1985；Morris，1985；罗惠麟等，1999；蒋志文，2002；陈均远，2004）、"关山生物群"（李勇等，2006）、"杷榔生物群"（Peng et al.，2005）和"凯里生物群"（赵元龙等，2002；王约等，2007）等，先后发现于上扬子地区（图 5.29）。寒武纪的生物，特别是后生生物，迅速演化和发展。大气含氧量的升高，促进了生态系统进一步的完善和发展，为丰富海洋有机质奠定了基础。然而，上扬子地区寒武纪的海平面变化呈现出逐渐下降的趋势，水体深度逐渐变浅。另外，以黑色碳质泥（页）岩、粉砂岩为主的细粒碎屑岩主要形成于早寒武世早期，之后逐渐为碳酸盐岩所替代。在中、晚寒武世，研究区内的大部地区主要为白云岩、颗粒灰岩等沉积，使得生物有机质保存的环境明显变差。

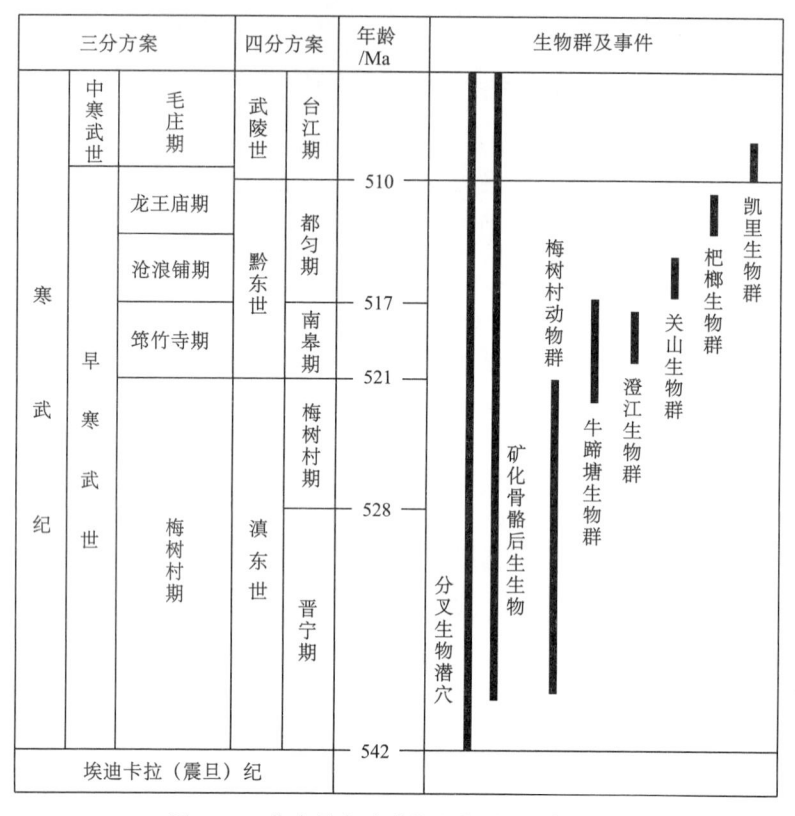

图 5.29 华南早寒武世的生物群及生物事件

(2) 川北南江杨坝剖面烃源岩地球生物学评价

川北南江寒武系郭家坝组以黑色碳质泥（页）岩为主。仙女洞组以鲕状灰岩为主，底部为生物礁灰岩。阎王碥组以粗碎屑岩为主。石龙洞组以白云岩为主（表 5.12）。

1) 郭家坝组

生境型 II$_1$（第 84 层）：灰黑色钙质砂岩，古初级生产力高，准无氧环境下的沉积，Ni/Co 评价为低，埋藏有机质高，烃源岩。

埋藏有机质高的生境型 II$_2$（第 76、79~83、87 层）：碳质泥岩和粉砂岩，古初级生产力高，无氧-准无氧环境下的沉积，Ni/Co 评价为低，烃源岩和优质烃源岩。

埋藏有机质低至较高的生境型 II$_2$（第 85、88~89 层）：碳质泥岩和粉砂岩，古初级生产力高，准无氧-贫氧环境下的沉积，Ni/Co 评价为低，非烃源岩或差烃源岩。

生境型 III$_1$（第 74~75、78 层）：碳质泥岩，古初级生产力高，无氧环境下的沉积，Ni/Co 评价为低—高，埋藏有机质高，优质烃源岩。

2) 仙女洞组

生境型 II$_1$（第 102~109 层）：鲕状灰岩、灰岩、白云岩，古初级生产力较低—

表 5.12 四川南江杨坝寒武系地球生物学评价表

组	生境型	层位	主要岩性	厚度/m	生产力 Ba$_{xs}$	生物相对丰度	Ni/Co	沉积有机质 古氧相	埋藏有机质 U/Mo	评价
石龙洞组	II$_1$	143	白云岩	5.3			低	有氧		非烃源岩和无效烃源岩
	II$_2$	139~141	藻纹层白云岩、白云岩	29.7	中—高		低	有氧	高	
	II$_1$	132~138	白云岩、泥质白云岩	59.8	中—高	低	低	有氧	低—较高	
	II$_2$	131	钙质泥岩	10.4			低	有氧	较高	
	II$_1$	130	砾岩、砂岩	4.7	高	低	低	有氧	高	非烃源岩
	II$_2$	129	钙质泥岩	13.5	高	低	低	有氧	中	
阎王碥组	II$_1$	120~128	砾岩、砂岩	60.7	高		低	有氧	高	非烃源岩和无效烃源岩
	II$_2$	116~119	砂岩、粉砂岩	32.6	高		低	有氧	较高—高	
	II$_1$	110~115	砂岩、钙质泥岩	52.1	高	低—中	低	有氧	低—高	非烃源岩
	I	110底	紫红色泥岩	0.1				有氧		
	II$_1$	102~109	鲕状灰岩、灰岩、白云岩	88.1	较低—中	低—较低	低—中	有氧	中—高	非烃源岩和无效烃源岩
	II$_2$	101	泥晶灰岩	1.7	高	中	低	有氧	较高	非烃源岩
仙女洞组	VII	100	生物礁灰岩	1.8	较低	高	低	有氧	中	
	II$_2$	89~99	钙质泥岩、泥岩	118.1	高	低—中	低	贫氧	中—较高	非烃源岩—差烃源岩
	II$_2$	87	碳质泥岩、粉砂岩	1.2	高	低	低	准无氧	较高	烃源岩
	II$_2$	85	碳质泥岩、粉砂岩	5.2	高		低	准无氧	低	非烃源岩
郭家坝组	II$_1$	84	灰黑色钙质砂岩	24.2	高	低	低	准无氧	高	烃源岩
	III$_1$	79~83	碳质泥岩、粉砂岩	57.6	高		低、低	无氧	低—高	优质烃源岩
	II$_2$	78	碳质泥岩	30.8	高		低	准无氧	高	
	III$_1$	76	碳质泥岩、粉砂岩	19.8	高		低	无氧	高	
	II$_2$	74~75	碳质泥岩	43.3	高		低—高	准无氧	高	

中，生物相对丰度低—较低，有氧环境下的沉积，Ni/Co 评价为低—中，埋藏有机质中—高，非烃源岩或无效烃源岩。

生境型 II$_2$（第 101 层）：泥晶灰岩，古初级生产力高，生物相对丰度中等，有氧环境下的沉积，Ni/Co 评价为低，埋藏有机质中等，非烃源岩。

生境型 VII（第 100 层）：生物礁灰岩，古初级生产力较低，生物相对丰度高，有氧环境下的沉积，Ni/Co 评价为低，埋藏有机质为中，非烃源岩。

3）阎王碥组

生境型 I（第 110 层底部）：紫红色泥岩，厚 0.1m，未进行地化测试，依其岩性，可能为非烃源岩。

生境型 II$_1$（第 110~115、120~128、130 层）：钙质泥岩、砂岩、砾岩，古初级生产力高，生物相对丰度低，有氧环境下的沉积，Ni/Co 评价为低，埋藏有机质高，非烃源岩。

生境型 II$_2$（第 116~119、129、131 层）：钙质泥岩、砂岩、粉砂岩，古初级生产力高，生物相对丰度低—中，有氧环境下的沉积，Ni/Co 评价为低，埋藏有机质较高—高，非烃源岩或无效烃源岩。

4）石龙洞组

生境型 II$_1$（第 132~138、143 层）：白云岩、泥质白云岩，古初级生产力中—高，生物相对丰度低，有氧环境下的沉积，Ni/Co 评价为低，埋藏有机质低—较高，非烃源岩。

生境型 II$_2$（第 139~143 层）：白云岩、藻纹层白云岩，古初级生产力中—高，有氧环境下的沉积，Ni/Co 评价为低，埋藏有机质高，非烃源岩或无效烃源岩。

(3) 湘西石门壶瓶山剖面烃源岩地球生物学评价

湘西石门寒武系，牛蹄塘组以黑色碳质泥岩为主。石牌组以泥灰岩为主。清虚洞组以泥质条带灰岩、灰岩、白云岩为主。高台组以白云岩为主。孔王溪组以白云岩、灰岩为主。娄山关组以白云岩为主。牛蹄塘组均为烃源岩，其余地层均为非烃源岩（表 5.13）。

1）牛蹄塘组

生境型 III$_1$（第 56、58~61 层）：碳质泥岩，古初级生产力高，生物相对丰度低，无氧环境下的沉积，埋藏有机质较低—较高，烃源岩。

2）石牌组

生境型 III$_1$（第 63~68、70~75 层）：泥灰岩，古初级生产力中—高，生物相对丰度低—中等，贫氧环境下的沉积，f_{org} 评价为低—中，埋藏有机质低，非烃源岩。

3）清虚洞组

生境型 II$_1$（第 111~113、115~117、120、126~131 层）：灰岩、含鲕灰岩、白云岩、角砾白云岩，古初级生产力低—高，生物相对丰度低，有氧环境下的沉积，埋藏有机质低—高，非烃源岩。

生境型 II$_2$（第 76~83、96~97、102~105、107~110、118~119、121~125、132 层）：泥质灰岩、含泥灰岩、灰岩，古初级生产力低—高，生物相对丰度低—中，有氧环境

第五章 中元古代至三叠纪典型剖面的古氧相和烃源岩评价

表 5.13 湖南石门壶瓶山寒武系地球生物学评价表

组	生境型	层位	主要岩性	厚度/m	生产力 Ba$_{xss}$	生产力 生物相对丰度	沉积有机质 f_{org}	沉积有机质 古氧相	埋藏有机质 V/Mo	评价
娄山关组	II$_1$	166~193	白云岩	423.1	较低—高	低	较低—中	有氧	中—高	
	II$_1$	163~164	白云岩、灰岩	47.3	较低	低		有氧	较高	
孔王溪组	II$_1$	159~161	白云岩	39.3	中—较高			有氧	低	
	II$_2$	158	灰岩	21.5	较低	低	低	有氧	较高—高	
	II$_1$	152~157	白云岩	103.7	较低—高			有氧	低	
	II$_2$	150~151	含白云质灰岩	24.8			低	有氧	高	
高台组	II$_1$	138~149	灰岩、白云岩	248.0	低—较高		中	有氧	较高—高	
	II$_2$	135~136	白云岩、泥质白云岩	52.5	低	低		有氧	低—较高	
	II$_1$	133~134	白云岩	18.6	较低			有氧	高	
	II$_2$	132	灰岩	15.9	低—中	低	较低	有氧	较高	
	II$_2$	126~131	灰岩、白云岩、角砾白云岩	146.4	低—高	低	较低	有氧	低—中	
	II$_2$	121~125	灰岩	66.7	较低—较高		较低	有氧	高	非烃源岩
	II$_2$	120	白云岩	17.5	较低			有氧	较高	
	II$_2$	118~119	灰岩	40.9	低	低		有氧	中	
	II$_1$	115~117	白云岩	29.5	低—较高	低	较低	贫氧	低—较高	
清虚洞组	II$_1$	111~113	含鲕灰岩、灰岩	31.4	高		中	有氧	低	
	II$_2$	107~110	含泥灰岩	60.3	较低	低	较低—中	有氧	低、高	
	II$_2$	102~105	含泥灰岩	52.7	较低—较高	中		贫氧	低—较高	
	III$_2$	98~101	泥质条带灰岩	68.7	较低—高		较低	有氧	低	
	II$_2$	96~97	泥质条带灰岩	22.3	中—较高	低		贫氧	低	
	III$_1$	85~95	泥质灰岩	115.5	较低	中	中	有氧	低	
石牌组	II$_2$	76~83	泥灰岩	100.5	中	低	较低—中	贫氧	低—中	
	III$_1$	70~75	泥灰岩	93.7	高	低	中	贫氧	低	
	III$_1$	63~68	泥灰岩	133.5	高		较低—中	无氧	低	
牛蹄塘组	III$_1$	58~61	碳质泥岩	112.2	高			无氧	低—较高	烃源岩
	III$_1$	56	含磷碳质泥岩	74.8					较高	

下的沉积，f_{org}评价为较低—中，埋藏有机质低—中，非烃源岩。

生境型 III₁（第 85～95、98～101 层）：泥质条带灰岩，古初级生产力较低—高，生物相对丰度低，贫氧环境下的沉积，f_{org}评价为较低—中等，埋藏有机质低—中，非烃源岩。

4）高台组

生境型 II₁（第 133～134、138～149 层）：白云岩、灰岩。古初级生产力低—较高，生物相对丰度低，有氧环境下的沉积，f_{org}评价为较低，埋藏有机质较高—高，非烃源岩。

生境型 II₂（第 135～136 层）：泥质白云岩、白云岩，古初级生产力低，生物相对丰度低，有氧环境下的沉积，f_{org}评价为中，埋藏有机质低—较高，非烃源岩。

5）孔王溪组

生境型 II₁（第 152～157、159～161、163～164、166 层）：白云岩，古初级生产力较低—高，生物相对丰度低，有氧环境下的沉积，埋藏有机质低—高，非烃源岩。

生境型 II₂（第 150～151、158 层）：含白云质灰岩、灰岩，古初级生产力较低，生物相对丰度低，有氧环境下的沉积，f_{org}评价为低，埋藏有机质较高—高，非烃源岩。

6）娄山关组

生境型 II₁（第 167～193 层）：白云岩，古初级生产力较低—高，生物相对丰度低，有氧环境下的沉积，f_{org}评价为较低—中，埋藏有机质中—高，非烃源岩。

三、奥陶纪—志留纪

在完成了前述的生物碎屑与古生产力、古氧相与沉积有机质、埋藏有机质等地球生物学评价之后，可以得到综合的奥陶纪及志留纪地球生物相分布情况（图 5.30，图 5.31）。在此基础上，根据各类地质学参数及生物学参数，可以对上述主干剖面展开烃源岩的地球生物学评价，并提出初步的评价方案。

1. 主干剖面的地质学参数

前面已经对地球生物学评价中的生物学参数进行了分析。这里则对主干剖面的地质学参数进行分析。参照图 5.30、图 5.31 及前面两张古氧相表格（表 5.2，表 5.3），可得到奥陶纪和志留纪主干剖面有机质在沉积-成岩等不同阶段的宏观特征等信息（表 5.14，表 5.15）。从理论上来说，古氧相中还原性越强的层位，如果其埋藏效率也比较高，那就有可能成为烃源岩。也就是说，表 5.14 和表 5.15 右下方的层位都应属于"潜在烃源岩"，只是其质量有较大差异。越靠近表 5.14 和表 5.15 右下方，质量越好，生烃潜力越大。

2. 主干剖面的地球生物学评价

为了能够从地球生物学角度系统追溯有机质及烃源岩的形成过程，揭示可能存在的有机质转化和保存规律，必须联系前文的生物学参数（即由古生态学获知的古生产力状况），再与当前的结果（即地质学参数）进行联合评价。

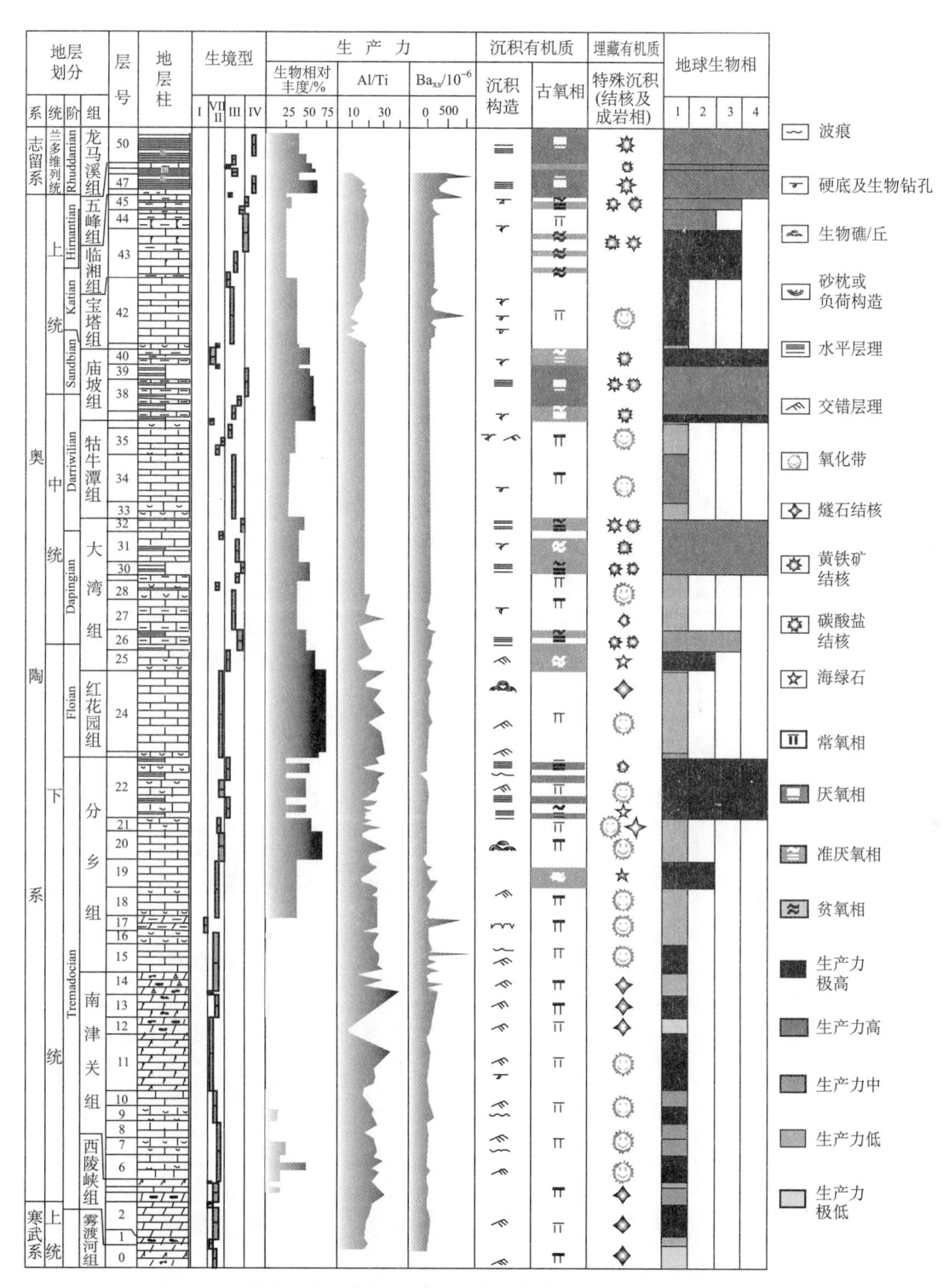

第五章 中元古代至三叠纪典型剖面的古氧相和烃源岩评价

图 5.30 湖北宜昌黄花场-王家湾奥陶纪联合剖面地球生物相综合柱状图
岩性图例参见图 5.7

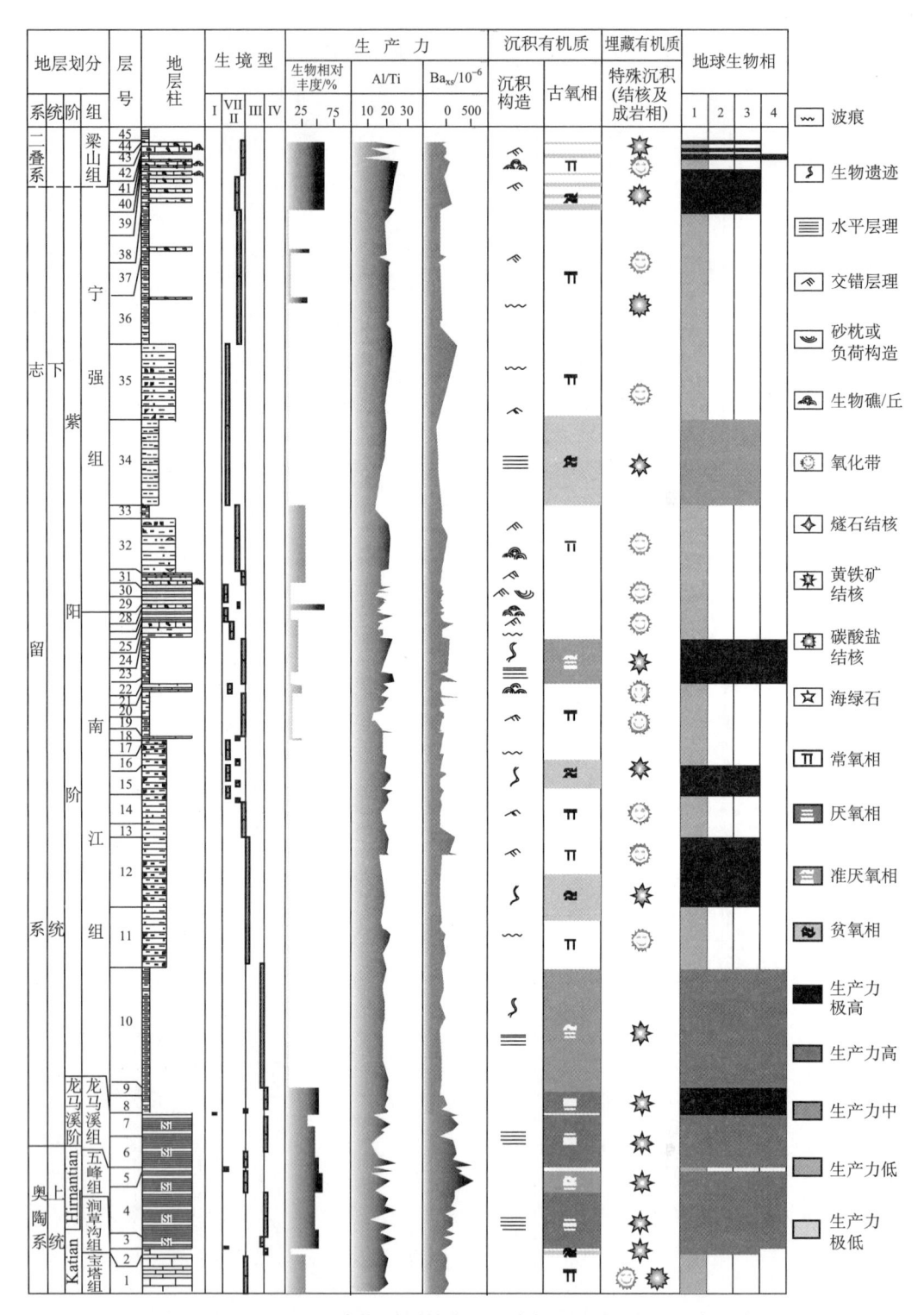

图 5.31 四川旺苍王家沟-鹿渡志留纪联合剖面地球生物相综合柱状图
岩性图例参见图 5.8

表 4.6 和表 4.7 是针对黄花场和王家沟这两条剖面的生境型以及古生产力情况进行的比较与判别,它们是奥陶纪和志留纪这两个时代主干剖面的生物学参数。由这两张表格可以比较直观地看出哪些层位对应哪些生境型,以及相应的古生产力状况。从其左上方向右下方,依次可以划分为四个不同的古生产力-生境型组合,分别代表了某层位古生产力的极高、高、中、低这四个方格等级(表 4.6,表 4.7),我们可将这样的等级进一步简化为四级生物学参数,即极好、好、中等、差。

同理,我们可将表 5.14 和表 5.15 中的地质学参数也划分为四个等级(因为"常氧相-埋藏效率极低"一栏本身就已排除其烃源岩潜力,所以最差),将每个等级方格里的对应层位与生物学参数的四个级别比较后,就可以得到更富有内涵的评价结果(参见表 5.16、表 5.17),并有助于从有机质转化过程的角度揭示其成因。

表 5.14 湖北宜昌黄花场奥陶纪剖面地质学参数

埋藏效率 古氧相	极低	较低	较高	很高	极高
常氧相	6~11, 15~18, 20, 23, 27~29, 33~35, 41, 42, 44	1~5, 12~14, 21, 24			
贫氧相			19, 25		31, 43, 49
准厌氧相				26, 37, 40	30, 32, 45
厌氧相				22, 47, 50	38, 39

注:数字代表层号。

表 5.15 四川广元王家沟志留纪剖面地质学参数

埋藏效率 古氧相	极低	较低	较高	很高	极高
常氧相	1, 5, 11, 13, 14, 16~21, 24~33, 35~37, 39, 41, 43				
贫氧相				2, 12, 15, 34, 38, 44	40, 42
准厌氧相				9, 10, 22, 23	
厌氧相				3, 4, 6, 7, 8	

注:数字代表层号。

表 5.16 湖北宜昌黄花场奥陶纪剖面烃源岩地球生物学半定量评估表

地质学参数 生物学参数	差	中等	好	极好
差	0, 1, 5, 11~14, 16~21, 24, 26~33, 35, 36, 37, 39, 41, 43			
中等	3, 4, 7, 8, 10, 23			**26**

续表

生物学参数 \ 地质学参数	差	中等	好	极好
好			<u>43</u>,<u>44</u>,<u>46</u>,<u>47</u>,<u>48</u>	30,31,32,38,39,45,47,50
极好	*2,6,9,11,13,15,42*	<u>19</u>,<u>25</u>		**22**,**37**,**40**,**43**,**49**

注：数字代表层号，不同字体代表烃源岩等级，参见第60页。

表5.17 四川广元王家沟志留纪剖面烃源岩地球生物学半定量评估表

生物学参数 \ 地质学参数	差	中等	好	极好
差	1,5,11,13,14,16~21,24~33,35~37,39,41,43			
中等			34	**42**
好		10	<u>2</u>,<u>12</u>	3,4,6,7,10
极好			15,38,44	**8**,**9**,**22**,**23**,**40**

注：数字代表层号，不同字体代表烃源岩等级，参见第60页。

  按照前述的评价方式，在上述表格中，位于右下角的几个方框内各层位（上述表中粗体和粗体下划线数字，并参见图5.30、图5.31）都应属于优质烃源岩。其中除去传统的五峰组和龙马溪组黑色岩系之外，主要还包括了奥陶系分乡组上部、大湾组上部、庙坡组、临湘组，志留系宁强组上部等新的层位。显然这是此前单纯根据TOC含量的传统评估方法难以识别和认可的。同时，传统TOC评估的"优质烃源岩"——五峰组和龙马溪组黑色页岩还在当前的评估结果中。尽管它们的各种地球生物学参数并不都是排在"极好"的位置，可仍然还是优质烃源岩的范畴。这一方面说明了地球生物学方法用于烃源岩的评价是可行、可信的，同时也为继续寻找新的更多更好的油气资源提供了新思路。需要指出的是，以上述四个不同参数为基础的地球生物学评价，可以在相互验证的同时，检验先期野外和室内研究的准确性，并有助于提高最后评价结果的可信度。

  当前识别出的可能是烃源岩的这些新层位具有一些共性。它们的初级古生产力总体较高，沉积环境相对深水并比较缺氧，具有相对还原的埋藏-成岩过程，同时这些层位大都整体岩性较细且含有一定的泥质沉积物等。正如殷鸿福等（2011）所指出的那样，在广元上寺二叠系剖面上，碎屑岩的地球生物学参数显示的优质烃源岩与具高TOC的传统烃源岩一致（如大隆组上部及茅口组-吴家坪组交界层位）；但碳酸盐岩地球生物学参数所指出的优质烃源岩却可能具低TOC值（在栖霞组中部为0.07%~0.73%）。这其中的机制以及这样的评估是否能被采信，显然还有待于下一步的不断探索与验证。

四、泥盆纪—石炭纪

1. 泥盆纪

依据前面对杨堤剖面和甘溪剖面生境型、生物碎屑含量所指示的古生产力和古氧相的阐述,对杨堤剖面和甘溪剖面烃源岩的地球生物学评价概括于表 5.18 和表 5.19。这里根据本书第一章提出的理论和方法,将古氧相作为地质学参数,生物碎屑含量和能指示古生产力的其他指标(如过剩 Ba、Al 等的含量或比值)综合为生物学参数。依据它们对形成烃源岩的贡献大小,地质学参数和生物学参数均划分为差、中、好、优 4 个等级,依据地质学参数和生物学参数的两两组合,将烃源岩划分为 3 个等级:优质烃源岩、一般烃源岩和差烃源岩。综合表 5.18 和表 5.19 的结果可以看出,优质烃源岩在杨堤剖面和甘溪剖面上所占比例均比较少。

表 5.18 广西杨堤剖面烃源岩地球生物学评价表

生物学参数＼地质学参数	差	中	好	优
差	信都组(1)	东岗岭组(12~16)		
中	东岗岭组(2~6)	东岗岭组(7~11)	五指山组(一7~36a),东岗岭组(17~19)	
好		五指山组(41~122)	五指山组(**36b~40**)	
优				榴江组(**20~23**)

注:括号中的数字为分层号,数字的不同字体代表烃源岩等级,参见第 60 页。

表 5.19 广西甘溪剖面烃源岩地球生物学评价表

生物学参数＼地质学参数	差	中	好	优
差		平驿铺组+白柳坪组(1~52)		
中	观雾山组(113~118),沙窝子组(138~149),茅坝组(150~155)	甘溪组(*53~61*),观雾山组(*125~129*),小岭坡组(*135~137*)	土桥子组(*130~134*)	
好		二台子组+养马坝组+金宝石组(67~103)		谢家湾组(**62~66**)
优			金宝石组(**104~112**),观雾山组(**119~124**)	

注:括号中的数字为分层号,数字的不同字体代表烃源岩等级,参见第 60 页。

2. 石炭纪

对海相烃源岩的地球生物相半定量评价主要依据两个方面，即生物学参数（与生产力有关的）及地质学参数（与埋藏及成岩有关的）。生物学参数表示的是生产力，其主要根据为生物碎屑、藻类、非鳣有孔虫含量，以及生源钡（Ba_{xs}）及过剩铝（Al_{xs}）的大小。评价级别与生产力的级别一致。而地质学参数表示的是埋藏的沉积有机质，其主要依据是沉积时的环境、氧化还原条件及有机碳埋藏分数（f_{org}）。从表5.20和图5.32中可以看出，在隆安剖面，第2~7层为优质烃源岩，生境型主要为III_2。需要说明的是，第2~7层TOC含量均大于0.21%，其中第2层达0.31%，也属传统意义上的烃源岩。第11~12层及第28~29层的生物学参数和地质学参数均属好的级别，应属好的烃源岩，但TOC含量较小，均小于0.18%，是一种潜在烃源岩。

表5.20　广西隆安剖面烃源岩评价表

生物学参数＼地质学参数	差	中	好	优
差	30, 40, 42, 58~60, 64, 68, 71, 73, 81, 82, 85	13~27, 30~33	8~10	
中	34~39, 48~49, 51~54, 65, 69~70, 80, 86			
好	41, 43, 55, 63, 66, 76~77, 83~84		**11~12, 28~29**	
优	44~45, 47, 50, 56~57, 72, 74~75, 78~79, 86			<u>2~7</u>

注：数字代表层号，不同字体代表烃源岩等级，参见第60页。

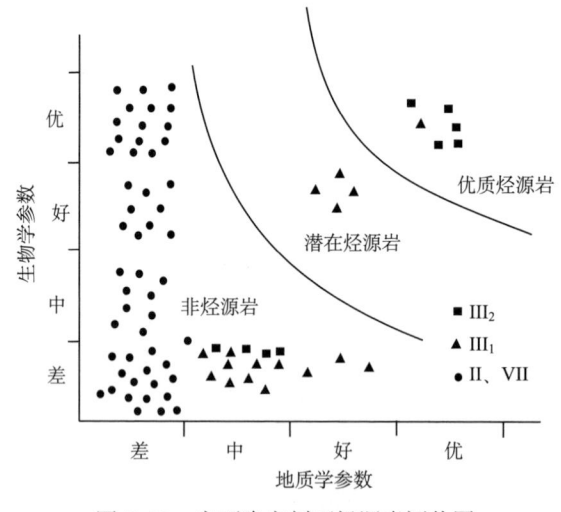

图5.32　广西隆安剖面烃源岩评价图

从表5.21和图5.33中可以看出，巴平剖面鹿寨组第4~7层为优质烃源岩，生境型主要为VI。由于其TOC含量为3.61%~4.83%，也是传统意义上的优质烃源岩。其次，巴平剖面鹿寨组第11、15、18、19、21、25层生物学参数为优，生境型也为

VI，地质学参数为好，TOC 含量较高（如第 11 层 TOC 含量为 3.59%），应属好的烃源岩。鹿寨组第 8~10、12、14 和 22 层，以及巴平组第 35~37 层生物学参数和地质学参数都属好的级别，应属潜在烃源岩范围。需要指出的是，其中第 37 层属碳酸盐岩，其 TOC 含量为 0.37%，属好烃源岩，因此在图 5.33 中将第 37 层划于好烃源岩。

表 5.21 广西巴平剖面和么腰剖面烃源岩评价表（M 为么腰剖面，其他为巴平剖面）

生物学参数 \ 地质学参数	差	中	好	优
差		38~39，38~41（M）	<u>4~27</u>（M），<u>32~35</u>（M）	
中		<u>20</u>，<u>23~24</u>	13，26~34，28~31（M），36~37（M）	
好	16~17	43~48	**8~10**，**12**，**14**，**22**，**35~37**	
优		**40~42**	11，15，18~19，21，25	4~7

注：数字代表层号，不同字体代表烃源岩等级，参见第 60 页。

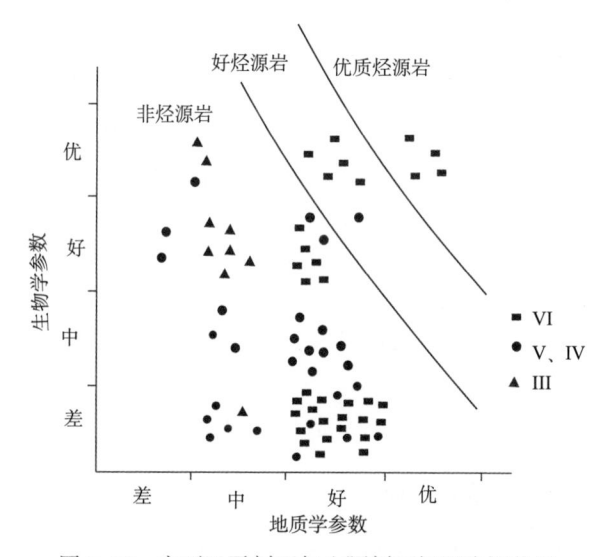

图 5.33 广西巴平剖面与么腰剖面烃源岩评价图

巴平剖面巴平组大部分层位生产力不高，且保存条件一般，不成为烃源岩。么腰剖面南丹组碳酸盐岩虽然属深水盆地环境，地质学参数属好的级别，但生产力较低，为非烃源岩。

五、二叠纪—三叠纪

1. 广西来宾二叠纪剖面

四川广元上寺二叠纪剖面烃源岩的地球生物学评价详见本书第二章。广西来宾剖面为二叠纪第二条重要参考剖面。基于地球生物学评价烃源岩的思路，该剖面栖霞组—吴家坪组共划分出 24 个生境型（图 3.29）。选取 4 个地球生物相参数对潜在烃源岩进行评价分级。评价结果见表 5.22。

表 5.22　广西来宾铁桥剖面三种模型的综合评价结果

模　型	非烃源岩	无效烃源岩	差烃源岩	一般烃源岩	优质烃源岩
Ba-f_{org}-V/Mo-生境型	2，3，5，11，13，17，19，21，23，24	4，6，7，9，12，14，15，16	8，1，22，20，18	10	
Al-f_{org}-V/Mo-生境型	11，13，23，24，21，17，19	2，9，12，14，13，20，22	3，5，7，15，16	6，8，10，1	4
生屑-f_{org}-V/Mo-生境型	5，9，17，19，21，24，23	2，11，13，15，18，20，22	7，8，14	1，3，6，10，12，16	4

注：数字代表图 3.29 生境型序号（从下往上排）。

综合三种评价模式分析结果，来宾剖面的优质烃源岩为第 4 生境型，一般烃源岩为第 1，6，10 生境型（图 3.29）。第 4 生境型（第 11～16 层）为生境型 II$_2$，古氧相处于轻度贫氧，为有机质的保存提供了较好的条件。从地球生物学评价可见，其生物学参数为"高"，地质学参数为"较高"，这种双重的优势地位使得其成为优质烃源岩。

第 1 生境型（第 1～4 层）为生境型 III$_1$，属于上部浅海上部，处于台地边缘向广海一侧，生产力较高，这里水体深度相对较大，从古氧相角度看为中度贫氧，对有机质保存比较有利。从地球生物学评价看，其生物学参数为"高"，地质学参数为"中等"，综合起来看，可以成为烃源岩，但属于一般烃源岩。

第 6 生境型（第 18～31 层）、第 10 生境型（第 50～59 层），古环境为潮下环境，属于台地边缘靠近大陆一侧，生产力比较高，水体循环中等，古氧相中度—轻度贫氧，对有机质保存比较有利。从地球生物学评价看，生物学参数为"高"，地质学参数为"中等"。综合分析，可以成为烃源岩，但属于一般烃源岩。

2. 贵州罗甸关刀二叠纪—三叠纪剖面

地球生物学模型包含生产力、生境型等生物学参数（R_1）和沉积有机质、埋藏有机质等地质学参数（R_2），突出显示生物和地质环境的协同作用。这里统一用地质学参数作为横坐标，生物学参数作为纵坐标。这样形成的综合指标可以对烃源岩进行地球生物学评价，综合指标的相对高低可以很好地反映烃源岩的优劣。与前面其他时代的略有不同，这里为便于计算投点，将生产力、生境型、沉积有机质及埋藏有机质均予以量化，数值越大越有利于烃源岩的形成或保存。依据现代海洋叶绿素浓度测定等资料将生境型按生产力由低到高也分为 5 档（V，I）—（IV$_1$，IV$_2$）—（III$_1$，III$_2$）—（II$_1$）—（II$_2$，VII），分别赋值 1，2，3，4，5。生产力高低赋值如下：极低=1，低=2，中=3，高=4，极高=5。沉积有机质赋值如下：低=1，中=2，高=3，极高=4。埋藏有机质赋值 1，2，3，4，5。由此，生物学参数 $R_1=R_{生产力}\times R_{生境型}$，地质学参数 $R_2=R_{沉积有机质}\times R_{埋藏有机质}$。

将关刀剖面生物学参数与地质学参数相结合,得到了烃源岩的等级划分,即非烃源岩、潜在烃源岩和优质烃源岩(图 5.34)。关刀剖面没有发现典型的优质烃源岩,潜在烃源岩的层位包括第 1~4、16、18、22~23、27~29、31~32 层,非烃源岩的层位包括第 5~15、17、19~21、24~26、30、33 层。

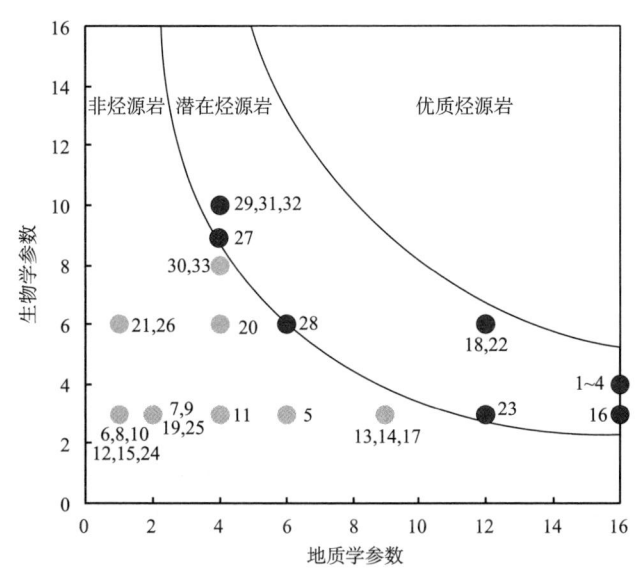

图 5.34 贵州罗甸关刀剖面烃源岩的地球生物学评价和划分

图中数字代表层号

3. 四川广元上寺三叠纪剖面

在完成了三叠纪上寺剖面的生境型、生物碎屑(古生产力)、沉积有机质与埋藏有机质等地球生物学评价之后,将生物学参数与地质学参数评价结合起来,得到三叠纪上寺剖面烃源岩评价表(表 5.23),从而可以对该剖面展开烃源岩的地球生物学评价。

表 5.23 四川广元上寺三叠纪剖面烃源岩评价表

生物学参数 \ 地质学参数	甚差	差	中	良	优
甚差	22~25,41~44,47~49		17,	18	
差	14,28~31,33~34,40,45,53,62~65,72~77	20~21,26,67	6,12,19,68~69,71		2~3,5,7~11,13,15~16
中	32,35~36,39,46,51~52,56,60,78,80,84,87,89,93	86,88	94~96,98,100~102,104,108~112		
良	37,50,54,57~58,90~92	27,70,79	81,97,103,106~107		
优	38,55,59,61,66		**85,89**		

注:表中数字代表层号,不同字体代表烃源岩等级,参见第 60 页。

表 5.23 中右下部下划线黑体数字所在的层位（第 85、89 层）为优质烃源岩，分别是雷口坡组下部的中薄层灰岩夹少量薄层泥岩以及中厚层白云质灰岩。斜体数字所在的层位（第 2～3、5、7～11、13、15～16、81、97、103、106～107 层）为一般烃源岩，主要位于飞仙关组底部的灰岩层段，以及雷口坡组部分层段及嘉陵江组个别层位。对于铜街子组，大部分层位生产力指标和埋藏有机碳指标都比较低，对烃源岩的形成产生了较大的影响。而飞仙关组下部灰岩虽然生产力指标并不很高，但地质环境参数较好，能够形成烃源岩。嘉陵江组和雷口坡组同时满足生产力较高和埋藏条件较好两个条件，其沉积有机碳波动较大，不乏沉积有机碳高的层位，可在局部层位形成烃源岩。

参 考 文 献

陈均远. 2004. 动物世界的黎明. 南京：江苏科技出版社. 1～366

崔智林, 霍世诚. 1990. 鄂西下寒武统甲壳类化石新发现. 古生物学报, 29 (3)：321～330

龚一鸣. 2004. 遗迹化石 Chondrites 的指相意义及阶层分布. 古生物学报, 43 (1)：94～102

郭庆军, 杨卫东, 刘丛强, Strauss H, 王兴理, 赵元龙. 2003. 贵州瓮安生物群和磷矿形成的沉积地球化学研究. 矿物岩石地球化学通报, 22 (3)：202～208

胡杰, 陈哲, 薛耀松, 王金权, 王金龙, 袁训来. 2002. 皖南早寒武世荷塘组海绵骨针化石. 微体古生物学报, 19 (1)：53～62

黄俊华, 罗根明, 白晓, 汤新燕. 2007. 浙江煤山 P/T 之交碳同位素对有机埋藏的指示意义. 地球科学——中国地质大学学报, 32 (6)：767～773

姜月华, 岳文浙, 业治铮. 1994. 中国南方下寒武统石煤的特征、沉积环境和成因. 中国煤田地质, 6 (4)：26～31

蒋志文. 1980. 云南晋宁梅树村阶及梅树村动物群. 中国地质科学院院报, 2 (1)：75～92

蒋志文. 2002. 澄江动物群群落及生态分析. 见：陈良忠等. 云南东部早寒武世澄江动物群. 昆明：云南科技出版社. 47～87

李勇, 陈良忠, 罗惠麟, 傅晓平, 胡世学, 尤霆, 刘琦. 2006. 昆明地区早寒武世关山动物群研究新进展. 地质通报, 25 (3)：415～418

罗惠麟, 胡世学, 陈良忠, 张世山, 陶永和. 1999. 昆明地区早寒武世澄江动物群. 昆明：云南科技出版社. 36～39

史晓颖, 王新强, 蒋干清, 刘典波, 高林志. 2008a. 贺兰山地区中元古代微生物席成因构造——远古时期微生物群活动的沉积标识. 地质论评, 54 (5)：877～586

史晓颖, 张传恒, 蒋干清, 刘娟, 王议, 刘典波. 2008b. 华北地台中元古代碳酸盐岩中的微生物成因构造及其生烃潜力. 现代地质, 22 (5)：669～682

舒德干. 1986. 贵州福泉牛蹄塘组最古老的双壳类化石. 古生物学报, 25 (2)：219～222

汤冬杰, 史晓颖, 李涛, 赵贵生. 2011a. 微生物席成因构造形态组合的古环境意义：以华北南缘中-新元古代为例. 地球科学, 36 (6)：1033～1043

汤冬杰, 史晓颖, 裴云鹏, 蒋干清, 赵贵生. 2011b. 华北中元古代陆表海氧化还原条件. 古地理学报, 13 (5)：563～580

王约, 雷灵芳, 陈洪德, 侯明才. 2010. 扬子板块伊迪卡拉（震旦）纪多细胞生物的发展与烃源岩的形成. 沉积与特提斯地质, 30 (3)：30～38

王约, 王训练. 2006. 黔东北新元古代陡山沱期宏体藻类的固着器特征及其沉积环境意义. 微体古生物学报, 23 (2)：154～164

王约, 王训练. 2007. 贵州中寒武世凯里生物群的生活环境及古生态系统. 古地理学报, 9 (4)：407～418

王约, 王训练, 黄禹铭. 2007. 黔东北伊迪卡拉纪陡山沱组的宏体藻类. 地球科学——中国地质大学学报, 32 (6)：828～844

王约, 何明华, 喻美艺, 赵元龙, 彭进, 杨荣军, 张振含. 2005. 黔东北震旦纪陡山沱晚期庙河型生物群的生态特征及

埋藏环境初探. 古地理学报, 7 (3): 327~335

王约, 赵明胜, 杨艳飞, 王训练. 2009. 华南陡山沱期晚期宏体生物生态系统的出现及其意义. 古地理学报, 6 (11): 640~650

吴凯, 马东升, 潘家永, 聂文明, 周健, 夏菲, 刘莉. 2006. 贵州瓮安磷矿陡山沱组地层元素地球化学特征. 华东理工学院学报, 29 (2): 108~114

谢树成, 殷鸿福, 史晓颖等. 2011. 地球生物学: 生命与地球环境的相互作用和协同演化. 北京: 科学出版社. 190~235

徐冉, 龚一鸣, 汤中道. 2006. 菌藻类繁盛: 晚泥盆世大灭绝的疑凶? 地球科学——中国地质大学学报, 31 (6): 787~797

颜佳新, 刘新宇. 2007. 从地球生物学角度讨论华南中二叠世海相烃源岩缺氧沉积环境成因模式. 地球科学——中国地质大学学报, 32 (6): 789~796

颜佳新, 陈北岳, 李思田, 刘本培. 1997. 鄂湘桂地区栖霞组古氧相分析与层序地层和海平面变化. 地质论评, 43 (2): 193~199

杨瑞东, 赵元龙, 郭庆军. 1999. 贵州早寒武世早期黑色页岩中藻类及其环境意义. 古生物学报, 38 (增刊): 145~156

杨瑞东, 朱立, 高慧, 张位华, 姜立君, 王强, 鲍淼. 2005. 贵州遵义松林寒武系底部热液喷口及与喷口相关生物群特征. 地质论评, 51 (5): 481~492

杨兴莲, 朱茂炎, 赵元龙, 王约. 2005. 贵州寒武纪海绵动物化石组合特征. 微体古生物学报, 22 (3): 295~303

殷鸿福, 谢树成, 颜佳新, 胡超涌, 黄俊华, 腾格尔, 郄文昆, 邱轩. 2011. 海相优质烃源岩评价的地球生物学方法. 中国科学: 地球科学, 41 (7): 895~909

张同钢, 储雪蕾, 张启锐, 冯连君, 霍卫国. 2003. 陡山沱期古海水的硫和碳同位素变化. 科学通报, 48 (8): 850~855

张文堂, 侯先光. 1985. *Naraoia* 在亚洲大陆的发现. 古生物学报, 24 (6): 591~595

赵元龙, Steiner M, 杨瑞东, Erdtmann B D, 郭庆军, 周震, Wallis E. 1999. 贵州早寒武世早期黑色页岩中藻类及其环境意义. 古生物学报, 38 (增刊): 132~144

赵元龙, 袁金良, 朱茂炎, 杨瑞东, 郭庆军, 彭进, 杨兴莲. 2002. 贵州台江中寒武世凯里生物群研究的新进展. 自然科学进展, 12 (7): 685~689

Algeo T, Tribovillard N. 2009. Environmental analysis of paleoceanographic systems based on molybdenum-uranium covariation. Chemical Geology, 268 (3): 211~225

Anbar A D, Knoll A. 2002. Proterozoic ocean chemistry and evolution: A bioinorganic bridge? Science, 297 (5584): 1137~1142

Arnaboldi M, Meyers P A. 2007. Trace element indicators of increased primary production and decreased water-column ventilation during deposition of latest Pliocene sapropels at five locations across the Mediterranean Sea. Palaeogeography, Palaeoclimatology, Palaeoecology, 249 (3/4): 425~443

Azmy K, Sylvester P, de Oliveira T F. 2009. Oceanic redox conditions in the Late Mesoproterozoic recorded in the upper Vazante Group carbonates of São Francisco Basin, Brazil: Evidence from stable isotopes and REEs. Precambrian Research, 168 (3-4): 259~270

Benton M J. 1995. Diversification and extinction in the history of life. Science, 268 (5207): 52~58

Benton M J. 2001. Biodiversity on land and in the sea. Geological Journal, 36 (3-4): 211~230

Berkner L V, Marshall L C. 1965. On the origin and rise of oxygen concentration in the earth's atmosphere. Journal of Atmospheric Science, 22 (3): 225~261

Berner R A. 2003. The long-term carbon cycle, fossil fuels and atmospheric composition. Nature, 426 (6964): 323~326

Breit G N, Wanty R B. 1991. Vanadium accumulation in carbonaceous rocks—A review of geochemical controls during deposition and diagenesis. Chemical Geology, 91 (2): 83~97

Brocks J J, Love G D, Summons R E, Knoll A H, Logan G A, Bowden S A. 2005. Biomarker evidence for green and purple sulphur bacteria in a stratified Palaeoproterozoic sea. Nature, 437 (7060): 866~870

Catling D, Claire M, Zahnle K. 2007. Anaerobic methanotrophy and the rise of atmospheric oxygen. Philosophical Transactions of the Royal Society A: Mathematical, Physical and Engineering Sciences, 365 (1856): 1867~1888

Chafetz H S, Buczynski C. 1992. Bacterially induced lithification of microbial mats. Palaios, 7 (3): 227~293

Crowley T J, Berner R A. 2001. Palaeoclimate: Enhanced CO_2 and climate change. Science, 292 (5518): 870~872

Grotzinger J P, James N P. 2000. Precambrian carbonates: Evolution of understanding. Special Publication-SEPM, 67: 3~22

Grotzinger J P, Knoll A H. 1999. Stromatolites in Precambrian carbonates: Evolutionary mileposts or environmental dipsticks? Annual Review of Earth and Planetary Sciences, 27 (1): 313~358

Hayes J M, Strauss H, Kaufman A J. 1999. The abundance of ^{13}C in marine organic matter and isotopic fractionation in the global biogeochemical cycle of carbon during the past 800 Ma. Chemical Geology, 161 (1): 103~125

Holland H D. 2006. The oxygenation of the atmosphere and oceans. Philosophical Transactions of Royal Society B: Biological Sciences, 361 (1470): 903~915

Jones B, Manning D A C. 1994. Comparison of geochemical indexes used for the interpretation of palaeoredox conditions in ancient mudstones. Chemical Geology, 111 (1-4): 111~129

Kah L C, Grotzinger J P. 1992. Early Proterozoic (1.9 Ga) thrombolites of the Rocknest Formation, Northwest Territories, Canada. Palaios, 7 (3): 305~315

Kasting J F, Howard M T. 2006. Atmospheric composition and climate on the early Earth. Philosophical Transactions of the Royal Society B: Biological Sciences, 361 (1474): 1733~1742

Kasting J F, Holland H D, Kump L R. 1992. Atmosheric evolution: The rise of oxygen. In: Schope J W, Klein C (eds). The Proterozoic Biosphere: A Multidisciplinary Study. Cambridge: Cambridge University Press. 159~163

Knoll A H. 1992. The early evolution of eukaryotes: A geological perspective. Science, 256 (5057): 622~627

Kump L R. 1991. Interpreting carbon-isotope excursions: Strangelove oceans. Geology, 19 (4): 299~302

Kump L R. 2008. The rise of atmospheric oxygen. Nature, 451 (7176): 277~278

Kump L R, Arthur M A. 1999. Interpreting carbon-isotope excursions: Carbonates and organic matter. Chemical Geology, 161 (1): 181~198

Li C, Love G D, Lyons T W, Fike D A, Sessions A L, Chu X. 2010. A stratified redox model for the Ediacaran ocean. Science, 328 (5974): 80~83

Lyons T W, Anbar A D, Severmann S, Scott C, Benjamin C, Gill1 B C. 2009. Tracking euxinia in the ancient ocean: A multiproxy perspective and Proterozoic case study. Annual Review of Earth and Planetary Sciences, 37: 507~534

McManus J, Berelson W M, Severmann S, Poulson R L, Hammond D E, Klinkhammer G P, Holm C. 2006. Molybdenum and uranium geochemistry in continental margin sediments: Paleoproxy potential. Geochimica et Cosmochimica Acta, 70 (18): 4643~4662

Mehl D, Erdtmann B D. 1994. *Sanshapentella dapingi* n. gen., n. sp.: A new hexactinellid sponge from the Early Cambrian (Tommotian) of China. Berliner Geowissrnschaftliche Abhandlungen (E), 13: 314~319

Meister P, Johnson O, Corsetti F, Nealson K. 2011. Magnesium inhibition controls spherical carbonate precipitation in ultrabasic springwater (Cedars, California) and culture experiments. Advances in Stromatolite Geobiology, 131: 101~121

Meyer K M, Kump L R. 2008. Oceanic euxinia in earth history: Causes and consequences. Annual Review of Earth and Planetary Sciences, 36: 251~288

Michaelis W, Seifert R, Nauhaus K, Treude T, Thiel V, Blumenberg M, Knittel K, Gieseke A, Peterknecht K, Pape T, Boetius A, Amann R, Jørgenson B B, Widdel F, Peckmann J, Pimennov N, Gulin M B. 2002. Microbial reefs in the black sea fueled by anaerobic methane oxidation. Science, 297 (5583): 1013~1015

Morris S C. 1985. Cambrian Lagerstätten: Their distribution and significance. Philosophical Transactions of the Royal Society of London B: Biological Sciences, 311 (1148): 49~65

Peng J, Zhao Y, Wu Y, Yuan J, Tai T. 2005. The Balang Fauna: A new early Cambrian Fauna from Kaili City, Guizhou Province. Chinese Science Bullentin, 50 (11): 1159~1162

Pierre C, Fouquet Y. 2007. Authigenic carbonates from methane seeps of the Congo deep-sea fan. Geo-Marine Letters, 27 (2): 249~257

Power I M, Wilson S A, Dipple G M, Southam G. 2011. Modern carbonate microbialites from an asbestos open pit pond, Yukon, Canada. Geobiology, 9 (2): 180~195

Reitner J, Peckmann J, Blumenberg M, Michaelis W, Reimera A, Thiel V. 2005. Concretionary methane-seep carbonates and associated microbial communities in Black Sea sediments. Palaeogeography, Palaeoclimatology, Palaeoecology, 227 (1-3): 18~30

Rogers J J W, Santosh M. 2002. Configuration of Columbia, a mesoproterozoic supercontinent. Gondwana Research, 5 (1): 5~22

Rogers J J W, Santosh M. 2003. Supercontinents in earth history. Gondwana Research, 6 (3): 357~368

Rohde R A, Muller R A. 2005. Cycles in fossil diversity. Nature, 434: 208~210

Runnegar B. 1992. Evolution of the earliest animals. In: Schopf J W (ed). Major Events in the History of Life. Boston: Jones and Bartlett, 65~93

Scott C, Lyons T W, Bekker A, Shen Y, Poulton S W, Chu X, Anbar A D. 2008. Tracing the stepwise oxygenation of the Proterozoic ocean. Nature, 452 (7186): 456~459

Shi X, Zhang C, Jiang G, Liu J, Wang Y, Liu D. 2008. Microbial mats in the Mesoproterozoic carbonates of the North China Platform and their potential for hydrocarbon generation. Journal of China University of Geosciences, 19 (5): 549~566

Sprachta S, Camoin G, Golubic S, Campion L. 2001. Microbialites in a modern lagoonal environment: Nature and distribution, Tikehau atoll (French Polynesia). Palaeogeography, Palaeoclimatology, Palaeoecology, 175 (1-4): 103~124

Steiner M, Wallis E, Erdtmann B-D. 2001. Submarine-hydrothermal exhalative ore layers in black shales from South China and associated fossils-insights into a Lower Cambrian facies and bio-evolution. Palaeogeography, Palaeoclimatology, Palaeoecology, 169 (3): 165~191

Sumner D Y. 1997. Carbonate precipitation and oxygen stratification in late Archean seawater as deduced from facies and stratigraphy of the Gamohaan and Frisco formations, Transvaal Supergroup, South Africa. American Journal of Science, 297 (5): 455~487

Towe K M. 1970. Oxygen-collagen priority and the early metazoan fossil record. Proceedings of the National Academy of Science, USA, 65: 781~788

Tribovillard N, Algeo T J, Lyons T, Riboulleau A. 2006. Trace metals as paleoredox and paleoproductivity proxies: An update. Chemical Geology, 232 (1-2): 12~32

Veizer J, Ala D, Azmy K, Bruckschen P, Buhi D, Bruhn F, Carden G A F. 1999. $^{87}Sr/^{86}Sr$, $\delta^{13}C$ and $\delta^{18}O$ evolution of Phanerozoic seawater. Chemical Geology, 161 (1-3): 59~88

Wang L, Shi X Y, Jiang G Q. 2012. Pyrite morphology and redox fluctuations recorded in the Ediacaran Doushantuo Formation. Palaeogeography, Palaeoclimatology, Palaeoecology, 333: 218~227

Wang Y, Wang X. 2008. Annelid from the Neoproterozoic Doushantuo Formation in the Northeast Guizhou, China. Acta Geologica Sinica, 82 (2): 257~265

Wang Y, Chen H, Wang X, Huang Y. 2011. Research on succession of the Ediacaran Doushantuoian meta-community in Northeast Guizhou, South China. Acta Geologica Sinica, 85 (3): 533~543

Wanty R B, Goldhaber M B. 1992. Thermodynamics and kinetics of reactions involving vanadium in natural systems: Accumulation of vanadium in sedimentary rocks. Geochimica et Cosmochimica Acta, 56 (4): 1471~1483

Watanabe S, Tada R, Ikehara K, Fujine K, Kido Y. 2007. Sediment fabrics, oxygenation history, and circulation modes of Japan Sea during the Late Quaternary. Palaeogeography, Palaeoclimatology, Palaeoecology, 247 (1): 50~64

Wignall P B, Twitchett R J. 1996. Oceanic anoxia and the end Permian mass extinction. Science, 272 (5265): 1155~1158

Xiao S, Schiffbauer J D, Kathleen A, McFadden K A, Hunter J. 2010. Petrographic and SIMS pyrite sulfur isotope analyses of Ediacaran chert nodules: Implications for microbial processes in pyrite rim formation, silicification, and exceptional fossil preservation. Earth and Planetary Science Letters, 297 (3-4): 481~495

Xu R, Gong Y M, Zeng J W. 2008. Coupling relationships between brachiopods and *Girvanella* during the Late Devonian F-F transition in Guilin, South China. Science in China Series D: Earth Sciences, 51 (11): 1581~1588

Yang X, Zhao Y, Wang Y, Wang P. 2005. Discovery of sponge body fossils from the Late Meishucunian (Cambrian) at Jinsha, Guizhou, South China. Progess in Natural Sciences, 15 (8): 708~712

Zhao G C, Sun M, Wilde S A, Li S Z. 2003. Assembly, accretion and breakup of the paleo-mesoproterozoic Columbia supercontinent: Records in the North China Craton. Gondwana Research, 6 (3): 417~434

第六章 烃源岩发育的若干新层位及其地球生物学过程

在对元古宙至三叠纪典型剖面进行烃源岩地球生物学的评价过程中，发现一些新的烃源岩层位。本章根据地球生物学过程的三阶段思想（第一章），对这些层位进行进一步分析，提出中元古代的一些自生碳酸盐岩、新元古代的甲烷渗漏区岩石、二叠纪和元古宙的含海泡石灰岩、二叠纪-三叠纪之交的钙质微生物岩等可能是值得注意的潜在烃源岩层位。

第一节 中元古代主要的微生物岩类型及其地球生物学过程

一、华北地台中元古代主要的微生物岩类型与生态分布

微生物岩（microbialites）泛指"由底栖微生物群落圈闭和黏结碎屑沉积物和（或）诱发原位矿物沉淀而形成的有机沉积"（Burne and More，1987；Riding，2000）。形成微生物岩的微生物包括细菌、古菌以及多种真核微生物（如钙藻、硅藻等）。由钙质微生物类群形成的微生物岩通常称为"钙质微生物岩（calci-microbialite）"，其主要发育于显生宙。而前寒武纪由于特定的大气与海洋化学条件，形成微生物岩的绝大多数微生物都不具钙化外壁（Grotzinger and Knoll，1999；Riding，2006a；Kah and Riding，2007），很少保存为实体化石。因此，这些微生物岩中的微生物属性与分类位置往往并不是很确定。微生物岩通常根据宏体形态和组构特征进行划分，最常见的有叠层石、凝块石、树形石、核形石、纹层石以及光球石（leiolite；Braga et al.，1995）。在文献中，这些微生物岩往往也被描述为生物沉积（bio-sedimentary）构造或有机沉积（organo-sedimentary）构造。一些研究者倾向于将树形石作为凝块石的一种形式，而不作为一种单独的类型。与纹层石相似的有机沉积构造也时常归为层状叠层石类。这里我们将纹层石作为一种独立的微生物岩类型。

在华北地台中元古代碳酸盐岩中，微生物岩形态多样，主要的类型有凝块石（包括层状、丘状以及丛状-分枝状，即树形石）、叠层石（包括锥状、柱状、丘状以及层状）、似核形石（具同心纹层结构，但个体大而形态不规则）、纹层石、光球石以及大规模的微生物岩礁（史晓颖、蒋干清，2011；汤冬杰等，2011）。这些微生物岩的主要地层与生境型分布见表 6.1。其中席纹层白云岩、叠层石以及小型微生物岩建隆过去已有较多的研究，本章不做讨论。以下仅就华北地台新发现的几种重要微生物岩类型分别予以简述，这些新的重要微生物岩类型与产出层位均具有构成重要烃源岩的潜力。

表 6.1 华北地台中元古代主要的微生物岩类型及生态分布

微生物岩\生境型	I	II$_1$	II$_2^1$	II$_2^2$	III	IV$_1$	VII	地层分布
席纹层白云岩	√	√						G, W, Y, T
层状叠层石		√	√					W, G
黑色纹层石			√	√				W
锥状、柱状和丘状叠层石			√	√				G, W, Y, T
丘状凝块石			√	√				W, G
厚层状凝块石			√	√				W
似核形石层				√	√			G
小型微生物岩建隆			√	√			√	G, W, T
大型微生物岩礁							√	W, T

注：生境型：I-潮上带，II$_1$-潮间带，II$_2^1$-潮下带上部，II$_2^2$-潮下带下部，III-深水相，IV$_1$-外陆架上部，VII-生物礁。地层：G-高于庄组，W-雾迷山组，Y-杨庄组，T-铁岭组。

二、层状凝块石

凝块石（thrombolites）是微生物岩的一种类型（Aitken，1967；Burne and Moore，1987；Shapiro，2000；Shapiro and Awramik，2006；Riding，2006b），其以内部明显的凝块状或斑状组构为重要特征，明显区别于以纹层状组构为特征的叠层石（Kennard and James，1986；Aitken and Narbonne，1989）。Shapiro（2000）认为，凝块石是指"由凝块状中观构造（mesostructure）构成的微生物岩。凝块石可以多种形式出现，包括简单和复杂的分支柱状、层状以及丘状体"。而这种中观构造则被定义为"中凝块"（mesoclots）。中凝块的形态多变，可以从简单的球状到复杂的分裂叶状体。其本身又由多种微构造组成，如球粒、团块、胶结物以及钙质微生物等（Shapiro，2000）。

凝块石的丰度和分布范围仅次于叠层石，主要形成于新元古代晚期及其之后。它们常常是碳酸盐台地以及生物礁沉积的重要组成部分（Grotzinger and James，2000；Riding，2002；Grotzinger et al.，2005），并可形成重要的油气储层（如 Mancini et al.，2004）。凝块石在新元古界上部—下奥陶统碳酸盐岩中尤其丰富，故过去认为凝块石主要是新元古代晚期—早奥陶世的沉积（Kennard and James，1986；Grotzinger and James，2000）。此后的明显衰减（Riding，2006b）被认为与后生动物兴起导致的生态竞争和觅食消耗有关（Grotzinger and James，2000；Riding，2002，2006b；Grotzinger et al.，2005）。与叠层石相似，凝块石在早奥陶世之后的显生宙也主要见于高应力环境或生物灾变期（如 Feldmann and McKenzie，1997；Mata and Bottjer，2012；Kershaw et al.，2012；Ezaki et al.，2012）。现代已知的凝块石分布虽然非常有限，但生态环境多样。在巴哈马正常海环境（Feldmann and McKenzie，1998；Myshrall et al.，

2010)、澳大利亚 Shark Bay 高盐度海湾（Burns et al., 2004；Jahnert and Collins, 2012）以及土耳其碱性湖（Kempe et al., 1992）和加拿大淡水湖（Ferris et al., 1997）中均有发现。目前已知最早的凝块石记录见于加拿大古元古代 Rocknest 组（约 1.92Ga），但被认为属非生物成因（Kah and Grotzinger, 1992；Sami and James, 1994；Grotzinger and James, 2000）。新元古代晚期发现的凝块石属微生物成因（Harwood and Sumner, 2011）。迄今，中元古代尚无确凿的凝块石报道（Grotzinger and James, 2000；Harwood and Sumner, 2011）。因此，中元古代凝块石的成因及其微组构研究，对于深刻认识中元古代的海洋化学背景以及微生物与环境相互作用过程具有重要的科学意义。

1. 凝块石的宏观结构与主要矿物组分

在华北地台雾迷山组，发育大量的凝块石，多数以层状产出，侧向延伸很远，分布较广。虽然在一些地点与层位也有少量以小丘状建隆形式产出的凝块石，但一般规模不大，且内部或多或少具有一些不明显或不规则的层状组构。虽然雾迷山组凝块石宏观形态多变，但野外以及室内的大量研究表明，其内部主要有三种基本组构，即形态多样的灰黑色中凝块、浅色碳酸盐亮晶胶结物，以及环绕中凝块的微晶质碳酸盐充填。

中凝块是凝块石最重要的特征，并构成凝块石的格架结构。其含量与比例在不同层位和不同形式的凝块石中虽有变化，但一般约占凝块石总体积的 30%～65%不等。在本章研究的层状凝块石中，中凝块形态与大小多变，并可组合形成不同形态的集合体（图 6.1A～D）。中凝块的矿物组成主要为微晶碳酸盐，因相对富含有机质，其颜色明显较深（图 6.1A～E）。

胶结物颜色较浅，在中凝块周边不规则分布，或以凝块间的胶结物充填形式出现。其含量约占凝块石总体积的 30%～60%。胶结物中有机质含量明显较低，在矿物组成与颜色上与中凝块形成鲜明的对比。镜下观察显示，胶结物成分主要为亮晶-微亮晶质，主要由细晶-纤维状文石组成。在与中凝块的接触带附近或有机质明显集中的部位，往往发育不规则分布的纤维状文石组构，并可形成不规则的晶体扇或簇状体（图 6.1E）。

微晶碳酸盐充填物多集中出现在暗色凝块周缘，并不同程度地呈现出环绕中凝块分布的特点（图 6.1E）。这种充填物颜色多呈深灰色，略浅于暗色凝块体，但明显比胶结物要深。显微观察显示，其主要组分为微晶质，由泥晶-微晶碳酸盐微粒组成，并含相对较高的有机质和较多的微球粒。这类沉积物在凝块石中比例约为 5%～10%。从特点上看，这种微晶质碳酸盐充填与中凝块的成分相近，它们的形成可能与微生物群落或有机质有较密切的联系，属微生物影响的（microbially influenced）碳酸盐沉淀。

2. 中凝块的微组构与有机质组成

中凝块是凝块石的特征性组构，其微细结构特征能够较好地反映凝块石的形成机制与有机矿化过程。雾迷山组的凝块石多以厚层状产出，性质上可与显生宙常见的生物层（biostrome）相比较。其内部的中凝块形态多变，但从大小来看，可以区分为两类。一类凝块明显较小，直径一般 0.2～1cm，多呈不规则的近球状、丝状或带状（图 6.1A，

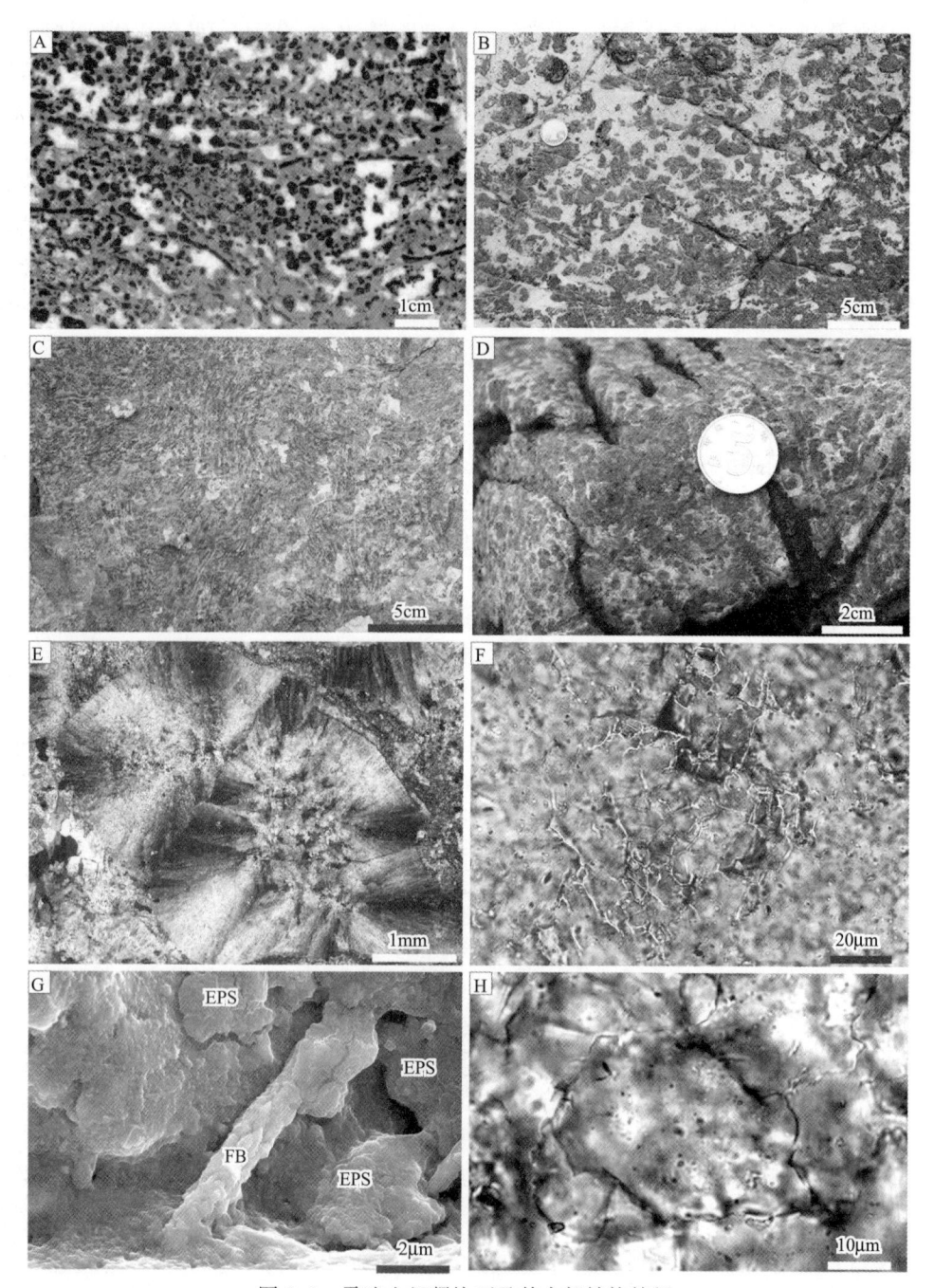

图 6.1　雾迷山组凝块石及其内部结构特征

A. 内部具细小凝块的巨厚层状凝块石，常构成米级旋回的下部单元（断面），河北野三坡；B. 具斑状凝块结构的凝块石，凝块较大且不规则，胶结物含量高（层面），河北野三坡；C. 层状凝块石中的指纹状凝块组构，呈不规则的细条带状（断面），河北野三坡；D. 近球形或不规则的凝块组构（断面），北京昌平雾迷山组；E. 凝块的内部组构，由微晶质核心和纤维状文石外环两部分构成（显微照片），河北怀来；F. 凝块内核中矿化的细菌集群化石（显微照片），河北野三坡；G. 凝块内核 EPS 与丝状细菌（FB）（SEM 照片），河北野三坡；H. 凝块内核的微球粒，河北野三坡

C)。这种凝块在层状凝块石中密度较高，分布较均匀。以这类凝块为主形成的层状凝块石一般颜色较深，在潮下带较深水环境中（生境型 II_2^2）较常见，但往往受重结晶作用的影响较明显，在野外不易识别。另一类凝块明显较大，直径一般 1~4cm，个别达 12cm。多呈不规则斑块状（图 6.1B），不均匀地散布于岩层中。虽然这种斑块颜色也较深，但周边充填物和胶结物含量较高、颜色较浅，致使层状凝块石整体呈明显的斑状（图 6.1B）。以这类凝块为主形成的凝块石在向上变浅的地层序列和沉积副层序中常出现在前一种凝块石之上，表明它们的沉积水深可能略小（生境型 II_2^1~II_2^2）。

无论中凝块的形态与大小如何，它们的微细结构却基本一致。在显微特征上，中凝块均由核心和外环两部分构成，但它们的相对比例与形态变化很大。

大多数中凝块的核心主要由微晶碳酸盐颗粒组成，含较丰富的有机质。有些部位可见较多的黄铁矿微粒，偶见陆源碎屑。微晶颗粒很小，以自形~半自形为主。凝块的核心常见丝状细菌残余以及大量的微小球状体（图 6.1F）。丝状细菌一般直径 0.6~1μm，长度可达 40μm，呈不同程度弯曲形，并往往相对富集于富有机质的部位。在高倍显微镜下，可见大量散布的微小球状体（图 6.1F），其直径与丝状细菌相当，中心部分多呈暗色，并被极薄（<0.5μm）的不均一微亮晶质外圈所包裹。因此，我们倾向于将这种微小球体解释为矿化的球状细菌残余，也有一部分可能为丝状细菌的横切面。这些微小球状体中心较暗的部分可能代表细菌的细胞，而微亮晶质外环则可能是胞外聚合物矿化的结果。在个别硅化的样品中，还可见形态不规则的黏液状微片、带状或黏液状丝状体，大多表现为形态不规则的非晶质。这些非晶质体可能代表矿化的胞外聚合物（图 6.1G）。它们常与细菌体共生，或在其附近相对集中出现。此外，在凝块核心以及较小凝块间的充填物中，可见直径约 20~30μm，模糊的微团状结构。其边界不清晰，但明显富有机质，偶见残余丝状体。在一些保存较好的微球粒中，可见球粒核心由富含细菌残余的微晶组成（图 6.1H），而球粒的外环则由缺乏有机质的微亮晶组成，其成分与凝块的外环相近。这种球粒可能代表矿化的菌群（colony）残余。

大部分凝块均发育有明显的外环构造，主要由垂直于生长面的纤维状文石（假晶）组成（图 6.1E）。纤维状文石外环的形态与凝块的核心形态密切相关。外环内一般可见数量不等的次级同心纹层，它们环绕核心向外生长，并大体与核心的外层平行。从特征上看，这种不同的同心纹层在结构与矿物成分上并没有显著区别，但颜色深浅有差异。它们可能反映了环绕富有机质核心发生的碳酸盐沉淀或有机质矿化的不同阶段，或与微环境条件变化相关。文石纤维很细，绝大部分与生长面垂直。在重结晶较明显的标本中，可见纤维略有加粗，并向外轻微发散。在一些情况下，这种晶体纤维可形成小的簇状体或晶体扇（图 6.1E），并有进一步相连形成纤维状等厚层（isopachous layer）的趋势。从总体特征看，纤维状文石环带内明显缺少微生物化石，仅在个别情况下可见细菌丝状体残余以及较多的微孔。微孔可能代表细菌体分解后留下的空模（Bosak et al., 2004）。纤维状文石环带成分主要为微亮晶质，故其颜色明显浅于凝块的核心部分。

3. 凝块的超微组构及其可能的微生物过程

我们利用场发射扫描电镜（FESEM）对凝块内核进行了超微结构的观察与研究。

在早期硅化的样品中，发现有大量保存良好的球状和丝状细菌化石（图6.2A，B），以及与之密切伴生的胞外聚合物（EPS）残余（图6.2A~C）。球状细菌化石直径0.6~2μm，丝状细菌直径1~2μm，长可达10μm以上。它们往往与EPS密切共生。在细菌化石表面及其边缘，可见矿化的黏液状-丝状EPS残余（图6.2A~C），表明这些细菌体原先可能是被EPS包围的。在细菌体（图6.2A~C）以及EPS表面（图6.2D），可见大量直径约为50~80nm的球粒。在个别样品中，可见包覆细菌体的EPS膜表面存在溶蚀痕迹，而纳米颗粒则往往是相对突起的部分。这表明纳米球粒最初可能源于EPS的降解。

超微研究显示，在凝块内核存在多种有机矿物（organominerals）。纳米球粒（nanoglobules）是可识别的最小的单元，其直径多在50~80nm（图6.2C，E）。这些纳米球粒具有聚合或融合形成多面体（polyhedron）的明显趋势（图6.2E）。多面体（直径约200nm）形态多样，以六边形或亚球形为主，但也见少量四面体或不规则状。它们可联合形成集合体（图6.2E），并由集合体进一步发展形成微球粒（micro-peloid）（图6.2E）。在中凝块内核中，上述这些不同形态与级别的有机矿物与有机质密切共生。纳米颗粒多集中在有机质（包括细菌体）表面或其附近，多面体及其集合体则主要出现在有机质周边。它们集合形成的微球粒则相对远离有机质。从这些特点看，凝块内核的有机矿化过程可能是以交代作用为主，即原始的有机质被微生物与环境相互作用产生的多种有机矿物所最终取代。这个过程可能主要发生在缺氧条件下，与BSR作用诱发的碳酸盐沉淀密切相关（Spadafora et al.，2010；Perri and Spadafora，2011；Glunk et al.，2011）。构成凝块外环的纤维状文石一般具有较好的晶形和完全解理。在纤维状晶体的一些部位可见较多微孔（图6.2F），它们可能代表细菌细胞降解后残留的空模（Bosak et al.，2004）。个别部位见有矿化的板片状有机质残余，在特征上与EPS相似。但与凝块内核的微晶组构相比，外环的纤维状文石组构中明显缺少丝状微生物化石与显著的EPS残余。

有关纤维状文石的成因，一直是微生物岩矿化机制以及微生物与环境相互作用过程研究的一个难点，在认识上分歧明显（Chafetz and Buczynski，1992；Knoll and Semikhatov，1998；Pedley et al.，2009；Planavsky et al.，2009；Power et al.，2011）。它们常见于各种微生物岩中，特别是在前寒武纪沉积中。由于它们在太古宙—古元古代缺氧环境下的碳酸盐岩中很发育，且很少保存有明显的微生物化石，过去往往被认为主要属无机成因，代表碳酸盐胶结物（Kah and Grotzinger，1992；Sumner and Grotzinger，1996），并与海底沉淀相关（Grotzinger and James，2000）。近年来，对现代微生物岩的大量研究（Dupraz et al.，2004，2009；Dupraz and Visscher，2005；Spadafora et al.，2010；Glunk et al.，2011；Perri and Spadafora，2011；Perri et al.，2012）以及实验室的培养研究（Aloisi et al.，2006；Sánchez-Román et al.，2008；Pedley et al.，2009；Bontognali et al.，2010；Meister et al.，2011；Arp et al.，2012），均发现这种纤维状文石广泛存在，并常与有机质或微生物体共生在一起。虽然目前还不能确认它们是否与微生物活动相关，也不确定是哪一种微生物过程的产物，但这种密切的共生关系可能表明两者间存在着某种内在的相关性。通过对华北中元古代不

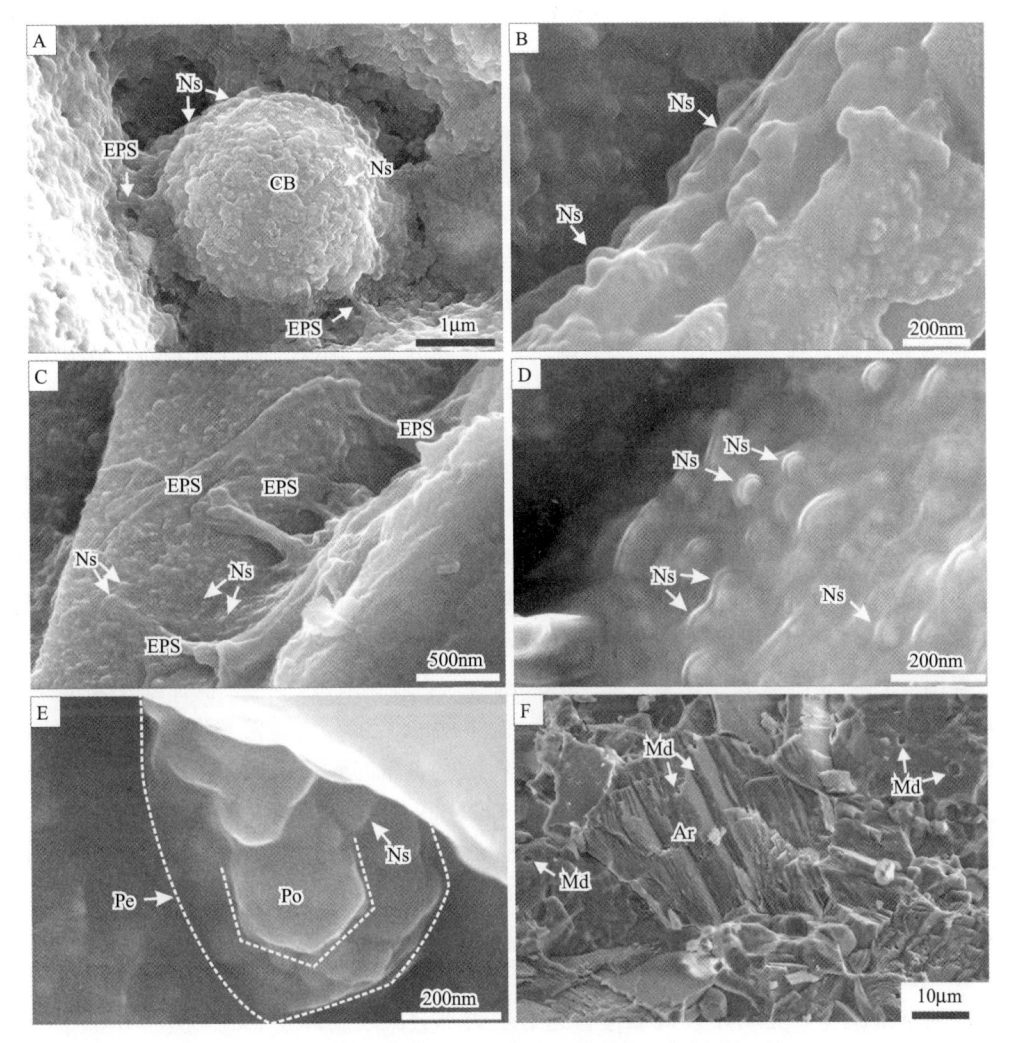

图6.2 雾迷山组凝块石的超微组构特征(河北野三坡)

A. 球状细菌化石，表面覆以纳米颗粒(Ns)，周边存在矿化的胞外聚合物(EPS)黏液状丝体；B. 丝状细菌化石，表面也覆以纳米颗粒(Ns)；C. 矿化的黏液丝状EPS残余及其表面大量的纳米颗粒(Ns)；D. EPS表面的纳米颗粒(Ns)；E. 由纳米颗粒形成的多面体(Po)及其进一步聚合而成的球粒(Pe)；F. 纤维状文石(Ar)中存在的微孔(Md)，可能代表细菌分解后留下的空模

同类型微生物岩的研究，我们注意到纤维状文石明显集中在富有机质的凝块以及微生物席纹层附近，而且常以环带或环边的形式包裹不同级别的富有机质凝块或团粒。此外，在一些环带内也发现有个别细菌残余体和微孔。在凝块石样品中，纤维状文石集中在凝块周边，在其他部位少见。根据综合研究，我们倾向认为，BSR作用在厌氧条件下降解有机质，释放重碳酸盐(HCO_3^-)和钙离子(Ca^{2+})，导致局部微环境水体碱度升高和碳酸盐超饱和(Chafetz et al., 1993; Aloisi et al., 2006; Dupraz et al., 2009; Bontognali et al., 2010)，这可能是导致纤维状文石沉淀的重要原因。因此，这种纤维

状文石环边的形成可能属微生物（或有机质）影响的（microbially influenced）碳酸盐沉淀，与凝块核心的微晶质碳酸盐形成机制可能有所不同，后者可能以微生物诱发（microbially induced）碳酸盐沉淀为主要机制（González-Muñoz et al., 2010）。

4. 中元古代层状凝块石的成因机制

有关凝块石成因问题，一直存在认识上的分歧。概括起来，主要有原生成因和次生成因两类认识。影响较大的观点主要有以下几种：①凝块石源于成岩作用对叠层石的破坏与改造，②由后生动物对叠层石（或微生物席）改造或扰动而形成，③形成凝块石的微生物群落中含有较高比例的真核生物（Feldmann and McKenzie, 1998），④由埋藏学因素（Turner et al., 2000）或早期成岩作用导致原内部组构的重组（Planavsky and Ginsburg, 2009），⑤可能与多样的微生物群落组成有关（Myshrall et al., 2010），以及⑥与环境条件或不同的微生物组成有关（Harwood and Sumner, 2011）。这些不同的观点均有其研究的基础和事实依据，但并没能说明哪一种是主导因素。这里仅根据华北中元古代层状凝块石中观察到的现象，作如下补充说明。

1）在雾迷山组碳酸盐岩地层中，虽然在个别层段和部位见有小的丘状叠层石与凝块石共生，但这种情况并不普遍。在绝大多数情况下，在向上变浅的副层序中厚层状凝块石仅出现在下部，构成副层序的下部单元，而层状或条带状叠层石主要出现在其之上，构成米级副层序的中部单元。仅在下、中单元的交互带，偶见共生现象。这表明两者发育的主体环境虽然相邻，但有差别。现代微生物岩的研究表明，虽然凝块石与叠层石在潮间带环境时常共生，但在澳大利亚 Shark Bay 深水潮下带发育有大量凝块石，其分布范围至少十倍于潮间带的微生物岩（Jahnert and Collins, 2011），这是过去人们所不了解的。在巴哈马现代潮间带环境，虽然叠层石与凝块石共生，但被认为是不同时期产物的叠加，其原始形成环境可能并不相同（Feldmann and McKenzie, 1998）。

2）层状凝块石内部未发现残留的叠层石纹层结构，而且中凝块内部及其边缘保存了良好的微细组构，无明显改造痕迹。这表明大部分凝块属原生成因，并非由叠层石经成岩改造而成。目前已知最早的后生动物起源于新元古代晚期埃迪卡拉纪，中元古代还没有后生动物化石的记录。因此，中元古代的凝块石不可能是后生动物改造叠层石的结果。对新元古代中—晚期凝块石的研究也表明，后生生物的存在可能并不是导致这个时期凝块石发育的主要原因（Harwood and Sumner, 2011）。

3）虽然中元古代真核微生物已经得到了演化与发展，但在雾迷山组层状凝块石中发现的真核生物化石很少。现代微生物岩的研究表明，在凝块石与叠层石中均有变化不等的真核微生物存在，在有些叠层石中的真核微生物比例甚至更高（Myshrall et al., 2010；Mobberley et al., 2012）。因而，真核微生物的存在和比例可能并不是导致这两种不同微生物岩形成的根本原因。但通过分子生物学的研究，在现代"瘤状"（pustular）及"扣状"（button-like）微生物席中确实发现了特有微生物类群的生物标志物（Myshrall et al., 2010；Mobberley et al., 2012），而普遍认为这两种微生物席与凝块石的结构最为接近（Johnson et al., 2012）。

4）在雾迷山组凝块石中，普遍存在环绕凝块发育的纤维状文石环带。它们明显地与有机质相关，并大致与核心平行。凝块外侧的结晶程度较高，而内部较弱。这可能表明中凝块的成型作用（morphogenesis）主要是通过从凝块外缘向内的逐步矿化而完成的。矿化发生在微生物集群形成之后，可能以集群整体矿化形式为主。而现代叠层石的研究表明，其矿化往往发生在席表层之下数毫米内，与 BSR 活动的高峰带相对应（Chafetz and Buczynski，1992；Visscher et al.，1998，2000；Spadafora et al.，2010；Glunk et al.，2011）。随着微生物席的进一步叠加增生，矿化层随之向上迁移。因而，叠层石纹层的成型表现为由内向外的矿化过程。而有利于 BSR 作用的缺氧条件的形成可能主要与表层微生物席的覆盖直接相关。

因此，我们认为除微生物类群和环境条件的差别外，不同的矿化过程及其主导程度可能也是导致凝块石和叠层石这两种不同类型微生物岩形成的重要原因之一。矿化过程本身与沉积环境、微生物类群密切相关。不同微生物类群的代谢方式存在差异，其有机质组分（特别是多糖组分）也有差别。而在不同的微生物类群与环境条件下，其作用方式也会有明显差别，并可能对微生物岩形成的矿化过程产生重要影响。

综上，华北地台中元古代雾迷山组含有丰富的层状凝块石。其内部含有丰富的残余有机质，中凝块主要由微生物群落及其微生物过程与环境相互作用所形成。这与古元古代发现的凝块石有明显不同，属微生物成因。雾迷山组凝块石产出的层位约占地层厚度的 20%～30%，其中微生物成因凝块在凝块石中约占 30%～60%。因此其反映的原始生产力和有机质生产量很高，具有形成烃源岩的较大潜力。这些层状凝块石将有可能构成华北地台中元古代碳酸盐岩中一类新的重要潜在烃源岩。

三、黑色生物纹层石

微生物纹层石（biolaminite，以下简称纹层石）是由底栖微生物群落与沉积环境相互作用而形成的、具显著平行微纹层组构特征的沉积体（Gerdes and Krumbein，1987；Gerdes et al.，2000，2008；Noffke et al.，2001；Eriksson et al.，2007；Bouougri and Porada，2007a，2011）。也有研究者将其直观地描述为由微生物席堆叠而形成的沉积体（Brem et al.，2002；Marty et al.，2009）。若按照"叠层石是层状底栖微生物沉积"的定义（Riding，1999，2000），纹层石应属层状叠层石的一种类型。但纹层石内部纹层非常细密（通常约 0.3～1mm），平直或微弱波纹状，侧向平行延伸，极少隆起形成明显的丘状、锥状、柱状建隆。这些特点与叠层石有明显差别。

"纹层石"这个术语最早用于描述现代潮坪环境中由微生物席形成的细碎屑沉积纹层（Gerdes and Krumbein，1987），并被看作一种微生物席成因构造（MISS；Gerdes et al.，2000，2008；Noffke et al.，2001，2003）。这种纹层构造常见于硅质碎屑岩和暗色页岩中（Schieber，1998，2004；Eriksson et al.，2007；Schieber et al.，2007；Bouougri and Porada，2007b；史晓颖等，2008a，b），并被看作是硅质碎屑沉积中微生物群落活动的标志。Bouougri 和 Porada（2007b）在研究新元古代 Nama 群细粒硅质碎屑岩中的微生物席成因构造时，注意到纹层石与叠层石有明显的差别，表现在：①完全由毫米级的微生物席层与由物理因素输入的硅质碎屑层交互构成；②完全缺乏碳酸盐胶结物。同时，研究者也注意到，纹层石在现代以及近代环潮坪背景常见的三种沉积体系（硅质碎屑岩、蒸发盐岩以及碳酸盐岩）中均有发育，从而进一步明确地将硅质碎屑纹层石定义为："由微生物席的表栖微生物群及其代谢过程与沉积环境相互作用而形成的纹层状沉积体"（Bouougri and Porada，2007a，2011）。

这里采用 Bouougri 和 Porada（2007a，2011）的基本定义，但将其扩展包括具同样微细纹层组构特征的碳酸盐岩。需要指出，过去曾将碳酸盐岩中类似的微生物沉积构造描述为微纹层（finely laminated）叠层石，或平坦（flat，planar）叠层石（Gerdes et al.，1991；Marty et al.，2009）。在东欧二叠系碳酸盐岩中发现的类似构造多被描述为"纹层石相"（laminoid facies；Brem et al.，2002；Maliński et al.，2009），专指那些虽然发育细纹层构造，但不很显著的纹层石沉积。这里记述的纹层石主要见于中元古代雾迷山组。它们与硅质碎屑纹层石的显著差异在于其增生（accretion）过程主要表现为由微生物席的叠加及其诱发碳酸盐沉淀的矿化，而完全缺乏微生物群落圈闭和黏结沉积颗粒的证据，这与现代叠层石也有明显不同。

1. 纹层石的宏观结构与主要矿物组成

在河北怀来、野三坡以及北京十渡一带，雾迷山组第二段上部普遍发育黑色纹层石，其产出层位和岩性特征比较稳定。在野三坡地区厚约50m的一段碳酸盐岩地层中，集中产出8层黑色纹层石，单层厚0.4～1.8m不等（图6.3A）。在野外露头上，它们与上下岩层颜色截然，界线清晰。顶底面平直，可横向延续数十公里。在最下部的厚层纹层石底部，层面上可见小丘状突起（图6.3C）。层间偶夹<1cm的微晶白云岩薄层或含鲕透镜体（图6.3D）。在个别部位，可见微纹层轻微上凸，形成高<8mm、宽<3mm、紧密排列的微小柱体。野外及室内观察都显示，纹层石完全由明暗交互的亚毫米级纹层对（couplets）堆叠而成，平均密度为21～24对/cm。纹层对细密、近于平行，底面平直或呈微弱的波纹状。明暗纹层在不同角度光照下，略显折光性。放大镜下隐约可见顺纹层排列的微细纤维状构造，略呈布纹状。纹层石总体上含有机质较高，岩性较纯，主要为微-细晶白云石，几乎不含陆源碎屑物质。

2. 纹层石的微组构与有机质组分

显微研究表明，雾迷山组的黑色纹层石主要由密集发育的明暗纹层对构成。对采于不同剖面的50多个样品的显微观察与统计，发现多数对偶层厚0.2～0.7mm（图6.3E，F）。明暗纹层各自的结构明显不同，两者间界线清楚，但不截然。暗色纹层一般厚度较大，约0.1～0.5mm，主要由纤维状文石假晶组成，局部见白云石微晶，或微包裹体。晶体纤维的生长方向与纹层大体垂直，并顺层密集排列（图6.3E，F）。亮纹层一般较薄，约0.1～0.3mm，主要由微晶碳酸盐颗粒构成（图6.3E，F）。在这两种纹层内均发现有细菌化石，包括丝状与球状细菌以及EPS和有机质残余。纹层石所具有的这种内微组构特征与近代的钙华（tufa）、泉华（travertine）以及硅华（sinter）中发现的纹层组构颇为相似（如Chafetz and Buczynski，1992；Janssen et al.，1999；Andrews and Brasier，2005；Jones et al.，2005；Berelson et al.，2011）。但是，在中

图 6.3　雾迷山组第二段黑色纹层石沉积与结构特征

A. 黑色纹层石与浅色微晶白云岩交互，形成鲜明对比（北京十渡）；B. 纹层石近照，示密集发育的亚毫米级明暗纹层对（北京十渡）；C. 厚层状黑色纹层石底部层面上显示的小丘状突起，形似小叠层石（河北野三坡）；D. 黑色纹层中的浅色微晶白云岩与含鲕透镜体（岩石薄片，北京十渡）；E. 显微照片，示纹层石中明暗纹层的两种不同组构（北京十渡）。亮纹层由微晶颗粒组成，暗层由纤维状文石假晶等厚层构成；F. 显微照片，示纹层石中明暗纹层的两种不同组构（河北怀来），文石纤维形成小晶体扇

元古代样品中，单个纹层的厚度明显比上述近代样品的要小，这可能主要与成岩压实作用有关。雾迷山组纹层石内缺乏陆源碎屑颗粒，表明其可能主要由原位碳酸盐沉淀矿化微生物席层而形成。

暗色纹层内垂向生长的微亮晶质纤维可识别出下列三种排列形式：①晶体纤维向上轻微发散，形成略呈放射状排列的簇状或小晶体扇（图 6.3F）。单个扇体一般高 0.1~0.5mm，与纤维纹层的高度相当，顶部宽 0.1~0.7mm。扇体中的晶体纤维向上略有变粗，晶体末梢呈锯齿状或羽状，具不规则消光特征（图 6.3E，F），表明其前身原始矿物为纤维状文石（如 Sandberg，1985；Peryt et al.，1990）。小晶体扇常顺层连接，从而形成微亮晶纤维纹层。文石纤维一般止于上覆的微晶颗粒层之下。② 密集生长的垂向纤维平行排列，构成纤维状等厚层（图 6.3E）。其中晶体纤维无明显向上变粗的特征，也不向上发散。由它们形成的等厚纤维层厚 0.1～0.5 mm。③ 由矿化的丝状细菌集合体形成小扇状体（图 6.4A）。在这种微组构中，纤维体向上轻微发散，形成的小扇状体大小与第一种微组构相似。但纤维体顶端不太整齐，单个纤维宽约 20～50μm。在一些保存较好的样品中，可见单个纤维由向上发散生长的丝状细菌集合体矿化而形成，单个菌丝宽 600～950nm（图 6.4B）。它们的集合构成了单个纤维体的格架。在高倍放大情况下，可见纤维体中存在大量丝状细菌残余（图 6.4C）。此外，在暗纹层内还可进一步识别出次级的微米级明暗相间微纹层，厚 10～40μm 不等。这些次级暗色微纹层较薄，而浅色微纹层较厚（图 6.4D）。

亮纹层主要由微晶颗粒组成，一般厚 0.1～0.3mm，明显薄于纤维状微亮晶层（图 6.3E，F）。显微观察显示，亮纹层内含有较多微球粒（图 6.4E）以及大体顺层或倾伏生长、与微晶不规则交织的丝状细菌及其集合体（图 6.4F）。单个丝状菌的直径与在暗色纤维层内观察到的菌丝相当。在浅色微晶颗粒层内，丝状细菌的丰度较暗色纤维层内稀疏，而相对富集微晶。特别是丝状细菌的分布样式以顺层为主，与暗色纤维层内垂向为主的生长样式形成鲜明对比。尤其值得注意的是，在这种浅色颗粒纹层内发育大量微球粒。球粒核心直径一般为 10～20μm，富含有机质，表现为密集的微小球状菌或丝状细菌残余（图 6.4E）。核心被宽约 20μm 的微亮晶质外环所包围，明显缺乏有机质，常由边界不太清晰的半自形晶体构成（图 6.4E）。这种球粒可能代表矿化较充分的细菌体，其形态也或多或少地呈多边形。随着进一步的发展，它们有可能形成自形微晶体。此外，也见部分球粒的外环由放射状排列的针状短纤维构成，内核中的细菌残余也比较明显。另外还有一些结构不明显的球粒，多呈不清晰的微团状（clumps）。这三种不同形态的微球粒，可能反映了不同的矿化程度。类似的球粒在近代微生物岩以及微生物沉淀实验研究中均有广泛的发现（Chafetz，1986；Chafetz and Buczynski，1992；Pedone and Folk，1996；Sprachta et al.，2001；Dupraz et al.，2009；Spadafora et al.，2010；Perri and Spadafora，2011；Jimenez-Lopez et al.，2011；Perri et al.，2012），多被认为与微生物或有机质作用相关。从我们研究的实际情况看，这些微球粒可能也属细菌体或细菌集群矿化的产物。其核部有机质为外环的微亮晶沉淀及其成核作用（nucleation）提供了有利的垫板（templete）和微环境条件。

3. 纹层石的超微组构及可能的微生物过程

通过 FESEM 观察发现，在明暗纹层内有四种可识别的超微组分：① 残余有机质，包括矿化的细菌细胞以及 EPS 残余。② 有机矿物（organo-minerals），包括纳米颗粒与多面体，它们与有机质密切相关并共生。③ 微孔构造，可能属微生物降解后留下的空模（mold）。④ 纹层内发育的极细微纹层，通常仅厚 1～5μm。

在浅色微晶颗粒纹层内的丝状细菌体和 EPS 残余（图 6.5A）保存较好。丝状细菌

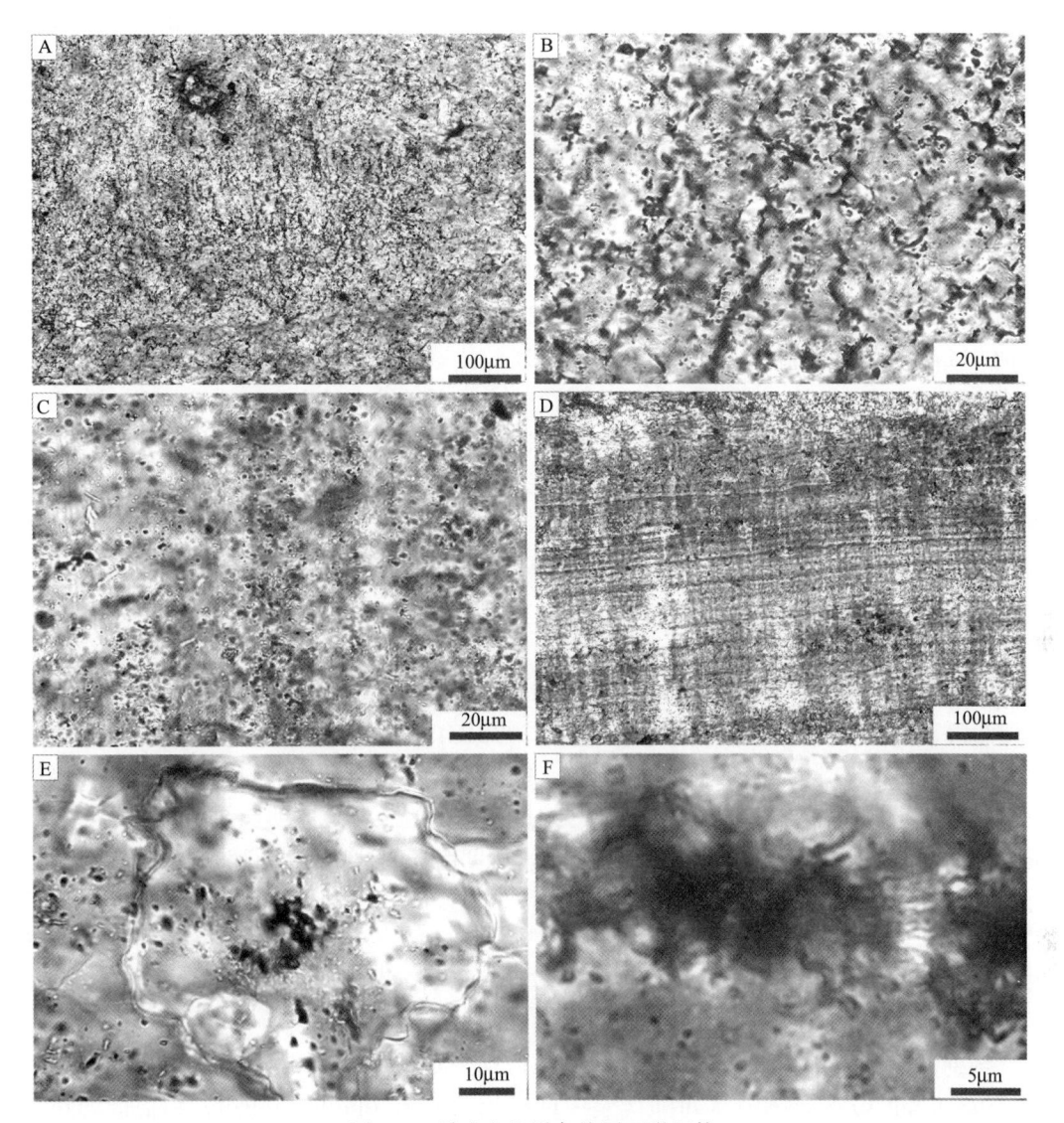

图 6.4　雾迷山组黑色纹层石微组构

A. 纹层石暗色纹层中由矿化丝状细菌集合体形成的微小扇状体（河北野三坡）；B. 暗色纹层中的丝状细菌（河北野三坡）；C. 暗色纹层中纤维体内的丝状细菌残余（河北野三坡）；D. 暗色纤维纹层内发育的次级微纹层构造（河北怀来）；E. 亮纹层内发育的微球粒。其核心明显富有机质，而外环为微亮晶质，贫有机质（河北野三坡）；F. 亮纹层内的丝状细菌体，大体沿纹层水平延伸（河北怀来）

直径约 800nm，长可达 $8\mu m$，呈不规则弯曲状。球状菌与细菌丝状体的直径相近，往往可见其中心部分颜色较深，并被浅色微亮晶环边包裹。薄片中有些呈椭圆形的球体可能属丝状菌的断面。EPS 多呈非晶质丝带状或板片状，其边缘有时可见黏液状拉伸的特征（图 6.5B）。EPS 常与丝状细菌共生，或围绕在其附近，并常见由 EPS 丝状体环绕微孔形成蜂巢状（alveolar）构造（图 6.5B）。在纤维状纹层中虽然也有丝状细菌残余，但 EPS 明显较少。与球状菌相似的微球粒多集中在纤维体内部。

在浅色微晶颗粒纹层内见有较多直径约 30～80nm 的颗粒。它们常集中出现在细菌体或 EPS 附近（图 6.5B，C），但较少直接出现在细菌体表面。在一些情况下，可见纳米颗粒有聚集形成多面体的趋势（图 6.5D）。多面体直径约 100～300nm，表面常呈四边形或六边形。它们可进一步聚合或融结形成较大的微晶体或微球粒。在暗色纤维状纹层中，纤维结晶较好，具完全解理。在个别部位可见与 EPS 伴生的三角体（triads）。这种三角体以集合体形式出现（图 6.5E），并构成晶体纤维的一部分，可形成不很清晰的微球粒。由三角体构成的集合体在现代微生物岩中也有发现（Buczynski and Chafetz, 1991; Spadafora et al., 2010; Perri and Spadafora, 2011; Perri et al., 2012; Manzo et al., 2012），也可集合形成团粒或球粒状，并被解释为有机矿物和微生物成岩的标志。在一些纤维晶体的边缘或晶体内，可见较多的微孔（图 6.5E），直径多为 0.3～2μm，形态较不规则。这种微孔通常被认为可能与微生物活动相关，或代表微生物细胞分解后留下的空模（Bosak et al., 2004）。在高倍放大条件下，可见微孔被丝或带状非晶质 EPS 所环绕，共同形成蜂巢状构造（图 6.5B），EPS 往往构成微孔的边缘或脊。这种蜂巢状构造在现代微生物岩中发现较多，是 EPS 一种常见的重要特征（Sprachta et al., 2001; Dupraz et al., 2004, 2009; Aloisi et al., 2006; Spadafora et al., 2010）。

扫描电镜观察显示，在明暗纹层内往往还存在着更小级别的微细纹层（图 6.5F）。在暗色纤维层内比较清晰，仅厚约 1～5μm，也具有明暗交互的特点。这种相对较暗的极细微纹层在结构上以短纤维状晶体为主，而相对较亮的微细纹层内颗粒状微晶比例较高。这种极细的微纹层在结构和性质上与纹层石内宏观上可见的明暗纹层（亚毫米级）、显微尺度的细纹层（10～40μm；图 6.4D）具有可比较的性质，可能都与某种周期性的环境条件变化有关。在成因上可能最相似于现代钙华、泉华以及硅华中的纹层（如 Chafetz and Buczynski, 1992; Janssen et al., 1999; Jones et al., 2005; Shiraishi et al., 2008; Berelson et al., 2011），与季节性或年度气候变化相关的环境因素有联系（Kano et al., 2003; Shiraishi et al., 2008; Jones and Renaut, 2010）。

特别需要指出的是，沉积岩中发现的类似纳米颗粒（nanoparticles；或也称纳米球粒 nanoglobules）最早被认为可能代表一种矿化的细菌（Folk, 1993），相似的颗粒也在火星陨石中发现（McKay et al., 1996），并随后被命名为一种新的细菌"*Nannobacteria*"属（Kajander and Cifticioglu, 1998; Folk, 1999; Folk and Lynch, 2001）。后来进一步的研究证明，这种纳米颗粒本身并不是细菌体，而是有机质降解的产物（Schieber and Arnott, 2003），是有机大分子（如蛋白质和多糖类）与矿物质合成的混合体（Young and Martel, 2010）。因而，近年在现代矿化微生物席以及微生物岩中发现的纳米颗粒（Lopez-Garcia et al., 2005; Kirkland et al., 2008; Sánchez-Román et al., 2008; Bontognali et al., 2010; Spadafora et al., 2010; Perri and Spadafora, 2011; Perri et al., 2012; Manzo et al., 2012），多被解释为 EPS 在缺氧条件下降解的产物，代表一种有机-矿物集合体（Benzerara et al., 2010; Pacton et al., 2010）。最近，在澳大利亚新元古代埃迪卡拉系碳酸盐岩中发现的类似纳米颗粒则被认为可能属无机成因（Lan and Chen, 2012）。其主要证据是经 NanoSIMS 分析，在类似

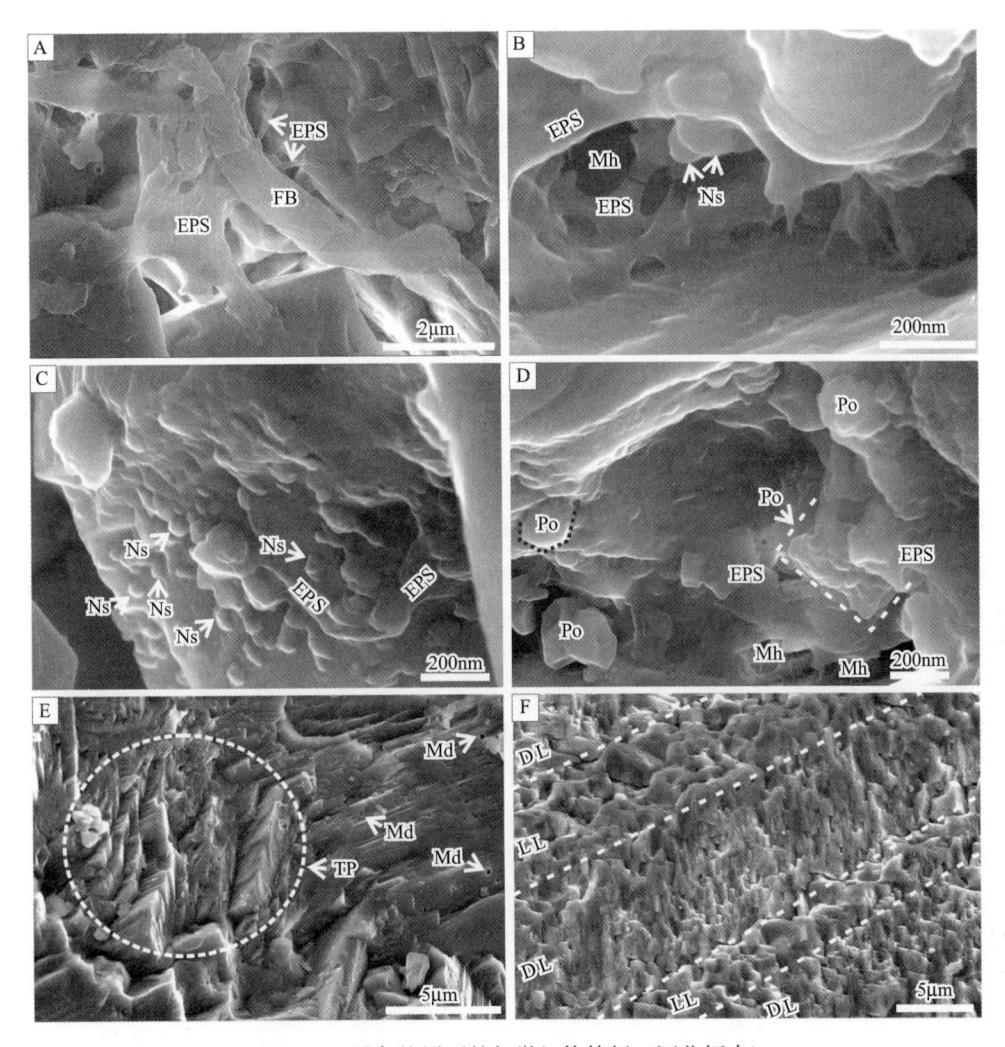

图 6.5　黑色纹层石的超微组构特征（河北怀来）

A. 微晶颗粒纹层内丝状细菌体（FB）和 EPS 残余；B. 微晶颗粒纹层内具黏液状拉伸特征的 EPS，由 EPS 丝状体环绕微孔（Mh）形成蜂巢状（alveolar）构造，以及与 EPS 密切伴生的纳米颗粒（Ns）；C. 微晶颗粒纹层内由纳米颗粒聚集（Ns）而成的多面体晶体；D. 微晶颗粒纹层内与 EPS 密切伴生的多面体晶体（Po）；E. 暗色纤维纹层内发育的三角形多面体集合（TP）及纤维状晶体中发育的微孔（Md）；F. 暗色纤维纹层内的明（LL）暗（DL）微纹层

的纳米颗粒中未发现生物代谢所必需的 C、N、S 等元素。但值得注意的是，这些纳米颗粒并不与 EPS 或微生物残余所共生。

上述研究表明，雾迷山组的黑色纹层石几乎完全由堆叠的微生物席层石化而成，是一种重要的微生物岩类型。显微与超微研究均表明，纹层石中含有大量微生物化石和有机质残余。明暗纹层对偶层内存在的不同结构可能主要与季节性变化导致的微生物生长方式以及矿化过程的差异相关。暗色纤维状纹层中的晶体纤维至少部分（并可能全部）是由垂向生长的丝状集群细菌矿化而形成，虽然可能受到了再生成型（neomorphosed）

和重结晶的影响。浅色微晶颗粒纹层主要由俯卧生长的丝状细菌和微生物球粒构成。它们都代表了原始的微生物席层。它们的快速石化与保存状态表明，纹层石主要形成于静水、缺氧-贫氧的海底环境条件。在这种环境条件下有利于大量硫酸盐还原细菌发育，而强烈的 BSR 作用则是导致碳酸盐沉淀和微生物席快速石化的重要原因。同时，在这种条件下，经氧化分解的有机质比例相对较低，因而在黑色纹层石中保存了丰富的有机质。仅从黑色纹层石形成的环境条件考虑，其原始的生物生产力应该很高，具有较大的成烃潜力，应该是华北地台中元古代碳酸盐岩中一种重要的新的潜在烃源岩类型。

四、微生物岩礁

微生物岩礁是指那些与显生宙由具骨骼后生动物形成的礁体结构相似的大型微生物岩建隆。在前寒武系发现的微生物岩建隆或微生物岩礁不少，特别是在新元古代晚期碳酸盐岩中发育较多，研究较好（Grotzinger，1989；Turner et al.，1993，1997；Grotzinger et al.，2005；Adams et al.，2005）。在这些建隆中，往往有较大比例的钙质微生物和钙藻，同时也含有部分后生动物化石。目前，在中元古界报道的大型微生物岩礁很少（Narbonne and James，1996），人们对这个时期的微生物岩礁体结构、主要造礁生物类群以及礁体骨架的形成机制与矿化过程还缺乏深入的了解。

在华北地台中元古代碳酸盐岩中，目前已知在铁岭组发育有较大规模的叠层石建隆，层厚可达 10～20m，宽数十米。内部以成排出现的柱状叠层石为主，大都发育较清楚的外壁构造；柱体内纹层结构明显，柱间充填有较多叠层石碎屑以及泥质和海绿石颗粒。这种微生物岩建隆过去已有较多的研究，不再重复。这里重点讨论高于庄组第四段的微生物岩礁。

1. 微生物岩礁的主要组分与骨架结构

在北京延庆地区，发育有规模巨大的微生物岩礁（图 6.6A），分布限于高于庄组第四段（梅冥相，2007），与下伏地层界线清楚。在干沟剖面出露的礁体，主要由叠层石组成（图 6.6B，C）。该礁体在延庆干沟、秀水湾、马鹿沟，以及水头村多条剖面上均有良好出露。该微生物岩礁在不同剖面上厚 90～250m 不等，空间上近北东向延伸超过 30km，总体上向西变薄。在野外地层剖面上，礁体呈浅灰色，块状—巨厚层状，层理不明显（图 6.6A），常形成陡峻的悬崖。礁体由丛状-不规则分支管状形成格架（图 6.6B，C），礁体孔洞十分发育（图 6.6D）。

对不同剖面的野外观察及室内研究表明，高于庄组第四段的微生物岩礁主要岩性为细晶-泥晶白云岩，几乎不含陆源碎屑。从其内部结构和组成看，主要有三种基本组分。

1）柱状-分枝状叠层石和形态多变的凝块状微生物岩。它们是礁体的主要组成部分，并以不同的方式集合构成礁体的格架结构，其含量约占礁体总体积的 35%～65% 不等。据野外露头观察，礁体内叠层石大多呈丛状或分支管状（图 6.6A，B），但大多不具明显的外壁，风化后略呈棕黄色-浅黄色，勉强能区分出柱状体或丛状体结构。柱体并不粗壮，宽度一般小于 10cm，但可高达 2m，呈不规则分支状向上生长。由于重结晶影响，柱体内部的纹层不很清晰，也不像通常在近岸浅水环境的叠层石中那样规则。仅在个别情况下可见向上平缓隆起的较厚纹层（常具有纤维状组构）与浅色微-泥晶碳酸盐岩沉积呈薄层交互，形成微弱的叠层结构特征。部分纹层由相对富集微生物残余的纹层和相对富集微亮晶的沉淀层交互组成（图 6.6C）。有些微亮晶沉淀层具有微弱可辨的纤维状结构。一般在纹层中部较厚，向两侧略有收敛，但在两侧并不明显向下披覆，

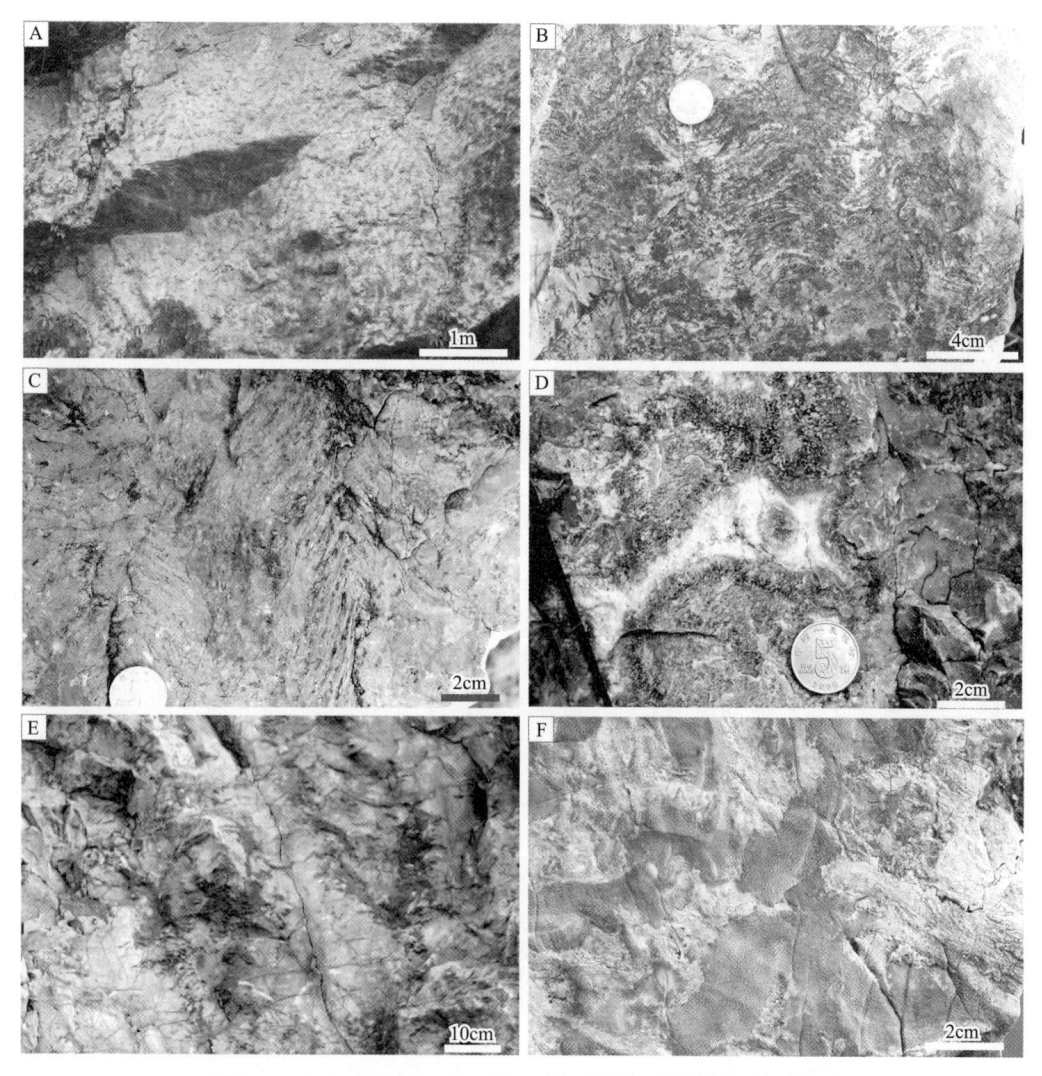

图 6.6　北京延庆高于庄组第四段微生物岩礁沉积与结构特征

A. 由微生物岩礁体构成的块状白云岩地层露头，礁内不规则分枝叠层石构成骨架结构；B. 礁内发育的波纹状叠层石；C. 柱状叠层石近照，示其轴部纹层上拱呈尖顶状以及交互的纹层；D. 礁内发育的大量晶洞，其内充填强烈重结晶白云石；E. 礁体内不规则分布的丛状凝块；F. 斑块状鱼骨状方解石（白云岩化）胶结物

极少形成像在铁岭组中可见的那种柱体边壁构造。在分支的柱体边缘以及丛状体之间，也时常可见形态不规则的凝块状组构。这种凝块与雾迷山组凝块石中所观察到的凝块特征相近，其边缘也时常发育由纤维状文石晶体组成的不规则环带。但由于较强的重结晶作用，环边以及微生物凝块内部的微细结构很不清晰，往往较难进一步区分（图6.6E）。

2）微晶白云岩胶结物与格架充填物。浅色微晶白云岩是礁体的重要组成部分，它们多以胶结物形式出现在构成礁体格架的叠层石或凝块石周围，或形成格架空隙中的充填物。这种微晶白云岩较细腻，镜下观察主要由细-微晶白云石组成，很少含有碎屑或颗粒成分，可能代表了原始的胶结物沉积主体。在叠层石或柱体和凝块集合体之间，充填的碳酸盐岩沉积中可见具纹层结构的叠层石或微生物凝块碎屑，其大小一般为0.2～1.5cm，其中一部分仍然可见微细的纹层特征。其他大部分充填物为形态特殊的鱼骨状方解石（已白云石化）（图6.6F）。从总体上看，微晶白云岩胶结物和格架内充填沉积物约占礁体的30%～50%，而鱼骨状方解石约占这些胶结物总量的40%～60%，它们可能代表一种重要的自生碳酸盐岩。

3）孔洞与孔隙充填物。在高于庄组第四段的微生物岩礁中，孔隙构造十分发育。这些孔隙在礁体中不均匀散布，形态多样，以不规则的棱角状孔洞以及弯曲的缝隙最为常见（图6.6D）。孔洞直径0.5～15cm不等，以1～4cm居多。有些孔隙可长达60cm，宽6cm。在孔隙中部一般充填有强烈重结晶的白云石或次生方解石晶体集合体。多数孔隙边缘可见呈毛发状密集排列、向内生长的纤维状碳酸盐晶体（文石假晶？）痕迹，形成与周边碳酸盐岩颜色与结构明显不同的环边状构造（图6.6D）。环边与周围沉淀胶结物之间的界线并非截然，多呈渐变关系。这种现象可能表明，这些孔隙的形成虽然不排除次生成岩作用的影响，但可能主要与礁体形成过程中发育的孔洞相关，而这些向内生长的纤维状组构最可能与微生物诱发或有机质影响的碳酸盐沉淀相关。这种从孔洞边缘向内生长的方式，表明其形成可能略晚于周边的碳酸盐岩沉积，有可能源于原孔洞内残留有机质的厌氧分解，与细菌硫酸盐还原（BSR）作用有密切关系。从总体上看，这些孔隙及其充填物在礁体中约占总体积的10%。从油气勘察的角度看，具有构成重要储层的条件和潜力。

2. 胶结物组分及其与微结构特征

胶结物组分主要为细腻的微-泥晶白云石，可能代表原始的灰泥成分。其中约50%具有鱼骨状方解石（herringbone calcite）的矿物形态与结构特征（现均已白云石化），表明其原始沉积组分可能为高镁碳酸钙（Sumner and Grotzinger，1996），形成于相对富镁的水体条件（Sumner，1997）。

鱼骨状方解石是一种由独特锯齿状结构的毫米级条纹组成的碳酸盐岩，保留了再成型重结晶（neomorphic recrystallization）的组构特征。这种碳酸盐岩在结构上由垂向交互排列的微齿状明暗纹层带组成（图6.7）。每对纹层厚0.3～1mm，略呈波纹状。显微观察显示，纹层主要由密集排列的狭长晶体构成。晶体长轴与生长带大致垂直，并沿纹层方向密集生长。晶体的下部往往在光学上呈现不定向性，但向上出现定向性，显示与纹层垂直的方向特征。鱼骨状方解石内的亮纹层对应于光学上不定向的狭长晶体的下部。而暗纹层与上部光学定向的晶体相对应。在一些暗纹层中,也存在少量微亮晶。鱼骨状方解石的前身一般解释为高镁方解石(Sumner and Grotzinger, 1996;Sumner, 1997),但在岩层中均保存为白云石或高镁方解石,代表了再成型的产物。鱼骨状方解石和高镁方解石间的结构差别往往被解释为由于先前的文石或低镁方解石的再成型(neomorphoses)作用所致。

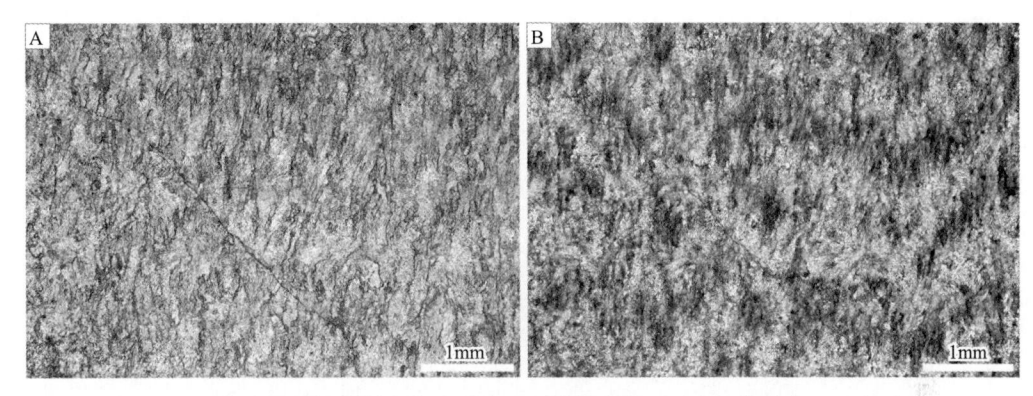

图6.7 高于庄组第四段微生物岩礁中的鱼骨状方解石显微组构特征(北京延庆)
A. 单偏光;B. 正交偏光。短纤维状晶体呈束状垂向排列,构成波状起伏的微纹层

在高于庄组第四段微生物岩礁中出现的鱼骨状方解石,其微组构特征与太古宙以及古元古代的同类沉积极为相似。但很少以具有明显厚度的层状体出现,而主要表现为形态不规则的团块状或斑块状(图6.6F),直径可达15～20cm。它们与周围岩石并不形成截然的边界,虽然在结构特征上明显不同。从这些特征上看,高于庄组第四段的鱼骨状方解石沉积很可能大部分是以孔洞充填形式沉淀的。

鱼骨状方解石主要发现于前寒武纪碳酸盐岩中。它们或以胶结物形式出现,或以孔洞充填物形式出现,属自生碳酸盐岩。这种碳酸盐岩在太古宙和古元古代碳酸盐岩中尤其丰富,常可形成厚达20cm的明显结壳层,横向可追溯到140km以上(Sumner and Grotzinger, 1996;Sumner, 1997)。它们被认为属特定海洋化学条件下形成的一种碳酸盐海底沉淀(Sumner and Grotzinger, 1996;Grotzinger and Knoll, 1999;Grotzinger and James, 2000),与海底缺氧、水体中碳酸钙超饱和,以及富含碳酸盐沉淀抑制剂(如Fe^{2+}、Mg^{2+})的环境和海水化学条件相关。在中元古代地层中,主要见于潮下带叠层石之中。在显生宙碳酸盐岩中,鱼骨状方解石罕见,完全缺乏成层的鱼骨状方解石沉积,仅在个别情况下以孔隙充填形式见于生物礁内部(Savard and Bourque, 1989;de Wet et al., 1999, 2004),并与有机质共生(Sumner and Grotzinger, 1996;Grotzinger and Knoll, 1999;Grotzinger and James, 2000;de Wet et al., 2004)。从太古宙至显生宙,以鱼骨状方解石为代表的海底碳酸盐沉淀明显减少以至消失,这种长期变化(secular change)趋势被认为反映了海水化学条件的历史演变过程(Sumner and Grotzinger, 1996;Sumner, 1997;Grotzinger and Knoll, 1999;Grotzinger and

James，2000)。因此，鱼骨状方解石往往被视为能够反映海底缺氧环境条件的重要岩石学标志（Sumner and Grotzinger，1996；Sumner，1997)。

3. 微生物岩礁的形成机制与可能的微生物过程

生物礁形成的重要条件是有大量造礁生物的发育以及适合造礁生物发展的环境。显生宙以后的生物礁主要由具骨骼（skeletal）的后生动物所形成，其坚实的钙质骨骼是形成生物礁格架的重要基础。但在前寒武纪具骨骼生物出现之前，生物礁主要由微生物群形成。除在新元古代晚期（约0.85Ga）开始出现具钙化外壁的微生物外（如 *Girvanella*；Pratt，2001），此前的微生物大多不具钙化外壁（Knoll and Semikhatov，1998；Riding，2006a；Kah and Riding，2007)。在这种条件下，微生物礁、特别是大规模礁体的形成必须具备迅速钙化（石化）的特点，从而能够形成坚实的微生物礁格架，并为大量微生物的发育提供可附着的基底。

现代微生物岩的研究表明，微生物钙化的速度很快。特别是在钙华和硅华中，微生物的石化甚至可以发生在微生物群仍然活跃的生长期（如 Jones *et al.*，1997，2005；Berelson *et al.*，2011)。这种快速的石化，要求水体具有过饱和的溶解矿物质（如 $CaCO_3$、SiO_2)。另外也要求有活跃的微生物作用（如光合作用和BSR作用）诱发碳酸盐大量沉淀，从而使微生物群快速钙化。普遍认为，光合作用是浅水环境中微生物诱发碳酸盐沉淀的重要机制之一（Arp *et al.*，2001，2010)。但是，近年的研究也发现，自养微生物的光合作用（$CO_2 + H_2O \longrightarrow CH_2O + O_2$）通过吸收 CO_2 会导致微生物席表层碳酸钙溶解（Visscher *et al.*，1998，2000；Sánchez-Román *et al.*，2008；Meister *et al.*，2011；Glunk *et al.*，2011)。而细菌硫酸盐还原（BSR）作用（$CH_2O + SO_4^{2+} \longrightarrow HCO_3^- + HS^-$）则是通过产生重碳酸盐（$HCO_3^-$）诱发碳酸盐快速沉淀的一种高效微生物过程（Aloisi *et al.*，2006；Dupraz *et al.*，2009；Spadafora *et al.*，2010；Perri and Spadafora，2011)。因此，在现代微生物岩以及正在石化的微生物席中，矿化往往发生在表层微生物席之下，与BSR作用的高峰带相对应（Visscher *et al.*，1998，2000；Glunk *et al.*，2011；Arp *et al.*，2012)。而活跃的BSR作用主要发生在缺氧环境条件下（Dupraz *et al.*，2004，2009)。

如前所述，高于庄组第四段微生物岩礁中发育大量的鱼骨状方解石。这种特殊沉积一般均指示缺氧-贫氧的环境条件（Sumner and Grotzinger，1996；Sumner，1997；de Wet *et al.*，1999，2004；Kahle，2001；Johnston *et al.*，2009)。因此，高于庄组第四段大规模微生物岩礁的发育，可能反映了在缺氧-贫氧的海底条件下活跃的BSR作用。后者可能是微生物岩礁能够快速石化并构成坚实格架的主导微生物作用过程。而光合作用则是产生大量有机质，并为活跃的微生物群落和BSR作用提供"能量"的重要前提。这些微生物作用过程为烃源岩的形成创造了物质与环境条件。因而，高于庄组第四段新发现的大规模微生物岩礁应被视为一种具有重要潜力的烃源岩类型，应该在下一步的油气勘查中予以充分的重视。

第二节 新元古代的甲烷渗漏与烃源岩的形成

一、现代海底甲烷渗漏

1. 现代海底甲烷渗漏及其机制

现代海洋沉积物中普遍含有一定数量的烃类气体，一般认为其成因与微生物的产甲烷作用、沉积物中的有机质随深埋而产生的热降解作用，以及深部烃类气体的上逸等地质过程有关。沉积物中的烃类气体通常以甲烷为主，由于它具有相对较轻的比重，会随着沉积物的不断埋深而趋于向上逃逸。一些沿破裂带逃逸的甲烷等烃类气体可能向上渗漏到达海底表面，在沉积物-水界面喷出形成冷泉（图6.8左）。因此，冷泉是一个复杂的海底表面流体活动现象，通常发育于大陆边缘，周围环境温度与海水相近，气体以甲烷等烃类为主。在生境型划分上（殷鸿福等，2008），海底冷泉发育的环境大致相当于第Ⅲ至第Ⅵ生境型，尤其发育于第Ⅵ生境型中。海底甲烷冷泉通常沿海底构造带和高渗透地层呈线状成群分布，也可以围绕泥火山或盐底辟的顶部呈圆形或不规则状成群出现。在海底地形低凹处和峡谷转向处，也有孤立的冷泉分布。快速喷发的冷泉通常发育有泥火山和富甲烷的流体，并携带大量细粒沉积物。缓慢喷发的冷泉则富含油或气体，在空间上与快速冷泉常过渡伴生。

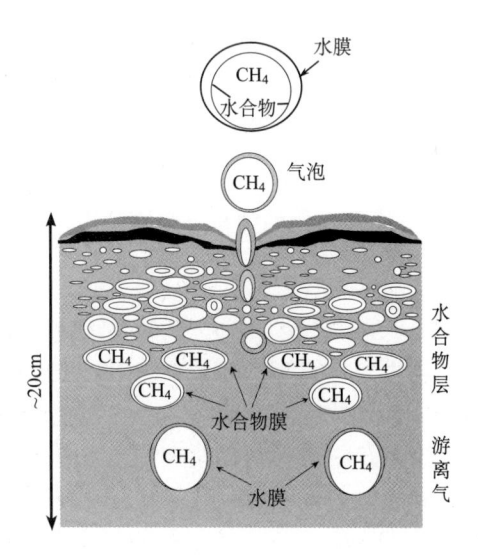

图6.8 现代海底甲烷冷泉（左）和水合物（右）形成示意图（据 Suess et al.，2001，修改）

除了通过海底冷泉喷发作用排放外，沉积物中甲烷等烃类气体可能更多地通过浸染状扩散方式慢慢向海底表面逃逸。在未抵达海底表面之前，以扩散渗漏方式运移的甲烷等烃类气体可能与孔隙水中的硫酸根离子等发生甲烷厌氧氧化反应（AOM）而消耗掉，也可能在上升过程中与温度较低的水分子结合形成固态的天然气水合物（图6.8右）。

天然气水合物的稳定带会随深埋作用、构造运动和岩浆热事件等而发生变化。天然气水合物失稳后所释放的甲烷等烃类气体在抵达海底表面后也可以形成冷泉。

一般认为，驱动甲烷渗漏和冷泉喷出的动力机制主要有：上覆沉积物的快速沉积、成岩压实和胶结作用、构造挤压和变形作用等导致沉积物的孔隙减少和流体压力增大；深部后生作用和成岩作用使得沉积物孔隙流体的密度降低和上升浮力增加；海底沉积物中天然气水合物分解产生的低盐度水和气体使流体密度降低等。

深海钻探计划（DSDP）、大洋钻探计划（ODP）和综合大洋钻探计划（IODP）等大量勘探资料已经证实，在现代海底沉积物表面普遍存在冷泉和泥火山现象，这里是一种重要的海底极端地质环境，其下伏沉积物通常发育有天然气水合物矿藏或者深水油气田。除此以外，由于甲烷是一种极强的温室气体，由海底冷泉活动所释放的甲烷在全球气候和环境变化中起着举足轻重的作用。据估计，现代海底甲烷渗漏和冷泉活动释放的甲烷数量十分巨大，每年进入大气的甲烷约 500 Tg（Caldwell et al., 2008）。无论是以冷泉喷发形式，还是以扩散渗漏形式从沉积物中排放的甲烷等烃类气体，在其复杂的运移途径中都可能与沉积物孔隙流体、海水硫酸根离子、海水和大气圈的游离氧等发生甲烷厌氧氧化（AOM）或有氧氧化反应，从而减少了从海底进入水圈和大气圈的甲烷，也减少了因甲烷氧化而引起的海洋化学环境恶化和温室气候效应等。现代海底的 AOM 过程可形成一套独特的海底甲烷渗漏环境的地质和微生物记录。在漫长的地球环境演化中，海底异常排放的甲烷等烃类气体可造成海水的缺氧、富硫和酸化等突变，甚至导致极端温室气候的出现。已有研究表明，末次冰期的结束可能与异常多的甲烷进入大气圈引起的温室效应有关（Nisbet, 1990），古新世-始新世之间的全球海水增温事件被认为与海底异常甲烷渗漏事件有关（Dickens et al., 1995；Dickens, 1999），新元古代"雪球"地球结束后海底甲烷渗漏事件可能造成了古海洋环境的突变（Kennedy et al., 2001, 2008；Jiang et al., 2003, 2006, 2007；Wang et al., 2008）。

2. 海底甲烷渗漏的地球生物学特征

现代海底甲烷渗漏和冷泉喷发环境通常没有阳光，没有或很少有游离的氧气，富 CH_4 和 H_2S 等有毒气体。这里的微生物大多是化能自养类生物，在分类体系中大多属于细菌和古菌，能够利用海底一些小分子（H_2、H_2S、CH_4、CO_2 等）进行蛋白质的化学合成，维持生命活动所必需的有机碳。在海洋生产力结构中，这些微生物通常构成黑暗生态系统中最低级的生产者（初级生产力），同时为其他宏体生物（次级生产者）提供原始食物。微生物类型主要有 ANME-1、ANME-2 和 ANME-3 的甲烷厌氧氧化古菌，以及 *Desulfosarcina* 和 *Desulfobulbus* 等硫酸盐还原细菌。它们通常以细菌席和内共生体等形式产出。其中，ANME-1 和 ANME-2 甲烷厌氧氧化古菌通常与 *Desulfosarcina*（*Desulfococcus*）硫酸盐还原细菌共生，而 ANME-3 甲烷厌氧氧化古菌通常与 *Desulfobulbus* 硫酸盐还原细菌共生。在 AOM 过程中，上述微生物不仅可以保存有特殊的生物标志化合物，而且还可形成一套独特的与甲烷渗漏有关的地质和地球化学记录。

在现代甲烷渗漏和冷泉环境，除了微生物之外，还营生有一套特殊的宏体生物。据统计，共有117群、211种的宏体生物（海绵、腔肠动物、软体动物、节肢动物、腕足类、棘皮类、苔藓虫、有孔虫和脊椎动物等）（陈骏等，2006；党宏月等，2006；苏新等，2007）。在东北太平洋水合物脊（Hydrate Ridge）的海底沉积物中，生活着一种蛤（Calyptogena），其密度达 150g/m^2；沉积物中硫化物氧化菌（Beggiatoa）的密度达500g/m^2；ANME-2 甲烷厌氧氧化古菌和硫酸盐还原细菌的丰度高达 10^{10} 个细胞/mL（Boetius et al.，2000）。现代黑海海底是甲烷渗漏和冷泉发育的典型海区之一，在其海底表面的微生物密度高达 10^{12} 个细胞/cm^3，相当于沉积有机碳密度 25mg C/cm^3（Michaelis et al.，2002）。由此可见，在现代海底甲烷渗漏和冷泉环境下，发育有丰富的微生物和宏体生物，它们是现代海洋黑暗生态系统的重要组成部分，具有独特的生物学、生态学和地球化学特性，原始生产力相对较高。

在现代海底甲烷渗漏和冷泉环境，有机质也易于保存。冷泉环境的生物通常为化学自养型和异养型，沉积环境中通常富含 H_2S 和 CH_4 等有毒化学组分，缺少游离氧气、阳光和其他光合生物，环境相对比较封闭。在甲烷冷泉渗漏环境形成的原始生产力，通常没有被氧化消耗就基本在原地沉积和保存。宏体生物死亡后的遗骸，也因为缺少氧气和其他更高级生物的改造而基本上在原地保存和埋藏。因此，在海底冷泉环境产生的原始生产力可基本上全部转化为沉积有机质。据估计，在现代黑海海底沉积物中，沉积有机碳含量达 25mg C/cm^3，基本代表了现代甲烷渗漏和冷泉环境被埋藏有机质的保守估算值。此外，异常甲烷渗漏作用也可造成海洋化学环境的明显变化，缺氧、富硫和酸化的海洋化学环境有利于海洋有机质的沉积和埋藏，从而促进烃源岩的形成（王家生等，2007）。

通过地球生物学过程，海底甲烷渗漏作用可形成一套独特的地质学（矿物学、沉积学等）和地球化学等记录，在地貌上通常表现为海底结壳、礁、隆丘和烟囱等地形。碳酸盐、硫化物和硫酸盐等自生矿物是识别甲烷渗漏和冷泉环境最重要的地质和地球化学标志之一（Bohrmann et al.，1998；Suess et al.，1999；Kastner，2001；Elvert et al.，2001；Dickens，2001；Greinert et al.，2001，2002；Wang and Suess，2002；Dickens et al.，2003；Wang et al.，2004）（图 6.9）。碳酸盐自生矿物主要有方解石、白云石和文石等，其产状有丘、结核、硬底、烟囱、胶结物和小脉等。其中，方解石晶格中镁的含量较高，一般大于12%（摩尔分数），以微晶的形式存在。文石中镁的含量大都很低，几乎由纯的 $CaCO_3$ 组成，多以胶结物的形式出现在碳酸盐岩中，镜下常呈葡萄状，大个葡萄体的边缘有围绕其放射生长的纤维状文石。众多的研究结果显示，在天然气水合物背景下沉积的碳酸盐碳同位素具有特别负的值，$\delta^{13}C$ 值一般位于+4‰～-67‰的范围，大多数在-30‰至-55‰或更低，与正常海相碳酸盐（约0‰）有很大的差异。

硫酸盐自生矿物主要有重晶石和石膏等（Dickens，2001；Dickens et al.，2003；Torres et al.，2003；王家生等，2003；Wang et al.，2004）。在圣克莱门特盆地（San Clement Basin）、秘鲁俯冲带（Peru Margin）、墨西哥湾（Gulf of Mexico）和鄂霍次克海（Sea of Okhotsk）等海域均有这些矿物的报道。例如，鄂霍次克海的重晶石烟囱高达 20 多米，覆盖了相当一部分的海底。在圣克莱门特盆地，"烟囱"的规模相对较小些。在墨西哥湾、秘鲁俯冲带和蒙特里海峡沉积物内部，重晶石成岩作用占主要地位。

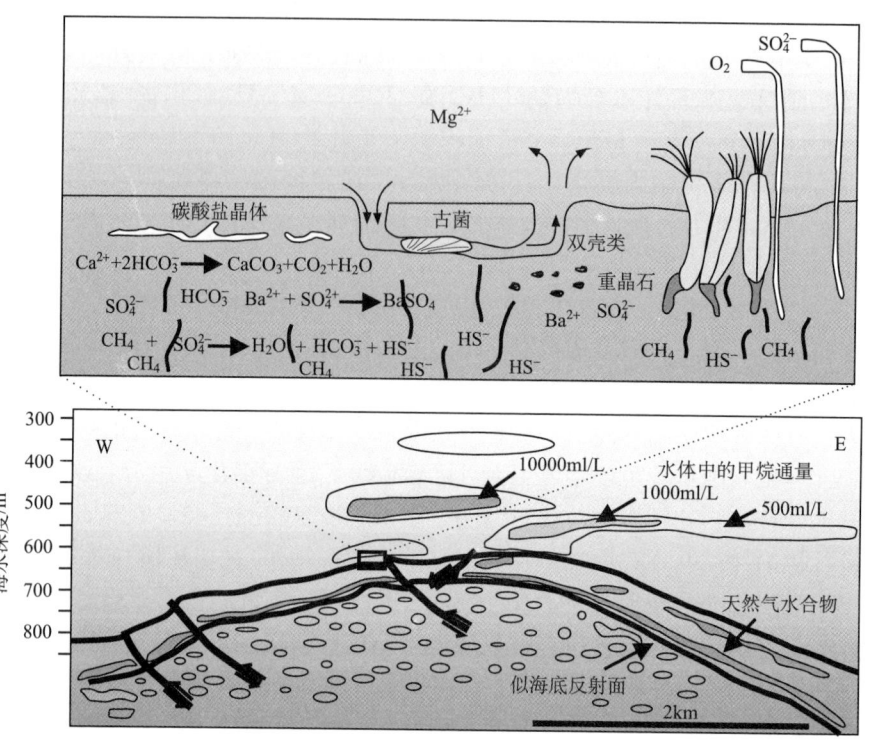

图6.9 现代海底甲烷渗漏和冷泉环境的地球生物学特征示意图(据Kastner et al., 2001, 修改)

在冷泉背景下的自生重晶石表面通常不规则,结构类似"泉华",有着大小不一的孔洞,孔洞可占体积的40%,有时可见双晶。在显微镜下观察,许多晶体形态表现为螺旋形、菱形和树枝状或玫瑰花状。在大的孔洞内部,有时可见几厘米长的重晶石轮廓边,被称为"重晶石花边"。这种现象表明流体从大的孔洞进入,在孔洞内部形成次生重晶石。露出地面的重晶石表面经常覆盖着一层黑色或灰色物质,而重晶石自身的颜色是白色到黄白色。重晶石的硫同位素 $\delta^{34}S$ 介于 $+21.0‰$ 至 $+38.6‰$,显示重硫的特征。石膏是近年来发现的另一种与天然气水合物背景有关的自生矿物,相对报道较少。它散布于沉积物的颗粒间,呈微球粒状集合体,或呈板粒状晶体集合体。集合体内石膏晶体均为自形,略带浅黄色和透明状。微观下两种集合体外形中的石膏均有板状—柱状晶形,具有规则的晶面、晶棱及解理。在水合物背景下形成的石膏,其 $\delta^{34}S$ 变化范围较大,从 $-7.54‰ \sim +8.87‰$,且在不同类型(如微球粒和板粒晶体集合体)中相差很大。

硫化物自生矿物主要表现为肉眼可见的黄铁矿和白铁矿等(颜文等,2000;Greinert et al.,2002;Peckmann and Thiel,2004;刘坚等,2005;陈祈等,2008;谢蕾等,2012)。在AOM和BSR过程中生成的硫化物主要有两类,即酸可溶性硫化物(Acid Volatile Sulfide,AVS)和黄铁矿。AVS是非晶质的 FeS_n,它是在AOM和BSR过程中生成的 H_2S 与孔隙流体中的 Fe^{2+} 和 Fe^{3+} 反应生成的铁硫化物,如FeS和 Fe_3S_4。其中,H_2S、FeS和 Fe_3S_4 统称为酸可溶性硫化物,肉眼一般难以识别,只能通过化学反应识别这类非晶质的自生矿物相。AVS不仅保存着硫铁矿物形成过程中硫化物和铁离子的反应信息,而且记录了甲烷渗漏过程中硫同位素的变化特征。黄铁矿(FeS_2)是甲烷渗漏环境的重要自生矿物之一,其成因通常被认为与微生物作用下硫酸盐的还原过程有关,该过程伴随着有机质或甲烷的厌氧氧化作用和重碳酸氢根离子及硫氢根离子的产生,同时伴随有碳、硫稳定同位素的分馏,产生了^{34}S 亏损的硫化物,并使残留在海水中的硫酸盐相对富集^{34}S。HS^-与孔隙水中的铁离子或沉积物中的碎屑铁矿物反应,生成亚稳定的过渡产物铁硫化物,并最终转化为^{34}S 亏损的黄铁矿。

二、新元古代甲烷渗漏事件的地质记录和分布

1. 甲烷渗漏事件依据

(1) 碳稳定同位素

新元古代甲烷渗漏事件的地质记录研究始于本世纪初。Kennedy 等(2001)发现,相当于陡山沱组第一段"盖帽"碳酸盐岩的碳稳定同位素在全球出现普遍的降低,结合存在的与气体泄漏活动有关的沉积构造等现象,提出了在新元古代"雪球地球"结束后存在大量甲烷水合物释放而排出甲烷的渗漏事件。Jiang 等(2003)在我国三峡地区花鸡坡剖面中发现了"盖帽"碳酸盐岩的微区样品中存在碳稳定同位素极度负偏的记录(−41‰),进一步证实陡山沱早期海洋存在甲烷渗漏事件。此后,有关华南地区埃迪卡

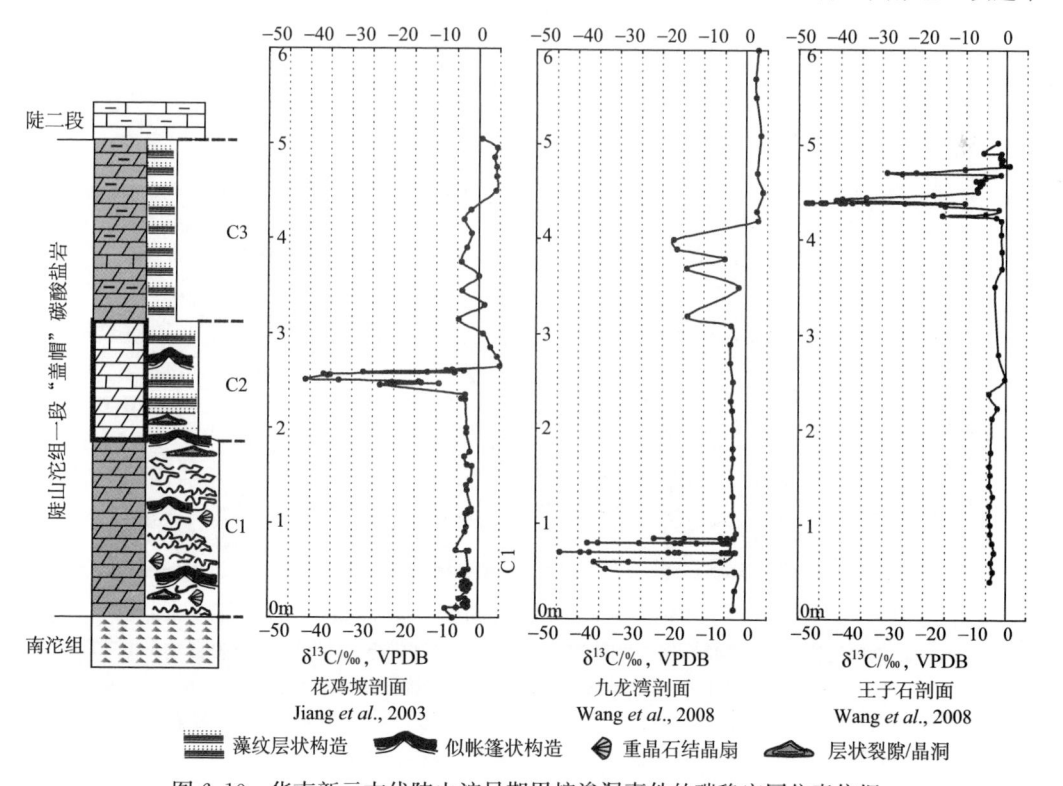

图 6.10 华南新元古代陡山沱早期甲烷渗漏事件的碳稳定同位素依据

拉纪甲烷渗漏事件的研究引起国内外学者的广泛重视。为了排除极度负偏碳同位素因来自一个剖面的岩石微区样品而可能存在分析样品来源和测试结果的偶然性问题，Wang 等（2008）经过长期的野外观察和广泛取样，在湖北长阳土家族自治县的王子石剖面和宜昌九龙湾剖面，发现了大量的全岩和微区"盖帽"碳酸盐岩的碳同位素负偏证据，进一步确定华南新元古代陡山沱早期存在广泛的古甲烷渗漏事件（图6.10）。

（2）沉积构造

现代海底甲烷渗漏和冷泉现象通常伴随有泥火山或泥底辟构造。富含甲烷等烃类气

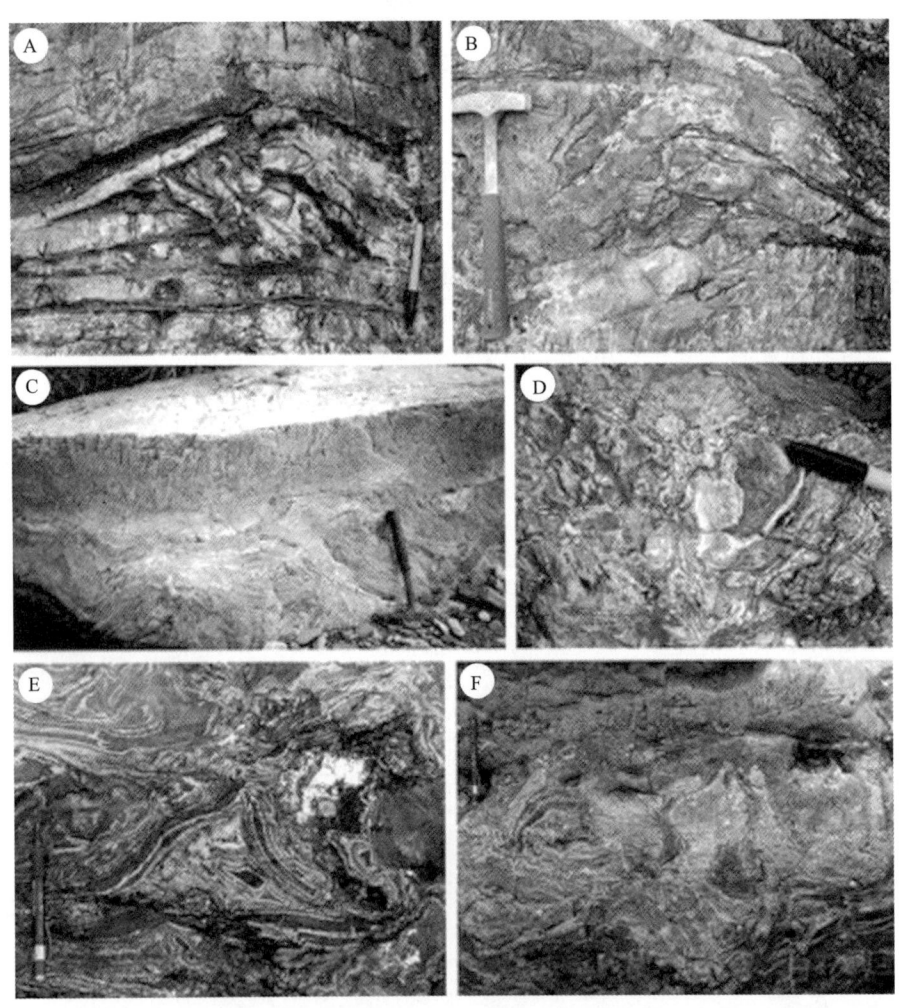

图6.11 陡山沱组"盖帽"碳酸盐岩下部的沉积构造（据蒋干清等，2006）
A. 低突起帐篷构造，轴部角砾化，两侧有层状裂隙，帐篷构造被纹层状碳酸盐岩覆盖，其间由层状裂隙分隔；B. 具角砾化轴部的帐篷构造；C. 相互连接的层状平顶晶洞构造；D. 充填等粒放射状方解石（原生矿物可能为文石）的层状平顶晶洞构造，暗色方解石充填的裂隙将该晶洞与其他晶洞连为一体；E. 角砾化的帐篷构造，具有等厚结构和叠层石状晶洞；F. 垮塌了的帐篷构造

体的流体快速排放可在海底形成麻坑、岩丘、结壳、结核、烟囱和泄水管道等沉积构造，还可造成滑塌构造。蒋干清等（2006）总结了华南新元古代陡山沱组"盖帽"碳酸盐岩中与甲烷渗漏作用有关的特殊沉积构造，主要包括帐篷构造、席状裂隙和胶结状角砾等。

帐篷构造是"盖帽"中最发育的指示流体活动的沉积构造之一，几乎无一例外地出现在层状平顶晶洞、席状裂隙和胶结状角砾集中出现的部位（图6.11）。陡山沱组底部"盖帽"碳酸盐岩中发育的帐篷构造、层状平顶晶洞构造和角砾与现代甲烷渗漏构造现象非常一致。裂隙、角砾和孔洞在陡山沱组以及世界其他各地的"盖帽"碳酸盐岩中相当普遍，与现代甲烷渗漏构造附近碳酸盐结壳及胶结物沉积的情况相似。此外，沿孔洞分布的胶结物中富集黄铁矿也指示了一种厌氧环境，显示渗漏过程中甲烷的缺氧氧化环境，与孔隙和孔洞中碳酸盐的沉积环境相一致。这些与甲烷渗漏特征有关的沉积构造在台地至盆地相广泛发育，这表明新元古代陡山沱早期，包括永冻带在内的整个大陆边缘沉积物中甲烷水合物储库可能在冰期之末都发生了水合物分解和甲烷释放作用。

(3) 自生矿物

现代海底甲烷渗漏过程中可形成一套独特自生矿物组合，主要包括碳酸盐矿物（文石、方解石、白云石）、硫化物矿物（黄铁矿、白铁矿）和硫酸盐矿物（重晶石、石膏）等，这些自生矿物的形貌特征、组合特征和C、O、S等稳定同位素特征是识别甲烷渗漏和冷泉环境最重要的地质和地球化学标志之一。

在新元古代陡山沱组，报道有自生碳酸盐矿物、黄铁矿和重晶石。其中，碳酸盐矿物以白云石和高镁方解石为主，岩石手标本光面上可见扇形晶簇集合体（图6.12），其中的碳同位素具有极低值（−48‰，PDB）（Jiang *et al.*，2003；Wang *et al.*，2008），明确指示其碳源为甲烷厌氧氧化（AOM）的产物。

图6.12 湖北长阳王子石陡山沱组"盖帽"碳酸盐岩手标本光面的扇形晶簇和碳同位素值（‰）（Wang *et al.*，2008）

黄铁矿主要分布于陡山沱组"盖帽"碳酸盐岩底部，呈草莓状和微球粒状显微集合体产出，类似于现代洋底甲烷渗漏环境的黄铁矿晶形。黄铁矿的硫同位素值表现出明显的正值（图6.13），指示其硫同位素分馏可能经历了复杂的硫酸盐还原、硫化物氧化的多次循环过程。

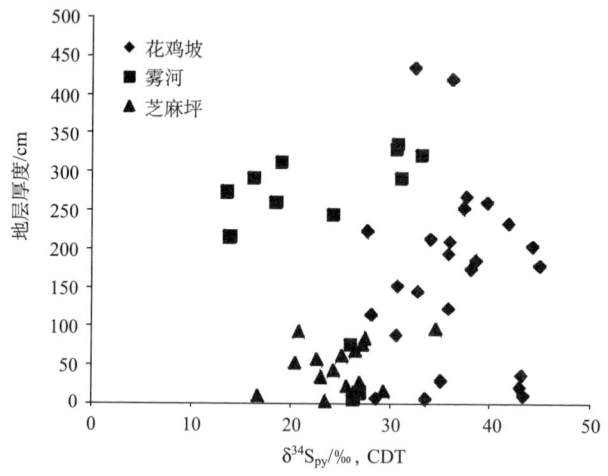

图6.13 湖北宜昌新元古代陡山沱组三个"盖帽"碳酸盐岩剖面中黄铁矿的硫同位素值（陈祈等，2008）

新元古代陡山沱组"盖帽"碳酸盐岩中硫酸盐自生矿物主要为重晶石。在野外露头上，主要分布在底部，呈块状集合体和花瓣状晶簇形貌产出（图6.14），十分类似于现代洋底冷泉口产出的自生重晶石晶形。

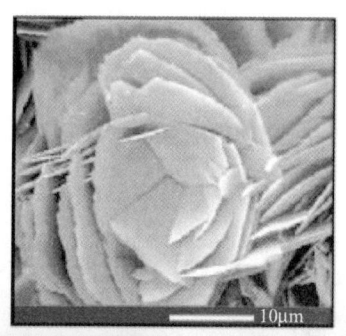

图6.14 现代洋底冷泉中花状重晶石（上，秘鲁大陆边缘；Torres et al.，2003）和湖北宜昌新元古代陡山沱组"盖帽"碳酸盐岩中花状重晶石（下，花鸡坡剖面）

2. 华南新元古代埃迪卡拉纪冷泉沉积区域分布

在华南新元古代埃迪卡拉纪陡山沱组"盖帽"碳酸盐岩地层中，已报道的具有极低碳同位素记录的剖面有 3 个，分别是湖北宜昌花鸡坡（Jiang et al.，2003）、宜昌九龙湾（Wang et al.，2008）和长阳王子石（Wang et al.，2008）（图 6.10）。近年来，在长阳习家坳剖面发现了 $-20‰$ 的全岩碳同位素记录，其成因也可能与甲烷冷泉的厌氧氧

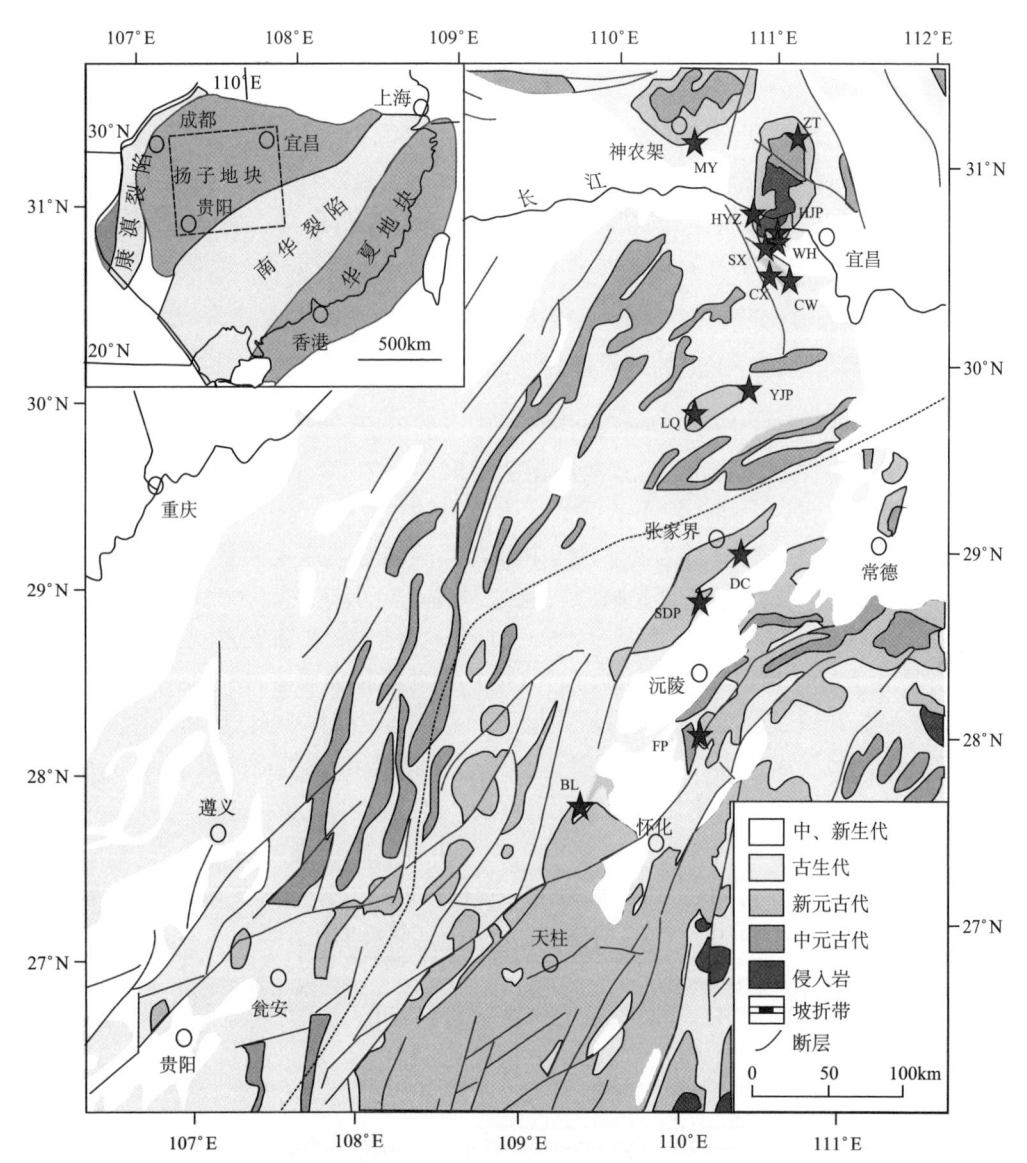

图 6.15 华南新元古代陡山沱早期甲烷渗漏记录的区域剖面分布图

星号代表剖面位置：MY 木鱼坪，ZT 樟村坪土家包，HYZ 九曲垴，HJP 花鸡坡，WH 雾河，SX 泗溪，CX 长阳习家坳，CW 长阳王子石，YJP 杨家坪，DC 大庸蔡家溪，LQ 鹤峰李桥，SDP 大庸四都坪，FP 凤凰潘公潭，BL 铜仁钡黄龙井村

化反应（AOM）有关，还发现大量层状分布的重晶石。一些学者近期的研究成果表明，华南地区埃迪卡拉系陡山沱组"盖帽"碳酸盐岩中普遍存在碳同位素的负偏（Jiang et al., 2006, 2007; Wang et al., 2008)，说明新元古代"雪球地球"结束后的古海洋可能存在广泛的甲烷渗漏作用。从台地、台地边缘、斜坡和盆地等不同相区所获得的"盖帽"碳酸盐岩岩性、碳同位素和沉积构造等资料可知，陡山沱早期的古海洋应该存在甲烷渗漏作用（图 6.15）。

三、新元古代甲烷渗漏作用与烃源岩的形成

新元古代陡山沱早期的甲烷渗漏和冷泉事件，可能导致了当时古海洋的缺氧、富 H_2S、海水分层和温室气体的剧增等一系列环境和气候事件（Bao et al., 2008, 2009）。其中，海洋环境的变化有利于后续沉积过程中保存更多的有机质，很可能导致了陡山沱组第二段的黑色页岩、泥灰岩的形成，使之成为华南地区前寒武系最重要的烃源岩之一。

1. 甲烷渗漏作用与烃源岩形成的地质模式

华南新元古代埃迪卡拉纪早期古海洋存在广泛的甲烷渗漏和冷泉作用，大量的甲烷气体伴随着海侵事件从海底和陆地永久冻土区溢出，改变了古海洋环境和大气成分。由于甲烷的耗氧氧化作用，涌入海水的甲烷气体会消耗海水中大量的游离氧气，造成海水缺氧；涌入大气的甲烷气体，也会与空气中游离氧气结合，产生大量的二氧化碳气体，它们与空气中增多的甲烷气体都是极强的温室气体，可引起地球大气的明显温室效应（Bao et al., 2008, 2009）。与此同时，AOM 将消耗掉海水和表层沉积物中大量的 SO_4^{2-}，并产生大量的重碳酸氢根离子（HCO_3^-）和硫氢根离子（HS^-），它们可进一步形成自生碳酸盐和黄铁矿等固相矿物，并记录了甲烷和硫酸根经强烈分馏后的碳、硫同位素信息。华南地区埃迪卡拉系陡山沱组"盖帽"碳酸盐岩中报道的极低碳同位素组成正是反映了这个甲烷厌氧氧化作用结果（Jiang et al., 2003; Wang et al., 2008），也证实了华南地区陡山沱早期存在广泛的甲烷渗漏事件。华南新元古代不同沉积相区的 $\delta^{13}C$ 变化曲线表明，在"盖帽"碳酸盐岩沉积晚期可能已开始发生了海水缺氧及分层事件（蒋干清等，2006; Shen et al., 2008），指示甲烷渗漏作用改变了新元古代古海洋的化学性质。

陡山沱早期甲烷冷泉事件所导致的海水缺氧、富硫化氢、大气温室气体增加和地球温室效应等结果，十分有利于沉积盆地中有机质的保存和埋藏（图 6.16）。陡山沱早期（陡一段，"盖帽"碳酸盐岩）甲烷渗漏和冷泉事件可能导致了当时全球古海水缺氧和富硫化氢环境，温室效应引起海平面升高、陆地风化作用增强和海水分层（Shen et al., 2008）。不断增加的陆源营养元素也促进了海洋微生物繁盛，增加了新元古代海洋的原始生产力。海洋生产力的提高和特殊海洋环境（缺氧、分层、酸化）使得沉积有机质和埋藏有机质的数量增加，导致陡山沱组第二段富含有机质的黑色页岩和泥灰岩的形成。陡山沱组第二段形成时期的沉积有机质和埋藏有机质的增加，促使一些有机质通过产甲

烷化过程形成甲烷等烃类气体和甲烷水合物，导致无机碳同位素偏向正值（McFadden et al.，2008），并可能使得陡二段古海洋沉积环境长期处于古甲烷渗漏地质环境。因此，陡山沱早期的冷泉沉积及其随后的环境效应可能导致沉积地层的无机碳同位素出现短暂的从极度负漂至正漂的组合旋回。华南新元古界陡山沱组出现的三次碳稳定同位素的短暂负偏移和较长期正偏移组合旋回，记录了陡山沱期古海洋环境的周期性变迁，也可能与周期性的古海洋甲烷异常渗漏和冷泉事件有关。

2. 生烃潜力初步评价

华南埃迪卡拉纪冷泉沉积主要出现在陡山沱组早期"盖帽"碳酸盐岩内，其后的海洋沉积环境变化效应影响到陡山沱组第二段的沉积。"盖帽"碳酸盐岩的厚度大致在 5m 左右，在不同相区变化不是很大。陡山沱组第二段平均厚度大约 50~60m，在台地、台地边缘、斜坡和盆地相区变化比较大。假定以中国石油化工股份有限公司在华南勘探区块内测定的埃迪卡拉系面积（至少在50万平方公里）为依据，以现代黑海冷泉沉积物中有机质密度 $25mg\ C/cm^3$ 作为参考值来估算"盖帽"碳酸盐岩的生烃资源量的参考标准，平均 5m 厚的"盖帽"碳酸盐岩可能保存的总有机碳储量约为 $6.25\times10^{10}t$。计算如下。

$$5m\times500000km^2\times25mg\ C/cm^3 = 6.25\times10^{10}t$$

上述有机碳储量如果按 $400kg/t$ 产油率和 $400m^3/t$ 产气率估算其生烃潜力，陡山沱组"盖帽"碳酸盐岩的原始有机碳储量可以分别产生约 $2.5\times10^{10}t$ 原油和 $2.5\times10^{13}m^3$ 原气。计算如下：

$$6.25\times10^{10}t\times400kg/t = 2.5\times10^{10}t（原始油）$$
$$6.25\times10^{10}t\times400m^3/t = 2.5\times10^{13}m^3（原始气）$$

估算的原始油和气在漫长的后期地质作用过程中会被改造和流失掉，尤其是在受到后期构造运动、热事件和风化淋滤等作用后，它们最终能有多少油气资源保存到现今是一个重大的科学问题。如果按 $1.5kg/t$ 最终产油率比例估算，上述"盖帽"碳酸盐岩地层可大致保存大约 9×10^7t 油资源量，即

$$6.25\times10^{10}t\times1.5\ kg/t = 9\times10^7t$$

类似的评价方法应用于陡山沱组第二段，也可得出另一组数据。假定研究区陡山沱组第二段的厚度平均约 60m。如果按上述背景值来估算陡山沱组第二段的原始油气资源量，其原始有机碳储量大致相当于 $7.5\times10^{11}t$，可产油、气资源量分别相当于 $3.0\times10^{11}t$ 原油和 $3.0\times10^{14}m^3$ 原气，最终可能保存的油资源量大约为 10^9t。

诚然，上述对华南地区埃迪卡拉系甲烷渗漏和冷泉沉积地层的生烃潜力的估算是很初步的。甲烷渗漏和冷泉极端环境中微生物的特征、沉积有机质数量及埋藏环境条件的估算和分析参照了现代海洋甲烷冷泉环境背景数据，其中以现代黑海表层甲烷冷泉背景中沉积物内有机质的丰度（$25mg\ C/cm^3$）作为一个参照，存在一定程度的象征性意义，这个参考值也可能低于新元古代地球上最冷事件（雪球地球）结束后的海洋甲烷渗漏和冷泉背景下沉积物中有机质密度的实际值。陡山沱组第二段沉积环境也参照了现代黑海海底甲烷渗漏背景参数，从中所推算的生烃潜力也只是定性意义的。因此，上述生烃

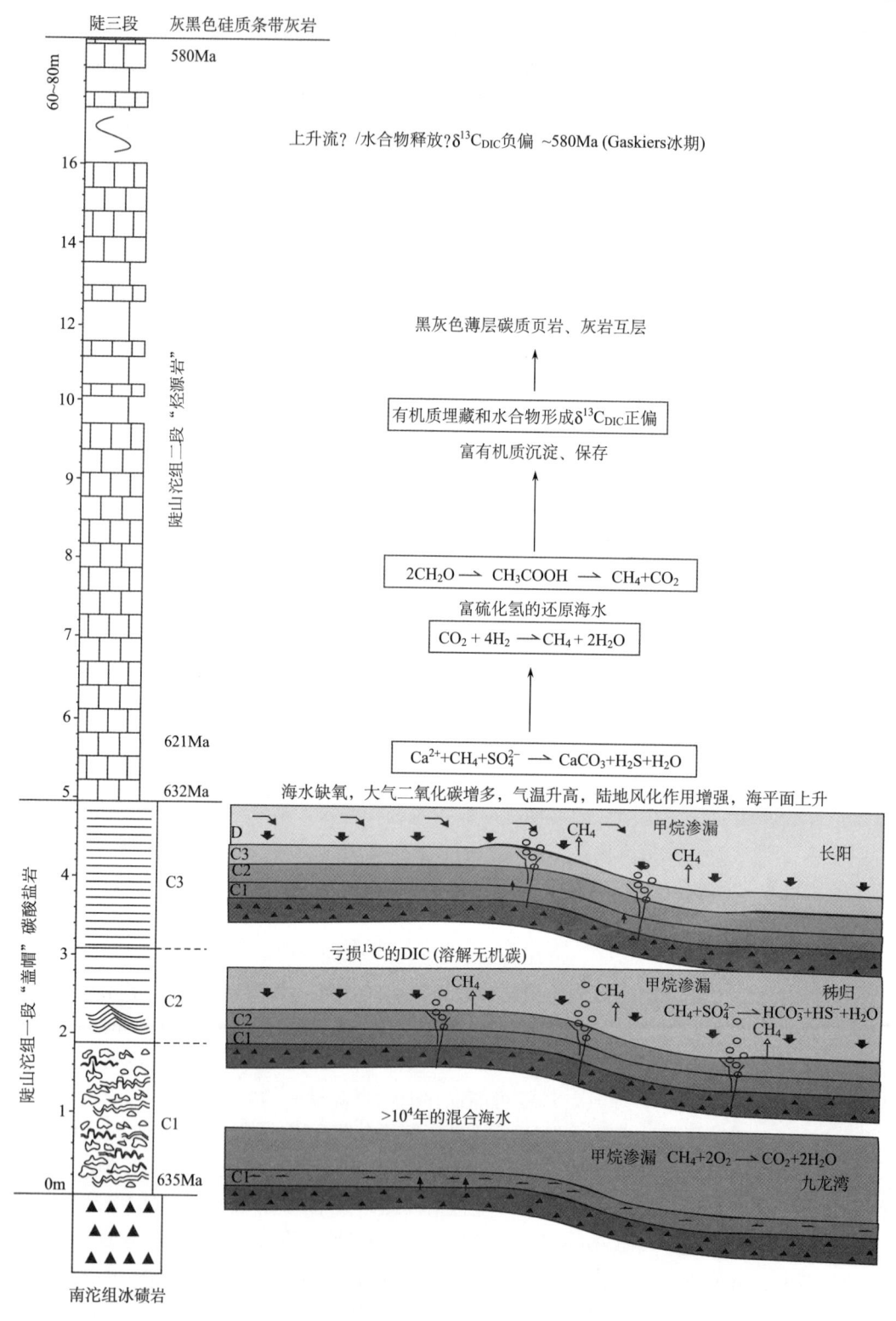

图 6.16　新元古代陡山沱组甲烷渗漏和冷泉作用与烃源岩形成的地质模式

潜力的评价是半定量或定性的。

第三节 二叠纪栖霞组含海泡石灰岩

运用地球生物学方法，在中、上扬子地区开展海相优质烃源岩的正演评价探索，其主要研究对象是浅水碳酸盐岩。本节主要讨论华南地区中二叠世栖霞组烃源岩（特别是含海泡石灰岩）形成的地球生物学过程。

一、栖霞期生境型空间分布和古生产力恢复

1. 生境型空间展布

第四章第五节和第二章第一节已经介绍了广西来宾剖面、重庆华蓥山剖面、贵州纳水剖面和四川广元长江沟剖面的二叠纪生境型特征和划分。这是开展中二叠世栖霞期生境型空间展布分析的基础。众所周知，华南地区二叠纪栖霞组的厚度、岩性和岩相变化不大，反映栖霞期沉积环境在空间分布上较为稳定。生物群落和生境型在区域主干剖面上有较好的一致性，可以进行良好的对比。值得一提的是，在研究区的西侧，出现了一个与斑块状白云岩共生的浅水生物群落，主要的生物碎屑为藻屑，包括少量腹足类、有孔虫（图 6.17）。考虑其化石组成和沉积特征，该段地层沉积环境属于生境型 II_1。该生境型主要分布于滇东北地区（图 6.18）。

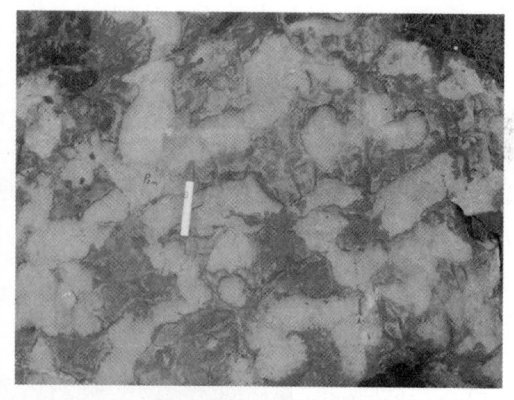

图 6.17 中二叠世栖霞组发育斑块状白云岩的生物碎屑灰岩（云南昆明）

虽然栖霞组的岩性相对于其他时代地层的变化不大、空间分布稳定，但是栖霞组的沉积旋回发育。这给我们确定生境型的空间分布带来一定麻烦。为了克服这个困难，在确定生境型的空间分布时，可以借鉴沉积古地理编图的常用方法。例如，采用以主导类型为主的方法，如上述的滇中-滇东北地区（图 6.18）。或者采用以特征性生境型为主的方法，如四川广元地区。在广元地区，把发育类似的局限台地型的生物群落划归为相同的生境型。虽然该生境型在上寺剖面占栖霞组厚度不足 50%，但它是该剖面栖霞组

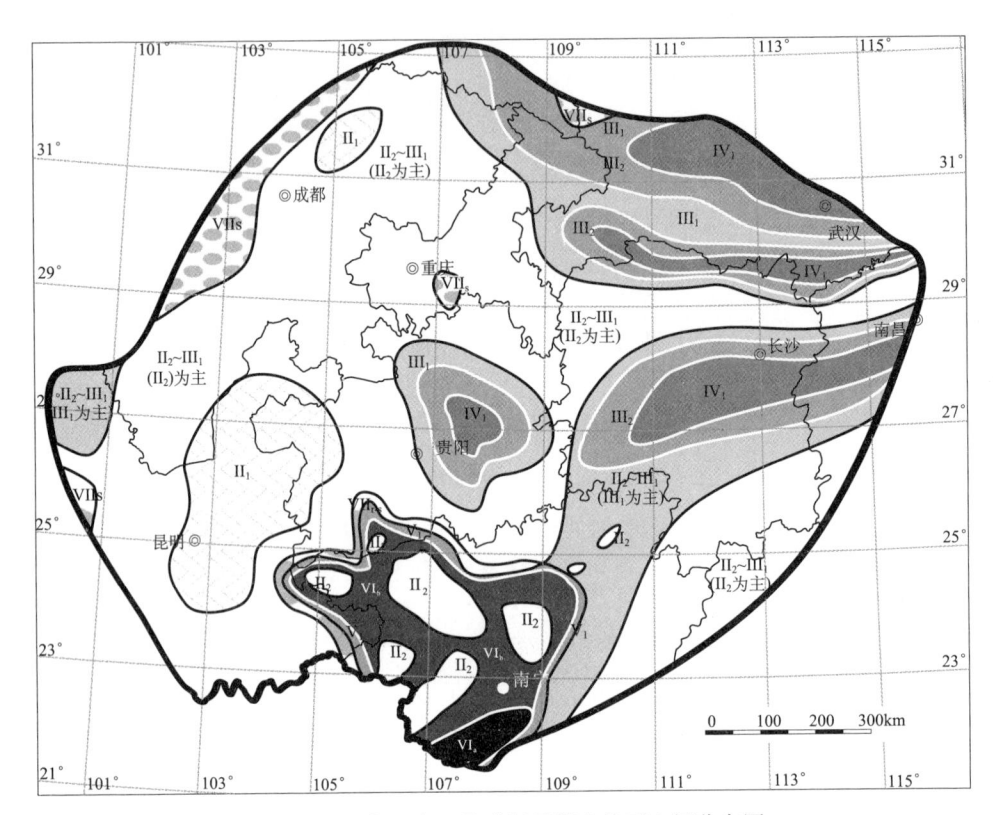

图 6.18　研究区中二叠世栖霞期生境型空间分布图

的特征，这一特征可在四川盆地内区分，而且在区域上也有一定的分布面积（图 6.18）。同样的情况还出现在重庆南川地区，在栖霞组内发育了一层厚度不足 20m 的富含生物碎屑的灰岩，是该地区栖霞组生境型的典型特征。通过以上这些方法，对主干剖面和辅助剖面进行详细的野外工作，并结合前人所测的剖面，编绘完成了研究区栖霞期生境型的空间展布图（图 6.18）。

2. 古生产力变化的地质背景分析

在分析栖霞期海洋环境生物生产力的时候，有必要先了解栖霞期华南地区沉积环境背景的特殊性。华南地区二叠纪栖霞组是一个特殊的碳酸盐岩地层单元。其特殊性在于：①色暗、富含有机质（沥青质）；②富含燧石结核（或硅质层）；③区域分布广，而且岩性和厚度在空间上变化不大；④发育特有的矿物集合体——天青石结核（菊花石）、特征矿物——海泡石；⑤碳酸盐岩稳定碳同位素组成表现为高的正值，达晚古生代的最高值（黄思静，1997；Veizer et al.，1999）。这些特征在华南地质历史上是独一无二的。

在考虑栖霞组的形成时，应该从整个华南地区栖霞组的整体特征进行综合分析。例如，富有机质并不是栖霞组一个孤立的沉积特征，它与其他特征有不同程度的因果关联。综合考虑栖霞组的沉积学特征，上述特征的出现都与栖霞期较高的生物产率有关。具体分析于下。

(1) 岩石学和矿物学背景

1) 燧石结核

栖霞组的燧石结核主要由微晶石英和玉髓组成。在燧石结核内部及其上下围岩中，生物碎屑丰富，结核应该在早期成岩过程中形成。在剖面上，含燧石结核层的分布具旋回性或韵律性。近年来，人们对华南地区二叠纪栖霞组之上硅质岩的成因进行了许多研究，提出了包括热液成因、火山成因和生物成因等多种解释。如果栖霞组燧石结核的硅质来源于硅质生物碎屑，那么按照一般浅水碳酸盐沉积物中有机成因硅的平均含量计算，大约需要 5.1～23 倍于栖霞组厚度的沉积地层。也就是说，在正常情况下，仅沉积有机硅不足以形成如此多的燧石结核。有研究认为，栖霞组燧石结核的硅质可能来源于火山作用或者热液活动。但是，到目前为止仍无确凿的火山或者热液活动的证据。栖霞组燧石结核的成因，也难以用通用的 Knauth 海水-淡水混合带硅化模式解释。这是因为：①在栖霞期海侵的大背景下，暴露地表的环境不发育，也缺乏相应的淡水作用证据。岩石中锶含量较高，体现了海相沉积的原始特征；②燧石含量及其变化与所处的环境和硅质生物含量有关。从沉积学证据来看，栖霞组富硅质沉积可能与上升流有关。

2) 天青石结核

天青石（$SrSO_4$）结核是华南地区栖霞组最典型、最特征的矿物集合体（即菊花石，也曾被解释为六水炭钙石 ikaite）。就目前所知，其出露层位局限于栖霞组，但其空间分布广泛。天青石的锶、硫同位素特征表明，它们形成于早期成岩阶段。组成天青石的 Sr^{2+}、SO_4^{2-} 均来源于同期海水。其中，Sr^{2+} 是在文石向低镁方解石的成岩转化或文石溶解过程中释放出来的，SO_4^{2-} 来源于海水（Yan and Carlson，2003）。由于菊花状天青石形成于硫酸盐还原作用带底界之上，根据栖霞组天青石结核的直径估计，栖霞期硫酸盐还原作用带底界至少在水-沉积物界面之下 58cm。如果考虑菊花石和围岩的差异压实作用，则硫酸盐还原作用带底界的深度大于 1m。这些特征暗示，天青石结核的形成可能与较高的沉积速率有关。

3) 海泡石

海泡石是一种富硅和镁、贫铝的黏土矿物。我国已探明海泡石储量约 1500 万吨，其中大多数产自华南地区栖霞组（有些地方可以延伸至茅口组下部）。海泡石为栖霞组的另一个特征矿物。栖霞组海泡石形成于早期成岩作用过程，与栖霞期富镁、富硅、贫铝的碱性成岩环境有关（Yan et al.，2005）。

栖霞组海泡石的镁质和硅质来源，曾经是困扰人们解释海泡石成因的一个重要问题。有些研究认为，海泡石的硅质和镁质来源于与深大断裂有关的热液活动（或同时伴有上升流的影响）。事实上，栖霞期原生碳酸盐沉积物并不缺镁。这里我们可以简单地估算一下。栖霞期处于文石海时期，即原生沉积碳酸盐矿物以文石和高镁方解石为主。参考现代巴哈马碳酸盐台地白色絮状沉积物（whiting）的原生矿物构成，假定栖霞组原生碳酸盐沉积中含有50%文石和50%高镁方解石；在早期成岩矿物稳定转换中，假定含14%（摩尔分数）镁的高镁方解石转换为含2%（摩尔分数）镁的低镁方解石；若高镁方解石在稳定转化过程中释放的镁全部转化到海泡石中去，则可在原生沉积中产生约9.7%的海泡石；若形成白云石消耗掉部分释放的镁（按海泡石灰岩中含约3%白云石计算），其余释放的镁形成海泡石，则可在原生沉积中形成约7.1%的海泡石。如果再考虑在纹层状灰岩或灰岩韵律单元中，镁在无海泡石灰岩层中的转移，以及纹层状海泡石灰岩经历的成岩压实和压溶作用（主要影响碳酸盐矿物），海泡石层中的海泡石含量将大为提高。因此，栖霞期原生沉积的镁足以形成栖霞组海泡石所需要的量。栖霞组燧石结核是早期成岩作用形成的，这些燧石结核的大量出现也表明栖霞组早期成岩环境不乏硅质物质。野外证据很清楚地表明，在海泡石发育的层段，燧石结核不发育；而在燧石结核发育的层段，海泡石则不发育（如湖南浏阳和陕西宁强）。因此，栖霞组早期成岩环境特征完全符合海泡石形成所需要的环境条件（Yan et al., 2005）。现已查明，在早期成岩作用形成的、具有类似矿物组合的海泡石往往与高生物生产力有关（颜佳新、刘新宇，2007）。

（2）沉积学特征

栖霞组最为明显的宏观沉积特征是，生物碎屑块状灰岩与层纹状含海泡石灰岩的韵律特别发育（图6.19）。韵律在剖面上组成栖霞组特有的沉积旋回。在块状灰岩段内，生物碎屑丰富，生物分异度高。栖霞组反映正常浅海环境的生物组合均发育在此层段。该段有机质含量较低，明显为富氧环境沉积。在层纹状含海泡石灰岩中，有机质含量较高，生物碎屑种类单调，能够识别的主要为介形虫、有孔虫，以及腕足类、苔藓虫和三叶虫等生物的碎片，其余均为细粒的生物碎屑，难以识别门类。生物碎片大体成定向排列，并遭受强烈成岩压实作用的影响（碎片折断）。在一些海泡石含量较低的层段，可发育燧石结核。组成韵律的两部分不但在成岩作用方面存在差别，而且在地球化学特征方面也存在明显不同（图6.19）。例如，层纹状灰岩$\delta^{13}C$值明显比块状灰岩的大，并相对富含硅和镁，痕量元素比值呈现缺氧环境沉积的特点。较高V/Cr值与较高生物产率环境下的沉积物特征相吻合。

较高的生产率可以导致大量有机质的堆积。较高产率可以导致较高的沉积速率，促进准稳定矿物——文石转化为稳定矿物，从而使硫酸盐还原作用带的深度加大，导致天青石结核的形成。在早期成岩阶段，部分有机硅组成了燧石结核，部分有机硅（与镁）组成了海泡石。在燧石结核发育的地方，高镁方解石向低镁方解石转化时释放的Mg^{2+}（Mg^{2+}未能与硅形成海泡石）则在围岩中形成白云石，产生白云岩化。生物产率的波动导致沉积环境水体溶氧量的波动，使缺氧沉积与正常浅海碳酸盐沉积交替出现，从而出现韵律性沉积旋回。因此，在华南地区，栖霞组出现的特殊沉积现象，也就是在同一个组内出现丰富的有机质、燧石结核、菊花石（天青石）和海泡石，均是较高生物产率所导致的结果（图6.19）。

	岩　　　性	成岩作用特征	环 境 解 释
A	灰色厚层块状生物碎屑灰岩，有机质含量低	早期胶结良好，生物碎屑保存完好，晚期成岩压实作用影响较小	正常浅海陆架碳酸盐环境，富溶解氧、贫营养盐
B	灰黑色层纹状含海泡石灰岩，有机质含量较高	早期成岩作用中形成海泡石，晚期成岩压实作用影响明显	富营养水体，较高生物产率，导致环境缺氧

图 6.19　栖霞组生物碎屑灰岩与含海泡石灰岩的韵律特征与成因解释

(3) 岩性和厚度的空间稳定性

华南地区栖霞组在岩性和厚度上具有空间稳定性的特征，这从一个侧面反映了栖霞期华南地区缺乏生物礁。就目前所知，生物礁可能的影响因素不外乎温度和水体营养水平两项。在非暖水沉积中，生物礁不发育；因而有学者将华南栖霞期缺乏生物礁视为栖霞组发育水温较低的上升流的证据之一。目前还未能引起大家足够重视的是，富营养水体对生物礁发育的负面影响。造礁生物群落高度适应贫营养水体，营养物质的输入刺激了浮游生物的生长、降低了水体透明度，因而降低了碳酸盐的沉积；营养物质的输入也刺激了藻类和非造礁——悬食（suspension-feeding）生物的大量繁盛，加剧了对生物礁的生物侵蚀；中等程度的营养物质的增加就可以使得生物礁由净生产转变为净侵蚀。从栖霞组发育大量的文石质藻类化石来看，栖霞期缺乏生物礁与其说是受低温水体的影响，不如说是受富营养水体的影响。

(4) 全球古气候、古海洋背景

华南地区栖霞期具有较高的生物生产力背景也与全球古气候、古地理条件吻合。①在西特提斯—西太平洋—北美西部，二叠纪中期（对应栖霞至茅口期）是生物成因硅质沉积的一个高峰时期。北美西部二叠纪磷矿组沉积也形成于这个时期，被称为二叠纪硅质沉积事件（Permian Chert Event，PCE）。②栖霞期也是一个化石硅化（硅质为生物成因）的高峰时期。③在联合古大陆西北部，Sakmarian-Artinskian 期至二叠纪末期是一个硅质沉积和保存的高峰期。Beauchamp 等（2002）认为其成因与联合古陆西北部的海水环流及温盐分层有关，并且有可能是全球性的（高生物成因硅质沉积或保存）。④二叠—三叠纪是联合古大陆发育的鼎盛时期，当时的气候环流主要受巨型季风（Megamonsoon）控制，北半球巨型季风系统可能在早二叠世就已经成型。在季风气候控制下的大陆内部，气候炎热、干旱少雨、风成沉积常见。现代海洋的研究表明，大气粉尘可以输送大量的铁这一限制性营养元素进入海洋，极大地刺激藻类的生物产率。因此，在联合古陆期间，季风系统盛行的大气粉尘，通过输入铁而极大地刺激了当时的初级生物产率，导致海水富营养化、藻类大量繁盛。增加的海洋生物产率与陆生植物的繁盛共同导致了二叠纪碳酸盐岩碳同位素的正偏。在日本秩父带 Sambosan 地体的二叠纪硅质岩中，有 30%～60%硅来源于与黄土类似的陆源物质，从另一个侧面佐证了当时较高大气粉尘输入的解释。

栖霞组上述沉积特征及地球生物学背景均支持华南地区栖霞期具有较高的初级生物生产力这一推论。较高的生产率可以使水体耗氧增加，导致环境缺氧，有利于有机质的堆积和保存；生物产率的波动可使水体溶氧量发生波动，导致缺氧沉积与正常浅海碳酸盐沉积交替出现，形成栖霞组特有的沉积旋回。纹层状灰岩的 $\delta^{13}C$ 明显比块状灰岩的高（颜佳新等，1998），整个栖霞组灰岩的 $\delta^{13}C$ 在华南晚生代碳酸盐岩地层中最高（黄思静，1997），这些特征均支持栖霞期华南地区具有较高生物产率这一推论。从古生态角度看，在序列中部的块状灰岩内，生物分异度高、个体较大、钙藻发育；而在纹层状含海泡石灰岩中，生物个体相对较小、属种组合单调、缺乏钙质藻类生物，相对富含有机质。从块状灰岩到层纹状含海泡石灰岩的这些变化，与水体营养物质增加、生物产率增加、生物个体变小、藻类繁盛→水体耗氧增加→环境缺氧这一系列的变化也是吻合的（Hallock and Schlager，1986）。栖霞期的特殊沉积特征（暗色富有机质、富燧石结核、岩性和厚度在空间上具有好的稳定性等）可能与较高生物产率有关（颜佳新，2004）。

（5）华南古海洋条件

在华南地区，栖霞期具较高的初级生产力，碳酸盐岩又富含有机质，这些特点首先使人想到沉积环境是缺氧的。缺氧沉积特征包括：①旋回性发育的黑色页岩、燧石结核层（或硅质层）、纹层状灰岩；②有机质特征（浅海缺氧无定形有机质）；③特殊的化石古生态特征和遗迹组构特征；④沉积古地理特征（低能、局限）；⑤部分微量元素比值。

关于栖霞组缺氧沉积环境的成因，前人提出过三种模式，包括水体盐度分层模式、上升流模式和海侵模式。显然，第一种模式是不可行的，因为栖霞期沉积环境整体较浅，难以维持持久的、稳定的水体分层。上述所分析的栖霞组典型沉积序列的古氧相特征，与上升流沉积有相似之处。但是，一般发育在大陆边缘的上升流沉积，在空间分布上呈带状，在剖面上往往表现为有机质-硅质-磷质沉积三位一体。栖霞组缺乏磷质沉积，明显与此不同（颜佳新，2004）。

栖霞组整体由一个大的海侵序列组成。海侵可能对富有机质沉积的形成发挥了重要作用，而且三级以及三级以上高频海平面变化与缺氧沉积环境的关系密切。海侵模式可以解释栖霞组既存在富氧沉积，又具有缺氧环境特征的两面性。但是，不同级别的周期性海平面变化在地质历史中普遍出现，并不仅仅出现在栖霞期。很显然，除了海平面变化这个因素之外，还可能存在一个或多个特殊因素。这些因素的共同作用导致了栖霞组出现了缺氧沉积环境（颜佳新，2004）。

从区域古地理角度看，华南地区在栖霞期全部被海水覆盖，属于孤立台地型海洋环境（图6.20A，B）。维持该时期较高生物产率的营养盐不可能来自地表径流（无陆地出露水面）。二叠—三叠纪全球盛行的巨季风所输送的大气粉尘也难以到达本区，不能提供营养物质（图6.20A，B）。营养盐只能来自海洋。综合考虑栖霞期的古氧相（频繁缺氧）、生物产率特征（较高但是又低于典型上升流环境的生产力，还与海平面变化密切相关）和全球古海洋环境背景，栖霞期缺氧沉积环境的形成与当时海陆分布和古洋流格局有关（图6.20C）。

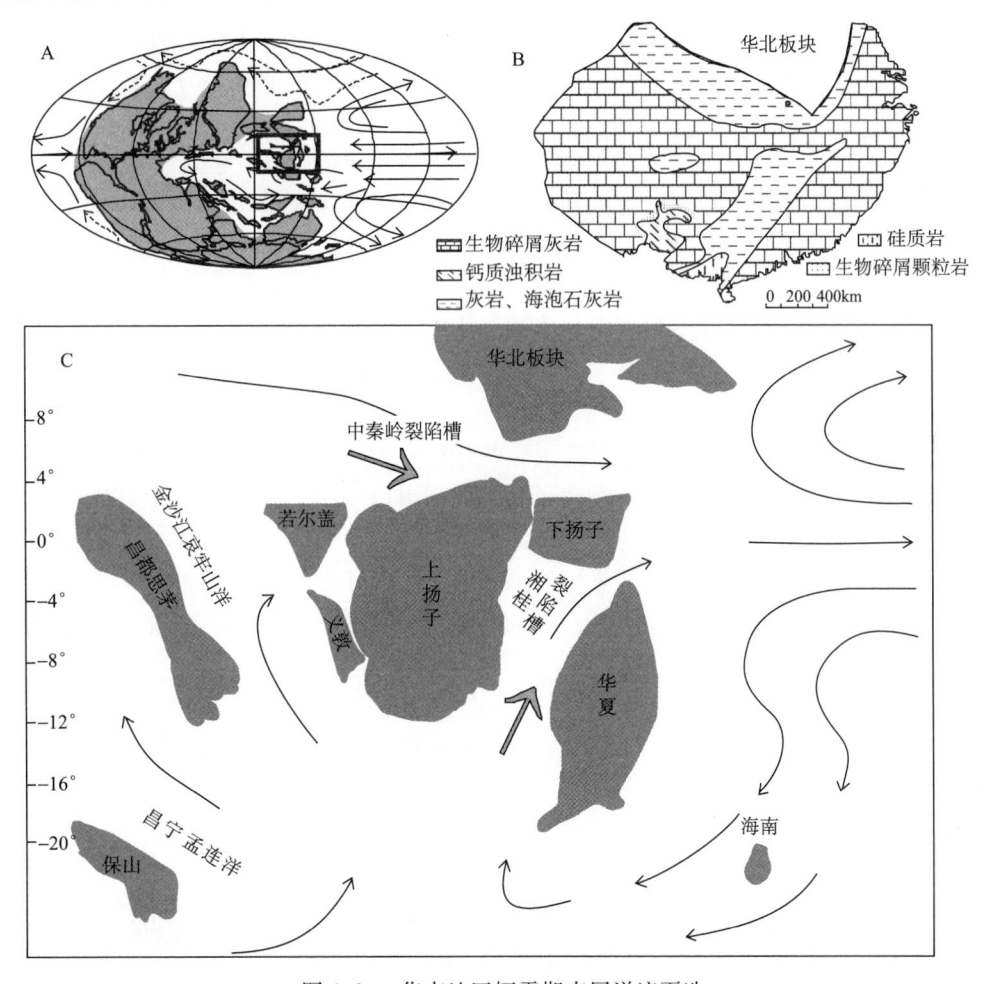

图 6.20 华南地区栖霞期表层洋流再造
A. 栖霞期全球古大陆再造及古洋流格局，方框内为华南地区（据 Yan and Zhao，2001）；B. 华南地区二叠纪栖霞组岩相古地理略图；C. 华南地区栖霞期表层洋流再造（地块分布据殷鸿福未刊资料）

华南有关地块，包括上扬子、下扬子和华夏地块等，整体位于古特提斯洋东侧、赤道偏南一带（图 6.20A）。该区西侧受古特提斯洋流的影响，东侧受赤道暖流和赤道逆流的影响（Yan and Zhao, 2001）。两者共同作用的结果造成表层洋流（有时可能包括缺氧和富营养盐的中层流）自西南向东北流经全区，主流向可能沿湘桂裂陷槽方向，导致该区出现富含海泡石、缺氧等沉积特点（图 6.20B）。另一支沿秦岭裂陷槽向东流动，形成扬子北缘富硅和海泡石沉积。

这种古海洋格局至少持续到茅口期。虽然华南地区茅口期沉积完全不同于栖霞期，如出现硅质岩、生物礁灰岩和陆缘碎屑岩，空间分异也明显，但是茅口期硅质岩发育的地区与栖霞组海泡石富集区相似（可一直持续到晚二叠世）（王立亭等，1994；刘宝珺、许效松，1994）。茅口期中—后期，含海泡石沉积结束，硅质岩中有时出现磷质结核，指示了比栖霞期稍高的生物产率。这是前人提出上升流沉积模式的重要证据。但是与典型上升流沉积相比，磷质沉积仍然偏少。

与栖霞期相比，华南地区茅口期古地理的最大特点是，东侧华夏古陆和西侧的康滇古陆开始上升，向中部供应陆源碎屑物质。可以推测，比栖霞期略高的生物产率可能源于陆源风化带来的营养物质。茅口期火山活动也可能起到了一定作用。华夏古陆和康滇古陆的上升，也进一步强化了沿湘桂裂陷槽流动的表层洋流主支，使这个地区全部为硅质岩沉积。所以茅口期沉积相的特点和分布格局符合上述洋流模式。

3. 古生产力恢复

根据上述分析，并结合下列事实，推测华南地区栖霞期生物产率可能为中等偏高的程度，但低于典型的大陆边缘上升流发育地区的生产力。主要的事实如下：①栖霞组碳酸盐岩的磷含量整体偏低。②在富营养环境，生产力组成在很大程度上以浮游生物和藻类为主，钙质沉积相对较少，而栖霞组以碳酸盐沉积为主。③在西南非洲古近纪早期和美国东南部中新世巨厚的磷块岩、海泡石黏土沉积中，海泡石黏土与磷质沉积在层位上相邻，但从未混杂共生。这意味着海泡石形成于较为富营养环境的水体，但是当水体营养水平进一步提高时，海泡石黏土沉积让位于磷质沉积。也就是说，华南栖霞期沉积环境水体营养盐达到形成海泡石的程度，但是还未达到发育磷质沉积的程度（颜佳新，2004）。

由于研究区在二叠纪期间位于古特提斯洋的东侧，四周被较深水和深水大洋围绕，其古海洋条件在一定程度上与现今西太平洋的浅水碳酸盐台地相似。当广泛覆以海水的时候，上层水体初级生产力可能类似于巴哈马地区，少于 $100g\ C/(m^2 \cdot a)$。但是当受到上升流的影响时，出现了海泡石沉积，水体生产力可能可以达到 $200 \sim 300g\ C/(m^2 \cdot a)$。

生物生产力随生境型的变化是个值得讨论的问题。在通常情况下，通过对广元二叠纪剖面的联合攻关研究，生物生产力按生境型由高到低的序列可能为：II$_2$（潮下带）、VII（生物礁）、II$_1$（潮间带）、III$_1$（上部浅海上部）、III$_2$（上部浅海下部）、IV$_1$、IV$_2$、V、I（潮上带——因为经常暴露水面之上）。但是当存在上升流时，这种序列肯定会受到影响，尤其是在陆架水域的环境，可能出现如下的序列：III$_1$（上部浅海上部）、II$_2$（潮下带）、III$_2$（上部浅海下部）、VII（生物礁）、II$_1$（潮间带）、IV$_1$、IV$_2$、

V_1、VI_b、VI_a（图 6.21）。

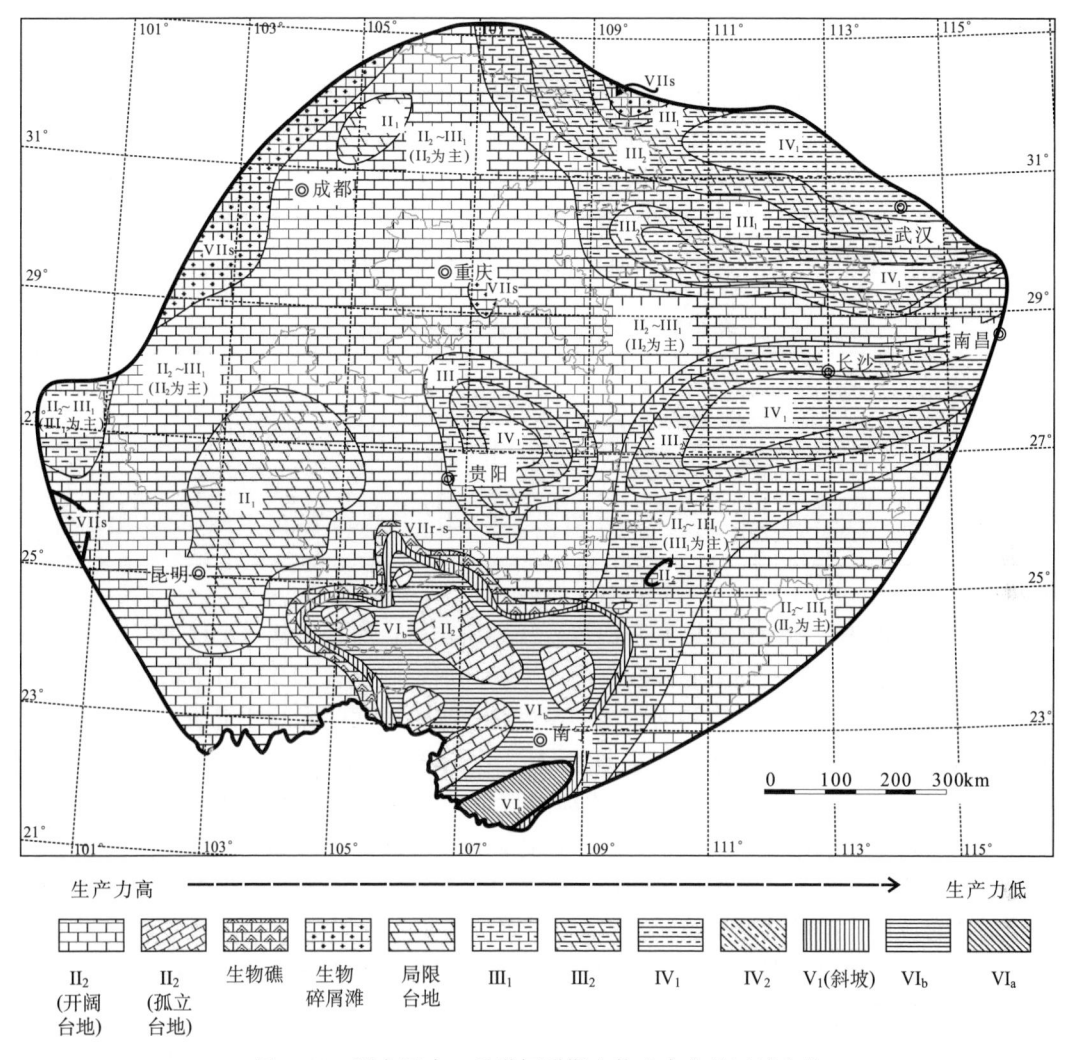

图 6.21 研究区中二叠世栖霞期生物生产力的区域变化

二、地球生物相空间分布与烃源岩评价

地球生物相是一个地质体的特征或相，它包含了生物与环境相互作用的全过程。即生存环境中的生物组成、生物死亡后的残体，埋藏条件和早期成岩过程中微生物对有机质的改造。因此，地球生物相不仅包含了生物生存过程，还包含了在微生物改造下的埋藏和生物地球化学过程。作为一个地质体的相，它能够在空间和时间上区别于其他地球生物相，且能够用于地质调查和填图（殷鸿福等，2008）。确定一个地球生物相的主要参数包括两个生物学参数，即生境型和生产力，以及两个地质学参数，即古氧相和埋藏

效率。这两类参数也是利用地球生物学方法开展海相烃源岩评价的基础。

1. 沉积环境古氧相

在上述的生境型和生产力讨论中,已经涉及部分栖霞期沉积环境的氧化还原特征——古氧相问题。关于古氧相划分,这里采用的是表1.3的方案,将沉积环境古氧相分为常氧相、贫氧相、准厌氧相和厌氧相。栖霞组古氧相特征可参阅表6.2。由于研究区栖霞期地层的沉积特征在空间上的稳定性,在某主干剖面上识别出的古氧相特征,如四川广元上寺剖面和广西来宾铁桥剖面,可以代表整个研究区的基本情况。

表 6.2 研究区二叠纪古氧相特征小结

	厌氧	准厌氧	贫氧		常氧
野外特征	纹层状	大量生物碎屑,同时发育层理	*Zoophycos*,*Chondrites* 极为发育	瘤状、结核状灰岩	块状灰岩
镜下特征	黑色,层理和黄铁矿发育	大量生物碎屑,同时发育层理	有一定生物扰动,出现局部均一化		均一化的生物碎屑灰岩

常氧相沉积通常为浅灰色或者灰白色生物碎屑灰岩,厚层块状,无层理;浅水生物繁盛,常常包括大量粗枝藻类和叶状藻类的生物碎屑,腹足类、有孔虫生物碎屑也较为丰富。燧石结核不发育。贫氧相通常为中厚层状含生物碎屑的碳酸盐沉积,包括生物碎屑泥粒岩和粒泥岩,局部可发育层纹状构造。由于陆架贫氧环境不稳定(溶氧量的波动),在贫氧期间保存的沉积纹层,在水体溶氧量升高的时候往往遭到破坏,因此在大多数情况下,本区栖霞组贫氧沉积纹层不发育,仅仅表现为岩石颜色较深。值得注意的是,这里讨论的含海泡石灰岩中的纹层,不全是沉积纹层,它们是原生沉积的物质差异与差异成岩压实作用的共同产物。

由于研究区栖霞期沉积环境属于一个古特提斯洋中巨型孤立碳酸盐台地,台地顶部较为平坦,环境差异少,不存在较大和较深的凹陷,因此虽然整个研究区缺氧特征明显,但是并不发育真正典型的厌氧相沉积(图6.22)。只是在湘中到江西萍乐凹陷、黔北、鄂中和扬子北缘等地,以含海泡石泥岩沉积为主,反映较为持续的贫氧甚至厌氧的特点。唯一可能为厌氧沉积环境的地方仅仅局限于钦防海槽(图6.22)。桂中地区在晚古生代期间广泛发育较深水海槽的地方,也主要为碳酸盐沉积(泥晶灰岩),夹少量非纹层状硅质岩。因此桂中这些碳酸盐盆地主要还是准厌氧环境,其相邻的孤立碳酸盐台地全部属于常氧相。

古氧相对沉积有机质的保存极为重要。因为随着水体特别是底层水体中溶氧量的降低,生物分异度逐渐下降,带壳生物大量减少。随着溶氧量的持续下降,软体生物也开始减少直至消失。溶氧量降低带来的巨大生态压力,使得沉积物中生物扰动减少,沉积纹层得以很好地保存。更为重要的是,缺少生物扰动,使得沉积物-水界面之下的氧化还原反应循环频次急剧降低,有利于沉积有机质的埋藏。因此,古氧相成为烃源岩地球生物学正演评价方法中的重要参数。

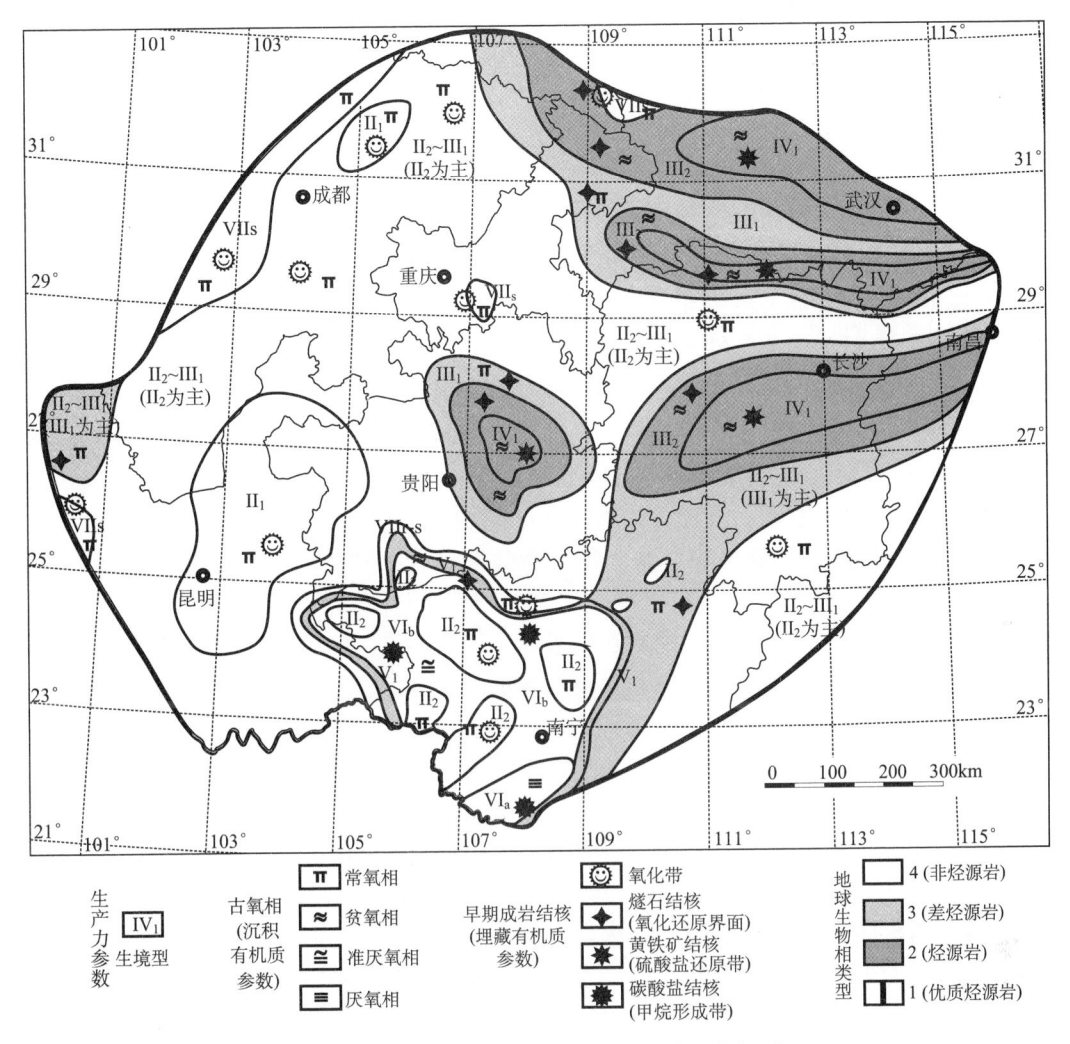

图 6.22 研究区中二叠世栖霞期地球生物相图

2. 沉积有机质埋藏效率

沉积有机质在经历有氧氧化、硝酸盐还原、铁（锰）氧化物还原、硫酸盐还原和甲烷生成反应（Froelich et al., 1979; Meyers et al., 2005）之后, 若不再受到生物扰动的影响, 则进入埋藏环境, 成为埋藏有机质。只有很小一部分的沉积有机质能够在经受早期成岩作用之后被保存下来。这部分被保存的有机质与初级生产力产生的总有机质的比值称为埋藏效率。

表征沉积有机质埋藏效率可以用多种地球化学方法, 如钼同位素、铀/钼值（U/Mo）以及硫同位素的差值（$\Delta^{34}S_{CAS-Py}$）。但是针对大区域沉积有机质的埋藏效率, 现实的方法是利用早期成岩作用过程中形成的特征性成岩结核来标示。在早期成岩作用过程中, 从有氧氧化、硝酸盐还原、铁（锰）氧化物还原, 到硫酸盐还原和甲烷生成反应各阶段都会产生特征的结核，即从锰结核、硅质结核、黄铁矿结核到碳酸盐结核。但由于这些阶段的重复发生，不能过于简单地将特征结核与早期成岩某阶段直接对应，还需要借助对结核和围岩的碳、硫同位素进行研究，以便更好地识别所处的成岩阶段。但结核较为直观和方便，结合微相和地球化学分析方法，可以达到识别早期成岩阶段的目的。

华南地区二叠纪栖霞组以富含燧石结核为特征。刘新宇和颜佳新（2007）通过对湖北黄石、江苏南京和广西来宾三地栖霞组燧石结核的岩石矿物学研究，查明这些地区的燧石结核主要由微石英、负延性玉髓、粗晶石英组成，并含少量白云石、方解石及生物碎屑。其中，微石英、负延性玉髓、正延性玉髓、白云石形成于早期成岩作用，方解石晶粒形成于晚期成岩作用，粗晶石英的形成则具有多期性。

在显微镜下，栖霞组燧石结核内部大部分生物体腔或燧石基质中都存在紧密堆积的球形微石英集合体，这些集合体的直径多数在 $45\sim75\mu m$。其大小与深海钻探计划（DSDP）钻孔中常观察到、直径大约为 $50\mu m$ 的蛋白石球粒相似。这些蛋白石球粒是由直径小于 $5\mu m$ 的蛋白石单体在过饱和浓度下逐渐聚合而成的，它们先转化为蛋白石-CT，而后重结晶最终转化为石英。栖霞组燧石结核中球形微石英集合体的存在及其与深海钻探发现的蛋白石球粒相似的粒径值表明，这些结核中的硅质矿物最初可能为蛋白石，并经过蛋白石-A 到蛋白石-CT，再到石英的转化（刘新宇、颜佳新，2007）。

通过细致的微相研究，并结合野外宏观沉积学特征，刘新宇和颜佳新（2007）认为栖霞组燧石结核的形成时间晚于天青石结核，但早于海泡石或者与海泡石的形成时间相近。天青石和海泡石是在沉积物堆积以后的硫酸盐还原阶段的早期或之前，由文石和高镁方解石的成岩过程转化所形成的。天青石在硫酸盐还原阶段晚期开始被溶解，并由正延性玉髓充填和交代（Yan and Carlson，2003）。据此推测，燧石结核的形成也应在硫酸盐还原阶段的早期或之前。另外，燧石结核内部常常发育晶形较好的白云石晶体，而后者主要形成于硫酸盐还原阶段。白云石晶体特征也表明，栖霞组燧石结核形成于硫酸盐还原反应之前。因此，在燧石结核中从早到晚出现的相对完整的成岩作用序列为：蛋白石-A→蛋白石-CT→微石英→负延性玉髓→正延性玉髓→粗晶石英、白云石、粒状方解石。在这个序列当中，粗晶石英、白云石、粒状方解石的形成具有多期性（刘新宇、颜佳新，2007）。

据研究，广西来宾栖霞组燧石的 $w(K_2O)/w(Na_2O)>1$，具生物化学成因特征。燧石结核中 La_n/Ce_n 为 $2\sim3$，SiO_2、Al_2O_3 与 TiO_2 含量低，陆源影响微弱。这些特征表明，栖霞组沉积时期为受物源影响小的浅海环境。由于燧石结核主体形成于氧化还原带的上部，遭受多期有氧氧化和硝酸盐还原反应，也经历其后的硫酸盐还原反应等，相应的沉积有机质埋藏效率属于中等偏低。

有趣的是，虽然栖霞组以燧石结核为特征，但是栖霞组富含燧石结核的灰岩主要集中分布于生境型 III_1、III_2，很有规律（图 6.22）。

对于浅海陆架环境含氧水体来说，在沉积物-水界面以下 50cm 就可以进入硫酸盐还原带，并生成黄铁矿。在硫酸盐还原带的底部，SO_4^{2-} 耗尽，pH 升高，形成贫铁方解石。如果沉积物中有机质还有剩余，紧接着就进入甲烷生成带，孔隙水中游离铁含量升高，形成菱铁矿、含铁方解石或白云石。根据早期成岩作用分带演化模式，碳酸盐岩结核发育层段沉积有机质均进入硫酸盐还原带，并可能到甲烷生成带的上部，对应层段有机质的保存条件为较好，沉积有机质的埋藏效率也较高。

广西铁桥剖面栖霞组下部页岩中发育一系列灰岩透镜体。它们呈短柱状分布在黑色页岩中，由贫铁的微晶方解石组成，结核内黄铁矿发育，结核四周的页岩也发育黄铁矿结核。灰岩透镜体 $\delta^{13}C$ 为 1.8‰～3.6‰，$\delta^{18}O$ 为 -8.91‰～6.15‰。共生的黄铁矿结核 $\delta^{34}S$ 为 -45.88‰～-12.82‰，体现了硫酸盐还原带孔隙水的特点，处于硫酸盐还原阶段。这有利于有机质的保存与埋藏。

类似来宾铁桥剖面栖霞组底部的情形，在研究区可见于湘中到江西萍乐凹陷、黔北、鄂中和扬子北缘等地，属生境型 VI_1 分布范围（图 6.22）。与桂中地区不同的是，这些沉积往往出现于栖霞组的中上部，受海平面变化影响明显。它们以韵律层出现，或者出现在以海泡石为主的泥质灰岩中。

3. 地球生物相与烃源岩评价

全球碳酸盐岩油气探明可采总量为 1434 亿吨油当量；我国海相碳酸盐岩层系油气资源量大于 300 亿吨油当量；全球碳酸盐岩储层油气产量约占油气总产量的 60%。中东地区石油产量约占全世界产量的 2/3，其中 80% 的含油层产于碳酸盐岩（金之钧、蔡立国，2007）。正因为如此，碳酸盐沉积能否作为烃源岩始终是一个大家迫切希望解决的科学问题。对中上扬子地区二叠纪栖霞期烃源岩的地球生物学评价，实际上就是对碳酸盐岩烃源岩的地球生物学评价。如上所述，栖霞组主体为缺乏陆源碎屑物质的碳酸盐沉积，其中的泥质物质——海泡石为早期成岩作用成因，因此研究区栖霞组海相碳酸盐岩为纯海相沉积，是开展海相碳酸盐岩烃源岩评价的最佳层段。

在本次地球生物学烃源岩正演评价研究中，我们重点研究了广西来宾铁桥剖面和四川广元上寺剖面。有关铁桥剖面栖霞组碳酸盐岩烃源岩的地球生物学评价请参考本书第五章第三节有关内容。来宾铁桥剖面栖霞组包括四个烃源岩层位。除栖霞组底部第 1～4 层和第 11～16 层外，中上部的第 18～31 层和第 50～59 层均被正演方法纳入一般烃源岩层。尤其是第 50～59 层，肯定属于缺乏陆源物质的纯碳酸盐沉积。较高的生物生产力（参见第四章），导致了水体轻度缺氧，促进了有机质的保存。同样在广元剖面中，栖霞组第 50～59 层也是形成于缺乏陆源碎屑物质输入的沉积环境。相对较高的生物生产力，加上较高生物产率形成的轻度缺氧环境，使得这种含海泡石的碳酸盐沉积进入优质烃源岩序列（参见第二章）。

本节前面较为深入地介绍了中上扬子地区栖霞期的生境型分布、生物生产力恢复、沉积环境古氧相特征。从区域上来看，在中上扬子地区，以生境型 II 为主的地区，虽然生物生产力较高，但是由于处于溶氧量较高的常氧相，有机质埋藏效率较低，总体属于地球生物相 1 的范畴。而上述生境型 VI_1 分布区，虽然生物生产力小于生境型 II 的，但是相对有利的古氧相条件和较有利的沉积有机质埋藏条件，整体属于地球生物相 3 的范畴（图 6.22）。值得注意的是，这些有利的烃源岩分布区，同时也是海泡石沉积相对发育的地区。

综上所述，原生沉积为"无泥"的纯碳酸盐沉积是完全可以成为优质的海相烃源岩的。发育海泡石的灰岩有可能成为海相烃源岩的标志，值得在今后的研究中加以重视。

第四节 二叠纪-三叠纪之交的钙质微生物岩与烃源岩

钙质微生物岩是一种在成因上与微生物作用有关的碳酸盐岩。在地质历史上，前寒武纪及显生宙重大地质突变期是钙质微生物岩分布最为广泛的时期。近年来，全球性分布的二叠纪-三叠纪之交钙质微生物岩的发现已引起了地质工作者的高度关注。由微生物形成的微生物岩的广泛出现被认为是重大地质突变期生物与环境剧烈变化的一种标志，而微生物产生的有机质常常被认为是主要的生油母质。寻找与微生物作用有关的沉积岩是油气勘探的重要任务之一，黑色岩系因富含生物成因的有机质而被普遍认为是油气形成的主要源岩之一。在钙质微生物岩的形成过程中，也曾经有大量的微生物存在并参与作用。那么，钙质微生物岩是否可以成为一种特殊的碳酸盐型的烃源岩？微生物岩形成时的微生物类群、生产力水平、有机质埋藏条件如何？对这些问题的深入研究具有重要的科学意义和经济价值。

一、钙质微生物岩的层位和古地理分布

1. 地层层位

二叠纪末的全球生物大灭绝事件在华南地区留下了清晰的地质记录。随着多细胞生物的大量消失，宏体生物化石在大灭绝后的地层中已非常少见。但是近年来却发现，在浅水碳酸盐台地相剖面，大灭绝界线之上产有一套特殊的碳酸盐岩。尽管在这套碳酸盐岩中宏体生物化石很少，但在显微镜下却发现大量的微生物化石。随着研究的深入，一些学者认为这种类型碳酸盐岩的形成可能与微生物作用有关，将其命名为"钙质微生物岩"(Calci-microbialite) (Kershaw et al., 2002)。

通过大量的野外调查，发现华南地区二叠纪-三叠纪之交的微生物岩均直接出现在二叠纪末生物大灭绝界线之上。结合目前已发现的 *Hindeodus parvus* 牙形石化石带 (Kershaw et al., 2002; Ezaki et al., 2003; Lehrmann et al., 2003; 杨浩等，2006)，微生物岩的底界大致相当于浙江煤山剖面的第 25 层，华南地区的微生物岩具有很好的等时性(图 6.23)。微生物岩主要产在浅海碳酸盐台地环境，厚度一般在 2~6m 左右，个别地区（如贵州边阳打讲）可达 15m。

从图 6.23 中可以看出，微生物岩主要分布在上部浅海环境，包括扬子地台的大部分地区。在地台北缘的下部浅海到斜坡环境则缺乏微生物岩（如浙江煤山剖面）。根据区域岩性对比，笔者认为煤山剖面的第 27 层和第 29 层（灰岩）大致相当于微生物岩发育的层段。

微生物岩之下为典型的晚二叠世长兴组灰岩。灰岩中产丰富的蜓、非蜓有孔虫、钙藻、棘皮动物、腕足类等多种类型的生物化石。其中包括晚二叠世长兴期的古纺锤蜓 (*Palaeofusulina*)（图 6.24）。生物化石及其碎屑含量可高达 80% 以上。高丰度和高分

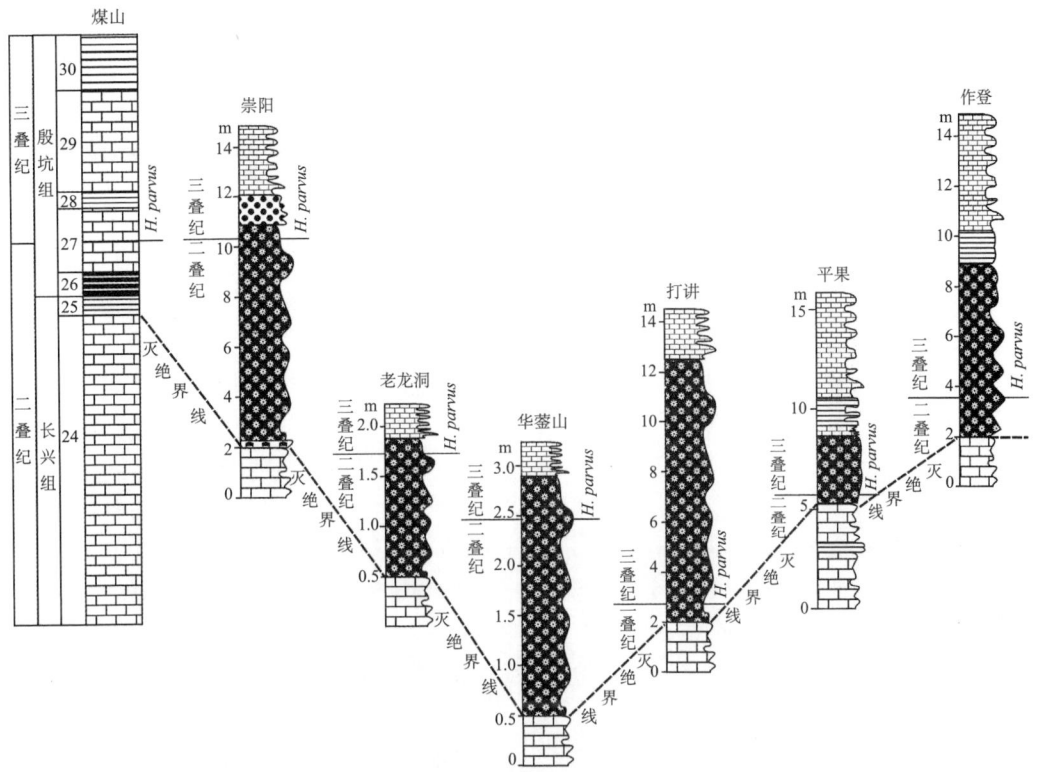

第六章 烃源岩发育的若干新层位及其地球生物学过程

图 6.23 华南微生物岩地层层位对比图

广西作登、四川华蓥山和老龙洞、广西平果和贵州打讲、湖北崇阳的牙形石分布分别据杨守仁等（1984）、Kershaw 等（2002）、Lehrmann 等（2003）、杨浩等（2006）

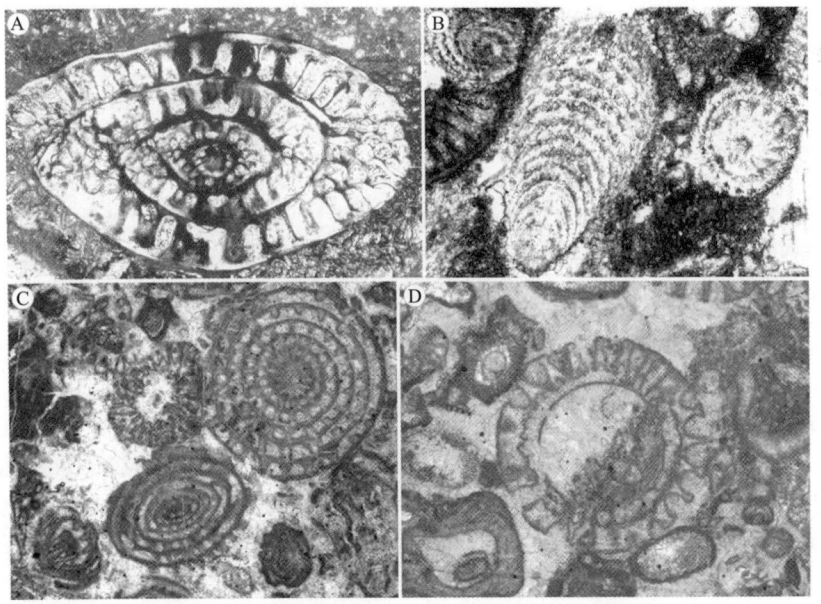

图 6.24 微生物岩之下长兴组灰岩中的生物化石

Palaeofusulina（A）和 *Colaniella*（B），重庆老龙洞；有孔虫（C）及钙藻化石（D），湖南慈利

异度生物化石的存在表明这套生物碎屑灰岩属于正常浅海的沉积产物。

微生物岩之上一般为薄层状泥质灰岩、泥岩，也有的为中薄层灰岩或鲕粒灰岩（如湖北崇阳剖面）。在南盘江盆地，微生物岩顶部常常有一层黄色泥岩（如广西作登剖面和太平剖面）。在川东及重庆地区则变为褐色泥岩（如重庆老龙洞剖面）。湖南慈利、湖北崇阳及江西修水则相变为中薄层灰岩及鲕粒灰岩（图6.25）。

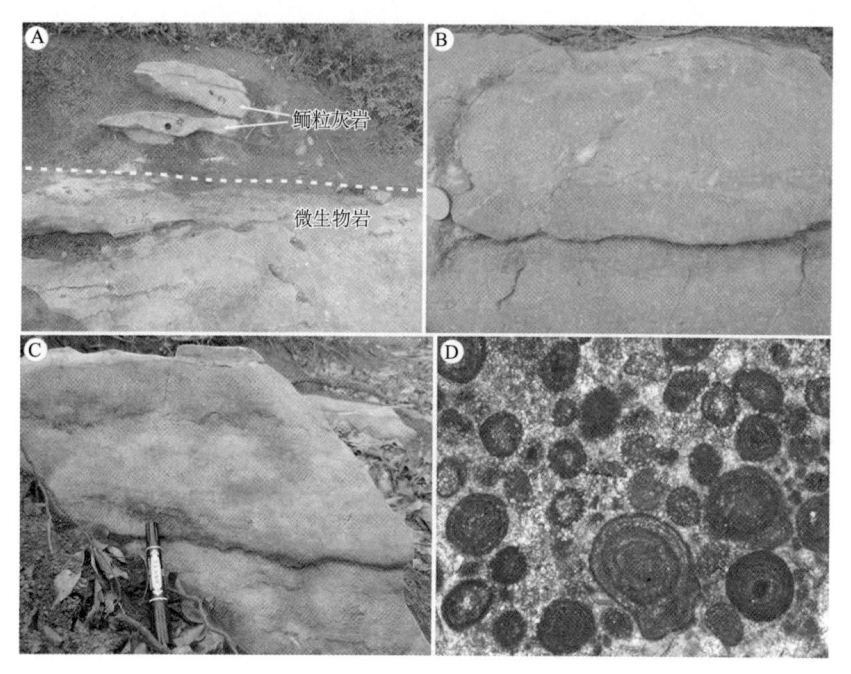

图 6.25　微生物岩之上的鲕粒灰岩
A，B. 湖北崇阳；C，D. 湖南慈利

2. 古地理分布

微生物岩不仅具有很好的等时性，而且也具有广布性特征。越来越多的研究表明，二叠纪-三叠纪之交钙质微生物岩在全世界均有广泛的分布。已报道的微生物岩分布区包括亚美尼亚（Baud et al.，1997）、伊朗（Heydari et al.，2003）、匈牙利（Hips and Haas，2006）、意大利北部（Wignall and Twitchett，1999）、土耳其（Marcoux and Baud，1986；Baud et al.，2005）、中国华南（Kershaw et al.，1999；Lehrmann，1999；王永标等，2005）、日本（Sano and Nakashima，1997）及格陵兰（Wignall and Twitchett，2002a）等。这些微生物岩主要分布在当时低纬度浅海环境（Baud et al.，2007），其中环古特提斯地区是微生物岩分布最主要的地区（图6.26）。华南在环古特提斯地区是属于规模较大的一个地块，也是微生物岩分布最为广泛、种类最为丰富的一个地区。

在华南，微生物岩主要分布在南盘江盆地孤立碳酸盐台地、上扬子礁滩相环境及中、下扬子浅水台地环境（图6.27）。近年来的调查发现，在二叠纪末生物大灭绝之后，华南浅水台地环境几乎均发育了微生物岩。但在不同地区，微生物岩的特征不完全一样。在一些地区，微生物岩的特征不是很典型，野外鉴别难度较大。微生物岩在结构构造上的差异与其所处的古地理位置和古水深有关。例如，在湖北崇阳、湖南慈利和江西修水，微生物岩分布在台地边缘及生物礁之上。在四川华蓥山、重庆老龙洞等地，微生物岩则发育在台内水体极浅的生物礁顶之上。在贵州边阳打讲及广西太平、作登地区，微生物岩形成在孤立碳酸盐岩台地顶部（图6.28）。由于所处的古地理位置不同，微生物岩上、下地层的序列上也有所差异（图6.28）。

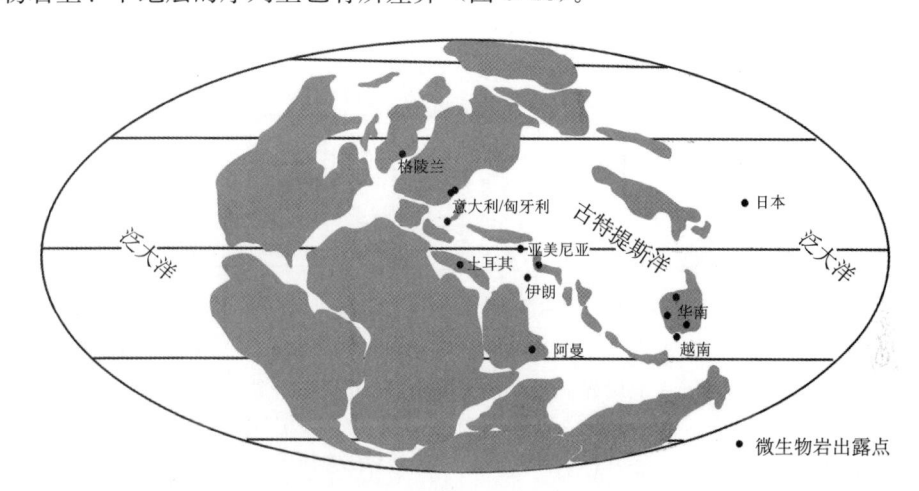

图6.26 二叠纪-三叠纪之交微生物岩分布的古地理图（据Baud et al.，2007，略作修改）

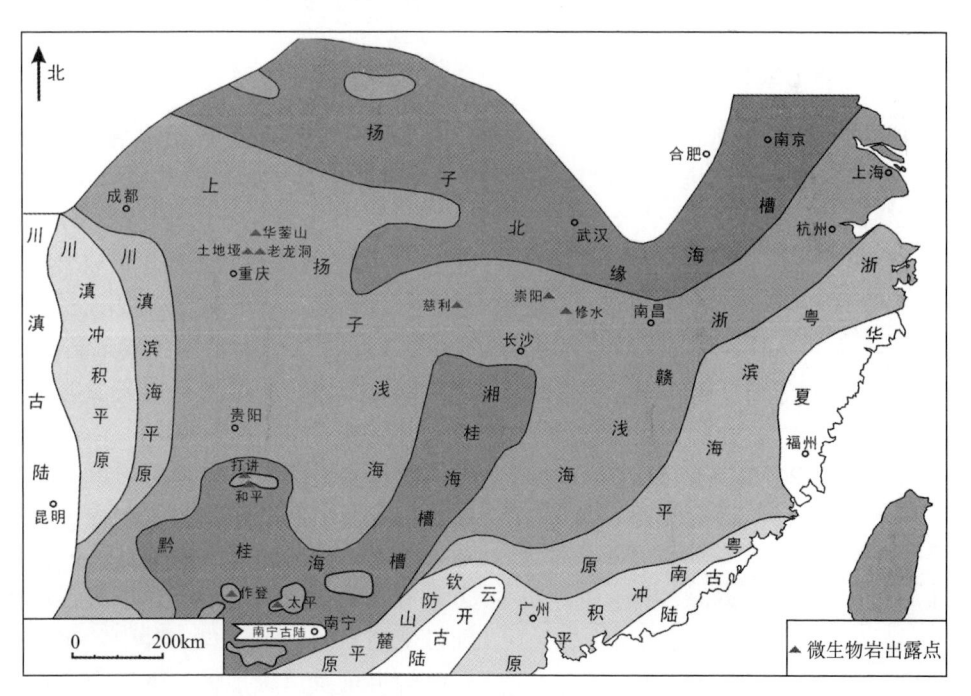

图6.27 华南二叠纪-三叠纪之交微生物岩露头分布图（古地理图据冯增昭等，1997）

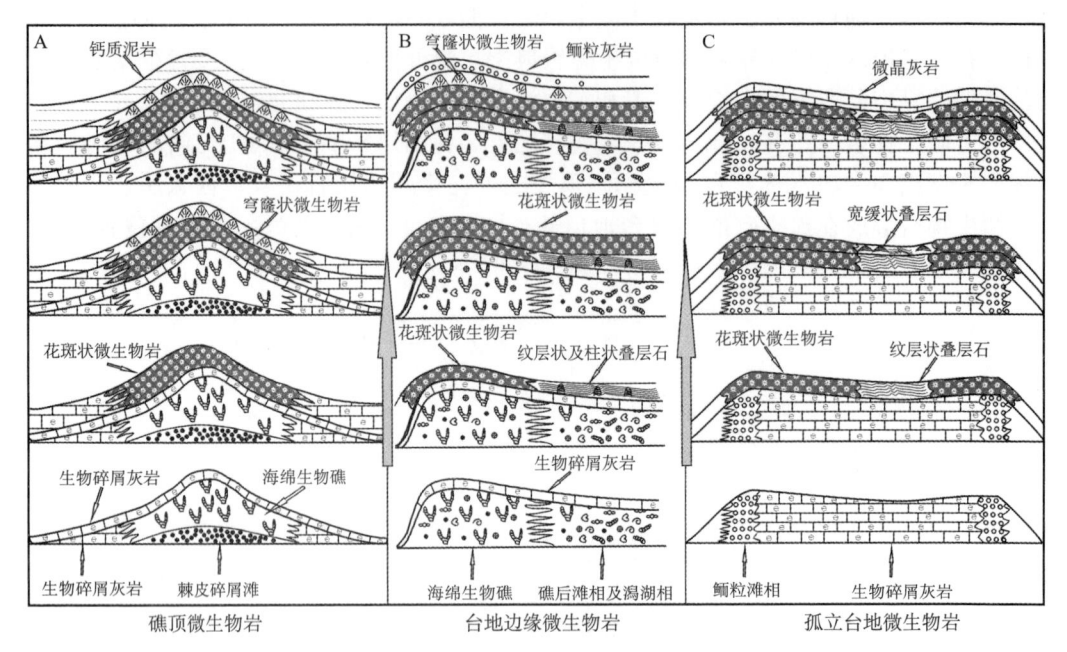

图 6.28 华南不同古地理背景条件下微生物岩的沉积序列图（何磊等，2010）
A. 川东和重庆地区礁顶微生物岩；B. 湘西和鄂东地区台地边缘环境微生物岩；
C. 南盘江盆地孤立台地环境微生物岩

二、钙质微生物岩的类型、微生物化石与古生产力水平

1. 钙质微生物岩的类型与沉积特征

与一般的碳酸盐岩不同，二叠纪-三叠纪之交的微生物岩具有独特的结构构造。微生物岩最基本的野外特征是"花斑状构造"。"花斑状构造"由微晶碳酸盐和中-粗晶碳酸盐两部分构成。经地表风化后，这两部分就在岩石表面呈现出不同的特征，使微晶斑块和中-粗晶斑块相间排列，形成"花斑状构造"。斑块大小不一，一般直径为 4～20mm。在有些剖面，微生物岩除了"花斑状构造"外，还出现其他类型的宏观构造，从而展示出不同的构造类型。

通过对华南多个剖面的研究，按宏观沉积构造的不同将微生物岩分为层纹状构造、叠层状构造、花斑状构造、树枝状构造和穹窿状构造。表 6.3 是华南各主要剖面微生物岩的构造类型。其中，在上扬子浅海的川东及重庆地区，微生物岩普遍呈树枝状或穹窿状构造。在其他剖面，则多

表 6.3 华南二叠纪-三叠纪之交微生物岩宏观沉积构造一览表

微生物岩剖面	构造类型
四川华蓥山	花斑状、树枝状、穹窿状
重庆老龙洞	花斑状、树枝状、穹窿状
湖北崇阳	层纹状、叠层状、花斑状、穹窿状
湖南慈利	层纹状、叠层状、花斑状
江西修水	花斑状
贵州和平	花斑状、穹窿状
贵州打讲	层纹状、叠层状、花斑状
广西太平	层纹状、花斑状
广西作登	花斑状

为层纹状构造、叠层状构造或花斑状构造。

王永标等（2005）曾分别对花斑状构造中的微晶和中-粗晶这两种不同粒度的碳酸盐矿物做过地球化学分析，发现两者具有非常类似的碳、氧同位素组成和微量元素含量。这表明，中-粗晶碳酸盐矿物不是一般意义上的后期胶结物，而是与微晶同沉积的产物。花斑状构造是一种最为普遍的沉积构造，几乎遍及华南各个地区（图6.29A）。具有花斑状构造的微生物岩常常被称为凝块石（thrombolite），其宏观构造特征与现代海洋中的凝块石类似。现代凝块石通常形成于潮下带，沉积水深通常大于潮间带附近形成的叠层石（Aitken, 1967; Feldmann and McKenzie, 1998）。Ezaki等（2003）认为，凝块石沉积环境为低能、低沉积速率的浅潮下带。吴亚生等（2006）则指出，发育花斑状构造的微生物岩为局限台地相沉积。对现代巴哈马和鲨鱼湾地区的研究表明，凝块石

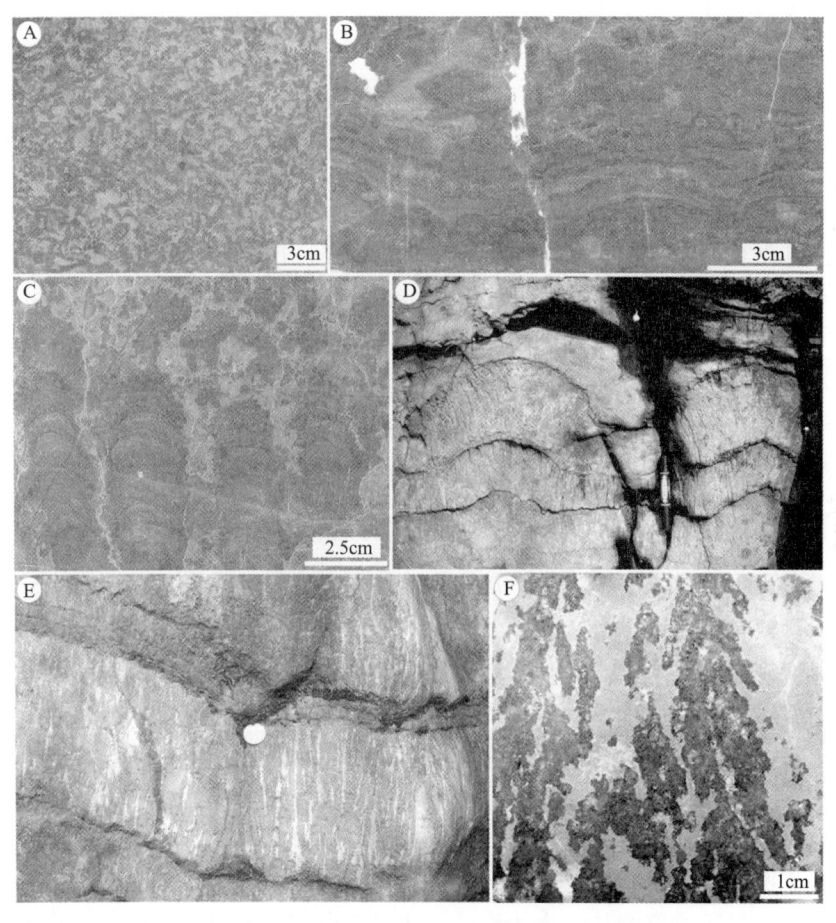

图 6.29 华南二叠纪-三叠纪之交微生物岩的构造类型

A. 具有花斑状构造的微生物岩，湖北崇阳，野外照片；B. 具有层纹状构造的微生物岩，湖北崇阳，抛光面；C. 具有叠层状构造的微生物岩，湖北崇阳，抛光面；D. 具有穹窿状构造的微生物岩，四川华蓥山，野外照片；E. 具有树枝状构造的微生物岩，四川华蓥山，野外照片；F. 具有树枝状构造的微生物岩，灰白色部分由微晶碳酸盐矿物所组成，暗色部分由中-粗晶矿物组成，四川华蓥山，抛光面

多出现在水体较动荡、沉积速率较快且相对开阔的浅潮下带环境，并且生物扰动对凝块石结构的形成有较大影响（Burne and Moore，1987；Turner et al.，2000；Planavsky and Ginsburg，2009）。

具有层纹状构造的微生物岩与微生物席（microbial mat）沉积十分类似，但同时又具有花斑状构造，可以看作是在花斑状构造基础上叠加了层纹状构造。层纹状构造由纹带状分布的微晶和中-粗晶碳酸盐矿物交替组成，延伸性好（达几米以上），单个纹层厚度约为0.5~4mm（图6.29B）。层纹状构造主要出现在广西太平、贵州打讲、湖北崇阳和湖南慈利，而在川东和重庆地区则不发育。另外，在贵州紫云亘旦剖面，大灭绝界线之上也发育层纹状构造（吴亚生等，2007）。在层纹状微生物岩中，除球状蓝细菌化石外，其他化石含量通常较少。在贵州紫云亘旦剖面，吴亚生等（2007）在纹层发育的微生物岩中也发现介形类等化石非常少。这种现象说明，层纹状微生物岩形成的环境不适合介形类等多细胞生物的生长。反之，缺乏多细胞生物的扰动，微生物纹层也才能得以更好地生长和保存。此外，在具有层纹状构造的微生物岩中，白云石化程度普遍较高。具有层纹状构造的微生物岩，在沉积环境上应该与大部分分布在潮间带—潮下带的微生物席（Kendall and Skipwith，1968）类似。

具有叠层状构造的微生物岩包括柱状和包心菜状两种类型。在湖北崇阳剖面，柱状叠层石发育在微生物岩的下部，单柱直径约3~5cm，长约6~8cm（图6.29C）。湖南慈利剖面与湖北崇阳剖面不同，叠层石主要分布在微生物岩的上部，而且叠层石多呈包心菜状，宽度与高度非常接近，一般在7~16 cm。在贵州打讲剖面，叠层状构造出现在微生物岩的中部，叠层构造呈宽缓的隆起，规模明显变大，宽和高均可达30~50cm。叠层石被普遍认为是一种微生物岩类型（Kennard and James，1986；Riding，2000）。现代叠层石在不同水深条件下均可生长，但主要分布在潮间及浅潮下带（Kennard and James，1986；Andres and Reid，2006）。二叠纪-三叠纪之交的叠层石，通常缺乏介形虫等多细胞生物化石，可能与偏高的盐度有关。朱士兴（1993）指出，虽然叠层石可以形成于多种环境，但温度和盐度偏高的浅水环境才是最有利的。

具有树枝状构造的微生物岩，在岩石组成上与花斑状构造没有区别，均由微晶和中-粗晶碳酸盐矿物组成。所不同的是，微晶和中-粗晶碳酸盐矿物形成了垂直层面的枝状体（图6.29E，F）。枝状体的宽度在0.4~1.5cm左右，长度8~30cm不等。树枝状构造主要出现在川东华蓥山、重庆老龙洞地区。具有树枝状构造的微生物岩常常被称为树形石（dendrolite）（Riding，2000）。具有树枝状构造的微生物岩常与具有穹窿状构造的微生物岩紧密共生，因此这两种构造的形成环境可能十分接近。在具有树枝状和穹窿状的微生物岩中，中—粗晶组分所占比例明显偏大，一般大于60%，可能反映了更强的蒸发环境。但值得注意的是，这两类微生物岩多由方解石组成，白云石化程度很低。

具有穹窿状构造的微生物岩，其内部也显示出树枝状构造，只不过在纵切面上呈现出向上隆起的鼓包或小丘（图6.29D）。鼓包宽度在25~35cm左右，高度可达40cm。川东华蓥山及重庆老龙洞是穹窿状构造最为发育的地区。Ezaki等（2003）认为，穹窿状构造发育在潮间带下部到浅潮下带上部，而Braga等（1995）在研究西班牙中新世微生物岩时发现，浅水高光照的条件会促使穹窿状凝块石的形成。基于中-粗晶方解石颗粒较大、含量较高，笔者认为具有树枝状和穹窿状构造的微生物岩应该形成于更强的蒸发环境，其形成水深可能比其他微生物岩的要浅，潮间带经常性的暴露有利于这类构造的形成。

2. 微生物化石

在现代海洋，叠层石中的生物类型多样，包括光合原核生物（蓝细菌）、真核微体藻类（如褐藻、红藻、硅藻等）、化能自养或异养微生物（如硫细菌等）。另外，也有一些后生动物（如介形虫及甲壳类等）（Konishi et al., 2001）。但在叠层石形成中起主要作用的是蓝细菌及一些厌氧细菌。对地史时期钙质微生物岩中微生物类群的识别则要困难得多，因为相当部分微生物不具钙质骨骼，其保存为有形化石的可能性很小。只在特殊时期的特殊条件下，部分微生物可以被钙化而保存为化石。

在前寒武纪漫长的地质历史中，曾形成了大量的叠层石。一般认为，叠层石是由蓝细菌生命活动及沉积作用共同作用的结果。然而，在前寒武纪大量碳酸盐叠层石中，几乎没有发现保存完好的钙质微生物化石，而主要在一些硅质岩中发现球状或丝状微生物化石（朱士兴，1993；曹瑞骥、袁训来，2003；严贤勤等，2006）。与前寒武纪不同，在显生宙许多钙质微生物岩中均可发现大量钙化了的微生物化石（Riding and Liang, 2005）。根据目前的研究，一般认为这些钙化微生物化石主要是蓝细菌。

由于大部分微生物，特别是球状微生物化石，在形态和大小上非常相似，对这些微生物的属种鉴定显得非常困难，主要依据形态、大小、沉积构造（如藻叠层等）及保存环境等综合信息进行判断。近年来，生物标志化合物分析技术的进步，也为沉积岩中微生物类群的确定提供了重要手段（Thiel et al., 1997; Xie et al., 2005）。

在二叠纪-三叠纪之交的微生物岩中，能够直接识别的微生物化石主要是蓝细菌。除此之外，还伴生有小型腹足类、介形虫和小型双壳类化石。微生物岩中的代表性化石是以蓝细菌为基础的特殊化石群落。在这个群落中，微生物是群落的主体，也是群落的重要基础。蓝细菌是能够被大量钙化的主要细菌化石。从形态上看，在二叠纪-三叠纪之交的微生物岩中，主要存在束囊状和球状两种类型的钙化蓝细菌。

束囊状蓝细菌化石在形态上与单列、多房室的有孔虫类似，但个体明显小于一般的有孔虫（图6.30A，B）。另外，单个蓝细菌化石的"腔室"（相当于有孔虫的房室）极窄（不到$1\mu m$），远远小于一般有孔虫房室的大小。这些特征使它有别于有孔虫化石。虽然束囊状蓝细菌化石与肾形藻（Renalcis）的结构也类似，但在二叠纪-三叠纪之交的微生物岩中，束囊状蓝细菌化石一般呈单列（或单枝状），而肾形藻却常常分枝，因此它也不属于肾形藻类。束囊状蓝细菌化石主要产在贵州边阳打讲剖面，在广西作登剖面也有发现。与球状蓝细菌化石不同，束囊状蓝细菌化石个体之间似乎并不紧密相连，更倾向于以单个个体产出。

球状蓝细菌化石分布广泛，是微生物岩中主要的蓝细菌化石。这种球状蓝细菌化石在贵州边阳、川东、广西田东及鄂东南地区微生物岩中均有发现。球状蓝细菌化石往往成群出现，有时成葡萄状（图6.30C，D）。单个球状蓝细菌化石为中空的小球体，平均直径约为$20\sim30\mu m$，体壁均由极细粒的方解石颗粒所组成。另外，球状蓝细菌周边

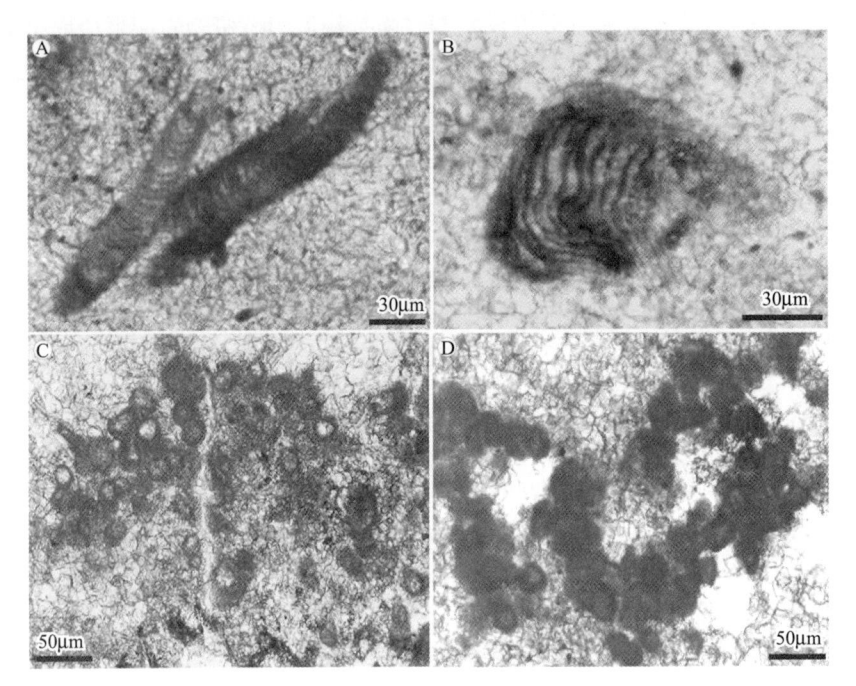

图 6.30 微生物岩中的微生物化石
A，B. 束囊状蓝细菌化石，贵州边阳打讲；C，D. 球状蓝细菌化石，湖北崇阳

的方解石颗粒也较远离球状体部分的方解石颗粒要细。Lehrmann 等（2003）认为，这种微晶方解石是由生物作用引发的沉淀物。由于蓝细菌本身没有硬体骨骼，而且在其成为化石的过程中能够被钙化的部分往往是其外部的胶质鞘，所以化石的鉴定主要依靠形态特征和个体大小。从形态和大小比较，这些球状体化石与华北元古宙团山组叠层石中的球状体单细胞化石 *Leptoteichos* sp.（朱士兴，1993）十分相似，也与现代叠层石中的球状微生物 *Entophysalis* 非常类似（Horodyski and Haar，1975）。

3. 原始生产力

微生物具有个体小、数量大、分布广、繁殖快的特点。因此，在一定条件下，微生物具有很高的生产力水平。刘志礼等（1997）曾对山东广饶盐场人工藻席进行过培植研究，发现经过 3 年时间，藻席形成厚度即可达约 1.5～2.5cm。在漫长的地质时间内，完全有可能形成巨量的蓝细菌席。

对古代微生物生产力水平的评估是个难点问题。但通过将今论古的对比，仍可定性地评价古生产力的相对高低。在一些古代微生物岩中，仍保存有大量的微生物化石，如在早三叠世微生物岩中保存有丰富的蓝细菌化石。产蓝细菌化石的地层普遍发育微生物席，可以与现代微生物席的生产力水平相比较。必须指出的是，由于蓝细菌本身缺乏钙质骨骼，地层中保留下来的蓝细菌化石仅仅是原始生物量的一小部分。所以，根据蓝细菌化石量的多少来评估古代微生物岩形成时的生产力应该注意这一问题，否则会低估原始生产力水平。

在一些具有特征性微生物沉积构造的岩石中（如微生物席和微生物凝块构造），即使没有发现有形的蓝细菌化石，仍然可以认为其具有很高的生产力水平。例如，在前寒武纪大量碳酸盐岩叠层石中，常常看不到蓝细菌化石，但这些叠层石的形成与蓝细菌的关系是毋庸置疑的。因此，对古代微生物岩生产力水平的评估，既要注意其中微生物化石的数量，也要考虑微生物生命活动所留下痕迹，甚至要结合微生物特殊的生物地球化学指标进行研究。

值得一提的是，蓝细菌的生产力水平还可以从古盐度角度进行定性评估。现代生物实验研究表明，蓝细菌的生产力不仅与细胞繁殖的速度有关，还与细胞外聚合物的产量有关。而在一定盐度范围内，胞外聚合物的产量常与盐度呈正相关（李朋富等，2000）。因此，高盐度是促进生产力提高的重要因素之一。在二叠纪-三叠纪之交的微生物岩中，常常出现石膏假晶，同时具有很高的锶含量（表6.4），这些均反映出高盐度的环境条件。这种高盐度条件可能会促进蓝细菌胞外聚合物的分泌，从而提高其生产力水平。

表6.4 川东和重庆微生物岩中的部分微量元素含量（10^{-6}）（王永标等，2005）

样品	V	Cr	Co	Ni	Zn	Rb	Sr	Y	Zr	Ba
LLD-4-A	6.63	1.66	3.50	13.1	32.4	5.19	1262	7.79	10.2	19.4
LLD-4-B	12.6	219	5.14	117	7.74	10.1	998	7.38	17.6	27.2
LLD-6.A	10.5	8.33	8.75	22.6	56.4	7.05	1376	9.71	14.7	72.8
LLD-6.B	17.2	11.0	8.48	18.4	39.5	12.7	1025	7.36	25.2	38.5
TW-7-A	9.49	11.3	5.34	20.5	9.59	8.78	892	6.99	14.7	23.2
TW-7-B	28.7	19.6	8.90	20.3	21.9	31.9	715	10.6	46.7	52.9

注：样品号带A的为微晶基质，带B的为中-粗晶方解石。

三、微生物岩有机质的沉积和埋藏条件以及赋存形式

1. 有机质的沉积和埋藏条件

除了古生产力外，有机质的沉积和埋藏条件是烃源岩形成的关键环节。不利的沉积和埋藏条件常常使生物有机质遭受氧化而消耗掉。在一般情况下，深水缺氧环境是有机质保存的理想场所。

尽管微生物岩具有高的原始生产力水平，但微生物岩大多产在浅水碳酸盐台地上。一般认为，浅水环境含氧量较高，生物有机质容易被氧化，不是有机质埋藏保存的有利场所。微生物岩中的有机质能否在浅水环境中得以有效保存就成了烃源岩形成的一个关键问题。要回答这一问题，必须弄清微生物岩形成时的水体古氧相特征。从目前的研究成果分析，有关二叠纪-三叠纪之交海洋缺氧的认识，主要是从缺氧沉积相（Wignall and Hallam，1996；Wignall and Twitchett，2002b）、介形虫生活习性指标（Crasquin-Soleau and Kershaw，2005）、碳同位素负偏（李玉成，1999；Riccardi et al.，2007）、硫同位素负偏（Riccardi et al.，2006；Shen et al.，2011）及分子化石（Grice et al.，

2005；Xie et al.，2007；Cao et al.，2009）等记录得出的。

除此以外，草莓状黄铁矿也是水体缺氧程度的有效指标。无论在现代各种沉积环境中（Wilkin et al.，1996），还是在古代沉积物中（Wilkin et al.，1997；Racki et al.，2004；Bond and Wignall，2010；Wignall et al.，2010），草莓状黄铁矿的粒径变化与水体缺氧程度具有很好的对应关系，被认为是水体氧化还原条件的可靠指标。大量研究表明，在二叠纪-三叠纪之交的微生物岩中出现了丰富的草莓状黄铁矿。Liao 等（2010）通过对重庆老龙洞剖面微生物岩中 1300 多个草莓状黄铁矿粒径的统计分析，发现这些草莓状黄铁矿的平均粒径为 8.3μm（图 6.31），与现代贫氧水层下沉积物中的相一致，由此认为该剖面微生物岩形成时底层水的古氧相为"弱贫氧环境"（图 6.32）。

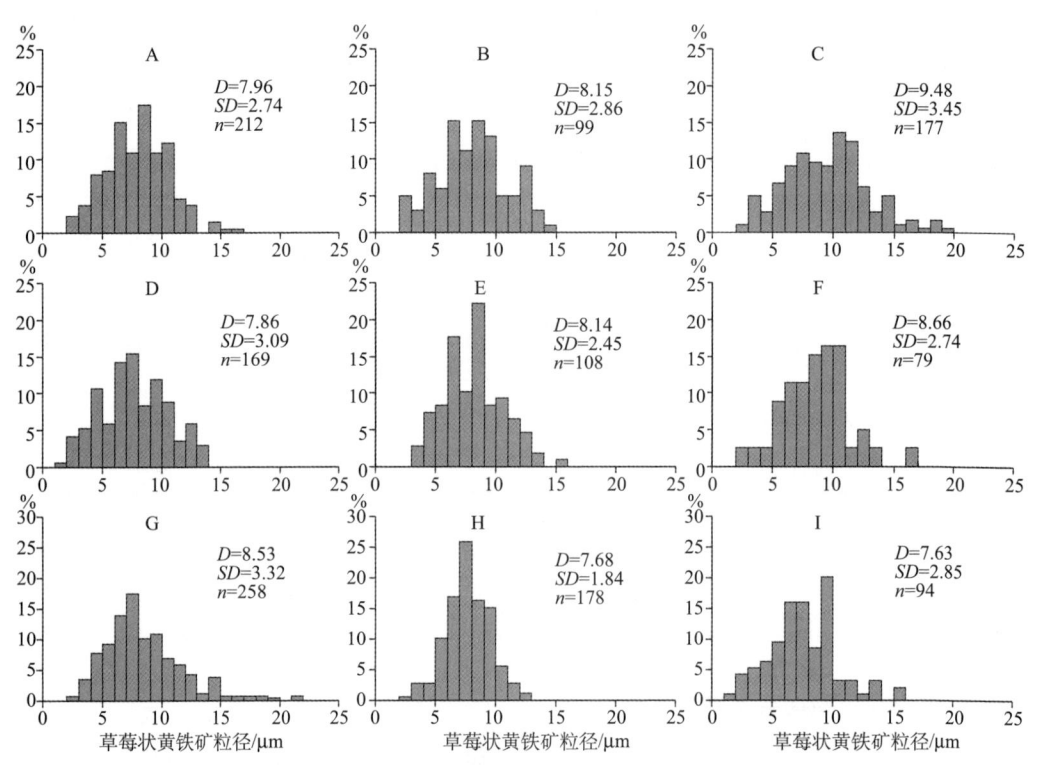

图 6.31 重庆老龙洞剖面草莓状黄铁矿粒径统计结果（Liao et al.，2010）
D、SD、n 分别为草莓状黄铁矿平均粒径、数据离散性和统计个数

形成微生物岩的浅水环境为什么会出现贫氧条件呢？这可能与特殊的地质时期有关。在正常情况下，浅海上部是适合多种生物生存的富氧场所。但在特殊时期和特殊条件下，浅海上部也可能出现缺氧的状况。二叠纪-三叠纪之交的全球事件是个划时代的地质事件，是古生代与中生代的分水岭。到目前为止，沉积学和地球化学方面的研究都普遍认为华南二叠纪-三叠纪之交存在海洋缺氧事件。有关缺氧事件的原因和机制解释很多，Kershaw 等（1999，2007）通过对重庆老龙洞剖面微生物岩碳酸盐沉积相的研究，认为微生物岩形成于缺氧浅水环境，浅水缺氧可能与深部富碳酸氢根的海水上涌有

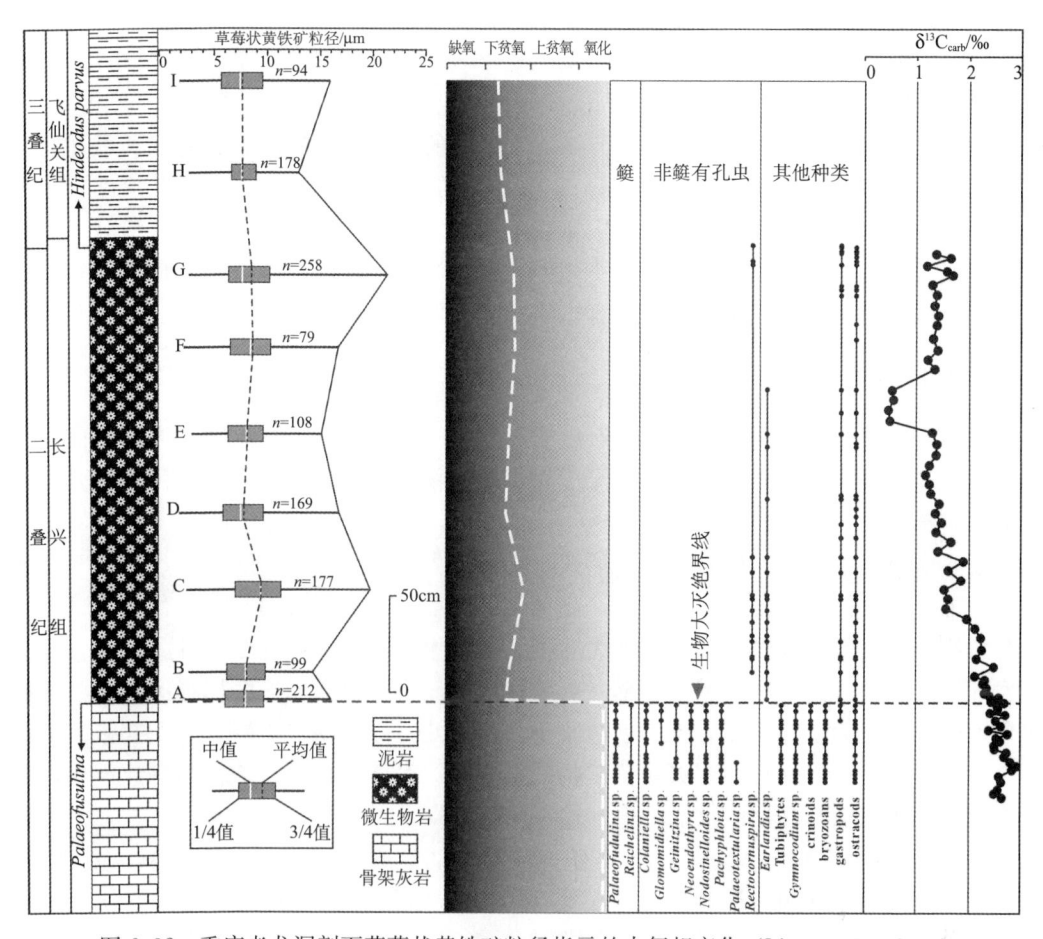

图 6.32 重庆老龙洞剖面草莓状黄铁矿粒径指示的古氧相变化（Liao et al., 2010）

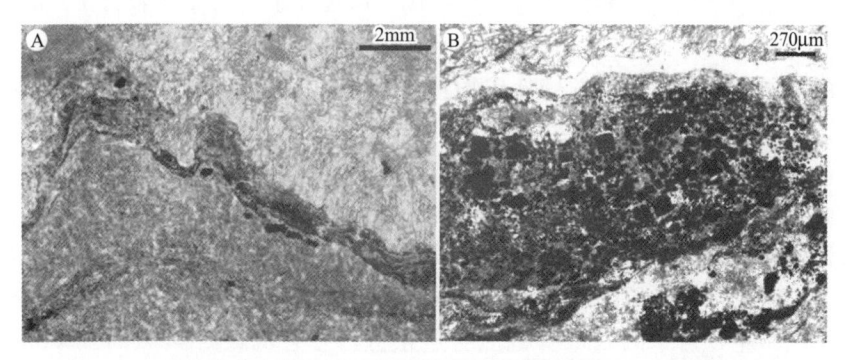

图 6.33 重庆老龙洞剖面微生物岩缝合线中的粒状黄铁矿（黑色部分）

关。另外，在微生物岩形成过程中，微生物群落表面可能形成生物膜。生物膜的覆盖使微生物席之下几厘米深处即可出现缺氧，从而有效地保护了生物有机质，使其免遭氧化。因此，微生物岩形成的特殊机制及其所处的特殊地质时期，使得浅海上部环境可能出现相对缺氧的条件，这对有机质的保存十分有利。

然而，由于微生物岩形成于浅水环境，要进入较深埋藏环境需要相对较长的时间。因此埋藏条件是决定微生物岩中有机质能否最终成为烃源岩有机质的另一个关键环节。通过对微生物岩中黄铁矿的进一步研究，发现其中的一部分黄铁矿为草莓状黄铁矿，还有一部分黄铁矿沿缝合线集中分布（图 6.33）。缝合线是在成岩埋藏到一定深度后压溶作用的产物，是成岩晚期的产物。微生物岩中普遍发育缝合线，其中丰富的粒状黄铁矿应该是成岩深埋藏阶段的产物。这说明微生物岩在埋藏条件下曾经富含硫化氢，也就是说埋藏阶段仍然处在还原环境。这对有机质的有效埋藏和保存十分有利。

2. 有机质的赋存形式

泥质烃源岩主要靠吸附作用富集有机质。由于碳酸盐岩有着与泥质岩完全不同的物理性质，其吸附有机质能力明显低于泥质岩。微生物岩作为碳酸盐岩的一种，又是以何种方式富集生物有机质的呢？

要了解微生物岩中有机质的富集形式，必须首先了解微生物岩的形成过程。与一般碳酸盐岩不同，微生物岩是在强蒸发、高盐度的环境条件下形成的。在这种条件下，大部分多细胞生物常常难以生存，但却为蓝细菌等微生物的爆发创造了条件。另外，强的蒸发环境必然会提高碳酸盐沉积速率。碳酸盐沉积速率的提高当然会稀释沉积物中的有机质，但同时也为快速封存有机质创造了条件。因此，微生物岩中的有机质在被氧化破坏之前就可能被有效地封存在碳酸盐矿物颗粒之间。另外，由于碳酸盐结晶速率快，部分有机质还可以被封存在矿物晶格中（图 6.34A，B）。

尽管碳酸盐矿物中的包裹有机质有一定的生油意义（周中毅等，1983；妥进才，1994；施继锡、余孝颖，1996；解启来等，2000），但包裹有机质仅仅是碳酸盐岩有机质的一种，而且包裹有机质的量非常有限，可能尚不足以形成规模性的油气资源。另外，包裹有机质是经过成岩后残留下来的有机质，并不代表碳酸盐岩沉积和埋藏阶段的所有有机质。由于微生物碳酸盐岩封存速度快，尽管其矿物的吸附能力差，但却具有很强的封存能力，这同样可以使微生物岩中的有机质被保存下来。在成岩早期，这部分被封存起来的有机质主要集中在碳酸盐矿物颗粒之间，可以被称为"晶间有机质"。在成岩晚期，即缝合线形成阶段，"晶间有机质"才可以沿缝合线释放出来，从而为油气资源的富集做出贡献。据研究，微生物岩中发育丰富的缝合线构造，缝合线所在位置的荧光明显较强，表明曾经发生过有机质的迁移和排烃（图 6.34C，D）。

尽管微生物岩的沉积和埋藏有机质均较丰富，但经排烃后残留的有机质含量已非常低。造成残留有机质低的原因主要是由于碳酸盐矿物对有机质的吸附能力低于泥质岩。据分析，华南微生物岩中的残留有机质含量很低，总有机碳为 $0.01\% \sim 0.02\%$。按照残留有机质（TOC）这一传统指标来评价微生物碳酸盐岩是否为有效烃源岩显然是不适用的。不过，相比于微生物岩以下及以上的碳酸盐岩，微生物岩中残留有机碳的含量还是相对较高的，这说明微生物岩作为一种特殊类型的烃源岩确实与一般的碳酸盐岩不同。

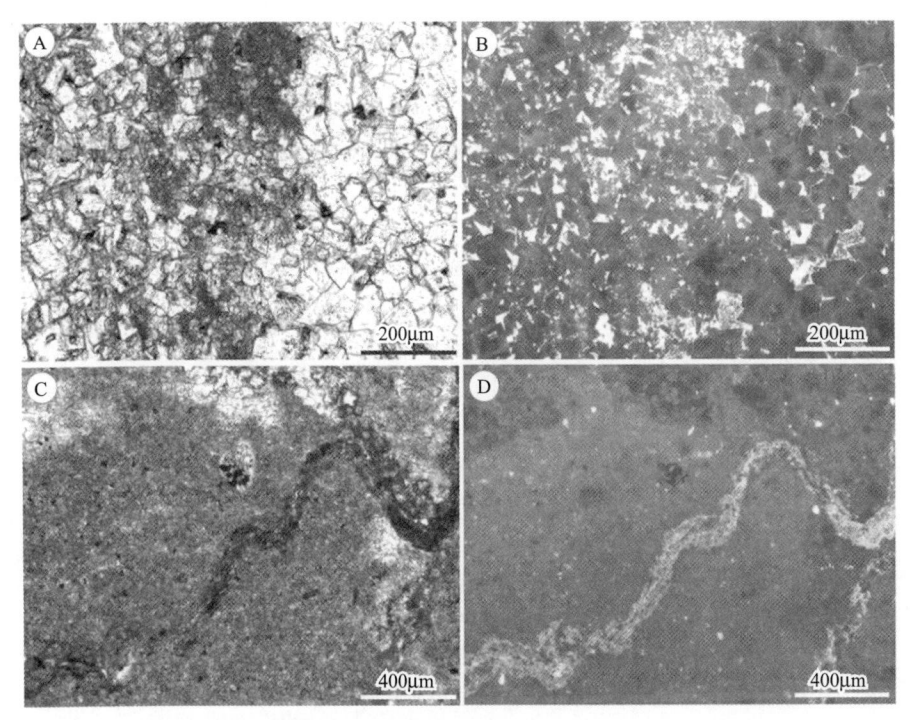

图 6.34　湖南慈利微生物碳酸盐岩中的有机质和强的荧光显示
A. 微生物碳酸盐岩，单偏光；B. 微生物碳酸盐岩，荧光；C. 微生物岩中的缝合线构造，单偏光；
D. 微生物岩中缝合线的荧光显示，荧光

四、微生物岩烃源岩形成的地球生物学过程和生烃潜力评价

1. 微生物岩形成的地球动力学背景

二叠纪-三叠纪之交微生物岩均直接产在大灭绝界线之上。结合目前已发现的牙形石化石带（Lehrmann et al.，2003；杨浩等，2006），微生物岩的底界大致相当于浙江煤山剖面的第 25 层。世界各地的微生物岩具有很好的等时性。

浙江煤山剖面的第 25 层为火山黏土层，在华南地区有着广泛的分布。火山黏土的大面积出现反映二叠纪末生物大灭绝期间曾经发生过大规模的火山活动。火山活动产生大量的 CO_2 使当时的地球出现强烈的温室效应。长时间的温室效应使海水表面温度升高，由此导致二叠纪生物礁的消失和菌藻生物的泛滥。同时，温度升高使海洋分层现象进一步加剧，形成海底缺氧层。在地质因素的触发下，海底缺氧水体上涌，并波及浅海区域，使浅水碳酸盐台地出现广泛的贫氧环境。浅水台地贫氧环境的出现进一步加剧了海洋生物的灭绝，取而代之的是对环境具有很强耐受能力的蓝细菌等微生物的大爆发。因此，微生物岩是在二叠纪末火山活动频发、强温室效应、海水缺氧和宏体生物大量灭绝的地质背景下形成的。

2. 微生物岩形成的地球微生物学过程

微生物岩是沉积作用和微生物建造作用的产物，是由底栖微生物群落捕获和黏结碎屑沉积物和（或）它们成为矿物沉淀中心而形成的沉积物（Burne and Moore，1987）。微生物岩与主要由钙藻骨骼大量机械堆积而形成的"钙藻灰岩"有着本质的不同，钙质微生物岩中的碳酸盐矿物颗粒及微生物化石大部分是原地形成的，机械搬运作用不明显。

微生物岩的类型很多，包括叠层石、核形石、树形石、凝块石，以及某些鲕粒、团粒、球粒和泥晶（陈晋镳，1993；戴永定等，1996）。大部分微生物岩主要由碳酸盐矿物组成，称为钙质微生物岩。

与微生物岩形成有关的主要是底栖微生物群落。在现代的微生物席和微生物岩中，底栖微生物群落主要由光合原核生物（即蓝细菌）、真核微体藻类、化学自养或异养微生物（如硫细菌等）组成。除了这些微生物以外，微生物生态系中还常常有少量后生多细胞生物，一般主要为小型腹足类及介形虫等。微生物岩主要通过底栖微生物群落与周围环境之间各种复杂的生物化学作用而形成。微生物群落常常以不同的组合方式与外界环境发生物质和能量的交换。梁玉左等（1995）将底栖微生物群落与沉积物相互作用的组合方式总结为三种：一是薄膜状（films），在薄膜中底栖微生物群落散布在松散固结的碎屑沉积物中。二是席状（mats），在席中底栖微生物与被捕获和黏结的碎屑沉积物形成一关系紧密的组合。三是结块状（indutated masses），常为灰岩，由与底栖微生物群落密切相关的矿化作用所形成（Burne and Moore，1987）。

微生物群落与外界环境之间相互作用的结果是促进物质和能量的循环，在特定条件下形成碳酸盐矿物的堆积，即微生物岩沉积体的形成。在微生物岩形成过程中，碳酸盐矿物的聚集和堆积大致可归纳为三种方式：一是微生物对碎屑颗粒的机械捕获和黏结；二是微生物本身的生物矿化作用（如蓝细菌的钙化等）；三是无机沉淀作用，即碳酸盐矿物在生物或沉积物表面上的无机沉淀作用。图 6.35 表示的是蓝细菌及微生物泥炭的形成模式。二叠纪-三叠纪之交的微生物岩是在强温室条件下形成的。温度升高常常引起蓝细菌的爆发性生长，同时也会导致蒸发作用的加强和碳酸盐沉积作用的加快。快速的碳酸盐沉积和胶结作用把大量微生物席有机质封存在微生物岩的空隙中。这些被封存的有机质经过一定的埋深，在上覆岩层的压力下会出现压溶现象，并产生缝合线。与此

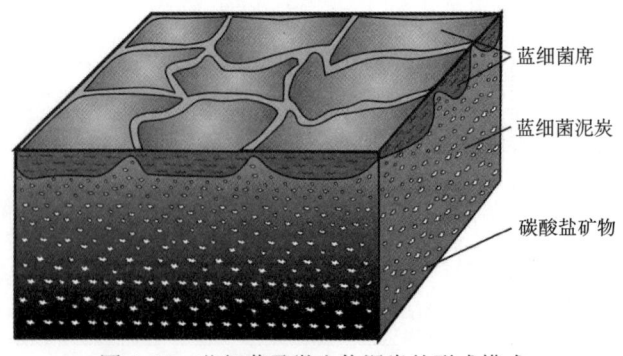

图 6.35 蓝细菌及微生物泥炭的形成模式

同时，被封存的有机质沿缝合线排出，为油气资源的富集做出贡献。

3. 生烃潜力评价

由于在微生物岩形成中海洋具有很高的生物生产力，同时具有贫氧的沉积环境，因此微生物岩中的有机质能得以有效的保存。尽管微生物岩形成于浅水环境，但高盐度环境保证了有机质不易被氧化损耗。另外，在微生物岩沉积后，其上很快被具有广泛分布的早三叠世最早期的泥质岩或薄层泥质灰岩所覆盖，也有利于有机质的有效埋藏和保存。综合以上各方面因素，我们认为广泛分布于华南二叠纪-三叠纪界线附近的微生物岩应该是一种潜在的烃源岩。

值得引起注意的是，笔者在重庆老龙洞剖面微生物岩之下的长兴期生物碎屑灰岩中发现了大量沥青。经野外仔细观察，发现灭绝界线处有明显的沥青下渗的痕迹。下渗沥青中还可见许多细小的黄铁矿颗粒，而微生物岩中也存在大量细小的黄铁矿颗粒。为此，笔者对微生物岩中的黄铁矿颗粒和沥青中的黄铁矿颗粒进行了硫同位素测试分析。结果显示，微生物岩中的黄铁矿硫同位素值分别为 4.63‰～6.91‰，而沥青中黄铁矿的硫同位素值为 6.67‰，两者十分接近。综合野外地质现象和硫同位素测试数据，笔者认为长兴期生物碎屑灰岩中的沥青很可能来自其上的微生物岩。

二叠纪-三叠纪之交微生物岩分布范围极为广泛，遍及欧洲、中东、华南、日本和北美。这些微生物岩分布区在地史时期绝大部分属于古特提斯洋的范畴。二叠纪-三叠纪之交，古特提斯洋的西侧为欧洲和非洲大陆，东侧被华北地块和华南地块所包围，呈现为一相对闭塞的洋盆（图6.26）。二叠纪末的全球生物大灭绝事件为蓝细菌等微生物的生长提供了广阔的生态空间，相对闭塞的古特提斯洋及二叠纪末缺氧海水的上翻造成了全球缺氧事件。蓝细菌的广泛分布和缺氧海洋的形成为微生物岩中有机质的有效保存创造了难得的条件。

在古特提斯洋的周边地区，华南地块是微生物岩类型最为多样、分布最为集中的一个地区。目前已在四川盆地、中下扬子及滇黔桂地区发现大量微生物岩露头（图6.27）。粗略统计，华南微生物岩的分布面积约为160万平方公里。此外，从现有的调查研究显示，微生物岩不但分布广泛，而且产出层位和地层厚度（平均在5m左右）非常稳定。因此，微生物岩的岩石体积约为 $8\times10^{12} m^3$。

在微生物岩中，原始有机质含量的评估需要参考现代类似的沉积物。实际上，类似于二叠纪-三叠纪之交微生物岩的现代微生物岩沉积在西澳大利亚也有分布，这为古今微生物岩中有机质含量的对比提供了一定的条件。但二叠纪-三叠纪之交微生物岩的许多特征与西澳大利亚现代微生物岩仍有区别，环境条件也不尽相同。

尽管对二叠纪-三叠纪之交微生物岩的成因有不同的看法，但我们认为它应该是一种强蒸发条件下形成的碳酸盐岩。在微生物岩中出现的指状体和斑点中的粗粒方解石很容易使人联想到碳酸盐成岩过程中充填在空洞中的亮晶胶结物。Guo和Riding（1992）曾指出，川东地区的这套"微生物岩"在结构上与意大利中部现代淡水热泉钙华十分相似。但我们的测试表明，微生物岩中的粗晶方解石与微晶基质中的碳、氧同位素值十分接近，而且其值显示为海相碳酸盐特征，不像是"淡水钙华"（表6.5）。

表 6.5　微生物岩碳、氧同位素组成及锶含量（王永标等，2005）

样品号	岩　性	$\delta^{13}C/‰$	$\delta^{18}O/‰$	$Sr/10^{-6}$
LLD-4-1-A	微晶基质	1.65	−8.28	1262
LLD-4-1-B	粗晶方解石	1.64	−7.9	998
LLD-6.1-A	微晶基质	1.09	−8.77	1376
LLD-6.1-B	粗晶方解石	1.37	−8.33	1025
TW-7-A	微晶基质	−0.57	−7.04	892
TW-7-B	粗晶方解石	2.6	−7.68	715

与此同时，我们分别对微晶基质和粗晶方解石中的锶含量进行分析，发现两者十分接近，而且均具有很高的值（$715×10^{-6}～1376×10^{-6}$），比一般碳酸盐岩中的锶含量要高得多。据罗宾·巴瑟斯特（1977）研究，大多数古代灰岩锶的含量约为 $350×10^{-6}～700×10^{-6}$。碳酸盐岩锶含量的高低常常与盐度有关。华南微生物岩锶的含量明显偏高，微生物岩具有如此高含量的锶，表明其形成于高盐度、强蒸发环境。微生物岩中丘状、树枝状等沉积构造也只能用强蒸发环境来解释。王生海等（1994）通过对川东华蓥山地区微生物岩的研究，也认为其形成于较强的蒸发环境。换句话说，微生物岩是一种蒸发岩。Enos（1983）认为，全新世未经压实的蒸发岩有机质含量高达 15% 以上。按此计算，体积为 $8×10^{12}$ m³ 的微生物岩，曾经赋存的有机质含量约为 $1.2×10^{12}$ m³（$160×10^{10}×5×15\%$），即 1.2 万亿吨（有机质密度按 1g/cm³ 算）。尽管微生物岩中原始有机质的确切含量目前尚无法准确计算，但如此大面积分布的微生物岩本身已表明其具有巨大的资源潜力。

特别需要指出的是，在时空上，微生物岩常常与礁及鲕粒滩这样良好的储层相邻近，烃源层与优质储层之间的这种得天独厚的天然组合凸现出微生物岩这种特殊烃源岩的重要经济价值，也为油气勘探提供了崭新的思路。

参 考 文 献

曹瑞骥, 袁训来. 2003. 中国叠层石研究的历史和现状. 微体古生物学报, 20 (1)：5～14
陈晋镳. 1993. 叠层石研究的进展和问题. 见：朱士兴等. 中国叠层石. 天津：天津大学出版社. 1～207
陈骏, 连宾, 王斌, Teng H H. 2006. 极端环境下的微生物及其生物地球化学作用. 地学前缘, 13 (6)：199～207
陈祈, 王家生, 魏清, 王晓芹, 李清, 胡高伟, 高钰涯. 2008. 综合大洋钻探计划 311 航次沉积物中自生黄铁矿及其硫稳定同位素研究. 现代地质, 22 (3)：402～406
戴永定, 陈孟莪, 王尧. 1996. 微生物岩研究的发展与展望. 地球科学进展, 11 (2)：209～215
党宏月, 李铁刚, 曾志刚, 秦蕴珊. 2006. 深海极端环境深部生物圈微生物学研究综述. 海洋科学集刊, 47：41～60
冯增昭, 杨玉卿, 金振奎. 1997. 中国南方二叠纪岩相古地理. 东营：石油大学出版社. 71～82
何磊, 王永标, 杨浩, 廖卫, 翁泽婷. 2010. 华南二叠纪-三叠纪之交微生物岩的古地理背景及沉积微相特征. 古地理学报, 12 (2)：151～163
黄思静. 1997. 上扬子地区晚古生代海相碳酸盐的碳、锶同位素研究. 地质学报, 71 (1)：45～53
蒋干清, 史晓颖, 张世红. 2006. 甲烷渗漏构造、水合物分解释放与新元古代冰后期盖帽碳酸盐岩. 科学通报, 51 (10)：1121～1138
金之钧, 蔡立国. 2007. 中国海相层系油气地质理论的继承与创新. 地质学报, 81 (8)：1017～1024

李朋富, 刘志礼, 葛海涛, 沈如杰, 沈虹. 2000. 盐度和营养限制对盐生隐杆藻生长和胞外多糖产率的影响. 南京大学学报（自然科学版）, 36 (5): 585~591

李玉成. 1999. 中国南方二叠-三叠纪过渡时期的碳同位素旋回地层与突变事故. 地球化学, 28 (4): 351~358

梁玉左, 朱士兴, 高振家, 杜汝霖, 邱树玉. 1995. 叠层石研究的新进展——微生物岩. 中国区域地质, (1): 57~65

刘宝珺, 许效松. 1994. 中国南方岩相古地理图集. 北京: 科学出版社. 1~188

刘坚, 陆红锋, 廖志良, 陈道华, 程思海. 2005. 东沙海域浅层沉积物硫化物分布特征及其与天然气水合物的关系. 地学前缘, 12 (3): 258~262

刘新宇, 颜佳新. 2007. 华南地区二叠纪栖霞组燧石结核成因研究及其地质意义. 沉积学报, 25 (5): 730~736

刘志礼, 刘雪娴, 吴生才. 1997. 藻席的聚集和成矿作用. 海湖盐与化工, 27 (1): 12~19

罗宾·巴瑟斯特. 1977. 碳酸盐沉积物及其成岩作用. 中国科学院地质研究所《碳酸盐沉积物及其成岩作用》翻译组译. 北京: 科学出版社. 197~198

梅冥相. 2007. 中元古代叠层石-非叠层石碳酸盐岩层序地层序列及其沉积特征——以北京延庆千沟剖面高于庄组为例. 现代地质, 7 (2): 387~396

施继锡, 余孝颖. 1996. 碳酸盐岩中包裹体有机质特征与非常规油气评价. 矿物学报, 16 (2): 103~108

史晓颖, 蒋干清. 2011. 前寒武纪微生物地质作用与地球表层系统演化. 见: 谢树成, 殷鸿福, 史晓颖等主编. 地球生物学: 生命与地球环境的相互作用和协同演化. 北京: 科学出版社. 190~235

史晓颖, 王新强, 蒋干清, 刘典波, 高林志. 2008a. 贺兰山地区中元古代微生物席成因构造: 远古时期微生物群活动的沉积标识. 地质论评, 54 (5): 877~586

史晓颖, 张传恒, 蒋干清, 刘娟, 王议, 刘典波. 2008b. 华北地台中元古代碳酸盐岩中的微生物成因构造及其生烃潜力. 现代地质, 22 (5): 669~682

苏新, 陈芳, 魏士平, 张勇, 程思海, 陆红锋, 黄永样. 2007. 南海北部冷泉区沉积物中微生物丰度与甲烷浓度变化关系的初步研究. 现代地质, 21 (1): 101~104

汤冬杰, 史晓颖, 李涛, 赵贵生. 2011. 微生物席成因构造形态组合的古环境意义：以华北南缘中-新元古代为例. 地球科学, 36 (6): 1033~1043

妥进才. 1994. 碳酸盐岩的二次成烃作用. 天然气地球科学, 5 (3): 9~13

王家生, Suess E, Rickert D. 2003. 东北太平洋天然气水合物伴生沉积物中自生石膏矿物. 中国科学: 地球科学, 33 (5): 433~441

王家生, 王永标, 李清. 2007. 海洋极端环境微生物活动与油气资源关系. 地球科学——中国地质大学学报, 32 (6): 781~788

王立亭, 陆彦邦, 赵时久, 罗晋辉. 1994. 中国南方二叠纪岩相古地理与成矿作用. 北京: 地质出版社

王生海, 强子同, 文应初, 陶艳忠. 1994. 华蓥山地区二叠纪生物礁顶部钙结壳的岩石学特征及成因探讨. 矿物岩石, 14 (4): 59~68

王永标, 童金南, 王家生, 周修高. 2005. 华南二叠纪末大绝灭后的钙质微生物岩及古环境意义. 科学通报, 50 (6): 552~558

吴亚生, 姜红霞, 廖太平. 2006. 重庆老龙洞二叠系-三叠系界线地层的海平面下降事件. 岩石学报, 22 (9): 2405~2412

吴亚生, 姜红霞, Yang Wan, 范嘉松. 2007. 二叠纪-三叠纪之交缺氧环境的微生物和微生物岩. 中国科学: 地球科学, 37 (5): 618~628

谢蕾, 王家生, 林杞. 2012. 南海北部神狐水合物赋存区浅表层沉积物自生矿物特征及其成因探讨. 岩石矿物学杂志, 31 (3): 382~392

解启来, 周中毅, 陆明勇. 2000. 碳酸盐矿物结合有机质. 矿物学报, 20 (1): 59~62

严贤勤, 孟凡巍, 袁训来. 2006. 徐淮地区新元古代九顶山组燧石结核的地球化学特征. 微体古生物学报, 23 (3): 295~302

颜佳新. 2004. 华南地区二叠纪栖霞组碳酸盐岩成因研究及其地质意义. 沉积学报, 22 (4): 579~587

颜佳新, 刘新宇. 2007. 从地球生物学角度讨论华南中二叠世海相烃源岩缺氧沉积环境成因模式. 地球科学, 32 (6):

789~796

颜佳新, 伍明, 李方林, 方念乔. 1998. 湖北省巴东栖霞组沉积成岩作用地球化学特征研究. 沉积学报, 16 (4): 78~84

颜文, 陈忠, 王有强, 陈木宏. 2000. 南海南部 NS93-5 柱样的矿物学特征及矿物沉积序列. 矿物学报, 20 (2): 86~91

杨浩, 张素新, 江海水, 王永标. 2006. 湖北崇阳二叠纪-三叠纪之交钙质微生物岩的时代及基本特征. 地球科学, 31 (2): 165~170

杨守仁, 王新平, 郝维城. 1984. 广西田东县作登下三叠统的新认识, 纪念乐森璕教授从事地质科学、教育工作60年论文选集. 北京: 地质出版社. 105~115

殷鸿福, 谢树成, 秦建中, 颜佳新, 罗根明. 2008. 对地球生物学、生物地质学和地球生物相的一些探讨. 中国科学: 地球科学, 38 (12): 1473~1480

周中毅, 叶继荪, 盛国英, 贾蓉芬. 1983. 碳酸盐矿物的包裹有机质及其生油意义. 地球化学, 3: 276~284

朱士兴. 1993. 中国叠层石. 天津: 天津大学出版社. 191~196

Adams E W, Grotzinger J P, Watters W A, Schröder S, McCormick D S, Al-Siyabi H A. 2005. Digital characterization of thrombolite-stromatolite reef distribution in a carbonate ramp system (terminal Proterozoic, Nama Group, Namibia). American Association of Petroleum Geologists Bulletin, 89 (10): 1293~1318

Aitken J D. 1967. Classification and environmental significance of cryptalgal limestones and dolomites, with illustrations from the Cambrian and Ordovician of southwestern Alberta. Journal of Sedimentary Research, 37 (4): 1163~1178

Aitken J D, Narbonne G M. 1989. Two occurrences of Precambrian thrombolites from the Mackenzie Mountains, northwestern Canada. Palaios, 4 (4): 384~388

Aloisi G, Gloter A, Krüger M, Wallmann K, Guyot F, Zuddas P. 2006. Nucleation of calcium carbonate on bacterial nanoglobules. Geology, 34 (12): 1017~1020

Andres M S, Reid R P. 2006. Growth morphologies of modern marine stromatolites: A case study from Highborne Cay, Bahamas. Sedimentary Geology, 185 (3-4): 319~328

Andrews J, Brasier A. 2005. Seasonal records of climatic change in annually laminated tufas: Short review and future prospects. Journal of Quaternary Science, 20 (5): 411~421

Arp G, Reimer A, Reitner J. 2001. Photosynthesis-induced biofilm calcification and calcium concentrations in Phanerozoic oceans. Science, 292 (5522): 1701~1704

Arp G, Bissett A, Brinkmann N, Cousin S, Beer D D, Friedl T, Mohr K I, Neu T R, Reimer A, Shiraishi F, Stackebrandt E, Zippel B. 2010. Tufa-forming biofilms of German karstwater streams: Microorganisms, exopolymers, hydrochemistry and calcification. Geological Society, London, Special Publications, 336 (1): 83~118

Arp G, Helms G, Karlinska K, Schumann G, Reimer A, Reitner J, Trichet J. 2012. Photosynthesis versus exopolymer degradation in the formation of microbialites on the Atoll of Kiritimati, Republic of Kiribati, Central Pacific. Geomicrobiology Journal, 29 (1): 29~65

Bao H, Lyons J R, Zhou C. 2008. Triple oxygen isotope evidence for elevated CO_2 levels after a Neoproterozoic glaciation. Nature, 453 (7194): 504~506

Bao H, Fairchild I J, Mynn P M, Spoetl C. 2009. Stretching the envelope of past surface environments: Neoproterozoic glacial lakes from Svalbard. Science, 323 (5910): 119~122

Baud A, Cirilli S, Marcoux J. 1997. Biotic response to mass extinction: The lowermost Triassic microbialites. Facies, 36 (1): 238~242

Baud A, Richoz S, Marcoux J. 2005. Calcimicrobial cap rocks from the basal Triassic units of the Taurus (SW Turkey), an anachronistic facies before the biotic recovery. Comptes Rendus Palevol, 4 (6-7): 569~582

Baud A, Richoz S, Pruss S. 2007. The lower Triassic anachronistic carbonate facies in space and time. Global and

Planetary Change, 55 (1-3): 81~89

Benzerara K, Meibom A, Gautier Q, Kaźmierczak J, Stolarski J, Menguy N, Brown Jr G E. 2010. Nanotextures of aragonite in stromatolites from the quasi-marine Satonda crater lake, Indonesia. Geological Society, London, Special Publications, 336 (1): 211~224

Berelson W M, Corsetti F A, Pepe-Ranney C, Hammond D E, Beaumont W, Spear J R. 2011. Hot spring siliceous stromatolites from Yellowstone National Park: Assessing growth rate and laminae formation. Geobiology, 9 (5): 411~424

Boetius A, Ravenschlag K, Schubert C J, Rickert D, Widdel F, Gieseke A, Amann R, Jürgensen B B, Witte U, Pfannkuche O. 2000. A marine microbial consortium apparently mediating anaerobic oxidation of methane. Nature, 407 (6804): 623~626

Bohrmann G, Greinert J, Suess E, Torres M E. 1998. Authigenic carbonates from Cascadia subduction zone and their relation to gas hydrate stability. Geology, 26 (7): 647~650

Bond D, Wignall P B. 2010. Pyrite framboid study of marine Permian-Triassic boundary sections: A complex anoxic event and its relationship to contemporaneous mass extinction. Geological Society of America Bulletin, 122 (7-8): 1265~1279

Bontognali T R R, Vasconcelos C, Warthmann R J, Bernasconi S M, Dupraz C, Strohmenger C J, McKenzie J A. 2010. Dolomite formation within microbial mats in the coastal sabkha of Abu Dhabi (United Arab Emirates). Sedimentology, 57 (3): 824~844

Bosak T, Souza-Egipsy V, Corsetti F A, Newman D K. 2004. Micrometer-scale porosity as a biosignature in carbonate crusts. Geology, 32 (9): 781~784

Bouougri E H, Porada H. 2007a. Siliciclastic biolaminites indicative of widespread microbial mats in the Neoproterozoic Nama Group of Namibia. Journal of African Earth Sciences, 48 (1): 38~48

Bouougri E H, Porada H. 2007b. Mat-related features from the Terminal Ediacaran Nudaus Formation, Nama Group, Namibia. In: Schieber J, Bose P K, Eriksson P G, Banerjee S, Sarkar S, Altermann W, Catuneanu O (eds). An Atlas of Microbial Mat Features Preserved within the Siliciclastic Rock Record. Amsterdam: Elsevier. 214~221

Bouougri E H, Porada H. 2011. Biolaminated siliciclastic deposits. In: Reitner J, Quéric N V, Arp G. Advances in Stromatolite Geobiology. Lecture Notes in Earth Sciences, 131: 507~524

Braga J C, Martin J M, Riding R. 1995. Controls on microbial dome fabric development along a carbonate-siliciclastic shelf-basin transect, Miocene, SE Spain. Palaios, 10 (4): 347~361

Brem U, Gasiewiez A, Gerdes G, Krumbein W E. 2002. Biolaminoid facies in a peritidal sabkha: Permian platy dolominte of northern Poland. International Journal of Earth Sciences, 91 (2): 260~271

Buczynski C, Chafetz H S. 1991. Habit of bacterially induced precipitates of calcium carbonate and the influence of medium viscosity on mineralogy. Journal of Sedimentary Research, 61 (2): 226~233

Burne R V, Moore L S. 1987. Microbialites: Organosedimentary deposits of benthic microbial communities. Palaios, 2 (3): 241~254

Burns B P, Goh F, Allen M, Neilan B A. 2004. Microbial diversity of extant stromatolites in the hypersaline marine environment of Shark Bay, Australia. Environmentary Microbiology, 6 (10): 1096~1101

Caldwell S, Laidler J, Brewer E, Eberly J, Sandborgh S, Colwell F. 2008. Anaerobic oxidation of methane: Mechanisms, bioenergetics, and the ecology of associated microorganisms. Environmental Science & Technology, 42 (18): 6791~6799

Cao C, Love G D, Hays L E, Wang W, Shen S, Summons R E. 2009. Biogeochemical evidence for euxinic oceans and ecological disturbance presaging the end-Permian mass extinction event. Earth and Planetary Science Letters, 281 (3-4): 188~201

Chafetz H S. 1986. Marine peloids: A product of bacterially induced precipitation of calcite. Journal of Sedimentary Research, 56 (6): 812~817

Chafetz H S, Buczynski C. 1992. Bacterially induced lithification of microbial mats. Palaios, 7 (3): 277~293

Chafetz H S, Rush P F, Schoderbek D. 1993. Occult aragonitic fabrics and structures within microbiolites, Pennsylvanian Panther Seep Formation, San Andres Mountains, New Mexico, USA. Carbonates and Evaporites, 8 (2): 123~134

Crasquin-Soleau S, Kershaw S. 2005. Ostracod fauna from the Permian-Triassic boundary interval of South China (Huaying Mountains, eastern Sichuan Province): Palaeoenvironmental significance. Palaeogeography, Palaeoclimatology, Palaeoecology, 217 (1-2): 131~141

de Wet C B, Dickson J, Wood R, Gaswirth S, Frey H. 1999. A new type of shelf margin deposit: Rigid microbial sheets and unconsolidated grainstones riddled with meter-scale cavities. Sedimentary Geology, 128 (1): 13~21

de Wet C B, Frey H M, Stephanie B, Gaswirth S B, Mora C I, Rahnis M, Bruno C R. 2004. Origin of meter-scale submarine cavities and herringbone calcite cement in a Cambrian microbial reef, Ledger Formation (USA). Journal of Sedimentary Research, 74 (6): 914~923

Dickens G R. 1999. The blast in the past. Nature, 401 (6755): 752~755

Dickens G R. 2001. Sulfate profiles and barium fronts in sediment on the Blake Ridge: Present and past methane fluxes through a large gas hydrate reservoir. Geochimica et Cosmochimica Acta, 65 (4): 529~543

Dickens G R, O'Neil J R, Rea D K, Owen R W. 1995. Dissociation of oceanic methane hydrate as a cause of the carbon isotope excursion at the end of the Paleocene. Paleoceanography, 10 (6): 956~971

Dickens G R, Fewless T, Thomas E, Bralower T J. 2003. Excess barite accumulation during the Paleocene-Eocene Thermal Maximum: Massive input of dissolved barium from seafloor gas hydrate reservoirs. Geological Society of America, Special Paper, 369: 11~23

Dupraz C, Visscher P T. 2005. Microbial lithification in marine stromatolites and hypersaline mats. Trends in Microbiology, 13 (9): 429~438

Dupraz C, Visscher P T, Baumgartner L K, Reid R P. 2004. Microbe-mineral interactions: Early carbonate precipitation in a hypersaline lake (Eleuthera Island, Bahamas). Sedimentology, 51 (4): 745~765

Dupraz C, Reid R P, Braissant O, Dechoc A W, Normanc R S, Visscher P T. 2009. Processes of carbonate precipitation in modern microbial mats. Earth-Science Reviews, 96 (3): 141~162

Elvert M, Greinert J, Suess E, Whiticar M J. 2001. Carbon isotopes of biomarkers derived from methane-oxidizing at hydrate ridge, Cascadia convergent margin. In: Paull C K, Dillon W P (eds). Natural Gas Hydrates: Occurrence, Distribution, and Detection. Washington D C: American Geophysical Union. 115~129

Enos P, Minero C J, Aguayo E, Eby D E, Robert T C. 1983. Sedimentation and Diagenesis of Mid-Cretaceous Platform Margin, East-central Mexico. United States: Dallas Geological Society, Publication with accompanying field guide. 1~168

Eriksson P G, Schieber J, Bouougri E, Gerdes G, Porada H, Banerjee S, Bose P K, Sarkar S. 2007. Classification of structures left by microbial mats in their host sediments. In: Schieber J, Bose P K, Eriksson P G, Banerjee S, Altermann W, Catuneau O (eds). Atlas of Microbial Mat Features Preserved within the Clastic Rock Record. Amsterdam: Elsevier. 39~52

Ezaki Y, Liu J, Adachi N. 2003. Earliest Triassic microbialite to megastructures in the Huaying area of Sichuan Province, South China: Implications for the nature of oceanic conditions after the end-Permian extinction. Palaios, 18 (4-5): 387~402

Ezaki Y, Liu J, Adachi N. 2012. Lower Triassic stromatolites in Luodian County, Guizhou Province, South China: Evidence for the protracted devastation of the marine environments. Geobiology, 10 (1): 48~59

Feldmann M, McKenzie J A. 1997. Messinian stromatolite-thrombolite associations, Santa Pola, SE Spain: An analogue for the Palaeozoic? Sedimentology, 44 (5): 893~914

Feldmann M, McKenzie J A. 1998. Stromatolite-thrombolite associations in a modern environment, Lee Stocking Island, Bahamas. Palaios, 13 (2): 201~212

Ferris F G, Thompson J B, Beveridge T J. 1997. Modern freshwater microbialites from Kelly Lake, British Columbia, Canada. Palaios, 12 (3): 213~219

Folk R L. 1993. SEM imaging of bacteria and nannobacteria in carbonate sediments and rocks. Journal of Sedimentary Research, 63 (5): 990~999

Folk R L. 1999. Nannobacteria and the precipitation of carbonates in unusual environments. Sedimentary Geology, 126 (1-4): 47~56

Folk R L, Lynch F L. 2001. Organic matter, putative nannobacteria, and the formation of ooids and hardgrounds. Sedimentology, 48 (2): 215~229

Froelich P N, Klinkhammer G P, Bender M L. 1979. Early oxidation of organic matter in pelagic sediments of the eastern equatorial Atlantic: Suboxic diagenesis. Geochimica et Cosmochimica Acta, 43 (7): 1075~1090

Gerdes G, Krumbein W E. 1987. Biolaminated deposits. In: Bhattacharya G M, Friedmann G M, Neugebauer H J, Seilacher A (eds). Lecture Notes in Earth Sciences 9. Berlin: Springer-Verlag. 1~183

Gerdes G, Krumbein W E, Reineck H E. 1991. Biolaminations-ecological versus depositional dynamics. In: Einsele G W, Ricken W, Seilacher A (eds). Cycles and Events in Stratigraphy. Berlin: Springer. 592~607

Gerdes G, Klenke T, Noffke N. 2000. Microbial signatures in peritidal siliciclastic sediments: A catalogue. Sedimentology, 47 (2): 279~308

Gerdes G, Porada H, Bouougri E H. 2008. Bio-sedimentary structures evolving from the interaction of microbial mats, burrowing beetles and the physical environment of Tunisian coastal sabkhas. Senckenbergiana Maritima, 38 (1): 45~58

Glunk C, Dupraz C, Braissant O, Gallagher K L, Verrecchia E P, Visscher P T. 2011. Microbially mediated carbonate precipitation in a hypersaline lake, Big Pond (Eleuthera, Bahamas). Sedimentology, 58 (3): 720~736

González-Muñoz M T, Rodriguez-Navarro C, Martínez-Ruiz F, Arias J M, Merroun M L, Rodriguez-Gallego M. 2010. Bacterial biomineralization: New insights from *Myxococcus*-induced mineral precipitation. Geological Society, London, Special Publications, 336 (1): 31~50

Greinert J, Bohrmann G, Suess E. 2001. Gas hydrate-associated carbonates and methane-venting at hydrate ridge: Classification, distribution, and origin of authigenic lithologies. In: Paull C K, Dillon W P (eds). Natural Gas Hydrates: Occurrence, Distribution, and Detection. Washington, D C: American Geophysical Union. 99~114

Greinert J, Bollwerk S M, Derkachev A, Bohrmann G, Suess E. 2002. Massive barite deposits and carbonate mineralization in the Derugin Basin, Sea of Okhotsk: Precipitation processes at cold seep sites. Earth and Planetary Science Letters, 203 (1): 165~180

Grice K, Cao C, Love G D, Böttcher M E, Twitchett R J, Grosjean E, Summons R E, Turgeon S C, Dunning W, Jin Y. 2005. Photic zone euxinia during the Permian-Triassic superanoxic event. Science, 307 (5710): 706~709

Grotzinger J P. 1989. Facies and evolution of Precambrian carbonate depositional systems: Emergence of the modern platform archetype. In: Crevello P D, Wilson J L, Sarg F, Read J F (eds). Controls on Carbonate Platform and Basin Development. Society of Economic Paleontologists and Mineralogists, Special Publication, 44: 79~106

Grotzinger J P, James N P. 2000. Precambrian carbonates: Evolution of understanding. Special Publication-SEPM (Society for Sedimentary Geology), 67: 3~22

Grotzinger J P, Knoll A H. 1999. Stromatolites in Precambrian carbonates: Evolutionary mileposts or environmental dipsticks? Annual Review of Earth and Planetary Sciences, 27 (1): 313~358

Grotzinger J, Adams E, Schröder S. 2005. Microbial-metazoan reefs of the terminal Proterozoic Nama Group (c. 550—543 Ma), Namibia. Geological Magazine, 142 (5): 499~517

Guo L, Riding R. 1992. Microbial micritic carbonates in uppermost Permian reefs, Sichuan Basin, southern China: Some similarities with recent travertines. Sedimentology, 39 (1): 37~53

Hallock P, Schlager W. 1986. Nutrient excess and the demise of coral reefs and carbonate platforms. Palaios, 1 (4): 389~398

Harwood C L, Sumner D Y. 2011. Microbialites of the Neoproterozoic beck spring dolomite, southern California. Sedimentology, 58 (6): 1648~1673

Heydari E, Hassanzadeh J, Wade W J. 2003. Permian-Triassic boundary interval in the Abadeh section of Iran with implications for mass extinction: Part 1-Sedimentology. Palaeogeography, Palaeoclimatology, Palaeoecology, 193 (3/4): 405~423

Hips K, Haas J. 2006. Calcimicrobial stromatolites at the Permian-Triassic boundary in a western Tethyan section, Bükk Mountains, Hungary. Sedimentary Geology, 185 (3-4): 239~253

Horodyski R J, Haar S P V. 1975. Recent calcareous stromatolites from Laguna Mormona (Baja California) Mexico. Journal of Sedimentary Petrology, 45 (4): 894~906

Jahnert R J, Collins L B. 2011. Significance of subtidal microbial deposits in Shark Bay, Australia. Marine Geology, 286 (1-4): 106~111

Jahnert R J, Collins L B. 2012. Characteristics, distribution and morphogenesis of subtidal microbial systems in Shark Bay, Australia. Marine Geology, 303: 115~136

Janssen A, Swennen R, Podoor N, Keppens E. 1999. Biological and diagenetic influence in recent and fossil tufa deposits from Belgium. Sedimentary Geology, 126 (1-4): 75~95

Jiang G, Kennedy M J, Christie-Blick N. 2003. Stable isotopic evidence for methane seeps in Neoproterozoic postglacial cap carbonates. Nature, 426 (6968): 822~826

Jiang G, Kennedy M J, Christie-Blick N, Wu H, Zhang S. 2006. Stratigraphy, sedimentary structures, and textures of the Late Neoproterozoic Doushantuo cap carbonate in South China. Journal of Sedimentary Research, 76 (7): 978~995

Jiang G, Kaufman A J, Christie-Blick N, Zhang S, Wu H. 2007. Carbon isotope variability across the Ediacaran Yangtze platform in South China: Implications for a large surface-to-deep ocean $\delta^{13}C$ gradient. Earth and Planetary Science Letters, 261 (1-2): 303~320

Jimenez-Lopez C, Chekroun K B, Jroundi F, Rodriguez-Gallego M, Arias J M, Gonzalez-Munoz M T. 2011. *Myxococcus xanthus* colony calcification: An study to better understand the processes involved in the formation of this stromatolite-like structure. In: Reitner J, Quéric N V, Arp G (eds). Advances in Stromatolite Geobiology. Lecture Notes in Earth Sciences, 131: 161~181

Johnson M E, Ledesma-Vázquez J, Backus D H, González M R. 2012. Lagoon microbialites on Isla Angel de la Guarda and associated peninsular shores, Gulf of California (Mexico). Sedimentary Geology, 263-264: 76~84

Johnston P A, Johnston K J, Collom C J, Powell W G, Pollocke R J. 2009. Palaeontology and depositional environments of ancient brine seeps in the Middle Cambrian Burgess Shale at the Monarch, British Columbia, Canada. Palaeogeography, Palaeoclimatology, Palaeoecology, 277 (1-2): 86~105

Jones B, Renaut R W. 2010. Impact of seasonal changes on the formation and accumulation of soft sediments on the discharge apron of Geysir, Iceland. Journal of Sedimentary Research, 80 (1): 17~35

Jones B, Renaut R W, Rosen M R. 1997. Vertical zonation of biota in microstromatolites associated with hot springs, North Island, New Zealand. Palaios, 12 (3): 220~236

Jones B, Renaut R W, Konhauser K O. 2005. Genesis of large siliceous stromatolites at Frying Pan Lake, Waimangu geothermal field, North Island, New Zealand. Sedimentology, 52 (6): 1229~1252

Kah L C, Grotzinger J P. 1992. Early Proterozoic (1.9 Ga) thrombolites of the Rocknest Formation, Northwest Territories, Canada. Palaios, 7 (3): 305~315

Kah L C, Riding R. 2007. Mesoproterozoic carbon dioxide levels inferred from calcified cyanobacteria. Geology, 35 (9): 799~802

Kahle C F. 2001. Biosedimentology of a Silurian thrombolite reef with meter-scale growth framework cavities. Journal of Sedimentary Research, 71 (3): 410~422

Kajander E O, Ciftcioglu N. 1998. Nanobacteria: An alternative mechanism for pathogenic intra- and extracellular calcification and stone formation. Proceedings of the National Academy of Sciences of the United States of Ameria, 95 (14): 8274~8279

Kano A, Matsuoka J, Kojo T, Fujii H. 2003. Origin of annual laminations in tufa deposits, southwest Japan. Palaeogeography, Palaeoclimatology, Palaeoecology, 191 (2): 243~262

Kastner M. 2001. Gas hydrates in convergent margins: Formation, occurrences, geochemistry, and global significances. In: Paull C K, Dillon W P (eds). Natural Gas Hydrate: Occurrence, Distribution, and Detection. Washington, DC: American Geophysical Union. 67~86

Kempe S, Kazmierczak J, Landmann G, Konuk T, Reimer A, Lipp A. 1992. Largest known microbialites discovered in Lake Van, Turkey. Nature, 349 (6310): 605~608

Kendall C G S C, Skipwith B P A. 1968. Recent algal mats of a Persian Gulf lagoon. Journal of Sedimentary Petrology, 38 (4): 1040~1058

Kennard J M, James N P. 1986. Thrombolites and stromatolites: Two distinct types of microbial structures. Palaios, 1 (5): 492~503

Kennedy M J, Christie-Blick N, Sohl L E. 2001. Are Proterozoic cap carbonates and isotopic excursions a record of gas hydrate destabilization following earth's coldest interval? Geology, 29 (5): 443~446

Kennedy M J, Mrofka D, von der Borch C. 2008. Snowball Earth termination by destabilization of equatorial permafrost methane clathrate. Nature, 453 (7195): 642~645

Kershaw S, Zhang J, Lan G. 1999. A microbialite carbonate crust at the Permian-Triassic boundary in South China, and its palaeoenvironmental significance. Palaeogeography, Palaeoclimatology, Palaeoecology, 146 (1): 1~18

Kershaw S, Guo L, Swift A, Fan J. 2002. ?Microbialites in the Permian-Triassic boundary interval in central China: Structure, age and distribution. Facies, 47 (1): 83~90

Kershaw S, Li Y, Crasquin-Soleau S, Feng Q, Mu X, Collin P-Y, Reynolds A, Guo L. 2007. Earliest Triassic microbialites in the South China block and other areas: Controls on their growth and distribution. Facies, 53 (3): 409~425

Kershaw S, Crasquin-Soleau S, Li Y, Collin P-Y, Forel M-B, Mu X, Baud A, Wang Y, Xie S, Maurer F, Guo L. 2012. Microbialites and global environmental change across the Permian-Triassic boundary: A synthesis. Geobiology, 10 (1): 25~47

Kirkland B L, Lynch F L, Folk R L, Lawrence A M, Corley M E. 2008. Nannobacteria, organic matter, and precipitation in hot springs, Viterbo, Italy: Distinctions and relevance. Microscopy Today, 16 (S2): 58~60

Knoll A H, Semikhatov M A. 1998. The genesis and time distribution of two distinctive Proterozoic stromatolite microstructures. Palaios, 13 (5): 408~422

Konishi Y, Prince J, Knott B. 2001. The fauna of thrombolitic microbialites, Lake Clifton, western Australia. Hydrobiologia, 457 (1-3): 39~47

Lan Z W, Chen Z Q. 2012. Scanning electron microscopic imaging and nano-secondary ion microprobe analyses of bacteria-like nanoball structures in oncoids from the Ediacaran Boonall Dolomite of Kimberley, northwestern Australia: Testing their biogenicity. Carbonates and Evaporites, 27 (1): 33~41

Lehrmann D J. 1999. Early Triassic calcimicrobial mounds and biostromes of the Nanpanjiang Basin, South China. Geology, 27 (4): 359~362

Lehrmann D J, Payne J L, Felix S V, Dillett P M, Wang H, Yu Y, Wei J. 2003. Permian-Triassic boundary sections from shallow-marine carbonate platforms of the Nanpanjiang Basin, South China: Implications for oceanic conditions associated with the end-Permian extinction and its aftermath. Palaios, 18 (2): 138~152

Liao W, Wang Y, Kershaw S, Weng Z, Yang H. 2010. Shallow-marine dysoxia across the Permian-Triassic boundary: Evidence from pyrite framboids in the microbialite in South China. Sedimentary Geology, 232 (1-2): 77~83

Lopez-Garcia P, Kazmierczak J, Benzerara K, Kempe S, Guyot F, Moreira D. 2005. Bacterial diversity and carbonate precipitation in the giant microbialites from the highly alkaline Lake Van, Turkey. Extremophiles, 9 (4): 263~274

Maliński E, Gasiewicz A, Witkowski A, Szafranek J, Pihlaja K, Oksman P, Wiinamäki K. 2009. Biomarker features of sabkha-associated microbialites from the Zechstein Platy Dolomite (Upper Permian) of northern Poland. Palaeogeography, Palaeoclimatology, Palaeoecology, 273 (1-2): 92~101

Mancini E A, Llinas J C, Parcell, W C, Aruell M, Badenas B, Leinfelder R R, Benson D J. 2004. Upper Jurassic thrombolite reservoir play, northeastern Gulf of Mexico. AAPG Bulletin, 88 (11): 1573~1602

Manzo E, Perri E, Tucker M E. 2012. Carbonate deposition in a fluvial tufa system: Processes and products (Corvino Valley-southern Italy). Sedimentology, 59 (2): 553~557

Marcoux J, Baud A, 1986. The Permo-Triassic boundary in the Antalya nappes (western Taurides, Turkey). Memoria Della Societa Geologica Italiana, 34: 243~252

Marty D, Strasser A, Meyer C A. 2009. Formation and taphonomy of human footprints in microbial mats of present-day tidal-flat environments: Implications for the study of fossil footprints. Ichnos: An International Journal for Plant and Animal Traces, 16 (1-2): 127~142

Mata S A, Bottjer D J. 2012. Microbes and mass extinctions: Paleoenvironmental distribution of microbialites during times of biotic crisis. Geobiology, 10 (1): 3~24

McFadden K A, Huang J, Chu X, Jiang G, Kaufman A J, Zhou C, Yuan X, Xiao S. 2008. Pulsed oxidation and biological evolution in the Ediacaran Doushantuo Formation. Proceedings of National Academy of Sciences of the United States of America, 105 (9): 3197~3202

McKay D S, Gibson E K Jr, Thomas-Keprta K L, Vali H, Romanek C S, Clemett S J, Chillier X D F, Maechling C R, Zare R N. 1996. Search for past life on Mars: Possible relic biogenic activity in Martian meteorite ALH84001. Science, 273 (5277): 924~930

Meister P, Johnson O, Corsetti F, Nealson K. 2011. Magnesium inhibition controls spherical carbonate precipitation in ultrabasic springwater (Cedars, California) and culture experiments. Advances in Stromatolite Geobiology, 131: 101~121

Meyers S R, Sageman B B, Lyons T W. 2005. Organic carbon burial rate and the molybdenum proxy: Theoretical framework and application to Cenomanian-Turonian oceanic anoxic event 2. Paleoceanography, 20 (2): PA2002

Michaelis W, Seifert R, Nauhaus K, Treude T, Thiel V, Blumenberg M, Knittel K, Gieseke A, Peterknecht K, Pape T, Boetius A, Amann R, Jørgenson B B, Widdel F, Peckmann J, Pimenkov N, Gulin M B. 2002. Microbial reefs in the black sea fueled by anaerobic methane oxidation. Science, 297 (5583): 1013~1015

Mobberley J M, Ortega M C, Foster J S. 2012. Comparative microbial diversity analyses of modern marine thrombolitic mats by barcoded pyrosequencing. Environmental Microbiology, 14 (1): 82~100

Myshrall K L, Mobberley J M, Green S J, Visscher P T, Havemann S A, Reid R P, Foster J S. 2010. Biogeochemical cycling and microbial diversity in the thrombolitic microbialites of Highborne Cay, Bahamas. Geobiology, 8 (4): 337~354

Narbonne G M, James N P. 1996. Mesoproterozoic deep-water reefs from Borden peninsula, Arctic Canada. Sedimentology, 43 (5): 827~848

Nisbet E. 1990. The end of the ice age. Canadian Journal of Earth Sciences, 27 (1): 148~157

Noffke N, Gerdes G, Klenke T, Krumbein W E. 2001. Microbially induced sedimentary structures: A new category within the classification of primary sedimentary structures. Journal of Sedimentary Research, 71 (5): 649~656

Noffke N, Gerdes G, Klenke T. 2003. Benthic cyanobacteria and their influence on the sedimentary dynamics of peritidal depositional systems (siliciclastic, evaporitic salty, and evaporitic carbonatic). Earth-Science Reviews, 62 (1-2): 163~176

Pacton M, Gorin G, Vasconcelos C, Gautschi H P, Barbarand J. 2010. Structural arrangement of sedimentary organic matter: Nanometer-scale spheroids as evidence of a microbial signature in early diagenetic processes. Journal of

Sedimentary Research, 80 (10): 919~932

Peckmann J, Thiel V. 2004. Carbon cycling at ancient methane-seeps. Chemical Geology, 205 (3): 443~467

Pedley H M, Rogerson M, Middleton R. 2009. Freshwater calcite precipitates from *in vitro* mesocosm flume experiments: A case for biomediation of tufas. Sedimentology, 56 (2): 511~527

Pedone V A, Folk R L. 1996. Formation of aragonite cement by nannobacteria in the Great Salt Lake, Utah. Geology, 24 (8): 763~765

Perri E, Spadafora A. 2011. Evidence of microbial biomineralization in modern and ancient stromatolites. In: Seckbach J, Tewari V (eds). The Stromatolites: Interaction of Microbes with Sediments: Cellular Origin, Life in Extreme Habitats and Astrobiology. Berlin: Springer-Verlag. 18: 631~649

Perri E, Tucker M E, Spadafora A. 2012. Carbonate organo-mineral micro- and ultrastructures in sub-fossil stromatolites: Marion Lake, South Australia. Geobiology, 10 (2): 105~117

Peryt T, Hoppe A, Bechstadt T, Koster J, Pierre C, Richter D K. 1990. Late Proterozoic aragonitic cement crusts, Bambui Group, Minas Gerais, Brazil. Sedimentology, 37 (2): 279~286

Planavsky N, Ginsburg R N. 2009. Taphonomy of modern marine Bahamian microbialites. Palaios, 24 (1): 5~17

Planavsky N, Reid R P, Andres M, Visscher P T, Myshrall K L, Lyons T W. 2009. Formation and diagenesis of modern marine calcified cyanobacteria. Geobiology, 7 (5): 566~576

Power I M, Wilson S A, Dipple G M, Southam G. 2011. Modern carbonate microbialites from an asbestos open pit pond, Yukon, Canada. Geobiology, 9 (2): 180~195

Pratt B R. 2001. Calcification of cyanobacterial filaments: *Girvanella* and the origin of lower Paleozoic lime mud. Geology, 29 (9): 763~766

Racki G, Piechota A, David B, Wignall P B. 2004. Geochemical and ecological aspects of lower Frasnian pyrite-ammonoid level at Kostomloty (Holy Cross Mountains, Poland). Geological Quarterly, 48 (3): 267~282

Riccardi A, Arthur M A, Kump L R. 2006. Sulfur isotopic evidence for chemocline upward excursions during the end-Permian mass extinction. Geochimica et Cosmochimica Acta, 70 (23): 5740~5752

Riccardi A, Kump L R, Arthur M A, D'Hondt S. 2007. Carbon isotopic evidence for chemocline upward excursions during the end-Permian event. Palaeogeography, Palaeoclimatology, Palaeoecology, 248 (1-2): 73~81

Riding R. 1999. The term stromatolite: Towards an essential definition. Lethaia, 32 (4): 321~330

Riding R. 2000. Microbial carbonates: The geological record of calcified bacterial-algal mats and biofilms. Sedimentology, 47 (sup): 179~214

Riding R. 2002. Structure and composition of organic reefs and carbonate mud mounds: Concepts and categories. Earth-Science Reviews, 58 (1-2): 163~231

Riding R. 2006a. Cyanobacterial calcification, carbon dioxide concentrating mechanisms, and Proterozoic-Cambrian changes in atmospheric composition. Geobiology, 4 (4): 299~316

Riding R. 2006b. Microbial carbonate abundance compared with fluctuations in metazoan diversity over geological time. Sedimentary Geology, 185 (3-4): 229~238

Riding R, Liang L Y. 2005. Geobiology of microbial carbonates: Metazoan and seawater saturation state influences on secular trends during the Phanerozoic. Palaeogeography, Palaeoclimatology, Palaeoecology, 219 (1-2): 101~115

Sami T T, James N P. 1994. Peritidal carbonate platform growth and cyclicity in an early Proterozoic foreland basin, Upper Pethei Group, northwest Canada. Journal of Sedimentary Research, 64: 111~131

Sánchez-Román M, Vasconcelos C, Schmid T, Dittrich M, McKenzie J, Zenobi R, Rivadeneyra M A. 2008. Aerobic microbial dolomite at the nanometer scale: Implications for the geologic record. Geology, 36 (11): 879~882

Sandberg P. 1985. Aragonite cements and their occurrence in ancient limestone. In: Schneidermann N, Harris P M (eds). Carbonate Cements. Special Publication-SEPM (Society for Sedimentary Geology), 36: 33~57

Sano H, Nakashima K. 1997. Lowermost Triassic (Griesbachian) microbial bindstone-cementstone facies, southwest Japan. Facies, 36 (1): 1~24

Savard M, Bourque P A. 1989. Diagenetic evolution of a Late Silurian reef platform, Gaspé Basin, Qurbéc, based on cathodoluminescence petrography. Canadian Journal of Earth Sciences, 26: 791~806

Schieber J. 1998. Possible indicators of microbial mat deposits in shales and sandstones: Examples from the Mid-Proterozoic Belt Supergroup, Montana, USA. Sedimentary Geology, 120 (1): 105~124

Schieber J. 2004. Microbial mats in the siliciclastic rock record: A summary of diagnostic features. In: Eriksson P G, Altermann W, Nelson D R, Mueller W U, Catuneaunu O (eds). The Precambrian Earth: Tempos and Events, Developments in Precambrian Geology. Amsterdam: Elsevier. 12: 663~673

Schieber J, Arnott H A. 2003. Nannobacteria as a by-product of enzyme-driven tissue decay. Geology, 31 (8): 717~720

Schieber J, Bose P K, Eriksson P G, Banerjee S, Altermann W, Catuneau O. 2007. Atlas of Microbial Mat Features Preserved within the Clastic Rock Record. Amsterdam: Elsevier. 1~288

Shapiro R S. 2000. A comment on the systematic confusion of thrombolites. Palaios, 15 (2): 166~169

Shapiro R S, Awramik S M. 2006. *Favosamaceria cooperi* new group and form: A widely dispersed, time-restricted thrombolite. Journal of Paleontology, 80 (3): 411~422

Shen B, Xiao S, Kaufman A J, Bao H, Zhou C, Wang H. 2008. Stratification and mixing of a post-glacial Neoproterozoic ocean: Evidence from carbon and sulfur isotopes in a cap dolostone from Northwest China. Earth and Planetary Science Letters, 265 (1-2): 209~228

Shen Y, Farquhar J, Zhang H, Masterson A, Zhang T, Wing B A. 2011. Multiple S-isotopic evidence for episodic shoaling of anoxic water during Late Permian mass extinction. Nature Communications, 2: 210~214

Shiraishi F, Reimer A, Bissett A, de Beer D, Arp G. 2008. Microbial effects on biofilm calcification, ambient water chemistry and stable isotope records (Westerho fer Bach, Germany). Palaeogeography, Palaeoclimatology, Palaeoecology, 262: 84~99

Spadafora A, Perri E, McKenzie J A, Vasconcelos C. 2010. Microbial biomineralization processes forming modern Ca: Mg carbonate stromatolites. Sedimentology, 57 (1): 27~40

Sprachta S, Camoin G, Golubic S, Campion L. 2001. Microbialites in a modern lagoonal environment: Nature and distribution (Tikehau atoll, French Polynesia). Palaeogeography, Palaeoclimatology, Palaeoecology, 175 (1-4): 103~124

Suess E, Torres M E, Bohrmann G, Collier R W, Greinert J, Linke P, Rehder G, Trehu A, Wallmann K, Winckler G, Zuleger E. 1999. Gas hydrate destabilization: Enhanced dewatering, benthic material turnover, and large methane plumes at the Cascadia convergent margin. Earth and Planetary Science Letters, 170 (1): 1~15

Suess E, Torres M E, Bohrmann G, Collier R W, Rickert D, Goldfinger C, Linke P, Heuser A, Sahling H, Heeschen K. 2001. Sea floor methane hydrates at Hydrate Ridge, Cascadia margin. Geophysical Monograph, 124: 87~98

Sumner D Y. 1997. Carbonate precipitation and oxygen stratification in late Archean seawater as deduced from facies and stratigraphy of the Gamohaan and Frisco Formations, Transvaal Supergroup, South Africa. American Journal of Science, 297 (5): 455~487

Sumner D Y, Grotzinger J P. 1996. Herringbone calcite: Petrography and environmental significance. Journal of Sedimentary Research, 66 (3): 419~429

Thiel V, Merz-Preiβ M, Reitner J, Michaelis W. 1997. Biomarker studies on microbial carbonates: Extractable lipids of a cacifying cyanobacterial mat (Everglades, USA). Facies, 36: 163~172

Torres M, Bohrmann G, Tubé T E, Poole F G. 2003. Formation of modern and Paleozoic stratiform barite at cold methane seeps on continental margins. Geology, 31 (10): 897~900

Turner E C, Narbonne G M, James N P. 1993. Neoproterozoic reef microstructures from the Little Dal Group, northwestern Canada. Geology, 21 (3): 259~262

Turner E C, James N P, Narbonne G M. 1997. Growth dynamics of Neoproterozoic calcimicrobial reef, Makenzie Mountains, Northwest Canada. Journal of Sedimentary Research, 67 (3): 437~450

Turner E C, James N P, Narbonne G M. 2000. Taphonomic control on microstructure in early Neoproterozoic reefal stromatolites and thrombolites. Palaios, 15 (2): 87~111

Tyson R V, Pearson T H. 1991. Modern and ancient continental shelf anoxia: An overview. Geological Society of Special Publication, 58: 470~482

Veizer J, Ala D, Azmy K, Bruckschen P, Buhi D, Bruhn F, Carden G A F. 1999. $^{87}Sr/^{86}Sr$, $\delta^{13}C$ and $\delta^{18}O$ evolution of Phanerozoic seawater. Chemical Geology, 161 (1-3): 59~88

Visscher P T, Reid R P, Bebout B M, Hoeft S E, Macintyre I G, Thompson J A. 1998. Formation of lithified micritic laminae in modern marine stromatolites (Bahamas): The role of sulfur cycling. American Minerologists, 83: 1482~1493

Visscher P T, Reid R P, Bebout B M. 2000. Microscale observations of sulfate reduction: Correlation of microbial activity with lithified micritic laminae in modern marine stromatolites. Geology, 28 (10): 919~922

Wang J, Suess E. 2002. Indicators of $\delta^{13}C$ and $\delta^{18}O$ of gas hydrate-associated sediments. Chinese Science Bulletin, 47 (19): 1659~1663

Wang J, Suess E, Rickert D. 2004. Authigenic gypsum found in gas hydrate-associated sediments from Hydrate Ridge, the eastern North Pacific. Science in China Series D: Earth Sciences, 47 (3): 280~288

Wang J, Jiang G, Xiao S, Li Q, Wei Q. 2008. Carbon isotope evidence for widespread methane seeps in the ca. 635 Ma Doushantuo cap carbonate in South China. Geology, 36 (5): 347~350

Wignall P B, Hallam A. 1996. Facies change and the end-Permian mass extinction in SE Sichuan, China. Palaios, 11 (6): 587~596

Wignall P B, Twitchett R J. 1999. Unusual intraclastic limestones in Lower Triassic carbonates and their bearing on the aftermath of the end-Permian mass extinction. Sedimentology, 46 (2): 303~316

Wignall P B, Twitchett R J. 2002a. Permian-Triassic sedimentology of Jameson Land, East Greenland: Incised submarine channels in an anoxic basin. Journal of the Geological Society, 159: 691~703

Wignall P B, Twitchett R J. 2002b. Extent, duration, and nature of the Permian-Triassic superanoxic event. In: Koeberl C, MacLeod K G (eds). Catastrophic Events and Mass Extinctions: Impacts and Beyond. Geological Society of America Special Paper, 356: 395~414

Wignall P B, Bond D, Kuwahara K, Kakuwa Y, Newton R, Poulton S. 2010. An 80 million year oceanic redox history from Permian to Jurassic pelagic sediments of the Mino-Tamba terrane, SW Japan, and the origin of four mass extinctions. Global and Planetary Change, 71 (1-2): 109~123

Wilkin R T, Barnes H L, Brantley S L. 1996. The size distribution of framboidal pyrite in modern sediments: An indicator of redox conditions. Geochimica et Cosmochimica Acta, 60 (20): 3897~3912

Wilkin R T, Arthur M A, Dean W E. 1997. History of water-column anoxia in the Black Sea indicated by pyrite framboid size distributions. Earth and Planetary Science Letters, 148 (3-4): 517~525

Xie S, Pancost R D, Yin H, Wang H, Evershed R P. 2005. Two episodes of microbial change coupled with Permo/Triassic faunal mass extinction. Nature, 434 (7032): 494~497

Xie S, Pancost R D, Huang X, Jiao D, Lu L, Huang J, Yang F, Evershed R P. 2007. Molecular and isotopic evidence for episodic environmental change across the Permo/Triassic boundary at Meishan in South China. Global and Planetary Change, 55 (1-3): 56~65

Yan J X, Carlson E H. 2003. Nodular celestite in the Chihsia Formation (Middle Permian) of South China. Sedimentology, 50 (2): 265~278

Yan J X, Zhao K. 2001. Permo-Triassic paleogeographic, paleoclimatic and paleoceanographic evolutions in eastern Tethys and their coupling. Science in China Series D: Earth Sciences, 44 (11): 968~978

Yan J X, Munnecke A, Steuber T, Carlson E H, Xiao Y. 2005. Marine sepiolite in Middle Permian carbonates of South China: Implications for secular variation of Phanerozoic seawater chemistry. Journal of Sedimentary Research, 75 (3): 328~339

Young J D, Martel J. 2010. The rise and fall of nanobacteria. Scientific American Magazine, 302 (1): 52~59

第七章　华南大断面地球生物相与典型烃源岩形成的地球生物学模型

前面几章有关典型剖面上的地球生物学工作主要集中在华南，这为我们形成大断面的地球生物学工作奠定了基础。本章分别对华南下组合（埃迪卡拉纪—早古生代）和上组合（晚古生代—三叠纪）进行大断面的地球生物学分析，并建立一些典型烃源岩形成的地球生物学模型，实现从地质模型向地球生物学模型的转变。

第一节　下组合地球生物相特征

华南下组合涉及埃迪卡拉纪—早古生代地层，大断面南东起始于湘西的新化，向北西方向延伸，分别经过湘西桃江、桃源、慈利、张家界、鄂西南宜昌、渝北城口、川北南江、旺苍和广元等地区。

一、华南埃迪卡拉纪—早古生代古地理背景

在埃迪卡拉纪（震旦纪），扬子地区西部为古陆及其边缘的浅滩沉积环境，中部以浅海、局限海为主，东南部则以半深海为主，总体上构成一个北东-南西向展布的大陆架-半深海古地理格局。

在寒武纪，扬子地区继承了埃迪卡拉纪的古地理格局，但上扬子西部地区的古陆不断扩大。滇东牛首山古陆也不断扩大，到晚寒武世与上扬子西部古陆合并为统一的"川滇古陆"。早寒武世早期，沉积物主要以陆源碎屑沉积为主、碳酸盐岩次之，并有磷质和硅质沉积。至早寒武世晚期，沉积物逐渐变为以碳酸盐岩为主的沉积。中寒武世继承了早寒武世的沉积特征，以碳酸盐岩沉积为主，并在川南、川滇和渝黔一带存在较大范围的萨布哈相沉积。到晚寒武世，古陆和碳酸盐岩沉积进一步向东南迁移。

在奥陶纪—志留纪，华南古地理整体受控于华夏地块向扬子地块的直接趋近与最后的拼合。上扬子地区在早奥陶世沉降阶段为正常碳酸盐台地沉积；中、晚奥陶世属于前陆盆地边缘拗陷阶段，以碳酸盐台地沉积为主；早志留世中期以后为板内盆地充填阶段。需要说明的是，在上扬子东南缘鄂西—川东南一带，一直到晚志留世仍残留有规模不大的海盆（湾），有证据表明它可以向东延伸到下扬子地区（耿良玉等，1999）。而在滇东和康滇交接处即扬子西南缘，仅在中、晚志留世发育小规模的海盆（湾），这些小规模盆地里充填有岩性不一的中、晚志留世沉积。总体来看，鄂西—川东南及滇东一带以碎屑岩为主，而康滇西部则以碳酸盐岩为主。这可能反映了扬子-华夏拼合之后所形成的相对统一的华南"新大陆"，在气候带和陆源碎屑供应等方面都出现了较大的空间分异。

二、华南下组合典型剖面地球生物相特征

地球生物相具体包括生境型、古生产力、古氧相及埋藏效率这四个表征参数（殷鸿福等，2008）。生产力是反映原始有机质数量的重要参数之一，主要采用生物碎屑含量、生物相对丰度、Ba_{xs}及Al/Ti值这四个指标来反映古生产力的变化。由于埃迪卡拉纪及寒武纪时期生物种类及数量均较少，且埃迪卡拉系和寒武系年代老，抬升地表后风化剥蚀严重，地层中的生物碎屑含量、生物相对丰度很低甚至没有，因此采用Ba_{xs}的含量来反映古生产力。

沉积有机质及埋藏有机质都受古氧相的影响，而古氧相又受海平面变化的影响。海平面升高，海水中含氧量减少，海水中厌氧-准厌氧相分布广泛。当海平面降低时，海水中氧含量增加，常氧相分布广泛。研究中采用Ni/Co及V/Fe值来反映古氧相。埋藏效率是指经过早期成岩作用以后被保存下来的那部分有机质与原始有机质的比值，可以用来反映埋藏有机质的数量。研究中采用U/Mo、V/Mo值来反映埋藏效率。

这里将根据生境型、古生产力、古氧相及埋藏效率四个参数划分不同层位的地球生物相，分析从原始有机质、沉积有机质，再到埋藏有机质这一过程中有机质数量的变化，最后总结适合烃源岩发育的地球生物学条件，分析烃源岩在下组合地层中的分布层位和分布规律。

以下简要描述不同层段地球生物相特征。

1. 埃迪卡拉纪

（1）四川南江杨坝剖面

四川南江杨坝剖面埃迪卡拉纪生境型发育II_1和II_2型。该剖面观音崖组Ba_{xs}含量较高，反映古生产力很高。灯影组除中上部个别层位古生产力较高外，Ba_{xs}含量总体较低；反映沉积有机质数量参数的f_{org}值较低，显示生产力也较低。指示埋藏效率的V/Mo值在观音崖组较高，而在灯影组整体较低，反映前者具较高的埋藏效率，而后者埋藏效率较低。总体上该剖面地球生物相都划归为1，说明该剖面地层的形成环境不利于烃源岩的发育。

（2）湖南石门壶瓶山剖面

湖南石门壶瓶山剖面埃迪卡拉纪生境型以II_1和II_2型为主，部分发育有III_1型；海平面呈现先缓慢升高后又逐渐降低的趋势。反映古生产力的参数Ba_{xs}表明，埃迪卡拉纪早期（即陡山沱组形成早期）生物繁盛，古生产力较高，随后古生产力逐渐降低；至灯影组古生产力降到很低。该剖面沉积有机质数量较高，其中，在陡山沱组中上部及灯影组下部计算得到的f_{org}较高，反映沉积有机质数量多。其他个别层位f_{org}较低，尤其是陡山沱组顶部f_{org}逐渐趋近于0，说明该层位沉积有机质数量很少。反映埋藏效率的V/Mo值仅在陡山沱组顶部及灯影组下部较低，说明其他层位中有机质埋藏效率较高。

根据生境型、古生产力、沉积有机质数量及埋藏效率这四个参数得到的该剖面的地球生物相如下：陡山沱组底部第 3 层地球生物相为 4，有利于优质烃源岩的形成；第 13 和 14 层地球生物相为 3，适合于一般烃源岩的形成；灯影组第 38 层地球生物相为 2，发育差烃源岩或非烃源岩；其余各层位地球生物相均为 1，不利于烃源岩的发育。

2. 寒武纪

(1) 四川南江杨坝剖面

四川南江杨坝剖面寒武系仅残留下寒武统。该剖面下寒武统下部郭家坝组生境型以 III$_1$ 和 III$_2$ 为主，仙女洞组、阎王碥组及石龙洞组以生境型 II$_1$ 和 II$_2$ 为主。古生产力参数 Ba$_{xs}$ 在整个剖面含量很高，反映高生产力；而生物碎屑含量却很低，甚至达到 0，这可能与下寒武统暴露地表时间长、风化严重有关。反映古氧相的 Ni/Co 值在郭家坝组底部较高，说明该层位沉积在厌氧的环境中，有机质损失较少；其他层位基本上都沉积于常氧的环境，有机质在沉积过程中损失较多，反映沉积有机质数量少。U/Mo 值在整个剖面都比较低，反映有机碳的埋藏效率好，埋藏量高。根据生境型、古生产力、古氧相及埋藏效率这四个参数将该剖面地球生物相划分为 4 个等级。郭家坝组下部地球生物相为 4，属于优质烃源岩发育层位。郭家坝组上部层位地球生物相为 3，属于一般烃源岩发育层位。仙女洞组第 100 层的地球生物相为 2，属于差烃源岩或非烃源岩发育层位。其余层位地球生物相均为 1，不利于烃源岩的发育（曹婷婷等，2011）。

(2) 湖南石门壶瓶山剖面

湖南石门壶瓶山剖面寒武纪生境型发育有 II$_1$、II$_2$ 及 III$_1$ 型。其中，牛蹄塘组、石牌组及清虚洞组下部生境型为 III$_1$，清虚洞组中上部、高台组及孔王溪组生境型发育 II$_1$ 和 II$_2$，娄山关组生境型为 II$_1$。在整个剖面上，生物碎屑含量及 Ba$_{xs}$ 含量都很低，说明该剖面古生产力很低。但在牛蹄塘组与石牌组下部地层中，Ba$_{xs}$ 较高，说明这一层段的古生产力较高。f_{org} 总体上呈较低—极低的水平，反映沉积有机质的数量少。V/Mo 值反映了石牌组-清虚洞组下部的埋藏效率很低，而在其余层位处于高—中等的水平。从总体上来看，该剖面地球生物相大多都为 1，说明该剖面寒武系形成的环境不利于烃源岩的发育。

3. 奥陶纪

湖北宜昌黄花场-王家湾剖面奥陶纪发育生境型 I、II、III、IV 及 VII。其中，西陵峡组及南津关组以发育 II 型为主，分乡组及红花园组以发育 VII 型为主，中、上奥陶统以生境型 III 为主。除下奥陶统西陵峡组及南津关组外，其他地层中生物碎屑含量及生物相对丰度基本处于 25% 以上，结合 Ba$_{xs}$ 含量及 Al/Ti 值，反映剖面古生产力总体较高，仅在西陵峡组及南津关组的部分层位呈现很低的古生产力。根据沉积构造及古氧相参数反映该剖面整体处于常氧相的环境中，沉积有机质数量少，仅在庙坡组、五峰组及其他个别层位呈现厌氧-准厌氧相。同时，海水中广泛分布的氧化带以及剖面上燧石结核的发育反映了有机质埋藏效率低。生境型、古生产力、沉积有机质及埋藏效率这四个条件反映出该剖面有利于烃源岩发育的环境较少，地球生物相以 1 为主，仅庙坡组及五峰组（地球生物相为 4）属于优质烃源岩的发育层位。

4. 志留纪

四川旺苍王家沟-鹿渡剖面志留纪生境型以 II 为主。其中，龙马溪组生境型多为 III 型，南江组及宁强组的上部地层发育在生境型 VII 中。生物碎屑含量整体上很低，仅在宁强组上部处于 50% 以上，生物相对丰度除了在龙马溪组及宁强组上部较高（约大于 50%）以外，剖面上其他层位含量均很低。结合 Ba_{xs} 含量及 Al/Ti 值可以看出，剖面上南江组及宁强组的顶部古生产力极高，南江组及宁强组的底部和中部古生产力较高，其余地层的古生产力处于中等水平。特殊的沉积现象反映了龙马溪组及南江组下部地层沉积在硫酸盐还原带，反映有机质的埋藏效率较高；南江组中上部及宁强组下部地层沉积在氧化带中，有机质易被氧化而大量损失；宁强组上部处于甲烷还原带及常氧带交互存在的地带，对有机质的埋藏保存不利。整体来看，该剖面下部的龙马溪组地球生物相为 4，属于优质烃源岩发育层位；南江组下部及顶部的部分层位地球生物相为 3，适合一般烃源岩的发育；宁强组下部及顶部的部分层位地球生物相为 2，形成的烃源岩较差；其余层位地球生物相均为 1，不利于烃源岩的发育。

三、华南下组合大断面地球生物相综合特征

将石门壶瓶山埃迪卡拉系剖面、南江杨坝下寒武统剖面、沅陵借母溪中-上寒武统剖面、黄花场奥陶系剖面及王家沟志留系剖面综合拼接起来，构成了下组合（埃迪卡拉系—志留系）地球生物相综合柱状图（图 7.1），反映了研究区从埃迪卡拉纪至志留纪地球生物相垂向演化的基本规律，指示了埃迪卡拉系陡山沱组底部、寒武系郭家坝组、奥陶系庙坡组及五峰组、志留系龙马溪组为优质烃源岩发育的主要层位。

同时，我们根据各剖面地球生物相的描述，编制了湘西-城口-广元大断面下组合生态体系格架图（图 7.2）及地球生物相格架图（图 7.3），以反映下组合地球生物相在垂向及横向上的变化规律。下面讨论下组合地球生物相变化的特点。

1) 岩性变化：埃迪卡拉系—寒武系以泥页岩、钙质泥岩、泥质灰岩及泥晶灰岩为主，部分地区发育有粉砂岩及砾屑砂岩；奥陶系—志留系在四川广元—湖北宜昌以发育泥质灰岩及泥晶灰岩为主，在湖北宜昌至湖南桃源地区以发育钙质泥岩、泥晶灰岩及生物碎屑灰岩为主，在湖南桃源至新化一带发育粉砂质页岩、硅质岩、页岩及泥晶灰岩等。

2) 横向变化：断面上在四川广元至重庆城口生境型以 II_1 和 II_2 为主，在重庆城口到湖北宜昌生境型 III（包括 III_1 和 III_2）逐渐发育，湖北宜昌至湖南桃源发育了生境型 IV_1，湖南桃源至新化一带海水很深，生境型发育有 IV_2、V_1 及 V_2 型；从古氧相来看，广元地区海水较浅，水体中氧含量高，多发育常氧相；在四川广元至湖南新化由于在埃迪卡拉纪—志留纪海平面有两次较大规模的短暂上升，使得在这两个时期海水深度增大，含氧量减少，呈厌氧-准厌氧相。

368 烃源岩地球生物学

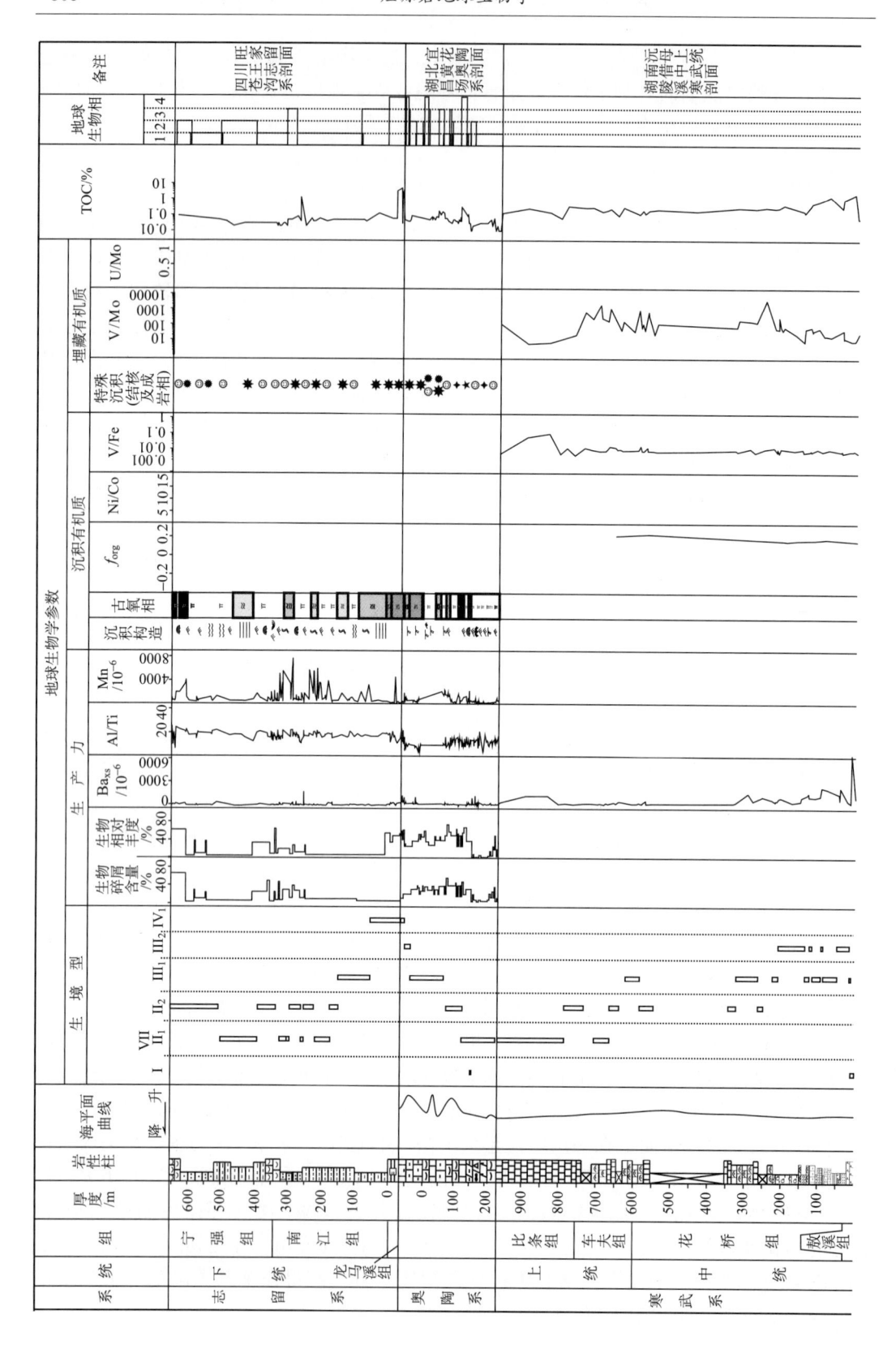

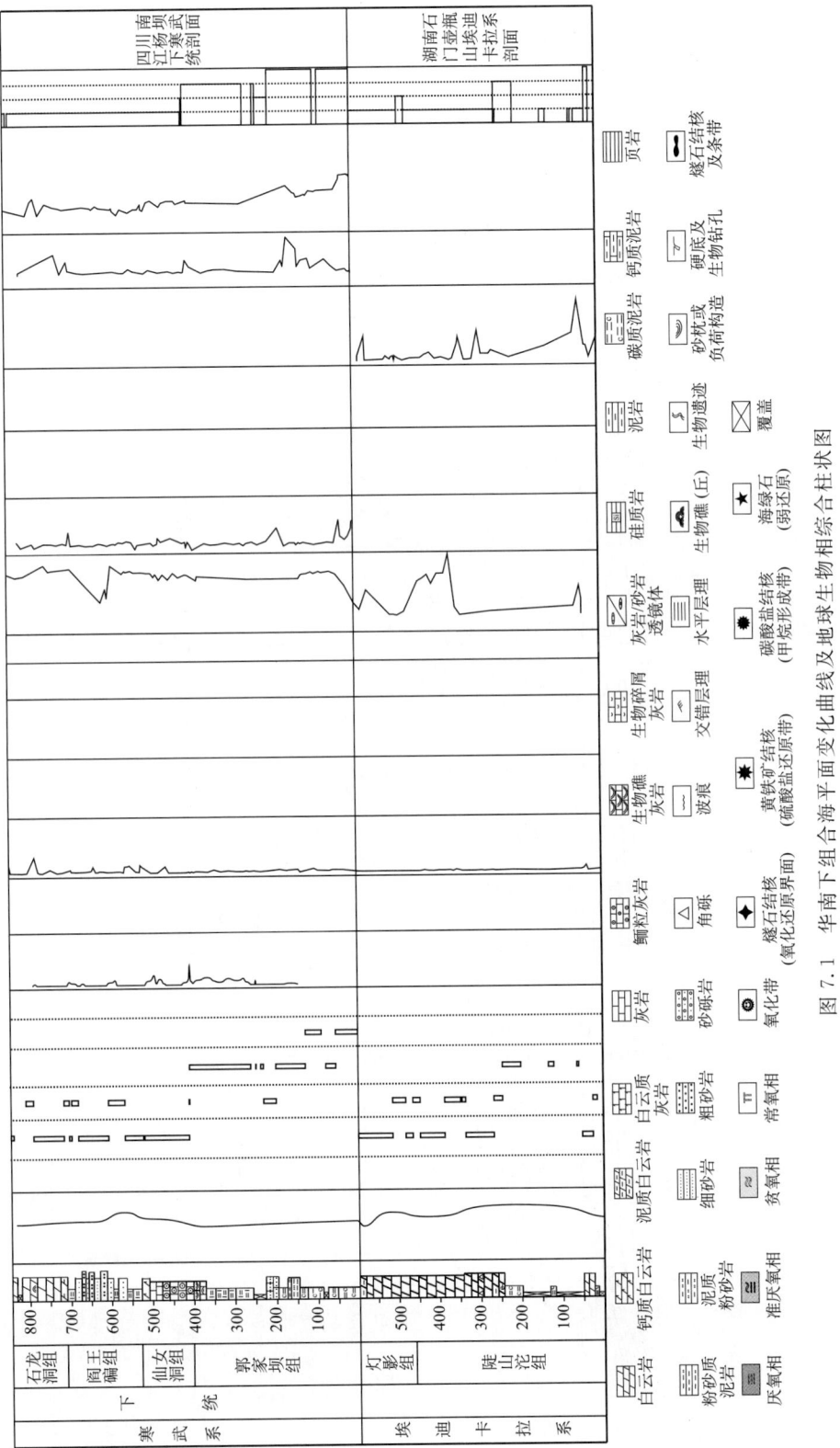

第七章 华南大断面地球生物相与典型烃源岩形成的地球生物学模型

图 7.1 华南下组合海平面变化曲线及地球生物相综合柱状图
剖面位置图参见图 1.5

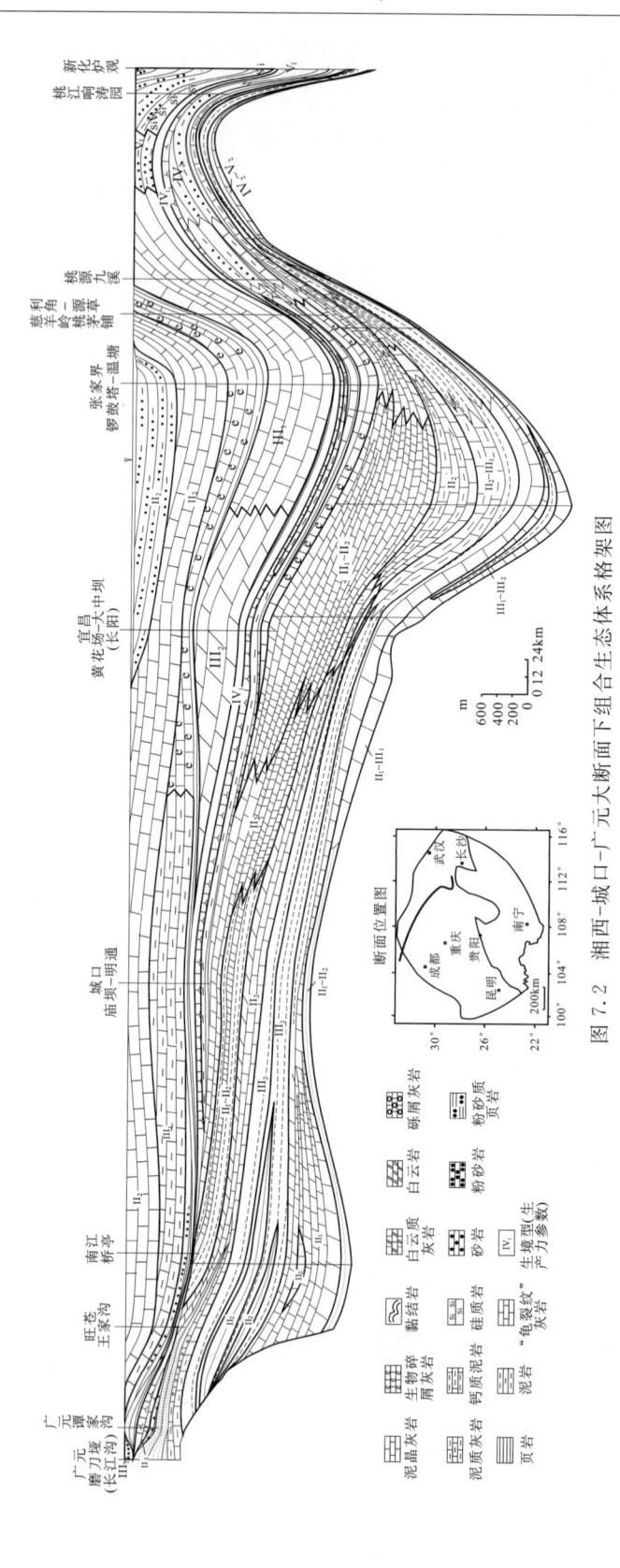

图 7.2 湘西-城口-广元大断面下组合生态体系格架图

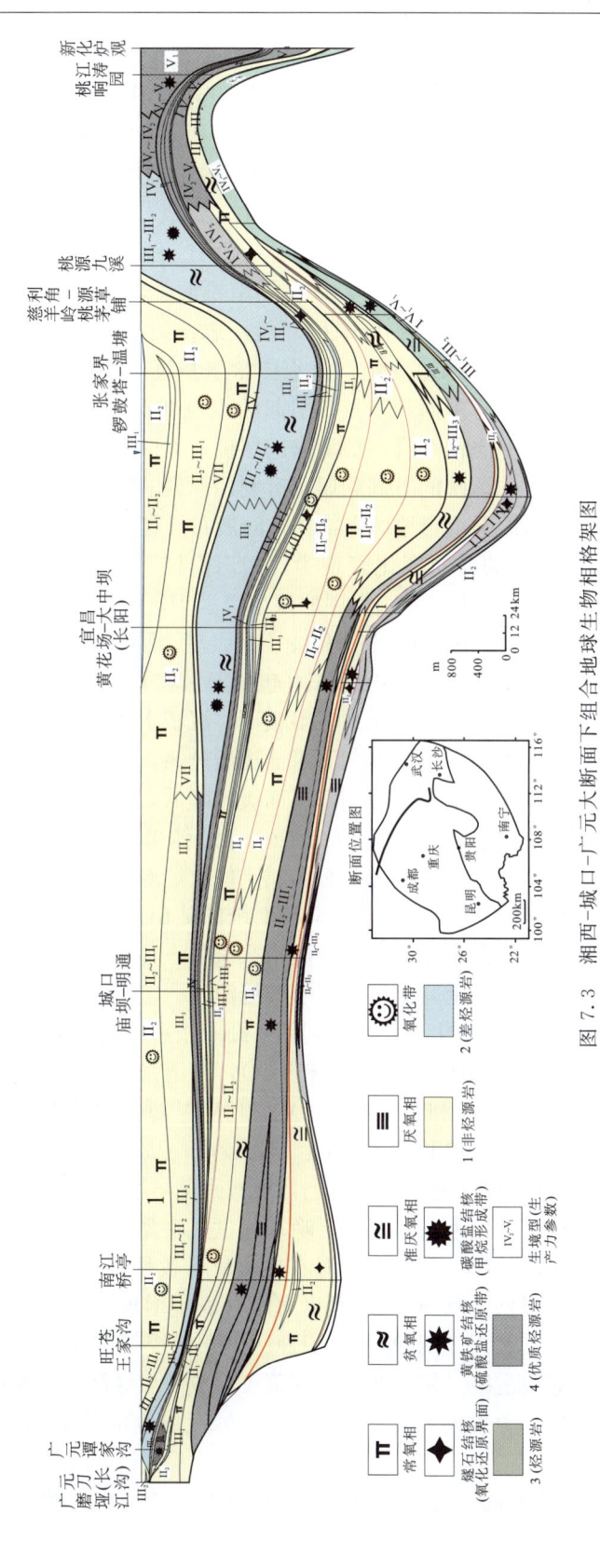

第七章 华南大断面地球生物相与典型烃源岩形成的地球生物学模型　　371

图 7.3　湘西-城口-广元大断面下组合地球生物相格架图

3）纵向变化：海平面变化对生境型的发育及海水氧化还原环境有很大的影响。随着海平面的变化，埃迪卡拉系下统下部以生境型 III（包括 III$_1$ 和 III$_2$）为主，一些构造低的地区可见 IV$_1$ 和 IV$_2$ 型；此时海水含氧量较低，厌氧-准厌氧相发育较广泛；到下寒武统上部、中-上寒武统沉积时期，尽管中间有一段小幅度的上升过程，但总体上海平面较低，以发育生境型 II（包括 II$_1$ 和 II$_2$）为主，常氧-贫氧相分布广泛。奥陶纪海平面总体上呈缓慢升高的变化趋势，生境型总体上由 II$_1$ 和 II$_2$ 逐渐向 III$_1$ 和 III$_2$ 变化，海水含氧量总体较高，常氧相分布广泛，仅在湖南桃源—新化一带见有生境型 IV$_1$ 和 IV$_2$ 发育，此处含氧量低，属于贫氧-厌氧的环境。志留纪海平面总体呈缓慢下降的趋势，生境型由 IV$_1$—III$_2$—III$_1$—II$_2$ 变化，海水中含氧量逐渐增加，沉积环境逐渐由厌氧向贫氧及常氧环境变化。海平面升降及其引起的生境型及海水氧化还原环境的变化，可用来判断从埃迪卡拉系—志留系有利烃源岩的层位，其中埃迪卡拉系上统、下寒武统下部、上奥陶统上部及下志留统的下部均属于有利烃源岩的发育层位。

湘西-城口-广元大断面下组合地球生物相空间展布具有如下特征：

1）埃迪卡拉纪大断面的横向变化表现为，四川南江—重庆城口一带生境型以 II$_1$ 和 II$_2$ 为主，重庆城口—湖南张家界四都坪地区生境型 III$_1$ 渐渐发育，在湖南张家界—桃源一带生境型逐渐向 III（包括 III$_1$ 和 III$_2$）、IV（包括 IV$_1$ 和 IV$_2$）及 V$_1$ 变化，且古生产力在生境型 III（包括 III$_1$ 和 III$_2$）及 IV（包括 IV$_1$ 和 IV$_2$）中较高。同时，大断面在湖南沅陵刘家塔至桃源一带埃迪卡拉系残留较薄，沉积水体以厌氧环境为主，有机质保存条件好。在纵向上，埃迪卡拉纪早期海平面逐渐升高，水体以准厌氧-厌氧相为主，有利于有机质的保存；到埃迪卡拉纪晚期海平面缓慢降低，海水含氧量逐渐增加，水体以贫氧-常氧相为主，有机质易被氧化而大量损失。总体来看，湖北长阳天柱山—湖南张家界四都坪一带埃迪卡拉系上统底部的页岩属于优质烃源岩。一般烃源岩集中分布在重庆城口—湖南张家界四都坪一带埃迪卡拉系上统的陡山沱组，岩性以泥岩、页岩为主。重庆城口—巫溪一带的陡山沱组上部及湖南张家界—桃源一带的陡山沱组及灯影组下部均属于差烃源岩。大断面上其余层位属于非烃源岩。

2）寒武纪大断面的横向变化为，四川剑阁—湖南张家界地区生境型以 II（包括 II$_1$ 和 II$_2$）为主，部分地区发育 III（包括 III$_1$ 和 III$_2$），湖南张家界—桃源地区生境型逐渐由 II$_2$ 向 III（包括 III$_1$ 和 III$_2$）和 IV（包括 IV$_1$ 和 IV$_2$）过渡。其中，生境型 III（包括 III$_1$ 和 III$_2$）及 IV（包括 IV$_1$ 和 IV$_2$）的古生产力较高；从古氧相来看，断面上的寒武系整体处于贫氧-常氧的沉积环境。在纵向上，早寒武世早期生境型以 III（包括 III$_1$ 和 III$_2$）~IV（包括 IV$_1$ 和 IV$_2$）为主，到中、晚寒武世生境型逐渐由 III 及 IV 向 II$_2$、II$_1$ 及 III$_1$、III$_2$ 型过渡。早寒武世初期-中期海水中含氧量较低，水体以准厌氧-厌氧相为主。随着海平面逐渐的降低，到中-晚寒武世海水含氧量增加，水体以常氧相为主，部分呈贫氧相。整体来看，四川剑阁-湖北长阳地区下寒武统下部为优质烃源岩有利的发育层位。湖北长阳—湖南沅陵一带下寒武统底部可形成一般烃源岩。湖南沅陵—桃源一带下寒武统底部形成的烃源岩较差。其余地层（下寒武统上部及中-上寒武统）不利于烃源岩的形成和发育。

3）奥陶系厚度在大断面上总体较薄，四川广元磨刀垭—南江桥亭一带仅残留上奥陶统，南江桥亭—湖南新化奥陶系出露完整。在横向上，四川广元磨刀垭—南江桥亭附近晚奥陶世生境型以 II$_1$ 和 II$_2$ 为主。四川南江桥亭—湖北宜昌地区奥陶纪生境型仍然以 II$_1$ 和 II$_2$ 为主，同时还发育 I。湖北宜昌—湖南慈利一带 III（包括 III$_1$ 和 III$_2$）分布逐渐广泛。湖南桃源—桃江生境型以 IV$_1$ 和 IV$_2$ 为主，个别发育有 VI。湖南桃江—新化一带水体较深，生境型主要发育 V。从古氧相来看，四川广元磨刀垭地区晚奥陶世海水含氧量较高，属于常氧相。广元谭家沟地区海水较深，呈厌氧-贫氧相，硫酸盐还原带及甲烷形成带分布广泛。四川广元谭家沟—湖南桃源一带在奥陶纪海水较浅，含氧量较高，沉积有机质基本处于贫氧-常氧环境。湖南桃源—新化一带奥陶纪海水较深，含氧量较低，沉积有机质处于厌氧-准厌氧的环境，硫酸盐还原带及甲烷形成带分布广泛。在纵向上，早奥陶世海平面较低，生境型以 II$_1$ 和 II$_2$ 为主，以贫氧-准厌氧相为主。随后，海平面逐渐升高，到中-晚奥陶世生境型以 III$_1$ 和 III$_2$ 为主，有的剖面生境型发育有 IV$_1$、IV$_2$ 及 V，呈厌氧-准厌氧环境。综合地球生物相参数来看，上奥陶统顶部属于优质烃源岩发育层位。湖南桃源—新化一带奥陶系属于一般烃源岩发育层位。重庆城口—湖南张家界一带中奥陶统底部及湖南桃源九溪剖面附近的中奥陶统发育差烃源岩。其他地区奥陶系不利于烃源岩的发育。

4）在整个大断面上，仅在湖北宜昌—湖南慈利一带出露较完整的志留系。在横向上，四川广元—南江一带以生境型 III（III$_1$ 和 III$_2$）为主，其中旺苍—南江一带在早志留世晚期出现生境型 II$_2$。四川南江—重庆城口在早志留世早期海水较深，发育有生境型 IV$_1$。重庆城口—湖南慈利一带中志留世海平面较高，发育生境型 VII。湖南慈利—新化早志留世随着海平面的升高，生境型逐渐向 III$_1$—IV$_1$—IV$_2$—V$_1$ 过渡。从氧化还原环境来看，四川广元—南江一带下志留统除了底部属于贫氧相之外，其他地层处于常氧相的环境中。南江至重庆城口地区早志留世海平面较高，底部含氧量较低，属于厌氧相沉积环境。重庆城口—湖南新化一带早志留世海平面相对较高，含氧量极低，准厌氧相及厌氧相环境分布广泛。在纵向上，志留纪海平面由高逐渐降低，生境型随着海平面的变化逐渐由 IV$_1$ 及 III$_1$ 和 III$_2$ 向 II$_2$ 变化，同时含氧量逐渐增加，即由厌氧-准厌氧相逐渐向常氧相过渡。地球生物相参数总体上反映下志留统底部为优质烃源岩发育层位。湖南桃源—新化地区的下志留统下部地层为一般烃源岩的发育层位。四川广元—湖南桃源下志留统下部属于差烃源岩发育层位。下志留统上部及中-上志留统沉积环境不利于烃源岩的发育。

第二节 上组合地球生物相特征

华南上组合包括晚古生代—三叠纪地层，大断面南起始于广西田东，向北北西方向延伸，分别经过贵州望谟、罗甸、青岩、三桥、遵义高桥，过重庆綦江、邻水等地区。

一、华南晚古生代—三叠纪古地理背景

华南在早古生代末拼合后又在晚古生代分离，构成华南晚古生代多岛洋格局，可能

延续到早三叠世（赣湘桂裂陷槽）（殷鸿福等，1999）。在泥盆纪，华南处于古特提斯洋北部，南部为浅海，北部形成华南古陆。泥盆纪初期，除桂东南钦（州）防（城）地区存在残余海槽和滇东一带见陆相泥盆系与志留系连续过渡外，华南其他地区均为遭受剥蚀的古陆或山地。从早泥盆世开始，华南自西南滇黔桂逐渐向北东方向发生海侵。华南在泥盆纪总体处于一个张裂构造背景，自早泥盆世晚期开始，受同沉积断裂控制，出现浅水碳酸盐台地（象州型）和条带状较深水硅、泥和泥灰质台间海槽（南丹型）。除滇黔桂海区外，华南还存在中扬子和下扬子两个沉积区。位于中扬子地区的川东、鄂西、湘西北一带，海侵始于中泥盆世，仅见中-上泥盆统的海陆交互及滨浅海相沉积。下扬子地区仅见上泥盆统，总体以陆相沉积为主，但也发现海泛层。

在早石炭世，华南存在两个古大陆，即康滇古陆和华夏古陆。沉积区主要分布在滇东、黔、桂、湘一带，以黔、桂一带最为发育。黔、桂一带主要为碳酸盐台地沉积，夹有少量陆源碎屑岩（郄文昆等，2010）。黔南、桂北及桂中一带，如南丹、六枝等地发育碳酸盐台地和台间盆地。广西钦防盆地为一由早古生代延续来的深水盆地。至晚石炭世，华南地区海侵规模加大，虽然还存在两个古陆，但古陆面积明显减小，海域面积加大。除在东南少数地区及古陆边缘存在少量陆源碎屑沉积外，主要为碳酸盐台地沉积。

二叠纪海水主要从滇黔桂盆地沿北北西、南北方向向上扬子地区推进，致使整个上扬子地区最终被海水淹没。二叠纪栖霞早期，华南地区海相沉积仅局限在江南隆起以南的海域。随着栖霞中期迅速的海侵，使得研究区发展成一片汪洋，为晚古生代最大海侵时期。华南地区栖霞期整体为浅水、盐度正常、生物繁盛的碳酸盐台地环境，深水盆地沉积区域只占很少部分。在二叠纪茅口期，岩相古地理格局为中上扬子浅水碳酸盐台地（中间穿插几个小的浅水陆架）、南秦岭硅质岩盆地、云贵局限台地、滇黔桂地区硅质岩盆地、湘桂浅水陆架。吴家坪期，东吴运动使得华南地区古地理发生了巨大变化，川滇古陆、云开古陆、大新古陆出现，向周围提供了大量陆源碎屑物质，形成了由陆相到海相的沉积单元。在川滇古陆两侧依次发育冲积平原、滨海平原、开阔台地和陆架。在研究区的西侧则发育三角洲、三角洲前缘和陆架。黔桂地区发育次深海的碎屑岩和火山凝灰岩，其中散布着孤立台地。长兴期研究区主要为中上扬子台地、右江边缘断陷盆地、湘桂盆地和龙门山—南秦岭边缘盆地等。川滇古陆包括中部的滇中剥蚀区及其两侧的冲积平原。靠近川滇古陆边缘，陆源碎屑沉积发育，依次为河流、湖泊、潮坪和潟湖，陆源沉积含量依次减少。在贵阳—都匀—剑河一带为台盆硅质泥岩夹泥质灰岩沉积。

三叠纪时期，中国南方地处低纬度特提斯地区，但受印支运动影响，中国南方大部分地区在中三叠世安尼期以后逐渐转为陆相沉积，因此海相三叠系主要为下三叠统及中三叠统安尼阶。三叠系的沉积古地理格局主要受控于康滇古陆的隆升和右江拗陷槽的裂陷，它的演变是印支运动中扬子板块与北方大陆对接过程的体现。研究区早-中三叠世主体为海相沉积。从中三叠世开始，受印支运动的影响，本区主体部分逐渐抬升，南部右江拗陷区则同步裂陷。但到中三叠世后，南部地区也迅速封闭，致使晚三叠世后大部分地区无海相沉积，残留的海槽主要在三个地区：其一是上扬子西北缘邻近秦岭海槽的龙门山凹陷区；其二是右江裂陷槽区；其三是康滇古陆西侧的盐源—丽江一带，是扬子地块在西部受构造破坏后的残余部分。但几乎所有地区,海相沉积都未达到三叠纪末期。整个研究区早-中三叠世的沉积盆地结构表现为两种形式:一是碳酸盐台地缓坡型,另一是台-坡-盆格局中由碳酸盐岩相过渡为碎屑岩相。台地相区以浅水及浅水高能碳酸盐岩沉积、混合细粒碎屑岩相为主,而后转变为局限碳酸盐岩、蒸发岩台地相为主。盆地区早期以较深水碳酸盐岩为主,随后逐步为碎屑浊积岩所占据。

二、华南上组合典型剖面地球生物相特征

1. 泥盆纪

广西桂林杨堤剖面中泥盆统信都组生境型为滨岸潮上-潮间碎屑岩沉积环境($I \sim II_1$),古生产力低。东岗岭组主要发育局限潮下带(II_2)和潮间带(II_1),生物碎屑含量和Ba_{xs}指标反映该层段古生产力不高,该组为一种较普遍的底层水贫氧环境,仅在开阔潮下带为常氧环境,并且有机质埋藏条件不佳,故地球生物相主要为1或2,为非或差烃源岩。上泥盆统榴江组为台间海槽的较深水硅质岩沉积,对应的生境型为V_2。生物碎屑含量高达30%,同时岩层中的Ba_{xs}含量也极高,表明该组古生产力极高,并且此段地层沉积时期为厌氧环境,有机质埋藏条件较好,综合判识该段地球生物相为4,为优质烃源岩层段。上泥盆统五指山组下部主要发育碳酸盐斜坡相(V),上部主要发育碳酸盐开阔台地前缘沉积(III_2),下部弗拉阶地层初级生产力较高,并且五指山底部第7层为贫氧环境,第38~40层为贫氧到厌氧环境。综合各指标,该组第1~3层和第38~40层地球生物相为3,发育烃源岩,其他层段为非或差烃源岩。

2. 石炭纪

对研究区石炭系碳酸盐台地相的广西隆安剖面、盆地相的广西南丹巴平剖面及么腰剖面进行了详细的地球生物学研究。在碳酸盐台地区,尤其是孤立台地区,石炭纪海相烃源岩仅出现在下石炭统汤耙沟阶下部,其形成与早石炭世开始的间冰期有关。自早石炭世开始,全球在经历了晚古生代的首次冰期后开始进入间冰期,气温升高,生物快速繁盛,孤立台地区及连岸台地区生境型III及少量生境型II中藻类繁盛,古生产力很高,形成大量有机质,繁盛的藻类消耗掉了水体中大量溶解氧,形成贫氧的非正常海环境,使有机质得以保存,形成了区域上的优质烃源岩。而在下石炭统上部—上石炭统生境型主要为II,虽然部分层位生物碎屑、藻类及有孔虫含量很高,显示的古生产力较高—高,但沉积区海水较浅,基本处在氧化环境,难以形成烃源岩。在深水盆地区,如广西南丹巴平剖面石炭纪海相烃源岩也主要出现在下石炭统汤耙沟阶,其形成也与石炭纪早期间冰期的快速海侵及盆地扩张有关。正是因为这次海侵使生物繁盛,大量有机质注入盆地,提高了盆地的古生产力,并增加了盆地中有机质的含量。此外,盆地扩张使来自壳之下的热流为盆地菌藻类的生活提供了能量和营养,提高了盆地的古生产力,为烃源岩的形成提供了物质基础。同时,盆地扩张使海水循环受阻而产生缺氧环境,使有机质得以很好的保存,形成了优质烃源岩。下石炭统上部和上石炭统盆地相虽然还处在还原环境,但生物生产力不高,难以产生烃源岩。在碳酸盐台地上的"台洼"区,如

贵州惠水王佑剖面石炭纪烃源岩也分布在下石炭统下部睦化组、打屋坝组，岩性为灰黑色碳质页岩。由于藻类较多，且局部见有大量底栖生物，说明其为浅水型的盆地。该类凹陷盆地接受了大量陆源碎屑及陆源有机质，古生产力高。低等生物的富营养化也消耗了水体溶解氧，致使水体为滞流还原环境，利于烃源岩的保存。

3. 二叠纪

四川广元剖面是华南地区二叠系典型剖面，下面以该剖面为例说明二叠系地球生物相特征。从图7.4中可见，四川广元剖面二叠系发育的主要生境型类型为II_1、II_2、III_1、III_2、IV_1、IV_2、V_1。生物碎屑在栖霞组底部和中部、茅口组中下部、吴家坪组及大隆组上部含量较高。Ba_{xs}和Al_{xs}是指示生物生产力的指标，四川广元剖面栖霞组中部、茅口组顶部、大隆组上部存在高的生物生产力（Xie et al.，2008；Ma et al.，2008；陈慧等，2010）。除栖霞组第32~48层及栖霞组顶部古氧相为常氧相外，该剖面其余二叠系层位的古氧相为贫氧或厌氧相。f_{org}为埋藏有机质参数，二叠系除梁山组和大隆组顶部，其余层位埋藏有机质等级为较高或高。综合以上各指标，对四川广元剖面进行地球生物相划分（图7.4），栖霞组中部第51~59层、吴家坪组上部第125~130层地球生物相为4，评价为优质烃源岩层段。茅口组顶部地球生物相为3，为烃源岩发育层段。

4. 三叠纪

贵阳青阳剖面在早-中三叠世沉积古地理背景属于碳酸盐台地边缘斜坡，发育6个生境型，为II_1、II_2、III_1、III_2、IV_1、IV_2。该剖面的Al_{xs}表明高~较高古生产力层段分布于罗楼组底部、青岩组营盘坡段和青岩组雷打坡段。罗楼组底部为贫氧-厌氧环境。青岩组营盘坡段第68~70层、青岩组营上坡段第93~95层及青岩组雷打坡段第105层为准厌氧-厌氧环境，并且上述层段存在高的埋藏有机质。综合各指标，该剖面罗楼组底部第22层、青岩组营盘坡段和青岩组雷打坡段第105层地球生物相为3，为烃源岩层段。其余层段地球生物相为1或2，为非或差烃源岩。

三、华南上组合大断面地球生物相综合特征

将广西桂林杨堤泥盆纪剖面、广西隆安石炭纪剖面、四川广元二叠纪剖面、贵州青阳青岩三叠纪剖面综合拼接起来，绘制了上组合（泥盆系—三叠系）地球生物相综合柱状图（图7.4）。优质烃源岩仅发育于二叠系栖霞组局部层位和大隆组。

华南地区沿桂西南-贵阳-重庆大断面上组合生态体系格架图（图7.5）及地球生物相格架图（图7.6）显示了地球生物相在垂向及横向上的变化特征。总体来看，泥盆系和石炭系仅分布于黔东桂西地区，黔北及重庆地区均为古陆暴露区。至二叠纪，海水主要从滇黔桂盆地沿北北西、南北方向向上扬子地区推进，致使整个上扬子地区最终被海水淹没。上组合地球生物相空间展布具有如下特点。

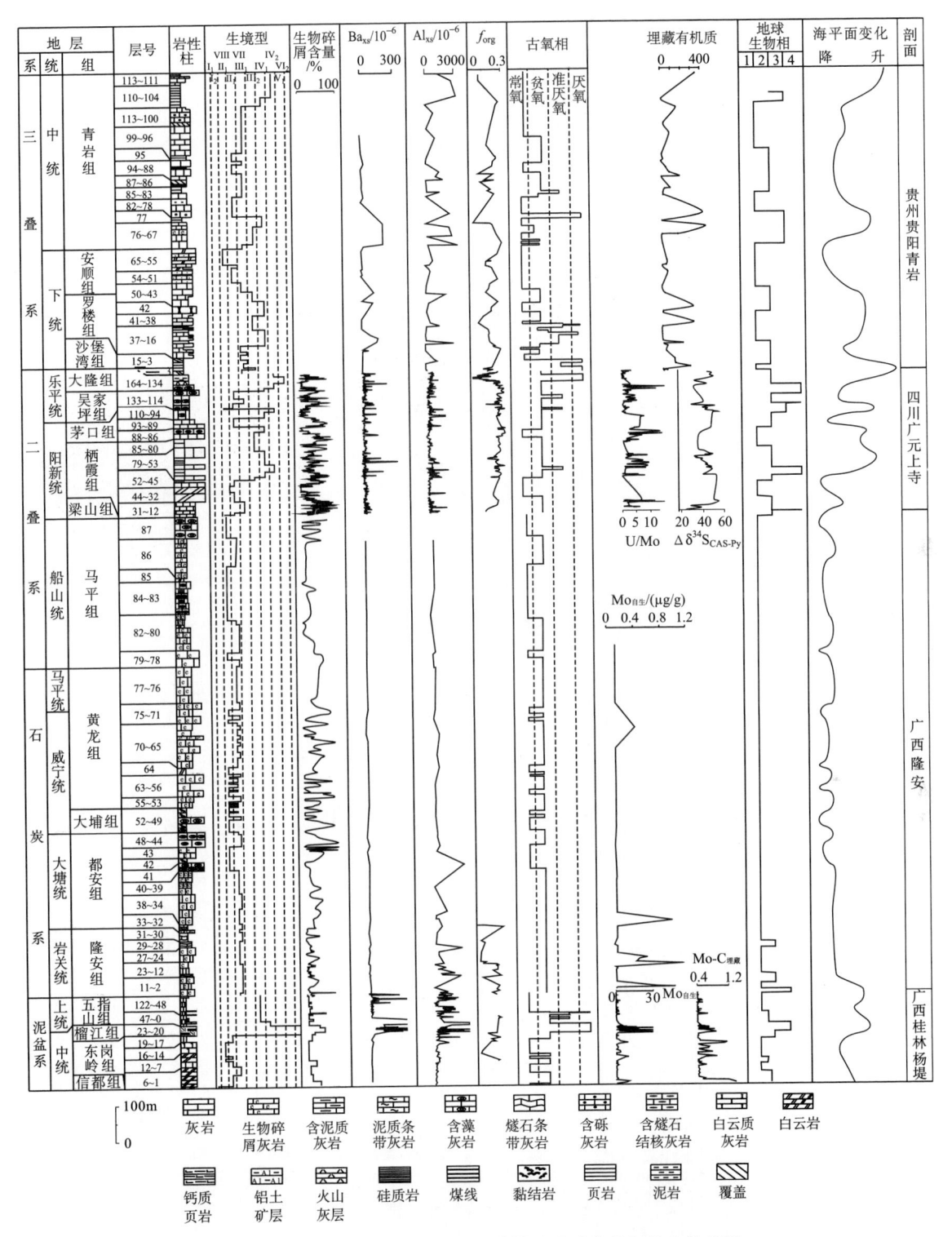

图 7.4 华南上组合海平面变化曲线及地球生物相综合柱状图

剖面位置图参见图 1.5

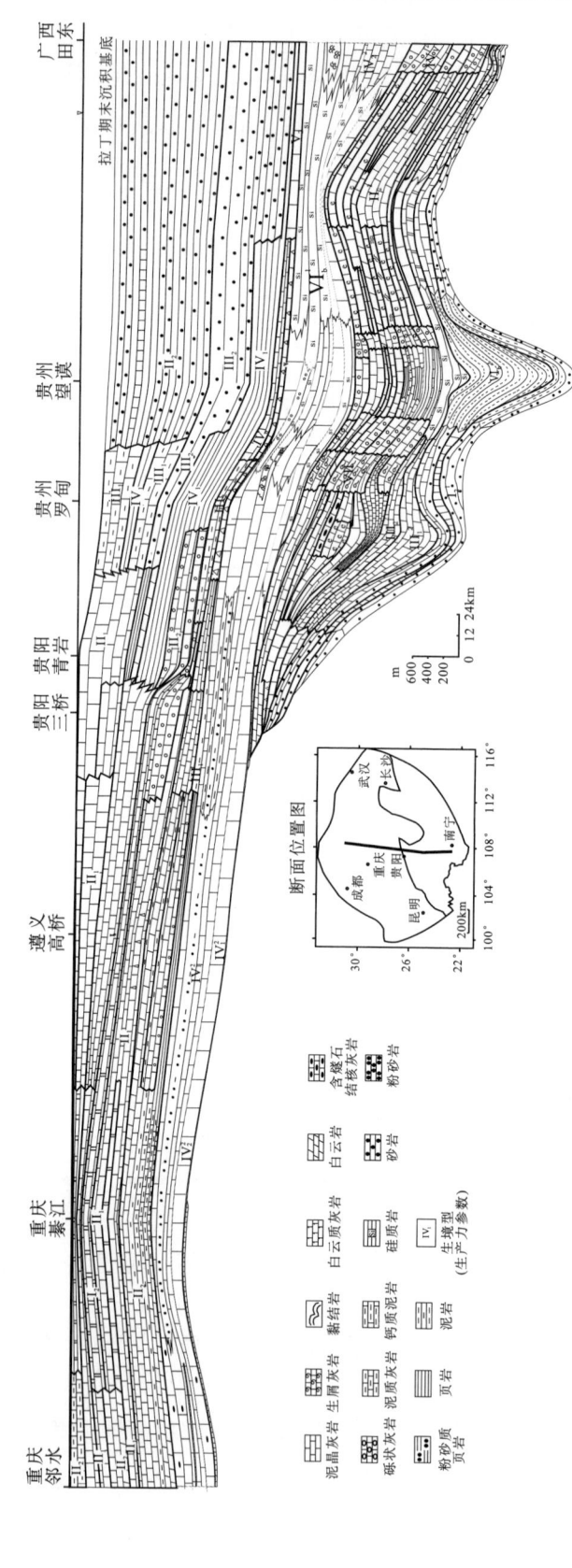

图 7.5 桂西南-贵阳-重庆大断面上组合生态体系格架图

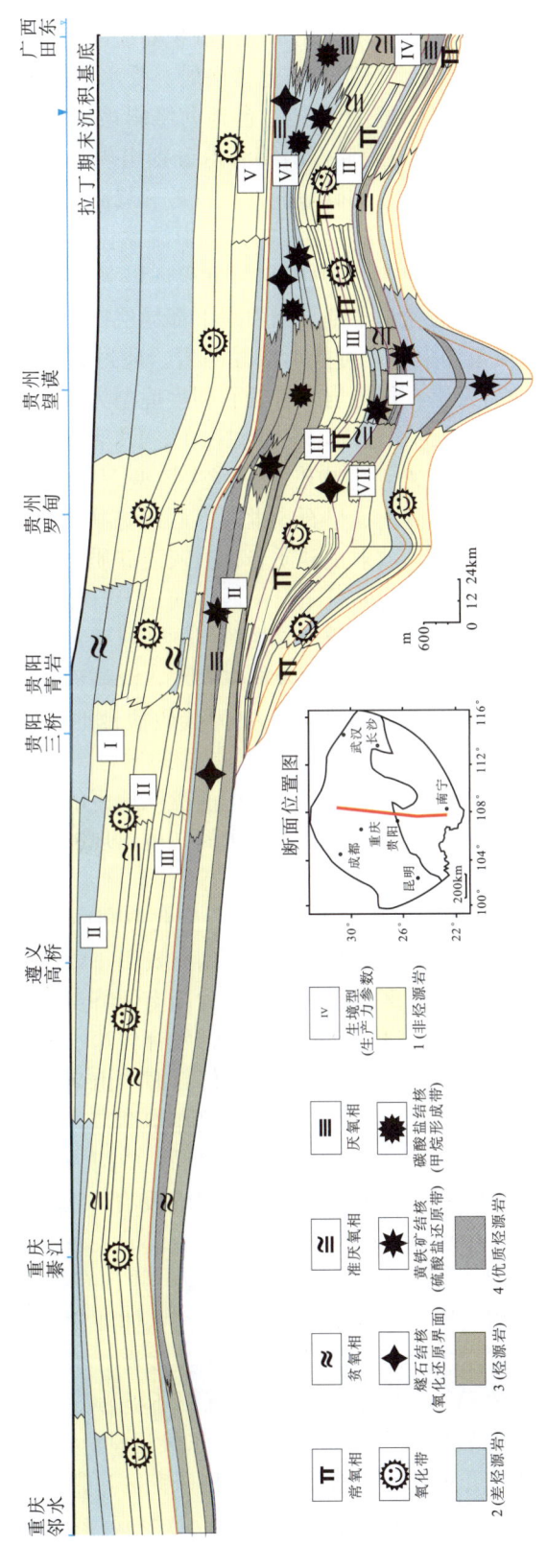

第七章 华南大断面地球生物相与典型烃源岩形成的地球生物学模型　379

图 7.6　桂西南–贵阳–重庆大断面上组合地球生物相格架

1) 中-晚泥盆世，华南主体上受北东和北西向同沉积断裂的控制，滇黔桂—湘桂的广泛海域普遍呈现台-盆相间的"棋盘格"式古地理格局。受水动力条件和水深的限制，从台地至台间海槽，依次可以分为碳酸盐台地、台地前缘斜坡和台间海槽三大沉积相区。泥盆纪发育两个主要的海侵-海退旋回，两期海退分别出现在中泥盆世早期和晚泥盆世晚期。中泥盆统东岗岭组为较浅水的碳酸盐开放台地和局限台地沉积，古生产力较低。在中泥盆世晚期-晚泥盆世早期，海侵继续扩大。中泥盆世晚期榴江组为典型的台间海槽（V_2）硅质岩夹泥岩沉积，古生产力极高，沉积环境为厌氧条件，有机质埋藏条件较好，发育优质烃源岩。晚泥盆世早期五指山组下部地层古生产力较高，沉积环境为贫氧-准厌氧，有机质埋藏条件中等，可能形成烃源岩。通过对主干剖面地球生物学的精细解剖，华南海的烃源岩及潜在烃源岩发育的有利生境型为 V_2 及 II_1^2。

2) 石炭系基本继承泥盆系的沉积范围，生境型以 II、III 和 IV 为主，开阔台地和局限台地广泛发育于黔东桂西。此外，生物礁滩相（生境型 VII），如生物碎屑滩、鲕粒滩在广西隆安、都结剖面均可见到。在早石炭世，广西钦防盆地为一由早古生代延续来的深水盆地，岩性主要为硅质岩、放射虫硅质岩、凝灰质硅质岩及页岩。生物主要为放射虫，属低能还原环境，水深较大。并且来自南西方向的上升流为上述盆地提供了丰富的营养物质，形成了大量的硅质及有机质，为烃源岩的形成奠定了基础。晚石炭世开始，华南地区海侵规模加大，由黔桂地区向北及向东超覆，海域面积加大。除在东南少数地区及古陆边缘存在少量陆源碎屑沉积外，主要为碳酸盐台地沉积。沉积环境为常氧-贫氧条件，有机质埋藏保存条件较差，不利于烃源岩的发育。华南地区石炭纪海相烃源岩主要分布在两个层位和两个特定的沉积区，即南盘江地区的深水盆地及贵州惠水王佑地区的碳酸盐台地的台凹区。这些沉积区由于水深，可出现缺氧还原环境，有机质保存很好。

3) 在二叠纪，海水主要从滇黔桂盆地沿北北西、南北方向向上扬子地区推进，致使整个上扬子地区最终被海水淹没。近南北向的桂西南—贵阳—重庆廊带正好平行海侵方向。生境型空间分布表明，华南地区沉积地貌具有北高南低特点。沫阳以北主要为浅水碳酸盐台地，沫阳一带为台地边缘区，广西南丹一带发育较深水海槽，来宾铁桥一带为孤立碳酸盐台地。早二叠世初期，华南地区开始海侵，海水由南向北侵入，海水最远到达贵阳一带，贵阳以北仍为剥蚀区。因此，马平组仅在本廊带贵阳以南有沉积，整体表现为一个旋回，古地理特征表现为两头高中间低的格局，中间为广西南丹，生境型为 VI_b。中二叠世早期为海陆交互相沉积环境，在沫阳以北发育一套厚度（1.09～21m）不等的梁山组沉积。从图 7.5 中可见，栖霞中期为晚古生代最大海侵时期，川西北地区发育的生境型为 IV_1～IV_2，古生产力较高，为厌氧环境，并且有机质埋藏条件好，故栖霞组中部发育为优质烃源岩层段。茅口期，东南陆表海水体加深，形成陆架浅海，与黔桂次深海相通。扬子最北缘出现次深海，川西出现陆架浅海。川西北地区由于茅口期末水体加深，发育的生境型为 IV_1，古生产力较高，沉积环境为贫氧条件，并且有机质埋藏条件较好，故评价为烃源岩层段。吴家坪期由于东吴运动，海陆格局发生重大变化，研究区出现川滇古陆和云开古陆，东南陆表海退出研究区，黔桂次深海内部出现大量火山碎屑浊积岩，钦防海槽关闭，此段不利于烃源岩的形成。长兴期海水再次加深，扬子北缘形成次深海，生境型为 IV$_2$~V$_1$，古氧相为厌氧环境，Ba$_{xs}$和 Al$_{xs}$指示古生产力为中等，有机质埋藏条件好，因而该时期发育烃源岩（李红敬等，2009）。从综合评估的结果来看，二叠系烃源岩主要分布于广西来宾铁桥孤立台地与南丹海槽的过渡带，贵州罗甸以北的马平组、吴家坪组与长兴组，以及重庆大铺子与华蓥山茅口组。

4）在三叠纪，受印支运动的影响，海平面下降，中国南方大部分地区在中三叠世安尼期以后逐渐转为陆相沉积。华南地区三叠系明显呈现从北向南水体变深特征，在重庆邻水—贵州青岩一带，生境型以 I 和 II 为主，而在贵州罗甸—广西田东，生境型以 III 和 IV 为主。早三叠世，华南多数地区多数层位不发育烃源岩，但在黔中黔南—桂北台地到盆地相的广大地区（贵州青岩以南—广西田东以北地区）局部层位（印度阶的亭纳尔亚阶）发育有潜在烃源岩。在川北，飞仙关组下部可能发育有烃源岩。中三叠世，研究区各个古地理相区广泛发育潜在烃源岩，川北地区可能发育有烃源岩。早-中三叠世潜在烃源岩发育的主要原因可能为，川北地区在早中三叠世主体为浅海沉积，生物较繁盛，古生产力相对较高，有利于烃源岩的形成。而黔桂地区靠近裂陷槽或次深海，古生产力相对较低，不利于好烃源岩的形成。

第三节　典型烃源岩形成的地球生物学过程及其模型

烃源岩形成的地球生物学过程主要包括生物生产力形成、沉积有机质形成和埋藏有机质形成三个阶段。其中，沉积有机质和埋藏有机质密切相关，可以联合起来分析。在这三个阶段中，每个阶段都是生物与环境相互作用的结果。烃源岩的形成过程首先是一些环境事件（如上升洋流、火山喷发带来的大量营养物质）引发了生物事件（如某些初级生产者的大量繁盛），导致了生物生产力增加，为烃源岩形成奠定了物质基础；而这些生物事件（生物繁盛）又导致一次环境事件（缺氧等），进一步为烃源岩形成奠定了环境条件基础。因此，烃源岩的形成可以看成一个生物与环境相互作用的事件，即烃源岩就是一个事件记录，其实质就是地球生物学事件记录。在某种程度上来说，寻找烃源岩就是寻找这些地球生物学事件记录。下面就从地球生物学过程来分析和总结中国南方典型烃源岩［包括碳-硅-泥-(磷)型、硅-泥组合、含海泡石灰岩、泥岩、微生物岩等类型］形成的模式。

一、碳-硅-泥-(磷)型烃源岩

这类烃源岩形成的模式为火山活动/热水活动/上升流—微生物爆发—缺氧环境—高效埋藏的地球生物学过程（图 7.7）。火山活动、热水活动和上升流等各种地质事件带来大量的营养元素和营养盐，导致海水表层初级生产者的爆发，这些微生物有机质不断下沉，在沉积过程中消耗水体中的大量自由氧，致使底层水乃至部分水柱缺氧，最终利于有机质的大量埋藏，形成了优质烃源岩。也就是说，埋藏条件的形成与生产力有关系，而生产力又与地质事件相关，环环相扣，形成了碳-硅-泥-(磷)组合的优质烃源岩。比较典型的例子是中-新元古代下马岭组、下寒武统和晚二叠世大隆组。

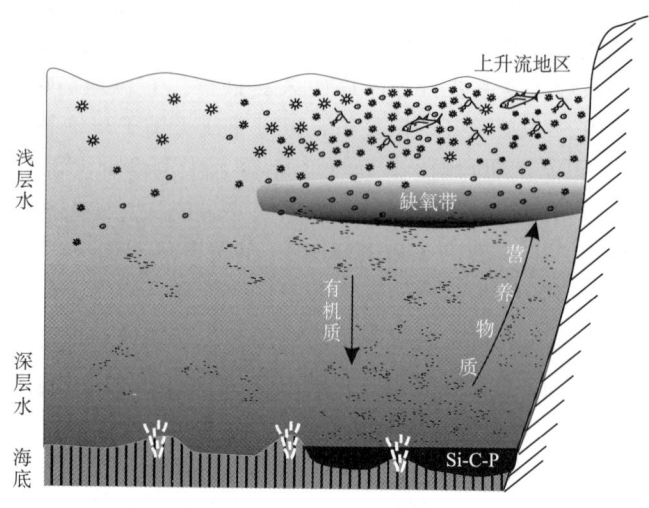

图 7.7　火山活动/热水活动/上升流—微生物爆发—缺氧环境—高效埋藏的
地球生物学过程与碳-硅-泥-(磷)型烃源岩形成模型

海底火山活动直接带来各种微生物所需要的大量金属元素，特别是与新陈代谢酶有关的大量微量元素，例如铁、钼、镍等。当存在有过量铁时，海洋蓝细菌代谢 N_2 的速率将提高（Berman-Frank et al., 2007），铁、钼等元素也影响蓝细菌其他代谢氮的酶的活性，富营养化过程产生的金属元素变化可能通过影响蓝细菌各类代谢酶的活性而影响蓝细菌的繁盛。12.5 亿年前藻类的多样化过程就被认为与海洋从贫钼到富钼的转变有关（Anbar and Knoll，2002），钼的变化影响了藻类代谢酶的活性。钼含量高的地层往往存在于一些缺氧环境条件，前者可能是后者出现的结果，但前者也可能是后者出现的原因，即可能高含量的钼导致了某些时期海洋初级生产者的爆发，进而引发出缺氧环境条件。这一过程目前研究得很少，值得深入探讨。由火山活动造成的某些初级生产者爆发的地层可能有二叠纪-三叠纪之交的沉积、下寒武统水井沱组及其相当层位等。

热水活动是另一个可以带来大量营养元素的地质事件，并由此激发初级生产者的繁盛。这个过程主要出现在极为强烈的拉张裂陷作用区，沉积物之下富含 SiO_2、Al_2O_3、K_2O、Na_2O 等化合物，以及富含钨、锡、钼、铅、镍、银、锌、钡、汞、锑、砷、磷等元素的热水沿薄弱面（如同生断裂）源源不断地上升至水-沉积物界面附近，与海水混合，为微生物的繁盛提供充足的营养盐。这些过程主要记录在富含微量元素的地层（如早寒武世水井沱组及其相当层位）或者硅质岩（晚二叠世大隆组和中-新元古代下马岭组）中，而且热水活动往往与火山活动相伴。例如，河北下花园中-新元古代下马岭组层状硅质岩属于典型的火山和热水沉积，塔里木满东凹陷塔东 2、英东 2 井和柯坪肖尔布拉克剖面的寒武系—中奥陶统的层状硅质岩部分也为热水成因，海域中的硅已经证实来源于海底火山和由此带来的含矿物质热水。在这些地层中，除硅外，一些微量元素相对富集，并与有机质的丰度有很好的正相关性（金之钧、王清晨，2007）。

热水活动和火山活动可以把大量营养物质直接带到海水表面，或者通过上升流带到海水表层，形成了火山活动-热水活动-上升流等地质事件的密切相伴。上升洋流在这里起到了深层与表层海水的物质交换的传送带作用。需要注意的是，除了人们所熟悉的沿大陆西侧分布的海岸型上升洋流外，还包括其他形式的上升洋流。例如，在一些开阔的洋面，因表层洋流沿纬向辐散而导致了深层水以上升流的方式予以补偿，从而带来营养物质使微生物繁盛，这种上升流往往出现在开阔的大洋辐散带，以富含生物成因的硅质岩为特征。在现代的上升流沉积物中，往往出现磷-硅-碳的组合，生物成因的这种硅质岩、磷质岩和碳质岩组合被普遍认为是高生产力的最典型特征。其中，华北地区中-新元古代青白口系的下马岭组碳-硅-泥组合，富含磷质（与TOC正相关）沉积，分布于背靠华北克拉通古陆剥蚀区、面向蒙古洋的海陆交界处，当时古洋流可能类似于现代的南美秘鲁陆架和西南非洲陆架的沿岸上升流。我国华南的下寒武统碳-硅-泥组合也富含磷质，是开阔大洋辐散型上升流的典型代表，广泛分布于上扬子北缘和中下扬子区。

由火山活动、热水活动和上升洋流带来大量营养促使微生物大量繁盛的结果，又进一步形成或者加剧了底层水乃至水柱中缺氧环境的形成。塔里木、华南下寒武统，以及塔里木满东凹陷中奥陶统黑土凹组和华南上奥陶统五峰组中的碳-硅-泥质烃源岩无一例外地是底层水缺氧的产物，表现在具有较高的伽马蜡烷，而较高的伽马蜡烷是水体分层的标志。这些地区当时在表层水出现高生产力而在底层水出现缺氧还原，表明两者之间具有因果关系，即表层水微生物繁盛，其有机质在下降过程中逐渐消耗水体中的氧而使底层水缺氧，导致有机质的大量埋藏。

二、动物危机期间的微生物岩和泥质烃源岩

这些烃源岩的形成模式为动物灭绝—微生物爆发—缺氧环境—高效埋藏的地球生物学过程（图7.8）。海洋中的动物发生全球性的大规模灭绝，使得海洋中捕食初级生产者的动物大为减少，微生物爆发；同时，伴随海洋动物的大规模灭绝，陆地植物也发生了集群灭绝，陆地风化作用加强，大量营养物质输入海水中，致使海洋中的微生物进一步繁盛。与动物大规模灭绝伴随的是全球性海洋缺氧，这不仅有利于固定大气氮的蓝细菌等微生物繁盛，而且有利于这些大量爆发的微生物有机质的埋藏，形成优质烃源岩。这种模式甚至可能会在浅水地区出现优质烃源岩。比较典型的例子是二叠纪-三叠纪之交和早三叠世的钙质微生物岩、奥陶纪-志留纪之交和晚泥盆世泥质岩等。与这个模式有关的钙质微生物岩烃源岩尚未被传统地质工作所认识。

在地质时期，除了由火山活动、热水活动和上升流带来大量的营养物质引发微生物爆发外，还有一个重要因素可以激发微生物的爆发，其重要性目前还未在传统的烃源岩研究中所认识到，那就是全球性的海洋动物大规模灭绝。大量研究已经证实，在一些重大地质历史时期，曾经发生了全球性的动物大灭绝事件，随后紧接着在浅水地区出现了大量的钙质微生物岩（microbialite），这种钙质微生物岩主要由各种微生物席（microbial mats）捕获沉积物或直接使矿物沉淀而形成。微生物岩在岩石结构上非常特殊，大多呈现"花斑状"或"豹皮状"构造。这种沉积构造与现代西澳大利亚海岸带由蓝细菌形成的凝块石非常类似。人们也在其中发现了一些钙化球状蓝细菌，指示了这些

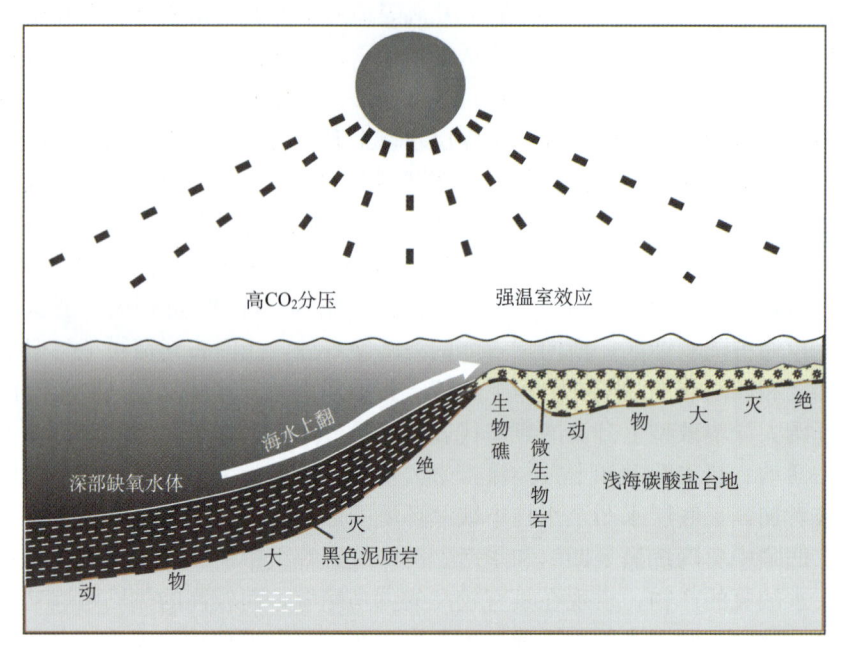

图7.8 动物大灭绝—微生物爆发—缺氧环境—高效埋藏的地球生物学过程
与二叠纪-三叠纪之交微生物岩烃源岩形成模型

微生物岩的形成是蓝细菌等微生物的作用。这些钙质微生物岩的出现标志着浅水地区在全球性动物大灭绝后,出现了底栖微生物的繁盛现象,如早三叠世(Lehrmann et al.,2003)、晚泥盆世(Stephens and Sumner,2003)、晚奥陶世(Sheehan and Harris,2004)等。在较深水地区,一些浮游微生物也出现了繁盛,与浅水地区钙质微生物岩中的底栖微生物相对应。这些微生物沉积可以在很大区域内进行对比。例如,在二叠纪-三叠纪之交,已经在中国、亚美尼亚、伊朗、匈牙利、意大利、土耳其、日本及格陵兰等地发现了这套微生物岩,其分布范围几乎遍及当时地球的整个浅海。在二叠纪-三叠纪之交两幕动物大灭绝之后,在较深水地区都出现了两幕的浮游蓝细菌的繁盛(Xie et al.,2005)。

蓝细菌在动物大灭绝后因祸得福地兴起既有生物学上的原因,也有非生物的环境因素的诱因。首先,动物大灭绝减少了后生多细胞生物对蓝细菌等微生物的啃食和破坏,海洋中食蓝细菌的动物少了,海水中的营养也增加了,蓝细菌就容易繁盛。第二,在当时海洋动物灭绝时,大多数陆地植物也基本灭绝,造成陆地风化作用增加,水土流失严重,使陆地营养元素输入海洋而使蓝细菌繁盛起来。当代水体环境中蓝细菌的繁盛也主要与捕食压力的变化和富营养化有关。第三,蓝细菌的繁盛可能还与当时大气CO_2含量增加和海洋缺氧有一定关系。生物因素和环境条件的联合形成了微生物生态系统发育所必需的充要条件。因此,蓝细菌的泛滥是生物与环境相互作用的结果。

动物大规模灭绝后的微生物爆发,使得形成烃源岩的物质基础有了保证,那么这些有机质能否有效地保存下来呢?我们说,完全可以。首先,与这些时期动物危机相伴出现的重大环境变化是海洋的缺氧，它们可能也是动物灭绝的原因之一。在奥陶纪-志留纪之交、晚泥盆世弗拉期-法门期之交、二叠纪-三叠纪之交均出现了全球性的缺氧事件，在二叠纪-三叠纪之交甚至在透光带出现了硫化氢富集（Grice et al., 2005）和浅水的缺氧事件，这些缺氧事件为微生物爆发产生的大量有机质得以保存奠定了有利的环境条件。有些时期，甚至是缺氧事件才导致了蓝细菌的繁盛，如早侏罗世 Toarcian 期、二叠纪-三叠纪之交。因为蓝细菌和藻类在代谢氮的途径上不同，蓝细菌可以直接代谢 N_2 而藻类不能，因此，这两类生物在反映金属元素（对代谢氮的酶有强烈影响）和氮的变化上明显不同（Glass et al., 2009）。早侏罗世 Toarcian 期的缺氧事件使海洋表层水体缺乏营养元素，影响了生物对氮的代谢过程，而蓝细菌因具有固氮酶可以代谢 N_2，是唯一的产氧光合固氮生物（Stal and Zehr, 2008），从而使该时期的缺氧海水中出现蓝细菌的繁盛。其次，在浅水地区，微生物席的广泛发育造成了局部的缺氧环境。对现代的微生物席研究表明，由于微生物席的封堵作用，在微生物席下面的几厘米范围内就可以达到完全的缺氧环境。因此，从地球生物学过程分析，动物大规模灭绝造成的大量微生物繁盛及其相伴或者相关的缺氧事件，为烃源岩的形成创造了物质基础和环境条件。在奥陶纪-志留纪之交、晚泥盆世弗拉期-法门期之交、二叠纪-三叠纪之交均出现了大规模的动物灭绝及其相伴的缺氧事件，从地球生物学角度分析，有利于烃源岩的形成。

三、冰期后泥质烃源岩

地质时期冰期与油气聚集的关系开始受到关注，新元古代的成冰纪、晚奥陶世的赫南特期（Hirnantian）-志留纪、石炭纪-早二叠世等冰期与油气形成的关系在北非和中东都已经被证实（Le Heron et al., 2009）。而这其中的主要因素是，在冰川消退过程中形成了大量的黑色岩系烃源岩。该烃源岩形成的模式为冰期后气候环境变化—微生物爆发—缺氧环境—高效埋藏的地球生物学过程（图 7.9）。在气候转暖、冰川消融的海侵过程中，冰川融水带来了大量的营养物质，促进海洋生产力的发展（Page et al., 2007），在某些地方甚至可以形成沿岸上升流（Lüning et al., 2000），更促进了生产力的发展。气候转暖时温度的升高也进一步促进了生产力。同时，在冰期形成的低凹地形处，或者在冰川融化过程中，从海侵体系域向高位体系域转变的最大海泛面处，形成了强烈的缺氧环境。高的生产力和强烈的缺氧环境造成了冰期后大量黑色岩系烃源岩的形成。比较典型的例子是陡山沱组的黑色岩系和大塘坡组的黑色岩系、奥陶纪-志留纪之交的沉积等。

埃迪卡拉纪的两次全球性冰期，在华南地区分别形成了莲沱组和南沱组的冰碛岩。紧接着这两大冰碛岩分别是大塘坡组和陡山沱组黑色岩系，显示了冰期后气候和海洋环境均发生了明显的变化。首先，大塘坡期和陡山沱期的气候变化，特别是温度的升高，加速了冰川的融化，形成了陡山沱期的盖帽白云岩。融化的冰川水从陆地带来了大量营养元素，为气候转暖期海洋微生物的繁盛创造了良好的条件。加上这个时候的动物总体很少，微生物的繁盛也具有生态学基础。在扬子地区埃迪卡拉系陡山沱组中发现的宏体

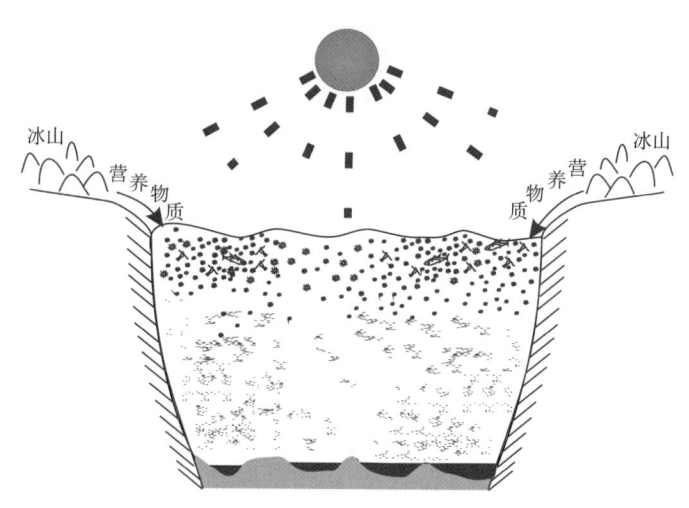

图 7.9 冰期后气候环境变化—微生物爆发—缺氧环境—高效埋藏的地球生物学过程
与大塘坡期和陡山沱期泥质烃源岩形成模型

生物群，以宏体藻类为主，而且半浮地直立于海底的宏体藻类已占据重要的生态领域，大幅度地提高了光合作用的效率（陈孟莪等，2000；赵元龙等，2004）。宏体藻类多具有拟根、拟茎和叶状体，并出现多次分枝，构成了陡山沱期初步的"海底草原"（陈孟莪等，1994）。再者，宏体藻类多数为具固着器的底栖藻类，丰富阳光给予充分的光合作用，清澈的海水有利于以宏体藻类为主的"海底草原"的构成。同时，海洋中藻类植物的生长需要无机营养盐（如 NO_3^-，PO_4^{3-} 等）的供应，以及适宜的海水温度（陈长胜，2003）。冰期后的气候与海洋环境条件的变化造就了这一切，使烃源岩形成的物质基础得到了保证。

冰期后的海洋可以形成强烈的缺氧环境。其一，尽管埃迪卡拉纪是地球第二次成氧时期，但冰期后海洋微生物的繁盛，其有机质在沉积过程中很容易消耗水体中的自由氧，可以促进缺氧埋藏环境的形成。其二，在冰期形成的地形中，一些低凹处容易在冰期后的海侵中形成缺氧环境。其三，在海侵过程中，从海侵体系域向高位体系域转变的最大海泛面处，可以形成强烈的缺氧环境。其四，由于冰川快速融解，大量淡水注入海洋，较轻的淡水与较重的海洋水体形成分层海洋，这将进一步加速缺氧环境的形成。在黔东北江口瓮会剖面，在由白云岩、泥质白云岩夹黑色碳质泥岩组成的陡山沱组中部，出现了较丰富的结核状或不连续条带状的黄铁矿（层）。在陡山沱组上部，在产生物群化石的黑色页岩中仅偶见零星分散的黄铁矿分布，表明陡山沱期的扬子海仍是以还原环境为主。黔东北陡山沱组的宏体化石保存完整，特别是宏体藻类的丝状拟根被完整保存，说明它们是未被长距离搬运的原地或近原地埋藏，同时也意味着瓮会生物群生活于水动力条件较弱的、相对宁静的环境中。在宜昌地区，陡山沱组第四段大量大型碳酸盐岩结核的出现，更显示了一种很强的缺氧环境，为高效埋藏创造条件，极有利于优质烃源岩的形成。

四、硅-泥质烃源岩和含海泡石碳酸盐烃源岩

该类烃源岩的形成模式为硅质/钙质高生产力—成岩过程有机质转移—有机质在泥质岩中富集的地球生物学过程（图7.10）。在硅质矿物形成时期，海洋中大量初级（如细菌、藻类等）和次级生产者（如放射虫等）繁盛，并随硅质矿物一起沉积和埋藏。在成岩过程中，随着硅质矿物的结晶，原来硅质矿物中的分散有机质被排到矿物晶体之外，随流体发生部分迁移，并被附近泥质沉积物中的黏土矿物所吸附，造成泥岩中富集了大量来自硅质矿物的有机质，使泥质岩成为烃源岩。这种类型烃源岩需要硅质岩和泥岩的交互出现，因此主要发育在薄层的硅-泥组合中，而厚层硅质岩难以出现。另外，薄层纯碳酸盐岩与不纯碳酸盐岩的组合也可以发生类似于硅-泥组合的作用，即纯碳酸盐岩形成时的高生产力经过成岩作用的转移，最终使有机质在不纯碳酸盐岩中富集。典型例子有晚二叠世大隆组、中-新元古代下马岭组的硅-泥组合，以及中二叠世栖霞组纯碳酸盐岩与不纯碳酸盐岩（含海泡石等）的组合。

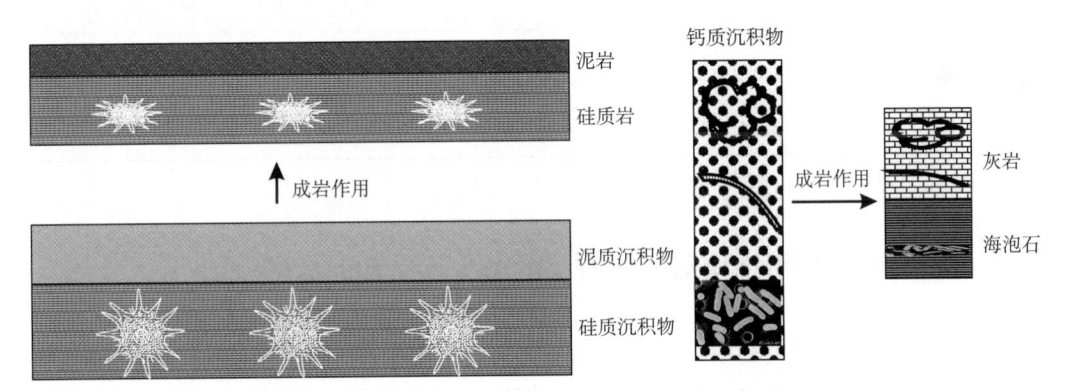

图7.10 硅质/钙质高生产力—成岩过程有机质转移—有机质在泥质岩中富集的地球生物学过程与晚二叠世大隆组硅-泥质烃源岩（左）和中二叠世栖霞组含海泡石碳酸盐烃源岩（右）形成模型

硅质岩大部分是生物成因，特别是放射虫硅质岩，反映一种高生产力的海洋环境。在这种环境中，不仅原生动物繁盛，而且微生物也很繁盛，两者分别构成了次级和初级生产者，为烃源岩形成奠定了物质基础。例如，根据放射虫微体化石计算出的广西东攀大隆组硅质岩的初级生产力为 477.9 g C/(m^2·a)（Gu et al., 2007），该高值代表了放射虫最繁盛时期的生产力。

但由于硅质岩形成环境一般水深很大，许多第一生产力的有机质在沉积过程中往往大部分被氧化，这些有机质的氧化也在一定程度上消耗了许多自由氧，为原生动物中的有机质（第二生产力）在硅质岩中保存下来创造了条件。在成岩过程中，硅质矿物将逐渐从隐晶质变为晶质，有机质也将被排除到颗粒外。这些被排出的有机质在硅质颗粒之间富集，大部分将被泥质沉积物中的黏土矿物所吸附，从而形成硅质岩-泥质岩交互地层中有机质大量富集的情况，使其成为烃源岩。在四川广元上寺剖面晚二叠世大隆组

硅-泥组合中，钼同位素组成变化比较稳定，反映了有机质埋藏过程中的环境条件比较稳定，但有机碳含量变化却很大，说明有机碳的变化除了沉积速率外，可能主要与生产力有关。而且，从总体上来看，硅质泥岩有机碳含量要比泥岩中的低得多（表7.1），硅质有机碳含量越高，其附近的泥岩有机碳含量就越高。这种现象似乎也出现在薄层灰岩附近的泥岩中。这些可能与硅质泥岩和灰岩中高生产力有机质经过了成岩作用的转移有关。也就是说，这种高生产力地区的生物化学沉积物，其中的有机质经过成岩作用后发生了转移，导致泥岩中的有机质含量较高。因此，高含量的有机碳可以出现在硅质岩与泥岩交互，或者纯灰岩与不纯灰岩交互的地层中。由此，在四川广元上寺剖面乃至华南的二叠系，除了大隆组的硅质沉积外，栖霞组碳酸盐岩地层中的含海泡石层位也可能经历过这种有机质的成岩转移作用。

表 7.1 广元上寺剖面晚二叠世大隆组硅质泥岩、灰岩与相邻泥岩的有机碳含量比较（数据资料来源于解习农等）

样品号	硅质泥岩中的有机碳含量/%	硅质泥岩附近的泥岩有机碳含量/%	样品号	薄层灰岩的有机碳含量/%	薄层灰岩附近的泥岩有机碳含量/%
PGY-X-154	1.35	7.42，7.49	PGY-X-147	1.11	8.53
PGY-X-155	2.19	11.30	PGY-X-149	3.90	9.58
PGY-X-156	2.43	13.50	PGY-X-153	3.88	9.59

五、与甲烷厌氧氧化有关的微生物岩和泥质烃源岩

前面四类烃源岩形成的模式均与地球生物学过程的生产力和埋藏环境条件这两个因素密切相关。第五类烃源岩形成的模式为甲烷厌氧氧化作用（AOM）—硫化海洋—高效埋藏的地球生物学过程（图7.11）。在海水-沉积物界面附近自由氧缺乏环境中，各种来源的 CH_4（如海底天然气水合物的释放、有机质的分解等）在嗜甲烷古菌和硫酸盐还原菌共生体的作用下，把海水中的硫酸盐还原成硫化氢，加剧了有机质埋藏时的缺氧条件，有利于有机质的保存。这种作用强烈时，硫化氢可以大量进入水体，致使在很大范围、甚至全球的海洋变成硫化海洋，有机质可以大量保存，从而形成烃源岩。化学反应式如下：

有机质分解产生 CH_4：
$$2CH_2O \longrightarrow CH_3COOH \longrightarrow CH_4 + CO_2$$

CH_4 厌氧氧化作用（AOM）产生 H_2S 和碳酸盐沉积：
$$CH_4 + SO_4^{2-} + Ca^{2+} \longrightarrow CaCO_3 + H_2S + H_2O$$

这种模式主要与埋藏环境条件形成过程中的地质微生物作用有关，往往出现甲烷厌氧氧化作用（AOM）与烃源岩在层位上具有上下关系，从而出现双层楼模式。因此，它不一定要出现在高生产力地区，也不一定要出现在深水地区。典型例子是华南新元古代陡山沱组的盖帽白云岩及其以上的黑色岩系，以及华北中元古代的一些地层。

确定这种模式存在的依据之一是碳酸盐岩碳同位素存在很强烈的负偏,因为碳酸盐岩的碳来源于先前存在的 CH_4 中的碳(如上反应式),故其碳同位素值也基本继承了 CH_4 的碳同位素组成,从而表现出强烈的负值。例如,华南新元古代陡山沱组底部"盖帽"白云岩的形成与"雪球地球"结束后气候变暖导致的甲烷冷泉事件有关,除了特征性沉积构造(帐篷构造、层状裂隙、结晶扇)外,主要证据来自岩石的碳稳定同位素负异常(-48‰)。目前已确定华南地区陡山沱组底部"盖帽"白云岩的三个冷泉剖面,其中的碳稳定同位素值低至-48‰(Wang et al.,2008)。根据华南新元古代地层中发现的诸多冷泉系统,认为冷泉系统的地球微生物学过程与上覆烃源岩的形成存在因果联系,华南陡山沱早期的海洋冷泉事件导致了海洋的缺氧和还原环境,促使陡山沱组第二段黑色烃源岩的形成(图 7.11)。

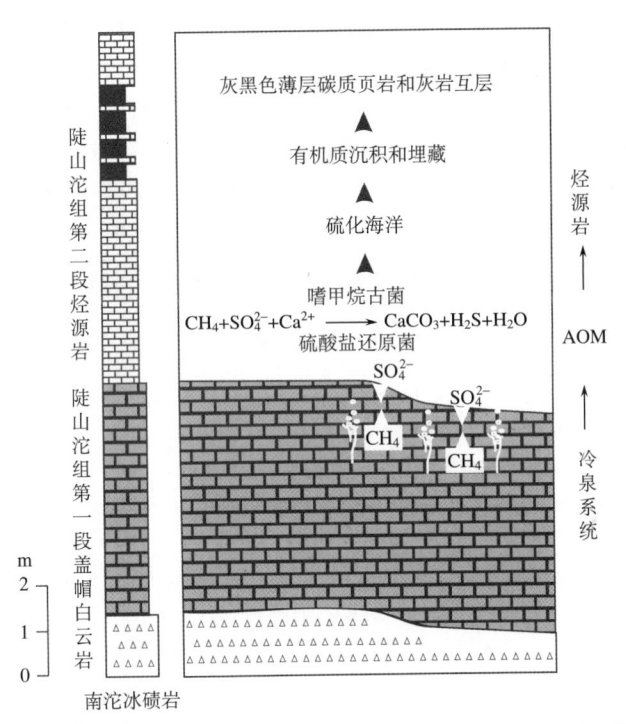

图 7.11 甲烷厌氧氧化作用(AOM)—硫化海洋—高效埋藏的地球生物学过程与陡山沱期钙-泥质烃源岩形成模型(根据王家生资料修改)

依据之二是沉积岩中存在嗜甲烷古菌和硫酸盐还原菌的共生体,可以根据这些微生物的生物标志化合物及其单体碳同位素(极负值)记录分析。

依据之三是沉积岩中出现大量的天然气水合物的渗漏构造(如帐篷构造等)、微生物席腐烂分解产生的气体(主要是甲烷等)逃逸在沉积物表层形成的各种 MISS 构造(Gerdes et al.,2000;Noffke et al.,2001;Schieber,2004;Dornbos et al.,2007;Gerdes,2007),以及相伴的矿物。微生物席腐烂构造多指气隆或气泡构造、蛇皮构造(lizard-skin)及其压扁变形的饼干状(biscuit)或环状(donut)构造、Astropolithon 构造、小的砂火山构造以及 Kinneyia 波痕和部分微皱痕构造。在华北中元古代砂岩、泥岩与碳酸盐岩中也已经发现了一些与微生物席腐烂、排气相关的 MISS 构造。在砂岩中发现了较多的"似管状"和"砂球状"构造，它们极有可能也代表了与气泡相关的 MISS 构造。气隆构造遭风化后，在岩层表面常表现为具有微弱似同心结构的环状构造，因此也很容易被误定为遗迹化石。过去在华北中-新元古代砂岩地层中所报道的绝大部分"潜穴管或钻孔"状遗迹化石可能属这类 MISS 构造。

依据之四是出现硫化的海洋。据现有资料，海水硫酸盐浓度在中元古代相对于太古宙海洋（$<200 \mu mol/L$）已经有了较大的提高（达 0.5~2.5mmol/L），但仍远低于现代海洋水平（约 28mmol/L）。而海洋硫酸盐浓度上升的重要因素是大气成氧后导致陆上有氧风化向海洋输送硫酸盐能力增强（Canfield，1998；Poulton et al.，2004）。硫酸盐的增加促进了海洋中硫酸盐还原细菌的大发展（Brocks et al.，2005）和细菌硫酸盐还原（BSR）作用的增强（Canfield，2005），并因此导致了硫化的海洋化学条件。钼同位素（Arnold et al.，2004）已经证实，中元古代的海洋部分地出现硫化，而且海水硫酸盐浓度较低。这与 AOM 的作用消耗了大量的海水硫酸盐，并产生大量的 H_2S 进入海洋这个过程有关。而且由于铁的供应缺乏，使得 AOM 释放的大量 H_2S 难以进入沉积物中保存下来。除了中元古代以外，二叠纪-三叠纪之交也可能存在类似的情况，即海洋出现硫化海洋（Grice et al.，2005），而且海洋硫酸盐浓度很低（Luo et al.，2010）。这两个时期的地球生物学过程与烃源岩形成的关系密切，值得注意。

参 考 文 献

曹婷婷，徐思煌，王约，周炼，吴夏. 2011. 四川盆地南江杨坝地区下寒武统烃源岩形成的地球生物学条件. 石油与天然气地质，32（1）：11~16

陈长胜. 2003. 海洋生态系统动力学与模型. 北京：高等教育出版社. 1~404

陈慧，解习农，李红敬. 2010. 利用古氧相和古生产力替代指标评价四川上寺剖面二叠系海相烃源岩. 古地理学报，12（3）：324~333

陈孟莪，萧宗正，袁训来. 1994. 晚震旦世的特种生物群落——庙河生物群新知. 古生物学报，33（4）：391~403

陈孟莪，陈其英，萧宗正. 2000. 试论宏体植物的早期演化. 地质科学，35（1）：1~15

耿良玉，张允白，蔡习尧，钱泽书，丁连生，王根贤，刘春莲. 1999. 扬子区后 Llandovery 世（志留纪）胞石的发现及其意义. 微体古生物学报，16（2）：111~151

金之钧，王清晨. 2007. 中国典型叠合盆地油气形成富集与分布预测. 北京：科学出版社. 1~381

李红敬，解习农，林正良，颜佳新，周炼，熊翔，苏明. 2009. 四川盆地广元地区大隆组有机质富集规律. 地质科技情报，28（2）：98~103

郄文昆，张雄华，张扬. 2010. 桂北南丹巴平剖面早石炭亚纪盆地相烃源岩的地球生物学特征. 古地理学报，12（2）：233~243

殷鸿福，吴顺宝，杜远生，彭元桥. 1999. 华南是特提斯多岛洋体系的一部分. 地球科学——中国地质大学学报，24（1）：1~12

殷鸿福，谢树成，秦建中，颜佳新，罗根明. 2008. 对地球生物学、生物地质学和地球生物相的一些探讨. 中国科学：地球科学，38（12）：1473~1480

赵元龙，何明华，陈孟莪，彭进，喻美艺，王约，杨荣军，王平丽，张振晗. 2004. 新元古代陡山沱期庙河生物群在贵州江口的发现. 科学通报，49（18）：1916~1918

Anbar A D, Knoll A H. 2002. Proterozoic ocean chemistry and evolution: A bioinorganic bridge? Science, 297 (5584): 1137~1142

Arnold G L, Anbar A D, Barling J, Lyons T W. 2004. Molybdenum isotope evidence for widespread anoxia in Mid-Proterozoic oceans. Science, 304 (5667): 87~90

Berman-Frank I, Quigg A, Finkel Z V, Irwin A J, Haramaty L. 2007. Nitrogen-fixation strategies and Fe requirements in cyanobacteria. Limnology and Oceanography, 52: 2260~2269

Brocks J J, Love G D, Summons R E, Knoll A H, Logan G A, Bowden S A. 2005. Biomarker evidence for green and purple sulphur bacteria in a stratified Palaeoproterozoic sea. Nature, 437 (7060): 866~870

Canfield D E. 1998. A new model for Proterozoic ocean chemistry. Nature, 396 (6710): 450~453

Canfield D E. 2005. The early history of atmospheric oxygen: Homage to Robert M Garrels. Annual Review of Earth and Planetary Sciences, 33: 1~36

Dornbros S Q, Noffke N, Hagadorn J W. 2007. Mat-decay features. In: Schieber J, Bose P K, Eriksson P G, Banerjee S, Sarkar S, Altermann W, Catuneanu O (eds). Atlas of Microbial Mat Features Preserved within the Clastic Rock Record. Amsterdam: Elsevier. 106~110

Gerdes G, Klenke T, Noffke N. 2000. Microbial signatures in peritidal siliciclastic sediments: A catalogue. Sedimentology, 47 (2): 279~308

Gerdes S. 2007. Structures left by modern microbial mats in their host sediments. In: Schieber J, Bose P K, Erikson P G, Banerjee S, Sarkar S, Altermann W, Catuneanu O (eds). Atlas of Microbial Mat Features Preserved within the Clastic Rock Record. Amsterdam: Elsevier. 5~38

Glass J B, Wolfe-Simon F, Anbar A D. 2009. Coevolution of metal availability and nitrogen assimilation in cyanobacteria and algae. Geobiology, 7 (2): 100~123

Grice K, Cao C, Love G D, Böttcher M E, Twitchett R J, Grosjean R, Summons R E, Turgeon S C, Dunning W, Jin Y. 2005. Photic zone euxinia during the Permian-Triassic superanoxic event. Science, 307 (5710): 709~714

Gu S, Zhang M, Gui B, Lu X. 2007. An attempt to quantitatively reconstruct the paleo-primary productivity by counting the radiolarian fossils in cherts from the latest Permian Dalong Formation in southwestern China. Frontiers of Earth Science in China, 1 (4): 412~416

Le Heron D P, Craig J, Etienne J L. 2009. Ancient glaciations and hydrocarbon accumulations in North Africa and the Middle East. Earth-Science Reviews, 93 (3-4): 47~76

Lehrmann D J, Payne J L, Felix S V. 2003. Permian-Triassic boundary sections from shallow-marine carbonate platforms of the Nanpanjiang Basin, South China: Implications for oceanic conditions associated with the end-Permian extinction and its aftermath. Palaios, 18 (2): 138~152

Lüning S, Craig J, Loydell D K, Storch P, Fitches W. 2000. Lowermost Silurian 'hot shales' in north Africa and Arabia: Regional distribution and depositional model. Earth-Science Reviews, 49 (1-4): 121~200

Luo G, Kump L R, Wang Y, Tong J, Arthur M A, Yang H, Huang J, Yin H, Xie S. 2010. Isotopic evidence for an anomalously low oceanic sulfate concentration following end-Permian mass extinction. Earth and Planetary Science Letters, 300 (1): 101~111

Ma Z, Hu C, Yan J, Xie X. 2008. Biogeochemical records at Shangsi section, northeast Sichuan in China: The Permian paleoproductivity proxies. Journal of China University of Geosciences, 19 (5): 461~470

Noffke N, Gerdes G, Klenke T, Krumbein W E. 2001. Microbially induced sedimentary structures: A new category within the classification of primary sedimentary structures. Journal of Sedimentary Research, 71 (5): 649~656

Page A, Zalasiewicz J A, Williams M, Popov L E. 2007. Were transgressive black shales a negative feedback modulating glacioeustacy in the Early Palaeozoic icehouse? In: Williams M, Haywood A M, Gregory F J, Schmidt D N (eds). Deep-Time Perspectives on Climate Change: Marying the Signal from Computer Models and Biological Proxies. London: Geological Society of London and the Micropalaeontological Society. 123~156

Poulton S W, Fralick P W, Canfield D E. 2004. The transition to a sulphidic ocean approximately 1.84 billion years ago. Nature, 431 (7005): 173~177

Schieber J. 2004. Microbial mats in the silisiclastic rock record: A summary of the diagnostic features. In: Eriksson P

G, Altermann W, Nelson D R, Mueller W U, Catuneanu O (eds). The Precambrian Earth: Tempos and Events. Amsterdam: Elsevier. 663~673

Sheehan P M, Harris M T. 2004. Microbialite resurgence after the Late Ordovician extinction. Nature, 430 (6995): 75~78

Stal L J, Zehr J P. 2008. Cyanobacterial nitrogen fixation in the ocean: Diversity, regulation, and ecology. In: Herrero A, Flores E (eds). The Cyanobacteria: Molecular Biology, Genomics and Evolution. Norwich: Horizon Scientific Press. 423~471

Stephens N P, Sumner D Y. 2003. Famennian microbial reef facies, Napier and Oscar Ranges, Canning Basin, weatern Australia. Sedimentology, 50 (6): 1283~1302

Wang J, Jiang G, Xiao S, Li Q, Wei Q. 2008. Carbon isotope evidence for widespread methane seeps in the ca. 635 Ma Doushantuo cap carbonate in South China. Geology, 36 (5): 347~350

Xie S, Pancost R D, Yin H, Wang H, Evershed R P. 2005. Two episodes of microbial change coupled with Permo/Triassic faunal mass extinction. Nature, 434: 494~497

Xie X, Li H, Xiong X, Huang J, Yan J, Qin J, Tenger, Li W. 2008. Main controlling factors of organic matter richness in a Permian section of Guangyuan, Northeast Sichuan. Journal of China University of Geosciences, 19 (5): 507~517